LES
ARGILES RÉFRACTAIRES

GISEMENTS

COMPOSITION — EXAMEN — TRAITEMENT & EMPLOI

Au point de vue des Produits réfractaires en général

PAR

le Professeur Dʳ Carl BISCHOF

ANCIEN MEMBRE DE L'ASSOCIATION ALLEMANDE DE L'INDUSTRIE DE L'ARGILE,
DU CIMENT ET DE LA CHAUX
ET DE L'ASSOCIATION AUTRICHIENNE DE L'INDUSTRIE DE L'ARGILE

Traduction sur la 3ᵉ édition

PAR

O. CHEMIN

INGÉNIEUR EN CHEF DES PONTS ET CHAUSSÉES EN RETRAITE
ANCIEN PROFESSEUR A L'ÉCOLE NATIONALE DES PONTS ET CHAUSSÉES

PARIS (vıᵉ)

H. DUNOD et E. PINAT, ÉDITEURS

49, QUAI DES GRANDS-AUGUSTINS, 49

1906

LES

ARGILES RÉFRACTAIRES

LES
ARGILES RÉFRACTAIRES

GISEMENTS

COMPOSITION — EXAMEN — TRAITEMENT & EMPLOI

Au point de vue des Produits réfractaires en général

PAR

le Professeur Dr Carl BISCHOF

ANCIEN MEMBRE DE L'ASSOCIATION ALLEMANDE DE L'INDUSTRIE DE L'ARGILE,
DU CIMENT ET DE LA CHAUX
ET DE L'ASSOCIATION AUTRICHIENNE DE L'INDUSTRIE DE L'ARGILE

Traduction sur la 3e édition

PAR

O. CHEMIN

INGÉNIEUR EN CHEF DES PONTS ET CHAUSSÉES EN RETRAITE
ANCIEN PROFESSEUR A L'ÉCOLE NATIONALE DES PONTS ET CHAUSSÉES

PARIS (VIe)

H. DUNOD ET E. PINAT, ÉDITEURS

49, QUAI DES GRANDS-AUGUSTINS, 49

1906

PRODUITS RÉFRACTAIRES

CHAPITRE PREMIER (¹)

—

GISEMENTS DE L'ARGILE

Généralités et particularités. — Mode de formation du kaolin et de l'argile. — Plasticité et retrait de l'argile. — Exploitation de l'argile. — Gisements locaux : endroits où l'on trouve du kaolin ; endroits où l'on trouve de l'argile. Pierres réfractaires naturelles.

Caractères de l'argile

Définition. — Argile, en grec Keramos ; en allemand, Ton ; en anglais, Clay. Cette dénomination extrêmement étendue au point de vue technique s'applique en technologie à ce silicate d'alumine, qui, par l'absorption d'une certaine quantité d'eau, acquiert un degré de plasticité suffisant pour pouvoir être moulé, et qui le perd d'une manière passagère par la dessiccation, et d'une manière permanente par la cuisson au feu.

Au point de vue chimique, il faut entendre sous ce nom et dans le sens le plus large un silicate double d'aluminium, (ce qu'on appelle la substance de l'argile) qui se compose d'argile siliceuse hydratée avec des silicates des terres, des alcalis et du fer ; au contraire, dans le sens plus restreint, l'argile est le silicate d'aluminium hydraté, ou l'hydrosilicate d'aluminium, l'alumine silicatée amorphe et contenant de l'eau. L'eau se trouve présente en combinaison chi-

---

(¹) Je dois demander à l'avance l'indulgence du lecteur, s'il se trouve çà et là des répétitions dans les chapitres suivants ; pour arriver à un ensemble plus complet et plus intuitif, il a été impossible de les éviter.

mique ou comme eau de constitution. On ne rencontre dans la nature ni le silicate simple, ni le silicate double, à l'état de pureté excepté sous forme de petits cristaux de kaolinite.

Existence. — L'argile se rencontre à l'état individuel ou comme constituant plus ou moins important, par exemple comme ciment d'un grand nombre de conglomérats, grès, etc.

Origine et diffusion. — L'argile n'est pas une formation primaire, mais un résultat secondaire terreux d'altération, définitivement stable, qui se trouve répandu dans toutes les époques géologiques, bien que principalement dans les plus récentes, et surtout plus en direction verticale qu'horizontale. En tant que résidu aqueux de la dissociation de diverses roches, elle se présente comme résultat de décomposition chimique et d'écrasement mécanique d'un grand nombre de roches de la famille des roches feldspathiques et argileuses.

Dans le sens le plus large, ce sont des sédiments pélitiques à l'état inaltéré ou plus ou moins transformé, dans lesquels les silicates hydratés d'aluminium du groupe des argiles et des micas jouent un rôle essentiel.

Les changements se manifestent par un durcissement plus ou moins accentué du sédiment primitivement boueux jusqu'à ce qu'il devienne une masse rocheuse en couches bien définies ou devenues schisteuses par pression ; il se forme en même temps d'une manière progressive des constituants autogènes provenant du sédiment, qui était dans le principe purement élastique, jusqu'à ce que le tout soit complètement recristallisé. (¹)

Parmi ces formations on distingue : l'argile, l'argile schisteuse, le schiste argileux, la phyllite ou schiste argileux micacé. Avec la substance argileuse fondamentale, qui peut se présenter comme argile ou comme kaolinite, on trouve, mélangés en plus ou moins grande abondance, du sable quartzeux fin et d'autres éléments minéraux. C'est ainsi que les argiles passent aux lehms, aux sables argileux et aux grès argileux avec caractère plus ou moins quartziteux. — Les mélanges en quantités croissantes de calcaire ou de dolomie conduisent aux marnes, aux schistes marneux, aux schistes et aux phillites calcaires. Tous ces termes, si nombreux de la famille des roches argileuses, ne seront pas considérés par nous, en raison du but spécial de cet ouvrage. Ils présentent néanmoins de

---

(¹) Rosenbuch, *Elem. d. Petrographie*, 1901, p. 434 et suiv.

l'intérêt en ce que c'est vraisemblement de leur transformation mécanique et de leur décomposition chimique que sont provenues une petite partie de ces « argiles véritables », avec lesquelles nous allons avoir à faire. Ce n'en est qu'une petite partie ; car la plus grande partie de beaucoup des argiles réfractaires provient de la décomposition directe des roches éruptives riches en feldspaths, et ce sont celles aux dépens desquelles s'est formée la kaolinite. D'après Rösler (1), dont nous rencontrerons fréquemment plus loin les travaux importants, on distingue commodément les argiles à kaolin, les argiles « proprement dites ou véritables », qui se composent principalement de kaolinite, et les argiles d' « atmosphérisation », vraisemblablement dépourvues de kaolinite, dont il existe une série de types intermédiaires dus à une teneur plus ou moins considérable de l'un ou de l'autre type principal.

Le membre le plus estimé de la famille des roches argileuses est pour nous la forme la plus pure de la transformation des roches feldspathiques, le kaolin. Le transport par l'eau, auquel les argiles ont été soumises, a produit les différentes formations de la texture intérieure, comme aussi, d'une manière générale, beaucoup des différences physiques des argiles les unes avec les autres.

Structure de dépôt des argiles. — Sous le nom de disposition intérieure ou de structure, on entend pour l'argile le mode de direction des parties très fines, fines ou grossières, qui se sont déposées ensemble, tandis que la texture signifie leur mode d'arrangement dans l'espace. Des observations faites sur l'argile, réduite à l'état de la boue (2), ont appris à connaître de plus près les conditions de structure et comment elles sont modifiées par le sable et les poussières minérales. Le sable, les parties minérales et la substance argileuse ont été séparés en raison de leur pesanteur et étalés dans un dépôt primitif et suivant la direction du cours d'eau prédominant. D'après cela, la séparation en couches et la formation d'une structure suivant des plans parallèles a été d'autant plus complète qu'il y a eu plus d'eau employée à la réduction en boue. Une pareille structure, qui se manifeste parallèlement à la direction des couches, se trouve en général dans les argiles provenant de boues relativement diluées. Naturellement le dépôt montre les changements tectoniques postérieurs, qui ont agi sur lui, des failles,

(1) Rösler, *Beiträge z., Kenntnis einiger Kaodinlagerstätten*, 1902, Stuttgart.
(2) Notizbl, III, 220 ; v. 235.

des redressements, des plissements, etc. L'argile ou le groupe de formations, que nous connaissons sous le nom d'argile, argile schisteuse ou schiste argileux, se trouve à l'état de couches ([1]), comme produits de dépôt de peu de durée et discontinus, et à l'état massif, comme résultat de dépôts prolongés et non interrompus. Il existe des dépôts qui ne montrent aucune trace de couches ou de surfaces de dépôts parallèles, et qui, dans toute leur puissance, révèlent une grande uniformité.

Une pareille manière d'être, complètement uniforme, se rencontre spécialement parmi les argiles grasses. Habituellement elles montrent dans leur texture intérieure une masse homogène avec parties à éclat gras, surfaces brillantes en partie séparables, en partie interpénétrées et contournées, et qu'on appelle des surfaces de glissement, des glaces ou des miroirs. Ces surfaces donnent la preuve d'une compression plus ou moins importante, qui a été exercée non seulement par l'argile elle-même par son poids propre sur la couche d'argile, mais encore par les autres couches superposées, comme aussi par les mouvements de la couche entière ou de ses parties. Sous une pression aussi énorme, la couche d'argile, comme on doit bien le supposer, se deshydrate et une argile se change ainsi en une argile schisteuse, qui est souvent d'une grande dureté.

Les amas d'argile, en couches ou non, sont souvent traversés de haut en bas par des déchirures, des fentes ou des crevasses.

Il faut signaler, comme manifestations particulières, les concrétions de diverses formes, les argiles maigres, qui traversent souvent l'argile sous forme de couches minces rubannées, et enfin les différentes matières étrangères qui y sont mélangées, soit sporadiquement, soit sous forme de galets et de sables.

On rencontre de plus des gisements dans lesquels l'habitus de la roche mère est encore manifeste, par exemple les kaolins bruts sur les gisements primaires.

Constitution physique de l'argile. — D'après les recherches d'Aron, l'argile, dans les parties les plus fines, aurait une forme sphérique; au contraire Biedermann et Herzfeld ([2]) et autres ont prétendu observer une forme plus ou moins cristalline. Les observations de ces derniers, effectuées avec des grossissements li-

---

([1]) Voir Türrschmidt, Notizbl. IV. p. 347.

([2]) Notizbl. 1878, p. 264.

néaires de 800, 1.200 et 1.800 fois, sur différentes argiles, et aussi sur celles de Grünstadt, ne leur ont pas permis de découvrir les petites sphères ([1]) qu'Aron ([2]) avait observées dans ces dernières avec un grossissement au microscope de 750 fois. Quelques argiles, disent Biedermann et Herzfeld, montraient des formes cristallines bien délimitées, d'autres seulement des fragments de ces formes, d'autres enfin des figures tout à fait irrégulières et non définissables, et en outre des particules fines. Les argiles très divisées, dont les éléments cristallins sont en grande partie détruits, sont celles qui ont effectué le plus grand parcours depuis leur lieu d'origine jusqu'à leur gisement actuel, et elles sont plus plastiques que le kaolin pur, qui n'a pas ou presque pas été transformé par un changement de lieu et dans lequel les éléments cristallins sont encore clairement reconnaissables. Dans toutes les sortes d'argiles, qui ont été étudiées, on a vu au microscope des plaques hexagonales ou des disques, qui sont souvent arrangés en faisceaux prismatiques. Ceci s'accorde avec les découvertes de deux savants américains, Johnson et Blake ([3]), qui admettent dans l'argile la présence d'un minéral de forme cristalline et de composition chimique déterminées, qu'ils nomment kaolinite.

De plus, en ce qui regarde la cristallinité du kaolin et son rattachement à un système, il convient de citer les travaux d'Ehrenber ([4]), Knop ([5]), Safarik ([6]), Cross et Hildebrand ([7]), et Hills ([8]), qui ont tous constaté la grande similitude de forme avec le système hexagonal, tandis que Dick ([9]) et Miers ([10]) se prononcent pour le système monoclinique et Reusch ([11]) pour le triclinique. D'après les les travaux de Kasai ([12]), ceux de Rösler ([13]) et mes propres recher-

([1]) Olschewsky met aussi en doute la forme sphérique, *Töpferzeitung*, 1879, p. 137.

([2]) Notizbl, 1873, p. 167.

([3]) *Am. Journ. of Science and Arts.*, t. XLIII, p. 351.

([4]) *Ehrenberg. über mikroskop. neue Charactere der erdigen und derben Mineralien. Poggend. Annalen.* 1836, p. 39, 103.

([5]) *Jahrb. f. Miner. u. Krist.* 1859, p. 551 et 593.

([6]) *Über böhm. Kaoline, Sitzungber. R. böhm. Gess. Wiss.* Prague 1870, p. 4.

([7]) *Amer. Journ. Science*, 1883, 26, n° 154, p. 271 et *Bull. U. S. Geol. Survey*, 1885, n° 20, p. 97.

([8]) *Amer. Journ. Science*, 1884, (3) 27, n° 162 p. 472.

([9]) *Mineral. Magazine*, 1888, 8, n° 36, p. 15.

([10]) *Mineral. Magazine*, 1890, 9, n° 11, p. 4.

([11]) *Neues. Jahrb. f. Min*, 1887, 2, p. 70.

([12]) *Inaug.-Diss. München*, 1896.

([13]) *Loco cit.*

ches microscopiques, je me range à la conception de Rösler sur les caractéristiques cristallographiques de la kaolinite, en le citant textuellement : « La kaolinite possède une séparation complète suivant la base, et est toujours en tables minces suivant cette base. Sa réfringence est à peu près égale à celle du baume du Canada, sa biréfringence est faible, approximativement celle du quartz ; l'angle apparent des axes optiques est très grand, la bissectrice aigue négative fait un angle de 12° avec l'axe cristallographique. Le plan des axes est perpendiculaire au plan de symétrie, les lamelles de clivage sont donc moins obliques sur le plan des axes en raison de l'émergence symétrique des axes ».

Enfin il faut encore citer un travail de Hussak. En dehors de la kaolinite, le kaolin dans sa forme la plus pure, qui avait été trouvée en cristaux microscopiques et arrondis dans l'année 1887 à Denver, Colorado, à la National Bell Mine, sur des fentes de cavités d'un trachyte et qui correspond presque exactement à la formule du kaolin ($Al_2O_3SiO_2.2H_2O$ ou $H_4Al_2Si_2O_4$) ([1]), il a étudié plusieurs kaolins connus, la Chinaclay anglaise, le kaolin ordinaire et plus fin de Cornouaille, ceux de Bohème et de Limoges, et des environs, ainsi qu'une argile noire de Saxe. Le résultat a été : (1) que c'est la forme cristalline monoclinique qui convient à la kaolinite ; mais par leurs angles, les cristaux se rapprochent beaucoup du système hexagonal et montrent des formes en tables (oP $\times \infty$ P.P ∞) souvent aussi avec des faces de pyra-

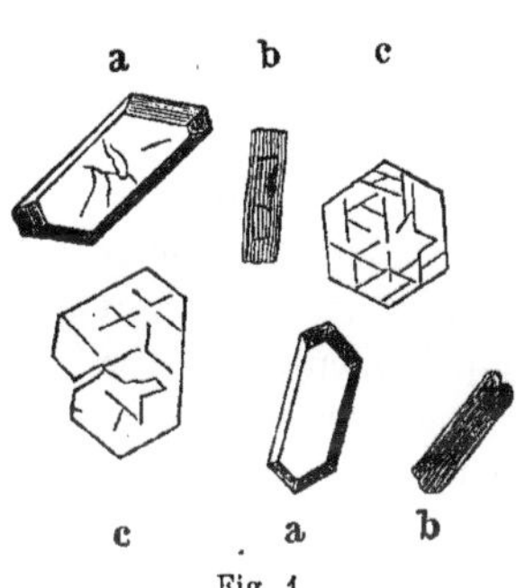

Fig. 1

mides et de dômes (fig. 1a). On observe un clivage très complet parallèle aux faces des tablettes (= oP) ; dans la figure 1b les cristaux sont dessinés debout. Dans les tablettes minces se montrent des fentes parallèles aux côtés, qui ne sont pas des clivages, mais qui correspondent à des surfaces de glissement (fig. 1c). (2) Que, dans les kaolins cités, comme dans l'argile, la kaolinite se présente toujours sous la même forme en petites écailles, mais que dans les

([1]) Un échantillon de ce kaolin cristallisé, envoyé par le professeur Orton de Colombus, a été présenté par Fiebelkorn à la 22e Assemblée générale de l'association des fabricants allemands de produits réfractaires (*Tonind.-Ztg.* 1902, n° 28).

échantillons réduits en boue on n'a plus pu constater de forme régulièrement délimitée. Hussak a trouvé que dans l'argile de Saxe, qu'il a étudiée, les petites écailles de kaolinite sont beaucoup plus petites que dans les kaolins. Comme conséquence des résultats de ces diverses recherches, on peut donc admettre comme indiscutable, que les kaolins, à l'encontre des argiles plastiques, se composent dans leurs plus petites parties, comme dans leurs plus grosses, de formes cristallines délimitées d'une manière régulière et déterminée, tandis qu'il faut reconnaitre qu'il existe encore bien des contradictions en ce qui touche la forme de ces petites parties.

Ainsi, d'après Schumacher (*Sprechsaal* 1883, n° 24, 1885, p. 183) l'argile se composerait de petites particules de formes irrégulières variées et, d'accord avec les observateurs précités, de grosseurs différentes, qui diminuent quand augmente la plasticité de l'argile, qui sont les plus petites possibles dans les argiles très grasses et qui au contraire paraissent les plus grandes dans les kaolins moins plastiques, tels que les sortes de Chinaclay anglaises et en particulier ce qu'on appelle le Paperclay (l'argile à papier). (Voir aussi Rösler, à l'endroit cité).

Caractères de l'argile. — L'argile est friable à la manière de la terre ; en particulier, celle qui est plastique a un toucher gras et est brillante quand on la raie. Sa dureté est très faible, en règle générale $= I$. Les acides ne la dissolvent que partiellement ; cependant l'acide sulfurique chaud la décompose complètement. Elle se ramollit dans l'eau. Si de l'argile humide gèle, ses particules s'ameublissent et au dégel elle se convertit en une masse grumeleuse.

Ce qui de plus est caractéristique, c'est la plus ou moins grande plasticité qu'elle prend par absorption d'eau. Le pouvoir absorbant de l'argile pour les fluides est si considérable, qu'elle peut contenir jusqu'à 70 % d'eau, sans dégouter ; elle attire également l'huile avec avidité et absorbe des gaz, par exemple l'ammoniaque, comme Faraday l'a constaté. Les substances dissoutes ou colorantes sont attirées en même temps que l'eau et elles restent dans l'argile à l'évaporation. Les argiles montrent de plus une imperméabilité extraordinaire pour l'eau et elles ont une odeur particulière quand on les mouille (quand on envoie l'haleine dessus) ; mais elles perdent ces propriétés par un chauffage énergique. Enfin la très faible conductibilité de l'argile non cuite pour la chaleur est aussi caractéristique.

Éléments constitutifs de l'argile. — Considérée d'une manière générale, l'argile contient comme éléments principaux (en y comprenant les fondants accessoires) du fer, des terres et des alcalis en combinaison avec l'acide silicique, du silicate d'alumine hydraté ou argile proprement dite. On y trouve de plus, comme on l'a dit, toujours plus ou moins de sable, notamment du sable quartzeux à l'état de mélange ; il faut le distinguer de l'argile maigre, proprement dite, qui ne se présente en règle générale qu'en masses subordonnées, et qui manquent quelquefois complètement. Ces trois derniers corps peuvent être caractérisés au point de vue physique :

L'argile proprement dite (la substance argileuse ou dépourvue de minéraux) est plastique, liante et susceptible de retrait. En séchant, elle donne une masse brillante, dure, fissurée, qui peut se polir avec l'ongle du doigt. Poids spécifique $= 2,2$.

D'après Hecht (*Tonindustr.-Zeitung*, 1891, n° 3) les éléments réduits d'une argile en boue, jusqu'à 0,01 millimètre de grosseur de grain, doivent être considérés comme la partie essentiellement plastique de celle-ci. On désigne au contraire sous le nom de « substance argileuse » la kaolinite sous sa forme la plus pure (Formule Chimique : $Al_2Si_2O_7.2H_2O$). Calculée en pourcentage, la substance argileuse se composerait de

Alumine .	39,7 $^o/_o$
Acide silicique .	46,4 »
Eau .	13,9 »
	100,0 $^o/_o$

Comme l'ont trouvé d'autres expérimentateurs [1], et comme Hecht l'indique aussi, on ne peut pas la préparer à l'état de pureté d'une manière mécanique (par lévigation). Elle contient pour le moins des mélanges en très petite quantité de très fine poussière sableuse, et inversement, dans les gros grains de 0,1 jusqu'à 0,03 millimètres de grosseur obtenus par lévigation, on trouve toujours de la substance argileuse. On ne peut donc jamais séparer la substance argileuse pure et sans déchet par des moyens mécaniques ; la substance ainsi obtenue — à laquelle on pourrait bien donner le nom de « argile aussi exempte de minéraux que possible », bien qu'il soit peu

---

[1] D'après les recherches de Vogt, un lait d'argile, dans lequel on avait introduit du mica, du quartz et du feldspath finement pulvérisés, donnait encore après 9 jours, des dépôts quantitativement déterminables de tous ces trois minéraux.

scientifique et assez indéterminé — ne représente donc nullement le silicate d'alumine pur et ne doit pas être confondue avec lui.

Sable. — Il peut être d'origine primaire ou secondaire. Il crie quand on le triture dans le mortier d'agate et n'est pas plastique. Il ne se prend pas en masse à la dessiccation. Poids spécifique = 2,6.

Argile maigre. — C'est un produit résiduel de l'altération de la roche mère d'où est provenue l'argile et il constitue une poussière finement divisée de divers minéraux.

A l'inverse de l'argile proprement dite, cette matière ne se change pas à la dessiccation en une masse dure, cohérente, mais donne comme le sable une poudre poussiéreuse sans consistance, qui reste mate et ne se polit pas par le frottement avec l'ongle du doigt. Poids spécifique de 2,2 à 2,6.

Un grande quantité de cette matière rend une argile absolument inutilisable pour les produits réfractaires.

Eléments plus rares de l'argile. — Avec le sable qu'on a signalé comme toujours présent, avec l'argile maigre qui fait quelquefois complètement défaut ou avec les veines minérales, et avec les substances organiques, humiques ou charbonneuses qui ne manquent presque jamais, il existe encore d'autres éléments accidentels ainsi que rares.

A ces derniers appartiennent : le mica, la pyrite de fer, les galets compacts et d'autre part les métaux libres ou les combinaisons métalliques ainsi que les substances qui se déposent sporadiquement. La pyrite, ce compagnon fréquent, notamment des argiles ligniteuses, a une action nuisible au point de vue réfractaire parce qu'elle fond et éclate.

D'un autre côté, l'argile pyriteuse est habituellement très pure, ce qui peut tenir à la formation de la pyrite en elle. En raison de son poids spécifique, on peut séparer la pyrite par lévigation. — Quand on travaille des argiles pyriteuses, il est important de les mettre de suite en œuvre et d'éviter que de grandes couches se gèlent. Les pyrites déjà peu fraîches se transforment sous l'action des agents atmosphériques en sulfates, qui, par décomposition subséquente par les sels de chaux présents, produisent de l'oxyde de fer et donnent naissance à des colorations. Si au contraire on lévigue l'argile au sortir des puits, on peut en séparer la plus grande partie des pyrites. — Il faut remarquer aussi que la pyrite se présente principalement sous la forme de marcassite, et par suite du représentant rhomboèdrique de la pyrite d'ailleurs régulière. On peut attribuer la formation de la pyrite pour la plus grande partie à l'action de combinaisons organiques contenant du soufre, et en partie à celle du gypse sur les sels de fer contenus dans l'argile (Voir Kaul, Inaug. Diss. Erlangen, 1900, avec littérature). Il se peut aussi que les organismes marins, qui ne sont pas pauvres en soufre, aient donné avec le fer que contient l'eau la matière pour la formation des pyrites. — Schumacher a observé une formation artificielle de pyrite dans des masses de faïence qui provenaient du dépôt du bac à décharge de pierre réfractaire, et il en faudrait chercher la cause dans la teneur en gypse de la pierre réfractaire, si du carbonate de chaux présent n'a pas été transformé en sulfure de calcium pendant la cuisson sous l'influence du combustible. En présence de l'eau, le sulfure de calcium développe de l'hydrogène sulfuré, qui, avec des combinaisons du fer, donne naissance à de la pyrite, pourvu que les influences oxydantes ne prédominent pas.

On trouve presque toujours de la pyrite dans les argiles ligniteuses, ainsi que dans les argiles schisteuses carbonifères, tandis qu'on la rencontre rarement dans les kaolins.

Variétés d'argile. — On connaît des argiles grasses, maigres, plastiques, schisteuses, colorées et des argiles qui contiennent principalement un ou plusieurs constituants et qui ont reçu pour cette raison des dénominations telles que alunifères, ferrugineuses, gypseuses, calcaires, sableuses, salées, bitumeuses, marneuses, stéatiteuses et limoneuses.

Suivant leur application, elles portent aussi différents noms : *argile réfractaire*, à **chamottes**, argile à **fayence**, à **pots**, à **cazettes**, à **mortier**, terre de pipe, *argile à porcelaine, à tuyaux, à grès cérames, à creusets, à poteries et à briques* ; parmi celles-ci, celles qui sont imprimées en caractères gras sont en général les plus réfractaires. L'argile se distingue tout particulièrement par une richesse extrêmement grande en variétés, ce qui fait dire à Türrschmiedt : « la langue humaine se donnerait inutilement de la peine pour les épuiser » ; et, par le fait, que ne renferme pas cette dénomination depuis le kaolin le plus pur jusqu'à la terre labourable argileuse !

Pour rendre clairs les caractères naturels qui se présentent, je ne peux pas manquer de citer quelques mots de Türrschmiedt :

« Nous connaissons, dit-il, les grandes différences quantitatives des constituants des roches fondamentales, celles presque encore plus grandes dans la constitution de ces éléments, les différences semblables dans la composition élémentaire des roches volcaniques plus jeunes ; et, si nous nous représentons toutes ces masses, que la pensée peut à peine embrasser, soumises à l'influence des phénomènes de décomposition, dont l'action se manifeste d'une manière très différente au point de vue chimique et mécanique, nous aurons la notion complète de la matière à laquelle la science associe le nom d'argile. Si les roches mères avaient toujours la même composition, si les phénomènes d'altération étaient toujours les mêmes et s'ils atteignaient toujours le même stade, les argiles pourraient avoir un caractère uniforme ».

« Or nous avons autant d'argiles que de variétés de roches mères, et autant de variétés d'argiles qu'on peut imaginer de modes de décomposition pour changer une roche mère en argile. Par suite, il n'existe pas de gisement d'argile, qui soit absolument semblable à un autre ; les propriétés principales sont celles de l'argile, tandis que la fabrication doit avoir égard aux nombreuses variétés, puisque c'est d'après elles que l'argile reste à traiter et à mettre en œuvre ».

Quelque grande que soit la richesse en variétés des gisements d'argile, particulièrement pour l'argile commune, et dont l'étendue est soumise à l'influence des circonstances concomitantes, il faut remarquer que, pour notre objet, où il s'agit seulement des argiles nobles proprement dites, c'est-à-dire des argiles réfractaires et des kaolins, ce sont d'autres conditions qui prédominent.

Bien que les argiles présentent une grande différence suivant les différents points où on les trouve, et même dans un seul et même endroit, suivant leur situation, nous ne devons pas oublier que les argiles de même venue géognostique présentent beaucoup de traits concordants et caractéristiques, et qu'elles sont souvent étonnamment semblables dans leurs meilleures variétés. Ainsi, par exemple, comme on le verra plus loin, les argiles (argiles schisteuses) de la formation carbonifère, sur le Rhin, en Silésie et en Bohême, qui sont situées à des distances considérables les unes des autres, montrent une identité presque complète de composition, comme cela se trouve également pour les kaolins plus ou moins réduits en bouc et pour beaucoup d'argiles réfractaires possédant un degré de plasticité élevé (¹).

(¹) Quand on choisit une argile pour un but déterminé, il faut se rappeler qu'il en est des argiles comme des nombreux articles de commerce, qui proviennent d'une production renommée, mais qui peuvent avoir une bonté très différente; on ne doit jamais perdre de vue ce fait simple et connu, quelque facile à expliquer qu'il soit. Voir l'auteur : *die Meissner Tone im engeren Sinne und deren sehr bedeutende pyrom. Verschiedenheit. Sprechsaal*, 1885, 5.

Les éléments mélangés aux argiles proviennent en général : 1° des portions de la roche primitive qui n'ont pas été transformées (quartz, feldspath et mica mélangés mécaniquement) ; 2° d'autres matières contemporaines du dépôt ou de produits qui se sont formés plus tard (carbonate de chaux, carbonate de magnésie, oxyde de fer hydraté, etc.) ; 3° de parties de roches étrangères accidentelles mélangées mécaniquement (sable, tourbe, bitume etc.).

En particulier les argiles renferment des galets, du calcaire (coquilles et coprolithes) le feldspath et le mica mentionnés ci-dessus, toujours du sable et très souvent des restes organiques, des restes d'animaux [1], assez fréquemment du charbon, de la résine, ainsi que des fragments d'ambre et des particules vitreuses d'origine volcanique. De plus on a trouvé quelquefois en répartition presque régulière de la pyrite, du phosphate de fer, du sel, du plomb [2], du cuivre, du titane [3], du vanadium [4], du molybdène [5], du chrome [6], du cobalt [7], de l'or [8] et du cérium (dans

[1] C'est ainsi qu'on a trouvé dans l'argile le squelette d'une baleine. Voir *Tonind.-Ztg*, 1900, n° 8.

[2] L'AUTEUR : *Töpfer-u.-Z-Ztg*. 1881, n° 50.

[3] Sur la position pyrométrique de l'acide titanique, il y a un travail de Cramer, complété par Seger (*Tonind.-Ztg.* 1883, n° 27) suivant lequel celui-ci est un fondant plus puissant que la silice et occupe, dans une certaine mesure, une place intermédiaire entre la silice et les foudants proprement dits. On ne doit pas attribuer d'influence importante sur la fusion à l'acide titanique, qu'on a rencontré jusqu'ici, et auquel il faut maintenant apporter plus d'attention dans tous les cas, tant qu'il ne se trouve pas en plus grande quantité dans les argiles (la plus grande quantité a été jusqu'ici de 1,90 $^o/_o$ [SMOCK, *Geological Survey of New Jersey*, 1878, a toujours trouvé de l'acide titanique dans une série d'argiles américaines, et même jusqu'à 1,9 $^o/_o$]). Kosmann a trouvé dans diverses argiles schisteuses de la basse Silésie, telles que celle de Wenzislaus, près de Handsdorf, une teneur en acide titanique, qui se montait à 0,31 à 0,44 $^o/_o$ de la matière cuite (*Tonind.-Ztg*, 1883, n° 52). L'acide titanique se trouve comme rutile sous forme de minces aiguilles allongées. — D'après Vogt, une série de recherches au laboratoire de Sèvres ont montré que l'acide titanique est très répandu — 37 argiles analysées à Sèvres révélaient dans les matières analysées cet acide en quantités pesables et même la teneur s'est élevée jusqu'à 2,00 $^o/_o$. Le Dr Edgar Ordenheimer en a trouvé jusqu'à 4,08 $^o/_o$ dans des masses d'argile du Nassau, provenant de la décomposition des basaltes. — Dans la volatilisation de l'acide fluorhydrique, la présence de l'acide titanique peut se reconnaitre analytiquement à la couleur bleu d'acier du fond du creuset (*Tonind.-Ztg*) 1903, n° 91).

[4] Vanadium. Seger en a trouvé 0,155 $^o/_o$ dans une argile. Il produit une couleur verte à la cuisson de l'argile (*Tonind-Ztg*, 1877, n° 34; 1878, p. 354).D'après Kosmann il proviendrait de la couche de schiste cuivreux du Zechstein. (Les alges sont plus souvent que le vanadium la cause des « célèbres » efflorescences du vanadium).

[5] Donne une couleur semblable (*Tonind.-Ztg*, 1877, n° 53).

[6] Le chrôme agit de même pour colorer en jaune ou en vert. L'acide chromique est volatil (*Tonind.-Ztg*, 1881, n° 46 et 1882 n° 38).

[7] Cobalt. A la cuisson colore en bleu divers schistes carbonifères. L'auteur : *Töpfer-u-Z-Ztg*, 1880, n°s 44 et 51.

[8] Or. On a estimé à 12 millions de dollards l'or contenu dans une couche d'argile, sous le pavé de Philadelphie. *Zeitschr. der Tonwarenindustrie*, 1878, p. 283.

l'argile jaune du Danemark); il ne faut pas oublier une certaine teneur en fluor ([1]) et en acide borique, qui se rattache à l'origine du kaolin.

Pour ce qui regarde les minéraux accessoires isolés, je suis avec plaisir le magistral travail de Rösler déjà souvent cité; j'en ai trouvé beaucoup au microscope, mais ils ont été reconnus complètement par Rösler :

Xénotime, monazite, minéraux de la famille du mica (biotite, muscovite, mica lithinique, gilbertite), titanite, rutile, magnétite, anatase, hussakite, zircon, chrysobéryl, phénacite, staurolite, dumortiérite, andalousite, sillimanite, disthène, clinozoïte, prehnite, grenat, chlorite, scapolite, horneblende, graphite et même diamant, opale, tourmaline, topaze, fluorine, sidérose.

Nous reparlerons encore à d'autres endroits de la connexion de ces éléments accessoires avec la genèse des kaolins et des argiles.

Couleurs de l'argile. — Dans la nature, l'argile se présente le plus souvent avec une couleur grise, souvent avec une couleur bleuâtre à bleue, mais elle peut aussi être noire, jaune, rouge et brune avec les nuances intermédiaires. La couleur d'une argile est produite, ou bien par des particules solides en suspension dans une masse fluide trouble ou boueuse, ou bien par des substances dissoutes. Parmi les substances colorantes fixes mélangées mécaniquement figurent des particules de charbon, qui donnent une coloration aussi sensible qu'intense depuis le bleuâtre jusqu'au bleu foncé, laquelle passe au noir par une plus grande accumulation de charbon. Parmi les substances en dissolution, les matières organiques et humiques, qui donnent une coloration brun à brun noir, jouent un rôle semblable. De même que la coloration se produit progressivement de cette dernière manière, de même, soit dit en passant, la décoloration de l'argile dans une eau humusifère se manifeste avec une lenteur extraordinaire.

En dehors des colorations par les substances organiques, les mélanges ferrifères en produisent de très variées. En raison de sa grande oxydabilité, l'oxydule de fer ne se rencontre pas comme tel dans l'argile; mais dans beaucoup d'argiles on peut constater la

---

([1]) On a récemment attiré l'attention sur une teneur en fluor des argiles qui nuit à la végétation; il peut y être contenu sous forme de fluorure de calcium ou de silicates. W. Graff a découvert dans diverses argiles, au moyen de la méthode de Wislicenus, une teneur en fluor allant depuis un centième jusqu'à 0,027 % de fluor.

combinaison de l'oxydule avec l'oxyde de fer sous forme d'oxyde d'oxydule. Les propriétés colorantes du fer donnent naissance à une teinte déterminée plus ou moins pure, rouge, verte ou terreuse, etc., avec des intensités différentes, ou bien des mélanges de ces couleurs, de la manière la plus diverse et quelquefois très caractéristique. Le manganèse, qui se trouve aussi présent dans l'argile, joue le rôle d'un modificateur pour les colorations dues au fer.

Ces dernières changent toujours au chauffage et, abstraction faite des quantités massives, de la répartition de la teneur en fer ou de certains mélanges présents dans l'argile ou encore de l'état physique (structure, porosité et compacité) elles dépendent, pour un degré de chaleur relativement modéré, de la constitution chimique des gaz du four ([1]).

Suivant qu'une atmosphère oxydante ou réductrice prédomine dans les fours, il se produit des matières d'oxydation différentes et enfin même du fer métallique.

D'autres substances, telles que l'acide sulfureux, peuvent être empruntées aux gaz de la combustion par le fer dans ses divers produits d'oxydation. A une température très élevée, où il se produit une dissociation des combinaison du fer, c'est le degré de température qui est déterminant. Par le chauffage, il arrive que deux argiles brutes de même couleur se cuisent d'une manière différente (de deux argiles bleues, l'une peut devenir rouge et l'autre jaune) comme inversement deux argiles de couleur différente peuvent prendre la même couleur (une argile rouge et une jaune peuvent présenter la même teinte après la cuisson). Il se peut, comme on l'a déjà signalé, que certaines matières mélangées empêchent la manifestation d'une couleur qui se produirait sans elles, comme cela est connu pour le calcaire, qui (par suite de la formation d'un silicate ferro-calcique), quand il est en quantité suffisante et également réparti à l'état fin, ne laisse pas se produire la coloration rouge, et, dans le cas où celle-ci s'est manifestée déjà, la change en jaune. Des recherches à ce sujet ont été faite par Remelé, Méné, Michaelis et surtout par Seger ; nous reproduisons, en les abrégeant, les points essentiels des travaux bien connus de ce dernier.

---

[1] Seger, se basant sur une série d'expériences de cuisson, a trouvé que, passée une certaine teneur (au dessus de $8^o/_o$) l'oxyde de fer n'agit plus pour colorer davantage. (*Tonind.-Ztg*, 1891, n° 16). Voir aussi : *Farbe und Färbungen der Tone*, H. Zeiger (*Töpfer-u-Z-Ztg*. 1899, n° 56) et le fer métallique signalé par l'auteur dans des kaolins lévigés.

L'oxyde de fer chauffé peut, dans ses divers états de réductions même jusqu'au fer métallique (Fe), servir d'indication pour les couleurs que le fer peut produire dans l'argile quand on la chauffe au rouge. A la chaleur du rouge vif, l'oxyde de fer (Fe_2O_3) devient rouge et cette couleur est d'autant plus foncée que la température s'élève davantage. Pour une chaleur très élevée, la teinte devient rouge foncé, brune ou violet foncé. Dans une atmosphère réductrice, prennent naissance des produits d'oxydation inférieurs, l'oxyde oxydulé (Fe_2O_3. FeO ou Fe_3O_4), ou l'oxydule (FeO) ou un mélange de fer métallique et d'oxydule ou enfin du fer métallique seul. Les combinaisons sont toutes colorées en noir.

Quand on les chauffe dans une atmosphère oxydante, il se produit une nouvelle formation d'oxyde de fer, de l'oxygène est absorbé et la couleur rouge réapparait, mais dans d'autres nuances ([1]). Dans les pâtes et les vernis en général, l'oxyde de fer fait naître une couleur jaune ou rouge, l'oxydule une verte et l'oxyde oxydulé diverses nuances jusqu'au noir. D'après Knapp, à la température des porcelaines de grand feu, l'oxyde magnétique de fer (Fe_3O_4) est le seul stable et il donne une couleur qui n'est ni jaune ni bleue. Ce même auteur dit expressément que ce n'est pas la constitution de la flamme seule qui a une influence différentiante sur l'action colorante du fer dans la pâte, mais que le degré de température joue aussi un rôle prépondérant. Seger classe les argiles suivant les colorations qu'elle peuvent prendre à la cuisson, en

a) Riches en alumine et pauvres en fer, qui se cuisent en blanc ou se teintent d'une manière à peine sensible, comme le kaolin, la terre de pipe, l'argile à faïence, etc., qui, même avec une teneur en fer de quelques pour cent (notamment quand ¡la température n'est pas trop élevée) restent blanches, peut-être sous l'influence de l'alumine en excès ;

b) Riches en alumine et moyennement riches en fer, qui deviennent jaune clair jusqu'à brun de cuir à la cuisson. A cette catégorie appartient le plus grand nombre des argiles plastiques avec 20 à 30 % d'alumine et 1 à 5 % d'oxyde de fer, qui servent pour les branches supérieures de la céramique et pour les matières réfractaires ([2]). Elles donnent à la cuisson une couleur d'autant plus

---

([1]) Voir Seger. Rapport à la 26e assemblée générale de l'association allemande, pour la fabrication des briques, objets en argile, etc.

([2]) Il existe des argiles réfractaires qui se cuisent en jaune à un certain degré de chaleur et toujours en blanc à un degré plus élevé; l'élévation de température y pro-

claire que la quantité d'alumine est plus grande par rapport à celle de l'oxyde de fer ;

c) Pauvres en alumine et riches en fer, qui, suivant la température de cuisson, prennent une couleur rouge, rouge intense, rouge violet et enfin bleu noir ;

d) Pauvres en alumine, riches en fer et en chaux, les argiles à briques et les marnes argileuses qui se cuisent en jaune. Avec l'augmentation de la température, la couleur d'abord rouge, devient toujours plus claire jusqu'au blanc ; à la fusion, il se produit des couleurs vert jaune et verte, qui vont finalement au vert foncé et jusqu'au noir.

Les argiles *c* et *d* ne sont pas réfractaires.

Le fer au point de vue pyrométrique. — En ce qui concerne le rôle du fer au point de vue pyrométrique comme fondant, l'oxydule de fer agit plus tôt et plus puissamment pour produire la fusion que l'oxyde de fer, qui doit au moins partiellement subir une réduction ou une dissociation pour des températures croissantes afin de pouvoir donner des combinaisons facilement fusibles. Remarquons en passant que c'est le contraire pour le cuivre, pour lequel Alex. Schmidt signale que l'oxyde de cuivre donne un fondant plus dur pour l'émail-porcelaine que l'oxydule de cuivre. Il faut encore ajouter que les argiles qui contiennent beaucoup de fer sont sujettes aux soufflures. Dans la réduction de l'oxyde de fer en oxyde oxydulé ou en oxydule, qui se produit par la teneur en carbone des gaz de chauffage et de la substance organique que renferme toujours l'argile, il se développe de l'oxyde de carbone et de l'acide carbonique, qui déterminent des soulèvements. Un peu de pyrite peut aussi y aider par la formation d'acide sulfureux.

Impuretés, sels. — Les sels et les substances solubles font aussi partie des matières mélangées dans l'argile. On en trouve de très petites quantités dans toutes les argiles et elles peuvent même en constituer une partie importante. Si l'eau, d'où l'argile s'est déposée,

---

duit une combinaison de couleur claire. La couleur due au fer est affaiblie (éclaircie) par un grand excès de corps qui se cuisent en blanc, comme, par exemple, le quartz ou la poussière de silex. D'autre part, à une haute température, l'action du fer dans une argile est accentuée, notamment par la présence d'alumine libre, qui isole l'oxyde de fer de sa combinaison avec la silice. Un kaolin, avec une teneur de 0,64 $^0/_0$ seulement en fer, mais avec 41,38 $^0/_0$ d'alumine et par suite 0,91 $^0/_0$ d'alumine libre, se cuit en gris bleu à la température de fusion de l'acier, mais en blanc à une température inférieure. L'auteur : *Notizblatt des Kalkbrenner Vereins*, 1881.

contenait des sels, la boue argileuse en se déposant a dû en entraîner avec elle une certaine quantité, si petite qu'elle soit, mais qui serait plus grande si le dépôt s'est effectué dans une mer fermée et si l'eau s'est enrichie de sels par suite de l'évaporation. Les sels, qui se sont dissous d'autant plus complètement que l'eau a été plus abondante et plus longtemps en contact avec eux, se montrent souvent d'abord à l'air, ou se forment au feu, ou sont aussi introduits par l'eau au cours de la fabrication. On sait que l'argile est en état d'attirer aussi les sels dissous dans l'eau. Au séchage, ils se séparent sous forme solide, et puisque, tant que l'argile n'est pas devenue poreuse, l'évaporation ne se produit qu'à la surface, il doit s'y produire des dépôts, et surtout aux endroits où l'évaporation est la plus active et la surface la plus compacte. Les efflorescences se manifestent donc surtout sur les arêtes ou les parties en saillie, et aux endroits où existe une anse ou une surface comprimée quelconque, où l'eau de pluie qui s'est infiltrée arrive à la surface et où se produit la plus forte évaporation, ou sur le côté des constructions exposées au vent. Les sels qui se séparent ainsi irrégulièrement sous la forme de dépôt blanc, non seulement nuisent à l'aspect des constructions en briques, mais aussi constituent un danger pour leur durée. L'enlèvement de l'eau et la formation de cristaux déterminent des augmentations de volume, comme le fait la gelée par la production de cristaux de glace ([1]), qui agissent par expansion sur la brique ; si, dans le commencement et en petite quantité, leur influence peut être insignifiante, chaque pluie renouvelle ce même jeu de destruction, qui se manifestera finalement avec d'autant plus d'intensité que les sels auront plus de tendance à former de plus gros cristaux. Il faut surtout redouter ici le sulfate de chaux (gypse) parce que, se dissolvant dans 450 parties d'eau, il est le premier de tous les sels présents à se séparer. D'autre part, plus les sels sont solubles, comme les sulfates de magnésie, de potasse et de soude, plus ils se font remarquer en petite quantité. Au point de vue pyrométrique, on sait que les sels de magnésium et de calcium sont les fondants les plus actifs et, sous forme de combi

---

naisons chlorées, ils peuvent être particulièrement redoutables à cause de leur propriétés très hygroscopiques. Remarquons en passant qu'on peut arrêter les efflorescences par des moyens chimiques, mécaniques ou autres. On cherche, ce qui est difficile à atteindre d'une manière complète, à transformer par une addition les sels solubles en sels insolubles ; ou encore on extrait de la pierre séchée à l'air les bases formant des sels au moyen d'acide dilué, ou bien on enlève tout simplement les sels par un brossage. On plonge de plus les pierres encore humides et dépourvues de sels dans du goudron de houille, de manière que le dépôt des sels se fasse non pas immédiatement sur l'argile, mais sur le goudron, et qu'ils disparaissent quand ce dernier brule. Au lieu de goudron on emploie aussi de la colle de farine de seigle, qui est plus propre. De cette manière, la couverture de sels de la pierre est transportée sur l'enveloppe séparable. D'après Hönnecke, les colorations des pierres de parement, qui proviennent de combinaisons sulfurées (sulfates), peuvent être sûrement évitées par le procédé du pressage à sec, ou, pour le pressage à l'état humide, par l'emploi de whitérite. (Voir *Tonind.-Ztg.* 1897, n° 30). D'autres moyens devraient consister dans un lessivage des sels, ou dans leur transformation en combinaisons non nuisibles par décomposition ou chauffage jusqu'à scorification, ou en rendant la masse plus compacte par des additions quand on la cuit, de telle sorte qu'elle ne puisse plus absorber d'eau ([1]).

Mode de formation du kaolin et de l'argile

On a jusqu'à présent considéré le mode de formation du kaolin simplement comme un exemple de la décomposition par les agents atmosphériques de roches solidifiées, riches en feldspaths, et par suite comme provenant en première ligne du granite, aplite, syénite, porphyre quartzeux, liparite, rhyolite, pechstein et autres. Si l'on se représente les agents atmosphériques principaux — l'acide carbonique et l'eau — comme agissant sur les feldspaths, leur décompo-

---

([1]) On trouvera dans le *Töpfer u Z. Ztg.*, 1892, n° 51, une description complète de la formation des efflorescences sur les murs en brique, et des moyens de les empêcher et d'y remédier. Voir aussi dans le Chap. V : *Efflorescence ou atmophérisation des produits argileux*, ainsi que les écrits qui s'y rapportent. — Voir le beau travail de Günther, *Inaug. Diss. Rostock*, 1896, qui traite d'une manière complète de l'atmosphérisation.

sition en kaolin peut s'expliquer facilement de la manière suivante pour les feldspaths les plus importants :

$$\text{Orthose} \begin{cases} SiO_2\ 64,86 \\ Al_2O_3\ 18,29 \\ K_2O\ \ 1,85 \end{cases} \text{Absorbé } 6,45\ ^0/_0\ H_2O \qquad \text{Enlevé} \begin{cases} SiO_2\ 43,24 \\ \underline{K_2O\ 16,85} \\ \ 60,09 \end{cases}$$

Kaolin formé :
$$46,36\ ^0/_0 = 21,62\ ^0/_0\ SiO_2 + 18,29\ ^0/_0\ Al_2O_3 + 6,45\ ^0/_0\ H_2O$$

$$\text{Albite} \begin{cases} SiO_3\ 68,81 \\ Al_2O_3\ 19,40 \\ Na_2O\ 11,70 \end{cases} \text{enlevé} \begin{cases} 45,87 \\ \\ 11,79 \end{cases} + 6,85\ _0/^0\ H_2O = 57,66$$

Kaolin formé : $49,19\ ^0/_0 = 22,94\ SiO_2 + 19,40\ Al_2O_3 + 6,85\ H_2O$

$$\text{Anorthite} \begin{cases} SiO_2\ 43,30 \\ Al_2O\ 36,63 \\ CaO\ 20,07 \end{cases} \text{absorbé } 12,92\ H_2O \qquad \text{enlevé } 20,07\ CaO$$

Kaolin formé : $92,85 = 43,30\ SiO_2 + 36,63\ Al_2O_3 + 12,92\ H_2O$

En formules :

Orthose. . $2\,(KAlSi_3O_8) - 4\,SiO_2 - K_2O + 2\,H_2O = H_4Al^2Si_2O_9$
Albite . . $2\,(NaAlSi_3O_8) - 4\,SiO - Na_2O + 2\,H_2O = H_4Al_2Si_2O_9$
Anorthite . $(Si_2O_3Al_2CA) - CaO \qquad\quad + 2\,H_2O = H_4Al_2Si_2O_9$

C'est sous cette forme, qui représentait, comme on dit, l'atmosphérisation du feldspath, que la conception de la genèse du kaolin est entrée dans tous les traités de chimie et de minéralogie. On la trouve jusqu'à présent aussi dans les publications de la littérature céramique. Pour être complets, nous devons mettre encore une fois sous les yeux l'explication qui se trouve dans la seconde édition de cet ouvrage, en faisant remarquer qu'on ne peut admettre une origine semblable que pour un petit nombre d'argiles, et qu'on doit supposer la possibilité suivante pour le mode de formation du kaolin et du plus grand nombre des argiles proprement dites nobles et réfractaires.

Quand les minéraux feldspathifères se décomposent, c'est-à-dire quand, abstraction faite des effets de la végétation, ils se trouvent en prise à l'action de l'eau qui y pénètre par les fentes capillaires les plus fines, s'y congèle [1] en augmentant de volume, aggrandit les

[1] L'action de l'eau qui se congèle ne consiste pas seulement en un effet mécanique, la dislocation et l'éclatement, mais dans un classement cristallin des masses, que produit l'eau en se changeant en glace. De même que dans la congélation, l'atmosphérisation détermine la formation de sels cristallisables, qui en se combinant chimiquement à l'eau augmentent de volume et qui ensuite par la force de la cristallisation font éclater les masses (*Notizbl.*, VI, 110). De plus, d'après Volger, le cristal de glace, qui se produit, attire les particules d'eau avec une plus grande force et agit par suite plus énergiquement. D'après A. Mürtz et les recherches de Winogradsky, les bacilles doivent aussi jouer un rôle dans la destruction et l'atmosphérisation de la pierre, mais seulement pendant la partie chaude de l'année (*Köln, Ztg.*, 1890).

fentes et agit avec énergie sous l'action de l'acide carbonique et de l'oxygène, qui se renouvellent d'une manière continue et illimitée, et qui ont pour auxiliaires en particulier les changements de température, la combinaison double est décomposée ; il se produit des silicates simples et les silicates alcalins commencent à se lessiver sous l'influence de l'acide carbonique. Si de plus l'oxyde de fer se réduit et est enlevé sous forme de carbonate d'oxydule, avec une partie de la silice, il reste comme matière résiduelle, en admettant une texture terreuse et une absorption d'eau, le silicate d'alumine, pour lequel on peut définitivement admettre la formule $Al_2O_3SiO_2 + 2H_2O$, (c'est-à-dire un corps composé d'une molécule d'alumine, une molécule d'acide silicique et deux molécules d'eau) et qui n'est jamais complètement exempt de matières mélangées. En règle générale, il s'y trouve une plus ou moindre quantité de silice non combinée, et, suivant le degré d'avancement de la décomposition, on obtient un produit inégalement pur, l'argile proprement dite, qui dans son état le plus pur constitue le type chimique de l'argile.

Si à l'écrasement mécanique ou aux forces physiques s'adjoint la décomposition chimique ([1]), et ces deux actions peuvent coexister, le feldspath sera décomposé au plus haut degré, le mica à un degré moindre, et le quartz se conservera pour la plus grande partie sous forme de grains de sable perceptibles dans les décombres humides produits, auxquels nous pouvons maintenant donner le nom d'argile. Il va de soi que les propriétés du produit seront très différentes, suivant que l'une des actions précitées sera prédominante, et celui-ci sera riche en argile liante ou inversement, quand il contiendra des particules minérales à l'état de poussière si fine qu'elle soit. Il résulte de là que, dans la décomposition incomplète du feldspath et sa transformation en argile, il se forme encore des produits intermédiaires (silicates difficilement solubles) qui ont été découverts par Kosmann. (*Tonind.-Ztg.* 1887, n° 7).

A l'encontre du granite, le mode de décomposition du schiste argileux est différent. Au lieu d'avoir à faire avec des constituants différents, nous rencontrons principalement ici une partie argileuse en quantité variable. L'eau a un jeu facile pour la réduire en particules les plus fines dans le cas de la majeure partie des espèces de

([1]) D'après Fr. Mohr, l'argile résulte uniquement et seulement de l'action de l'acide carbonique sur les silicates. Au sujet d'une formation directe de l'argile, qui en dehors de l'écrasement de la roche, est liée à une transformation profonde, voir OLSCHEWSKY, *Töpfer und Z. Ztg.*, 1881, n°ˢ 37 et 38.

schistes. Un pareil mode de formation sur place, provenant des schistes à grauwacke, a été décrit par Giese « Die Entstehung der Tonlager des hohen Venns der Eifel » (*Töpf.-Ztg.* 1889, nº 6). Nous décrirons plus loin, en traitant du kaolin et de la kaolinisation, les passages visibles du kaolin à la roche non altérée.

Les recherches approfondies de Daubrée sont intéressantes et elles ont mis en évidence la liaison de la décomposition chimique avec les actions mécaniques. Par leur usure dans l'eau, le feldspath ou les roches feldspathiques forment non seulement des galets, de la boue et du sable, mais l'eau se charge d'une certaine quantité d'alcalis; 3 kilos de feldspath, après un mouvement durant 192 heures, correspondant à un chemin parcouru de 460 kilomètres, dans un trommel en fer, ont donné 2,73 kilos de schlamm et les 5 litres d'eau, qui avaient servi à l'usure, ne contenaient pas moins de 12,60 gr. de potasse, soit 2,52 gr. par litre. L'analyse a donné 2,52 de potasse, 0,03 d'alumine et 0,02 d'acide silicique. Il est remarquable qu'une certaine quantité d'alumine accompagne la potasse, ce qui, soit dit en passant, explique la formation de l'hydrate d'alumine.

Si l'on use le feldspath à sec, sa poussière la plus fine ne donne à l'eau qu'une réaction à peine alcaline. En employant de l'eau salée, on n'eut qu'une réaction alcaline très faible ; en présence de l'acide carbonique, elle était plus faible, tandis que l'eau de chaux ou celle qui avait servi à arroser préalablement le feldspath fortement chauffé, favorisait la venue de la potasse (*Notizblatt* 1880, p. 209).

L'altération à l'air du feldspath ([1]) et son explication au moyen des formules connues permettent bien d'indiquer les opérations qui se produisent ou d'autres semblables, bien que les phénomènes d'altération pour l'argile ordinaire et ceux qui se produisent dans cette argile même manquent encore beaucoup d'éclaircissements scientifiques ([2]). A ces derniers appartient entre autres ce fait de savoir comment l'argile brute sèche et courte se change en une matière plastique propre à la fabrication.

Définition du mode de formation au moyen des formules chimiques. — Le feldspath est un silicate double (silicate d'aluminium et de potassium) de la formule $Al_4Si_9O_{24} + K_4Si_3O_9$, dans

---

([1]) Par transformation complète en argile, il éprouve une perte de poids de 50 % ou de 33 % en volume, et il en résulte nécessairement la porosité de la texture. Voir SEGER, *l. c.*

([2]) Voir BISCHOF, *Chem. Geologie;* KAUL, *Inaug. Dissert.*

lequel une petite portion de l'alumine peut être remplacée par de l'oxyde de fer, et la potasse partiellement par de la soude et partiellement par de la chaux. Si l'on admet que l'alumine soit constante, la kaolinisation du feldspath, sous l'action de l'eau seulement, s'explique par les équations chimiques suivantes.

La formule chimique de la molécule de feldspath est : $K_2Al_2Si_6O_{16}$; S'il s'y ajoute 2 molécules, d'eau, il se produit, d'après Biedermann, $K_2Al_2Si_6O_{16} + 2H_2O = H_4Al_2Si_2O_9 + K_2Si_4O_9$. Le silicate acide de potasse ($K_2Si_4O_9$) se décompose ensuite de telle manière qu'il se forme du silicate normal de potasse et qu'il se sépare de l'acide silicique. $K_2SiO_3 + 3SiO_2$. Ce silicate de potasse (K_2SiO_3) est facilement soluble dans l'eau. Sa dissolution a le pouvoir d'absorber encore plus d'acide carbonique, et il arrive de la sorte que, des trois molécules de silice, il ne reste rien ou presque rien dans le kaolin. Nous avons alors ce qu'on appelle le kaolin normal ; tandis que d'autre part il existe des combinaisons dans lesquelles l'acide silicique séparé du silicate de potasse est contenu en plus ou moins grande quantité.

D'après Zinken, dans les marais tourbeux de l'époque présente, il se forme actuellement de l'argile (par séparation) par les molusques d'eau douce et les infusoires ainsi que par les conferves, qui à leur tour disparaissent immédiatement, quand la tourbe commence à se former. Les organismes les plus petits ont du reste pendant leur vie joué un rôle dans la décomposition des roches, en leur empruntant des sels nutritifs, tels que la chaux, la potasse, la silice, en creusant dans leurs particules les plus fines et en décompsant le tout (voir les recherches de Winogradsky citées plus haut).

Pour ce qui regarde la purification de l'argile du carbonate de chaux et du carbonate d'oxydule de fer, ce sont, d'après Senft, les acides humiques ainsi que les acides végétaux, qui ont pris naissance par suite de la décomposition des plantes, qui en produisent le lessivage.

Les idées actuelles sur la kaolinisation par décomposition ne peuvent donner rien de plus. Revenons donc encore une fois aux phénomènes qui se manifestent pendant l'atmosphérisation, aux actions de l'eau, du vent, de l'insolation par le soleil, au froid, etc., qui s'y font sentir. Il se produit une rupture de la roche, une séparation en grands morceaux ; la décomposition en se continuant donne naissance à des blocs en forme de sacs de laine et finalement, quand la dislocation est complète, à un gravier sans consistance.

Il se produit en même temps une transformation chimique et une formation de nouvelles combinaisons; le détritus le plus fin se présente à nous sous forme d'argile maigre, de lehm, etc., mais on ne trouve jamais qu'il se forme de cette manière du kaolin ou des argiles proprement dites, comme le microscope permet de le reconnaître clairement.

La kaolinisation doit donc être rapportée à d'autres causes :

Déjà Léopold V. Buch [1] et Haüy [2], s'appuyant sur la venue du kaolin dans la formation stannifère de Cornouaille et sur la présence de la fluorine dans les kaolins de Halles, avaient songé à des phénomènes pneumatolytiques comme causes de la kaolinisation. En 1837 Forchammer avait cherché à expliquer le gisement de kaolin de Bornholm et ceux de Scandinavie par ce fait que des solutions chaudes remontantes et des vapeurs surchauffées avaient pu donner naissance à la kaolinisation. Mais Daubrée [3] a montré plus tard que ni l'acide carbonique, ni les vapeurs surchauffées ne peuvent y arriver. Mais il s'agissait toujours ici de solutions qui pouvaient circuler dans des crevasses et des fentes.

Pour le gisement de kaolin de Karlsbad, Kasai admit que, à l'éruption du basalte, l'eau, sous laquelle se trouvaient les granites, a été fortement chauffée et a produit la décomposition de la roche granitique de concert avec les agents chimiques accompagnant le basalte. Ces vues de Kasai, comme aussi celles très rapprochées de Rosinal [4], qui supposent une connexion du gisement de kaolin autour de Karlsbad avec les fentes thermales de cette localité, n'ont pas pu être établies d'une manière indiscutable ni par Rosinal, ni par Kasai. Le Dr Kaul, sans avoir eu connaissance préalable du travail de Kasai, croyait que des eaux chaudes, contenant de l'acide carbonique, accompagnant le basalte, et provenant des fentes situées en profondeur dans le granite, ainsi que des exhalaisons, pouvaient avoir donné naissance à la kaolinisation. Mais en s'appuyant sur les conditions locales de la Bohême, et encore plus sur celles de la Haute Franconie et du Haut Palatinat, il ne semble pas qu'on puisse donner une preuve exacte d'une pareille possibilité ; — en outre cette explication serait insuffisante pour tous les autres gisements dans le voisinage desquels on a constaté ni basalte ni érup-

---

[1] *Beschreibung des Harzes*, 1824.
[2] *Traité de minéralogie*, 1801.
[3] *Géologie expérimentale*, 1878.
[4] *Uber die Thermen von Karlsbad. K. K. Reichsanstalt*, Vienne, 1893.

tion semblable, par exemple et avant tout pour les régions de Halle,
Mügeln, Meissen, Bornholm, Cornouaille, Limousin, etc. De Launay [1] attribue nettement les causes de la formation du kaolin, non
pas à des eaux thermales récentes, mais à des phénomènes pneumatolytiques postvolcaniques, qui se seraient manifestés à la suite
des éruptions du granite lui-même. Toutes ces tentatives d'explications étaient encore bien attaquables et pas démontrées d'une
manière générale, lorsque Rösler dans son travail magistral « Beiträge zur Kenntnis einiger Kaolinlagerstätten » est arrivé à résoudre
de la manière la plus élégante la question des causes de la formation du kaolin généralisée pour un grand nombre de gisements.
C'est depuis ce travail qu'on a pu traiter à la manière scientifique
moderne le mode de génération des kaolins et nous n'hésitons pas
à dire qu'il a donné une large base pour d'autres recherches de ce
genre.

Rösler a prouvé que l'atmosphérisation la plus avancée ne conduit jamais à la formation de kaolin, et il a montré qu'il est très
caractéristique que les phénocristaux de feldspath dans les granites
restent encore frais très longtemps, alors que la pâte subit bien plus
tôt la décomposition par rupture; il en est tout autrement dans la
kaolinisation, dans laquelle il ne se produit aucune rupture mécanique préliminaire. De plus, quand la kaolinisation se produit dans
des roches compactes, les phénocristaux sont attaqués les premiers.
C'est ce qu'a montré Rösler pour une série d'exemples, où des gisements de kaolins se trouvent dans le voisinage de granites décomposés. Ces résultats finaux — décomposition et kaolinisation —
montrent que la décomposition par atmosphérisation n'est nulle
part alliée en aucune manière à la kaolinisation, et du granite même
à demi kaolinisé par décomposition ne peut jamais devenir plus
kaolinisé.

Une observation de grande importance est celle que la kaolinisation ne diminue pas quand la profondeur augmente mais qu'elle se
continue sans changement; c'est là un fait qui est encore en contradiction avec la formation par atmosphérisation normale. Le degré
de kaolinisation ne diminue pas avec la profondeur croissante,
mais l'humidité moindre et la compression font paraître les couches
plus profondes, à un examen superficiel, plus dures, c'est-à-dire

<hr>

[1] Note sur le gisement de kaolin de la forêt des Collettes (Allier), *Bull. Soc. géol. France*, 1888, 16.

moins intensivement kaolinisées en apparence. Rösler est arrivé en
outre à montrer qu'il se trouve dans le kaolin des formations nouvelles, qui manquent dans la roche mère voisine, ou qui s'y trouvent
sous un autre état, et réciproquement, par exemple la muscovite,
hussakite, minerais de fer, monazite, titanite, apatite. Enfin la conséquence la plus importante consiste en ce que l'on trouve dans le
kaolin un grand nombre de formations minérales nouvelles et de
constituants accessoires, dont le mode de formation est typiquement
pneumatolytique, et avant tout la tourmaline, la fluorine, et la
topaze ; et que d'autres formations de minéraux, tels que la sidérose, la pyrite, le graphite, la cassitérite, la turquoise, la galène et
d'autres minerais conduisent à la même conclusion.

Rösler a montré enfin qu'il se produit bien encore aujourd'hui
une kaolinisation par l'eau thermale, mais qu'elle est si faible qu'il
faut supposer pour la formation proprement dite du kaolin des eaux
thermales et des exhalaisons gazeuses bien plus actives que celles
qu'on rencontre aujourd'hui ; elle appartient donc à une époque de
bien plus grande activité volcanique, c'est-à-dire vraisemblablement à celle qui a suivi l'éruption des granites, des porphyres
quartzeux, etc., et la kaolinisation doit être rapportée à des phénomènes post-volcaniques, pneumatolytiques et pneumatohydato-
gènes.

Si l'on doit considérer la question de l'origne du kaolin comme
résolue par les recherches de Rösler, ce qui nous intéresse pour
l'objet spécial de cet ouvrage c'est avant tout de savoir quelle est la
connexion qui existe entre les kaolins et les argiles réfractaires,
comment on peut expliquer leur formation et quelle ligne de
démarcation il faut tirer entre eux.

Tandis qu'on admettait autrefois que les kaolins sont un produit
primaire et les argiles un produit secondaire, des considérations
plus approfondies des gisements dans ces deux produits ne permettent plus de formuler cette proposition, au moins sous cette
forme. On trouve en effet aussi des kaolins dans des gisements
secondaires, ce qu'on appelle des grès et argiles kaoliniques, qui
doivent indiscutablement être appelés kaolins. Mais il ne s'agit ici
que de matières transportées à peu de distance des gisements primitifs et sur lesquelles les actions chimiques se sont peu fait sentir
pendant le déplacement. Pour des transports plus étendus, l'argile
kaolinique se transforme en l'argile réfractaire proprement dite,
également composée principalement de kaolinite, mais dont on ne

peut pas la séparer nettement, ainsi que Rösler a pu l'observer principalement aux affleurements des mines de Wildstein.

Si donc, comme on l'a dit, les kaolins se transforment en argiles par un transport plus étendu, cette expression : « le kaolin est le produit qui repose sur son gisement primaire » n'est exacte que jusqu'à un certain point. Toutes les argiles réfractaires ne proviennent certainement pas directement de gisements de kaolin. Ce mode de formation ne peut plus s'appliquer aux argiles de la formation du carbonifère, du Rhétien et de la craie, et à une grande série d'argiles réfractaires du Tertiaire. Pour les argiles du Rhétien de la Bavière, Kaul a montré qu'elles doivent provenir de lehms ordinaires, qui par suite de la présence de restes de plantes, ont subi un lessivage, qui a fait disparaître toutes les parties solubles dans les acides. Mais d'autre part, dans quels rapports nos glaises et lehms ferrugineuses ordinaires se trouvent-elles vis-à-vis des anciens kaolins, c'est ce qu'il est impossible de dire. — Je pourrais encore ajouter que la majeure partie des argiles réfractaires de la formation de la craie dans la Bohême et la Moravie sont des kaolins manifestement déposés. Enfin, d'après les nouvelles idées qu'il s'est faites, à la suite d'observations géologiques, mon collaborateur pense que les argiles de la formation Rhétienne sont provenues de lehms latéritiques, en partant de ce que les contributeurs vraisemblables aux argiles du keuper inférieur et moyen appartiennent à des formations désertiques avec lehms latéritiques.

Latérite. — Ce produit représente une décomposition bien plus profonde que la kaolinisation, mais ne s'étend pas plus bas que 10 mètres. — Ce mode de décomposition enlève tous les alcalis et les terres alcalines, ainsi que l'acide silicique des silicates et conduit à la formation d'hydroxydes de fer et d'alumine (Bauxites). La condition est un climat désertique avec vent tropical de côte, chaud et humide.

Différence chimique entre le kaolin et l'argile proprement dite

Une séparation rigoureuse de ce genre, d'après la constitution chimique de l'argile et du kaolin, n'est pas possible. Il est toujours frappant que presque toutes les argiles proprement dites, comparées au kaolin, révèlent une teneur plus grande en alcali et en oxyde de fer, mais une moindre en eau. Ce qui leur est propre, c'est que la plus grande partie de cette teneur en alcali peut être dissoute par l'acide chlorhydrique, et encore plus par l'acide sulfurique avec décomposition des silicates. Etablir cette différenciation au moyen des corps étrangers, c'est-à-dire des restes minéraux, présenterait les mêmes difficultés, par ce qu'il s'agirait de formation nouvelle de minéraux tels que la glauconie, les zéolites, la muscovite, etc. On rencontre certainement de nombreux minéraux comme constituants accessoires parmi les argiles comme parmi les kaolins, mais ils sont les mêmes pour les deux et en définitive ils ne serviraient pas à expliquer la grande quantité de silicate alcalin décomposable par l'acide sulfurique.

Il n'est également pas établi si les argiles, qui renferment une moindre quantité d'alcali et d'oxyde de fer, ont une plasticité particulière plus grande. Par contre il semble qu'il faille attribuer une plus grande importance aux mélanges de substances organiques, pour expliquer la plus grande plasticité d'argiles proprement dites, que d'autres auteurs, et Rösler lui-même, ne veulent l'admettre. D'abord c'est un fait indéniable que la terre à porcelaine mise en dépôt, se teinte en couleur plus foncée, grise, par ce qu'on appelle la pourriture (1), qu'elle sent mauvais, particulièrement en présence d'eau de marais, et qu'elle devient même quelquefois putride. Il s'agit ici sans aucun doute de phénomènes de décomposition de corps organiques et l'on serait certainement en droit, sans examen approfondi, de considérer les produits finaux comme déjà voisins des acides humiques. Par le fait, une partie des substances organiques se dissout aussi dans une lessive de soude et elle en est précipitée à nouveau par les acides. D'autre part c'est un fait connu qu'une faible acidification avec de l'acide acétique rend les masses plus lastiques (Voir aussi remarque 2).

Plasticité et retrait des argiles

La plasticité est une propriété que les argiles possèdent à un degré très différent, qui dépend de l'absorption mécanique de l'eau (2) et autres fluides, à laquelle des mélanges de matières étrangères fixes

(1) Voir plus loin.

(2) Si l'on ajoute à une argile de l'eau avec de la glycérine, ou un mélange de 1 partie de glycérine et de 3 parties d'eau, elle devient également malléable, mais ne sèche plus à l'air et conserve sa plasticité. On peut aussi produire artificiellement la plasticité par une solution de sucre, un sirop et une solution de gomme arabique ;

peuvent être nuisibles et qui *disparait complètement* avec la disparition de l'eau de constitution à la chaleur rouge. D'après Biedermann, les argiles conservent la propriété de devenir plastiques jusqu'à une température de 415° (fusion du zinc); à partir du rouge naissant, la plasticité diminue de plus en plus, de même que la réductibilité en pâte fluide, avec l'expulsion ou la perte de l'eau chimiquement combinée.

De même que la plasticité est une propriété aussi nécessaire qu'indispensable de l'argile, de même aussi c'est en même temps la plus caractéristique et elle joue dans une certaine mesure le même rôle que la malléabilité pour les métaux et le ramollissement au feu pour le verre.

Si la plasticité est surtout appréciable comme condition pour le moulage, en particulier pour les objets compliqués, elle présente aussi de grosses difficultés et des inconvénients, qui doivent être surmontés. Une masse trop plastique sèche mal et irrégulièrement. Les objets qu'on a préparés avec elle perdent facilement leur forme au séchage, se tordent et se fendent. Ces inconvénients s'augmentent encore à la cuisson.

En ce qui regarde la plasticité de l'argile, il faut faire la distinction entre la puissance de cohésion et d'adhésion, ou la force avec laquelle les molécules s'attirent entre elles, et l'adhérence superficielle sur d'autres corps. Il existe des argiles d'une grande plasticité, qu'on peut pétrir dans les mains comme de la pâte de pain, sans qu'elles y adhèrent ou y collent, tandis que d'autres, moins pures, salissent les mains d'une manière gênante, quand on les manipule. Dans les premières, l'attraction des particules de la masse les unes sur les autres est plus grande; dans les secondes, c'est l'adhérence superficielle qui domine.

La plasticité doit incontestablement être attribuée au silicate d'alumine hydraté. La quantité d'alumine seule n'est pas l'élément déterminant, car il y a des argiles riches en alumine, qui sont peu plastiques.

Indiquons d'abord les idées répandues dans la littérature au

l'argile humide, qui en est imprégnée, devient plus compacte et plus dure en séchant.

D'après des recherches remarquables au laboratoire du *Tonind.-Ztg* (v. 1903, n° 118) la mise en couche d'un kaolin humide exerce une influence très marquée sur son liant qui est en relation avec la plasticité. Une addition d'acide tannique, et encore plus d'amidon, augmente encore le liant.

sujet de la plasticité, dont l'étude a été le but de divers céramistes.

Aron, dans le travail connu cité plus haut, a traité de la plasticité et du retrait, dont il cherche à expliquer les causes par la forme sphérique des plus petites particules de l'argile. Biedermann et Herzfeld, ainsi que d'autres, qui ont étudié au microscope un grand nombre d'argiles, n'ont jamais trouvé ces petites sphères, mais au contraire des formes cristalliniques bien délimitées, de petites feuilles en partie hexagonales, en partie rhombiques, tandis que d'autres chercheurs ont observé des formes cristallines très différentes. Hussak (*Sprechs.* 1889, n° 8), qui (voir plus haut) a étudié au microscope une série de kaolins ainsi qu'une argile plastique, a trouvé que, dans toutes les argiles réduites en boue, les plus petites parties ont une forme régulièrement délimitée, qui paraît tantôt plus, tantôt moins brisée, suivant le chemin que les argiles ont parcouru pour arriver à leurs dépôts actuels.

L'opinion de Biedermann que la quantité de ces cristaux est proportionnelle au degré de plasticité n'est pas invraisemblable. D'après cela, Biedermann envisage (*Notizblatt* 14, page 264) la plasticité comme les variations de la force de cohésion et d'adhésion et les rattache à la loi de Newton, d'après laquelle les attractions de deux corps sont directement proportionnelles aux masses et inversement proportionnelles aux carrés des distances qui les séparent. Les diverses propriétés physiques dépendent de la diversité de la force d'attraction des molécules en raison des distances auxquelles elles se trouvent les unes par rapport aux autres. A ce mode général d'explication, on doit objecter que la loi d'attraction de Newton ne s'applique que pour les grandes distances et cesse d'être exacte pour les petites.

Seger s'explique la plasticité différente des argiles par la diversité moléculaire des plus petites parties de ce qu'on appelle la substance argileuse, et Schumacher se range aussi à ces vues. Olschewski envisage la plasticité exclusivement comme la conséquence d'une constitution poreuse, spongieuse (formation d'un système de tubes capillaires) de la substance argileuse et il appuie ses idées sur les expériences connues et déjà citées plus haut de Daubrée. Ce dernier a trouvé que la boue de feldspath, provenant de poudre de feldspath écrasée dans un trommel avec de l'eau a une faible plasticité, tandis que celle obtenue par voie sèche n'en a aucune. L'eau agit tout au moins comme agent chimique favorable. Elle montre une teneur en alcali, qui est à peine perceptible pour la poussière sèche de feldspath, ou bien il se produit un lessivage, qui détermine des vides, des pores à l'état spongieux.

Le Chatelier cherche les causes en dehors de l'argile, dans d'autres substances. Schlössing regarde l'état colloïdal de la substance argileuse comme la cause de la plasticité. Orten ([1]) a proposé des théories qui attribuent la plasticité à la kaolinite, à l'eau de constitution, ou au clivage parfait des petites mouches de kaolinite, ou à la constitution glissante superficielle — toutes opinions insoutenables, car aucunes d'elles seule n'est la cause de la plasticité. Cette dernière est certainement due à la réunion de plusieurs causes.

D'après Rösler, il faut considérer pour la plasticité : la mobilité des plus petites particules, leur adhésion, la présence d'un milieu fluide interposé, la constitution de la surface, la ployabilité et la grandeur des particules et leur poids propre; — en ce qui regarde la forme des particules, la constitution en tables minces est la meilleure au point de vue du glissement facile et de l'adhésion, les contours des tablettes doivent être arrondis, les surfaces lisses, comme cela a lieu pour les petites plaques de clivage, enfin les particules doivent être flexibles — toutes conditions auxquelles satisfont les particules de kaolin. Ceci explique aussi d'un autre côté la plus grande plasticité des argiles et kaolins transportés longtemps et loin jusqu'à leurs gisements secondaires par rapport aux kaolins des gisements primaires à particules encore moins arrondies, et la différence dans le milieu fluide interposé, les acides humiques et autres constituants organiques à l'encontre de l'état simplement hydraté du kaolin in situ.

D'après Seger, on entend par plasticité la propriété caractéristique des corps solides d'absorber un fluide dans leurs pores, de conserver complètement ce fluide et de constituer avec lui une masse, à laquelle on peut, par pétrissage et compression, donner une forme quelconque, et finalement, après la cessation de la pression, de conserver complètement la forme prise et de la conserver sans changement, comme un corps solide, après l'enlèvement du fluide. D'après le **Dr. Rohland**, la plasticité ne doit pas être envisagée comme une conséquence de l'hydratisation (*Tonind.-Ztg.* 1902, n° 62).

Il faut encore citer ici l'idée souvent émise que la plasticité de

([1]) *La plasticité de l'argile.* Keram. Rundschau, 1901, p. 426 et 446.

l'argile doit être attribuée à l'action de bactéries. Cette théorie a été de nouveau mise en avant dans ces derniers temps, mais sans succès. Hecht et Kosmann ont indiqué à son encontre qu'on n'en a jusqu'à présent fourni aucune preuve, et que l'expérience indique qu'en dehors des argiles dites grasses, qui sont plastiques, il n'est jamais arrivé qu'on puisse, par exemple, tirer une argile plastique du kaolin (*Tonind.-Ztg.* 1903, n° 50).

Nous devons mentionner enfin le mémoire de Zschokke sur la plasticité, qui est fondé sur des recherches microscopiques prudentes et d'ailleurs approfondies. En ce qui regarde les particules de l'argile, Zschokke a reconnu qu'elles sont arrondies comme des galets roulés dans un sens ou dans l'autre, ou bien anguleuses, comme des esquilles de feldspath.

Plus loin on trouve les propositions suivantes : « les causes de la plasticité de l'argile sont en liaison intime avec l'attraction réciproque très intime entre celle-ci et l'eau d'imbibition. La force absorbante très considérable de l'argile dépend d'une part des dimensions extraordinairement petites des grains d'argile, et d'autre part d'une affinité chimique ou physique de la substance argileuse pour l'eau ». Des recherches sur le broyage de l'argile ont conduit Bourry à la même conclusion ; il se servait d'un appareil de broyage très ingénieux, dans lequel on pouvait régler la vitesse de l'écoulement de l'eau dans les limites les plus larges. Il faut encore remarquer que la finesse des particules d'argile n'est pas la seule cause de sa plasticité ; car si l'on broye d'autres minéraux au plus grand degré de finesse, on peut bien les mouler, mais ils ne possèdent aucune cohésion au séchage. Il faudrait donc d'après cela, ainsi que l'ajoute Zschokke, chercher la cause de la plasticité dans l'affinité chimique ou physique de la substance argileuse pour l'eau. (*Tonind.-Ztg.* 1903, n° 57). Enfin, il faut encore citer le travail du Dr. Körner sur la plasticité (*Sprechsal*, 1903), qui, sans donner un résultat définitif, a fourni des observations dignes de remarque (A paru pendant l'impression).

Si nous revenons à la manière dont se manifeste le phénomène de la plasticité, et si nous partons de masses semblables, telles que par exemple une farine humidifiée jusqu'à un certain degré, l'hydrate d'alumine préparé artificiellement nous présente des phénomènes analogues à l'acide silicique hydraté (¹) ; ils peuvent prendre

---

(¹) Olschewsky. *Le mode de formation des argiles en connexion avec leur plasticité.*

cet état connu sous le nom de gélatineux et sous lequel ces combinaisons acquièrent la propriété d'absorber une très grande quantité d'eau, de gonfler d'une manière extraordinaire et d'enrober ou de lier des grandes quantités de poussière sableuse ou terreuse (¹). La plasticité et le pouvoir liant sont donc dans une dépendance déterminée. Si l'on enlève l'eau par dessiccation, la matière, auparavant semblable à une colle, se contracte. Il se produit le retrait dont nous parlerons en particulier. La faculté d'absorber de l'eau est d'autant plus grande que la plasticité et le retrait de l'argile le sont eux-mêmes.

Suivant que ces trois propriétés concomitantes : *plasticité, retrait* et *absorption d'eau,* se rencontrent réunies dans une argile à un degré plus ou moins élevé, on distingue brièvement dans la pratique les argiles en « grasses » et en « maigres ». Sous le nom de grasses, on désigne les argiles les plus faciles à mouler, ou liantes au plus haut degré, qui peuvent supporter plusieurs fois leur poids de matières amaigrissantes et cependant présenter encore une certaine plasticité. Comme on l'a déjà dit, elles montrent, quant à leur aspect extérieur, des surfaces polies, brillantes, se coupent en donnant une section à éclat gras, savonneux, deviennent très dures par la dessiccation, et solides et compactes par la cuisson. Travaillées avec de l'eau, elles sont glissantes, se gonflent fortement et peuvent s'étirer ou se laminer avec une structure tendineuse. La résistance à l'écrasement d'une pareille argile séchée à l'air peut s'élever jusqu'à 20 kilogrammes et plus par mètre carré. Elles se laissent étirer sans se fendre immédiatement et plier sans se gercer ; et quand elles sont à un certain degré de consistance, on peut, comme on l'a déjà dit, les passer à la filière ou au laminoir comme un métal. Elles peuvent absorber de l'eau en abondance et servir de liaison à une grande quantité de matière amaigrissante, de sable, par exemple. Les argiles grasses se trempent avec une quantité déterminée d'eau ; on désigne dans la pratique, sous le nom de trempage à l'eau, cet état passé lequel elles ne prennent plus qu'avec difficulté l'eau surajoutée. Cet état ne se produit pas immédiatement par addition d'eau à la poussière d'argile, mais seulement après un corroyage répété. Dans les premiers moments, la masse forme une bouillie claire, qui devient plus tenace par l'absorption et la disparition

---

(¹) Voir les recherches de l'auteur sur le retrait des argiles. *Töpfer-u-Ziegler-Ztg.* 1898, p. 112 ; et de plus le chap. ii.

visible de l'eau. C'est dans cet état de consistance et d'imperméabilité à l'eau que l'on rencontre habituellement toutes les argiles grasses dans leurs gisements. C'est là ce qui produit la forte imperméabilité des couches d'argile pour l'eau. Elles possèdent à un très haut degré la force de cohésion, citée à plusieurs reprises. Pour être complets, nous devons ajouter qu'une argile grasse peut se polir dans une certaine mesure et prendre un éclat qu'elle conserve quand on la soumet à un feu approprié ([1]) ; cette propriété est mise à profit dans l'industrie.

En ce qui regarde la matière visqueuse, dont on a parlé plus haut, il faut remarquer que les argiles les plus grasses, les plus malléables ([2]) ou les plus liantes sont toutes colorées en noir par suite de grandes quantités de substances organiques qui y sont mélangées, et auxquelles on devrait attribuer une participation à l'accroissement de la force liante ; il existe bien aussi des argiles grasses blanches, mais elles ne valent pas les noires comme puissance de liaison. Au contraire, les argiles maigres, moins liantes, ont un aspect mat, sont tendres et friables, et au travail sont grumeleuses et courtes. Elles prennent l'eau très facilement, mais elles deviennent de plus en plus molles, comme graisseuses. Le mouvement capillaire de l'eau s'y produit bien plus vite. Leur force d'adhésion est plus grande. Au séchage elles se fendent, tandis que les argiles grasses se tordent.

A l'encontre de l'argile maigre, et notamment d'un kaolin situé sur son gisement primaire, il s'est produit au point de vue génétique pour les argiles grasses, par suite du mouvement de l'eau de de transport, d'après Schumacher, un plus grand bouleversement des particules argileuses, de sorte que le résultat final est un mélange de particules de grandeur et de formes différentes, suivant quelques observateurs, ou suivant d'autres, de petites écailles sans forme régulière. Il résulte également de là que les éléments non plastiques de l'argile grasse, le quartz, le feldspath et les restes de la roche mère ont été soumis au même bouleversement et sont comme formes plus ou moins semblables aux particules d'argile. De plus les particules de l'argile grasse ont conservé, par suite de leur

---

([1]) *Dinglers Journal*, 106, 322.

([2]) D'après une définition de Fischer, un corps doit être regardé comme le plus malléable, quand il demande le moindre déployement de force pour changer de forme d'une manière durable, et quand il peut supporter le changement de forme le plus persistant. Voir aussi, Hugo Fischer, *Civilingenieur*, 1885, fascicule 7.

dépôt aqueux, une plus grande mobilité ; sous la pression des couches superposées, il s'est alors produit une plus grande condensation (rapprochement le plus grand possible des particules) avec un feutrage plus intime des particules entre elles ([1]).

Le retrait se trouve en liaison étroite avec la plasticité.

Retrait de l'argile. — La contraction ou tout simplement le retrait, qui constitue une des propriétés les plus caractéristiques et les plus importantes de l'argile, est une propriété physique qui, par l'application d'une température élevée, dépend de changements matériels ou de causes chimiques, que ce soit dans la plupart des cas une perte d'eau ou perte au rouge, ou une manifestation quelconque d'autres combinaisons qui se produisent et du ramollissement. Le retrait dépend donc de divers facteurs.

Dans le retrait de l'argile, il faut faire la distinction entre celui qui se produit au séchage et celui bien plus important qui se manifeste à la cuisson au rouge. Aussi bien dans le séchage à l'air que dans la cuisson, les particules d'argile se rapprochent les unes des autres, elles viennent prendre la place des particules d'eau individuelles et contractent en même temps avec elles les constituants qui les accompagnent et qu'on y a ajoutés. Cette contraction a un très grand intérêt et une très grande valeur au point de vue des applications pratiques pour les objets fabriqués en argile et en particulier pour les produits très réfractaires. Elle a pour conséquence une augmentation de la densité, une concrétion, une texture exempte de vides, une diminution de la surface, de la capacité et de la contenance. C'est au dernier moment du retrait d'une argile que se manifeste sa plus grande densité, et l'on peut remarquer en passant que le premier gonflement perceptible constitue un point fixe et déterminé pour la fusion de l'argile. En général une masse d'argile à texture lâche se contracte plus à la cuisson qu'une à texture compacte. Le retrait à l'air et au feu se manifeste pour des argiles différentes suivant des manières essentiellement différentes. Ainsi, par exemple, les argiles grasses, qui contiennent de l'eau ou qui la retiennent le plus, éprouvent un retrait important au séchage ou à une chaleur modérée, tandis qu'il est bien moindre pour les kaolins maigres ; par contre à une température élevée, les argiles grasses se contractent moins que ce n'est le cas pour les kaolins, ou aussi en d'autres termes, les argiles grasses terminent leur

[1] Schumacher, *Sprechsaal*, 1883, p. 298.

retrait plus tôt que les kaolins. D'après Schumacher, le retrait final de ces derniers s'effectue au rouge blanc de four à porcelaine [1], tandis que pour les argiles grasses la température du four à faïence suffit. Comme particularité, Seger a encore trouvé que le retrait d'une argile plastique commence à une température plus basse que pour le kaolin [2]. Plus grande est la couche d'eau qui enveloppe les particules d'une masse d'argile, plus grand aussi est le retrait à l'évaporation, ou, autrement, plus une argile contient d'eau fixée chimiquement, plus grand est le retrait tout d'abord à haute température.

Au point de vue du retrait, le charbon ajouté pendant le corroyage agit d'une manière spéciale. Les argiles très charbonneuses donnent au corroyage une pâte très volumineuse, mais elles paraissent molles au travail même quand elle sont grasses ; elles sèchent difficilement, elles se déforment et se fendent à la cuisson par suite de la grande perte au rouge et présentent une tendance à éclater. Elles se contractent d'une manière très importante, quand elles ont été cuites complètement et à plusieurs reprises. Une combustion complète du charbon est ici d'autant plus difficile que l'argile fond à plus haute température et est en même temps plus grasse.

Schumacher considère les faits qui se produisent pendant [le retrait comme de nature simplement moléculaire. J'indique sa manière de voir, bien qu'elle ne donne qu'une image, mais pas une explication. L'eau, qui se trouve entre les particules d'argile, s'y trouve en contact moléculaire avec elles-mêmes suivant cette sorte de phénomène, que nous appelons adhésion, c'est-à-dire qu'une couche moléculaire d'eau touche immédiatement la surface d'une molécule d'argile, de sorte que l'une attire l'autre, tandis que les molécules d'eau s'attirent en vertu de la cohésion. Si une partie de la molécule d'eau s'en va sous forme de gaz, les autres se rapprochent davantage, et, puisque les particules d'argile mobiles sont en liaison avec l'eau par la cohésion, elles se meuvent avec l'eau et se rapprochent aussi ; et finalement, quand la dernière enveloppe d'eau s'évapore ou est enlevée par un fort chauffage, les particules d'argile se sont rapprochées de telle sorte, qu'elles sont en contact en plusieurs points les unes avec les autres et s'attirent adhésivement (deviennent consistantes). Plus elles ont de points de contact

[1] *Sprechsaal*, 1878, p. 34.
[2] *Tonind.-Ztg*, 1881, n° 3.

les unes avec les autres, et plus solide est l'argile séchée ou cuite.
Le rapprochement des particules d'argile par suite de l'évaporation
de l'eau est donc un mouvement *passif* avec l'eau dont elles sont
enveloppées.

Le retrait de l'argile, qui se compose d'une diminution des dimensions suivant toutes les directions, et qui constitue notamment
une sorte de mesure du point final atteint, bien que ses étapes individuelles dépendent de diverses circonstances, se mesure généralement en pourcentage de l'étendue primitive ou de, celle que la
masse d'argile avait au commencement du temps de l'observation,
et l'on mesure le retrait linéaire, d'où l'on peut calculer celui à
deux et à trois dimensions. Pour les argiles de constitution homogène, il faut, d'après les communications d'Aron, admettre pour le
retrait au séchage une contraction uniforme suivant toutes les
directions, c'est-à-dire en longueur, largeur et hauteur. La mesure
du retrait suivant une seule direction est le retrait linéaire, suivant
deux le retrait quadratique et suivant trois ou suivant tout le volume le retrait cubique. Comme la mesure du retrait quadratique
ou cubique de l'argile ou des mélanges d'argile présente des difficultés en pratique, on ne mesure que le retrait linéaire, d'où l'on
calcule le quadratique et le cubique. En général on admet que le
retrait quadratique est deux fois et le cubique trois fois aussi grand
que le retrait linéaire, mais ceci n'est vrai que d'une manière
approximative, et nous devons à Dueberg une explication claire sur
ce sujet, avec développement complet au point de vue mathématique et tabulaire, dont nous ne pouvons pas parler ici ([1]).

La manière d'être et les lois du retrait ont été étudiées par Aron
d'une manière complète ([2]).

Il attribue aussi la retractibilité au silicate hydraté d'alumine de
l'argile, qu'il avait cherché à préparer aussi pure que possible au
moyen de l'appareil de lévigation de Schöne. Il fait, avec Brogniart,
la distinction entre le retrait par séchage, qui n'est que de nature
physique, et celui au four (retrait au feu) ; il a limité d'abord ses
recherches à l'observation au séchage ; la substance argileuse pesée,

---

([1]) H. Dueberg, *Über lineare, quadratische und cubische Ausdehnung und Schwindung, Töpfer-u-Ziegler, Ztg.* 1888, nᵒ 22.

([2]) Dʳ Julius Aron. La forme des particules d'argile est la cause de la plasticité, du
retrait et autres propriétés fondamentales de l'argile (Notizbl, IX, p. 167). Voir en
outre Olschewsky, l'influence du quartz et de la chamotte en formes de grosseurs
différentes sur l'argile au point de vue du retrait et de la porosité (Notizbl, 1874,
p. 251).

était déposée sur une plaque de verre pesée, et, au moyen de deux
sections parallèles, on en mesurait une longueur déterminée avec
grande exactitude. On produisit le séchage à une température croissant progressivement jusqu'à 130° C., et jusqu'à ce que le poids res-
tât constant ; pendant cette période, on déterminait de temps en
temps le poids et la distance correspondante des marques et conséquemment le retrait. On obtint ce résultat constant que le retrait
ne va pas en diminuant jusqu'à ce qu'on ait atteint le séchage complet, mais qu'il cesse beaucoup plus tôt.

« Jusqu'à un point déterminé, le retrait correspond exactement
à la perte en eau (¹), puis il s'arrête subitement, et cela au moment
où les particules individuelles de l'argile par suite de leur rapprochement sont en contact les unes avec les autres ». Aron désigne ce
point sous le nom de « *limite de retrait* » et il distingue entre l'eau
qui s'en est allée jusque là ou « *eau de retrait* » et celle qui partira
plus tard ou « *eau de pores* » et il nomme la somme des deux « *eau
totale* ». La somme de l'eau de retrait et de celle des pores est égale
au poids de l'eau de corroyage.

Aron déduisit de là, en même temps par le calcul, que « les
retraits cubiques d'une pâte de substance argileuse sont égaux aux
volumes de l'eau évaporée », et en outre ces lois si importantes pour
la technique : « le retrait se fait dans les mêmes rapports suivant
toutes les dimensions (²), et le rapport des pores à l'argile sèche est
constant, c'est-à-dire *indépendant de la quantité d'eau primitivement contenue dans la pâte* ».

Par la pratique, il résulte des tableaux de recherches d'Aron que :
plus une argile est grasse, ou plus elle peut prendre d'eau et plus
elle augmente de volume en conséquence, et plus elle éprouve de
retrait au séchage ; mais l'eau des pores n'augmente pas, et — ce
qui est important — pour les argiles grasses il ne se fait pas de
pores plus grands ou plus nombreux (³).

C'est en trouvant que le rapport des pores, pour plusieurs argiles
essentiellement différentes au point de vue chimique, est à peu près

(¹) D'après Schumacher, et on peut l'admettre d'une manière générale, il y a encore
un autre facteur qui agit, c'est la finesse des particules de la masse argileuse. *Sprechsaal*, 1878, p. 23.

(²) En supposant bien entendu un mouvement libre de tous les côtés. Dès que le
corps à sécher est fixé par une face sur un support, cette face éprouve un empêchement à son retrait par suite du poids propre de la masse.

(³) Pour la fabrication des objets réfractaires, il faut comme complément avoir la
réponse à cette question ; comment l'argile plus grasse se comporte-t-elle au feu ?

égal qu'Aron est arrivé à la conclusion que l'argile dans les plus petites particules a la forme régulière citée plus haut et qu'elle est sphérique.

Pour ce qui regarde l'influence que les additions ont sur le retrait, Aron a trouvé en mélangeant de la substance argileuse lévigée avec du sable lévigé très fin, poussière sableuse très riche en mica, que : [1]

« Pour un amaigrissement progressif d'une argile, le retrait croît jusqu'à un point déterminé, si l'on part de la même quantité d'eau totale de la pâte en volume, et en même temps la porosité diminue ». « Ce point s'appelle le point de plus grande densité de la masse ». A partir de ce point de plus grande densité, un plus grand amaigrissement avec égale quantité d'eau diminuera le retrait et augmentera la porosité ».

Aron [2] a déterminé de la même manière le retrait que différentes masses amaigries subissent dans les fours pour des températures différentes. Il a trouvé qu'une masse amaigrie avec du sable de quartz est déjà plus grande au rouge sombre qu'à l'état sec, et qu'à partir d'un certain degré d'amaigrissement, une pareille masse deviendra d'autant plus grande qu'elle aura été cuite plus fortement.

En étudiant de la même manière le carbonate de chaux comme substance amaigrissante, Aron est arrivé à ce résultat que : « le carbonate de chaux, ajouté en quantité déterminée à une argile et en grains fins, diminue dans une très petite mesure le retrait au four, de telle sorte que, par ce moyen, on assure aux objets une certaine invariabilité comme dilatation et porosité, pour des écarts de température assez étendus ». La marche du retrait et ses mesures se trouveront plus loin à la détermination du retrait.

Porosité de l'argile. — La porosité pour les masses d'argile dépend de la quantité d'air qui y reste au séchage, et qui s'y est introduite en partie à la place de l'eau; ou bien elle provient des vides produits à la cuisson par suite de la volatilisation (développement de d'acide carbonique) et de la combustion de substances organiques, ou de leur gazéification. La porosité est gouvernée par les mêmes lois que le retrait, mais en sens opposé. Pour une quantité d'argile, la poro-

---

[1] Dr J. ARON. *Beitrag zur Aufklärung der Wirhsamheit der Magerungmittel.* NOTIZBL, IX, p. 339.

[2] ARON. *Uber die Wirkung des Quartzsandes und des Kalkes auf die Tone beim Brennprozess.* NOTIZBL, X, p. 131.

sité diminue quand le retrait croît, c'est-à-dire que, quand la température croît, la porosité s'abaisse en règle générale. Comme Seger l'a indiqué et comme cela résulte aussi de l'expérience en grand, en général le retrait au feu d'une argile, qui dépend de la porosité, est d'autant moindre que la quantité d'éléments non plastiques est plus grande par rapport à l'argile proprement dite, ou par rapport à ses particules les plus fines non séparables par lévigation.

De même qu'on distingue un retrait au séchage et un à la cuisson, nous pouvons aussi parler de la porosité de l'argile séchée et cuite.

En augmentant la quantité de matière amaigrissante, on peut restreindre la porosité d'une masse et, dans les mélanges d'argile avec de la matière amaigrissante, le minimum de porosité dépend de la grosseur du grain ou de la finesse de cette matière.

Extraction de l'argile

Si des indications accidentelles ou autres [1] font connaître la présence de l'argile ou si elle est déjà mise au jour, on cherche à reconnaître l'étendue et la puissance du gisement par des recherches ou des puits et par l'application de la sonde [2], et

[1] D'après une communication par lettre, la croissance tordue de chênes couverts de mousse, ou la présence de sortes de bois tendres ainsi que d'herbes aquatiques est un signe superficiel de la présence de gisements d'argile. Le tussilage et la gentiane centaurelle indiquent une couche d'argile qui se trouve dans l'humus. Mais les amas d'eau qui se conservent extrèmement longtemps servent comme indiquant que leur imbibition est empêchée par un fond argileux. Pour une recherche plus approfondie, des amas d'argile, il faut examiner dans quelles formations et à quels horizons ils se rencontrent en général.

[2] On peut atteindre le plus simplement les faibles profondeurs au moyen de la sonde à cuiller, qui est, comme meilleure forme, contournée en hélice comme les forêts à bois ; elle n'exige pas la mise en place d'un échafaudage et d'un treuil quand la tige très légère est formée de fers carrés de 25 millimètres d'épaisseur, dont la longueur ne dépasse pas 2 à 2m.5, et dont les extrémités sont réunies par un manchon d'accouplement et une vis (*Tonind-Ztg*, 1877, p. 316, *Ottiliae*, *Preuss Zeitschr. fur Berg-Hütten-und Salinenwesen*, 7, 224). TÜRRSCHMIEDT, *Töpfer-Ztg*, 1878, n° 2, 8 ; on peut recommander comme instrument très utile la sonde de BOHLKEN, *Nassauisches Gewerbeblatt*, 1885, p. 22. Voir aussi 1880, p. 25. Bertina, sonde améliorée avec curage à l'eau, avec laquelle on peut atteindre une profondeur de 4 à 5 mètres en une heure dans une argile compacte, en place. D'après Frohwein, pour rechercher l'argile, on se sert au Westerwald d'une tige en bois de 3 mètres de long et 12 centimètres d'épaisseur, qui a à sa partie inférieure une cuiller de sonde en fer et qui est percée tous les 60 centimètres de trous en croix de 2 centimètres de large, afin qu'on puisse y introduire une barre de 60 centimètres de long, qui sert de poignée pour tourner ou retirer l'appareil (*Tonind-Ztg*, 1894, n° 20). Voir de plus, forage des amas d'argile, procédé très à bon marché de W. RITTER, *Ziegel-u-Zement*, 1898, n° 9 ; ainsi que l'appareil de sondage breveté de Mayer, de Hannovre, D. R. P. 128,197.

cela d'une manière assez complète pour pouvoir préparer un plan d'exploitation systématique. On réunira de gros échantillons d'un grand nombre de points, étiquetés bien exactement et le mieux possible sur des planchettes de bois avec un crayon de couleur, pour étudier la valeur et la qualité de la matière [1]. L'extraction de l'argile s'opère de deux ou trois façons : soit par exploitation au jour, soit au moyen de travaux réguliers de mines, ou soit dans une certaine mesure par une combinaison des deux. Si les limites dans l'espace et la qualité du gisement d'argile ont été déterminées, on pourra entreprendre le calcul du prix de revient de la matière [2]. Pour ce qui concerne les échantillons, aux choix desquels il faut apporter les plus grands soins, voir un article approfondi et très remarquable dans l'Almanach du Briquetier pour 1898, *Tonind.-Ztg.* 1898, n° 14.

Il faut mentionner encore que l'extraction de l'argile s'effectue, bien que plus rarement, au moyen de dragues à vapeur, d'excavateurs, de pelles à vapeur ; ces dernières méthodes sont notamment appliquées en Amérique [3].

Dans l'extraction de l'argile on peut employer divers modes d'exploitation que nous allons passer en revue.

a) **Exploitation au jour.** — Le travail complètement à ciel ouvert, qui est le plus appliqué dans les endroits où les couches qui recouvrent l'argile n'exigent pas un découvert trop considérable [4], est le mode d'enlèvement le plus propre, celui qui se prête le mieux au triage et qui est le plus uniforme. On excave la couche de terre superposée à l'argile (le déblai), souvent seulement le terreau, on la met de côté ou sur le terrain déjà exploité, et on détourne les eaux d'infiltration, pendant qu'on attaque le terrain argileux principalement dans des sections individuelles. Il est le plus avantageux d'extraire l'argile en été ou en automne, parce qu'à cette époque elle est moins humide moins lourde et par suite coute moins à enlever.

Dès qu'on est arrivé sur l'argile, la couche la plus supérieure est pelletée avec soin et mise de côté ou utilisée comme qualité infé-

---

[1] Il faut observer que la matière bonne et la meilleure d'un amas d'argile constitue toujours la petite partie et même une très petite partie de tout le gisement. C'est un fait que les consommateurs d'argile ne doivent jamais perdre de vue et qui est pour les producteurs la pierre de touche de leurs soins et de leur conscience. Voir l'auteur : *Neuester bester Löthainer Ton* ; SPRECHSAAL, 1883, n° 23.

[2] Sur ce sujet, voir plus loin.

[3] Voir *Töpfer-u-Z-Ztg*, 1894, n°s 1 et 2. Rapport sur l'Exposition de Chicago.

[4] Mode de procéder par découvert : OTTILIAE, *loc. cit*, 8, 122.

rieure ; puis avec la pelle, le pic, la houe ou la pioche, on découpe l'argile, généralement avec addition d'eau, en morceaux réguliers, quadratiques ou d'égale épaisseur sur leur longueur, et de poids sensiblement égal. On se dirige suivant la longueur de la surface travaillée et on fait à chaque fois une emprise telle que deux hommes puissent s'y tenir commodément pour recouper l'argile. En avant, on marche en direction horizontale et verticale par terrasses en retrait (¹).

Nous devons mentionner ici le décapage superficiel décrit par Rühne (*Tonind.-Ztg.* 1878, n° 50) par labourage du gisement d'argile. Les conditions nécessaires pour l'application des labours sont un climat sec en été et un froid continu en hiver. On peut également ment citer ici la machine à fouiller de Ruston, Procter et Cᵒ, de Lincoln.

Sous l'eau l'argile exige toujours des dragages dispendieux. Dans ces derniers temps, on s'est servi d'excavateurs et l'on recommande celui de Priestmann (²). Sur les rives de la Saale, on exploite le lehm d'une manière très simple jusqu'à une profondeur de 5 mètres dans l'eau. Après avoir excavé la terre jusqu'au niveau de l'eau, on pratique des puits de 4 mètres de long sur $2^m,5$ de large, on creuse en profondeur en laissant des barrages d'environ 50 centimètres d'épaisseur, qui retiennent l'eau. Le travail se fait à sec. Comme la terre est grasse, il suinte peu d'eau, mais c'est toujours un travail dangereux ; car une rupture brusque du barrage enfouirait les hommes (*Tonind.-Ztg.* 1871, p. 26).

L'exploitation à ciel ouvert est appliquée pour les argiles réfractaires rhénanes à Urbar, non loin de Coblence, à Lannesdorf près de Bonn, à Niederpleis près de Siegburg, aux corporations argileuses de Rossbach près d'Alten Kirchen, à Ransbach près d'Erlenhof sur le Westerwald au moyen de plans inclinés et d'épuisements. En outre à Oberkaufungen près de Cassel, en partie dans les environs de Grossalmerode, et aux mines de Faulbach et de Steinberg.

Parmi les kaolins, on exploite par découvert complet du terrain sousjacent le kaolin de Morl et de Trotha près de Halle, de Sarau dans la Basse-Alsace, de Strehlen dans la circonscription de Bres-

---

(¹) Sur l'exploitation de l'argile en terrasses, voir Notizbl, 1865, 2ᵉ fascicule, p. 60. Sur l'établissement et sans danger de talus importants. Voir *Ziegel-u-Zement*, 1889, n° 11. Voir de plus Olschewsky, *Ziegel-u-Zement*, 1890, nᵒˢ 10 et 21.

(²) Voir Pfeiffer, *Rapport*, *Tonind-Ztg*, 1892, nᵒˢ 12 et 13. On y trouve aussi des indications sur le mode d'exploitation, avec des dessins.

lau, le kaolin de la mine Carclaze de Saint-Austel en Cornouaille, dans l'exploitation vraiment grandiose à ciel ouvert de 45^m,7 de profondeur et de 2 kilomètres de pourtour, sur le haut d'un dos de montage.

L'exploitation s'opère ici de la manière suivante ; on conduit dans la mine un petit filet d'eau qui dissout le kaolin demandé. La boue argileuse est envoyée au moyen de pompes dans les réservoirs au fond desquels le kaolin se dépose. L'eau est abandonnée à elle-même et la boue est séchée sur le feu dans de grands récipients (¹).

b) **Exploitation par puits carrés.** — Ici on pratique des puits de 3 à 6 mètres de côté, mais seulement quand les parois sont solides, et on les remplit ensuite avec les débris des espaces voisins.

c) **Exploitation par puits cerclés.** — Une extraction de l'argile, qui, lorsque le gisement est irrégulier, peut être désignée sous le nom d'exploitation par butinage, en ce qu'elle ne se fait qu'au moyen de puits, qui sont foncés jusqu'au gîte et s'y développent plus ou moins par enlèvement de l'argile autour d'eux, est encore le mode le plus souvent usité pour des profondeurs de 15 à 20 pieds et il est poussé dans les puits belges jusqu'à une profondeur de 140 pieds. C'est principalement ainsi que s'est effectuée, pendant plus de 300 ans, la vieille extraction des argiles du Nassau à Höhr, Grenzhausen et environs (²) au moyen de puits ronds cylindriques construits l'un au-dessus de l'autre avec des cercles (cercles en perches de bouleau ou de hêtre flexible) ; ils étaient foncés à travers la terre végétale et souvent à travers des couches de galets et de sable et poussés jusqu'à la couche d'argile de puissance variable, ayant souvent jusqu'à 60 pieds et plus ; on extrayait tout autour, autant que cela était possible sans effondrement, en créant des chambres en formes d'entonnoir renversé ou de cloche ayant jusqu'à 12 mètres de diamètre, tant que le permettait la consistance de la masse d'argile. L'argile ainsi extraite était remontée dans les baquets au moyen d'un treuil installé sur le puits. Le découpage de l'argile au moyen de la houe en prismes quadrangulaires allongés s'y faisait de la même manière que dans les exploitations à ciel ouvert.

(¹) Voir *Rein, Leitm, Töpfer-Ztg*, 1895, n° 47.

(²) En passant, on exploite annuellement 3 3/4 millions de quintaux d'argile en ces endroits, MÜLLER, *Tonind-Ztg*, 1878, p. 125. D'après PFEIFFER (*Tonind-Ztg*,1894, n° 36), on expédie annuellement du Westerwald plus de dix milles wagons d'argile. Voir de de plus, l'industrie de l'argile du Westerwald de Meister. BUNZL, *Tonwarenindustrie*, 1891, n° 46.

On trouve des installations entièrement semblables en divers points d'exploitation des deux côtés du Rhin dans la région de Coblence. C'est ainsi qu'on se procure l'argile à Mühlheim, non loin de cette dernière ville, et l'on pousse les puits jusqu'à 80 pieds de profondeur. Après qu'on a traversé la terre végétale, on trouve une couche très étendue de sable ponceux, au-dessous de laquelle on rencontre souvent alors l'argile avec une puissance de 40 et même 60 pieds.

On exploite d'une manière semblable l'argile de Schwartzenfeld, près de Schwandorf en Bavière, au moyen de puits quadrangulaires, de 20 à 30 pieds carrés de section, qui sont remplis à nouveau après l'exploitation et l'enlèvement des boisages. Les autres opérations sont les mêmes. L'extraction de l'argile se fait d'une manière semblable à Grossalmerode.

d) **Exploitation par chambres.** — Ailleurs, comme par exemple au gisement de terre à pots de Gründstadt, l'exploitation se fait au moyen de puits cuvelés de 30 à 80 pieds de profondeur, dans lesquels on étanche l'eau provenant de la couche de sable aquifère au moyen de l'argile grasse jaune qui constitue le toit du gisement, et à partir desquels on pratique des avancées ou des chambres, parce-que l'argile jaune du toit porte très bien. On creuse à partir du puits, en avançant progressivement une chambre de 12 à 16 pieds de largeur dans toute la hauteur du gîte utilisable, qui varie entre 6 et 13 pieds ; on en enlève la couche moyenne la plus grasse et la plus pure, qui a de 3 à 6 pieds d'épaisseur et l'on ne boise que d'une manière insuffisante. Quand ce boisage n'est plus capable de porter, ce qui est le cas quand on a progressé de cette manière de 30 à 40 pieds en avant, on enlève le bois encore utilisable, à la suite de quoi toute la masse stérile s'effondre progressivement jusqu'à la surface.

On fait l'extraction successivement sur les autres fronts du puits, et quand on a ainsi enlevé tout l'entourage du puits, on abandonne ce dernier, on enlève les boisages et on fonce un autre puits à une distance de 30 à 40 mètres.

L'argile est découpée dans le puits même, au moyen d'une sorte de cognée, en morceaux quadrangulaires allongés, pesant environ un quintal et c'est ainsi qu'elle vient dans le commerce.

e) **Puits cerclés avec avancées de niveau. Mode d'exploitation des argiles Belges.** — Pour les argiles belges, si importantes au point de vue pyrométrique et pour la plupart extrêmement grasses, les conditions caractéristiques de gisement en cuvettes fermées elliptiques ou arrondies, sont telles qu'on y emploie un mode d'exploitation semblable. En règle générale, l'argile repose sur une couche de sable et passe progressivement vers le haut à l'argile à briques ordinaire.

Les puits cerclés ronds, de 1 mètre de large, en vue de l'extraction des diverses argiles, sont descendus aussi près que possible du côté de la cuvette d'argile jusque dans le sable.

A partir du puits, on pratique des galeries boisées, qui se rencontrent et par lesquelles se fait la ventilation. On enlève d'abord la couche la plus supérieure et l'on descend successivement vers le mur de la cuvette.

Les galeries d'extraction ont environ 2 mètres de haut et de large, et à partir du point où l'on rencontre l'argile, on les pousse transversalement à travers le gisement, jusqu'à ce qu'on arrive à sa limite ; ou, quand la longueur est trop grande, jusqu'à ce que l'extraction puisse continuer à se faire avantageusement, tandis qu'on enlève la partie restante à partir d'un nouveau puits.

Revenant alors au puits, on pratique une seconde avancée à côté de la première, et ainsi de suite. Quand on a enlevé l'argile de tout un étage, on attaque les 3 mètres immédiatement en dessous du précédent. Le boisage des galeries donne une couche d'argile d'environ 1 mètre. En poussant l'avancée voisine, on enlève les bois, autant que cela est possible. Et l'on laisse les vieilles galeries s'effondrer, ce qui permet de gagner la plus grande partie de l'argile extraite au plafond.

Le travail dans l'argile elle-même s'effectue de manière que le plafond et le front d'attaque soient en forme de voûte. L'argile est obtenue en morceaux de 33 centimètres de long et de large, dont l'épaisseur à une extrémité est d'environ 9 centimètres, tandis qu'elle est de 10 centimètres à l'autre.

D'après la situation du front d'attaque, chaque morceau a déjà deux côtés libres. Les deux autres côtés sont recoupés au moyen d'un couteau en forme de cœur et enfin le côté arrière l'est aussi au moyen d'une pioche courbe à tranchant large dirigé transversalement.

Le transport se fait en brouettes jusqu'au puits et, dans celui-ci, au moyen de tonnes et d'un treuil.

Pour l'enlèvement des eaux dans les mines d'argiles et de lehm, le pulsomètre se recommande comme appareil simple et efficace.

(*Töpf.-Ztg.* 1876, n° 369 et 371). On se sert aussi de pompes centrifuges et de vis d'Archimède.

f) **Exploitation minière.** — L'exploitation minière, dans le sens
restreint du mot, au moyen de puits et galeries, où l'on prend
soin de la ventilation, de l'épuisement, où l'on a de bons transports.
sur voie ferrée avec wagons basculants, s'applique en Allemagne et
notamment en Saxe à l'extraction des kaolins de Aue et de Sornzig,
les premiers d'une manière très pénible; aux argiles de Löthain
près de Meissen, au moyen de puits de 30 à 40 mètres de profondeur,
solidement cuvelés, avec machines à vapeur pour l'épuisement et
exploitation modèle (¹). La production s'élève ici à 330 000 quintaux.

On extrait de même en Silésie les argiles blanches de la cuvette
de Löwenberg-Bunzlau, les argiles de Naumburg sur Queis et de
Tschirne près de Siegersdorf; en Bavière, l'argile de Klingenberg
au moyen de puits de 70 mètres de profondeur; dans la province
de Hesse-Nassau l'argile de Grossalmerede près de Cassel. Dans tous
ces vieux gisements (connus depuis 1503), l'extraction se faisait,
comme encore aujourd'hui à cause du prix de revient peu élevé,
pour les argiles à creusets et à poteries, au moyen de puits à jour
(consolidés d'abord par des brins de bouleau et des rondins de bois,
puis d'une manière plus sérieuse par des boisages chevillés). On en
vint plus tard à passer sous le terrain du toit au moyen de galeries
et de puits, et enfin, dans ces derniers temps, on s'est mis à l'exploitation en profondeur. La région à atteindre a été asséchée par un
puits foncé dans un point plus profond; à partir de la galerie
principale, on a pratiqué des remontées. Pour l'argile à pots de
verrerie, on extrait encore dans deux endroits par assèchement de
galeries tandis que l'ancienne exploitation d'argile dépendant du
fisc, située en cet endroit, a entrepris l'extraction en profondeur
proprement dite. Dans l'année 1858, la production d'argile s'était
élevée en tout à 725 000 quintaux. Une partie importante de l'argile
va en Amérique, comme ballast, en raison des frets à bon marché.

On extrait de même en Bohème le kaolin à Ober-Bris près de
Pilsen; en Basse-Autriche, l'argile de Tiefenfucha et l'argile connue
de Göttweig — cette dernière après une exploitation entièrement
rationnelle est exposée dans les halles à l'atmosphérisation —; en
Normandie, la terre de pipe très estimée du Pays de Bray, au moyen
d'une extraction à 60 mètres de profondeur. De plus toutes les argiles

(¹) Voir *Töpfer-Ztg*, 1883, n° 47.

très compactes, par exemple les argiles schisteuses en Angleterre, sont exploitées au moyen d'entailles et de tirage à la poudre; cette extraction se fait simultanément avec celle du charbon et les transports ultérieurs sont singulièrement facilités par une rivière navigable immédiatement voisine. C'est ainsi que, dans une des couches de la formation carbonifère centrale, l'argile de Stourbridge, transportée à Dudley, est amenée au jour d'une profondeur de 70 à 100 mètres avec le charbon ([1]).

On trie l'argile dans la mine en trois sortes, dont la meilleure est employée pour les pots de verrerie et les chemises de hauts fourneaux, la moyenne pour les creusets destinés à la fonte du fer et du laiton, et la troisième pour les pierres réfractaires.

L'argile de la mine de Glenboig Star, qui se trouve à une profondeur de 35 mètres avec une puissance de 2 à 3 mètres est extraite par tirage à la poudre. La méthode d'abatage est analogue à celle du charbon. Chaque ouvrier extrait journellement, suivant la dureté et la puissance de l'argile, de 4 à 5 tonnes, qui sont ramenées au jour en gros morceaux.

C'est de profondeurs importantes qu'est amenée au jour l'argile de Garnkirk près de Glascow, qui forme plusieurs couches réfractaires différentes intercalées avec les couches de charbon de terre et de black band. Dans l'extraction, les avancées ont de 3 à 4 mètres de large, sont perpendiculaires aux coupes et presque sans boisage. De cette manière et par suite aussi de l'extraction étendue, il reste des piliers de 8 à 10 mètres carrés, qui servent à supporter le toit. L'extraction se fait donc en échiquier et commence par l'exécution d'une entaille de 10 à 42 centimètres de large entre les deux lits inférieurs de la couche; elle se termine par l'abatage à la poudre de la masse entaillée. L'argile arrive dans le commerce, soit à l'état brut, soit triée et préparée.

De même on exploite à Saarbruck et dans la Silésie, près de Waldenburg, des argiles réfractaires, malheureusement pas régulières et imparfaites, avec extraction de charbon comme produit accessoire; il en est de même en Bohême pour des masses importantes. ([2])

C'est également souterrainement que s'exploite une argile réfrac-

----

([1]) Composition de 12 analyses d'argile de Stourbridge et comparaison avec la meilleure argile de Höganäs en Suède. Voir l'Auteur, *Tonind-Ztg.*, 1880, n° 8.

([2]) L'Auteur, *Gisement d'argile schisteuse dans les couches de charbon de Bohême.* — *Osterr, Ztg für Berg. und Hüttenwesen*, 1889, p. 37.

taire ligniteuse rhénane ([1]), dans la Commune de Nierendorf, dans le cercle d'Ahrweiler. Le gisement a plus de 28 mètres de puissance. Sous le découvert variable vient une série d'argiles bariolées, puis une couche caractéristique de couleur chocolat très tendre, éminemment pyrométrique, de couleur plus claire en haut et plus foncée en bas, puis une couche bleue, une grasse, etc. Au milieu de l'argile, on a rencontré une couche de lignite de 66 centimètres de puissance. Pour l'étude pyrométrique et analytique des diverses couches d'argiles, voir plus loin.

Mode de calcul du rendement d'un amas d'argile ([2]). — Nous allons indiquer brièvement ici comment on peut calculer simplement le contenu en argile d'un amas.

$$1 \text{ Are} = 100 \text{ mètres carrés,}$$
$$1 \text{ Hectare} = 100 \text{ Ares} = 100 \times 100 = 10.000 \text{ mètres carrés.}$$

Admettons par exemple que la surface embrasse 14 hectares et que la puissance moyenne de l'amas d'argile soit de 10 mètres, on aura $15 \times 10.000 \times 10 = 1.500.000$ mètres cubes et, si l'on admet que le poids moléculaire de l'argile soit égal à 1, on aura

$$1.500.000 \times 1000 \times 1,5 = 2.250.000.000 \text{ kilogrammes,}$$

ou 22,5 millions de quintaux.

Estimation d'un amas d'argile à brique. — Pour calculer la valeur de la quantité d'argile déterminée comme précédemment, on n'en prend que 50 pour cent, c'est-à-dire la moitié (pour tenir compte des pertes à l'extraction, au triage et autres) et l'on calcule la valeur en argent de cette quantité, en lui appliquant le prix par quintal qui convient à cette sorte de produit.

Du prix brut ainsi obtenu, il faut déduire les frais très variables de fouille et de transport, ceux du moulage, et ceux connus ou à déterminer de cuisson, pour se faire une idée approximative de la valeur définitive en argent ([3]).

([1]) Voir, l'AUTEUR, *Sprechsaal*, 1877; n°s 33 et 34.

([2]) Au point de vue de la fixation géologique appropriée de la richesse d'un amas d'argile ou de l'utilisation de la matière qu'il contient; nous renvoyons à l'exposé de SCHAMBERGER, *Bunzl. Tonwarenindus. Ztg.*, 1895, n° 49.

([3]) Sur l'établissement du prix de revient ou calcul dans la fabrication des briques, exposé complet de J. von BÜK, *Leitm. C. A.*, 1890, n°s 9 à 11. — Voir de plus l'écrit du Dr E. TSCHENSCHNER, *Uber die Bewertung von Tongruben im Enteignunsverfahren*, où se trouve une introduction détaillée à l'exécution de pareils calculs.

LIEUX OU L'ON TROUVE LES KAOLINS ET LES ARGILES

Points les plus importants où l'on trouve les kaolins

Prusse.— Morl, Trotha, Lettin, Dölau, Sennewitz, Gutenberg près de Halle [1] Roche mère : Porphyre quartzeux, en partie matière pour la fabrication de la porcelaine de Berlin. A Muldenstein, au delà de 17 mètres de kaolin, qui, comme le kaolin de Morl etc., est recouvert de lignite. — A Saarau, dans la Basse Alsace, à Ruppersdorf près de Strahlen (puissance de 30 mètres) et Tschirne dans la province de Breslau. La roche mère devrait être du granite. — Dans ces derniers temps, on a trouvé à Kreisau (Silésie) sur son gisement primaire un gite puissant de kaolin rouge. L'analyse complète a donné une teneur en soude de 1,76 $\%$ et une teneur en fer de 0,45 $\%$ seulement (?) (*Tonind.-Ztg.* 1903, n° 199).

Bavière. — Dans le Fichtelgebirge divers petits gisements, par exemple au Steinberg.

Dans le Haut Palatinat et la Haute Franconie : Schmelz près de Tirschenreuth, environs de Wiesau : Schonhaid, Kornthann ; Environs de Mkt. Redwitz : Haingrün. Waldershof ; dans la baie de Naab-Wondreb : Wondreb, Kohlberg ; enfin les gisements de kaolin de Schnaittenbach-Hirschau.

Près de Wegscheidt dans la Basse Bavière, Lämmersdorf, Diendorf, Hartsorf, Griesbach, Gebrechtshof, Kronawithof, Willmersdorf, Niederndorf, Mothenkreuz, Neumühle, Pfaffenreuth, Thiermühle, Ober et Unterröd, Stolberg, Wildenranna, Petzöd, Mitterwasser, etc., gisement dit de terre à porcelaine de Passau, provenant de la décomposition d'une syénite pegmatitique en gneiss ; fournissait antérieurement la matière pour la viellle fabrique de porcelaine

---

[1] Voir la fixation de la valeur des divers kaolins par l'auteur. *Dinglers Journal*, 1870, Tome 98, page 396. L'idée de v. Fritsch (*Tonind-Ztg.*, 1881, page 301) que les kaolins de Halle proviennent des porphyres, des gneiss et des granites de l'Ergebige qu'on y rencontre, est vérifiée en ce que tous les kaolins de Halle, en tant qu'ils reposent sur leurs gites primaires, sont provenus du porphyre quartzeux. — Le reste de la littérature et L. v. Busch (1824), *Beschreibung des Harzes* ; Laspeyres, *Uber die quartzführenden Porphyre der Umgegend von Halle a. S. Zeitschr. d. deutsch geol. Gel.*, 1864, 16, page 367 et suiv. — Le Même, *Erltg. z. geol karte v. Preussen, Blatt Petersberg*, 1874, n° 263. — Speyer, *dito, Blatt Wettin*, 1884 jusqu'à Humperdink, 1901, *Votr. Vers. deutsch. geol. Ges.*, est enrichi des observations de Rösler (*loc. cit.*, page 344 et suiv.) et le mode de formation des kaolins de Halle et des argiles kaolineuses, ainsi que l'époque et le mode de leur production, y sont rendus extrêmement vraisemblables.

de Nymphenburg. Au Keilberge dans le voisinage de Regensburg, extraction dans le grès à arkose du keuper. En 1900, on a découvert des gisements importants de kaolin dans le voisinage de Malzersdorf.

Saxe et Thuringe. — Seilitz, Löthain, Schletta et Kaschka près de Meissen. A Karcha, entre Meissen et Nossen. Sornzig et Kemmlitz près d'Oschatz, Ostrau, Motterwitz et Kroptewitz près de Leisnig. Les kaolins de Seilitz et Sornzig sont un porphyre quartzeux kaolinisé ; il en est de même pour les kaolins de Mügeln près d'Oschatz, tandis que le kaolin des environs de Meissen est provenu pour la grande partie du porphyre de Dobritz et, pour partie aussi, du pechstein. Le gisement autrefois célèbre de Aue, près de Schneeberg en Saxe, provenait du granite.

Dans ces derniers temps, on a particulièrement reconnu le kaolin de Mügol et les gisements d'Oschatz et de Börtewitz comptent parmi les plus grands gisements de kaolin de l'Allemagne. — Il faut citer près de Bautzen le gisement de Marka et celui extrêmement puissant (sondé jusqu'à 70 mètres) de l'Adolfshütte près de Quoos.

Enfin il faut également nommer le gisement également puissant de kaolin de l'Eisenberg dans la Saxe-Altenbourg.

Le kaolin se trouve aussi comme ciment de grès en divers points, dans ce qu'on appelle les grès à kaolin. Le gisement le plus important est dans le grès bigarré du Thuringer Wald. Voir v. Dechen, Die nutzbaren Mineralien und Gebirgsarten im deutschen Reiche, 1873, page 762.

Autriche. — A côté de petits gisements à Krummnussbaum dans la Basse Autriche et de Neustift près de Mölk, les plus importants de beaucoup sont les kaolins de Karlsbad-Eger. Zettlitz (estimé surtout pour la porcelaine), Neudau, Fischern, Putschirn, Dallwitz, Gabhorn, Imliegau, Neurohlau, Sodau, Münchshof, et Giesshübl près de Karlsbad en Bohême. La génèse de ces kaolins a été étudiée d'une manière complète dans le mémoire déjà souvent cité de Rösler ; la roche mère est le granite, qui a été kaolinisé par le moyen d'agents décomposants venus de la profondeur. — Il n'est pas toujours facile en Bohême de faire une distinction bien nette entre les kaolins et les argiles à kaolin, par exemple entre les kaolins et les argiles à kaolin de Wildstein près d'Eger.

A Braunsdorf et Windischgrätz, gisement de 12 à 27 mètres de puissance sur la lignite. De plus à Rohlau, Buchau, Deutschkillmes ; en petits dépôts dans et sur la lignite près de Littmitz. Dans l'arrondissement de Petschau et à Pilsen, en Bohême, comme ciment de grès carbonifères. Kottiken, Nembrem, Wobova, Lettag, Wiska Tremosna, Oberbris (très important gisement, comme exploitation); Podersam (estimé pour outremer) Schwarzbach et Krumau en Bohême.

Gross-Tressny, Brenditz, Ruditz, Dranbowitz et Blansko, Znaim en Moravie.

En Croatie, dans la commune de Lasinja, dans les propriétés en commun de Kovacevac et Sredickodesno, nouveaux et riches gisements de kaolin très estimés.

Prinzdorf, Perecseny en Hongrie.

Sargadelos en Galicie.

Szekely dans les Siebenbürgen, en outre dans la région des célèbres gisements de minerais de Nagyag, Verespatak et Schemnitz.

Dans la Styrie : St. Martin près de Feistritz dans la Backergebirge.

Roumanie. — Important gisement de kaolin dans le voisinage de Mangalia, dans la Dobroudja.

Italie. — Bourgmanero et Trette près de Schio. Province de Vicence. Ile d'Elbe. Chiesi.

France. ([1]) — Dans les environs de St. Yrieix, près de Limoges, pegmatite kaolinisée dans la région des gneiss. D'excellents gisements de kaolin traversent la Haute-Vienne de l'ouest à l'est.

Louhossa près de Bayonne. Pieux près de Cherbourg. Mercus (Ariège). Mende (Lozère), Chabrol (Puy-de-Dôme).

De plus, kaolin des Colettes et des Echassières, Département de l'Allier. Récemment dans le département de l'Orne, et enfin à Bône en Algérie.

Espagne. — Alamançon; Aloabdil et Alhambra.

Portugal. — Oporto.

Grande Bretagne. — Dans les comtés de Cornouaille et de Devon ([2]). Obtenu par le lessivage du granite kaolinisé. La forma-

---

([1]) Brogniart. Sur les terres à porcelaine, etc., *Bull. Soc. Geo*, France 1839, *Comp. Rend. 7*, *Archiv. d. mus. d'hist. nat.* 1840 etc. Thurmann, *Essai de phytostatique.* Fuchs et De Launay, *Traité des gîtes minéraux*, 1893 I. Auscher et Quillard, *Techolg. de Céramique*, 1901.

([2]) Voir description de Hanhart, *Wien Centralbl*, 1888, n° 81. Au sujet de ce gisement, qui passe pour le plus riche du monde et qui a donné naissance à une industrie céramique importante, avec une production de 300.000 tonnes par an d'une valeur de 10 millions de francs, voir Rein, *Vortrag in der Gesellschaft für Erdkunde in Köln* (*Töpfer-Ztg*, 1895, n° 47).

tion du kaolin est en connexion avec celle des gisements de minerais d'étain ([1]). St. Mevau, St. Stephens, St Donnis, St. Enoder, Ro-
cher et Blorzey, près de Blisvand et St. Breward. La roche de Cornouaille, à Tregoning-Hill près de Hellstone, est une pegmatite à
moitié décomposée par atmosphérisation (un granite dépourvu de
mica). Le Moor près de Dartmoor et Plymton (Devonshire).

Danemark. — Bornholm (à l'est de Rönne) gisement de plus de
30 mètres de puissance de granite pauvre en mica kaolinisé ([2]).

Norvège. — Gisement de kaolin nouvellement découvert près de
Gjösingfiord, non loin d'Eckersund.

Suède. ([3]) — Récemment découvert, au nord-ouest de Schonen,
au lac d'Ifö, appartenant à la formation triasique.

Russie. — Risanski et Lochkarewska. Dans le gouvernement de
Volhynie, Sudikowo et Dombrowska (gisement très important) ([4]).
Gisements de kaolin très riches dans le cercle de Werchnednje-
prowk, le long du chemin de fer d'Ekatérinnenbourg ([5]). Dans le
cercle de Mariapolska (gisement très étendu).

On connaît le kaolin dans beaucoup d'endroits dans le sud, où il
constitue un produit de décomposition de beaucoup de granites et
de gneiss ; il en existe de grands massifs à Ekaterinoslaw, à Kiew,
dans la Chersonèse, à Tschernigow et en Volhynie. Si l'on fait
abstraction de la Finlande et des gouvernements limitrophes, les
roches granitiques ne viennent que relativement rarement au jour,
et par suite les kaolins ne sont pas très fréquents (*Töpfer-u-Z.-Ztg.*
1890, n° 52).

Finlande. — Orjervi et Serdobole.

Chine et Japon. — Tonykang et Sikang ([6]).

Amérique. — Wilmington et Newcastle dans le Delaware. Dans
la Floride, près de Jacksonville, dans un cercle de 40 milles, gisements de kaolin qui fournissent une matière estimée pour la porcelaine. D'après les comptes-rendus de l'exposition de Chicago en
1893, on rencontre de beaux kaolins blancs dans le Colorado, Ken-

([1]) Rösler, *loc cit.*

([2]) Porchhammer, *loc cit.* Winkel, *Kaolinslemmervet « Rabekkegaard » paa Bornholm. Kjöbenhavn. Forenings Tidskrifft*, 1883. Voir aussi, *die Tonindustrie auf
der Insel Bornholm* (*Tonind-Ztg*, 1880, n° 41 et *Töpfer-u-Ziegel Ztg* 1898, n° 15).

([3]) *Tonind-Ztg*, 1895, n° 9.

([4]) *Tonind-Ztg*, n° 18 et 1894, n° 21.

([5]) *Ibid*, 1890, p. 21 et 47. Voir de plus la remarquable description par Miklas
cuewsks *des minéraux de la Russie d'Europe et d'Asie*, 1881.

([6]) *Sprechsaal*, 1888, n° 37. Analyses.

tuky, Louisiane, Missouri, Caroline-Nord, Comté de Jackson et état d'Orégon, etc.

On se reportera de plus aux « Gesammelte Analysen » de l'auteur, 1901, p. 96 à 99.

Points les plus importants où l'on trouve les argiles

Nous trouvons les dépôts d'argiles les plus étendus et les plus importants dans les formations tertiaires et, parmi celles-ci, dans la formation miocène des lignites avec ses différentes couches. Dans les sept grands bassins de lignite d'Allemagne, nous rencontrons partout de riches dépôts d'argile, de sorte que l'indication d'une couche de lignite (qui a habituellement pour couverture de l'argile plastique) fait connaître en même temps où l'on trouvera ces argiles.

1° Le bassin du Nord de l'Allemagne, qui s'étend à travers toute l'Allemagne du Nord, et en particulier la Prusse, avec une partie de la Haute Silésie.

2° Le bassin de la Basse Silésie, avec les argiles ligniteuses dans les cercles de Bunzlau (ici, d'après Williger, il n'y a qu'une partie de tertiaire) et la plus grande partie de beaucoup des argiles appartiennent au fond de bateau crétacé de Löwenberg-Bunzlau), Grünberg et Nimptsch.

3° Le bassin Bohémien, qui forme dans le nord-ouest de la Bohême trois bassins principaux séparés, les bassins supérieurs, moyens et inférieurs d'Eger et, en particulier, avec les argiles des bassins de Falkenau-Karlsbad, de Saaz-Aussig et de Budweiss, ce dernier appartenant à la craie. Au bassin de Falkenau-Eger se rattachent ses prolongements en Bavière, qui fournissent de bonnes argiles, en grande quantité et sur une grande étendue. On peut y rattacher le bassin Styrien depuis Windischgrätz jusqu'aux environs de Laibach, avec les argiles de la Carniole et de la Carinthie.

4° Le bassin Rhenan-Hessien, avec les argiles du bassin de Mayence, celles de Salzhausen, du Vogelsberg et de l'ancienne Hesse électorale.

5° Le bassin du bas Rhin, en particulier dans la région entre Bonn, le versant nord des Siebengebirge et la Sieg, qui a une puissance importante avec les argiles de Aachen, Düren, de la Sieg et celles du bassin de Neuwied. Il faut rattacher aussi ici les argiles du Westerwald (de Hesse-Nassau).

6° Le bassin du haut Rhin, entre les Vosges et la Forêt Noire, avec les argiles du Harrdt et du Palatinat.

7° Le bassin Saxon, avec les argiles du Royaume et de la province de Saxe.

Les lieux les plus voisins où l'on trouve de grands gisements sont :

Province du Rhin. — Sur la rive gauche du Rhin, Laurensberg près de Aachen, Luchersberg près de Düren, Gladbach, Call dans l'Eifel et autres points de la même région, près de Helenabrunn ; sur la Moselle : Breknach ; sur la rive droite du Rhin, Vohwinkel, Alten Kirchen, Uttweiler et Siegburg, Altenrath, Frechen, Niederpleis, Honnef ; sur le côté gauche du Rhin, Lannesdorf, Mehlem ; Coisdorf, Ringen sur l'Ahr ; Kruft, Klaidt ; Kettich, Kärlich, Mühlheim près de Coblence (elles forment ici le terme inférieur de la formation des lignites) ; sur le côté droit du Rhin, Theinsbach, Woiss, Urbar près de Vallendar.

Province de Hesse-Nassau. — Au Westerwald : Höhr, Grenzhausen, Ransbach, Baumbach, Ebernhahn, Mogendorf et Niederahr (forment un recouvrement en forme de manteau, s'étendant de l'ouest à l'est, en passant par le nord, sur les hauteurs de Montabau, composées de grès à spirifères). Les gites d'argiles du Nassau se serrent tout contre les gisements de lignite sur le bord est du terrain tertiaire, tandis qu'à l'ouest de celui-ci elles paraissent plus séparées des lignites et les dépôts s'étendent jusque dans la vallée du Rhin ; Wirges, Cirodon, près de Valmerod, Ebernhahn, Siershahn, Moschleim, Staudt, Dernbach et, dans ces derniers temps, Langen-Dernbach (¹).

Winkel ; en outre près de Hadamar, Limburg, Herborn avec une puissance de 12 à 20 mètres, Geisenhaim, Languenaubach et Breitscheidt (terre à foulon). Dans ces derniers temps (1899), on a découvert de puissants gisements d'argile près de Niederhadamar.

Möncheberg près de Cassel ; Hirschberg et Steinberg près de

(¹) Cette région, connue du monde entier, comprend les centres industriels de Höhr, Hillscheid, Arzbach, Grenzhausen, Hilgert, Alsbach, Hundsdorf, Baumbach, Ransbach, Wirges et Mogendorf. D'après Frohwein, les gisements les plus puissants sont à Eberhhahn, Siershahn, Ransbach et Baumbach. D'après un mémoire de MEISTER (*Wiesbaden.* janv. 1898) il y a là 21 centres de l'industrie des produits argileux, et elle remonte déjà à 700 ans.

Gross-Alemrode, argile réfractaire bien connue, avec un dépôt de 10 à 13 mètres de puissance et un commerce très étendu de creusets de fusion. (Extraction de lignite ici depuis bientôt 200 ans) Epterode (argile à creusets et terre de pipe d'un blanc éblouissant), Weikenrode dans le cercle de Witzenhausen (réfractaire) et à Ahlbarg (argile à poterie). La description plus exacte des gisements d'argile du Nassau se trouve traitée d'une manière complète dans Lepsius, Geologie von Deutschland, tome I.

Bavière ([1]). — Dans le keuper supérieur, à ses limites avec le jurassique-formation rhétienne : Dans la Franconnie moyenne, grands gisements dans les environs de Nürnberg, de même dans le voisinage de Bayreuth, Thurnau et autres lieu de la Haute Franconnie (voir Kaus, Inaug. Diss. Erlangen, 1900). Dans le tertiaire, miocène supérieur : dans la Basse Bavière à Deggendorf, dans le voisinage d'Abensberg, également dans le voisinage de Passau et Senfftenberg (Haute Franconnie). Dans le Haut Palatinat les gisements de Stullen et Schwarzenfeld, à Sauforts près de Burglengenfeld. Dans la Basse Franconnie, et vraisemblablement d'âge quaternaire : les célèbres gisements d'argile de Klingenberg et ceux de Mechenhardt. Dans le Palatinat Rhénan, dans le miocène supérieur : Hettenleidelheim, Assenhaim près de Grünstadt, Lauterhaim, Albshaim et ici aussi en divers points des argiles à kaolin, jusque vers Dürkheim.

Württemberg. — Heidenheim, tertiaire, gisement tout à fait insignifiant.

Hesse-Darmstadt. — Argiles plastiques dans les couches de lignite de Salzhausen, de même au Vogelsberg, près de Zell. C'est ici qu'appartiennent les célèbres sables agglutinants de Hohensülzen, près d'Alzey.

Westphalie. — Près d'Höxter (argile ligniteuse réfractaire). Burbach près de Siegen.

Hanovre. — **Saxe-Gotha.** — Rippersrode, près d'Arnstadt (argile plastique et terre à foulon). Formation rhétienne.

Schwarzbourg-Rudolstadt. — Sur les lignites de Frankenhausen et d'Egerstadt (argiles plastiques blanches, en partie réfractaires).

([1]) La Bavière, malgré son étendue relativement peu considérable, renferme presque toutes les formations de roches connues, et constitue un riche lieu de gisements d'argile et notamment de kaolins, en raison de leur développement important et de leurs formes multiples. Voir *Töpfer-u-Z-Ztg*, 1896, n° 19.

Saxe-Altenbourg. — Argile (réfractaire) d'Eisenberg dans les dépôts de lignite saxons-thuringiens. A la Peniger Chaussee (argile blanche), Bocka (terre à potier), Oberlödla et Fichtenhainchen (argile blanche).

Saxe ([1]). — Argile réfractaire dans le voisinage immédiat de Meissen à Löthain, Kascha, Mehren et Seilitz, Taubenheim, Pröda, et Schwochau, non loin de Lommatsch. Parmi les argiles de Meissen, on préfère en particulier celles de Löthain (réfractaires jusqu'à 60 %), tandis que les autres ne le sont que de 10 à 20 %. Denkeritz, Groplitz, Koitsch, non loin de Borsdorf, Pulsnitz et Waldenburg fournissent des argiles réfractaires. De plus, argiles réfractaires non loin de Leisnig à Mügeln, Ragowitz, et Colditz, non loin de Leipzig à Borsdorf et Raditsch près de Grimma (argiles plastiques bleues et blanches). Blumrode près de Borna (argiles à potier). Ottendorf près de Chemnitz (argiles à potier). A Qualitz, Mirka et Karcha (réfractaires). A Mehren (plastiques, réfractaires). Margarethenhütte à Bautzen (réfractaires). Au Kummersberge près de Zittau (argile à potier). A Markanstädt (réfractaires).

Province de Saxe. — A Edersleben et dans le bassin de Riestädt-Emslohe (plastiques et en partie réfractaires). A Holdenstädt, Kelbra (plastiques), Bornstädt (réfractaires), Querfurt (plastiques et blanches). A Asendorf (plastiques). Entre Beunstädt et Lieskau (plastiques et réfractaires). Oehles (réfractaires). A Aue (bleues, plastiques). Schmärdorf, non loin de Stössen, Runthal (plastiques). Aschersleben (blanches). Hornhausen (très grasses). Oschersleben (grasses). Hamersleben. A Bitterfeld (réfractaires). Lissen près d'Osterfeld (réfractaires). Salzmünde, Lettin et Wettin (réfractaires). A Mochau (réfractaires).

Province de Silésie. — En Basse Silésie, Ullersdorff près de Naumburg sur Queis ; Tschirne, Siegersdorf, Giersdorf, Tillendorf, etc., dans le cercle de Bunzlau (centre pour les argiles plastiques blanches et réfractaires). Dans la Silésie Moyenne, Saarau, près de Striegau, peut passer pour un centre d'argiles et dans la Haute Silésie, Comprachtsschütz près d'Oppeln, Rudo, etc. En outre Laasan dans le cercle de Grünberg. Popellwitz et Wirschkowitz, dans

---

([1]) Grâce aux nombreuses et bonnes argiles, au voisinage des lignites bohémiens. à l'industrie des lignites de Zeitze et aux charbons indigènes, l'industrie de l'argile est ici très importante. A l'exposition de 1881, à Halle, qui embrassait le royaume et la province de Saxe, cette région était représentée par 75 exposants céramistes (*Tonind-Ztg*, 1881, n° 30).

le cercle de Nimptsch (argile à potier). Blumenthal près de Neisse (plastiques) et, dans la Haute Silésie, Goczalkowitz (plastiques). On connaît encore les argiles réfractaires de Poremba, Cziatkowitz, d'Ingramsdorf près de Schweidnitz, de Breslau, Bielschowitz, Kattowitz, et Halenze (argiles carbonifères), Mikultschütz et Bobrek près de Beuthen, Nackel et Glinitz près de Tarnowitz, Zedlitz près de Gleiwitz, les argiles de Gross-Stein près de Gross-Strelitz (pour hauts fourneaux), Comprachtschütz à Oppeln et Brieg.

Les argiles de Ruda, Poremba, Cziatkowitz près de Beuthen et en Pologne celle de Mirow sur la Weichsel, de Grojece et de Ezielze appartiennent à la formation carbonifère et sont employées pour les objets réfractaires.

Des argiles schisteuses de la même formation, qui se rencontrent immédiatement avec le charbon, se trouvent comme en Angleterre en couches petites ou puissantes, mais impures, dans la région carbonifère productive de la Saar, près de Saarbruck, dans la Basse Silésie à Waldenburg ; il y a aussi les argiles schisteuses renommées de Neurode, celles du Plauenschen Grund en Saxe, et en Bohême à Kladno le gisement connu des argiles schisteuses de Rakonitz.

Schlewig-Holstein. — A l'île Sylt (réfractaire).

Autriche

Bohême. — Les formations lignifères, qui s'étendent en Bohême, révèlent en bien des points des argiles plastiques, par exemple : dans le bassin d'Eger, l'argile réfractaire de Wildstein, Kocin, Ribnitz, Zebnitz, Ziehlitz. Dans le bassin de Felkenau-Karlsbad, au bord du bassin, à Neugrün, Robesgrün, Josephgrün près de Wald (argile à potier), dans le bassin charbonnier de Haberspirk. Argiles réfractaires schisteuses dans les environs d'Elbogen et de Karlsbad. Dans le bassin de Saaz-Aussig, particulièrement dans les couches inférieures, à Leitmeritz, Bilin (de grande puissance), entre Kosten et Mariaschein. Près de Flöhau et de Zürau dans la vallée de Goldbach, à Podiebrad et Skyrl dans la vallée de l'Aussigbach, etc., (argiles blanches et réfractaires) les dernières appartenant au crétacé. A Briesen, Preschen, non loin de Bilin (réfractaires). Dans le bassin de Budweis, à Strakonitz (plastiques, en partie réfractaires) et Neuhaus. En outre à Theuberg. Kuchelbad près de Mezoum (formation crétacée) et autres points près de Prague et dans la principauté de Wittinau (formation tertiaire).

Dans le Salzbourg à Wildshut, non loin de Laufen (réfractaire).

Dans la Basse Autriche, Ober-Fucha et Tiefen-Fucha (réfractaire), dans l'arrondissement de Mautern (formation néogène) connue sous le nom d'argile de Gottweig-Krummnussbaum (formation tertiaire).

Dans le sud de la Styrie, dans les dépôts de lignite, en divers points (réfractaires). Dans le fond de bateau principal de Voitsberg-Köflach et dans les deux de Mittendorf (réfractaires). A Tüchern, Pulsgau sur le bord est du bassin (réfractaire).

Dans la Carniole, à Sagor (réfractaire) ; à Kissouz non loin de Lockach, comme entre deux des couches de lignite (réfractaire) ; à Na-Kametz, près de Ratschad, et dans la Moräutscherthal (réfractaire).

En Carinthie, à Prevali (réfractaire).

Dans la Basse Carinthie, Penken (réfractaire) ; Saint-Paul dans la Görtschitztale (réfractaire) ; au toit des lignites de Dachberg (argile à poterie) et Liescha (réfractaire).

En Moravie, près de Blansko en divers points, Johnsdorf à Kronau, Müglitz (formation lignitifère) et Brenditz, arrondissement de Znaim, notamment Lettowitz ou Briesen et Korbel-Lhotta (¹).

En Hongrie, Bozan près de Russkberg (réfractaire). Dans le comitat de Tolma terre à pipe dans les galeries de Gross-Manyok. Dans le comitat d'Odenburg, à Maltersdorf (blanche pour la fabrication de la fayence) ; dans le comitat d'Eisenburg à Gems, dans celui de Barany à Fünfkirchen, Banlak au sud de Temesvar (gisement puissant d'argile réfractaire), ainsi que dans la région de Varaslod et de Papa dans le comitat de Vesprim, et là même, à Zerend (argile à porcelaine).

Danemark. — Ile Bornholm dans le bassin charbonnier de Karodde, Onsbäck ; et à Waldensby et Lösaa (réfractaire).

Aux Iles Féroc, renfermant de la lignite.

Russie. — On exploite de l'argile réfractaire dans les Cercles de Bachmut, Werchnodnjeprowsk, Ekatérinoslaw et Pawlograd (²). Dans le cercle de Gluchow ainsi qu'au bord du Dniéper, à Glase-

(¹) Voir pour plus de détails aux argiles normales (argile de Bréesen).
(²) *Tonind-Ztg*, 1890, n° 21.

napp. En outre les argiles réfractaires du charbon et du lignite dans l'Oural, dans le cercle de Werchoturg, et les argiles du bassin carbonifère du centre de la Russie dans le Gouvernement de Nowgorod. Les argiles appartiennent toutes à la formation carbonifère inférieure, elles alternent avec des sables, des grès et du charbon ; les couches les plus inférieures sont les plus riches. Sur la rive droite de l'Usta, dans le voisinage du village de Shdany, il y a sous le charbon une couche d'argile grasse gris clair de plus de 2 mètres de puissance. Dans le gouvernement de Moscou, près du village Gschely, argile réfractaire connue depuis longtemps. Dans le gouvernement de Tula (argile réfractaire blanche) et dans le gouvernement de Rjasan. Dans les cercles de Pokrov, Malenkow et Ssudogobst. Dans le bassin du Donetz, dans le centre du dépôt de charbon de Kalmins-Torezki. (*Töpfer-Ztg.* 1890, n° 52).

Suède. — Dans les couches de charbon, qui s'étendent depuis Höganäs jusqu'à Wallakra et qui se trouvent dans le grès jurassique le plus inférieur, on rencontre au mur une argile noire, réfractaire, de 2 mètres de puissance (argile schisteuse).

Grande Bretagne. — Dans le Devonshire, dans les couches tertiaires de Bowey-Tracey à Torquay, sous des couches de galets (argile à poterie).

Dans le nord de l'Ecosse, à l'embouchure de la rivière Brora, dans le champ charbonnier de Brora, argile réfractaire de 30 mètres de puissance.

Dans la formation crétacée, argile de Folkstone et du Yorkshire ; dans la formation jurassique, argile d'Oxford, Bradford et Kinoneridge.

De plus argiles réfractaires fréquentes dans la formation carbonifère de l'Angleterre et de l'Ecosse, à Garnkirk non loin de Glascow, entre les couches à Gartsherrik, de plus à Cowen dans le Pays de Galles, à Derby, Stourbridge, Starmington, Newcastle, Tamworth et ailleurs.

Belgique. — Dans la formation tertiaire lignitifère de l'Andenne, non loin de Namur, toutes les variétés, dans les cinq cuvettes de Navelin, Strud-Maiseroul (avec l'argile la meilleure, la plus liante et la plus difficile à fondre), Ohey-Matagne et Filee, Tahier, Sorée, et les argiles réfractaires de Schaltin. En outre à Antragues près de Jemmapes.

France. — Dans le bassin de Paris ; dans le département de la

Marne, dans la région de Bernon (argile plastique, renfermant des lignites). Argile réfractaire à Bolène ou Noyères ([1]).

Italie. — A Tatti et au Monte Massi, accompagnant la lignite ; également dans le Val d'Arno.

Amérique. — Dans l'Etat de New-Jersey, important dépôt d'argile réfractaire dans le comté de Middlesex près des endroits de Woodbridge, Nort-Amboy et South-Amboy ; elle fournit la matière pour la majeure partie des fabriques de chamotte et de faïences des Etats de l'Union ([2]). D'après les comptes-rendus de l'exposition de Chicago (*Töpfer-u-Ziegler-Ztg.*, n° 40), on connaît des argiles dans le Missouri, la Pensylvanie, et l'Ohio ([3]). On trouve aussi de l'argile réfractaire dans le Colorado, dans le Missouri, dans le voisinage de Saint-Louis (une des meilleures argiles réfractaires). A l'exposition de Chicago, l'état d'Indiana était représenté par 47 argiles avec leurs analyses. On y trouvait aussi un grand nombre d'argiles réfractaires de l'état de Kentucky, de la Virginie Ouest et d'une partie de New-Jersey avec leurs analyses (*Tonind.-Ztg.* 1893, n° 33).

Pierres réfractaires naturelles

Pour être complet, nous devons aussi mentionner ici les matériaux réfractaires naturels qui étaient quelquefois employés, notamment dans les temps anciens, pour la construction des fourneaux destinés aux usages métallurgiques, ou bien encore les pierres artificielles préparées par suite d'une vieille habitude avec des argiles réfractaires ; on les rencontre également dans toutes les formations. En raison de leur éclatement facile et des fentes qu'y détermine la cuisson, ils viennent après les pierres artificielles les moins chères, et en règle générale, ils exigent une manipulation soignée. Si l'on emploie des pierres en lits, il faut prendre garde de diriger du côté du feu les têtes des lits et non pas les lits eux-mêmes, parce que la roche se mettrait bientôt en plaquettes.

([1]) Ce gisement est remarquable par la présence de gaz combustibles dans les travaux souterrains : ce phénomène, bien que se présentant rarement dans les mines d'argile, n'est cependant pas un cas unique. *Leipz-Töpfer-Ztg*, 1896, n° 4.

([2]) Voir Smock, *Report on clays in New Jersey*, 1878 (très complet).

([3]) Pour ce qui est de l'industrie réfractaire en Amérique, d'après la même source, Pittsburg (en Pensylvanie) est un centre de l'industrie des produits argileux réfractaires. Une des plus grandes fabriques de Pittsburg est la Star Fire Brick Works de Harbinson et Walcker. D'après J. von Brück (*Leitm. C. A.* 1893, n° 23) en général l'industrie céramique dans l'Amérique du nord est confinée dans certains états dont font notamment partie ceux de l'est, du sud-est et du sud.

On connaît, à cause de leur fusibilité pas trop grande, les talcs-chistes quartzeux, à couches minces, dans le gneiss de Crummen-dorf, dans le cercle de Strehlen (province de Breslau) et de plus on estime particulièrement les schistes quartzeux (quartz fibreux) de cet endroit. Grès du dévonien inférieur de Ubar près de Coblence, de Müsen, et de Würgendorf dans le cercle de Siegen, grès du dévonien moyen ou schiste de la Lenne, de Marienberghausen près de Nümbrecht (arrondissement d'Arnsberg) grès des entre deux de couches à Eppinghofen près de Mühlheim, grès carbonifère à Dahl-hausen, ces localités toutes deux sur la Rhur, grès à grain fin d'Obernkirchen à Bückeburg, des régions charbonnières supérieures, Stennweiler, Schiffweiler, Wemmetzweiler dans le cercle d'Ottweiler; grès carbonifère de Stollberg près d'Aachen, et celui de Dortmund, renfermant : le premier 96,3 à 98,6 °/₀ d'acide silicique et le dernier 88 °/₀ d'acide silicique, 8 °/₀ d'alumine ferrugineuse et 4 °/₀ de manganèse, chaux, magnésie et charbon ; grès du rhotliegende de Kornberge à Rotterode, dans le cercle de Schmalkalden, de Vilbel dans le grand duché de Hesse. On emploie d'une manière croissante les quartzites comme addition siliceuse réfractaire. Le gisement de quartzite du « Vogelsang supérieur », avec une teneur en silice d'environ 96 °/₀ constitue un gite nouveau, très riche et apprécié (*Töpfer.-Ztg.* 1880, n° 7). Les dépôts de quartz d'eau douce des Karpathes sont un gisement important sur lequel F. Zoll a attiré l'attention pour les besoins céramiques (*Sprechsal*, 1880, p. 331). De plus, quartzite à Linz et sur la Sieg, à Ahl sur la Lahn avec une teneur en silice de 97,85 pour cent.

Le keuper fournit des grès réfractaires dans le Wurtemberg, à Esslingen et Heilbron, le néocomien ou hills à Buke et Schwanei, dans le cercle de Paderborn (arrondissement de Minden), à Becke-rode dans le Hanovre, l'oligocène des conglomérats trachytiques à Königswinter dans les Siebengebirge. Dans la Thuringe, les grès à kaolin de Steinhaide servent pour les installations de hauts four-neaux. Dans le Haut Harz, on emploie souvent aussi des grès pour le même objet. Dans la Suisse Saxonne, on se sert également des grès pour les besoins réfractaires.

En Silésie, à Althammer, un conglomérat quartzeux sert de pierres d'ouvrages pour les pierres d'étalages et d'ouvrages. On connaît aussi le schiste quartzeux déjà mentionné plus haut de Crummendorf, qui est extraordinairement uniforme, et qu'on peut se procurer en morceaux très grands et réguliers de la Société

Vereinigte Crummendorfer Quartzschieferbrüche (Lange, Lux et
Olsner) à Riegersdorf. Il faut ajouter le grès d'Unter-Lotha en Moravie, dans la Styrie, le grès du trias alpin de Turrah. Grès argileux
à Vordernberg.

En Hongrie, on emploie comme pierres d'ouvrages le grès de
Miszbang, Firize et Schemnitz, et un grès à grauwacke de Rhonitz.

En Galicie, conglomérat quartzeux de Ulstrone.

Le poudingue de Huy en Belgique, très dur, formé de galets de
quartz et de brèches, qui sont agglutinés par un ciment siliceux,
sert sous forme de gros blocs pour les ouvrages de hauts fourneaux.

Les grès de la formation silurienne, dont on se sert dans les usines
à fer du sud de la Suède, passent pour excellents et réfractaires.

CHAPITRE II

—

COMPOSITION DE L'ARGILE
ET ALLURE PYROMÉTRIQUE DES CONSTITUANTS INDIVIDUELS
NOUVELLE MANIÈRE D'ÉTABLIR LE QUOTIENT DE RÉSISTANCE AU FEU

Alumine (oxyde d'aluminium); **propriétés et allure pyrométrique.** — Des éléments essentiels de toutes les argiles, l'alumine et l'acide silicique, c'est l'alumine qui se trouve en quantité relativement moindre dans les argiles naturelles.

L'alumine se rencontre dans la nature à l'état pur (cristallisée comme le corindon) et impur (renfermant du fer et de l'acide silicique) comme émeri, à l'état coloré, comme le rubis et le saphir ([1]). On n'a pas encore d'explications bien définies sur le principe colorant de ces pierres précieuses et autres. Weinschenk a publié récemment des recherches sur ce sujet (*Zlschr. f. Kristalogr.*).

Précipitée fraîchement, à l'état d'hydrate d'aluminium ou d'hydroxyle d'aluminium ($Al_2O_3.3H_2O$, $103 + 54 = 157$), elle constitue un dépôt gélatineux qui, ainsi qu'on l'a mentionné plus haut aux propriétés caractéristiques, retient avec avidité l'eau, les huiles, les matières colorantes, ([2]), ainsi que les sels et les gaz, et qui éprouve un retrait important au séchage et à la cuisson.

L'alumine gélatineuse se contracte d'environ 92 %, celle séchée à 100° C de 32,23 % (avec une perte au rouge de 31,46 %) et celle séchée à 200° C de 25,05 % ([3]). Ce retrait est plus grand que celui

---

([1]) Sur la préparation artificielle du corindon, rubis, etc, voir *Töpfer-Ztg.* 1878, n° 18.

([2]) D'après une communication de la fabrique d'alumine de Giulini à Ludwigshafen, toutes les alumines qu'on trouve dans le commerce contiennent du chrôme, du titane, du vanadium et du manganèse.

([3]) Voir l'auteur, le retrait de l'alumine et le pyromètre Wedgwood (*Notizbl*, 1886, fasc. I).

de l'acide silicique et produit en conséquence des fentes. Il ne dépend pas uniquement et seulement de la hauteur de la température.

L'alumine contenant de l'eau retient avec énergie chimique l'eau d'hydratation et la laisse partir par étapes, à mesure que la température augmente et celle-ci doit être élevée pour le départ complet. A la suite de cela, l'alumine perd la propriété d'absorber l'eau, sauf en proportions insignifiantes (¹). L'hydrate d'aluminium fraîchement précipité, qui se dissout facilement en donnant une solution de chlorure d'aluminium, laisse diffuser le chlorure d'aluminium dans le dialyseur et l'on obtient finalement une solution aqueuse d'hydrate d'aluminium (²).

Il faut ajouter encore que l'alumine, chauffée au rouge blanc, n'est réduite ni par le charbon, ni par l'hydrogène. Elle possède de plus cette propriété importante au point de vue technique de se présenter aussi bien sous forme de base que sous celle d'acide ; en tant qu'acide réfractaire, elle peut à haute température chasser d'autres acides plus volatils.

Le poids spécifique de l'alumine faiblement chauffée est de 3,75, il s'élève à 3,9 dans le four à porcelaine ; celui du corindon est $= 4$.

Desséchée sur une feuille de platine avec de l'azotate d'oxydule de cobalt et chauffée ensuite, l'alumine se colore en bleu, comme on l'a dit plus haut. Elle est soluble aussi bien dans la lessive des alcalis fixes que dans les acides, mais elle perd de sa solubilité après une ébullition prolongée et encore plus après un chauffage énergique.

A un degré de température qui atteint celui de la fusion du fer doux, l'alumine chimiquement pure (hydrate d'alumine) ne montre aucune trace de fusion (on remarque, ni vernis, ni glacé) même sur

---

(¹) D'après les recherches de l'auteur, de l'alumine, qui avait été énergiquement chauffée à une température voisine de celle de la fusion du platine et qui avait été ensuite finement écrasée et conservée pendant 3 ans sous l'eau, n'avait pris que 0,109 % d'eau chimiquement combinée. L'alumine fortement chauffée ne fixe donc l'eau que d'une manière insignifiante.

(²) L'hydrate d'oxyde d'aluminium se trouve à l'état cristallisé sous forme d'hydrargyllite et de diaspore et, à l'état impur, comme bauxite. A un chauffage modéré, il donne une masse poreuse, à toucher rude ; à une température élevée, il se met en morceaux durs, très contractés, insolubles dans les acides et donne une poussière blanc de neige, quand on l'écrase. Au chalumeau oxhydrique, l'alumine fond en couche mince, qui s'étale, ou bien en une sphère incolore, transparente ; au refroidissement, il n'est pas rare qu'elle prenne une texture cristalline et arrive à ne plus être transparente.

les arêtes. La masse présente un retrait important, elle s'est condensée, est devenue ferme et dure avec une cassure un peu porcellanique. Si la chauffe s'effectue brusquement, l'alumine se cuit en se fendant et en se tordant.

Si de l'alumine déjà chauffée, et par suite deshydratée et pulvérisée, est soumise à une température encore plus élevée, à laquelle des rognures de platine introduites dans une cazette d'argile se fondent ensemble en un bouton, elle se comporte de la même manière et ne laisse apercevoir aucune pellicule indiquant une fusion. L'échantillon paraît cependant comme imbibé d'huile et, par un chauffage brusque, il ne se fend plus.

Si, au lieu d'hydrate d'alumine précipité, on se sert pour l'expérience d'alumine de cryolite complètement purifiée, comme elle résulte de l'obtention de la soude en partant de la cryolite, en poussant la température jusqu'à celle de la fusion du platine, non seulement on ne remarque pas de trace de fusion, mais malgré la température plus élevée, la masse présente un retrait appréciablement moindre, et elle a encore un aspect mat et grenu. La masse si fortement chauffée peut encore se rayer au couteau et se réduire en poussière sans grande peine. L'échantillon paraît entièrement anguleux et ne montre aucune formation de pellicule. L'alumine de cryolite préalablement déshydratée et sans consistance reste encore terreuse à la température constatée de la fusion du platine. La cassure est à peine plus condensée, et est encore poreuse ([1]), tandis que l'hydrate d'alumine, qui se rétracte fortement, se condense à la même température en une masse semblable à la porcelaine, et paraît ainsi ramolli dans une certaine mesure.

Si l'hydrate d'alumine a été au préalable fortement chauffé et ensuite pulvérisé, il se comporte comme plus réfractaire à la température de fusion du platine, mais toujours moins que l'alumine de cryolite.

Un échantillon, une esquille de corindon noble, soumis à la tem-

---

([1]) D'après les recherches de Moissan, qui a obtenu une température incomparablement plus élevée que celle qu'on avait jusqu'ici par le chauffage et qui se servait de briques de chaux vive posées l'une sur l'autre et dans lesquelles on avait pratiqué un creux en forme de creuset, garni de charbon, l'alumine pure fond avec facilité à une température d'environ 2.250° C et cristallise alors. L'arc comportant 75 ampères et 25 volts, dans une expérience de 20 minutes, il se produisit non seulement la fusion, mais la volatilisation de l'alumine. Jusqu'à quel point le contact avec le charbon et peut-être aussi avec la chaux intervient-il ? C'est ce qui n'a pas été déterminé (*Tonind Ztg*, 1893, n° 16).

pérature de fusion du fer, est devenu plus foncé de couleur, mais ne laisse reconnaître aucun changement, ni aucune trace de fusion. Une esquille de corindon, à la température de fusion du platine, se comporte de la même manière, et après ce chauffage énergique, l'échantillon réduit en poudre montre encore une cassure terreuse, sans adhérence.

Pour ce qui est du changement de volume de l'alumine au chauffage, celle qui contient de l'eau, se rétracte d'une manière très importante, comme on l'a dit. L'alumine absolument dépourvue d'eau ne se rétracte plus.

L'hydrate d'alumine, déjà en grande partie déshydraté par le chauffage, se comporte d'une manière spéciale. Si on le chauffe non plus en poudre, mais en petits morceaux, notablement au-dessus de 1 000°, et si on le réduit ensuite en poudre excessivement fine, la masse corroyée avec de l'eau peut se mouler, et il se produit là des phénomènes qui présentent une grande similitude avec le durcissement du gypse déshydraté, ou avec la liaison et ce qu'on appelle la prise du ciment hydraulique.

La masse, chauffée et abondamment chargée d'eau, s'étend sous forme mucilagineuse, s'étire en fil, puis se coagule, en prenant de la consistance et il s'y montre de petits ilots.

Avec ce dernier phénomène, il se manifeste aussi immédiatement une certaine prise, par suite de laquelle la masse acquiert une texture sableuse. Si donc on veut, avec la poussière d'alumine corroyée précipitée, mouler des échantillons ou des baguettes, il faut le faire immédiatement au moment où les îlots mentionnés deviennent perceptibles. Si, avec la pâte commençant à devenir dure, on a moulé une sphère, on peut arriver à rouler cette dernière, sans crevasses, sous forme d'un cylindre continu, consistant et même long.

La plasticité suffisante que manifeste, dans les conditions qu'on vient de décrire, l'alumine chauffée, finement écrasée et ensuite réduite en pâte, dépend d'ailleurs de la température appliquée pour enlever l'eau de constitution ; elle peut atteindre un degré élevé, cependant elle ne doit pas monter assez haut pour que toute l'eau combinée s'en aille, ce qui ferait disparaître d'une manière complète l'état gélatineux ou colloïdal de l'alumine et produirait dans une certaine mesure une cuisson à mort. Si d'autre part le chauffage n'a pas été assez élevé, la masse extraordinairement volumineuse reste pâteuse et par suite non moulable.

La production, maintenue dans des limites étroites, de la plasticité que peut prendre l'alumine déshydratée dans des circonstances déterminées se manifeste quand cette dernière a été approximativement portée à la température de fusion de l'acier, ou bien, dans le four de Deville, quand la température a été maintenue pendant 12 1/2 minutes après la première production de la flamme. (L'auteur, *Töpf.-Ztg.* octobre 1898).

Acide silicique, propriétés et allure pyrométrique. — L'acide silicique (SiO_2, 28 + 32 = 60) cette substance blanche, très légère, à toucher rude, sans goût ni odeur, et généralement inchangeable à un très haut degré, est insoluble dans les acides (à l'exception de l'acide fluorhydrique, qui la dissout complètement) [1] et dans l'eau après un séchage préalable complet ; elle se dissout au contraire dans les lessives des alcalis fixes purs et carbonatés. A une température très élevée, elle fond en un verre. Au chalumeau oxhydrique, la silice fond en une sphère pâteuse, gélatineuse, remplie de bulles.

Nous connaissons l'acide silicique à l'état hydraté, gélatineux, avec une teneur variable en eau, suivant les circonstances de sa production, ou sous une modification amorphe avec un poids spécifique de 2,2 à 2,3, ou sous forme de silice cristalline ou cristallisée dans le quartz et le sable, etc., avec un poids spécifique de 2,6. Au chauffage, ainsi qu'à la fusion, l'acide silicique se dilate avec réduction permanente de son poids spécifique ; c'est une propriété qui est caractéristique pour lui.

Tous les divers acides siliciques hydratés passent à l'état anhydre par le chauffage (anhydrite d'acide silicique). Aucun autre acide ne présente de modifications aussi nombreuses que l'acide silicique. L'acide silicique amorphe chauffé au rouge absorbe avec avidité de l'eau à l'air et la retient jusqu'à 100° à 150°.

Après des recherches remarquables, E. Cramer a fait connaître que l'acide silicique est entièrement volatil à très haute température [2] (*Tonind. Ztg.* 1892, n° 32). Moissan a fait aussi la même

---

[1] La silice gélatineuse humide est un peu soluble dans l'eau et dans l'acide chlorhydrique. La solution aqueuse de silice, obtenue par dialyse, rougit le papier de tournesol.

[2] Il ne faut pas perdre de vue que le chauffage s'opérait dans un creuset de charbon et que le garnissage du four se composait de magnésie. A une forte chaleur, le charbon agit comme réducteur sur la silice et produit du silicium comme l'a indiqué Boussingault, *Comptes Rendus*, 1876, p. 591. On sait que l'acide silicique se réduit en poussière dans de la vapeur d'eau. Moissan a trouvé de plus que la réduction de la silice par le charbon, au four électrique, s'effectue facilement avec un courant de 1.000 ampères et 50 volts et, dans un tube fermé, il se dépose du carbure de silicium et plus loin des cristaux de silicium (*Tonind. Ztg*, 1896, n° 2).

remarque (Comptes rend. 1893). Celui-ci se servait d'un creuset en charbon déjà employé dans ses recherches sur l'alumine. Il resterait encore à déterminer si le charbon ne produit pas la volatilisation ici, si l'eau absorbée par la magnésie et abandonnée par elle au rouge, et si la réduction en poussière ne jouent pas un rôle. D'après Moissan, la chaux et la magnésie se volatilisent sous un courant de 1 000 ampères, la dernière plus facilement que la première.

L'acide silicique se trouve non seulement dans le règne minéral, mais encore dans le domaine des plantes, dans la paille, le bambou, le roseau d'Espagne, les prêles, etc., ainsi que dans le règne animal dans les caparaces des diatomées, dans le squelette des infusoires. Comme minéral, on le trouve sous trois formes différentes : Quartz, tridymite et acide silicique amorphe. Le quartz est la forme principale sous laquelle se rencontre l'acide silicique. Il cristallise dans le système hexagonal, a un poids spécifique de 2,6 et une dureté de 7. La variété la plus pure est le cristal de roche, qui est incolore et transparent. A l'état de grains cristallins, le quartz se rencontre en masses puissantes comme quartzite et forme un élément principal des familles de roches, granite, syénite et gneiss.

On le trouve dans le sable quartzeux et dans le grès dans un état moins pur et avec une forme très altérée.

La tridymite se rencontre dans diverses espèces de roches. On a aussi préparé artificiellement le quartz cristallisé (¹) aussi bien que la tridymite (²).

Au point de vue pyrométrique, à la température de fusion de l'acier, qui peut même aller un peu plus haut, l'acide silicique chimiquement pur ou la poussière fine de quartz, complètement purifiée, mouillée et moulée en éprouvette, ne montre ni dans son aspect extérieur, ni dans sa cassure, de traces de fusion. La cassure se montre grenue et nullement agglutinée par fusion.

L'acide silicique chimiquement pur, obtenu par addition d'acide chlorhydrique au silicate de soude et par lessivage complet du chlorure de sodium, se ramollit à la température de fusion du platine en une masse brillante à l'extérieur, bleuâtre et semblable à de la porcelaine à l'intérieur, et transparente sur ses arêtes.

(¹) *Tonind-Ztg*, 1890. p. 345.

(²) D'après les recherches de vom Rath (*Pog. Ann.* 1868, p. 135 et 437), la tridymite est la forme fixe et normale de la silice à haute température. Comme autre conséquence technique de cette manière d'être, on a pris en Angleterre et en Allemagne des brevets pour la fabrication des blocs quelconques de silice transformée en tridymite

De même qu'on a constaté une différence entre l'alumine de cryolite et l'hydrate d'alumine, ce dernier se cuisant en une masse porcellanique, de même on constate des relations semblables entre la
poudre de quartz naturel et l'hydrate d'acide silicique précipité, ce
dernier chauffé au même degré que le précédent se ramollissant
plus tôt. C'est seulement à une température plus élevée, celle de la
fusion du platine, qu'un échantillon de quartz chimiquement pur
est recouvert d'une couche fondue à éclat vif et qu'il constitue une
masse vitreuse, transparente, avec noyaux blanchâtres et fentes appréciables. Les arêtes se sont un peu arrondies et les surfaces de
rupture montrent un éclat vitreux.

A ce même degré de température élevée, le cristal de roche, clair
comme de l'eau, préalablement pulvérisé ([1]), est certainement plus
fusible. D'autres sortes de quartz naturel montrent la couverture
vitreuse à une température moins élevée que celle qu'on a indiquée.
Par exemple, le quartz rose de Norvège, qui est déjà complètement
vitrifié à la température de fusion de l'acier, et qui constitue une
masse en partie transparente, et en partie blanc de lait. Pour l'améthyste, dans la masse assez transparente nagent des paillettes
blanches isolées. La calcédoine, la cornéenne, l'hyalite et le quartz
laiteux se comportent de même; par contre la terre d'infusoires
est décidément moins facilement fusible, même quand elle a été purifiée ([2]).

L'acide silicique est donc essentiellement plus facilement fusible que l'alumine et ceci a lieu pour l'acide silicique pur sous sa
forme difficilement fusible par comparaison avec l'alumine de
cryolite. Si l'acide silicique est assez fortement chauffé pour fondre
sous forme de gouttes, un échantillon d'argile chauffé de même,
pour servir de comparaison, ne montre qu'un commencement de
ramollissement. Pour arriver à une différenciation déterminée, un

---

([1]) La pulvérisation se fera dans un mortier d'agate, après que le cristal, enveloppé
de papier, aura été brisé en éclats avec le marteau. Si la pulvérisation a lieu dans un
mortier d'acier, les particules de fer, qui s'en sont détachées, se traduisent, après le
chauffage, par des points noirs microscopiques qui nagent dans l'enveloppe fondue.

([2]) Voir de plus *Dinglers Journal*, t. 174, p. 140, sur la difficulté de fusion des
sortes de quartz. L'acide silicique précipité (amorphe), comme on l'obtient par l'analyse
en saturant avec les alcalis carbonatés, même quand il a été soigneusement lavé à
l'eau bouillante, est moins infusible après ébullition avec de l'acide chorhydrique, cette
silice amorphe précipitée est comme telle presque aussi difficilement fusible que le
cristal de roche. D'après Kosmann (*Tonind.-Ztg.* 1883, p. 305), le zircon, qui se compose de 33,56 %/₀ de silice et de 56,43 de terre de zirconium, est presque équivalent à
la silice au point de vue de sa haute infusibilité.

essai de ce genre demande un degré de chaleur particulièrement élevé.

R. S. Hutton de Owens College, à Manchester, a fait avec grand succès des expériences intéressantes sur la fusion du quartz. Pour la construction de certains appareils physiques, le quartz est préférable au verre, en particulier pour les appareils de nature très délicate, et pour ceux qu'on emploie pour étudier les gaz à haute température. L'emploi du quartz pour cet objet est cependant très limité, ce qu'il faut attribuer à la grande difficulté de le fondre.

Jusqu'ici on s'est servi du chalumeau oxhydrique, mais le résultat n'a pas été suffisant, par ce que la chaleur qu'il engendre n'est pas beaucoup plus élevée que celle de la silice fondue elle-même. Ces faits ont conduit Moissan et d'autres savants français éminents à chercher à atteindre le but proposé au moyen du four électrique, mais leurs recherches n'ont pas été aussi heureuses qu'on l'aurait attendu. Cependant Hutton était persuadé que le four électrique est le seul moyen par lequel on puisse amener la silice à l'état fondu et il dirigea ses expériences dans la voie ouverte par Moissan, qui permit de faire des observations touchant les actions intéressantes de l'arc électrique sur l'acide silicique. L'avantage extrêmement remarquable, que l'acide silicique fondu présente sur le verre, consiste en ce que le premier peut être plongé dans de l'eau froide sans se briser, quelle que température qu'il puisse avoir.

Hutton s'est servi du four de Moissan pour ses recherches, mais il y a apporté quelques modifications suivant ses idées propres. Le four se compose d'un bloc de magnésie inférieur, dans lequel est ménagé une cavité avec des dispositifs pour l'introduction des charbons, qui étaient placés dans le bloc inférieur perpendiculairement à la cavité, et d'une plaque supérieure de couverture. Le support des charbons en graphite (on employait le graphite, parce que cette matière est absolument pure, de sorte que l'acide silicique fondu ne pouvait pas être souillé par les cendres) s'adaptait à la cavité. Le quartz à fondre avait été pulvérisé et apporté sur le support des charbons. On faisait agir un courant de 300 ampères et de 50 volts sur le quartz, qui était fondu en quelques secondes; on faisait alors glisser le support de manière à pouvoir introduire dans l'action de l'arc une quantité de silice écrasée. Hutton est arrivé de cette manière à produire des baguettes et des tuyaux de $0^m,3$ de long. Pour obtenir au moyen du quartz des tuyaux plus épais, Hutton se servait d'un moule en quartz avec un noyau en charbon; le noyau en charbon avait un diamètre de $0^m,3$. Au cours de l'expérience, Hutton remarqua que, dans le voisinage immédiat de l'arc, la silice avait une tendance à se transformer en silicium; mais les taches noires disparaissaient aussitôt qu'on éloignait la matière fondue du milieu de l'arc. L'acide silicique ne reste pas suspendu aux charbons, comme on aurait pu s'y attendre, parce qu'il est pulvérulent; on peut facilement l'écarter des supports et du noyau de charbon. Hutton n'est pas encore arrivé à produire des tuyaux exempts de soufflures, mais il a trouvé que ceux-ci, encore une fois chauffés dans l'arc après leur fabrication, sont considérablement améliorés. (*Tonind.-Ztg.* 1902, n° 104). (Voir plus loin aux objets de verre fabriqués avec du cristal de roche).

Enfin, en ce qui touche le changement de volume produit par le chauffage sur la silice précipitée, son retrait est moindre que celui de l'alumine, mais elle se fend davantage. On sait que le quartz se dilate au chauffage, c'est au moins le cas pour les quartzites; tandis que les terres d'infusoires se contractent par la chaleur. Pour d'autres données sur l'acide silicique à l'état de quartz, roche réfractaire, cornéenne, sable, etc., voir au Chapitre IV, au paragraphe sur les additions.

Alumine et acide silicique; allure pyrométrique. — Quelle est maintenant l'allure pyrométrique des deux éléments en connexion l'un avec l'autre, soit qu'ils soient mélangés ensemble à un très grand état de finesse, soit qu'ils constituent au moins en partie une combinaison chimique?

La loi qui spécifie que, lorsque deux corps solides s'unissent, la combinaison formée a une température de fusion moindre que la moyenne des températures de fusion des deux composants, se vérifie encore aussi, ici : l'alumine silicique est plus facilement fusible que chacun des deux composants individuellement. Tandis que pour fondre l'acide silicique précipité, il faut au moins la température de fusion du platine, et pour l'alumine de cryolite une température encore plus élevée, la combinaison des deux se vitrifie à la température approximative de la fusion de l'acier.

Pour un mélange mécanique d'acide silicique et d'alumine, il faut un chauffage plus long et à température plus haute pour produire la fusion que pour la combinaison chimique déjà effectuée.

De plus un mélange d'acide silicique amorphe et d'alumine fond plus tôt qu'un mélange avec de l'acide silicique cristallisé.

Manière d'être avec des quantités croissantes ou décroissantes de silice. — Si l'on mélange de l'alumine pure avec de la silice pure (poudre de cristal de roche), dans la proportion d'une partie en poids d'alumine avec 1, 2, 3, parties de silice et si l'on chauffe le mélange, on voit d'abord que le polysilicate d'alumine, qui renferme la plus forte proportion de silice, demande un chauffage plus prolongé avant que la formation de silicate ne s'effectue, (en entendant par là le passage de l'état pulvérulent et sans consistance à un état plus compact avec commencement de couverture vitreuse), que quand il y a moins d'addition de silice, de sorte qu'on peut reconnaître le degré de silicification du silicate ; mais si la température s'élève davantage, d'autres conditions interviennent.

Notamment si l'on pousse la chaleur de l'expérience au dessus de la température de fusion de l'acier, jusqu'à celle du fer et encore au-dessus, de manière que la formation du silicate se soit déjà produite, inversement alors le silicate ainsi formé est plus fondant, c'est-à-dire que l'échantillon est indiscutablement plus brillant, plus vernissé, quand l'acide silicique est prédominant.

La formation du silicate d'alumine, qu'il faut effectuer d'abord, demande une durée de chauffage d'autant plus longue, qu'il y a plus d'acide silicique à devoir entrer en combinaison (¹). La mise à l'état fluide du silicate formé, qui demande en général une température plus élevée, s'effectue pour les mélanges indiqués d'une manière d'autant plus complète que l'acide silicique domine ou a été augmenté. (²)

Si maintenant la teneur en acide silicique s'élève assez haut pour qu'il y en ait un excès important, qui ne puisse plus se combiner chimiquement, la grande difficulté de fusion de cet élément non

---

(¹) Tant que l'acide silicique n'est pas encore entré en combinaison chimique qui se produit d'autant plus lentement que les parties de quartz sont plus grosses, le mélange paraît être d'autant plus réfractaire et conservant sa forme et se comporte comme tel ; c'est là un fait que la grande industrie connaît et utilise. Il sert alors d'échaffaudage solide, et pour ainsi dire de squelette. Un exemple frappant nous est fourni par le granite, qui dans son état naturel à gros grains paraît plus difficilement fusible que quand la roche a été finement pulvérisée. Quelle influence importante et remarquable l'état physique exerce-t-il ainsi sur les conditions pyrométriques ? Voir à ce sujet les remarques de l'auteur, *Dinglers Journal*, t. CC, p. 115 à 117. L'essai d'argiles riches en grains de quartz demande pour des exigences plus que relatives, soit une température assez élevée mais suffisamment prolongée, ou, pour une courte durée, un chauffage très important.

(²) Les mélanges de silice et d'alumine, dans lesquels la première intervient en proportions croissantes, se prêtent donc à faire des pyroscopes très sensibles.

combiné se manifeste alors. Si au contraire on diminue la quantité d'acide silicique, qu'on le mélange avec plus d'alumine, et qu'on soumette ce mélange basique à une température qui dépasse celle de la fusion du fer doux, de manière qu'on commence à apercevoir des traces de fusion, la difficulté de fusion augmente avec l'augmentation de la teneur en alumine. Pour des mélanges de :

(*a*) 1 partie en poids d'alumine et 1 partie en poids de silice.

(*b*) 1 » » 2 » »

(*c*) 1 » » 3 » »

soumis à la température approximative de la fusion du platine, les expériences ont montré que (*a*) est encore grenu et pas brillant extérieurement, (*b*) est condensé et faiblement brillant, (*c*) est complètement émaillé, très brillant, à cassure brillante et semblable à de la porcelaine.

Au même degré de chaleur, on constate que (*d*), un mélange d'une partie en poids d'alumine avec 6 parties en poids de silice, est sans brillant.

A la température controlée de la fusion du platine,

(*a*) Est ramassé, huileux, mais non brillant, cassure pierreuse,

(*b*) Est brillant ; cassure semblable à celle du grès cérame,

(*c*) Est fortement vitrifié, complètement entouré d'émail ayant l'éclat du verre ; cassure porcellanique avec quelques trous, très dur.

(*d*) Est fondu en forme de gouttes.

(*e*) Un mélange de 1 partie en poids d'alumine et de 12 parties en poids d'acide silicique, bien qu'aussi complètement émaillé, avait cependant gardé sa forme.

Si l'on répète l'essai avec les mélanges déjà chauffés au rouge, et par suite avec les combinaisons chimiques formées, et si après les avoir pulvérisés, on en fait de nouvelles prises d'essai et qu'on les soumette à la température controlée de la fusion du platine, on trouve que

(*a*) Est sans éclat, huileux,

(*b*) Est clairement vitrifié,

(*c*) Est très vitrifié, complètement entouré d'un émail brillant à éclat vitreux vif.

Par le fait, les derniers essais donnent par suite absolument les mêmes résultats, seulement les phénomènes sont encore plus intensifiés.

Si l'on pose la question de savoir quel est le silicate acide d'alumine qui est le plus facilement fusible, on ne peut pas y répondre d'une manière absolue, mais cela dépend de la température appliquée. Parmi les divers mélanges acides, le mélange acide (de 1 molécule d'alumine et de 4 molécules de silice) parait le plus fusible à une température d'environ 1 700° à 1 750° C, c'est à dire que l'échantillon est le plus déformé ; si l'on pousse la température plus haut, jusqu'à 1 775° (fusion du platine), l'échantillon à 5 atomes de silice parait plus fusible et plus déformé que l'échantillon à 4 atomes. Il faut remarquer d'une manière générale pour ces expériences qu'elles laissent à désirer au point de vue de la précision et de la différenciation.

On a fait en outre d'autres recherches avec :

(*f*) Un mélange basique suivant la formule ($2\,Al_2O_3.SiO_2$), ou de 1 partie d'alumine et 1,311 d'acide silicique,

(*g*) Le sesqui-silicate, suivant lequel, d'après Richters, l'alumine et la silice se rencontrent dans les argiles réfractaires ($Al_2O_3.3\,SiO_2$) ou 1 d'alumine pour 1,748 de silice.

(*h*) Le mélange neutre ($Al_2O_3.3\,SiO_2$) ou 1 d'alumine pour 2,621 de silice.

(*i*) Le mélange acide ($Al_2O_3.9\,SiO_2$) ou 1 d'alumine pour 5,243 de silice.

(*k*) Si l'on élève la teneur en silice jusqu'à 17 atomes, il se produit d'après Hecht, un point de rebroussement dans la fusibilité jusque là décroissante. Hecht a fait son expérience avec du kaolin lévigé de Grünstadt et du sable quartzeux naturel, par suite avec des matières impures. Pour chauffer son essai, il employait une haute température. Comme cela est clair, à une température élevée croissante, les relations changent, et il faut alors une addition plus considérable pour la même action.

Si l'on chauffe les mélanges de (*f*) à (*i*) à la température contrôlée de fusion du platine, on voit que :

(*f*) est condensé, huileux ; cassure de grès cérame.

(*g*) commence à se vitrifier, cassure de grès cérame, brillante, avec des vides.

(*h*) finement vitreux ; cassure de grès cérame, brillante, sans vides.

(*i*) fortement vitrifié (le plus), cassure de grès cérame, éclat du verre, plus bulbeuse. Pour le degré de chaleur appliqué, le mélange y est plus fluide.

Il résulte de ce qui précède que, tandis que la silice, portée à un degré de température suffisamment élevée et ne dominant pas trop en quantité, augmente la fusibilité du mélange d'alumine et de silice, l'alumine en règle générale produit l'effet contraire. La quantité prédominante de l'alumine est donc régulatrice pour la fusibilité des argiles réfractaires chez lesquelles elle peut paralyser des influences contraires, par exemple une quantité relativement grande de fondant.

Toutefois il peut exister une exception pour des cas déterminés, qui ne concernent pas les argiles réfractaires. On peut citer une influence de l'alumine agissant en sens opposé dans des circonstances particulières. Par elles-mêmes, de petites quantités ou habituellement des quantités relativement peu importantes d'alumine peuvent faciliter la fusion d'un mélange, ou constituer la condition pour des phénomènes de fusion déterminés. Une pareille contradiction en apparence s'explique par la très forte capacité de saturation de l'alumine, qui, comme on l'a dit, peut agir aussi bien comme base que comme acide, et qui favorise la formation de combinaisons doubles. Ainsi, d'après mes recherches (¹), on peut faire des mélanges d'alumine et de silice dans lesquels la fusibilité diminue avec l'augmentation de l'alumine. D'autre part, dans des cas déterminés, l'alumine agit non seulement comme fondant plus énergique que la magnésie, qui est d'ailleurs le fondant le plus énergique des argiles, mais elle favorise la fusibilité du silicate de magnésium. Qu'on mélange 100 parties de poussière de quartz la plus fine avec 1,2, et 4 parties d'alumine, et qu'on chauffe fortement le mélange, l'essai à quatre pour cent donnera des signes de fusion plus tôt que celui à 2 pour cent, et celui à 2 pour cent plus tôt que celui à 1 pour cent. Si l'on prend de même de la magnésie à la place d'alumine et si l'on chauffe les deux mélanges comparativement au même degré élevé de température, les essais à l'alumine se ramollissent plus et plus fortement que ceux à la magnésie. Si l'on mélange maintenant 2 pour cent d'alumine aux échantillons à magnésie qu'on vient d'indiquer, et si l'on chauffe fortement les mélanges, ceux qui contiennent de l'alumine se ramollissent plus que ceux qui en sont dépourvus.

Les argiles sableuses montrent des phénomènes semblables quand on leur ajoute quelques pour cent d'alumine, notamment lorsque l'on écrase finement le mélange avant de le soumettre au chauffage.

(¹) L'Auteur. — *Détermination théorique de la valeur des argiles réfractaires,* 1871. *Dinglers Journal,* t. CC, p. 259.

Il arrive aussi que, pour des argiles de composition très semblable mais très riches en fer, celle qui contient la plus forte teneur en alumine se comporte comme la plus facilement fusible.

De plus Seger, dans ses recherches antérieures de 15 années (*Tonind.-Ztg.* 1886) et sans tenir compte des plus anciennes, a trouvé que, dans l'établissement de son cône normal, beaucoup de mélanges avec alumine fondaient plus tôt que d'autres de même composition dépourvus d'alumine. Seger a aussi observé que, dans une série de mélanges pour émail, les plus pauvres en alumine, ou les plus riches en alcalis, n'étaient pas les plus fusibles, et il avait cru pouvoir en conclure à un rapport régulateur déterminé entre l'alumine et le fondant au point de vue de l'allure pyrométrique (*Tonind.-Ztg.* 1881, n° 15). Nous devons mentionner ici les recherches de contrôle de Rud. Weber, qui, en outre de la constatation du résultat de Seger, ont établi qu'une composition de verre avec alumine est plus facilement fusible qu'une sans alumine et de plus que la composition contenant de l'alumine n'est pas aussi facilement dévitrifiable que celle dépourvue d'alumine, bien qu'elle n'empêche pas la dévitrification d'une manière absolue. Enfin il faut faire cette remarque importante au point de vue technique que les compositions de verre renfermant de l'alumine, et par suite plus saturées, attaquent moins le creuset. Le mélange d'alumine favorise aussi jusqu'à un certain point la fusion et facilite la fabrication du verre ([1]).

Au point de vue pratique et en ce qui touche l'amélioration des argiles au moyen de l'alumine, dont nous allons parler rapidement ici, il faut remarquer que lorsque notamment on veut élever le point de fusion d'une argile au moyen d'alumine préparée artificiellement, d'autres circonstances physiques jouent simultanément un rôle important, par exemple les fentes de l'alumine à la cuisson et en particulier son pouvoir absorbant, qui amène une imbibition par les scories du fourneau et par suite une attaquabilité considérablement augmentée. Une masse rendue artificiellement riche en alumine, suivant que celle-ci y est dominante et suivant les circonstances, porte donc en elle-même le germe de sa décomposition. Il vient s'y ajouter toute une série de difficultés techniques et il se produit surtout un fort retrait des bauxites habituellement ajoutées en vue

---

([1]) Weber. — *Vortrag in den Verhandlungen zur Beförderung des Gewerbfleisses,* du 3 juin 1889.

de cette « amélioration », qui en outre sont pour la plupart ferrugineuses ; il y a encore d'autres considérations importantes. L'avidité propre de l'alumine pour absorber avec voracité les substances
fluides peut donc annuler complètement son influence favorable et
même la faire tourner en sens inverse.

Il faut citer ici les recherches de fusion de Seger qui sont intéressantes et qui ont fait sensation par leur exécution systématique ;
elles se rapportent à la manière dont se comportent les mélanges
de I atome de Al_2O_3 avec de I à 26 atomes de SiO^2, et aussi, au point
de vue comparatif, ceux avec de l'alumine, de la chromite, du kaolin de Zettlitz et du cristal de roche ([1]). Comme repères pour la
détermination des températures, il se servait de son cône de fusion
bien connu et les chauffages étaient faits dans un petit creuset de
magnésie brasé avec de l'alumine et dans le four à gaz de Deville,
en employant de l'air comprimé et du graphite de cornue à gaz. Les
résultats ont été représentés graphiquement au moyen de systèmes
de coordonnées. Les propositions suivantes généralement connues
s'en déduisirent et ont été ainsi confirmées :

1° L'alumine est plus difficilement fusible que la silice ;

2° La difficulté de fusibilité du mélange d'alumine et de silice
diminue jusqu'à 17 atomes de silice, comme Hecht l'avait indiqué
et comme on pouvait s'y attendre. Comme l'auteur l'a déjà signalé
précédemment, dans la suite des additions croissantes de silice, ce
mélange constitue un point de rebroussement, ou autrement dit la
difficulté de fusibilité recommence à croître avec des additions plus
grandes de silice ;

3° Parmi les mélanges étudiés par Seger, celui de 1 de Al_2O_3 avec
2 de SiO_2 est le plus réfractaire ; il est égal à l'argile schisteuse
de Rakonitz (cône 36) qui a été choisie par Seger comme le
représentant de la combinaison la plus réfractaire parmi les argiles
naturelles ; il se comporte comme n'ayant pas encore été fondu.

Les combinaisons plus basiques sont plus réfractaires et, pour
une température bien plus élevée, celle de 1 d'Al_2O_3 pour 1 de SiO_2
est considérablement plus difficilement fusible que celle de 1 Al_2O_3
avec 2 SiO_2. Il y a des variétés d'argiles schisteuses qui vont encore
plus haut.

4° Le cristal de roche est plus tôt fondu que l'argile schisteuse de
Rakonitz. Cette proposition est surprenante et elle renverserait la

([1]) SEGER. — *Sur l'examen physique et mécanique des argiles et sur la signification des résultats obtenus. Tonind. Ztg.*, 1893, n°s 14 à 17.

loi générale que la combinaison de l'alumine et de la silice est plus facilement fusible que l'un des composants par lui même ; en raison de ses conséquences importantes l'auteur a repris l'expérience en question.

Sur un disque de la meilleure argile schisteuse, qui égale celle de Rakonitz au point de vue réfractaire, on a placé des morceaux cuits d'argile schisteuse de Rakonitz et un gros cristal de roche, qu'on avait chauffé préalablement lentement jusqu'à une température de I 500° C, pour éviter qu'il éclatât ; les premiers étaient cimentés avec de l'argile schisteuse finement écrasée et le second était fixé sur une base de cristal de roche approfondie en forme de plate-forme au moyen de petites baguettes de cristal de roche convenablement émoulues. Les échantillons, introduits dans un creuset d'argile préparée d'une manière toute particulière, étaient amenés dans le four de Deville modifié par l'auteur, décrit par lui et répondant de plus en plus à son objet ; on chauffait vivement et assez fort jusqu'à ce qu'un fil de platine, enfermé avec toutes les précautions dans une cazette d'alumine, fut fondu en une petite sphère ductile. Le creuset était certainement un peu déformé dans l'expérience, mais il paraissait encore complètement fermé, les scories n'y avaient pas pénétré, et en l'ouvrant, on trouva les échantillons à leurs places isolées assignées, sans avoir été touchés par la masse du creuset. L'argile de Rakonitz était fondue, elle paraissait avoir coulé et sa cassure était bulbeuse ; par contre le cristal de roche n'était pas fondu et présentait les phénomènes suivants de chauffage : le morceau de cristal de roche, quand il n'avait pas éclaté, montrait des fentes en forme de marches d'escalier, qui brillaient et éclataient, et qui présentaient des parties en forme de ruines, mais à arêtes complètement vives.

Pour avoir une confirmation complète, l'expérience a été refaite de la même manière avec plusieurs esquilles de cristal de roche et avec un échantillon moulé de la poussière écrasée au plus grand degré de finesse dans le mortier d'agate. Les deux échantillons étaient également disposés sur un support en cristal de roche, et entourés des petites baguettes de cristal de roche décrites plus haut. On y ajoutait un échantillon du schiste de Rakonitz.

Après que la température eut été élevée à celle dûment constatée de la fusion du platine, ni les esquilles de cristal de roche, ni l'échantillon moulé n'étaient fondus. Les premiers montraient les apparences décrites plus haut tandis que l'échantillon moulé présentait un verre vivement brillant et transparent, qui conservait encore la forme de l'échantillon avec ses arêtes et sans trace de coulée. En outre, aux points où il s'appuyait directement sur la masse d'argile au moyen des petites baguettes de cristal de roche, on pouvait remarquer la formation d'une fusion. Il paraît résulter de là également que la masse d'argile en contact provoque la fusion. L'argile schisteuse de Rakonitz montrait les mêmes phénomènes de fusion que ceux décrits plus haut. Cette seconde expérience a donc donné les mêmes résultats que la première et a établi d'une manière indiscutable que l'argile schisteuse de Rakonitz fond plus tôt que le cristal de roche, et que, par suite, la loi relative aux mélanges continue à être exacte.

Passons maintenant à la condition nécessaire à observer pour établir la plus grande difficulté de fusion du cristal de roche ou de l'acide silicique. Comme Seger l'a aussi démontré, l'acide silicique doit être protégé contre tout mélange basique dans les expériences, il ne doit pas pouvoir avoir l'occasion de rencontrer une masse d'argile ou d'absorber une base comme l'alumine ou la magnésie.

L'emploi d'un creuset de magnésie, même quand il est brasqué avec de l'alumine, n'exclut pas l'absorption possible de magnésie. Mais il se produit dans un creuset de magnésie, quand on chauffe, une réduction en poussière de la magnésie, qui a été reconnue accessoirement par Seger lui même, et qui lui a fait abandonner l'emploi du creuset de ce genre pour les essais des argiles réfractaires. Si une couverture d'alumine permet de limiter ce mal, il n'en reste pas moins possible qu'il se produise dans la masse d'alumine, des fentes qui permettraient une diffusion de la magnésie, si petite qu'elle soit. On sait que l'alumine est d'autant plus sujette à se fissurer qu'elle n'a pas été préalablement chauffée au rouge vif et que la couverture n'a pas été complètement uniforme (¹).

Jusqu'à quel point enfin l'influence qu'on vient de signaler a-t-elle joué un rôle pour produire des résultats différents de ceux qu'accusent mes recherches, dans lesquelles ont pu intervenir d'autres circonstances, telles qu'un contact avec la garniture d'alumine ou avec la masse d'argile en dehors des petits creusets de graphite employés ; c'est qu'on ne peut élucider ici que par des explications hypothétiques.

(¹) Seger indique que l'alumine était chauffée à scorification. L'alumine scorifiée, en tant qu'on entend seulement par là une masse devenue compacte (ramollie) n'est pas absolument exempte d'eau.

Silicate d'alumine en connexion avec les fondants, Allure pyro métrique. Loi de l'équivalence. — Si nous faisons un pas de plus et si nous ajoutons aux mélanges d'alumine et de silice les substances mélangées, qui ne manquent jamais, tout au moins en partie, dans les argiles, ou ce qu'on appelle les fondants (¹), nous arrivons, en ce qui concerne l'ensemble des constituants, aux argiles naturelles dans leur mode de composition générale. Etudions donc exclusivement la manière d'être au point de vue pyrométrique de ces fondants à l'endroit de la silice et de l'alumine ; et en nous plaçant à ce point de vue déterminant, et qu'on ne peut pas négliger, que les argiles naturelles renferment souvent en quantités prédominantes des combinaisons chimiques déjà effectuées, nous nous trouverons par là sur une voie bien délimitée, qui doit nous conduire tout à fait directement à la connaissance de la nature de la réfractairité des argiles.

Si l'on se représente le silicate d'alumine obtenu, comme plus haut, par un mélange intime de 1 partie d'alumine et 2 parties de silice, chauffé au rouge vif, jusqu'à ce qu'il se soit produit une fusion et par suite la formation du silicate, si l'on pulvérise le silicate d'alumine ainsi obtenu et si l'on y ajoute des quantités égales, par exemple quatre pour cent de fondants, soit de magnésie, de chaux d'oxyde de fer et d'alcalis, après un chauffage répété et poussé à une température suffisamment élevée, on obtient les résultats suivants : le mélange avec la magnésie est le plus fluide ; celui avec la chaux est moins fondu, vient ensuite celui avec l'oxyde de fer, et celui qui est le moins changé est celui qui contient la potasse, qui a, parmi les 4 bases susnommées, le poids équivalent le plus grand, tandis qu'inversement la magnésie a le plus petit. Exprimée d'une manière plus positive, la fusibilité d'une argile sera donc le plus favorisée par la magnésie, moins par la chaux, encore moins par l'oxyde de fer et le moins possible par la potasse et la soude.

Il résulte de là la loi trouvée par Richters (²) : des quantités

(¹) Ils déterminent, en certaine quantité ou à une température suffisante, une fusion en un « coulage » de l'argile, d'où leur nom. En font partie comme mélanges réguliers les terres alcalines, parmi lesquelles la magnésie manque rarement, les alcalis, le fer avec quelquefois de l'oxyde de manganèse ; au contraire les compagnons irréguliers qui sont des restes de la roche primitive et par suite du feldspath et d'autres matières minérales étrangères, doivent être caractérisés comme fondants sporadiques.

(²) Richter. — *Recherches sur les causes de la réfractairité des argiles*, p. 12. Ce mémoire fondamental (dissertation) de Richter a paru en 1868. Comme rectification au point de vue chronologique, on fera remarquer en passant que les premiers travaux

équivalentes de bases, agissant comme fondants, ont une influence égale sur la fusibilité de l'argile, dans l'hypothèse digne de remarque que toutes les bases, comme aussi l'alumine, sont déjà combinées chimiquement avec la silice, ou qu'elles ont été chauffées suffisamment longtemps et à une température suffisamment élevée pour produire ces combinaisons ([1]).

En exprimant ceci brièvement en nombres équivalents, 20 parties en poids de magnésie agissent semblablement et ont la même action que 28 de chaux, 31 de soude, 36 d'oxydule de fer et 47 de potasse. L'oxyde de fer se transforme au chauffage en oxydule de fer, soit par suite d'une action réductrice, soit par ce que la réaction acide de la silice prédominant davantage à mesure que la température s'élève, l'oxyde de fer se transforme en oxydule plus fortement basique. Il est à remarquer qu'il n'est pas rare de trouver la combinaison double du fer, l'oxyde-oxydulé dont les briques ordinaires contiennent presque toujours une plus ou moins grande quantité.

Action de fondants différents présents en même temps. — Bien que, d'après les recherches de Richter, l'action simultanée de différents fondants n'exalte pas celle de chacun d'eux pris isolément, c'est-à-dire que la fusibilité n'augmente pas ou d'une manière peu sensible, mais croît seulement avec l'accroissement de la somme des équivalents des matières mélangées (fusibilité des fondants contenus dans l'argile, voir plus loin), cette observation contredit tant les résultats de la pratique ainsi que les lois de l'abaissement du point de congélation ou de l'élévation du point de fusion des mélanges, qu'un contrôle des observations de Richter paraît indiqué. En particulier, la méthode de recherches de Richter manque d'une base de mesure uniforme des températures, ce qui est indispensable pour les recherches sur la réfractairité. Dans ces derniers temps, E. Cramer a repris les recherches de Richter en se servant du cône de Seger d'une manière approfondie et circonspecte. Il a trouvé

de l'auteur sur la réfractairité des argiles, auxquels Richter s'est attaché, ont été publiés en 1860 dans le *Dinglers Journal*.

([1]) Pour des degrés de température moins élevés, nous pouvons avoir à faire avec des combinaisons doubles plus ou moins incomplètes et à d'autres phénomènes intermédiaires correspondants, qui troublent la loi d'équivalence et même la changent ; — l'AUTEUR, *Dinglers Journal*, t. CXCVI, p. 444 et t. CXCVIII, p. 407. La loi d'équivalence a lieu pour des températures élevées auxquelles la silice ajoutée augmente la fusibilité d'une argile et ne la diminue pas ; pour des températures plus basses, comme on l'a dit, ce sont d'autres circonstances, non encore suffisamment élucidées, qui deviennent déterminantes.

d'abord que la loi fondamentale de Richter sur le remplacement équivalent des fondants est exacte dans l'ensemble. L'oxyde de fer a montré une manière d'être particulière et différente, mais elle peut s'expliquer par ce que, pendant l'expérience, agissent simultanément dans l'atmosphère du four d'autres actions plus ou moins réductrices et qui changent la fusibilité.

A la place du mélange de Richter, qui, comme on l'a dit, se composait de 1 équivalent d'alumine et de 2 équivalents de silice avec 4 pour cent de magnésie, de chaux, d'oxyde de fer ou de potasse, on prit du kaolin très fin lévigé. On détermina de plus par des expériences semblables l'action des fondants sur 1 équivalent de kaolin et 0,5 équivalent de sable. Pour l'obtention des mélanges avec la potasse ou la soude, on se servait de l'azotate de potasse ou de soude avec du kaolin préalablement cuit. Pour les autres fondants, magnésie, chaux et fer, on broyait ensemble du kaolin avec de la magnésie, du marbre ou de l'oxyde de fer sur une plaque de verre à miroir (une plaque d'agate n'aurait pas donné lieu à contestation). Pour le kaolin pur, les expériences de fusion avec les quantités équivalentes de divers fondants, représentées graphiquement, n'ont pas donné de grandes différences au point de vue de l'abaissement de la fusion ; au contraire pour le mélange de kaolin et de sable, le fondant favorise d'autant plus fortement la fusion que le poids atomique du fondant est plus bas. Pour juger une argile, il faut tenir plus compte de la nature du fondant, si l'argile est sableuse. Conformément à cela, on a trouvé que la soude est un fondant plus énergique que la potasse (*Tonind.-Ztg.* 1895, n°s 40 et 41).

Il faut indiquer ici les importantes recherches de E. Cramer (*Tonind.-Ztg.* 1897, n° 28) sur la volatilité des fondants ; il en ressort que vraisemblablement ces oxydes fixes sont susceptibles de volatilisation par un chauffage prolongé et répété. Les gaz du charbon (fumée) et des mélanges de substances organiques peuvent agir ici comme véhicules.

D'après les analyses extrêmement exactes et contrôlées, à plusieurs reprises, que Cramer a fait connaître, il faut admettre qu'au chauffage d'une argile à des températures extrêmement élevées (au cône 30 de Seger) il se produit vraisemblablement une diminution du fer, de la chaux et des alcalis (*Töpfer-u-Ziegler-Ztg.* 2897, n° 25).

Des observations semblables, qui se rattachent à ce sujet à un autre point de vue, ont été faites par l'auteur dans des déterminations pyrométriques d'échantillons d'argile ; suivant que ceux-ci étaient chauffés seuls ou avec d'autres échantillons, ils montraient clairement une action des uns sur les autres, notamment en ce qui regarde la couleur produite par la cuisson. L'auteur se propose de suivre ce sujet.

Role de l'alumine vis-à-vis des fondants. — Il existe des cas pour l'activité des fondants, où, comme on l'a déjà indiqué, l'alumine occupe une place déterminante, nécessaire ; car de petites quantités des premiers, en combinaison avec l'acide silicique agissent d'autant plus comme fondants, que l'alumine se trouve présente en même temps.

Si à de la poudre de cristal de roche on ajoute les fondants connus, fer, chaux, magnésie et alcalis, l'addition peut s'élever à plusieurs pour cent et même jusqu'à 10 % sans que l'on puisse reconnaître une action notable de ceux-ci sur la silice, à une température qui dépasse celle de la fusion du fer doux. Les échantillons peuvent encore se racler au couteau ; on peut même pousser l'addition jusqu'à 20 % sans qu'un pareil mélange se montre vitrifié. L'expérience paraît démontrer qu'il en est essentiellement de même, quelle que soit celle des substances avec laquelle on fait individuellement l'essai, et qu'on ne remarque pas non plus de différence tranchée, quand on mélange ensemble plusieurs des fondants. La chaux donne une masse blanche grenue aussi bien que la potasse, l'oxyde de fer en donne une rouge foncée et la magnésie une bleuâtre un peu plus compacte.

Mais si aux mélanges en question on ajoute une très petite portion d'alumine, quelques pour cent de fer, de chaux, etc., produisent déjà une fusion au degré de température indiqué. La manière dont se comporte un silicate naturel des terres alcalines en fournit un exemple excellent : le talc ($3\,MgO.4\,SiO_2$), à l'état pur, fond à une température correspondant environ au cône 31 de Seger ; mélangé avec 5 % de kaolinite, il fond au cône 11 — avec une réaction tellement intense qu'il perce entièrement les capsules.

Si au mélange d'alumine silicaté et de fondant on ajoute de la silice en excès, à un degré de température suffisamment élevé (à un degré moindre, le contraire pourrait se produire) la fusibilité décrite se manifeste d'autant plus énergiquement et aussi longtemps que l'alumine peut se combiner chimiquement et qu'il se forme des silicates doubles.

Si l'excès de silice, qui doit dans tous les cas être extrêmement important, dépasse le pouvoir de combinaison, on voit de nouveau, comme on l'a dit, se manifester cette loi que la plus grande difficulté de fusion de l'élément composant individuel se montre au premier plan.

Récapitulation. — On peut récapituler rapidement les éléments des argiles réfractaires dont on vient de parler : l'alumine; la silice et les fondants.

1. Parmi les deux éléments difficilement fusibles, l'alumine est la plus difficilement fusible.

2. D'accord avec ceci, la combinaison, silicate d'alumine, — qui est, comme on l'a dit, plus facilement fusible que chacun des composants — est d'autant plus difficile à fondre qu'elle se rapproche plus du bisilicate pur, et d'autant moins que la silice prédomine davantage.

A un degré de température moins élevé ou dans des circonstances et conditions déterminées, on peut le répéter ici, la silice peut augmenter la difficulté de fusion d'une argile.

3. Si au silicate d'alumine s'ajoutent les fondants, il se forme des combinaisons doubles qui sont encore moins difficiles à fondre.

Ce sont les fondants en combinaison avec la silice, qui, en présence de l'alumine, déterminent la fusion ; et quand ils sont présents en quantité suffisante et que la silice est en abondance, ils le font d'autant plus complètement et sans résistance.

Enfin nous allons réunir ensemble ces résultats sous une autre forme.

Phénomènes chimiques et physiques. — La fusion de l'argile consiste dans la formation de silicates doubles, de l'alumine silicatée avec une base silicatée qui peut être la magnésie, la chaux, le fer, la potasse et la soude.

Le silicate d'alumine pur (Al_2O_3, $2SiO_2$) est infusible dans nos foyers ordinaires, il l'est aussi dans les chauffages artificiels, donnant les températures les plus élevées, et d'autant plus que l'alumine y prédomine davantage. ([1])

S'il s'y ajoute une des bases susnommées, la fusibilité croît, comme on l'a dit, d'une manière continue avec la quantité de celle-

---

([1]) Si l'on ajoute de la silice à la meilleure argile réfractaire, on diminue certainement par là sa difficulté de fusion pour un degré de température suffisamment élevé. Voir l'auteur. *Dinglers Journal*, t. CL, p. 57. A l'argile d'Altwasser, qui est infusible à la température de fusion du fer doux, Richters ajoutait 20 °/₀ de poussière de quartz, ce qui faisait qu'elle se vitrifiait au même degré de chaleur. Voir *loc cit.*, Richter, sur la réfractairité des argiles.

ci, et elle se manifeste avec d'autant plus d'intensité que la silice croît jusqu'à une certaine quantité, qui peut être importante.

En ce qui touche le côté physique, la formation de substances fluides, ceci exige, d'après une loi générale, que les plus petites particules qui entrent en action jouissent d'une certaine liberté de mouvement. Si les combinaisons sont produites par la fusion d'un mélange comme celui de l'argile, un des constituants doit devenir fluide et sert d'intermédiaire aux substances qui se combinent. L'élément le plus fusible est généralement le premier à devenir fluide, puis il se forme d'autres combinaisons fluides, tandis que les parties non fondues forment une charpente solide. Si les substances fluides ne se trouvent présentes qu'en petite quantité, le tout conserve sa forme; si elles prédominent, avec l'élévation de température commence un changement de forme.

C'est ainsi qu'il se produit pour certaines argiles un mélange plus ou moins visqueux; si l'éprouvette primitive avait la forme d'un cylindre, il se manifeste un changement de forme, dont nous parlerons plus loin en détail, qui la transforme en une sphère, une demi-sphère, une goutte, jusqu'à ce que la masse coule en s'étalant. L'argile peut donc, pour aller jusqu'à sa fluidification complète, parcourir toute une série de stades ou de phases, qui se produisent d'une manière plus ou moins brusque, mais toujours progressivement et d'une manière caractéristique.

Valeur extraordinaire de l'alumine. — L'alumine est donc relativement l'élément qui a le plus de valeur et qui agit avec le plus d'influence dans les argiles réfractaires proprement dites; en règle générale, c'est aussi sa quantité qui est déterminante au point de vue de la fusibilité. Elle n'est pas seulement le plus difficilement fusible par elle-même, mais, dans le cadre des argiles réfractaires naturelles, elle augmente la difficulté de fusion des combinaisons, elle agit à l'encontre de la silice; mais comme on l'a brièvement dit plus haut, certaines circonstances peuvent limiter cette action. Mais en outre de la difficulté de fusion, les facteurs purement physiques, tels qu'un retrait et une puissance d'absorption extraordinaire jouent pour les argiles un rôle très important, dont il faut tenir compte en même temps.

Ancien quotient de réfractairité [1]

La difficile fusibilité d'une argile dépend de sa composition quantitative (en pourcentage), ainsi que cela résulte de ce qui précède ; il s'en suit simplement qu'on doit pouvoir d'une certaine manière exprimer en chiffres un nombre de fusibilité. La formule chimique, déduite de l'analyse d'une argile, donne les rapports entre les trois constituants essentiels : alumine, silice et fondants ; si l'alumine prédomine par rapport aux fondants, la fusibilité est plus difficile, et d'un autre côté, si la silice croît par rapport à l'alumine, la fusibilité est plus facile ; on doit donc pouvoir réunir dans une expression numérique ces deux rapports qui sont déterminants.

Si, dans la formule calculée en partant de l'analyse, on désigne par a le nombre d'équivalents d'alumine, par b celui de la silice et par c celui des fondants ; et si l'on pose le rapport

$$a/c = \mathrm{A} \; ; \; b/a = \mathrm{B},$$

le quotient de réfractairité est $+ \dfrac{\mathrm{A}}{\mathrm{B}} = \dfrac{a/c}{b/a} = \dfrac{a^2}{b.c}$. Ce quotient satisfait à la condition de croître avec l'accroissement de la teneur en alumine ; il décroit quand croissent les teneurs en silice et en fondants.

La formule qu'on vient d'établir se recommande d'abord par ce qu'elle met bien en évidence l'influence de l'alumine, ce facteur qui détermine l'essence et la bonté de l'argile. La condition que le quotient de réfractairité soit directement proportionnel à la teneur a en alumine, ou à une puissance plus élevée, est satisfaite ici de la manière la plus simple.

Seger a, comme on le sait, remplacé cette expression numérique, donnée par l'auteur dans l'année 1869, par une autre quelque peu différente, au lieu de $\dfrac{a^2}{b.c}$ Seger pose $\dfrac{a^2}{bc} + \dfrac{a}{c}$. Cette dernière expression est donc plus grande de $\dfrac{a}{c}$ ou si $c = 1$, de a plus grande que la mienne.

En ce qui regarde la silice, comme on le verra plus loin en détail

<hr>

[1] La dénomination du quotient de réfractairité au lieu de quotient de fusibilité, plus scientifique, a été choisie pour se conformer à la pratique qui se servait de cette expression.

il faut considérer que son action, n'est que relative vis-à-vis de l'action absolue de l'alumine. Elle augmente la fusibilité et notamment l'influence des fondants aux températures élevées ; pour celles qui le sont moins, elle peut, particulièrement à l'état non combiné, élever le point de fusion. Eu égard à la température appliquée, la silice joue donc un rôle bâtard, comme moyen d'élévation ou d'abaissement de la fusibilité d'un mélange argileux. Dans le calcul du quotient de réfractairité, il faut tenir compte de ces circonstances dans une certaine mesure contradictoires, ce qui est à considérer, eu égard au mode d'exposition suivi jusqu'ici, et à étudier à nouveau d'une manière approfondie.

Si les résultats de l'analyse conduisent à une conclusion favorable au point de vue réfractaire, on fait l'hypothèse implicite que les éléments de l'argile se trouvent uniformément répartis, dans l'état de la plus grande finesse, et que toutes ses parties sont réellement ou sont supposées en combinaison chimique les unes avec les autres.

Plus une argile est pure, et c'est le cas pour les principales argiles réfractaires, qui montrent également d'après les analyses une constitution très uniforme, et plus le calcul qui y est relatif peut avoir de valeur déterminative ; tandis que, plus une argile est irrégulière, plus il y a de sable, de veines de quartz ou d'autres matières mélangées parmi lesquelles il faut compter les masses d'argiles cuites à vif dans la fabrication, qui cachent sa nature propre, et plus ces influences déterminantes accessoires peuvent prendre d'importance. Le quotient de réfractairité ne peut donc pas donner d'expression rigoureuse, mais seulement une expression de valeur limitée ; et, par exemple, pour les argiles à briques, qui sont essentiellement hétérogènes, le calcul serait entièrement sans signification.

Nouveau quotient de réfractairité amélioré et complété

Si nous faisons abstraction des argiles très pures, très exemptes de sable et en somme rares, pour lesquelles le calcul du quotient de réfractairité, effectué de là manière indiquée, pourrait donner une certaine mesure, comme entre autres pour les argiles normales, il faut, pour les argiles sableuses, employer un mode de calcul différent et scindé. a s'applique au produit aussi exempt de sable que possible de l'argile lévigée, et b au résidu de la lévigation ou au sable proprement dit et à ses parties. Il faut ensuite passer l'argile à travers un tamis aussi fin que possible et en déduire une analyse où la silice peut compter directement comme fondant. Il faut de plus, en s'appuyant sur l'analyse, calculer pour le résidu sableux un nouveau quotient qui élevera ou abaissera la réfractairité totale de l'argile. Il est clair qu'ici la silice joue un autre rôle suivant les bases présentes (¹).

Résumons rapidement pour terminer en quoi consiste la valeur d'un quotient de réfractairité à l'abri d'objection : 1° il donne une idée des relations pyrométriques déterminantes des argiles réfractaires ; 2° quand il tombe au dessus d'un certain nombre, on peut diviser d'une manière bien déterminée les argiles en deux grandes classes principales : les argiles difficilement fusibles (réfractaires de grand feu) et celles plus facilement fusibles (réfractaires ordinaires); 3° au point de vue technique, la fusion d'une argile, pour laquelle le quotient calculé donne un point fixe ou des indications préalables sures, est un caractère important et significatif ; 4° il doit nous apprendre ce que les recherches pyrométriques ou pratiques constatent comme inattaquable en même temps que l'analyse. Il est donc appelé à vérifier la concordance entre les deux et par suite à servir à un contrôle universel.

L'auteur se réserve pour plus tard d'en faire le développement avec les calculs, aussitôt que l'accumulation momentanée de ses travaux lui en laissera le temps.

(¹) C'est à son distingué collaborateur, le Dr Herm. Kaul, que l'auteur est redevable d'avoir été engagé à établir ce nouveau mode de calcul du quotient de réfractairité.

CHAPITRE III

—

EXAMEN ET MOYENS D'EXAMEN
EXAMEN PHYSIQUE, CHIMIQUE ET PYROMÉTRIQUE DES ARGILES
NORMALES, PYROMÉTRIE.

Exposons préliminairement sur quoi doit porter chaque mode d'examen. Pour une recherche qui a la prétention d'être d'une utilité déterminée, le problème consiste à donner des résultats aussi absolus que possible, c'est-à-dire à fournir, autant que possible, des valeurs numériques exactes, concordantes et comparables. Si les essais des argiles (¹) doivent être complets, ils doivent s'étendre à toutes les propriétés physiques, chimiques et en particulier pyrométriques, et à leurs combinaisons, passant souvent les unes aux autres, qui peuvent avoir de l'importance pour les manufacturiers d'argile.

Passant aux diverses méthodes d'examen ou d'essais des argiles, où chacune ne peut toujours donner plus ou moins qu'une partie des propriétés, l'étude peut être de trois sortes :

1° Un examen physique ou mécanique ;

2° Un examen chimique ;

3° Un examen pyrométrique (et aussi expérimental).

I. — EXAMEN PHYSIQUE

Ainsi qu'il résulte de ce qu'on a dit au chapitre premier sur les propriétés physiques, l'examen physique peut se limiter seule-

---

(¹) Au point de vue de l'essai des argiles en général, et des argiles à brique en particulier, Olschewsky a donné des indications très remarquables dans le journal *Ziegel and Zement*, à la fin de 1889 et au commencement de 1890. Quant aux nombreux appareils, dont on se sert dans ces derniers temps pour l'estimation des foyers (appareil Orsat), pour la détermination et l'expérimentation des propriétés des argiles et de leurs produits fabriqués, nous pouvons renvoyer au *Tonindustrie Kalender*, Berlin, 1902.

ment aux caractères extérieurs, principalement à ceux qui tombent sous les yeux et auxquels appartiennent : l'apparence, la couleur, les impuretés et les mélanges visibles, l'éclat, le toucher et la coupure, le grain, son uniformité, sa forme, sa grosseur, ainsi que la cassure et la texture, et, pour les amas d'argile en général, la structure; ou bien l'examen peut pénétrer plus profondément et s'attacher aux propriétés qui échappent à l'observation directe. Le premier examen peut être appelé une description minéralogique; tandis que le second exige des moyens et des appareils spéciaux pour séparer, mesurer et peser.

L'analyse par lévigation nous fournit ici un secours important; nous mettrons en évidence la méthode si complète de Zschokke (*Baumaterialienkunde*, 1902, n°s 10 et 11) qui, en outre de la séparation de la partie constituante proprement dite de l'argile, permet de porter un jugement sur les matières mélangées, leur distribution quantitative et leur constitution spéciale; ici se rattache la détermination de la plasticité, avec laquelle, comme on l'a dit, toute une série de phénomènes se trouvent en liaison tantôt intime, comme le retrait, la force de liaison, la cohésion, l'état gras ou maigre, tantôt plus générale, comme l'avidité pour l'eau, conséquence de la capillarité et de la porosité, l'abandon, l'enlèvement (phénomènes du séchage) et la résistance de l'eau. La manière dont les argiles se comportent vis-à-vis de l'eau ([1]) (eau de gâchage) fournit déjà un certain nombre d'éléments d'appréciation, par exemple si elles se délayent plus ou moins facilement, si cela se fait avec formation plus ou moins considérable de grumeaux, si ceux-ci se décomposent à l'ébullition, ou se conservent après que cette opération a été prolongée pendant longtemps.

Jusqu'ici, il s'agit seulement du pouvoir de liaison et du retrait qui s'y rattache, comme aussi de la porosité et de la résistance à la compression, pour lesquels nous connaissons un mode méthodique d'examen, qui permet des comparaisons exprimables en nombres. Mais il ne suffit pas de se borner simplement à l'étude de l'argile comme telle à l'état brut, il faut encore examiner les changements qu'y apporte la fabrication ainsi que l'argile cuite.

([1]) La manière dont les argiles se comportent vis-à-vis de l'eau peut jouer un rôle extraordinairement important. Ainsi pour les argiles à creusets du Klingenberg, renommées dans le monde entier, la pratique pour distinguer les premières sortes des secondes, en dehors de leur plasticité très élevée, réside surtout dans le gonflement très fort ou la plus grande voluminosité de l'argile de première sorte.

1. Analyse mécanique ou par lévigation
Développement de l'analyse par lévigation

Türrschmiedt ([1]) a déjà signalé l'appareil à lévigation comme un outil aussi nécessaire pour la briqueterie que les pinces pour le maréchal, et il le regarde comme le moyen le meilleur et le plus sûr pour connaître la nature des argiles ; cet appareil a en même temps pour la pratique une valeur d'autant plus grande qu'il est dans une certaine mesure le seul moyen qu'on ait de décomposer l'argile mécaniquement en ses constituants et d'étudier ces derniers dans leur individualité. Seger ([2]) déclare d'une manière approfondie et précise que l'analyse chimique donne des renseignements insuffisants pour la connaissance de l'argile, si elle n'est pas appuyée par une séparation des éléments hétérogènes au moyen de l'analyse mécanique. L'exécution de l'analyse par lévigation, dit Seger, donne non seulement des renseignements sur la composition de la matière, sur les rapports réciproques entre la substance plastique et non plastique, mais encore sur la qualité minéralogique et physique, et notamment sur cette dernière.

Pour ce qui concerne les appareils à lévigation, qui présentent tous certaines imperfections, tandis qu'il n'existe pas dans la nature de sauts entre les matières les plus fines et les grosses, et qu'en règle générale, tous les échantillons intermédiaires sont présents, Seger est d'avis qu'il faut se mettre d'accord sur les grosseurs de grains qu'on rassemble et qu'on veut séparer.

Il propose de désigner sous le nom de substance argileuse (voir ce qui suit et le premier chapitre) ce qui peut être entraîné par l'appareil à lévigation le plus parfait jusqu'ici, celui de Schöne, avec la moindre vitesse d'eau qu'on puisse évaluer avec certitude ; c'est celle de $0^{mm},18$ par seconde $=20$ millimètres de charge au piézomètre. D'après les grandeurs calculées par Schöne pour la vitesse de chûte des sphères de quartz dans l'eau et d'après les mesures microscopiques directes des produits de lévigation de son appareil, on aurait pour cette vitesse une grosseur de grain maxima de $0^{mm},0010$. Tout ce qui n'est pas séparé de l'argile par cette vitesse réduite montre, d'après Seger, un caractère déjà essentiellement

<hr>

([1]) *Notizbl.* V, p. 186.
([2]) *Ibid.*, VIII, p. 313.

différent de la substance argileuse proprement dite et est désigné par lui sous le nom de maigre. Comme on l'a déjà partiellement signalé plus haut, cette masse donne avec l'eau une pâte assez malléable mais courte, qui présente peu de cohésion au séchage, qui reste matte quand on la frotte avec l'ongle du doigt, tandis que le même traitement donne à la matière argileuse un poli brillant. Sous cette désignation tombent toutes les matières ayant une grosseur de grain comprise entre $0^{mm},01$ et $0^{mm},025$ de diamètre, qui peuvent être lévigées par une vitesse de $0^{mm},10$ par seconde.

Les particules relativement plus grosses qui suivent sont désignées sous le nom de sablon, parce qu'au toucher elles ne permettent pas d'y reconnaître un caractère sableux, tandis qu'elles se présentent comme telles au point de vue physique. Au sablon correspond une vitesse d'écoulement de $1^{mm},5$ par seconde et une grosseur de grain de $0^{mm},025$ à $0^{mm},040$.

On regarde comme sable les corps qui ont un diamètre de grain de $0^{mm},333$ et comme gros sable tout ce qui dépasse cette grosseur.

Dans des recherches postérieures [1] Seger désignait comme maigres les particules ayant une grosseur de grain de $0^{mm},01$ à $0^{mm},02$, comme sable celles de $0^{mm},04$ à $0^{mm},20$ et comme gros sable tout ce qui dépasse la grosseur de grain de $0^{mm},20$.

En dehors de Seger, Aron s'est aussi occupé de l'emploi de l'analyse mécanique et il a obtenu grâce à elle des résultats importants relativement aux propriétés physiques des argiles.

Appareil à lévigation de Schulze. — Frésénius employait cet appareil ancien pour l'analyse mécanique des terres labourables [2]. On sépare au préalable les pierres qui peuvent être mélangées à la matière à léviger. Richters se servait d'un appareil semblable. L'appareil se compose essentiellement d'un verre avec dégorgement, de la forme d'un grand verre à champagne, ayant 30 centimètres de haut, 7 centimètres et demi de diamètre, et d'un tube de 45 centimètres de long et d'environ 8 millimètres de large, qui s'élargit à sa partie supérieure en forme d'entonnoir et dont la section se réduit à 2 millimètres à sa partie inférieure. On peut y traiter à la fois 33 grammes d'argile.

<hr>

[1] Voir *Notizbl.*, IX, p. 397 et suiv.
[2] *Journ. f. prakt. Chemie*, t. XLVII, p. 241.

Appareil à lévigation de Schöne ([1]). — L'appareil de beaucoup le plus recommandable jusqu'à présent est, comme on l'a dit, celui de Schöne.

La partie la plus importante de l'appareil à lévigation de Schöne ([2]) est l'entonnoir conico-cylindrique à lévigation ; il réunit les avantages du verre à champagne de Schulze et ceux de l'appareil cylindrique de Hennigsen-Förder. Cet appareil est représenté en coupe suivant sa longueur dans la figure 2 et au 1/5 de sa grandeur naturelle.

ABCDEFG forme une seule pièce. La partie cylindrique BC — la chambre de lévigation — a 10 centimètres de long et un diamètre intérieur aussi exactement que possible égal à 5 centimètres. Elle doit être complètement cylindrique sur cette longueur. Il s'y rattache une partie conique CD de 50 centimètres de long. Il convient beaucoup que le diamètre à sa partie inférieure D ne soit pas plus grand, dans aucun cas, que 5 millimètres, ni plus petit que 4 millimètres dans le clair. Le coude demi-circulaire en DEF doit avoir un diamètre intérieur de même grandeur.

Le tube d'amenée FG, replié vers le haut, qui remonte jusqu'où la partie cylindrique de l'entonnoir commence, peut avoir un diamètre plus grand, mais cela n'est pas nécessaire ; toutefois il ne doit pas être plus petit que 4 millimètres dans le clair.

De B jusqu'au col H l'entonnoir se rétrécit progressivement. Il est bon d'avoir un col cylindrique d'environ 2 centimètres de long ; son diamètre doit être de 1 centimètre et demi à 2 centimètres. Quand on prend ces dimensions, l'angle aigu en D est d'environ 5 à 6°. Schöne l'a choisi aussi petit à dessein pour que le retard du filet

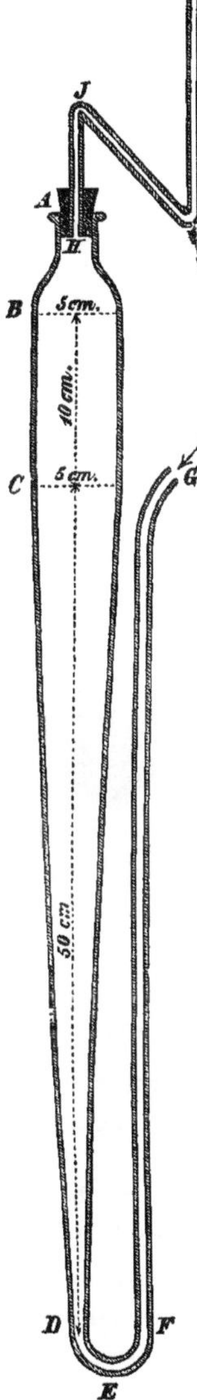

Fig. 2

([1]) E. Schöne. — *Uber Schlämmanalyse und einen neuen Schlämmapparat.* Berlin, W. Müller, 1867.

([2]) *Notizbl. f. Fabrikation von Ziegeln*, etc., 1872, p. 188.

d'eau qui s'élève verticalement s'effectue d'une manière très progressive et pour éviter autant que possible, les remous locaux, qui produisent un effet perturbateur dans l'appareil de Nöbel.

C'est dans cette partie conique que s'effectue, comme dans le verre à champagne de Schulze, l'analyse de la substance à étudier en ses éléments, suivant leurs valeurs hydrauliques. Dans la chambre cylindrique, la vitesse d'écoulement reste la même dans toutes les parties. Comme c'est de la vitesse du courant d'eau dans cette chambre, la plus large de l'entonnoir à lévigation, que dépend la valeur hydraulique du produit lévigé, Schöne l'appelle la « chambre à lévigation ». Elle a été choisie de 5 centimètres de largeur pour que la vitesse d'écoulement employée ait la commodité suffisante pour exercer son action. Il n'est pas à recommander de la prendre plus large, parce que, notamment pour les très faibles vitesses d'écoulement, il se produit d'autant plus facilement des perturbations locales que le diamètre de la section est plus grand. Au-dessus de B, l'entonnoir se rétrécit, la vitesse d'écoulement aug-

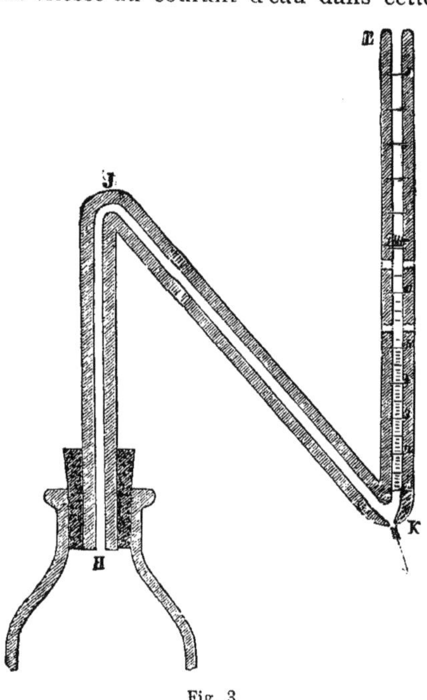

Fig. 3

mente et les parties qui avaient été tenues en suspension jusqu'en B sont entraînées hors de l'appareil par la disposition que nous allons décrire.

Dans le col de l'entonnoir s'élève au milieu d'un bouchon de caoutchouc le tube HJKL plié en forme de Z à son extrémité. Il sert en même temps de tuyau de dégorgement et de mesureur de pression ou de piézomètre, et c'est en cela ainsi qu'en la forme extrêmement appropriée de l'entonnoir que réside l'avantage principal de l'appareil de Schöne.

On peut notamment à tout instant déterminer la vitesse du courant d'eau dans la chambre à lévigation d'après la position de l'eau dans ce tube.

La figure 3 représente à demi grandeur une coupe transversale de cette combinaison de tuyau de dégorgement et de piézomètre. Elle est d'un seul morceau et est faite au moyen d'un tube à baromètre dont le diamètre extérieur est de 7 à 10 millimètres et dont l'intérieur est aussi exactement que possible de 3 millimètres.

Le tube de dégorgement HJK est plié en J sous un angle de 40 à 45° ; l'angle ne doit pas être plus grand. Le coude en J doit être aussi aigu que possible, c'est-à-dire que l'arc doit être aussi court que possible, sans pourtant que l'intérieur du tube soit diminué. Le coude en K doit être encore plus aigu si possible, de manière que l'axe du piézomètre KL tombe approximativement au centre de l'ouverture de dégorgement en K. La forme et notamment la grandeur de cette ouverture sont très importantes. Elle doit, autant que possible, être circulaire, à bords fondus et avoir un diamètre aussi exactement égal que possible à $1^{mm},5$. Elle ne doit pas être plus grande que 1 millimètre 2/3 et plus petite que 1 millimètre 1/2. Dans tous les cas, l'ouverture doit se trouver à la partie la plus basse de la courbure en K, et elle doit être pratiquée de telle manière que l'eau qui s'écoule soit dirigée un peu obliquement vers le bas (comme le montre la flèche).

Le piézomètre KL est parallèle au côté HJ du tube de dégorgement. La division qu'il porte (en centimètres) et qui paraît en projection sur la coupe (fig. 3) a pour zéro le centre de l'ouverture en K ; elle commence au trait du premier centimètre et est partagée :

de 1 à 5 cm. en mm.	de 5 à 10 cm. en 1/4 de cm.
de 10 à 50 en 1/2 cm.	de 50 à 100 en cm.

La longueur du piézomètre dépassera donc un peu un mètre. Les dimensions indiquées pour l'entonnoir et la combinaison du tube de dégorgement et du piézomètre sont ceux que Schöne recommande comme les plus convenables pour l'analyse ordinaire du sol. Pour ce cas, on emploie une vitesse d'écoulement de $0^{mm},2$ à 4 millimètres par seconde. Ces vitesses suffisent complètement pour l'analyse par lévigation des variétés de sol, comme j'ai pu le confirmer par l'étude d'un nombre assez important d'échantillons de terres. Mais, pour l'étude des argiles, la vitesse d'écoulement minima de $0^{mm},2$ sera encore trop grande. Quelques recherches sur des échantillons d'argile et de maigres ont donné à Schöne la conviction que, pour l'analyse des argiles, il faut employer des vitesses encore notablement moindres. On ne peut obtenir une vitesse d'écoulement moindre qu'en augmentant le diamètre de la chambre de lévigation, et nous avons vu plus haut que ce n'est pas admissible, ou en réduisant l'ouverture de dégorgement en K. Peut-être convient-il de réduire l'ouverture à 1 millimètre de large.

La figure 4 montre de quelle manière sont réunies ensemble les diverses parties de l'appareil de Schöne, l'entonnoir à lévigation, le piézomètre, le réservoir d'eau et le vase qui recueille le fluide lévigé. Le dessin montre la disposition qu'emploie Schütze lui-même pour l'exécution des analyses par lévigation dans le laboratoire de l'Ecole Forestière de Neustadt.

Sur la forte table de bois TT repose l'étagère en bois DD ; elle est munie de deux tiroirs pour conserver les capsules de porcelaine, etc., et de deux tablettes, sur lesquelles trouvent place les gobelets de verre remplis du fluide de lévigation. Sur l'étagère DD repose le réservoir à eau C fait de tôle émaillée ; ce dernier (d'après les indi-

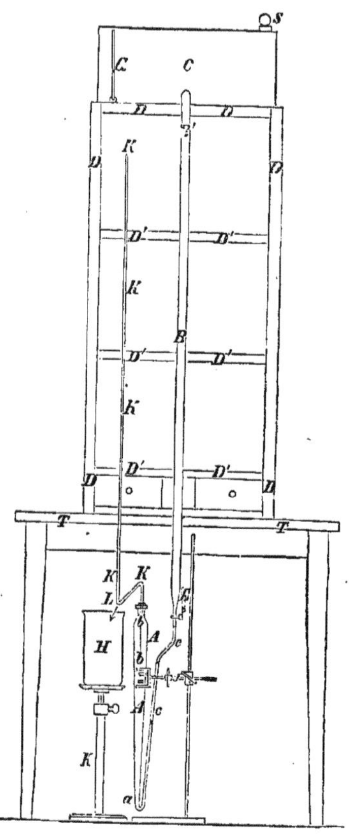

Fig. 4

cations de Schöne) est une caise fermée de tous les côtés, ayant 50 centimètres de long, 25 centimètres de large et 20 centimètres de haut. S est une soupape avec dispositif à vis, constituant une ouverture qu'on peut rendre étanche à l'air, et qui est destinée à l'introduction de l'eau. B'B est un tuyau de conduite muni d'un robi-

net E, qui est relié par un tube de caoutchouc *e* avec le tuyau *c*
d'amenée dans l'entonnoir à lévigation A. A la partie inférieure et
dans la paroi avant du réservoir C, est disposée une tubulure, dans
laquelle est fixé, au moyen d'un bouchon de caoutchouc percé, le
tuyau de verre G replié à angle droit vers le haut.

L'eau s'écoulant de C par le tube B, elle rentre constamment
par G. Tout l'ensemble fonctionne de la manière la plus satisfaisante et permet de travailler avec une pression constante.

Le système indiqué par Schöne dans son dessin est meilleur
marché, mais moins convenable. C'est une caisse quadrangulaire,
faite de fer blanc émaillé, qui a un mètre de long, 25 centimètres
de large et seulement 10 centimètres de haut. Elle est fermée par
un couvercle, qui peut se lever à une extrémité. La trappe a $2^{dcm2}{,}5$
de surface.

J est un support en fer, dans les pinces duquel l'entonnoir à lévigation est solidement maintenu. Le piézomètre KK est fixé sur lui au
moyen d'un bouchon de caoutchouc percé ; il est tenu en position
verticale par une pince attachée à l'étagère et qui a été omise sur le
dessin. Le support J repose sur le sol de la chambre ; il en est de
même pour le support K qui porte le goblet de verre H ; ce dernier
est destiné à recevoir le liquide qui s'écoule de l'appareil.

Il faut remarquer de plus que le tube d'amenée B′B peut être
dévissé en B′, et en outre que le robinet E ne doit pas avoir une
ouverture trop petite. Il doit être bien rodé, jouer facilement, être
muni d'une longue poignée, pour pouvoir régler commodément
l'écoulement de l'eau, ce qui a une grande importance dans l'exécution des analyses par lévigation.

Enfin l'appareil comporte un petit tamis de 5 centimètres de haut
et de 5 centimètres de diamètre. Sur le cylindre de zinc ou de laiton est disposée, comme partie tamisante, une fine toile de laiton,
qui est tendue par un anneau, large de $1^{cm}{,}5$, qui l'applique contre
le cylindre. Les mailles de la toile doivent être des carrés, dont les
côtés mesurent exactement $0^{mm}{,}2$ (¹). Avant de se servir de l'appareil, il faut déterminer la relation exacte entre la hauteur de charge
dans le piézomètre et la vitesse d'écoulement dans la chambre de
lévigation. En effet, pour une hauteur de charge déterminée dans
le piézomètre, la vitesse d'écoulement dans la chambre à lévigation

(¹) On peut se procurer l'appareil à lévigation de Schöne chez Warmbrunn,
Quilitz et Cᵒ à Berlin.

dépend du diamètre de cette chambre et de la largeur de l'ouverture de dégorgement. Comme il n'est pas possible de mesurer directement ces deux dimensions, il faut trouver, par des expériences directes, la relation entre la hauteur de charge et la vitesse d'écoulement pour chaque chambre de lévigation et pour chaque combinaison de tube de dégorgement avec le piézomètre.

Il faut d'abord déterminer le diamètre de la chambre de lévigation ; en faisant cette détermination, on étudiera en même temps si la chambre est suffisamment cylindrique. Un peu au-dessus de C (fig. 2) on fait une marque avec un diamant, on pousse sur G un tuyau de caoutchouc muni d'une pince de pression, et l'on dispose l'entonnoir à lévigation verticalement sur un support. On verse alors dans l'appareil une quantité d'eau suffisante pour enlever tout l'air de FG et du tuyau de caoutchouc étendu ; on ferme alors la pince de pression et l'on amène le niveau dans l'entonnoir exactement jusqu'à la marque. Au moyen d'une burette, on fait couler dans l'entonnoir une quantité d'eau mesurée — par exemple 30 centimètres cubes — et l'on mesure l'élévation de niveau au moyen d'une règle divisée ou mieux d'un cathétomètre.

Avant d'exécuter l'analyse proprement dite par lévigation, la matière à étudier doit être convenablement préparée.

Si le corps à examiner renferme des substances organiques en certaine quantité, il faut les enlever avant la lévigation.

La substance humique insoluble dans l'eau adhère en effet, même après une ébullition prolongée, plus ou moins énergiquement aux éléments minéraux purs, ce qui rend ces derniers spécifiquement plus légers et leur donne une autre valeur hydraulique que celle qui convient à l'analyse par lévigation. En outre la substance humique peut coller plusieurs grains ensemble. De plus les fines radicules ont une grande tendance à se feutrer dans l'eau courante et à former des paquets, dans lesquels se fixent un plus ou moins grand nombre de grains, et par suite à détruire la propriété lévigeante de l'eau. Enfin il peut aussi arriver facilement que de pareils restes organiques bouchent totalement ou partiellement l'ouverture de dégorgement. Pour les terrains sableux, l'enlèvement des substances organiques ne présente aucune difficulté ; il suffit d'un simple chauffage à l'air. Pour les terres argileuses, où le chauffage n'est plus admissible, Schöne conseille de les faire bouillir au moins une heure avec de l'eau additionnée de 1 à 2 pour cent d'alcali hydraté libre. Pour l'examen des sortes d'argiles, qui sont employées pour

la fabrication des briques et autres objets, un pareil traitement par un alcali hydraté ne devrait pas être recommandé.

D'après Schöne, il est de plus nécessaire, dans bien des cas, de traiter la matière à étudier avec de l'acide chlorhydrique froid et dilué pour faire disparaître les carbonates, notamment celui de chaux. Ces derniers ne se réduisent en miettes, après une ébullition prolongée, que partiellement et d'une manière très inégale. Il arrive que beaucoup de sortes de terrains riches en carbonate de chaux donnent par ébullition avec l'eau une écume, qui ne se dissout que très difficilement et rend très difficiles les lectures exactes au piézomètre. Après la dissolution de la chaux, il est nécessaire d'enlever autant que possible l'acide chlorhydrique du mélange de grains, parce que, d'après les recherches de Th. Scherer (¹) et de Fr. Schülze, (²), sa présence communique à l'eau une certaine propriété caractéristique, qui, à ce qu'il paraît, peut avoir une influence considérable dans la lévigation, au moins en ce qui touche les particules les plus fines.

Pour les argiles riches en chaux, Schulze recommande de les léviger d'abord avec leur chaux, et ensuite après avoir enlevé la chaux.

Les substances organiques et le carbonate de chaux ayant été enlevés, au cas où cela est nécessaire, il faut faire bouillir l'essai avec de l'eau.

Pour les essais d'argiles, l'ébullition avec l'eau doit en règle générale être continuée plus longtemps, pour obtenir une séparation complète de la substance argileuse d'avec les autres constituants.

Après l'ébullition, il faudra d'abord enlever les grains les plus gros, parce que, avec la faible vitesse de l'eau avec laquelle on travaille au début, la vitesse de l'écoulement de cette eau dans la partie inférieure étroite de l'entonnoir n'est pas assez forte pour maintenir en suspension des grains de plus gros diamètre. Ceux-ci se déposeraient au fond et boucheraient la partie étroite de l'entonnoir à lévigation.

Après l'ébullition, on passe le liquide à travers le tamis à mailles de 0,2 millimètre décrit précédemment et on y lave les grains en les remuant avec un pinceau ou une baguette de verre arrondie par fusion, jusqu'à ce que l'eau passe presque complètement clairé. Par

(¹) *Poggend. Ann.*, t. LXXXII.
(²) *Ibid.*, t CXXIX.

cette opération tous les grains ayant jusqu'à un diamètre de 0,2 millimètre, seront retenus et l'on a à peine à craindre qu'il reste sur le tamis quelque chose qui serait lévigable dans l'appareil. On peut déterminer le résidu qui reste sur le tamis pour lui même ; mais il est mieux de le réunir à ce qui reste plus tard dans l'entonnoir à lévigation et de le déterminer en même temps que ce dernier.

On laisse en repos pendant une ou plusieurs heures, et dans un vase aussi bas que possible, le liquide trouble qui a passé au travers du tamis ; on décante ce qui ne s'est pas déposé au fond jusqu'ici, et l'on n'emploie que le dépôt du fond pour l'analyse par lévigation. Les particules fines restées en suspension sont réunies aux particules les plus fines obtenues par la lévigation. En l'absence de gros grains, le tamis est tout naturellement inutile.

On réunit alors l'entonnoir A, comme le montre la figure 4, au moyen du tube de caoutchouc avec le tuyau B qui amène l'eau du réservoir rempli C. En ouvrant et en fermant à plusieurs reprises le robinet E, on fait disparaître de e et de c les bulles d'air qui autrement exerçeraient une action très perturbatrice dans la lévigation. Au moyen d'un siphon, on vide alors la chambre de lévigation presque complètement et l'on introduit l'essai dans l'entonnoir. Pendant cette opération, le robinet doit être ouvert assez pour que l'eau arrive très lentement. Si l'on néglige ces règles de précaution, le dépôt des plus gros grains en a pourra boucher l'entonnoir. Quand on verse l'essai, il faut employer tout au plus assez d'eau pour que le niveau, quand toute la masse est mise dans l'appareil, atteigne tout au plus le point où commence la chambre de lévigation proprement dite. On laisse alors l'eau s'élever très lentement dans cette dernière. Si l'on emploie la plus faible vitesse, avec laquelle on veuille travailler, par exemple 0,2 millimètre, il faut au plus 500 secondes ou 8,5 minutes pour que la chambre, longue de 10 centimètres, soit remplie.

On fixe alors le piézomètre sur l'entonnoir, et l'on a soin que les deux soient en position bien verticale ; l'on apporte le récipient de verre H sous l'ouverture L. Aussitôt que l'eau commence à s'écouler par L, on règle son arrivée au moyen du robinet de telle manière que le niveau dans le piézomètre soit exactement dans la position, qui correspond à la vitesse à produire, d'après les tables préparées d'avance (ou d'après des courbes). A cause de la mousse qui se produit, et aussi après un traitement préalable par l'acide chlorhydrique, la lecture exacte du niveau de l'eau présente souvent des difficultés ; dans ce cas, on fixe à la partie supérieure du tube du piézomètre un tube caoutchouc et l'on y souffle plusieurs fois, ce qui donne avec facilité une surface libre.

On lévige avec la vitesse la plus réduite qu'on puisse appliquer, jusqu'à ce que l'eau paraisse claire dans la partie supérieure de la chambre à lévigation. Le fluide n'y sera jamais complètement clair, excepté quand on ralentit la vitesse d'écoulement. Quand ce point a été atteint, on place sous L (fig. 4) un autre récipient en verre et on augmente l'écoulement de l'eau de manière à avoir la vitesse immédiatement supérieure, qu'on peut lire sur le piézomètre. On laisse l'écoulement se produire assez longtemps pour que le liquide paraisse presque clair dans la chambre de lévigation ; on applique la troisième vitesse choisie et l'on continue de la sorte jusqu'à ce qu'on ait obtenu le nombre désiré de groupes, dont les grains soient compris entre des limites déterminables avec exactitude.

Pour les vitesses les plus réduites, jusqu'à 0,2 millimètre, il suffit de laisser couler 2 litres d'eau dans l'appareil. Pour les vitesses de 0,2 à 0,5 millimètre il suffit de 4 litres et, pour celle de 1 millimètre de 5 litres. Plus on emploie d'eau pour chaque vitesse d'écoulement individuelle, et plus grand aussi est le degré d'exactitude auquel on arrive. Les quantités indiquées suffisent complètement.

On laisse reposer les récipients de verre avec le liquide lévigé (ils trouvent une place préparée sur les tablettes D'D) jusqu'à ce qu'il se soit produit une clarification complète ; on décante alors le liquide clair avec un siphon, on verse le dépôt dans une petite capsule de porcelaine, dans laquelle on le sèche et on le pèse. Le transvasement est extraordinairement facilité, quand à la place des récipients ordinaires en verre on emploie les vases à décantation qui ont une tubulure à la hauteur du fond. Les particules les plus fines, lévigées avec la vitesse la plus réduite, ne se déposent que très lentement au fond ; en règle générale, il faut donc compter sur des pertes. Si l'on veut les déterminer directement, Schöne conseille, sur l'avis de Franz Schulze, d'ajouter à l'eau trouble du sesquicarbonate d'ammoniaque en quantité suffisante pour qu'elle en renferme de 1 à 2 pour cent.

Je préfère évaporer directement à sec le liquide trouble (2 litres) en employant d'abord le feu nu et ensuite le bain d'eau, comme pour tous les autres produits de lévigation. Le résidu, qui reste dans l'entonnoir à lévigation, sera finalement extrait de la manière suivante. Quand la lévigation est terminée, on ferme le robinet E, on enlève le piézomètre de son support et l'on verse l'eau qu'il contient dans un récipient en verre ; et tenant l'entonnoir au-dessus de lui, mais en position renversée, on y fait arriver un fort courant d'eau jusqu'à ce que tout soit bien lavé. On opère rapidement pour éviter que le résidu ne se fixe à la pointe de l'entonnoir.

Le choix de la vitesse d'écoulement à appliquer dans la chambre à lévigation a tout naturellement une grande importance. Quand cela est possible, Schulze conseille, pour l'examen des argiles, de choisir comme vitesse minima à appliquer celle qui ne dépasse pas 0,01 millimètre par seconde.

Cet appareil ne permet pas d'effectuer une séparation des parties argileuses d'avec les sableuses dans le sens absolu. La séparation des composants de l'argile ne se fait que jusqu'à un certain degré conventionnel. C'est pourquoi il y a des règles bien déterminées à suivre en ce qui touche la vitesse d'écoulement dans la chambre à lévigation. On voit à l'œil qu'avec le sable, qui se rassemble dans la partie inférieure de l'entonnoir, il se dépose de l'argile très fine, qui ne s'en va pas et qu'on reconnaît à un trouble laiteux de longue durée du sable ainsi séparé. Cette observation a été faite et décrite par Seger (¹). Il recommande d'introduire dans la partie inférieure de l'entonnoir un morceau de bouchon percé en forme d'entonnoir. D'après Holthof, on obtient un meilleur résultat en remplissant la partie inférieure courbée de l'appareil avec du mercure jusqu'à ce que l'eau des deux côtés soit à peine en communication au-dessus du mercure. Avec un courant de lévigation plus fort, le mercure est mis en mouvement continu ; par suite les particules d'argile qui se déposent ne peuvent pas rester en repos, elle se frottent les unes les autres et se séparent complètement les unes des autres comme dans un crible à secousses. On obtient ainsi une bonne séparation de l'argile et du sable avec moins d'eau et en moins de temps, et une séparation plus nette des grains de sable de différentes grosseurs à l'état individuel (Holthof, *Ztschr. f. analyt. Chemie* 1886. Iᵉ partie).

Si l'on tient rigoureusement compte des règles et des améliorations qu'on vient d'indiquer, l'appareil de Schöne fournit indubitablement la séparation la plus nette qu'il ait été possible jusqu'ici d'obtenir pour les composants de l'argile. Bien qu'il se soit montré extrêmement riche en résultats pour la recherche des propriétés physiques d'une argile, on ne doit néanmoins pas oublier qu'on ne peut toujours obtenir de cette manière qu'une séparation méca-

(¹) *Notizbl*, 1873, p. 365.

nique, c'est-à-dire relative, qui n'est pas en état de lutter avec les méthodes chimiques.

On doit donc bien se garder de croire par erreur qu'on peut préparer de cette manière la substance argileuse, comme on l'a déjà dit plus haut. Le produit même le plus fin de lévigation préparé de cette façon constitue toujours encore un mélange de substance argileuse et de sable. D'après les observations de Seger [1], la poussière de sable obtenue au moyen de l'appareil en question et provenant d'une argile du Senftenberg contient encore par exemple, 9,30 pour cent d'alumine, et celle qui provient de la même manière de l'argile d'Andenne en contient jusqu'à 29,32 pour cent. Olschewsky a trouvé que l'argile d'Osterode, préparée avec la moindre vitesse normale, renfermait encore 56,40 pour cent de sable [2]. Les travaux tout particulièrement approfondis du même auteur, « Vergleichende Untersuchungen einiger Ziegelmaterialen » *Notizblatt*, 1876, page 219, ont tout à fait mis en évidence qu'on ne peut pas obtenir au moyen de l'appareil à lévigation ce qu'on appelle la substance argileuse proprement dite, et qu'on ne peut nullement songer à en déterminer les quantités exclusives. Au point de vue de la valeur pratique dans la technique, ce qui est d'une grande importance pour l'argile, soit telle quelle, soit à l'état cuit, c'est la détermination de la plasticité, à laquelle se rattache, comme on l'a dit plus haut, le liant, la malléabilité, le retrait, la porosité et les déterminations de la densité (poids spécifique).

Exécution de l'analyse mécanique par lévigation d'après Zschokke. — Pour l'analyse par lévigation, qui a pour objet de séparer par un procédé aussi rationnel que possible les éléments amaigrissants de l'argile de la substance argileuse proprement dite, nous allons indiquer les méthodes améliorées et contrôlées de B. Zchokke [3].

On prend 50 grammes d'argile séchée, on la fait bouillir avec de l'eau pendant longtemps dans une capsule de porcelaine, on abandonne la bouillie à elle-même pendant 24 heures, et l'on verse le contenu dans un cylindre à décanter d'environ 1 litre qu'on remplit d'eau. Après une agitation et un remuage à fond, il se forme deux couches clairement et nettement séparées, qui diffèrent par les

[1] *Ibid* , 1873, p. 109.
[2] *Ibid.*, 1879, p. 110.
[3] *Sur l'analyse technique des argiles*, par Zschokke, tirage séparé du *Baumaterialienkunde*, fasc. X et XI, 1902.

grosseurs de grains, et notamment aussi par la couleur. Aussitôt
que la couche supérieure qui se compose de substance argileuse et
de maigre, c'est-à-dire de particules amaigrissantes finement mélangées, commence clairement à se déposer, on enlève le liquide
trouble qui la surmonte au moyen d'un siphon. On recommence
plusieurs fois l'agitation, le repos et la décantation jusqu'à ce que
la majeure partie de la substance argileuse et de la partie maigre
soit enlevée. Le résidu sableux est versé dans un mortier et y est
trituré avec addition d'eau chaude.

Cette manipulation a pour but de séparer le sable et la substance
argileuse qui adhèrent souvent entre eux d'une manière extraordinaire. La trituration ne doit pas se faire sous une forte pression, ni
avec le pilon ordinaire en porcelaine, parce que sans cela les éléments grenus seraient écrasés; mais on emploie ici un pilon en bois
recouvert d'une épaisse enveloppe de caoutchouc mou.

Le résidu ainsi traité est purifié à nouveau par lévigation, et
l'opération de la trituration est répétée jusqu'à ce qu'elle ne cède
plus de substance argileuse à l'eau. Le résidu de la lévigation est
finalement séché et pesé.

Cette analyse par lévigation, qu'on exécute deux fois pour les contrôles des diverses sortes d'argiles, a donné dans la majeure partie
des cas des résultats qui concordent d'une manière très satisfaisante. Comme les grosseurs de grains des éléments aimaigrissants,
notamment quand il s'agit de grumeaux de marne, de carbonate de
chaux, de pyrite, etc., ont, on le sait, une grande importance pour
l'estimation de la valeur d'une argile, on fait un triage supplémen-
taire du résidu de la lévigation en quatre grosseurs de grains au
moyen de tamis. Enfin on résume les résultats dans un tableau.

2. Détermination du liant

Le liant, appelé aussi force de liaison (la résistance à la traction),
cette propriété qui a une si grande importance au point de vue
technique, repose sur la faculté que possède l'argile délayée avec de
l'eau de s'assimiler d'autres corps pulvérulents ou même encore à
gros grains, en quantité plus ou moins grande, et quand elle a été
séchée avec eux, de donner un tout présentant une certaine résistance mécanique.

Ce phénomène, si bienvenu et si apprécié dans la pratique, qui
se confond en général avec la cohésion des particules individuelles

de l'argile ou avec la résistance à la rupture de l'argile sèche, est en connexion, comme on l'a déjà indiqué plus haut, avec toute une série de faits extrêmement intéressants scientifiquement, qui se manifestent tous dans la manière d'être de l'argile vis-à-vis de l'eau, aussi bien sur la quantité qu'elle en prend que sur celle qu'elle abandonne. C'est ici que se rattache la force d'absorption des argiles pour l'eau et ses propriétés connues de ténacité, d'onctuosité, de liant, de malléabilité, de faculté de façonnage, qui se manifestent avec elle, que nous désignons sous le nom général de plasticité et qui se traduisent au séchage ou au chauffage, avec l'intervention d'actions chimiques, sous la forme du retrait.

Cette faculté de s'emparer des substances amaigrissantes ou améliorantes ne peut se déterminer avec une certaine certitude que d'une manière empirique et indirecte et l'on peut pour cela procéder de différentes manières. La méthode de l'auteur, qui peut servir à cause de sa simplicité et qui a été citée par d'autres dans la littérature, peut être décrite ici en premier lieu comme étant la plus ancienne [1].

a) A l'aide de poussière de quartz ou de sable en observant la mise en poussière ou la séparabilité des particules sableuses.

Le degré de liant d'une argile, exprimé par un nombre déterminé, peut s'obtenir par un titrage de l'argile avec du sable et par la constatation de la plus ou moins grande cohésion des parties du mélange ainsi constitué et séché.

La détermination s'effectue en mélangeant à l'argile à essayer 1, 2, 3, etc., fois son volume de poussière de quartz ou de sable également fin, en mélangeant avec soin les éléments, d'abord à sec, puis à l'état de bouillie [2], en faisant des éprouvettes en forme de cylindres, qui sont numérotées avec le nombre qui correspond à la quantité de quartz ou de sable, et les séchant ensuite d'une manière

---

[1] Richers (*Recherches sur les causes de la réfractairité des argiles*, 1868) dit que la méthode donne « des résultats très bons et très concordants ». Elle s'est aussi répandue dans la pratique. C. Höss (*Leitm-Zentralanzeiger*, 1892, n° 10) déclare qu'au moyen de la détermination de la force portante d'objets à parois minces, ce mode d'essai est un des plus sûrs que nous connaissions dans la pratique. Au point de vue de la critique de P. Jochum dans son écrit *Die Bestimmung der technisch wichtigsten pysikalischen Eigenschaften der Tone* (1885), je renvoie à mon mémoire et à ma réponse. *Chemiker-Ztg.* 1885.

[2] Pour avoir un point de repère visible, indiquant combien loin et complètement le mélange doit être poussé, qu'on mélange, comme exercice, du sable blanc avec un dixième d'argile rouge ou jaune et qu'on pétrisse les deux à l'état de bouillie, jusqu'à ce qu'on soit arrivé à une couleur complètement uniforme.

suffisante. Si enfin on essaie les éprouvettes individuellement et
non plus chaudes en les frottant doucement contre le bout de l'index, on obtiendra toujours pour une addition déterminée une masse
qui se laissera user et racler. Par un premier frottement un peu
fort, il se produit souvent une petite chute de grains isolés, mais
cela cesse bientôt, et il faut en faire bien nettement la distinction
d'avec la masse intérieure. L'éprouvette, avec son numéro, qui frottée de la manière qu'on vient de décrire, donne une érosion légère
et abondante des particules, est admise comme type.

Cette méthode, qui peut s'employer par le même observateur et
de la même manière uniforme avec une exactitude suffisante pour
les besoins techniques, est susceptible de quelques perfectionnements ; elle dépend en effet des variations possibles de la force avec
laquelle on attaque l'éprouvette, c'est-à-dire qu'elle dépend de l'appréciation subjective de ce qu'il faut entendre par un frottement
doux contre le bout du doigt. Au lieu du doigt comme surface de
frottement, on peut se servir d'un pinceau, ayant une longueur de
soies déterminée, avec lequel on époussette l'éprouvette.

La méthode d'épreuve indiquée devient plus objective, si l'on emploie une manipulation purement mécanique des éprouvettes au
moyen d'un système tournant simple.

On peut se servir d'un morceau de bois vissé contre une table, et
percé normalement à sa partie supérieure. Si l'on passe dans l'ouverture ronde un rouleau et si l'on munit ce dernier, d'un côté d'un
bras rectangulaire, sur lequel est attaché un pinceau à peindre ordinaire en soies de porc convenablement coupé, et de l'autre côté
une manivelle, on aura l'appareil avec toutes ses parties. Dans
l'expérience, le pinceau auquel on peut imprimer un mouvement de
rotation continue, mais qu'il faut mieux faire marcher en avant et
en arrière, frotte en avant sur l'éprouvette d'argile qui est solidement fixée et encastrée jusqu'à la moitié du cylindre. Si l'on place
le dispositif de telle manière que le pinceau ne fasse pas que toucher l'éprouvette, mais qu'il puisse y pénétrer de quelques millimètres, et si l'on compte jusqu'à un nombre déterminé ses mouvements avant et arrière, on pourra observer pour un seul et même
échantillon, et en prenant les précautions suivantes, un accord
étonnant. Il y a encore deux points importants : le mesurage et la
qualité de l'addition de sable, qu'il faut régler d'une manière
exacte, pour rendre la méthode plus précise, afin qu'elle donne des
résultats suffisamment déterminatifs pour la pratique, bien qu'ils ne

puissent avoir aucune prétention à une exactitude complètement scientifique.

Le mesurage, en tant que reposant sur des déterminations de poids préalables, doit être regardé comme suffisamment exact pour une addition de sable toujours importante et répétée ; il est d'un maniement simple et rapide ; on peut augmenter son exactitude en pesant toujours une fois pour toutes une petite quantité d'argile servant comme unité. Pour une quantité relativement petite, et suivant que l'érosion de l'éprouvette se produit plus ou moins nettement, on peut commettre une erreur, qui pourrait, si on ne le remarquait pas, avoir de l'influence sur les résultats. Il est donc recommandable, si l'on prend pour unité environ 0,1 centimètre d'argile finement écrasée et passée à travers un tamis de 225 mailles au centimètre carré (¹), d'y ajouter comme poids en nombres ronds une quantité de poussière de quartz de 0,16 gramme (²).

L'addition de sable sera donc, comme précédemment, mesurée au moyen d'une cuiller creuse ou d'un cylindre taré en os ou en bois ; pour la poussière de sable granulée, dont 0,1 centimètre pèse 0,1 gramme, 1, 2, 3, 4, parties en poids correspondront exactement aux volumes employés de sable en poussière.

En ce qui touche la grosseur des grains de sable, une trop grande finesse a l'inconvénient que l'égrénement des éprouvettes se manifeste moins clairement. Il faut donc avoir une grosseur de grain déterminée ; mais d'autre part, il ne faut pas aller trop loin pour ne pas perdre en régularité dans la préparation des éprouvettes. Le tamisage de sable de quartz blanc pur, exempt de matières étrangères (³), qui passe à travers un tamis de 225 mailles au centimètre carré et dont la poussière a été enlevée au moyen d'un tamis de 1 296 mailles, paraît le plus convenable pour les conditions en question. Il est utile de mélanger ensemble deux volumes égaux de sable ainsi obtenu. Ce mélange sert comme matière à titrer.

Pour soumettre l'exactitude des données précédentes à un contrôle, on a pris une des argiles les plus liantes ou les plus grasses, qui existent, et, pour nous en tenir à une argile normale bien éta-

---

(¹) On choisit à dessein un tamis pas par trop fin, qui laisse passer facilement les grains de sable mélangés.

(²) Les poids spécifiques des diverses variétés de quartz, qui ne diffèrent pas beaucoup, sont supposées ici égales entre elles.

(³) Il va de soi qu'il ne doit pas donner de trouble avec de l'eau ; dans le cas contraire, il faut au préalable le laver soigneusement.

blie, la meilleure argile belge; on y a ajouté 10. 20 et 30 pour cent de matière amaigrissante; c'était par le fait de l'argile n° 1 d'Altwasser très fine et cuite (passée à travers un tamis de 1296 mailles au centimètre carré), et l'on a cherché jusqu'à quel point les pouvoirs de liaison, qui allaient nécessairement en diminuant, suivaient une certaine concordance régulière et pouvaient se déterminer.

On a pris de l'argile belge et la farine de chamotte la plus fine d'Altwasser, dans les proportions indiquées, on les a séchées toutes les deux à 100° C., mélangées le plus intimement possible d'abord à sec, puis à l'état de bouillie; ensuite on a pesé 0,16 gramme du mélange et on l'a mélangé complètement avec 10, 11, 12, 13 et 14 volumes de sable doublement tamisé; on a moulé les éprouvettes correspondantes, on y a mis les numéros correspondants et l'on a séché à une température de 100 à 120° C.

En faisant le corroyage de l'argile et du sable, il faut prendre garde de le continuer assez longtemps pour qu'aucune partie de la bouillie d'argile, si petite qu'elle soit, n'apparaisse plus sur la masse en filets ou par places. La quantité d'eau ajoutée n'est pas indifférente et l'on doit chercher à avoir dans chaque cas une pâte approximativement de même consistance. Elle ne doit pas être trop abondante, parce que les éprouvettes séchées sont moins consistantes (¹) et se laissent éroder plus facilement. On doit la proportionner de telle manière que le mélange soit bien moulable, mais elle ne doit pas s'en écouler; si ce dernier cas s'est produit par mégarde, il faut sécher les éprouvettes et réajouter de l'eau avec précaution jusqu'au point convenable et qu'on reconnait bientôt avec un peu d'expérience.

Finalement les éprouvettes, moulées en forme de petits cylindres et tenues dans un porte-crayon garni de drap, complètement refroidies mais encore sèches, étaient traitées par l'appareil précédemment décrit, avec un pinceau de soies de cochon ayant 2 centimètres de long et 1 centimètre de large à son extrémité la plus épaisse. Le pinceau frottait en attaquant sur une profondeur de 3 à 5 millimètres, on lui faisait faire 25 allées et venues, de sorte que chaque éprouvette recevait 25 frottements du pinceau.

Les éprouvettes d'argile belge non amaigrie ont donné les résultats

---

(¹) Il peut se produire ainsi des variations et une éprouvette inférieure peut alors paraître égale à une supérieure et même plus solide que celle-ci.

suivants : Les n°s 10 ainsi que 11 et 12 ne montrent aucune attaque du pinceau, on peut tout au plus remarquer un léger époussetage. Pour l'éprouvette n° 13 commence une légère attaque, qui est modérée pour le n° 14, mais nette pour le n° 15 (¹) et qu'on peut reconnaître d'une double manière, aussi bien par la chute visible des grains de sable que par l'érosion simultanée de l'éprouvette en question. Comme signes caractéristiques, on remarque que : si l'érosion est faible, la surface entamée est convexe; si l'érosion est forte, elle a un aspect concave, creusé, et si elle est encore plus énergique, la surface érodée se montre complètement plane et comme rapée.

Si l'on prend comme règle une érosion bien nette, qui se manifeste par l'aspect concave de l'éprouvette frottée, on obtient, par la méthode perfectionnée dont nous parlons, pour l'argile belge un pouvoir de liaison = de 14 à 15; c'est-à-dire de quatre numéros plus élevé que je ne l'avais trouvé par mon ancienne méthode de détermination. Comme ce nombre plus élevé parait d'autant plus acceptable qu'il agrandit davantage l'échelle et donne plus de facilités de mesures, il parait convenable de ne pas choisir de pinceau plus raide, ni d'érosion plus forte que ce qui a été indiqué et expémenté comme points de repères caractéristiques.

Si l'argile belge, amaigrie à 10 pour cent, est semblablement mélangée, pétrie, moulée et séchée, et les éprouvettes érodées, l'expérience répétée dans les mêmes conditions montre qu'il y a déjà un commencement d'érosion avec l'éprouvette 12 et que l'attaque est bien nette avec le n° 13. L'amaigrissement à 10 pour cent a donc d'une manière décisive diminué complètement le pouvoir de liaison d'une addition complète. De même l'essai de l'argile belge, amaigrie à 20 pour cent, montre déjà une érosion assez sensible pour l'éprouvette n° II, de sorte qu'il faut poser ici le pouvoir liant = 11 à 12. Enfin l'argile belge, amaigrie à 30 pour cent, à la suite d'une expérience également répétée deux fois, montre une attaque bien nette sur l'éprouvette n° 10 et par suite son pouvoir liant est = 10.

Par ce mode de détermination plus objectif et plus précis du pou-

---

(¹) Des éprouvettes, non préparées en même temps, mais essayées les unes après les autres à plusieurs reprises, ont donné exactement les mêmes valeurs numériques. Comme troisième expérience, les éprouvettes, après avoir servi une première fois aux déterminations, ont été écrasées, malaxées de nouveau avec de l'eau, moulées, séchées et éprouvées à nouveau; il s'est produit alors une érosion plus facile mais qui s'élève au plus de 1/2 à 1 partie.

voir liant, non seulement l'amaigrissement de 10 $^o/_o$ d'une argile
grasse tombe sous les yeux et peut se découvrir avec certitude, mais
la diminution successive du pouvoir liant, due à un amaigrissement plus grand, peut être mesurée.

Si l'on détermine encore de cette manière le pouvoir liant des
6 autres anciennes argiles normales, on trouvera que pour l'argile
très peu liante d'Altwasser (Classe 1) le pouvoir liant = 3. L'éprouvette 1 donne une légère poussière au premier frottement du pinceau, mais c'est l'éprouvette 3 qui montre une érosion et une en-
tame bien nette. Pour le kaolin lévigé de Zettlitz (Classe II) le
pouvoir liant est compris entre 6 et 7. L'éprouvette 3 au premier
frottement montre un peu de poussière et très peu d'usure, il en est
de même pour les n°s 4 et 5; le n° 6 s'use sensiblement et le n° 7
nettement. L'argile de Mühlheim, exploitée autrefois (Classe IV),
montre un léger poussièrage et une très faible érosion pour l'éprouvette n° 12, de même pour le n° 13. L'éprouvette 14 s'use nettement
et d'une manière unie. Le pouvoir liant est donc = 14. L'argile de
Grünstadt (Classe V) donne un pouvoir liant = environ 12. Les
éprouvettes 9 et 10 donnent un léger poussièrage et une très faible
attaque; sur 11 elle est sensible et bien nette sur 12. L'argile d'Oberkaufungen (Classe VI) donne un pouvoir liant égal à peu près à 13.
Les éprouvettes 11 et 12 montrent un léger poussiérage et une très
faible attaque, l'éprouvette 12 une usure perceptible et 14 nette.
L'ancienne argile de Niederpleis (Classe VII) a enfin un pouvoir de
liaison = 11. L'éprouvette 10 montre déjà une usure sensible et 11
une morsure concave. Par cette nouvelle méthode, tous les nombres pour les pouvoirs liants des argiles sont devenus plus
grands; par suite de quoi, l'échelle s'est agrandie, comme on l'a
dit.

b) Le liant peut se déterminer d'une manière non seulement indirecte, mais résultant d'une autre observation, d'après la quantité
d'eau qu'absorbent les argiles, les plus grasses et les plus liantes
en prenant davantage pour donner une masse plastique que les
moins grasses et les maigres. (¹)

Plus une argile est plastique et plus elle absorbe d'eau, c'est-à-
dire plus il faut ajouter d'eau à l'argile sèche, pour en faire une
pâte ayant un certain degré de tendreté, et d'un autre côté aussi

---

(¹) Voir aussi, Aron, plasticité, retrait, etc., *Notizbl.* 1873, p. 171 ; voir aussi plus
haut.

plus il faut de temps pour enlever l'eau à cette pâte. Dans l'hypothèse que la quantité d'eau absorbée est proportionnelle au pouvoir liant d'une argile, la détermination de ce pouvoir se ramènerait à celle de la quantité d'eau absorbée et il n'y aurait qu'à choisir une méthode sure pour évaluer cette dernière. Mais il se trouve souvent simultanément dans les argiles une quantité variable et quelquefois très importante de charbon.

On connait la propriété hygroscopique du charbon [1], et l'on sait aussi qu'un sol riche en humus, attire, absorbe et garde beaucoup plus d'humidité qu'un autre qui en est pauvre. Le mélange de charbon, non seulement rendra plus difficile la détermination exacte de l'eau, mais, ce qui est décisif dans le cas actuel, il la fera en général trouver beaucoup plus grande que celle qui appartient en réalité à l'argile; par suite une argile renfermant plus de charbon paraitra plus liante qu'une autre qui en est exempte, alors que les deux argiles sont égales au point de vue de leur plasticité. L'absorption d'eau ne peut donc servir à déterminer le liant que dans des argiles exemptes de charbon ou d'ailleurs de mêmes sortes.

Un procédé pour déterminer l'absorption d'eau, qui est meilleur, quoique pas exempt d'erreurs d'après ce que nous venons de dire, nous est fourni par la détermination de la quantité d'eau qu'attire une argile complètement séchée maintenue dans une atmosphère saturée d'eau sous une cloche de verre [2].

On a trouvé de la sorte le maximum d'absorption d'eau pour les 7 argiles normales séchées à 110° C.; nous donnons ici les résultats pour établir une comparaison qui n'est pas à l'abri d'objections.

Pour la plus liante (B, détermination antérieure = 10 à 11) la meilleure argile belge (Classe III), 10,73 %.

Pour celle qui vient immédiatement après (B. = 9 à 10) l'argile de Mühlheim (Classe IV), 10,46 %.

Pour la moins liante (B. = 1 à 2), l'argile d'Altwasser (Classe I), 3,26 %.

Viennent ensuite, comme donnant des écarts, l'argile de Grüns-

---

[1] S'il se trouve aussi dans l'argile des quantités, si petites qu'elles soient, d'alumine, d'oxyde de fer et d'hydrate de silice, elles produisent aussi une absorption d'eau.

[2] Voir, l'auteur, *Dinglers Journ.*, 196, p. 438. Remarquons en passant que l'eau hygroscopique, ou l'eau qu'une argile séchée à l'air perd à 110° C, ne donne aucun point de repère pour la détermination du liant.

tadt (B. = 8) 7,43 %; l'argile d'Oberkaufungen (B. = 9) 6,88 % et celle de Niederpleis (B. = 8 à 9) 6,55 %.

Le kaolin lévigé de Zettlitz donne le plus d'écart et le moins d'exactitude; son pouvoir liant = 3; cependant il montre une absorption maxima d'eau extraordinaire de 8,90 %.

Ce résultat surprenant et complètement anormal mérite une explication que nous allons donner et qui montre quels sont ici les éléments déterminants (¹).

Dans l'ensemble des argiles normales, le kaolin lévigé de Zettlitz est spécifiquement le plus léger, c'est-à-dire que, rapporté au même poids, il occupe le plus grand espace ou le plus grand volume, autrement dit est le plus volumineux. Or dans une masse volumineuse et plus poreuse, l'attraction superficielle est plus grande et par suite, à égalité de conditions, cette masse absorbera plus d'eau qu'une autre de poids spécifique plus élevé ou plus compacte. Si l'on veut déterminer l'absorption d'eau de la manière indiquée, on la trouvera trop élevée pour les argiles volumineuses, et ceci peut se manifester à un degré important, comme le montre le cas en question.

c) Etude de l'argile non mélangée, en observant sa résistance à l'écrasement ou à la rupture.

Jochum a suivi la première voie, Olschewsky et Zschokke la seconde. Dans son très remarquable travail que nous avons déjà cité plus haut, Jochum décrit l'appareil dont il se servait pour ses recherches.

Il se compose d'un plateau à charge et d'un couteau, avec leurs accessoires. Avec l'argile à essayer, on moule des baguettes de 10 centimètres de long et 15/15 millimètres de section, on les sèche très lentement et finalement on les soumet pendant une journée à une température de 30° C. Elles sont ensuite retaillées de manière à présenter une section de 10/10 millimètres. Sur chaque éprouvette on marque à la règle et au compas un segment de 5 centimètres et avec un couteau on fait une entaille un peu profonde. La baguette attachée avec un crampon est amenée avec sa partie entaillée sous le couteau du plateau et l'on charge ce dernier jusqu'à ce que la

---

(¹) Remarquons en passant que le liant moindre du kaolin de Zettlitz, ou son état « court », ne doit pas être attribué à de grands mélanges de matières minérales indécomposées (voir Anon, *Notizbl.*, 1873, pages 171, 181 et 192); car d'après Seger (*Notizbl.*, 1876, n° 14) ce kaolin, de même que les argiles grasses également étudiées de Liegnitz et Kottiken, contient extrêmement peu de veines minérales.

rupture se produise. Les poids employés donnent le pouvoir liant de l'argile ou sa résistance absolue à la rupture.

Dans la manière de procéder à ces essais, il y a des objections à faire contre la retaille de la baguette d'argile séchée, parce qu'un enlèvement partiel de la couche extérieure (la peau) déplace la fibre moyenne et que la résistance peut en souffrir plus ou moins. En ce qui regarde le séchage, on n'a pas de point départ ou de zéro suffisamment déterminé. Un séchage de huit jours à l'air, et ensuite d'une journée à 30° C., donne indubitablement des résultats, qui diffèrent entre eux, suivant la constitution de l'argile et le degré d'humidité de l'air, et qui par suite sont plus ou moins incertains. Jusqu'à quel point l'exactitude des résultats en est-elle affectée? c'est ce qu'il est malheureusement impossible de juger exactement, parce que l'auteur n'a pas montré la concordance de recherches répétées sur la même matière à diverses époques au moyen de ses chiffres originaux. Cette détermination du liant laisse donc encore à désirer et l'on n'a pas jusqu'ici, dans le sens exact du mot, une méthode qu'on puisse qualifier de scientifiquement exacte. Dans ces derniers temps, Olschewsky a exécuté des recherches remarquables d'une manière très approfondie en déterminant (voir Olschewsky ci-après) la résistance à la traction et il a représenté ses très nombreux résultats sous forme graphique (Jochum, Vortrag im Pfalz-Saarbrücker Bezirksverein deutscher Ingenieure, juillet 1894).

Pour apprécier la liaison des particules argileuses entre elles comme telles ou le liant d'une argile, Oschewsky détermine sa résistance, quand elle a été séchée à l'air; il prépare des briquettes en forme de (8) avec de l'argile à essayer et, quand elles sont sèches, il en provoque la rupture dans l'appareil à essayer les ciments. On n'indique pas ce qu'il faut entendre par état sec, si l'on est parti d'un zéro fixe et s'il a été contrôlé. Remarquons en passant que, parmi les argiles très différentes qui ont été ainsi étudiées, Olschewsky en a trouvé qui présentaient une résistance à l'arrachement allant jusqu'à 20 kilogrammes par centimètre carré, tandis que d'autres dépassaient à peine 1 à 2 kilogrammes (*Töpfer-Ztg.* n° 29).

On a indiqué d'autres procédés, qui ne paraissent pas mériter l'attention ; l'un, dans le Céramiste 1869, n° 11, repose sur la résistance à l'écrasement d'éprouvettes d'argiles mélangées de sable ; un autre, basé sur une détermination incomplète de la quantité d'eau absorbée par une argile, devrait donner un rapport proportionnel à la force de liaison ; nous ne croyons pas qu'ils méritent qu'on en parle davantage. Nous avons signalé précédemment l'influence de la teneur en charbon de l'argile sur la quantité d'eau qu'elle absorbe et les possibilités d'erreurs qui s'y rattachent.

Enfin, pour être complet, j'indiquerai encore rapidement les essais pratiques, dont on peut se servir pour apprécier la malléabilité.

Essai pratique, bien que incomplet, de la malléabilité. — Pour ce qui regarde la mise en œuvre d'une argile en général, un morceau cylindrique allongé, préparé avec cette argile, doit pouvoir se contourner en anneau, sans que celui-ci se gerce ou se fende. Si on façonne avec l'argile des sphères de différentes grosseurs, elles doivent pouvoir sans danger s'aplatir de la moitié de leur diamètre, sans montrer de déchirures sur les bords ; et si, avec de l'argile bien malaxée, on fait un anneau de la grosseur du doigt, il doit pouvoir de même se plier dans un sens ou dans l'autre.

Comme module de comparaison de la malléabilité de diverses argiles, on a pris la longueur des fils pendant librement, qu'on peut faire sortir d'une presse à anses, jusqu'à ce qu'ils se déchirent sous leur propre poids ; ou bien pour deux masses différentes, mais qui ont même teneur en eau et même finesse, on estime leur plasticité relative par la longueur jusqu'à laquelle une balle peut être roulée sans se déchirer.

Étant données deux argiles grasses d'ailleurs très similaires, l'auteur a trouvé que le procédé empirique suivant est suffisant pour déterminer quelle est la plus grasse, et par suite la plus riche en argile ou la plus exempte de sable. Si laissant tomber de l'eau goutte à goutte on détermine quelle quantité il faut ajouter à une quantité mesurée et déterminée des deux argiles pour donner une masse également moulable, on trouve bien nettement que la matière la plus riche en argile en exige plus que la plus pauvre. Comme contrôle, si l'on mélange les deux avec la même quantité et si l'on fait sortir la masse pâteuse à travers un tube étroit (de la grosseur d'un crayon) sur une petite longueur de 10 millimètres et si l'on observe comment se plient les petites baguettes d'argile, on verra que l'argile maigre se plie nettement plus que la plus grasse. On pourrait aussi mesurer le plus ou moins grand degré de dureté, comme pour les essais de ciment, avec l'aiguille qu'on emploie à cet effet.

Il est clair que ces essais empiriques, qui dépendent de conditions et de circonstances aussi différentes que variables, et qui ne peuvent être exécutés avec une exactitude approchée que par un seul et même opérateur très exercé dans ce genre de recherches, ne peuvent avoir aucune prétention à une grande exactitude, et encore moins à une précision scientifique ; mais elles permettent de faire entre elles des comparaisons qui suffisent.

3. Détermination du retrait

Le retrait de l'argile, qui se manifeste par sa contraction ou sa condensation au séchage et à la cuisson, dépend, comme on l'a déjà signalé au chapitre premier, non seulement des causes déterminantes et qui varient pour les diverses argiles, mais, en dehors du degré de température, il est encore influencé par des circonstances multiples. La fixation du retrait donne des résultats variables d'une argile à l'autre, et c'est seulement pour un cas bien défini, c'est-à-dire pour la matière argileuse étudiée d'une manière déterminée, qu'on peut, toutes choses égales d'ailleurs, arriver à des résultats concluants.

S'il s'agit tout simplement de savoir quels changements en général une argile éprouve au feu, il est facile de les découvrir, en en moulant des morceaux semblables, ou plus simplement en coupant un seul de ces morceaux et en cuisant une partie. On voit alors combien en règle générale le morceau cuit a changé de forme ou a varié de quelque autre manière par rapport à celui correspondant non cuit.

Le retrait constitue non seulement un moyen de recherches, mais il n'est pas rare qu'il serve dans les fabriques pour juger du degré de cuisson. On chauffe le four assez longtemps pour que l'objet qu'on y a mis se soit jusqu'à un certain point affaissé ou tassé. Si l'on veut éviter les irrégularités, ou plutôt les erreurs, qui pourraient provenir des différences dans la teneur en humidité, il faut commencer les mesures dès que la préparation est arrivée au rouge sombre. Pour pouvoir connaître encore les différences qui se manifestent par suite des changements dans les matières, les déterminations de retrait doivent être recommencées de temps en temps [1].

---

[1] Dans ces derniers temps, on a appliqué, pour étudier la cuisson, un appareil de contrôle très sensible de Ricklefs, qui, d'après lui, permet de mesurer des fractions de millimètres pour le retrait de la charge d'un four (*Tonind-Ztg.*, 1894, n° 38). Pour le mode d'application et les dessins de l'appareil, voir *Töpfer-u-z-Ztg.* 1893, n° 34).

Aron, qui a étudié d'une manière approfondie et méthodique le
retrait par séchage d'une argile non cuite, lévige l'argile en question dans l'appareil de Schöne avec une vitesse minima d'écoulement de $0^{mm},008$ par seconde. Après que la substance argileuse s'est
déposée dans le liquide de lévigation, il décante l'eau au moyen
d'un siphon. Le dépôt fluide est alors versé sur un drap épais
mouillé, qui est étendu sur une plaque poreuse de plâtre séchée, et,
quand la masse s'est suffisamment épaissie, on l'enlève du drap à
l'état de pâte. Cette dernière est alors étendue sur une forme en
plâtre. Quand la masse s'est séparée de la forme par suite du retrait
et qu'elle est suffisamment ferme, elle est moulée sous forme d'un
prisme et déposée sur une plaque de verre pesée. Sur la surface
lissée on trace un diamètre au moyen d'une ligne fine, et au moyen
de deux fines sections perpendiculaires, situées aussi près que possible de la périphérie, on en délimite une certaine longueur et on la
mesure.

La façon de bonnes marques, bien nettes, demande un soin
particulier. Comme appareil de mesure Aron se servait d'une règle
de laiton divisée, avec un vernier, qui était attachée par des vis
sur deux tasseaux fixés eux-mêmes sur une planche. On amenait
la plaque de verre avec le prisme d'argile à mesurer, sur la
planche et sous la règle. Le vernier portait à cet effet une loupe
avec des fils croisés. Chaque mesure était contrôlée par une répétition.

Quand les marques sont bien faites, la comparaison de deux mesures montre rarement une différence de $0^{mm},1$ tandis que, dans
d'autres cas, il se produisait des différences allant jusqu'à $0^{mm},3$.
Après qu'on a déterminé l'espacement des deux marques, on pèse
la plaque de verre avec son prisme d'argile humide, et l'on en déduit le poids du prisme seul, parce que la plaque de verre a déjà
été pesée au préalable. Ces mesures et les pesées qui les accompagnent, et qui permettent de déterminer les quantités d'eau évapo-
rées et les retraits linéaires correspondants, doivent être exécutées
dans un intervalle de temps aussi court que possible. Finalement
quand la balance ne décèle plus de perte de poids essentielle à l'air,
le séchage se continue à une température progressivement croissante
jusqu'à 103° C. et jusqu'à ce que le poids reste constant. De la dernière pesée on déduit le poids de l'argile sèche.

On obtient ainsi une série de mesures et de nombres correspondants, qui permettent de voir quelle est la perte de poids qui

se produit et pendant combien de temps un retrait s'y trouve relié.

Dans les déterminations de retrait qu'il a faites avec un soin très remarquable (mémoire cité plus haut), Jochum employait la méthode suivante pour les échantillons séchés à l'air et pour ceux séchés à haute température (température de la fusion du fer doux et plus élevée). Il moule des baguettes quadrangulaires de 200 millimètres de long et de 15/15 de section et marque la longueur à l'aide d'un compas sur les quatre côtés ; pour chaque argile, on préparait quatre de ces baguettes. Pour éviter une torsion ou une déformation pendant le séchage, il place les baguettes sur une plaque de zinc polie, parce que ce métal est celui qui montre le moins d'adhésion pour l'argile. Chaque baguette est retournée 4 à 5 fois par jour, jusqu'à ce que toutes les éprouvettes soient séchées à l'air, ce qui demande environ 10 jours. Après ce temps, les baguettes sont soumises sur une grille de bois à une température de 30° C. pendant deux jours encore, puis, à l'aide du compas, on mesure les distances des marques indiquées sur les quatre côtés, on additionne les nombres obtenus, on divise la somme par 4 et l'on calcule le retrait en pourcentage. Pour déterminer le retrait au feu, Jochum se servait des mêmes baguettes, qui avaient servi pour les épreuves de séchage à l'air, seulement il divisait chacune d'elles en deux parties d'environ 10 centimètres de long. Ceci avait pour but de pouvoir soumettre en même temps au chauffage 14 de ces éprouvettes dans le plus petit moufle possible.

Comme exemple de la marche du retrait, à une température élevée, on peut citer ici deux recherches effectuées par l'auteur avec deux kaolins (*Notizbl.*, 1888, 2ᵉ partie) où les données relatives à la température doivent être regardées comme approximatives, et où il faut remarquer que les températures en question avaient été obtenues dans un temps relativement très court. Comme des recherches précédentes l'ont montré, ce n'est pas seulement le degré de la température qui est déterminant, mais aussi sa durée, c'est-à-dire que pour une durée plus grande à température égale, le retrait est différent, il est plus grand. Les kaolins employés pour les recherches étaient : (*a*) la Chinaclay anglaise de Cornouaille et (*b*) le kaolin bohémien de Zettlitz. Les éprouvettes séchées à 100° et mesurées, puis portées à une température d'environ 1 250° C., s'étaient rétractées (*a*) de 8,6 °/₀ et (*b*) de 15,5 °/₀ ; à environ 1 400°, (*a*) de 16,2 °/₀ et (*b*) de 18 °/₀. C'est à cette température que se terminait la perte au chauffage ou l'enlèvement de l'eau. Comme l'avaient montré mes recherches sur les argiles, le retrait se continue encore, mais en partie et à un degré moindre ([1]) :

A environ	1640°	retrait	a)	17,5 %	b)	18 %
»	1720°	»	a)	17 »	b)	17 »
»	1730°	»	a)	16,6 »	b)	16 »
»	1725°	»	a)	16 »	b)	15 »

A une température plus élevée, les échantillons, notamment celui de Chinaclay, s'étaient tellement courbés en se rétractant qu'on n'a plus pu faire de mesure exacte. Il résulte de là que :

1° Le plus grand retrait se produit au moment du départ de la dernière eau combinée chimiquement ou bientôt après, à une température d'environ 1 250° jusqu'à 1 400°. Il se manifeste, d'après cela, dans des limites étroites de température une grande susceptibilité eu égard au retrait, une faible élévation de température donnant naissance à une action relativement grande ([2]).

2° Avec la température d'environ 1 400', il se manifeste indubitablement une grande similitude, une complète si l'on prend le deuxième essai comme règle, de sorte que la différence qui existait jusque-là entre les deux kaolins paraît disparaître ou s'égaliser.

En ce qui concerne les indications données précédemment sur la température, pour les fixer d'une manière approchée dans le four de Deville modifié par moi, on avait pris les points fixes suivants. La fusion de l'argent ou 1 000° C., y est obtenue par l'envoi de la flamme dans son intérieur, la fusion du palladium ou 1 500° après 3 minutes, la fusion du nickel ou 1 600° en 4 minutes et celle du platine ou 1 775° en 29 à 33 minutes, suivant le calibre du creuset, la pureté du combustible, la pression de la soufflerie et en général le bon fonctionnement de l'installation. On s'est servi de ces points absolument fixes pour construire une représentation graphique à la manière ordinaire au moyen d'abscisses (temps en minutes) et d'or-

---

([1]) Ainsi, pour un chauffage rapide, le retrait continue au-delà du point où toute l'eau a disparu, tandis qu'Aron à trouvé, pour le séchage à l'air, que ce retrait s'arrête avant que l'eau ait été complètement partie.

([2]) Cette sensibilité, à supposer qu'on puisse la mesurer aussi exactement et aussi commodément que possible, peut donc servir à caractériser dans ces limites de températures de petites différences, qu'on ne pourrait peut-être pas observer avec autant de précision par aucun autre moyen. Une détermination aussi exacte que possible de la fin du retrait d'une substance argileuse donnée pourrait donc, d'une manière générale, donner ainsi un point de repère.

données (chaleur en degrés) et l'on a calculé les températures non déterminées pour les intervalles de temps intermédiaires, qui correspondent dans une certaine mesure aux temps de chauffage, exprimés en minutes. Il faut remarquer que pour un chauffage rapide, l'action n'est pas aussi active que quand il est plus prolongé et elle se manifeste davantage extérieurement, comme c'est le cas dans la pratique. Cette action limitée peut s'égaliser au moyen d'un chauffage plusieurs fois répété, jusqu'à une hauteur de température égale et jusqu'à ce que les phénomènes aussi bien physiques que pyrométriques soient constants. Il faut encore ajouter que, pour un degré de chaleur très élevé, le nombre de minutes ne paraît pas exclusivement déterminant, parce qu'ici la matière du creuset joue un rôle, suivant qu'elle fond plus ou moins facilement, en diminuant la résistance de la paroi et permettant une pénétration plus facile de la température obtenue.

3° A la température d'environ 1 720°, où l'on atteint clairement la fin du retrait, comme le montrent les nombres, il se produit une concordance à un double point de vue.

4° Avec la température d'environ 1 730°, le retrait diminue visiblement, c'est-à-dire qu'il se manifeste un grossissement des éprouvettes par suite de boursouflement, et ceci se produit encore davantage aux températures plus élevées.

Si enfin la température était élevée encore un peu plus haut, il se produisait, comme on l'a dit, une forte distorsion des éprouvettes ramollies, qui ne permettait plus de mesures exactes et qui a fait abandonner les recherches poussées plus loin.

Pour les kaolins examinés, le retrait ne croit donc pas uniformément par étapes, mais au commencement il monte par sauts et vivement, jusqu'au moment qui coincide avec la perte totale au chauffage ; il se manifeste alors un arrêt graduel, où la constance signalée est atteinte d'une double manière, et finalement il se produit le phénomène inverse, l'accroissement par boursouflement. Jochum (¹) a trouvé un résultat semblable en substance pour une série de 16 argiles différentes soumises aux essais : l'accroissement du retrait jusqu'à une température déterminée, suivi d'un temps d'arrêt, et, à une température plus élevée, une dilatation par suite de phénomènes pyro-chimiques.

Rapportons ici des particularités dignes de remarques qui se

(¹) JOCHUM. — *Bestimmung der Tone*, 1885.

produisent au chauffage du kaolin en ce qui touche le retrait et la consistance :

D'après les recherches étendues de Hecht [2], pour une série de kaolins comparés à des argiles plus ou moins plastiques, à la température de fusion de l'argent ces dernières se rétractent toujours plus et montrent souvent aussi un retrait final plus considérable. Dans les recherches qu'on vient de citer, le même auteur déterminait aussi la densité des kaolins et des argiles plastiques à diverses températures. Il en ressort cette observation intéressante qu'à une température relativement peu élevée la densité pour les kaolins est toujours et partout considérablement plus grande. Elle décroît lentement quand la température va en augmentant, tandis que pour les argiles plastiques et plus facilement fusibles elle diminue rapidement et d'une manière importante.

Pour les kaolins, en raison de cette diminution, leur manière de se comporter au feu devrait servir d'échelle et la condensation devrait se continuer d'autant plus longtemps, à mesure que la température s'élève, que le kaolin en question est plus difficilement fusible; sous ce rapport ces phénomènes de chauffage sont à suivre plus loin.

Comme exemple de la marche différente du retrait entre les argiles grasses et les kaolins, nous pouvons encore donner ici quelques déterminations effectuées sur deux éprouvettes (a) et (b) de l'argile bien connue de Grünstadt (argile normale de classe V). Comme cela s'explique facilement, il se produit ici plus tôt une dilatation par boursouflement.

a) Argile brun foncé. b) Argile bleue. Les éprouvettes ayant été séchées à 100° C, on a trouvé après chauffage à 1 000 à 1 100° en atmosphère réductrice.

Argile a	*Argile* b
Paraît bleu gris, avec un petit nombre de points noirs. La cassure est un peu compacte.	Bleu gris avec points noirs isolés. Cassure compacte, ressemblant à de la pierre.
Retrait linéaire de 9 %.	Retrait linéaire de 10,5 %.

Mêmes échantillons chauffés à envion 1 500° C :

Argile a	*Argile* b
Paraît gris bleu avec quelques fins points noirs. Cassure compacte.	Gris bleu avec des taches noires. Cassure compacte, un peu poreuse.
Retrait linéaire de 3 % (s'est par suite dilatée linéairement de 6 % par boursouflement).	Retrait linéaire de 6 % (s'est aussi dilatée, mais moins, seulement de 4,5 % linéairement).

[2] *Tonind.-Ztg.*, 1891, n°s 17 et 18.

En général, plus une argile est grasse, et plus elle se rétracte au séchage. A la température de la fusion de l'argent, les argiles grasses se rétractent plus que les kaolins, mais, pour une température croissante, celles-ci montrent par rapport aux autres une manière d'être opposée.

4. Détermination de la porosité ou de la compacité

La porosité d'une masse d'argile séchée à l'air ou cuite, dont il faut chercher la cause dans l'air inclus ou les gaz qui se dégagent, se détermine par différentes méthodes.

Pour la porosité, il faut faire entrer en considération la diversité des pores. Pour ce qui a trait à leur description particulière, d'après les vues de Schumacher (*Sprechsaal* 1883, p. 628) il suffit pour la pratique d'employer les désignations suivantes : fortement poreux, faiblement poreux, à peine encore poreux et compact scoriacé.

En général la détermination de la porosité consiste à sécher à l'air la masse poreuse, à l'imbiber d'eau ou d'huile et à la peser. La différence permet de calculer le volume des pores ainsi trouvé.

Aron a fait connaître pour la détermination de la porosité dans les argiles cuites le mode de détermination suivant qui est « commode », mais qui manque de précision scientifique. On fait bouillir les éprouvettes cuites, bien séchées et pesées, pendant un certain temps (3 à 4 heures) dans de l'eau distillée jusqu'à ce que l'air soit sorti des pores et on les laisse refroidir dans l'eau. La quantité d'eau absorbée par rapport au poids de l'éprouvette séchée donne une mesure de la porosité. Les vides accidentels présents et les bulles d'air, qui se remplissent également d'eau, sont tout naturellement déterminés simultanément. La méthode n'est donc pas exempte d'erreurs et elle se heurte à cette difficulté, imbiber une matière uniformément et complètement, ce qui est très important suivant sa constitution. Des éprouvettes différentes ne doivent donc pas être comparées entre elles d'après ce procédé, mais l'observation de la même éprouvette à divers degrés de cuisson est applicable ici. On en trouvera une description complète dans le « Ziegel und Zement, 1903, n° 1, « Dichte der Ziegelfabrikate » (Aron, *Notizbl.* X, p. 133).

Pour l'argile non cuite, Olschewsky emploie le toluol qui ne les attaque pas. Pour les pierres cuites, celui-ci fait remarquer qu'elles sont souvent scoriacées à leur surface, mais peuvent être très poreuses dans l'intérieur, et il conseille en conséquence pour la détermination de la porosité de prendre des fragments de l'intérieur (*Töpfer-Ztg.* 1880, p. 196 et 234).

On expérimente de la manière la plus simple la porosité d'une surface de pierre en y laissant tomber goutte à goutte un fluide en des endroits différents et en observant le temps nécessaire pour l'absorption.

Le même auteur, dans son Katechismus (Catéchisme) p. 320, indique une méthode qui repose sur une pesée et une mesure simples. Elle est basée sur ce que, jusqu'au point où la matière prend le degré de dureté ordinaire par la cuisson, toutes argiles ont un poids spécifique sensiblement égal, qu'on peut prendre égal à 2,6 en moyenne. Si donc un centimètre cube d'argile cuite donne un poids moindre, la différence doit être rapportée aux vides des pores. Partant de là, Olschewsky établit un tableau qui permet, connaissant le poids d'un centimètre cube en grammes, de lire le pourcentage des pores en volume et en poids. L'auteur ajoute expressément que, pour les échantillons qui ont été chauffés à environ 1 000° C et au-delà, la détermination de la porosité au moyen du poids volumétrique n'est plus exacte (à cause de la dilatation du quartz à cette température et de la diminution de poids spécifique qui en est la conséquence). Il faut remarquer ici que, pour une addition abondante de quartz, la porosité d'une masse d'argile aux hautes températures indiquées diminue d'une manière considérable. Par suite de la formation de vésicules, qui restent plus ou moins suivant le plus ou moins grand degré de fluidité de la masse, il se produit en règle générale un boursouflement.

Remarquons en passant que pour déterminer la porosité d'un sable ou son volume total de vides, Olschewsky (Katechismus der Ziegelfabrikation, p. 46, que nous suivons ici textuellement) se servait d'une petite éprouvette à pied, de 20 à 60 centimètre cubes de capacité. Celle-ci est d'abord pesée et remplie d'environ 1/2 à 1/3 d'eau. On y agite le sable à expérimenter en frappant d'une manière continue contre la paroi de l'éprouvette et l'on produit ainsi l'état qui occupe le moins de volume. L'éprouvette étant remplie, on enlève exactement l'excédant (à cet effet l'éprouvette doit avoir un large bord supérieur bien dressé) et on la pèse. En laissant évaporer l'eau, on obtient par la différence de poids le vide total d'un poids déterminé de sable.

Pour le même objet, Hauenschild a employé un appareil différent, qu'il nomme psammomètre, et qui permet de déterminer le vide total avec une plus grande précision. Dans cet appareil (fig. 5), le récipient en forme de poire, dont le sommet se continue par un long tube gradué, est rempli du sable à étudier jusqu'à la marque 500 centi-

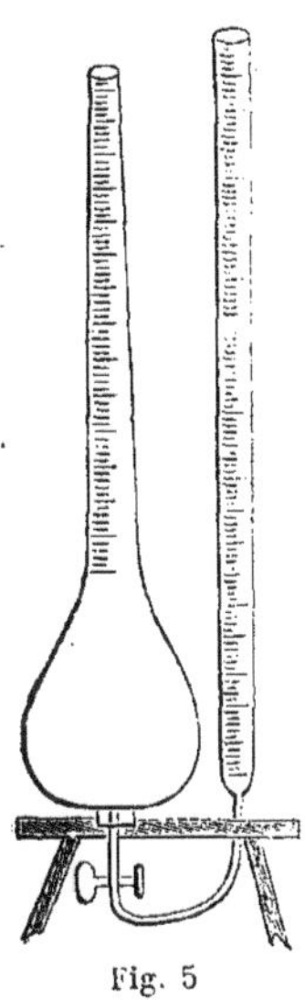

Fig. 5

mètres cubes. Ce récipient communique avec une burette exactement divisée. Le petit tube, qui pénètre dans la partie en forme de poire du récipient est recouvert de toile pour empêcher la chute du sable. Si maintenant on ouvre le robinet de communication, l'eau arrivera progressivement par en bas et pénétrera dans le système de tubes capillaires formés par les grains de sable reposant les uns contre les autres. Il ne faut pas laisser arriver trop vite l'eau qui vient de la burette et l'on doit s'arranger à cet effet pour régulariser le niveau d'eau dans celle-ci de manière qu'il soit toujours un peu plus haut ou tout au plus à égale hauteur avec le niveau de l'eau capillaire dans la poire. Par le fait que l'eau pénètre dans le sable par en bas, on peut facilement enlever l'air, qui autrement cause de grandes perturbations dans les recherches exactes. Dès que l'eau entre dans la poire, le sable prend de lui-même l'état de rapprochement le plus intime. On peut alors lire commodément le retrait qui se produit. Quand l'eau est montée jusqu'à la partie supérieure du récipient en forme de poire, on ferme le robinet, et l'abaissement du niveau de l'eau dans la burette, donne le volume des vides rapporté au volume effectif du sable, diminué du retrait.

Il faut prendre de plus en très grande considération le mode de détermination de la porosité de Seger au moyen d'un voluménomètre très commode, avec dessin (fig. 6). *Chem. techn. Untersuchungsmethode*, Berlin, 1893. De plus, *Tonindustrie-Ztg.* 1881, n° 5 et 1891, n° 18). Voir aussi pour la détermination du changement de volume des pierres réfractaires au moyen du voluménomètre de Seger, *Tonindustrie-Ztg.* 1902, p. 533. On a eu égard dans le dessin à de petits perfectionnements apportés par Hecht.

Un voluménomètre de F. Meyer pour la détermination rapide du poids spécifique du ciment de Portland est décrit avec dessin dans le *Tonindustrie-Ztg.* 1894, n° 16. On calcule le poids spécifique en déterminant le volume et le poids.

Comme on le sait, on obtient la densité notamment des corps

pulvérulents d'une manière plus exacte scientifiquement par la
détermination du poids spécifique, qui se pratique en entourant
l'échantillon d'un crin de cheval, et en le pesant d'abord dans l'air,
puis dans l'eau. Dans ce dernier cas, le poids du corps est moindre.
Cette perte constitue le diviseur par lequel
on doit diviser le poids dans l'air pour
trouver le poids spécifique.

Au lieu du mode de détermination
appliqué particulièrement pour les minéraux, on peut aussi se servir de l'appareil
construit par Schumann et introduit par
Geissler Nachfolger de Bonn, qui donne
une exactitude suffisante avec une manipulation simple. On y mesure le volume
du fluide qui a été absorbé par une poudre
ou un petit corps fixe introduit dans lui.
Au moyen de ce voluménomètre (fig. 7),
en supposant l'égalité de température de
l'appareil, de la poudre et du fluide et en
admettant qu'il ne se produise aucun
changement de température pendant l'expérience, on peut obtenir le poids spécifique exact jusqu'à la seconde décimale.
Comme fluide pour la détermination des
ciments, Schumann se sert d'essence de
térébenthine (*Tonind.-Ztg.* 1883, n° 26).

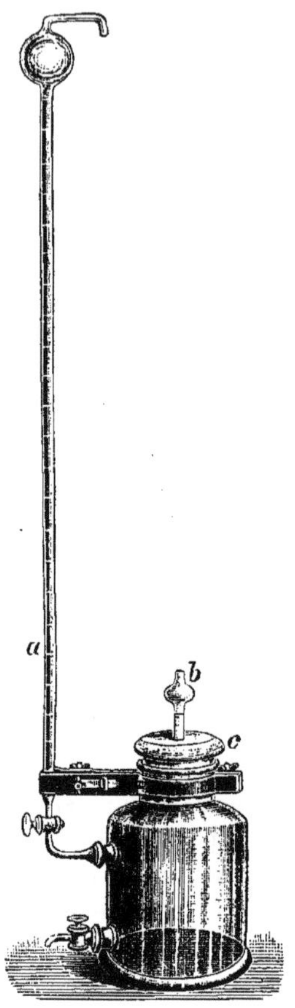

Fig. 6

On peut travailler plus vite avec une
exactitude égale, comme les expériences
l'ont démontré, en employant au lieu du
voluménomètre un appareil pour la détermination du poids spécifique des éprouvettes de ciment, des matières pulvéru-
lentes et grenues du Dr L. Erdmenger et
du Dr Mann.

Comme le montre la figure 8, l'appareil se compose d'un tube de
50 centimètres de capacité divisé en dixièmes de degrés, qui est fondu à sa partie supérieure et inférieure en forme d'enveloppe (refroidisseur). La partie supérieure ouverte du tube est recouverte d'une
cloche de verre pour éloigner la poussière ; à sa partie inférieure,
le tube passe à un robinet de Geissler qui lui est perpendiculaire, et

de plus au-dessus du robinet d'évacuation se trouve fondu de côté
un tuyau d'amenée avec un robinet de verre. Le refroidisseur à sa
partie supérieure a deux ouvertures, l'une pour laisser sortir ou
rentrer l'air quand on remplit ou qu'on vide l'eau, l'autre pour faire
pénétrer un petit thermomètre, qui permet d'observer d'une manière
continue la température de l'eau de refroidissement ; pour le remplissage ou l'évacuation de l'eau, on se sert d'un tuyau soudé sur le
côté du refroidisseur et muni d'un robinet de Geissler. En raison

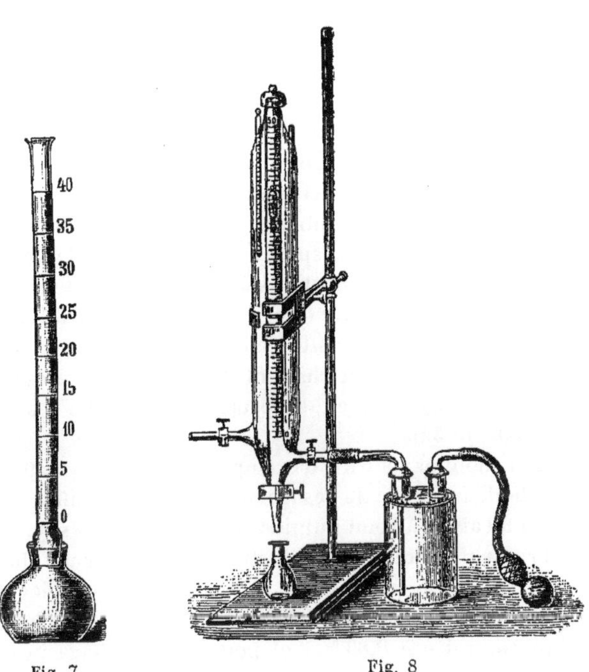

Fig. 7   Fig. 8

de la nature du fluide employé dans le tube de mesure (térébenthine
pétrole, etc.), il faut autant que possible éviter les raccords en caoutchouc ; il ne se trouve par suite dans tout l'appareil qu'un endroit
où l'on n'a pas pu éviter un court raccord en caoutchouc. En effet au
tube d'amenée d'un tube de mesure se rattache au moyen d'un petit
manchon de caoutchouc un tuyau de verre recourbé à angle droit,
(les deux extrémités des tuyaux de verre sont très près l'une de

l'autre) qui repose par un bouchon de verre rodé sur un des goulots
d'un flacon de Woulff et qui descend jusqu'au fond de celui-ci ; le
second goulot du flacon est aussi fermé par un court tuyau de
verre courbé à angle droit, portant un bouchon de verre rodé, et se
terminant par une poire de pression en caoutchouc ; la contenance
du flacon de Woulff est d'environ 1 litre. Le refroidisseur disposé
verticalement est porté par une pince rattachée à un support en fer.
Pour rendre les lectures plus exactes, il se trouve un flotteur dans
le tube. Les déterminations effectuées par cette méthode, répétées
deux ou trois fois sur de la matière différente, donnent une concordance jusqu'à la troisième décimale (*Tonind.-Ztg.* 1893, n° 37).

Si l'on veut éviter la longueur peu agréable du tube de mesure, on
peut y arriver par un élargissement local de celui-ci (améliorations
de Suchier, *Tonind.-Ztg.* 1896, n° 26.)

Il faut encore citer ici pour la détermination rapide de la densité
des minéraux un appareil de Grünberg, qui se compose d'une série
de 20 flacons. Ces flacons sont disposés les uns à côté des autres
dans une petite boîte et renferment divers mélanges d'eau et d'io-
dure de potassium et de mercure dont la densité est de 3,17. Les
flacons étiquetés donnent la densité de la solution et l'on a ainsi
une sorte d'échelle de densités, suivant que le minéral introduit
dans le liquide surnage, est en suspension ou tombe au fond
(*Tonind.-Ztg.* 1897, n° 52).

Pour terminer, donnons à titre d'exemple des nombres déterminés par la méthode indiquée de pesage de la masse d'argile à l'état
de dessiccation à l'air et à l'état humide ; d'après Olschewsky, pour
une pâte de brique non cuite, dont le retrait était 0 pour un chauffage à environ 700° C, la porosité ou l'absorption d'eau s'élevait à
17,26 %. Pour un chauffage jusqu'à 1000°, le retrait s'éleva à 3,0 %,
la porosité au contraire à 9,83 % ; et pour un chauffage jusqu'à
environ 16 000°, le retrait fut de 7,5 % ; tandis que la porosité
se réduisait à 0,84 seulement. Liedtke, dans la *Notizbl.* 1891,
p. 115, a donné de plus une grande série de déterminations de porosité pour diverses argiles, parmi lesquelles figurent des argiles
réfractaires.

De même qu'on peut augmenter ou diminuer artificiellement la
plasticité et le retrait qui en dépend, de même on peut agir sur la
porosité. Ainsi on la diminue en écrasant finement les composants
un peu grossiers, ou en enlevant le sable quartzeux le plus gros ;
on l'augmente en ajoutant des additions dites combustibles (de la

sciure de bois, de la tourbe, du poussier de charbon, de la chaux carbonatée, des substances chimiques, etc.) qui déterminent des vides par la combustion ou par suite du dégagement de gaz. Il s'agit de choisir la matière argileuse la plus appropriée et les additions les plus convenables ainsi que leur quantité ; Olschewsky a donné à ce sujet des indications complètes (*Ziegel und Cement*, 1889, p. 147 et suiv.).

Détermination de la résistance d'après Cronquist. — Celui-ci se servait de la forme de creuset usuellement employée pour la réduction du fer de ses minerais et qui est connue sous le nom de moine et nonne. Elle a 45 millimètres de haut, 25 millimètres de large à l'ouverture et 2,5 millimètres d'épaisseur de pâte. Il faut au moins 10 échantillons pour chaque expérience. Les creusets et les plaques étaient séchées à la température ordinaire pendant 4 à 6 jours, puis à 100° pendant 2 jours et finalement cuits dans un four de potier à une température aussi uniforme que possible. Après la cuisson, on déterminait la résistance au moyen d'un appareil semblable à celui qu'on emploie pour les ciments. Il se compose d'un levier à bras inégaux reposant librement sur un couteau d'acier. A l'extrémité du bras le plus long est suspendu un vase destiné à recevoir de la grenaille de plomb et l'appareil est mis en équilibre au moyen d'un poids suspendu à l'extrémité du petit bras ; au-dessus de ce dernier se trouve un étrier, qui est limité dans le dessous de sa partie horizontale par une surface cylindrique de 1 millimètre de rayon et dont la distance au point de rotation du levier est le 1/10 de celle de ce même point au point d'attache du vase à grenaille. Entre ce côté et le bras de levier court, on introduit le creuset de telle manière que l'arête de l'étrier soit exactement contre l'arête extérieure du creuset, on remplit alors lentement le vase de grenaille de plomb jusqu'à ce que le creuset crève. Le poids de la grenaille représente le 1/10 de la résistance à la rupture. (*Tonind.-Ztg*. 1899, n° 27).

II. — EXAMEN CHIMIQUE

Au point de vue chimique et dans le sens étroit du mot, il faut entendre par argile l'hydroxyde d'aluminium hydraté, le silicate hydraté d'alumine, tandis que, dans le sens plus large, l'argile, ou ce qu'on appelle la substance argileuse, contient encore d'autres matières mélangées avec ce silicate d'alumine.

Le silicate simple, de même que le silicate double, se rencontre dans la nature avec une compositon variable et, en règle générale, il est impur. Cette composition extrêmement variable de l'argile est la cause de ses modes d'emploi multiples. La valeur de l'argile, c'est-à-dire sa mise en œuvre technique, ne dépend pas uniquement et seulement de sa composition ou de son plus ou moins grand degré de pureté, mais encore d'une série d'autres propriétés, notamment physiques, qui rendent la matière plus ou moins susceptible d'emploi. Au point de vue technique, on distingue dans les argiles les deux composants essentiels : l'alumine et la silice tout simplement (cette dernière se présentant toujours sous forme variable) et des fondants (magnésie, chaux, fer et alcalis) qui jouent souvent un rôle important.

Eléments constituants de l'argile. *α*) ALUMINE. — L'alumine, qui jouit de la propriété de se présenter aussi bien comme base que comme acide, est l'élément qui a le plus de valeur et qui est le plus prépondérant, bien que n'étant pas déterminatif d'une manière absolue. Sa quantité détermine surtout les propriétés caractéristiques essentielles de l'argile au point de vue physique (plasticité, retrait et tout ce qui s'y rattache), sa réfractairité ainsi que sa bonté en général. Non seulement elle est le plus difficilement fusible par elle-même, mais en règle générale aussi elle augmente dans les argiles la difficulté de fusion des combinaisons et agit à l'encontre de la silice et des fondants (¹). La détermination de l'alumine a donc une grande importance aussi bien au point de vue de la manière d'être propre de l'argile que de sa valeur au point de vue pyrométrique, par rapport aux fondants d'une part et à l'acide silicique d'autre part.

Au point de vue de la détermination analytique de l'alumine, il faut encore faire la distinction entre celle qui est combinée chimiquement et celle qui est libre, l'hydrate d'alumine; d'après les dernières recherches de Rösler, ce dernier ne se rencontre pas dans le kaolin, mais il se trouve dans les mélanges bauxitiques des argiles riches en oxydes de fer.

(¹) Il va de soi qu'il peut arriver que deux argiles, dont l'une renferme une plus grande quantité d'alumine que l'autre, la plus riche en alumine soit la plus facilement fusible. Mais si la quantité de fondants et de silice est égale ou moindre, elle sera incontestablement plus élevée pyrométriquement.

b) Acide silicique. — Par rapport à l'efficacité absolue de l'alumine, la sienne n'est que relative et restreint les propriétés de l'argile. Il diminue la plasticité, augmente la fusibilité et notamment l'influence des fondants aux températures élevées ; pour des températures moindres, il peut atténuer leur action et même augmenter la difficulté de fusion. L'acide silicique se trouve dans les argiles à l'état de combinaison chimique et de mélange mécanique (le plus souvent sous forme cristalline comme sable) et sa détermination analytique exacte sous ce dernier état est indispensable. Il est désirable de rechercher en outre les inclusions de grès. Par suite de l'absence de connaissance sur l'essence de l'argile, on n'avait pas attaché précédemment d'importance à cette distinction, et cependant il faut non seulement déterminer d'une manière exacte la quantité de sable dans une argile, pour bien des raisons techniques, mais ce sont encore les restes de roche mère non décomposée, qui ne s'y trouvent pas toujours, de même que les divers éléments rares qui s'y cachent à l'état de mélange, qui doivent être déterminés d'une manière particulière dans une étude approfondie.

Nous en venons maintenant aux fondants, aux éléments de l'argile qui provoquent la fusion, qu'on appelle aussi flux basiques, qui jouent souvent un rôle extrêmement influent (bien qu'exagéré antérieurement) pour les argiles et pour lesquels se vérifie la loi de l'équivalence, c'est-à-dire que des quantités équivalentes des bases, qui se présentent comme fondants, excercent une influence égale sur la fusibilité de l'argile, ou que la fusibilité croît dans le rapport inverse des poids moléculaires des bases. Comme Kosmann le fait ressortir d'une manière intéressante, la propriété qu'ont les fondants de déterminer la fusibilité obéit aux grandes lois chimiques, d'après lesquelles plus le poids moléculaire des éléments est petit et plus grande est la susceptibilité chimique de réaction des corps.

c) Magnésie. — Elle agit comme un fondant puissant ; par exemple une quantité déterminée en poids produit deux fois autant d'effet que la même quantité d'oxyde de fer et encore plus quand il s'agit de potasse.

d) Chaux. — Elle agit comme fondant en seconde ligne. Sa détermination exacte acquiert encore de l'importance par ce fait qu'une certaine quantité déterminée de chaux produit, comme on le sait la couleur que les briques prennent à la cuisson (rouge ou jaune). Une quantité par trop grande de chaux rend l'argile inutilisable, même pour les briques ordinaires.

e) Fer. — Comme on l'a indiqué plus haut, le fer agit comme facteur principal de la coloration des argiles, de leur changement de couleur et de leurs teintes désagréables. C'est à ce point de vue, comme aussi à celui de l'action pyrométrique fâcheuse qu'il peut exercer suivant les circonstances particulières, que sa détermination exacte ne doit pas être négligée. Dans la céramique inférieure, et en particulier dans la fabrication des tuiles, il est digne de remarque que ses propriétés utiles surpassent ses qualités nuisibles. Comme on l'a dit, on trouve quelquefois du fer métallique dans les kaolins lavés; il provient vraisemblablement des récipients en fer dans lesquels le kaolin brut a subi un frottement de contact.

f) Alcalis. — Dans les argiles, ils ne sont presque toujours représentés que par la potasse qui est l'élément le moins actif, et en règle générale on doit par suite les compter comme tels.

g) Composants volatils, et perte au rouge.— La perte au rouge provient principalement de l'eau et des substances organiques. La connaissance exacte de l'eau est nécessaire pour le calcul des éléments à l'état dépourvu d'eau, qui est déterminatif au point de vue technique. La teneur en charbon, qui influe sur la plasticité de l'argile et sur la compacité qu'elle prend à la cuisson, doit être prise en considération, du moment qu'elle est un peu grande. Si le soufre (auquel il faut ajouter aussi l'acide carbonique) fait partie des éléments volatils, il faut tout particulièrement avoir soin de le déterminer quantitativement, même quand il n'est qu'en petite quantité, et, comme on le sait, sous la forme de pyrite, qui est un grand ennemi de l'argile.

h) Substances rares mélangées.— C'est ici que se rangent, comme on l'a déjà signalé, quelques métaux dont la présence est rare, tels que le vanadium, le cérium, le titane, le molybdène, le chrome, le cobalt, même aussi le plomb et l'or, comme produit de décomposition de roches aurifères, etc. Le vanadium, comme on le sait, donne naissance pour les briques à des colorations jaunâtres ou vertes peu agréables (¹). Parmi les éléments non métalliques, il faut aussi tenir compte de l'acide phosphorique.

L'examen chimique peut être seulement qualitatif ou quantitatif

---

(¹) On est certainement allé trop loin en expliquant la coloration jaune des briques par les sels de vanadium. Ce sont le plus souvent de petites algues ou aussi des sels organiques de fer qui l'ont produite. On n'a constaté qu'extrêmement rarement les sels de vanadium.

(analyse en bloc ou empirique) ou être une analyse rationnelle par opposition à l'analyse empirique ([1]).

L'examen qualitatif a pour objet de signaler les constituants solubles de l'argile, qui n'existent presque toujours qu'en quantités minimes et qu'on néglige quelquefois dans les déterminations quantitatives, malgré leur importance ([2]) : tels sont les chlorures (chlorure de sodium et sel ammoniac), les sulfates (gypse et sulfate de fer), les principes extractifs et les matières organiques qui ne font jamais défaut.

En faisant bouillir dans l'eau une grande quantité d'argile (environ 25 grammes), laissant déposer lentement et filtrant, les réactifs et moyens connus permettent de reconnaitre les substances indiquées dans la solution aqueuse claire. On reconnait les substances organiques à la coloration brune à noire que prend l'argile quand on emploie la chaux caustique, qui est brunie par elles. Par digestion avec l'acide chlorhydrique, presque toutes argiles abandonnent une grande quantité d'alumine, un peu d'acide silicique, le fer (aussi le manganèse), la chaux ([3]), la magnésie, une partie des alcalis et quelquefois de l'acide phosphorique.

En faisant bouillir avec une dissolution de carbonate de soude, il se dissout une grande quantité de silice, qui est souvent fortement colorée. Si l'on chauffe longtemps l'argile avec de l'acide sulfurique peu dilué, jusqu'à évaporation de l'hydrate, la partie argileuse est complètement décomposée avec séparation de presque toute la silice.

La masse argileuse désagrégée au moyen des carbonates alcalins doit être essayée pour métaux rares, comme on l'a dit plus haut, et aussi pour pyrite, au moyen des réactifs connus. L'examen quantitatif reçoit une valeur pratique définitive, s'il est accompagné d'une

---

([1]) Comme exemple du mode d'établissement de la composition d'une argile, on peut encore ajouter ici que la composition peut se calculer d'après la perte au chauffage, quand on connait la perte au rouge de l'argile liante.

([2]) Les sels solubles, qui agissent comme fondants dans les argiles réfractaires, donnent lieu, comme on le sait dans l'industrie des briques, à des colorations qui se révèlent d'après la cuisson, et produisent ultérieurement des décompositions.

([3]) D'après Senft (*Tonsubstanzen*, p. 82) la chaux, comme on l'a signalé, se rencontre souvent en combinaison avec les acides humiques. Si on extrait une pareille argile et qu'on l'expose à l'air, elle fait effervescence après être restée longtemps en contact avec les acides, parce que, sous l'influence de l'air, l'humate de chaux se transforme en carbonate. Le fer peut aussi se présenter sous cette combinaison. De même que la silice, la chaux et la magnésie, ces dernières carbonatées, peuvent être mélangées mécaniquement et peuvent alors être enlevées par lévigation.

analyse quantitative; cette dernière, exécutée rapidement, a pour but d'apprendre à reconnaître exactement les sources d'erreurs qui existent toujours et la grandeur possible des erreurs.

1. Marche de l'analyse quantitative d'une argile d'après l'auteur

En raison de l'exposition détaillée qu'elle comporte, cette section pourrait avoir un autre titre et il ne faut pas voir ici un manque de modestie. L'analyse des argiles impose au chimiste des exigences particulières en raison des précautions et des soins qu'il faut apporter à son exécution. Il faut bien tenir compte de l'influence des vases de verre et de porcelaine (^{1}), qui se composent tous les deux des mêmes éléments que ceux de l'argile à analyser, et l'emploi des vases de platine est à recommander autant que possible. Je remarque encore qu'il faut bien se garder dans les déterminations d'argiles d'indiquer sous la rubrique de « traces », des quantités très minimes, c'est-à-dire non pesables qu'on a trouvées. Il faut dire dans chaque cas combien de matière on a employé. Dans son ouvrage, *Natur der Ziegeltone*, page 137, Zwick montre à ce sujet, par un exemple numérique, que des indications aussi inexactes de ce genre sont à craindre, parce qu'elles donnent l'idée qu'on peut négliger ces « traces ».

Etant donné un échantillon moyen normal d'au moins quelques kilogrammes d'argile brute séchée à l'air ou d'argile préalablement lévigée, on en pulvérise une quantité suffisante le plus fin possible dans un mortier d'agate, on la passe au tamis et l'on en pèse 5 à 6 portions d'environ 1 à 2 grammes (^{2}).

(^{1}) D'après les recherches de Meincke, l'ammoniaque, gardée dans des vases de terre, contient toujours de l'acide silicique (*Rep. d. analyt. Chemie*, 1877, n° 50).

(^{2}) Pour éviter les erreurs personnelles, on préparera un échantillon moyen, pas trié de l'argile, pesant de 50 à 100 kilogrammes et, après l'avoir écrasé et mélangé, on y prélèvera le quantum nécessaire pour la recherche. Il y a des argiles paraissant d'espèces très différentes les unes des autres, non seulement dans des points différents, mais encore dans un seul et même point d'un gisement. Si l'on a mis à l'avance ces échantillons fins dans un verre bien bouchable. il suffit de déterminer l'eau hygroscopique pour une partie et l'on déduit le poids de l'argile sèche employée à l'analyse de celui de l'argile séchée à 120°. Si, par exemple, on avait posé 2000 grammes, si on les avait séchés à 120° et si l'on n'avait plus trouvé que 1912 grammes, on n'aurait employé non pas 2000 grammes mais 1912 seulement et 1 gramme représente $0^{gr}.956$. Les déterminations séparées sont préférables à un double point de vue et on doit les recommander. Il faut d'abord diriger son attention sur la détermination aussi

Si une argile se compose apparemment d'un mélange d'argile et
de sable ou d'autres parties grossières, il est recommandable, pour
arriver à des résultats complets, de faire précéder l'analyse chimique d'une analyse par lévigation, c'est-à-dire mécanique. Comme
on l'a dit, il est important ici pour les fabricants d'objets en argile
d'indiquer sous quelle forme, quelle grosseur de grain (en faisant
même usage du microscope) les substances minérales mélangées,
et notamment le sable, sont contenues dans l'argile. Plus ces substances mélangées sont d'espèce différente, ce qui est souvent le cas,
et sur une très grande échelle, pour les argiles ordinaires, plus il
est désirable de les séparer au moyen de la lévigation en éléments
qu'on analysera alors d'une manière particulière et de plus près.

L'eau hygroscopique se détermine par un séchage soigné et prolongé à une température allant jusqu'à 120°, jusqu'à ce que deux
pesées, séparées par un intervalle d'une heure, soient concordantes ;
si l'on veut ensuite déterminer la quantité d'eau absorbée, on place
l'échantillon sous une cloche dans une atmosphère humide, et on
le soumet à des pesées répétées après 8 à 10 jours, jusqu'à ce que le
maximum d'accroissement de poids soit atteint. La perte totale au
chauffage s'obtient (eau de constitution, matières organiques et
acide carbonique) par un fort chauffage, ou (pour une plus grande
teneur en carbone) par un chauffage prolongé avec adduction
d'oxygène. L'eau de constitution se compose de l'eau chimiquement
combinée avec le silicate d'alumine, et éventuellement de celle de
l'alumine, de l'acide silicique et l'hydrate d'oxyde de fer. Si le mélange charbonneux est important, ce qui peut avoir une grande influence sur la porosité et produire un retrait important et variable,
on chauffe l'échantillon dans une cornue avec de l'acide sulfurique
et de l'acide chromique et l'on pèse l'acide carbonique qui se
forme ([1]).

Pour déterminer l'acide silicique, on mélange intimement une
nouvelle portion avec 8 à 10 fois son poids de carbonate de soude

absolue que possible de l'alumine, sur sa séparation à l'état pur, sur son lavage complet, qui ne doit pas être moins rigoureux pour la silice ; de plus, les substances
mélangées qui existent souvent, comme on le sait, en très petites quantités, comme
la magnésie, la chaux, le fer, les alcalis doivent être indiquées avec précision au
moyen de déterminations qui donnent chacune isolément la séparation stricte de
chacune de ces substances.

([1]) Si la relation entre l'alumine et l'eau chimiquement combinée (et il faut aussi
tenir compte du fer) est régulière, ce dont il faut aussi s'assurer, on calculera la
teneur en charbon au moyen de la perte totale au chauffage.

pur, et l'on chauffe dans une capsule de platine pendant une heure
en élevant progressivement la température jusqu'à ce que le tout
soit complètement fondu. On ramollit la masse avec de l'eau et l'on
y ajoute avec soin de l'acide chlorhydrique ; par évaporation,
l'acide silicique se sépare de la solution salée qui devient claire.

Après évaporation complète et répétée sur le bain d'eau, la masse
est chauffée 20 à 30 minutes au bain d'air à 110°, en remuant au
besoin ; on l'humecte complètement avec de l'acide chlorhydrique
moyennement concentré et on laisse reposer environ une demi-
heure. On la chauffe alors sur le bain d'eau, en diluant 4 à 5 fois,
on laisse digérer et l'on décante, en ajoutant quelques gouttes d'acide
chlorhydrique non concentré sur la silice abandonnée par le liquide
clair ; on jette alors la silice sur un filtre et finalement on lave à
chaud jusqu'à ce qu'une goutte d'essai sur un verre de montre
donne un résidu nul ou pas plus considérable que l'eau distillée.
L'acide silicique séché est chauffé soigneusement avec le filtre et,
quand l'incinération est terminée, on élève la température. La capsule encore assez chaude est portée sous le dessiccateur et pesée
quand elle s'est refroidie. (¹)

On ne négligera pas de traiter par l'acide fluorhydrique la silice
ainsi obtenue et soumise à un chauffage énergique, et, dans le cas
où il y a un résidu appréciable (de quelques milligrammes), on le
déterminera. (²)

Pour les argiles qui ont été préalablement chauffées fortement,
notamment pour les produits réfractaires très cuits, ce traitement
de l'acide silicique par l'acide fluorhydrique est indispensable parce
que autrement la désagrégation par les alcalis carbonatés est incomplète et la détermination de l'alumine serait trop faible de plusieurs pour cent.

Le liquide qui a filtré sur la silice est bouilli toujours avec un
peu d'eau de chlore et, d'après Finkener, pour précipiter l'alumine
et l'oxyde de fer, la liqueur, bouillante et traitée par l'ammoniaque,
est saturée avec de l'acide acétique et, au moyen d'ammoniaque
diluée, on fait disparaître avec soin l'excès d'acide acétique dans le
liquide bouillant. Un petit excès d'acide acétique ne nuit jamais,

---

(¹) D'après Ludwig, on ne peut pas séparer directement et complètement la silice
de la masse fondue avec le carbonate alcalin ; il en reste toujours une partie en solution et il faut la déterminer séparément (*Z. f. anal. Chem*, IX, p. 321).

(²) On doit au préalable essayer l'acide fluorhydrique (et aussi l'acide sulfurique)
au point de vue de sa pureté en le volatilisant.

si l'on filtre toujours à la température de l'ébullition; ou si l'on décante avec de l'eau bouillante, à laquelle on a ajouté un peu d'acétate d'ammoniaque, sans interruption jusqu'à dilution de 20 000 fois. Je fais passer toute l'eau de lavage à travers le filtre; le dépôt d'alumine est finalement jeté sur ce dernier et lavé à l'eau bouillante. On peut se servir pour cela, avec avantage et économie de temps, de l'appareil à filtration rapide de Bunsen. Le lavage du dépôt d'alumine doit être prolongé assez longtemps pour que l'essai du liquide qui filtre soit exempt de sels chlorés.

L'incinération de l'alumine et de l'oxyde de fer s'effectue par un chauffage soigné dans une flamme oxydante suffisamment vive. L'alumine sera pareillement pesée à plusieurs reprises.

Pour contrôler la pureté de l'alumine, je la dissous dans un matras dans un excès du mélange de Mitscherlich [1], formé de 8 parties en poids d'acide sulfurique concentré et de 3 parties d'eau. S'il se sépare des flocons complets d'acide silicique, on les enlève par filtration, on les lave, on les pèse et, quand l'acide fluorhydrique montre que la silice est pure, son poids est compté en déduction de celui de l'alumine et de l'oxyde de fer. Comme on l'a indiqué plus haut, l'acide silicique peut provenir de l'ammoniaque. Le liquide filtré sert à la détermination du fer; après qu'on a précipité la majeure partie de l'alumine au moyen de la potasse, le fer est dissous encore une fois dans l'acide sulfurique, la dissolution est réduite par du zinc exempt de fer et titrée au moyen du caméléon [2]. Il faut encore ici avoir soin de se servir de filtre aussi dépourvu de fer que possible, c'est-à-dire de filtres lavés préalablement avec de l'acide chlorhydrique dilué et chaud. Comme deuxième détermination de contrôle, on peut se servir du précipité de fer qui se produit dans la détermination des alcalis, qui suit.

Ayant un peu concentré le liquide filtré de l'alumine + oxyde de fer, on ajoute du brome dans la solution faiblement acétique complètement refroidie, et en saturant avec de l'ammoniaque concentrée on précipite sous forme de bi-oxyde le manganèse [3]

(1) Pour 1 gramme d'alumine, il faut prendre au moins 16 grammes d'acide sulfurique. D'après Penfield et Harper, l'alumine, même fortement chauffée au préalable, passe facilement en solution par chauffage avec 5 à 10 fois sa quantité en poids de bisulfate de potasse, tant qu'il se dégage de l'acide sulfurique (*Chem. Ztg.*)

(2) On se sert aussi avec avantage de la méthode iodométrique (Frésenius, *Analyse quantitative*).

(3) On fait trop peu attention à la présence du manganèse dans les analyses d'argile. Si, en définitive, au point de vue de la réfractairité il est peu important que l'oxyde

qui pourrait être présent, on filtre après une ébullition rapide ; on précipite ensuite les terres.

Le liquide, qui concentré ([1]) et saturé d'ammoniaque doit rester clair, est rapidement porté à l'ébullition et l'on y précipite à chaud la chaux par de l'oxalate d'ammoniaque ; après évaporation du liquide de filtration et expulsion du sel ammoniac, on sépare la magnésie au moyen du phosphate d'ammoniaque en prenant les précautions voulues.

Pour déterminer l'acide silicique non combiné chimiquement, ou le sable ([2]), et les restes de la roche mère, quand il s'en trouve, une portion d'environ 2 grammes est chauffée dans une capsule de platine pas trop petite ([3]) avec une grande quantité d'acide sulfurique non concentré et pur (exempt de plomb) jusqu'à ce que l'acide en excès ait été évaporé pour la plus grande partie ; on étend d'une manière convenable, on laisse digérer, on décante la partie claire, on met encore digérer le résidu avec de l'acide sulfurique moyennement concentré, et finalement on filtre l'acide silicique total qui s'est séparé (y compris le sable) sur un filtre séché et pesé. Complètement lavé, séché et pesé, celui-ci peut servir de contrôle ([4]) : si cependant on trouve un excès, il faut nécessairement entreprendre d'autres déterminations complémentaires. Voir les indications de Sabeck, qui suivent.

De cette silice totale, avec les inclusions, qu'il ne faut pas chauffer au rouge, mais seulement à 100°, on séparera le sable par une ébullition trois à quatre fois répétée avec du carbonate de soude dis-

---

de fer soit en partie remplacée par l'oxyde de manganèse, la présence du manganèse a un grand intérêt pour les argiles céramiques fines à cause de son fort pouvoir colorant : l'étude scientifique exige la détermination d'un élément qui peut aller jusqu'à 1 $^0/_0$.

([1]) Il faut bien prendre garde que cette concentration du liquide ammoniacal filtré ne doit se faire dans des vases de verre ou de porcelaine qu'après acidification préalable. Pour éviter les quantités de sel ammoniacal qui se forment ainsi, il vaut mieux se servir de capsules de platine, comme on l'a indiqué plus haut.

([2]) Si la quantité de sable trouvée est importante, en dehors de l'examen chimique il y aura intérêt au point des fabricants de produits argileux à faire une étude physique spéciale, c'est-à-dire à léviger toujours la matière et, autant que la séparation est possible, de déterminer quantitativement la constitution matérielle. Schumacher regarde la détermination de la silice libre de l'argile brute, de la grosseur de son grain, en y comprenant la silice libre dans l'argile fine, comme la partie la plus importante, au point de vue technique, de l'analyse des argiles.

([3]) D'après Seger, il suffit de chauffer jusqu'à ce que l'acide sulfurique commence à se volatiliser, et par suite fume fortement.

([4]) Pour calculer la silice, il suffit d'une partie aliquote pesée, de la masse séchée à 100° qu'on chauffera fortement.

sous (¹), jusqu'à ce qu'il commence à se former une pellicule de sel, mais pas plus loin. Ensuite on étendra la liqueur, on la laissera reposer jusqu'à clarification complète, on décantera le dépôt au moyen d'un filtre et on lavera complètement avec de l'eau chaude.

Le sable qui reste est arrosé et bouilli avec de l'acide chlorhydrique, filtré, lavé et pesé.

Si les alcalis sont présents en grande quantité, ou si l'on veut les déterminer, 2 grammes de l'argile seront désagrégés au moyen de l'acide chlorhydrique et de l'acide fluorhydrique gazeux, puis évaporés à siccité avec de l'acide sulfurique; par dissolution subséquente dans l'acide chlorhydrique, on ne devra pas constater de dépôt, ou tout au plus un dépôt charbonneux mais pas craquant. On séparera alors l'acide sulfurique, l'alumine, l'oxyde de fer et la magnésie au moyen d'une solution pure de baryte caustique, un peu en excès; le liquide séparé par filtration des précipités sera traité par du carbonate d'ammoniaque à une douce chaleur. Après filtration du nouveau précipité, le liquide acidifié sera évaporé, le sel ammoniaque chassé au rouge faible, et le résidu dissous sera encore une fois traité par du carbonate d'ammoniaque (mixture précédente) jusqu'à ce qu'on obtienne les chlorures alcalins à l'état de pureté; on y précipitera la potasse au moyen du chlorure de platine et on en déterminera le poids.

Dans le cas où l'on aurait reconnu la présence de l'acide titanique (²), on décomposera l'argile au moyen de l'acide sulfurique et l'on précipitera l'acide titanique de la solution sulfurique obtenue en diluant beaucoup et ajoutant de l'acide sulfureux, tout en faisant bouillir d'une manière continue dans un matras de bon verre de Bohème, avec addition répétée d'une solution concentrée d'acide

---

(¹) Pour les argiles très riches en sable, on continue l'ébullition avec le carbonate de soude, jusqu'à ce que le sel ammoniaque ne donne plus de précipité.

(²) A. Weller a travaillé dans le laboratoire de Bunsen une méthode simple pour déterminer l'acide titanique par voie colorimétrique. Elle repose sur ce fait que l'eau oxygénée colore en jaune orangé intense les solutions contenant du titane, quand 1 centimètre cube de la solution sulfurique diluée en contient 1/10 de milligramme, de sorte qu'il se produit encore une coloration jaune clair très évidente quand elle en contient 1/50 de milligramme. Les acides vanadiques et molybdiques donnent une réaction semblable et par suite on doit en tenir compte. On travaille au mieux dans des solutions diluées qui contiennent de 10 à 5 milligrammes pour 100 centimètres cubes et de 0,1 à 0,05 milligramme d'acide titanique par centimètre cube; de petites quantités de fer ne gênent pas, de même pour l'acide sulfurique, quand il n'y en a pas plus de 10 %. Par contre la coloration de la solution normale diminue avec le temps, surtout à la lumière du soleil.

sulfureux. L'acide sulfureux doit réduire l'oxyde de fer à l'état
d'oxydule et l'y maintenir, autrement l'oxyde de fer se précipite facilement. Seger pèse l'acide titanique avec l'acide silicique dans la
capsule de platine, avec quelques gouttes d'acide sulfurique, et il
ajoute de l'acide fluorhydrique pur. L'acide silicique se volatilise
alors et il reste l'acide titanique, qu'il faut toujours essayer au chalumeau (*Tonind. Ztg.* 1893, n° 12). On arrive plus exactement à la
séparation quantitative du titane, qui peut se trouver aussi bien
dans le précipité de silice que dans celui d'alumine-oxyde de fer,
par un procédé décrit par Gustav Becker (*Zur Kenntnis der sesqui-
oxyd-und titanhaltigen Augite*) (Dissertation) Erlangen, 1902. *Tonind-Ztg.* 1902, n° 17). Dans ces derniers temps, on a reconnu que
l'acide titanique est toujours beaucoup plus fréquent et en quantités
déterminables dans les argiles. Ainsi dans 35 argiles françaises et
deux belges, Georges Vogt a trouvé jusqu'à 2,08 pour cent d'acide
titanique (*Töpf-u-Ziegel.-Ztg.* 1903, n° 83).

Pour déterminer quantitativement le soufre, il faut prendre une
portion plus forte, d'au moins 5 grammes. Elle est mélangée avec
du chlorate de potasse, auquel on ajoute progressivement de l'acide
azotique moyennement concentré (tous deux doivent être exempts
de soufre), on fait digérer doucement, et puis on fait bouillir avec
additions répétées d'acide azotique jusqu'à ce que tout le chlorate
soit décomposé. Après évaporation de l'excès d'acide, l'acide sulfurique est précipité de la solution suffisamment étendue au moyen
du chlorure de baryum. On détermine la teneur en carbonate de
chaux au moyen des appareils à doser l'acide carbonique.

L'alumine libre ([1]). — Dont la présence se déduit de la plus
grande teneur en eau trouvée et qui a d'autant plus d'importance
qu'elle est plus abondante — se détermine jusqu'ici par fusion avec
du carbonate de soude, dissolution dans l'eau, évaporation à
siccité, dissolution dans l'acide chlorhydrique et précipitation au
moyen du sulfhydrate d'ammoniaque.

[1] D'après Vogel, on peut reconnaître par l'analyse spectrale une très petite
quantité d'alumine par sa réaction sur les couleurs organiques (*Dinglers Journal*,
CCXXIII, p. 550). D'après Gatenby, on peut aussi déterminer facilement l'alumine
volumétriquement avec la phenolphtaléine comme indicateur, quand elle est dissoute
dans de la soude caustique (*Chemiker Ztg.*).

2. Marche abrégée, mais plusieurs fois contrôlée

a) Désagrégation avec du carbonate de soude : Séparation de la silice ; traitement de celle-ci avec de l'acide fluorhydrique pur. Résidu dissous dans l'acide chlorhydrique et précipité avec de l'ammoniaque ; dépôt d'argile compté en déduction.

Liquide de filtration de la silice additionné d'ammoniaque en enlevant l'excès par ébullition, ou en le saturant par de l'acide acétique en très petit excès, filtration à l'ébullition, lavage, dissolution dans l'acide chlorhydrique, silice trouvée précédemment séparée et également précipitée à nouveau : le dépôt détermine Alumine + oxyde de fer pour contrôle.

b) Désagrégation avec l'acide fluorhydrique et l'acide sulfurique (¹) : Évaporation de l'acide sulfurique. Dissolution dans l'acide chlorhydrique, précipitation par l'ammoniaque suivant la manière indiquée ; après lavages répétés, dissolution à nouveau dans l'acide chlorhydrique et précipitation. Oxyde de fer + Alumine pesés, dissous dans le mélange d'acide sulfurique ; on y détermine le fer au moyen du caméléon et on le déduit.

Liqueur provenant de la filtration de l'Oxyde de fer + Alumine évaporée, Chaux précipitée par l'oxalate d'ammoniaque. Liquide évaporé et sel d'ammoniaque expulsé. Résidu pesé comme sulfate de magnésie et de potasse. On y détermine la magnésie, et la potasse, par différence.

c) Désagrégation avec l'acide sulfurique : Longue digestion dans l'acide sulfurique, mais pas jusqu'a dessiccation complète, puis dans l'acide chlorhydrique. On en pèse une partie aliquote et on la fait bouillir à plusieurs reprises avec la solution de soude. Lavage,

---

(¹) D'après Johnstone, l'emploi de fluorure d'ammonium solide produit une désagrégation plus rapide et plus sure (*Chemiker Ztg.*, 1889). Mais s'il s'agit de répondre à la question souvent posée, à un chimiste notamment pour les kaolins : déterminer correctement l'alumine et le fer seulement, il faut choisir la méthode suivante. On désagrège 1 gramme d'argile avec de l'acide fluorhydrique. Les sesquioxydes, précipités de la solution par l'ammoniaque, sont dissous encore une fois, précipités et chauffés au chalumeau jusqu'à poids constant. Le liquide filtré, qui ne doit contenir que de très petites quantités d'ammoniaque libre, est essayé pour l'absence d'alumine avec une addition de sulfure d'ammonium. Les sesquioxydes chauffés sont alors fondus avec de la soude, le produit fondu est dissous dans l'acide sulfurique et finalement le fer est déterminé au moyen d'une solution diluée de permanganate.

ébullition avec de l'acide chlorhydrique, filtration et pesée du sable.

Finalement sable traité par du carbonate de soude ; on y détermine éventuellement l'alumine, le fer et les terres, et les alcalis par différence.

On pourrait encore suivre la marche abrégée que Richters a employée dans ses analyses d'argiles :

On traite par l'acide hydrofluosilicique 3 à 4 grammes de l'argile séchée à 120° et l'on divise en trois parties la solution chlorhydrique des fluorures métalliques obtenue à la manière ordinaire. Dans l'une d'elles, on détermine l'oxyde de fer et l'alumine, la chaux et la magnésie.

Dans la deuxième partie de la solution, l'oxyde de fer est réduit par le zinc, titré au moyen du caméléon et la quantité d'oxyde de fer calculée est déduite du poids du précipité obtenu en (I) au moyen de l'ammoniaque. La troisième partie de la solution primitive sert à déterminer les alcalis. A cet effet on précipite l'acide sulfurique, l'alumine, l'oxyde de fer et la magnésie au moyen d'une solution pure de baryte caustique en faible excès. Le liquide filtré est traité par du carbonate d'ammoniaque à une douce chaleur, et le dépôt séparé par filtration ; le liquide est évaporé ; le résidu est chauffé au rouge faible pour expulser le sel ammoniac, et il est repris par l'eau. Pour faire disparaître les dernières traces des terres restées dissoutes, la solution est traitée de nouveau par du carbonate d'ammoniaque, finalement évaporée et le résidu chauffé au rouge faible. On pèse les chlorures des métaux alcalins obtenus de cette manière et l'on sépare le chlorure de potassium de celui de sodium, qui pourrait être présent, au moyen du chlorure de platine.

Pour déterminer la quantité de silice qui est à l'état de sable, on opère comme on l'a indiqué précédemment. On détermine à la manière ordinaire la quantité totale de silice contenue dans l'argile par désagrégation de 1 gramme d'argile séchée au moyen du carbonate de soude. On trouve la quantité d'eau combinée en chauffant au rouge l'argile également séchée, jusqu'à ce que son poids reste constant. On peut encore renvoyer à l'ouvrage intéressant et important de B. M. Margosches « Quantitative Chemische Tonanalyse ». Vienne 1900.

3. Analyse rationnelle

A l'encontre des analyses qualitatives et quantitatives dont on vient de parler, et auxquelles on donne le nom d'empiriques, en y comprenant l'analyse mécanique, le problème que se pose l'analyse rationnelle consiste à déterminer le silicate d'alumine ou la substance dite argileuse ($Al_2O_3 . 2SiO_2 . 2H_2O$) pour elle-même et à en approfondir la constitution chimique.

L'analyse rationnelle, effectuée de la manière suivie jusqu'à présent, donne des résultats tout à fait différents suivant la manière d'opérer et doit être regardée comme sans valeur particulièrement pour les argiles très impures. La découverte de ces imperfections importantes est dûe à B. Zschokke (¹), le remarquable chercheur déjà nommé. Le quartz est très attaqué par l'application de la solution de soude (²), les silicates mélangés sont plus ou moins décomposés et le silicate d'alumine communément désigné comme feldspath ne se présente habituellement presque jamais sous forme de feldspath au microscope. L'analyse rationnelle d'après cela n'avait uniquement d'importance que comme analyse de fabrique pour la céramique fine, parce qu'on travaillait ici toujours avec des sources d'erreurs sensiblement pareilles, et que par suite les analyses représentaient une sorte d'échelle de comparaison. Pour faire disparaître ces nombreuses imperfections, nous sommes redevables d'une manière toute particulière à Alexander Sabeck pour une manière nouvelle et modèle d'analyse rationnelle, décrite dans sa publication « Beiträge sur Kenntnis der rationnellen Analyse der Tone » (³) (contribution à la connaissance de l'analyse rationnelle des argiles), communication du laboratoire technologique de la Königl. technischen Hochschule de Charlottenbourg, dans laquelle on indique les causes de quelques sources d'erreurs constantes et les moyens de les éviter.

Nous avons là une méthode de recherche qui est établie avec

(¹) Voir en outre le mémoire très complet déjà cité de Zschokke *Zur technischen Analyse der Tone*. Baumaterialenkunde, 1902, fasc. X.

(²) D'après les travaux approfondis et magistraux de Lunge et Millberg (*Zeitschr-f-anyewandte Chemie*. 1897, fasc. XIII), pour séparer le gros sable de la silice libre, susceptible de se combiner, il convient d'employer comme agent de dissolution du carbonate de soude à la place de solution de soude.

(³) Tirage séparé du journal *Die chemische Industrie*. Berlin, librairie Weidmann.

sagacité et dans laquelle on se préoccupe de l'exactitude des opérations analytiques. Après avoir signalé les imperfections des déterminations analytiques jusqu'à ce jour et les résultats en partie très peu satisfaisants ainsi que les objections formulées dans la littérature, Sabeck a indiqué les règles de précaution suivantes qu'on doit appliquer exactement dans l'exécution.

Pour ce qui touche les particularités du mode d'opérer, les manipulations qui s'y rattachent et les analyses de contrôle déterminantes, nous allons reproduire en partie textuellement les indications de Sabeck.

a) Concentration exacte de l'acide sulfurique employé pour la désagrégation et ébullition exacte. — La dilution de l'acide sulfurique doit se faire de telle manière qu'il bouille tranquillement et sans chocs, ce qui correspond au mieux au rapport de 150 centimètres cubes d'eau pour 50 centimètres cubes d'acide sulfurique. Cette dilution était appliquée et l'on prenait soin que la flamme du gaz ne fût pas trop haute et pas trop près de la capsule, parce que, autrement, un surchauffage partiel détermine des secousses. En procédant de cette manière, l'acide sulfurique commence à s'évaporer après 4 à 4 heures et demie. Une évaporation subséquente doit alors cesser de se produire, parce que le feldspath serait attaqué par l'acide concentré à haute température et conduirait à des erreurs trop fortes dans la détermination.

b) Double décantation. — La décantation en une fois donne lieu à des erreurs et la filtration est longue et assez inexacte ; la double décantation au contraire s'est montrée digne d'être recommandée.

Dans un goblet d'environ 2 litres, on verse le liquide dilué avec de l'eau, dans lequel nagent encore quelques flocons d'hydrosilicate, sans prendre garde qu'une partie du résidu solide soit versé avec. Tous les liquides suivants de décantation, provenant du traitement répété avec 10 centimètres cubes de solution de soude (à 33 °/₀) et d'un traitement consécutif avec 5 centimètres cubes d'acide chlorhydrique concentré, sont versés après une ébullition de cinq minutes et encore à l'état chaud dans le goblet, sans se préoccuper qu'une partie du résidu solide y soit versé en même temps. Si le versement du liquide alcalin chaud se fait avec précaution dans le goblet, il se produit dans les couches supérieures du liquide un dépôt d'hydroxyde d'aluminium, qui ne se dissout qu'en partie et qui en se déposant entraîne avec lui toutes les fines particules qui nagent. Après environ une heure, le liquide est devenu clair et est facile à décanter. Il reste dans la capsule la majeure partie du résidu qui ne s'est pas dissous dans le traitement décrit. Pour éviter des pertes, ce dernier est jeté sur un filtre au moyen d'acide chlorhydrique dilué.

Les liquides, qui se trouvent dans le goblet et qui sont devenus clairs par suite du dépôt, sont décantés soigneusement de manière qu'il ne passe aucune trace de ce dernier. Il reste habituellement 50 à 100 centimètres cubes de liquide, qui sont reversés dans la capsule et qui sont soumis au traitement précédemment décrit avec la solution de soude et l'acide chlorhydrique. Les eaux de lavage acides et alcalines sont cette fois recueillies à part de manière qu'on puisse s'assurer de l'absence de fines particules en suspension. Les solutions alcalines chaudes laissent très facilement le dépôt se former. Si, après la décantation, on lave comme il faut le dépôt avec de l'eau, l'addition consécutive d'acide chlorhydrique dissoudra tout le résidu floconneux d'hydroxyde d'aluminium, et par suite la répétition de la deuxième opération ne se fera que pour plus de sûreté. Pour des déterminations plus grossières, on peut se passer du traitement répété par la solution de soude et l'acide chlorhydrique. Le reste sera apporté sur le même filtre, ce dernier sera incinéré dans une capsule de platine et le résidu sera pesé.

L'examen du résidu pour quartz et feldspath se fait ensuite, comme Seger l'a indiqué.

c) OXYDATION DES SUBSTANCES ORGANIQUES MÉLANGÉES AU MOYEN DE L'ACIDE AZOTIQUE. — Les substances organiques mélangées dans l'argile doivent être séparées parce que sans cela elles troubleraient la marche de l'analyse rationnelle. D'après Sabeck, on doit préférer l'oxydation par l'acide azotique à celle par le chlorate de potasse qui donne lieu à des erreurs. Pour une argile contenant 15 °/₀ de matière charbonneuse, l'oxydation se produit facilement en employant 15 centimètres cubes et elle est terminée en 1 heure à 1 heure et demie ; la solution obtenue est très peu colorée en brun et paraît transparente ; on n'y aperçoit plus de particules charbonneuses. Les particules minérales mélangées à l'argile sont attaquées d'une manière à peine appréciable par l'acide azotique.

Si une argile contient à l'état de mélange du gros sable ou de gros fragments de feldspath, il faut préparer l'essai moyen d'une manière aussi uniforme que possible en l'écrasant dans un mortier de porcelaine, et n'en peser que la quantité nécessaire pour l'analyse.

D'après les recherches approfondies de Sabeck, il n'y a pas à craindre que la finesse des particules de feldspath, mica et sable exerce une trop grande influence. Les difficultés et les inexactitudes de la recherche ayant été ainsi éliminées pas à pas, nous devons encore à Sabeck, comme on l'a annoncé, la détermination de la limite des erreurs qui dépendent de la finesse des composants individuels. A cet effet, on fit l'essai d'un mélange artificiellement préparé des composants primitifs. Ce mélange employé se composait de 3 grammes de kaolin de Zettlitz, de 1 gramme de sable de Hohenbocka finement pulvérisé, blutté, bouilli à plusieurs reprises avec de l'acide chlorhydrique et de la lessive de soude et séché à 120° ; et de 1 gramme de feldspath pulvérisé et traité de la même manière. Bien que les recherches entreprises par Sabeck et ses calculs au sujet d'argiles étudiées à plusieurs reprises aient conduit à ce résultat intéressant qu'il faut déterminer les limites d'erreurs de l'analyse rationnelle, cependant ce genre de travail a été abandonné à cause de sa complication et du temps qu'il demande et il a paru plus pratique de fixer les limites d'erreur pour chaque constituant individuel d'une manière séparée et réfléchie.

d) EFFET DE L'ENSEMBLE DES OPÉRATIONS DE L'ANALYSE RATIONNELLE SUR LA SILICE, EU ÉGARD A SA DÉPENDANCE DE LA GROSSEUR DU GRAIN. — D'après les importantes recherches de Lunge et Millberg sur la manière dont se comportent les diverses espèces de silice, on distingue, comme on le sait, entre la poussière grossière, fine et extrafine. En y ayant égard, Sabeck a entrepris une série de recherches avec du quartz à grains de grosseurs différentes, et il a trouvé ce résultat étonnant et qui contredit les recherches des autres, qu'en employant la lessive de soude, on ne constate pas que les particules fines soient plus attaquées que les plus grosses.

e) EFFET DE L'ENSEMBLE DES OPÉRATIONS DE L'ANALYSE RATIONNELLE SUR LES FRAGMENTS DE ROCHES, TELLES QUE LE FELDSPATH POTASSIQUE, LE FELDSPATH SODIQUE ET LE MICA. — Pour cet objet Sabeck choisit une orthose de Suède, ainsi que de l'albite et du mica. Ils furent finement pulvérisés dans un mortier d'acier, tamisés, bouillis avec de l'acide chlorhydrique et de la lessive de soude et séchés jusqu'à poids constant. Le granulage était le suivant (¹) : grain tout à fait gros, ne passant pas au travers une gaze de 4 000 mailles au centimètre carré ; (1) grain gros, passant à travers une gaze ayant 4 000 mailles au centimètre carré, mais pas au travers de celle de 5 000 mailles ; (3) grain fin passant à travers la gaze à 5 000 mailles. Pour les minéraux en question, on avait pris 50 centimètres cubes d'acide sulfurique pour 1 gramme [1].

Toutes les opérations effectuées suivant la manière décrite, abstraction faite de quelques fautes d'impression insignifiantes, ont donné pour perte ou quantité dissoute en pourcentage, en traitant 1 gramme de minéral par 25 centimètres cubes de H_2SO_4, par 50 centimètres cubes de $H_2SO_4 + 5$ centimètres cubes HCl et (c) par 50 centimètres cubes $H_2SO_4 + 5$ centimètres cubes HNO_3 :

	Orthose		Albite			Mica		
	a	b	a	b	c	a	b	c
	%	%	%	%	%	%	%	%
Grain très gros. .	0,22	»	1,49	1,21	1,13	71,00	25,59	52,21
Grain gros . . .	1,22	0,94	2,22	1,50	1,80	»	41,99	57,96
Grain fin. . . .	2,35	1,92	1,69	2,12	2,20	»	77,59	81,72

En ce qui concerne le feldspath, etc., Sabeck en se basant sur ses recherches approfondies, est arrivé à la conclusion suivante qui a une grande valeur : Les feldspaths sont attaquables par le traitement par l'acide sulfurique, chlorhydrique et la lessive de potasse ; cependant si l'on admet une teneur de 10 % de feldspath dans une argile, ce qui se rencontre très rarement dans la pratique, l'erreur ne s'élève qu'à la dixième partie et par suite, dans les cas les plus défavorables, elle ne dépassera jamais 0,2 pour cent. D'après cela Sabeck dit que l'analyse rationnelle n'est pas « absolument plus inexacte que n'importe quelle méthode technique d'examen ».

Il faut encore citer tout particulièrement ici les valeurs numériques a et b, qui concordent d'une manière surprenante et qui s'appliquent à des analyses rationnelles de 2 argiles et de 3 kaolins effectuées deux fois et en observant les règles de précaution indiquées. Pour les déterminations citées de l'eau et du quartz, les différences n'affectent que les centièmes pour cent. I. argile Russe blanche de Topkii, cercle de Ranenburg, gouvernement de Riänsan (avec gros sable). II, id. argile plus noire avec sable plus fin. III,

---

[1] En employant 25 centimètres cubes d'acide sulfurique, l'attaque était notablement plus forte qu'avec 50 centimètres cubes dans le même temps ; ceci peut s'expliquer parce que dans le premier cas les fumées se produisent plus tôt, tandis que dans le second elles se manifestent plus tard et ne durent que moitié moins longtemps.

terre de Halle, avec sable fin. IV, China Clay lévigé. V, kaolin de
Zettlitz des frères Heubach, Lichte près de Wallendorf.

	I		II		III		IV		V	
	a	b	a	b	a	b	a	b	a	b
H_2O	2,67	2,67	3,57	3,57	11,65	11,65	0,75	0,75	1,86	1,86
Quartz	21,12	21,06	5,57	5,31	6,28	6,24	6,84	6,83	2,31	2,21

4. Valeur de l'analyse chimique et conséquences
qui en résultent

Si nous laissons de côté la polémique engagée contre l'analyse
chimique que nous avons discutée plus haut, et qui était dirigée
principalement contre un mode d'exécution qui ne reconnaissait pas
assez les besoins de la pratique ou qui n'en tenait pas assez compte;
avec les renseignements qu'elle donne sur la composition des argiles,
l'analyse, quand elle est exacte et complète et que ses résultats sont
exprimés sous une forme facilement compréhensible d'accord avec
les conditions réelles, occupe une place importante et fondamentale
qui donne le moyen de se diriger en général, de juger de la valeur
d'une argile et d'expliquer les phénomènes qui se produisent dans
l'exploitation pratique. Ce n'est qu'au moyen de l'analyse qu'on est
arrivé à un groupement efficace des diverses argiles, elle est une
condition préparatoire nécessaire pour toutes les compositions
artificielles et un critérium infaillible pour la fabrication rationnelle.

Pour les argiles réfractaires, comme en général pour toutes celles
qui sont pures, l'analyse permet d'établir la relation entre la théorie
et la pratique. La détermination exacte des composants individuels,
dans leurs rapports numériques, effectuée et exprimée d'une manière
appropriée, permet de tirer une conclusion déterminée sur la manière dont une argile se comportera au feu. Nous devons mentionner ici les travaux sensationnels du Dr Jochum [1], qui ont été exécutés avec beaucoup de travail et un soin extraordinaire et repré-

[1] Die Anforderungen der Hüttenindustrie an die Fabrikation feuerfester Produkte,
Ein Beitrag zur Feststellung des Begriffes feuerfest. *Tonind.-Ztg.* 1903. nº 51.

sentés au moyen d'une grande série de tableaux graphiques. On ne trouve pas moins de 130 analyses reportées dans les représentations graphiques.

De cet ensemble il découle comme résultat principal : que les données pyrométriques ne marchent pas toujours complètement parallèlement avec les données analytiques, ce qui laisse subsister quelques doutes sur la suffisance de l'analyse pour les jugements pyrométriques. Par contre il faut remarquer avant tout qu'il faut rechercher la cause de cet accord incomplet tout d'abord et d'une manière plus que suffisante dans les déterminations au moyen des cônes de Seger ; comme cela découle de la fin de ce chapitre, elles peuvent, suivant le mode de détermination, varier de 2 à 3 cônes.

De plus au sujet de la détermination analytique des fondants, Jochum rappelle leur origine diverse et leur présence, en dehors de l'argile proprement dite, dans les restes de roches qui y sont mélangés, c'est-à-dire dans les minéraux non décomposés.

Indubitablement les fondants produisent une action différente sous ce dernier état que sous le premier ; cependant en règle générale, les particules argileuses prédominent de beaucoup par rapport aux minéraux non décomposés et l'on s'occupe en général moins de ces derniers. Pour les argiles, qui sont décomposées à un très haut degré et par suite sont dépourvues de minéraux non décomposés, les fondants doivent être considérés comme n'appartenant qu'aux particules argileuses et ils jouent leur rôle déterminatif de la manière indiquée jusqu'ici. Du reste cette diversité d'action des fondants doit être suivie plus exactement au moyen d'expériences approfondies, pour s'en faire une idée définie et certaine.

Si nous passons à la portée qu'a toujours le mode d'essai analytique pour juger les argiles réfractaires, il faut avoir présents à l'esprit les points suivants.

En ce qui touche la valeur des déterminations pyrométriques en général, il faut remarquer que la première exigence ou la condition fondamentale doit être la reconnaissance qu'une matière quelconque est réfractaire, puisqu'elle doit nécessairement supporter sans déformation la température à laquelle on la portera.

Jochum recommande pour cela les argiles normales de l'auteur comme moyen de détermination pyrométrique et il fait ressortir les avantages que présente leur classification pour les diverses branches de l'industrie céramique et particulièrement pour le commerce des

argiles. Il faut remarquer de plus que la détermination analytique
du fer et de la magnésie a toujours une importance considérable,
parce que, pour le premier, une teneur dépassant notablement
1 pour cent et pour la seconde une teneur allant jusqu'à 1 pour cent
est décidément nuisible et diminue essentiellement son utilisation
au point de vue pyrométrique. En seconde ligne, il faut avoir présentes à l'esprit les conditions physiques, qui ne sont pas sans importance, par exemple la question de savoir jusqu'à quel point la
matière se cuit en donnant un produit dense et compact, s'il se
manifeste un retrait ou une augmentation de volume, une scorification et même une vitrification. Il faut en outre tenir compte des
substances qui peuvent venir en contact, des crasses de fourneau
qui se produisent immédiatement et toujours, ainsi que, dans des
cas particuliers, des matières telles que le fer, verre, soude, métaux, etc. Les fondants favorisent toujours la fusibilité d'une argile
et, en dehors de leur mode d'action différent, il subsiste toujours
cette loi : plus on ajoute de fondant à 1 partie d'alumine, plus facilement fusible est le mélange argileux, et pour un maximum de fondant dans une argile, on peut dire en toute sécurité qu'elle ne peut
pas passer pour résister à plus que le grand feu. Le jugement approfondi de la place d'une argile dépend nettement de la combinaison
d'une série de facteurs plus ou moins importants, aussi bien chimiques que physiques et mécaniques, et, dans un cas donné, c'est
l'un qui méritera plus d'attention que l'autre. L'analyse chimique est
donc appelée en première ligne à mettre à l'abri contre les conclusions erronées. Dans son dernier écrit si remarquable (¹), Jochum
n'attribue qu'une valeur relative à l'analyse chimique pour le jugement des argiles réfractaires, mais par contre il attache une importance essentielle aux propriétés physiques, et à la détermination du
retrait au séchage et à la cuisson, pour lequel la finesse de la
mouture peut avoir de l'influence.

Mode de calcul des analyses. — L'analyse chimique fournit le
moyen de calculer une grandeur inconnue au moyen de grandeurs
connues, et nous allons en donner un exemple. De l'analyse d'une
argile donnée, comme mélange, on peut calculer une masse semblable à la précédente; ceci est applicable pour les mélanges réfractaires et Seger entre autres en a donné un moyen aussi simple que
répondant au but. (*Tonindustrie-Ztg.* 1879, nº 30).

(¹) Die chemische Analyse als Mafstab der Feuerfestigkeit, etc., Berlin, 1903.

Choisissons avec Seger les analyses :

	Argile de Velten	et un émail
Acide silicique.	43,65	26,33
Alumine	12,09	5,43
Oxyde de fer	5,10	11,98
Chaux.	16,40	7,94
Magnésie.	1,33	0,91
Alcalis	3,80	2,18 (comme reste)
Perte au rouge.	17,16	5,45
Oxyde de plomb	»	39,78
	99,62	100,00

Si la teneur en alumine de l'émail à calculer est empruntée uniquement à l'addition d'argile, le quantum d'argile qui lui correspond se déduit de la proportion :

$$12,09 : 100 = 5,43 : X \quad \text{c'est-à-dire} \quad X = 44,90.$$

Mais 44,90 parties d'argile de Velten contiennent comme parties fixes :

Acide silicique	19,59 parties
Alumine	5,43 »
Oxyde de fer.	2,29 »
Chaux	7,36 »
Magnésie	0,59 »
Alcalis	1,74 »

Si l'on retranche ces nombres de ceux de l'analyse de l'émail, les substances à ajouter aux 44,90 parties d'argile de Velten, pour obtenir un émail de la composition désirée sont les suivantes :

Acide silicique	6,74 parties
Oxyde de fer.	9,69 »
Chaux	0,58 »
Magnésie	0,38 »
Alcalis	0,44 »
Oxyde de plomb.	39,78 »
Oxydule de manganèse	5,45 »

Si l'on cherche à ajouter les substances qui manquent, la silice sous forme de sable, le fer sous forme de rouge, la chaux sous forme de craie, le plomb comme litharge et l'oxydule de manganèse comme pyrolusite, l'addition se composera de la manière suivante en nombres ronds :

Argile de Velten	45.0
Sable quartzeux	6,7
Oxyde de fer	9,7
Carbonate de chaux	2,5
Litharge.	40,0
Pyrolusite	7,5

pour obtenir avec l'argile de Velten un produit qui en définitive sera essentiellement égal à l'émail étudié.

Un cas qui se présente assez souvent et qui est notamment intéressant pour les fabricants de produits réfractaires, est celui où, étant donnée une argile contenant de l'eau, on veut la rapporter à l'état sec ; il faut alors de la somme de 100 retrancher la quantité d'eau ou la perte au rouge et l'on a l'équation : 100 — perte au rouge : $100 = 1 : X$. Il faut alors multiplier chaque constituant par le nombre trouvé pour X.

MODE D'ÉTABLISSEMENT DE L'ANALYSE. — En conservant l'ordre de succession précédent des constituants de l'argile, d'après leur importance pyrométrique, où l'alumine a été placée en tête comme ayant le plus de valeur, la silice et enfin les fondants, on a le mode d'établissement suivant la loi de l'équivalence.

Alumine (Al_2O_3) quantité totale.

Acide silicique (SiO_2) quantité totale ([1]).

Magnésie (MgO).

Chaux (CaO).

Oxyde de fer (Fe_2O_3).

Potasse (K_2O).

Perte au chauffage.

Conséquences de l'analyse. — Une analyse faite complètement à fond, c'est-à-dire la combinaison de l'analyse empirique avec l'analyse rationnelle, donne les valeurs suivantes pour l'alumine, l'acide silicique et les fondants.

La quantité totale d'alumine comprend celle qui est afférente à l'argile et celle qui vient des matières minérales mélangées.

La quantité totale de silice se décompose en celle qui vient de l'argile proprement dite et des matières qui lui sont mélangées le plus intimement (les fondants) et en celle qui est fournie par le sable quartzeux avec les inclusions de matières minérales (sable impur) et par le sable quartzeux pur.

Pour les fondants, il faut, comme on l'a dit, faire la distinction entre les bases mélangées à l'argile et celles qui appartiennent aux matières minérales mélangées.

---

[1] Y compris le sable non décomposé par l'acide sulfurique, avec alumine, oxyde de fer, potasse et acide silicique.

5. Mode de calcul des formules au moyen de l'analyse

Formule chimique pour le kaolin et la kaolinite ainsi que pour l'argile en général. — Si l'on regarde l'argile réfractaire dans ses sortes les plus pures comme représentée par le kaolin et les meilleures variétés d'argile schisteuse, on peut prendre comme type la formule établie pour le kaolin ($Al_2O_3.2SiO_2.2H_2O$) [1].

D'après Seger, la composition des kaolins d'Europe correspond toujours à la formule $Al_2O_3.2SiO_2 + 2H_2O$, qui exige : 39,77 d'alumine, 46,33 de silice, 19,90 d'eau.

On sait qu'antérieurement Brogniart, Malaguti, Forchammer, Tereil et Fresenius avaient indiqué différentes formules plus anciennes, tandis que dans ces derniers temps, d'après Rammelsberg, l'observateur circonspect et profond qui s'est occupé de ce sujet, la formule indiquée plus haut est celle qui convient au kaolin :

$$Al_2O_3.2SiO_2.2H_2O, \quad \text{ou} \quad Al_2Si_2O_7 + 2aq, \quad \text{ou} \quad H_4Al_2Si_2O_9$$

Le rapport de Al_2 : Si comme de Si : H est égal à 1 : 2.

D'après Hills, la composition du kaolin le plus pur, pour lequel on a mis en avant le nom de kaolinite, est :

Alumine	$39,59\ ^o/_o$ = 21,14 aluminium	+ 18,45 oxygène
Silice	$46,35\ ^o/_o$ = 21,63 silicium	+ 24,72 »
Oxyde de fer . .	$0,11\ ^o/_o$ = 0,09 fer	+ 0,02 »
Eau.	$13,93\ ^o/_o$ = 1,55 hydrogène	+ 12,38 »
Fluor	$0,15\ ^o/_o$ = équivalent	+ 0,95 »

Si on laisse de côté la petite quantité d'oxyde de fer et si l'on divise les quantités calculées des éléments par les poids atomiques correspondants.

$$Al = 27,3 \quad Si = 28 \quad H = 1 \quad O = 16$$

on obtient leurs quantités atomiques relatives ; si l'on divise à leur tour ces derniers nombres par un nombre convenablement choisi, (dans la plupart des cas le plus petit d'entre eux suffit, mais ici nous prendrons la moitié de ce plus petit nombre) on obtient d'une manière approchée la relation des quantités d'atomes sous les

[1] Groon a donné une autre formule pour le kaolin. Voir *Tonindustrie Ztg.*, 1891, n° 41.

nombres les plus petits, ou la soi disant formule chimique. Dans l'exemple actuel :

Aluminium . . . . $\dfrac{21,14}{27,3} = 0,774 = 2$

Silicium . . . . $\dfrac{21,63}{28} = 0,773 = 2$

Hydrogène . . . . $\dfrac{1,55}{1} = 1,55 = 3$

Oxygène . . . . $\dfrac{55,62}{16} = 3,475 = 9$

correspondant à la formule donnée plus haut

$$Al_2Si_2H_4O_9 \quad \text{ou} \quad Al_2Si_2O_7 + 2H_2O(aq).$$

On peut aussi calculer le rapport équivalent de l'alumine, de la silice et de l'eau, en divisant les pourcentages trouvés par les équivalents par rapport aux constituants.

On obtient ainsi :

Alumine . . . . $\dfrac{39,59}{103} = 0,38$

Silice . . . . $\dfrac{46,35}{60,5} = 0,77$

Eau . . . . $\dfrac{13,93}{18} = 0,77$

ce qui donne pour rapport des équivalents 1 : 2,03 : 2,03 au lieu de 1 : 2 : 2 calculé théoriquement, de sorte qu'il existe une concordance presque absolue entre le résultat théorique et celui qu'on a trouvé.

En ce qui touche l'excès signalé précédemment de silice et la quantité moindre d'alumine, comparés à ce qui résulte des calculs de la formule, les kaolins les montrent en règle générale. Ceci résulte de la poussière de quartz qui est toujours mélangée avec le kaolin lévigé à l'état de pureté.

6. Analyse et réfractairité

La valeur d'une argile au point de vue réfractaire se calcule d'après sa composition, comme on l'a expliqué et appliqué dans le chapitre précédent. Il s'agit de fixer de la matière la plus exacte possible combien il y a d'alumine pour une certaine quantité ou une partie de fondant et en même temps combien il y a de silice pour une partie d'alumine. Dans une série d'argiles (nous prenons le cas le plus simple), celle-là est la plus difficile à fondre pour laquelle le calcule révèle le plus d'alumine par rapport aux fondants et inversement le moins de silice par rapport à l'alumine. Si pour deux ou plusieurs argiles, c'est tantôt l'un, tantôt l'autre rapport qui prédomine ou qui s'efface, on peut fixer la valeur pyrométrique par un calcul simple, qui l'exprime par un nombre déterminé, et par suite comparable avec d'autres. Dans le cas où l'argile est très pure et notamment très exempte de sable, les nombres ainsi trouvés peuvent donner un critérium pour l'exactitude de l'ensemble des observations et de cette manière les résultats, analytique et pyrométrique, peuvent se contrôler réciproquement. Si ceci n'a pas lieu, il faut se servir du mode de calcul du quotient de réfractairité indiqué plus haut, qui est général et à l'abri d'objections. Il va de soi que ce calcul suppose l'analyse effectuée avec toute l'exactitude à laquelle on peut atteindre.

Comme exemple de l'ancien mode de calcul en partant des données de l'analyse, nous pouvons donner ici le kaolin normal de Zettlitz. Il a la composition :

Alumine	38,54 = 17,96	d'oxygène
Silice	45,68 = 24,36	»
Magnésie	0,38 = 0,15	»
Chaux	0,08 = 0,02	»
Oxyde de fer	0,90 = 0,18	»
Potasse	0,66 = 0,11	»
Perte au rouge	13,00	
	99,24	

avec Magnésie, Chaux, Oxyde de fer, Potasse accolés : $\} \, 0,46$

Le fondant par rapport à l'alumine prise pour unité donne

$$17,96 : 0,46 = 39,04 \text{ (anciennement 13,01)}$$

De même en prenant la silice comme unité

$$24,36 : 17,96 = 1,36 \text{ (anciennement 0,45)}$$

ou bien en mettant sous forme de formule :

$$39,04 \, (Al_2O_3, \, 1,36 \, SiO_2) + RO$$

qui donne le quotient de réfractairité

$$39,04 : 1,36 = 28,71 \text{ (anciennement 9,57)}.$$

Cronquist [1], dans un travail qui comprend plus de 100 analyses complètes, s'est servi d'un mode de calcul plus simple, mais aussi

[1] CRONQUIST. — Sur les matières réfractaires brutes, argile, schiste et grès qui accompagnent les dépôts de charbon du sud de la Suède. Mémoire couronné. (*Tonind. Ztg.*, 1880, n° 3).

bien moins exact et entaché d'erreurs. Partant des trois facteurs ci-dessus, qui déterminent la réfractairité, dans leurs rapports déterminatifs entre eux, Cronquist combine celui de l'alumine au fondant en ajoutant encore à la première la silice au rapport de la silice à l'alumine. Après la soustraction de la perte au rouge, il calcule d'après cela ses nombres immédiatement en partant de la composition chimique et non pas des quantités d'oxygène, et il ne tient pas compte des équivalences qui ont lieu pour les fondants au point de vue pyrométrique. Remarquons en passant que, si l'on calcule au moyen des valeurs limites en nombres ronds choisies par Cronquist la composition chimique qui leur correspond et si l'on déduit de cette dernière le quotient de réfractairité, on voit que l'auteur prend son point de départ le plus élevé à moitié de la hauteur de l'échelle des argiles normales. Le point zéro de Cronquist se trouve d'une manière remarquable presque égal à celui des argiles que, dans la pratique sur le Rhin, on désigne en général comme extrêmement réfractaires. Il faut remarquer que pour les argiles, la réfractairité diminue avec l'augmentation du fondant et de la silice; pour les grès au contraire la réfractairité croît à mesure que la proportion de silice augmente par rapport à celle de l'alumine.

Wagner à Tokio (Japon) a publié un travail intéressant et remarquable (*Tonindustrie-Ztg.*, 1882, N° 48) relativement à un autre mode de calcul d'une valeur numérique pour le quotient de réfractairité. En partant des données de l'analyse et d'après les rapports numériques qui existent entre l'alumine et la silice, Wagner calcule les quantités des divers silicates d'alumine, puis la teneur qui en résulte pour le verre exempt d'alumine et celle du silicate alcalin, et il en tire des conclusions relativement à la réfractairité de l'argile, suivant d'une part qu'on se trouve en présence d'un silicate d'alumine plus basique ou plus acide, et d'autre part suivant la plus ou moins grande quantité du verre exempt d'alumine ainsi que de silicate alcalin. Il va encore plus loin et arrive à la proposition suivante. La réfractairité doit être posée directement proportionnelle à la quantité de combinaisons infusibles ou difficilement fusibles et inversement proportionnelle aux combinaisons fusibles, c'est-à-dire aux quantités de verre. Les combinaisons difficilement fusibles n'ont pas la même valeur; le silicate Al_2O_3. $3SiO_2$ se vitrifie à la chaleur blanche, Al_2O_3. $2SiO_2$ résiste à une chaleur encore beaucoup plus forte et enfin Al_2O_3. SiO_2 est très difficilement fusible. On ne peut donc pas les ajouter directement, mais il faut

multiplier chacun d'eux par un coefficient d'efficacité. On peut
objecter à cette manière de voir purement théorique que, dans la
fusion des argiles, ce ne sont pas des opérations décomposantes
qui se produisent, mais au contraire des actions assimilantes (com-
binantes), et, dans tous les cas, ce sont toujours les combinaisons
les plus fusibles qui se réalisent d'abord et qui précèdent toujours
les combinaisons plus composées les plus facilement fusibles, c'est-
à-dire les combinaisons doubles.

A la place des combinaisons doubles, séparées pour les besoins
du calcul et qui ne jouent par elles-mêmes qu'un rôle en passant,
ce sont donc les combinaisons plus composées qui sont définitivement décisives. Ces combinaisons doubles, qui se produisent toujours plus complètement suivant le degré de chaleur, sont régies
par les quantités proportionnelles des composants individuels principaux de l'argile : alumine, silice et fondant, entre eux.

Pour ce qui regarde les phénomènes qu'on vient d'indiquer, notamment pour ce qui se passe lors de la formation des combinaisons plus compliquées et sur leur action réciproque, on a fait jusqu'ici trop peu de recherches pour pouvoir s'en faire une idée
claire. Néanmoins le travail de Wagner, en raison du point de vue
unitaire auquel il se place, n'en mérite pas moins d'être utilisé
dans les diverses industries céramiques et d'être suivi plus loin.

III. — EXAMEN PYROMÉTRIQUE

L'examen de l'argile au feu, ou plutôt sous son action variable,
constitue, en raison de son caractère immédiat, la question fondamentale à traiter en premier lieu pour juger toutes les argiles
réfractaires ; pour toutes les autres argiles, leur manière d'être au
chauffage ou à la cuisson a aussi une grande importance. Comme
on le sait, toutes les argiles sont cuites et c'est par cette opération
de la cuisson qu'elles deviennent susceptibles d'emploi. La qualité
des produits céramiques dépend en grande partie de la température
et des circonstances qui l'accompagnent. D'une manière tout à fait
générale, tout examen d'argile doit donc être en même temps pyrométrique. Au moyen des recherches de chauffage en particulier ou
des résultats de cuisson en général (¹) on arrive toujours à posséder

____

(¹) Au moyen des expériences de cuisson, on doit déterminer, la couleur, les impuretés s'il y en a, et les conditions de retrait (compacité et porosité) d'une argile.

assez de connaissance des propriétés des argiles pour pouvoir se faire une idée juste de leur applicabilité pour un objet déterminé. On peut donc dans une certaine mesure faire une diagnose de l'argile d'après les phénomènes de chauffage.

Comme on le verra plus loin d'une manière plus complète, l'examen pyrométrique doit répondre à toute une série de questions relatives à la manière dont une argile se comporte au feu. En particulier, il a à faire la distinction bien nette entre le ramollissement et la fusion de l'argile, ou entre son point de scorification et celui de fusion, qui sont tous les deux, comme nous le savons, loin de l'autre, mais qui peuvent, bien que plus rarement, être assez rapprochés. En dehors du degré de réfractairité et des phénomènes de chauffage à un degré de température très élevé, il doit aussi considérer ceux qui se produisent à température plus basse, les influences de la chaleur rouge faible ou vive, celles des flammes réductrices ou oxydantes, celles encore peu étudiées des matières venant en contact telles que les cendres volantes, les scories fusibles de fours, basiques ou acides, et dans des cas déterminés les métaux tels que le fer, les métaux volatils, le verre, les terres, les acides et les sels, etc. Les déterminations pyrométriques, qui d'une manière générale doivent être basées autant que possible sur la coïncidence de plusieurs caractères marchant parallèlement, doivent suivre des méthodes qui fournissent un moyen certain, applicable aux cas individuels, exprimable en grandeurs connues et contrôlable. Elles doivent de plus être dirigées de telle manière qu'elles puissent s'effectuer simplement et rapidement et qu'on puisse les répéter. Le résultat pyrométrique doit donner le fil conducteur qui dirige le producteur d'argile, le stimule et surtout le met en garde contre les illusions, qui empêche le consommateur de faire des erreurs, de manière que tous les deux poursuivent leur but avec sécurité et en connaissance de cause ; on peut signaler comme le problème idéal de l'examen pyrométrique qu'il doit chercher à relever l'industrie réfractaire au lieu de la rabaisser et d'empêcher ses progrès. Les déterminations pyrométriques ont enfin à établir la connexion causale des phénomènes de fusion et par là à servir à la science.

L'examen pyrométrique est de la sorte appelé à servir d'échelle pour les producteurs, de conseiller pour les fabricants et d'instrument pour les chercheurs.

Examinons de quel degré de température il s'agit dans les essais pyrométriques ; ce sont les températures qui règnent généralement dans nos chauffages et celles qu'on regarde comme extrêmement élevées bien que rares, et sur la hauteur desquelles on se fait assez souvent des idées entièrement exagérées. Il n'y a pas long-temps encore que, d'après les données du cours de chimie techno-logique de Wagner, on estimait la température du grand feu des fours à porcelaine, d'après oui dire, à onze ou douze mille degrés. D'après List ([1]), dans le chauffage au gaz lui-même, environ $2\,000^{\circ}$ C est la plus haute température qu'on puisse produire avec les com-bustibles industriellement employables, qui donnent surtout de l'acide carbonique comme produit de combustion, et il faut ajouter que, d'après Deville et Bunsen eux-mêmes, la plus haute tempéra-ture produite artificiellement (par la combustion de l'hydrogène dans de l'oxygène) atteint environ $3\,000^{\circ}$ C ([2]). On ne sait pas encore si l'application de l'oxygène comprimé ne permettrait pas de l'élever encore davantage.

Fletcher, qui a institué des expériences avec de l'oxygène com-primé, a bien pu, au moyen d'un chalumeau construit d'une ma-nière spéciale, fondre un trou dans un tuyau à vapeur de fer doux de quatre pouces, mais on n'a pas fait de mesures de température. *Chim. Ztg.* 1888.

D'après C. Otto « Beleuchtung des neuesten Fortschritts in der Feuerungstechnik », on doit, par le chauffage au gaz à température constante (chauffage à haute pression) obtenir une température qui produise facilement la fusion de l'alumine et de la glucine. Mais, comme on le sait, les températures les plus élevées n'ont été at-teintes que par des moyens électriques. Violle estime la tempéra-ture du pôle positif de l'arc électrique à $3\,500^{\circ}$ C. De nouvelles me-sures de Wilson et Gray avaient fait connaitre que cette température était bien de $3\,500^{\circ}$ C, mais des mesures encore plus récentes de ces deux observateurs ont montré que la température du pôle positif n'est que de $3\,300^{\circ}$ et celle du pôle négatif d'environ $2\,400^{\circ}$.

Si au lieu de prendre ces températures, estimées bien trop haut auparavant et dans tous les cas indéterminées, nous nous en tenons à celle pour laquelle les argiles qui résistent le mieux (argiles nor-males de première et deuxième classe) se tiennent encore mais

---

([1]) *Notizbl.*, 1883, p. 119.

([2]) Même la température la plus élevée qu'on puisse obtenir avec l'arc électrique ne dépasse pas 3500° C.

commencent nettement à fondre, en tant qu'elles sont protégées contre l'absorption de scories, ce degré de température déjà bien élevé devra nous suffire dans la plupart des cas et pour bien des raisons. Une fusion se manifeste à la température réelle de la fusion du platine, c'est-à-dire à celle où un fil de platine, enfermé dans une cazette d'alumine étanche à l'air, se fond en un globule.

On peut y arriver et même produire des températures relativement plus élevées et les contrôler, au moyen du four de Deville, qui, sous sa forme perfectionnée, qu'on décrira plus loin, est tout particulièrement propre pour les essais pyrométriques. Si l'on veut aller à des températures encore plus hautes, on pourrait prendre des alliages de platine et d'iridium ; on connait le point de fusion des deux métaux et l'on peut en déduire par le calcul celui de chaque alliage.

Pour les argiles situées plus bas, il suffit d'une température qui soit voisine de celle de la fusion du platine, et, pour celles encore plus bas, de degrés de chaleur qui peuvent se reconnaitre clairement d'une manière progressive, même pour de petites différences de température, par le mode de changement de forme de l'argile normale immédiatement suivante qui fond en même temps ; l'accord est visible et surprenant. Pour des exigences moindres et pour la reconnaissance des importantes propriétés des argiles signalées ailleurs, telles que le retrait, la couleur à la cuisson, la porosité, les fissures et les taches, etc, ou bien encore pour la constatation des matières mélangées, on doit employer de préférence comme points fixes une température de 1 500° et 1 600° C (température de fusion du palladium ou du nickel) et celle de la fusion de l'argent (1 000° C). Le chauffage à la première température et dans une atmosphère réductrice fournit beaucoup de traits caractéristiques utilisables dans les déterminations pyrométriques. Il donne entre autre un moyen recommandable pour reconnaitre si une argile renferme même à l'état sporadique du feldspath ou d'autres minéraux facilement fusibles ('), et notamment quand elle est rendue impure par un mélange plus abondant de fer, dépassant au moins 1 pour cent. Dans ces derniers cas, on est surpris de voir qu'une argile qui, à la température de fusion de l'argent, est d'un blanc pur, ou assez blanche ou de couleur claire, devient de couleur foncée jusqu'à noire par la

---

(¹) Le feldspath se révèle parce qu'il devient bulbeux à la cuisson.

cuisson à la température indiquée de 1500° et dans un atmosphère réductrice, qui rend alors très évidente l'action du fer.

Les contrastes qui se manifestent dans les mesures du retrait des argiles à environ 1000° et 1500°, nous fournissent, comme on l'a déjà mentionné pour le kaolin et comme on l'indiquera plus loin en détail, un moyen caractéristique pour distinguer le kaolin de l'argile plastique.

Température de fusion du platine. — Pour ce qui touche la température de fusion du platine, qui peut fournir une mesure extrêmement élevée pour une température déterminée atteinte, il faut indiquer d'une manière plus précise les conditions auxquelles le point de fusion du platine peut donner un caractère pyrométrique certain. Au sujet de la température à laquelle fond le platine, il existe une incertitude et une confusion très grandes, et il faut en chercher l'explication dans les matières mélangées, qui s'y trouvaient déjà auparavant, ou bien, ce qu'on a souvent négligé, qui ont pu s'y introduire pendant le chauffage. On sait que la fusibilité du platine change d'une manière très importante par l'absorption d'autres substances, et notamment du carbone et du silicium. Il faut prendre garde ici que l'absorption de carbone ou de silicium par le platine au rouge ne s'effectue pas par contact direct, mais a lieu d'une manière indirecte par le transport dans le platine du silicium par le carbone pur, ou d'après Shützenberger et Colson, à l'état gazeux, peut être sous forme d'hydrure de silicium ou de carbure de silicium volatils (¹). Tandis que, d'après les recherches calorimétriques soignées de Violle, le platine pur fond à une température de 1775°, que confirment les données d'Erhard et Schertel (1779°C)(²), d'après les recherches de l'auteur ce même métal se soude déjà à une température d'environ 1500° (fusion du palladium) quand on en introduit des fragments de feuilles dans un creuset d'argile renfermant du carbone. Les petites feuilles placées les unes sur les autres se collent alors avec une certaine solidité. Si l'on chauffe des rognures de platine sur un support de graphite, elles se fondent complètement en sphérules à une température de 1600° environ (fusion du nickel). De plus Langer et Meyer ont trouvé, et l'auteur l'a observé bien des fois, que des cendres déterminent la fusion du platine à une température relativement plus basse.

(¹) *Chem. Zentralbl.* 1882, n° 39.
(²) *Jahrb. für d. Berg-und Hüttenwesen in Sachsen,* 1879.

Si l'on met des morceaux de fil de platine dans une cazette faite d'alumine chimiquement pure, si on la laisse ouverte, ou si on la bouche avec une masse d'argile contenant de l'acide silicique, ce qui n'exclut pas complètement un mélange du carbone avec le silicium, le platine demande une température certainement élevée, mais essentiellement moindre, pour fondre. Dans ce cas, il faut élever la température assez haut pour que le creuset fait de la meilleur argile schisteuse et un fragment de kaolin lévigé le plus pur montrent une fusion partielle manifeste; cependant ils restent encore debout et sans grosse déformation. La masse du creuset ne manifeste qu'un ramollissement, quand le combustible est suffisamment pur et ne donne pas lieu à une attaque trop forte par les scories. Si maintenant la cazette, sus-indiquée contenant le platine, est *complètement fermée* (¹) au moyen d'alumine pure et ne rétractant plus, il faut une énorme élévation de température pour laquelle le creuset formé de la meileure argile schisteuse ne se soutient plus et diminue d'une manière importante. Si l'on veut que le creuset se conserve suffisamment, on peut y arriver, comme on l'a déjà indiqué, au moyen d'un garnissage intérieur en alumine très cuite, ou en faisant le creuset avec une masse d'argile très riche en alumine. Dans un creuset de ce genre, on est arrivé à plusieurs reprises à souder en un tout compact des fragments d'iridium après un chauffage de 30 minutes dans une cazette d'alumine complètement fermée, mais on n'a jamais pu les fondre en sphérules. La fusion complète de l'iridium exige donc une température nettement plus élevée. Après de nouvelles recherches, Violle a fixé le point de fusion de l'iridium pur à 1850° C (*Chem. techn. Mitteil.* 1885, 3ᵐᵉ partie, p. 55).

L'aspect extérieur du creuset chauffé peut aussi donner certaines indications pour le platine en fusion.

L'emploi, fait avec soin, des cazettes d'alumine décrites a montré que, abstraction faite de la chaleur atteinte pour la soudure de l'iridium, il faut employer une température extraordinairement élevée pour fondre du platine pur et préparé avec soin. La condition fondamentale pour qu'on ait atteint la température effective de la fusion du platine exige donc : 1° que par un choix du platine on se

____

(¹) Il faut prendre garde ici que la cazette d'alumine, qui se trouve elle-même dans un creuset affaissé, reste sans fentes et on doit vérifier, au moyen de la loupe, que ni la cazette ni l'ouverture mastiquée n'en présentent. Un double garnissage de la cazette mouillée avec de l'alumine fortement chauffée au préalable et ensuite avec une masse d'argile donne une fermeture durable.

soit assuré de sa pureté et 2° qu'on emploie tous les moyens de préservation pour empêcher les mélanges. On peut s'assurer de la pureté du platine par un essai qualitatif. Le platine tiré en fils fins se montre habituellement pur et plus pur que le métal à capsules.

On peut observer pour les diverses sortes de platine des différences dans la fusibilité, bien qu'elles ne soient pas importantes. C'est ainsi que l'auteur a trouvé que le platine de Hereaus à Hanau fond un peu plus facilement que le métal anglais de Johnson, Matthey et C° de Londres. Le premier, fondu sur une couche d'alumine, la colorait un peu en brun, tandis que pour le second, l'alumine restait blanche. En général le degré de chaleur indiqué, comme point de fusion constaté du platine, coïncide avec le ramollissement, avec boursouflement, de la meilleure masse d'argile schisteuse à creuset (¹), ou avec la fusion du creuset à foyer ouvert. En ce qui regarde le temps exprimé en minutes, le four de Deville, perfectionné par moi et fonctionnant bien, exige 30 et en règle générale 33 minutes pour fondre le platine, tandis que la fusion effectuée sur un support de graphite, comme on l'a indiqué, se produit après 4 minutes, et par suite à une température relativement bien moindre. La production de la température de fusion du platine bien confirmée exige toujours un effort extraordinaire dans les recherches de chauffage qu'on effectue et elle donne en même temps des indications précieuses sur la meilleure conduite possible du four et sur tout ce qui s'y rattache.

On peut encore indiquer ici que la température de fusion du platine peut être aussi contrôlée par d'autres moyens ; par exemple par des mélanges d'alumine pure avec du feldspath ou même par le meilleur kaolin lévigé de Zettlitz. Si l'on a fondu un échantillon de ce dernier, on a atteint la température de fusion du platine et au-delà. Pour ce qui regarde la valeur de la fixation méthodique de cette température, elle constitue toujours un caractère de maximum qui n'est à dédaigner, pour fixer un degré de température extrêmement élevé qu'on regardait, il y a peu de temps encore, comme un problème insoluble pour le chauffage ordinaire et sans moyens artificiels. Aujourd'hui on est déjà allé plus loin et, depuis l'introduc-

---

(¹) Il faut remarquer ici que si l'on pile de l'argile schisteuse cuite dans un mortier en fer, il faut remuer la poussière avec une baguette aimantée jusqu'à ce que toutes les particules de fer aient été enlevées par son moyen.

tion de la magnésie et du chromite ainsi que du fourneau électrique, on s'efforce de plus en plus d'atteindre des températures plus hautes et de trouver des moyens d'essai en rapport.

L'essai pyrométrique, qui suit diverses méthodes, peut être direct ou indirect, absolu ou relatif, et peut se rapporter à certaines règles établies. Au premier mode d'essai appartiennent les méthodes depuis longtemps connues au moyen du chalumeau et quelques autres procédés usités dans la pratique et d'ailleurs employés.

1. Mode d'essai direct

Essai pyrométrique au moyen du chalumeau. — L'essai au chalumeau doit être considéré comme pyrométrique, bien que d'une manière restreinte.

On procède de la manière la plus commode ainsi qu'il suit. On écrase un échantillon moyen de l'argile à étudier et l'on en fait avec de l'eau une bouillie claire qu'on étend sur un papier vergé préalablement graissé et on l'y laisse sécher. La couche argileuse superficielle se réduit en écailles qui fournissent la matière la plus convenable pour les essais au chalumeau. Si l'on prend maintenant un fil de platine recouvert à son extrémité d'une couche de l'argile reconnue pour la plus réfractaire, on peut en l'humectant légèrement y suspendre facilement une de ces écailles. Si maintenant on chauffe d'abord le fil et si l'on introduit peu à peu l'argile dans la flamme, celle-ci finit par atteindre la masse à essayer.

Avec les argiles facilement fusibles, on obtient de cette manière, en 2 à 3 minutes, une sphérule boursouflée, scoriacée; si l'argile est réfractaire, elle résiste et, pour les argiles difficilement fusibles, on arrive bientôt à un point où il ne se produit plus de changement évident, caractéristique. Les argiles de qualité inférieure, qui résistent au grand feu, ne permettent déjà plus de reconnaitre bien clairement une fusion au chalumeau, et encore moins celles plus réfractaires, sur lesquelles il ne se manifeste plus d'action appréciable de la flamme du chalumeau. Il résulte de là que, pour cet essai, on ne peut employer qu'une très petite quantité de matière et sous forme très mince. L'essai au chalumeau est donc applicable pour les argiles peu réfractaires, mais il ne suffit plus pour les meilleures et à fortiori pour les bonnes.

L'hydrogène pur enflammé, s'écoulant sous la pression d'une colonne d'eau de 30 centimètres, ne parait pas produire au point de vue du chauffage une action essentiellement plus grande. Le chalumeau à gaz tonnant (mélange enflammé d'hydrogène et d'oxygène) agit autrement et au contraire avec trop de puissance; on sait que, à l'exception du charbon, il fond tous les minéraux que nous connaissons. La mise à l'état liquide se produisant presque instantanément, nous ne pouvons par son moyen tirer aucune conclusion de la durée plus ou moins grande de la résistance, mais le mode de formation et la constitution du produit fondu peut donner certaines indications : il peut s'être produit un émail, un verre ou une scorie ; l'émail peut être uniforme et compact; si c'est un verre, il peut être clair, trouble ou coloré ; si c'est une scorie, elle peut être fluide, bulbeuse, boursouflée, etc.

Essai empirique ou pratique de la réfractairité. — Comme on l'a indiqué, il n'existe pas pour les argiles réfractaires d'essai empirique, qui ne soit pas en même temps pyrométrique, et, comme on l'a dit, c'est celui-ci qui fournit la première différenciation. Un essai pyrométrique empirique de ce genre, qui est usité dans les fabriques de produits réfractaires, est le suivant.

On prend un morceau de l'argile sèche, on en cuit les moitiés, on broye chaque partie séparément et on les mélange intimement; on humecte le mélange et l'on en façonne de petites pierres qu'on soumet pendant longtemps à un feu de forge actif aussi bien à découvert que dans des vases fermés. Suivant que ces échantillons (ou dans les fabriques de produits réfractaires de petits morceaux à arêtes vives de ceux-ci) sortis du four conservent plus ou moins leur forme, et, quand on les brise, présentent une cassure propre, sans éclat, sans vitrification, sans émail, ou bien autrement s'ils manifestent des signes évidents de fusion, l'argile est plus ou moins réfractaire. Il va de soi que, dans ce mode de recherche, le résultat dépend du degré de température qu'atteint le feu et par suite les phénomènes de fusion signalés de même que le jugement de la réfractairité de l'argile se présentent différemment.

D'après l'ancien procédé, qui ne suffit plus pour les exigences plus grandes de l'industrie réfractaire plus récente, on a pris dans la grande pratique comme terme de comparaison en général le feu de cuisson de la porcelaine en pleine activité. Dans ce genre d'essai, la poussière séchée est soumise dans un creuset à la chaleur la plus forte du four à porcelaine. Si, après le refroidissement, l'argile cuite pouvait encore s'écraser entre les doigts, on la regardait

comme réfractaire sans réserve et décidément ; si elle s'était ramas-
sée en un corps compact, ne pouvant plus s'écraser entre les doigts
mais si la cassure était encore terreuse, on la regardait comme une
argile réfractaire de second ordre. Si l'échantillon avait assez fondu
pour que la poudre d'argile se fût soudée en une scorie, on désignait la matière comme impropre pour les objets réfractaires.

Mode d'essai pyrométrique direct de Otto (¹). — Pour deux argiles à essayer, Otto prépare de chacune deux pierres moulées ou
régulièrement taillées de
mêmes dimensions, et il
soumet les quatre éprou-
vettes ainsi obtenues à
une haute température
dans un fourneau de
Selström, dont la des-
cription suit.

Le fourneau qui sert
aux recherches (fig. 9) a
en clair 30 centimètres
de large et 45 centimètres
de haut ; il est muni de
huit buses, ayant cha-
cune 7 millimètres de
diamètre, qui sont dis-
posées à 10 centimètres
de hauteur au-dessus du
fond ; il est en communi-
cation avec une soufflе-
rie, qui peut fournir au
fourneau de l'air sous la

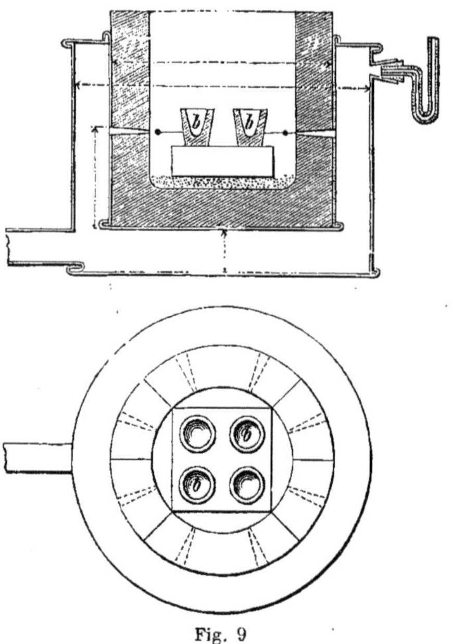

Fig. 9

pression d'une colonne de mercure de 15 millimètres. L'air est introduit dans la chemise du fourneau, qui sert de régulateur, de telle
manière que la pression soit la même à toutes les buses laissées
ouvertes. Les éprouvettes d'essai sont préparées avec parties égales
de l'argile cuite et non cuite, et elles sont cuites préalablement
à l'essai.

Les dimensions de 12,7 et 4,5 centimètres sont celles qui conviennent le mieux à la grandeur du fourneau, parce qu'on peut placer les éprouvettes de deux argiles à comparer sur un support d'en-

(¹) *Dinglers Journal*, 163, p. 193. De plus, *Tonindustrie-Ztg.*, 1888, n° 14.

viron 7 centimètres de haut, fait de très bonne matière réfractaire, sans que l'espace entre les buses et les éprouvettes soit trop réduit pour la combustion du coke.

Avant le commencement de l'expérience, on dispose les éprouvettes des deux argiles à comparer en croix, comme le montre la figure 10 ci-contre.

L'allumage du fourneau se fait au charbon de bois ; plus tard on chauffe avec du coke de la grosseur environ d'une noix.

« Chaque épreuve (ou essai) — dit Otto — sera continuée assez

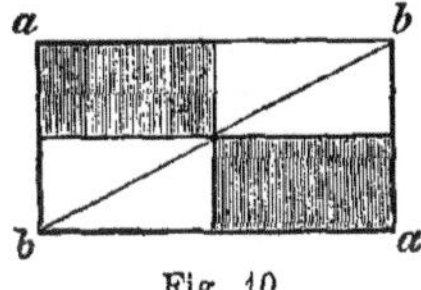

Fig. 10

longtemps pour que l'une des argiles soit fortement fondue. Toutefois, les deux éprouvettes qui ont été préparées avec la même argile, doivent avoir été attaquées par la chaleur d'une manière complètement pareille ; si l'une a plus souffert que l'autre, c'est que des buses se sont bouchées pendant le soufflage, la température n'était pas uniforme et l'essai est à rejeter ».

Cet essai empirique très simple et relativement rapide a pour lui qu'il repose sur des conditions réellement pratiques, puisque les éprouvettes sont notamment exposées au feu nu et par suite aux scories de four, mais il ne se prête pas à donner une idée d'ensemble des conditions pyrométriques générales. Abstraction faite de ce qu'il n'embrasse toujours que deux mélanges d'argiles ou deux argiles à comparer et qu'il suppose toujours des conditions complètement uniformes dans toute la sphère d'épreuve, sans perturbation locale, il dépend de la scorification résultant du combustible employé et, par endroits, de l'obstruction des buses, qui nuisent à un jugement objectif, indépendant de chaque observateur.

Les grandes différences pyrométriques s'y manifestent facilement, mais les petites disparaissent et le jugement est souvent difficile et par suite certainement peu sûr.

La fusion des objets fabriqués en argile est rarement assez nettement délimitée ou assez complète pour qu'il ne reste pas de doutes sur la question de savoir quelle est l'éprouvette la plus fondue. Des passages indéterminés, des manifestations de diverses sortes, suivant qu'on met en évidence un caractère ou un autre, peuvent d'après cela faire attribuer à la matière qu'on examine une place quelconque plus élevée ou plus basse.

Il faut encore citer ici, comme un mode d'essai pyrométrique en quelque sorte direct, celui des pierres réfractaires d'après la manière

physique dont elles se comportent aux changements de températu-
ture. Si on les introduit froides dans un four au rouge vif, et si,
quand elles sont devenues rouges, on les expose à l'air du tirage ou
du soufflage, elles ne doivent pas se fendre. Si cela ne se produit
pas, quand un morceau d'épreuve chauffé au blanc est plongé dans
l'eau froide, on ne peut rien demander de plus pour ce qui a trait
à la manière d'être vis-à-vis des changements de température.

**Mode de détermination au moyen de l'affaissement d'éprou-
vettes d'argile en forme de sphères.** — Si l'on veut rendre manifeste la fusibilité différente de plusieurs argiles, de manière qu'elle
tombe sous les yeux de toute personne non connaisseuse, on peut
indiquer comme très convenable la méthode suivante, qui consiste
à mouler avec les argiles des sphères exactement égales entre elles,
et à les chauffer assez fort pour qu'il se produise un changement de
forme déterminée, ce qui donnera aux profanes en particulier une
certitude indiscutable sur la fusibilité plus ou moins grande de
l'argile. Si par exemple, de trois éprouvettes chauffées sur le même
disque, une des sphères d'argile a coulé, une seconde s'est affaissée,
la forme sphérique étant encore reconnaissable, tandis que la troisième s'est conservée intacte, la situation des trois argiles au point
de vue pyrométrique s'impose dans une certaine mesure d'elle-
même à l'observateur et il ne reste aucun doute à cet égard. Pour
arriver à un pareil accord, il faut recommencer plusieurs fois
l'essai de chauffage, si l'on veut que les manifestations de la température se produisent de la manière indiquée, bien nettement et sans
conteste.

Pour porter un jugement objectif et à l'abri de discussion, il faut
indiquer après combien de chauffages répétés les phénomènes indiqués se manifestent d'une manière incontestable. Il faudra donc
faire connaître expressément les phénomènes de chauffage qui peuvent différer un peu et qui peuvent s'expliquer d'une autre manière;
et comme les caractères de fusibilité notamment changent en ce
qu'ils sont plus ou moins facilement perceptibles pour les yeux, si
des chauffages individuels ont donné des résultats moins concordants, le résultat qui en découle ou le jugement que l'on porte doit
être reporté en arrière.

On ne peut donc pas arriver à établir une distinction complètement absolue et l'on doit regarder les données qui se rencontrent le
plus souvent comme étant relativement déterminatives et constituant une certaine règle. Le plus grand nombre des coïncidences

doit donc aussi être décisif ici. Les méthodes qu'on a décrites devraient servir d'exemples pour montrer que, dans la détermination de la position des argiles réfractaires les unes par rapport aux autres, la fixation définitive présente assez souvent des difficultés plus ou moins grandes et ce sont seulement des déterminations répétées qui, par leur accord reproduit plusieurs fois, peuvent donner une certitude complète.

Mode d'essai direct de Cramer. — E. Cramer, le chercheur bien connu dans le domaine de la céramique, a tenté récemment (*Tonindustrie Ztg.* 1901, n° 48) en s'appuyant sur un essai de 25 argiles et de quelques chamottes, de fixer la notion de réfractairité d'une autre manière, plus précise et plus définie qu'on ne l'a fait jusqu'ici. Il s'était posé comme problème d'observer le mode de ramollissement de diverses argiles réfractaires au moyen de barres moulées de celles-ci, et auxquelles on avait donné d'une manière aussi approchée que possible la même forme et le même état. Les éprouvettes ont été d'après cela moulées dans une presse à piston. Comme support pour les barres reposant librement, on se servait d'une plaque de chamotte qui portait sur ses deux côtés opposés deux prismes dont les arêtes supérieures étaient distantes de 230 millimètres. Les plaques de chamotte se conservèrent très bien sans déformations pendant les recherches; les barres d'essai, bien séchées, étaient placées sur elles et exposées ensuite au feu de porcelaine. Les éprouvettes avaient été cuites plusieurs fois sur un support plan, puis on les plaçait sur les supports prismatiques. On mesurait alors la flexion qu'elles montraient après un chauffage répété un nombre de fois différent. On prenait comme mesure du ramollissement la flèche de l'arc qu'elles avaient formé. Les éprouvettes se ramollirent en partie tellement qu'elles reposaient à plat sur la plaque de support. On avait déterminé de plus pour quel cône de Seger les argiles fondaient, et comment se comportait le retrait au chauffage; nous ne nous en occupons pas ici. Quelques éprouvettes avaient reçu une très petite addition d'amidon pour donner à la masse la cohésion nécessaire. On avait déterminé de plus la température de scorification. De deux grands tableaux très complets on déduit comme résultat (voir *Tonindustrie Ztg.* 1901, p. 707 et 708) :

1° La plupart des argiles essayées, particulièrement les argiles très plastiques et les argiles schisteuses, ont donné une grande flexion ; elle était moindre notamment pour les divers kaolins. 2° Les éprouvettes montraient entre elles des différences importantes, après avoir été soumises à une cuite vive. 3° Pour beaucoup d'argiles, le ramollissement était faible, tandis que d'autres ne présentaient aucune différence. De plus les argiles paraissaient d'autant plus résistantes qu'elles avaient été plus souvent chauffées. Pour avoir des résultats plus complets, comme on l'a remarqué plus haut, on avait essayé de la même manière quelques mélanges de chamotte et de sables et mélangé entre elles des parties égales de chamotte et de sable (sous forme de farines et de grains fins). Les recherches ont montré que la tenacité de la masse n'augmente pas par l'addition de chamotte ; par contre une addition de sable peut influencer favorablement la résistance. D'accord avec la pratique, les argiles schisteuses extrêmement réfractaires du carbonifère recuites exercent une action particulièrement favorable. Cramer n'a pas déduit immédiatement de conclusions plus étendues, mais il a insisté sur ce qu'il faut éviter avec soin, dans ces expériences de fléchissement, les erreurs qui proviennent des différences de température.

Quelque remarquables que soient les nombreuses recherches précédentes, qui apprennent beaucoup au point de vue pyrométrique, elles ont contre elles cette expérience bien définie que le ramollissement d'une argile ne doit pas être considéré comme le stade qui précède la fusion. Il existe des argiles qui se ramollissent à 1000° et qui cependant ne commencent à fondre qu'à la température de fusion de la meilleure argile de Grünstadt ou argile normale à 30 %.

D'un autre côté, nous rencontrons des argiles qui au contraire se ramollissent tard, c'est-à-dire qui restent longtemps sans changement et qui ensuite se fondent sans conserver de forme. Le ramollissement ne peut donc pas être pris comme point caractéristique du commencement de la fusion et il ne peut pas donner un signe caractéristique de la production prématurée ou tardive de la fusion d'une argile. Le ramollissement plus hâtif ou plus tardif d'une argile ne permet de tirer aucune conclusion sur la fusibilité et il n'y a pas de parallélisme à cet égard, parce que le ramollissement et la fusion d'une argile reposent sur l'action réciproque des éléments de l'argile les uns sur les autres, action qui se manifeste d'une manière très diverse, tantôt de bonne heure, tantôt tard.

2. Modes d'essais pyrométriques indirects

Même quand on dispose de températures extrêmement élevées, cela seul ne suffit pas pour porter un jugement d'ensemble sur les argiles.

Comme on l'a déjà indiqué, les changements que les argiles éprouvent aux hautes températures ne peuvent pas se limiter uniquement à un caractère simple, qui augmente ou diminue à un degré plus ou moins grand. Sous l'action de la température croissante, les argiles réfractaires se recouvrent plus ou moins d'une croûte non uniforme, qui en général peut ressembler à un émail ou à un verre. D'autres argiles se boursouflent plus ou moins par suite de la formation de vides plus ou moins grands. D'autres encore se liquéfient, tantôt lentement, tantôt plus ou moins brusquement et complètement en un émail et une scocrie non transparente, ou en un verre translucide, trouble et le plus souvent coloré.

Ainsi des argiles diverses donnent au chauffage des changements différents qu'on ne peut pas comparer entre eux. En un mot les caractères de la fusion qui s'effectue sont extrêmement variables.

Si donc on veut fixer systématiquement le rapport pyrométrique, dans lequel se trouvent les unes par rapport aux autres des argiles même entièrement hétérogènes, et exprimer au moyen de nombres les résultats obtenus de manière à les rendre comparables avec d'autres, on ne peut y arriver que d'une manière indirecte ou par des moyens détournés. Il s'agit de constituer des essais similaires et autant que possible indépendants des circonstances ambiantes. J.-L. Newell et G.-A. Rockwell ont fait un grand nombre de recherches pour mettre en évidence l'utilité des méthodes indirectes (*Tonind. Ztg.* 1899, n° 16).

Pour donner des résultats inattaquables, la méthode exige que les mélanges argileux soient sous forme de poudre de fine ; si ceux-ci sont de constitution plus grosse, l'argile naturelle éprouve un changement essentiel. On ne tient donc pas compte des exigences réellement pratiques ; toutefois dans les cas négatifs, on obtient pour des déterminations comparatives un point de repère relativement digne d'intérêt.

Parmi ces modes d'opérer indirects et en même temps systématiques, bien que partiellement limités, on en connaît trois par leur application à un grand nombre d'argiles ; suivant les moyens qu'on y met en œuvre, on peut les désigner sous les noms de méthode du quartz, méthode de l'alumine et méthode qui emploie un mélange des deux, silice et alumine, ainsi que la méthode de comparaison avec les argiles normales ; cette dernière est très étendue et s'appuie sur la pratique.

a) **Méthode du quartz.** — La poudre de quartz pur se prête à une détermination comparative de la fusibilité ainsi que du pouvoir de liaison d'une argile. Cette méthode, la plus ancienne qui ait été tout d'abord étudiée par l'auteur, n'est pas exempte d'erreurs et l'on n'en indiquera ici que l'essentiel. Le quartz chimiquement pur y sert comme moyen de titrage. Si l'on en mêle à une argile à essayer et si l'on soumet le mélange à une température déterminée, il faut prendre des quantités différentes de quartz pour obtenir un produit d'égale fusibilité ; plus une argile est difficilement fusible, moins on emploie de quartz, plus elle est facilement fusible, et plus on en emploie. Comme condition primordiale, la température de l'essai doit être réglée dans des limites parfaitement définies. Elle ne doit pas être trop faible, et il existe à ce sujet des caractères suffisamment perceptibles à l'œil pour le reconnaître, et de crainte d'insuccès pour l'essai, elle ne doit pas non plus être poussée trop haut ; il suffit que les échantillons soient complètement fluidifiés.

Pour les argiles réfractaires de qualité inférieure ou moyenne, pour lesquelles la sensibilité croît particulièrement avec l'addition de silice, ce degré de chaleur exigé n'est pas difficile à atteindre ; au contraire pour les argiles difficiles à fondre et qui sont en même temps remarquablement pures, cela est plus délicat. Il est indispensable ici d'élever la température de l'essai jusqu'au voisinage du point où, en continuant à pousser la chaleur, l'échantillon se liquéfierait. Mais, dans des limites aussi étroites, un dépassement se produit tout à fait inopinément et cependant l'on ne peut pas se contenter d'un degré de chaleur un peu moindre, parce qu'il aurait pour conséquence un mécompte et un jugement relativement trop favorable.

Il existe aussi, pour la méthode au sable, un cas où l'argile à étudier se montre incomparablement meilleure au point de vue pyrométrique. Si une argile réfractaire n'est souillée que par du fer et si l'argile contient peu de magnésie, de chaux et d'alcalis, l'addition de quartz pur agit incontestablement pour augmenter la difficulté de fusion.

Une pareille argile réfractaire ferrugineuse, qui à la température de l'essai fond facilement par elle-même et comme une autre argile d'ailleurs impure, paraît, quand on ajoute aux deux 1 ou 2 parties de poudre de quartz, de plusieurs degrés plus difficile à fondre que la seconde.

On évite une erreur possible de ce genre ainsi que la délicatesse signalée, en employant comme substance d'essai, au lieu du quartz seul, un mélange de silice et d'alumine.

b) **Méthode au moyen d'un mélange d'acide silicique et d'alumine comme addition normale**. — Cette méthode, dont l'auteur s'est servi, après la constatation des défauts signalés, va être décrite ci-après dans ses détails.

L'emploi combiné des deux substances, acide silicique et alumine, permet d'élever la température de l'essai d'une manière relativement illimitée et ici la condition pour obtenir une détermination susceptible de mesure est un degré de chaleur plus élevé, pouvant aller jusqu'à celui où se forment les silicates.

Cette méthode présente encore un autre avantage important. En supposant que les sources d'erreurs restent les mêmes et que l'exactitude soit d'ailleurs la même, on sait qu'il faut toujours, entre plusieurs réactifs, choisir de préférence celui qui a le poids le plus élevé ou dont il faut relativement plus pour produire le même effet. Un mélange d'alumine et de silice nous donne une matière de titrage applicable, dont le volume est considérable ; non seulement il diminue considérablement les sources d'erreurs, mais encore la jauge devient plus grande, ou l'échelle sur laquelle se font les lectures est plus longue, et ses degrés augmentent en nombre et en plus facile appréciation.

On peut se servir de l'acide silicique pur préparé chimiquement ; on l'obtient facilement en grandes quantités en précipitant une solution de verre soluble par l'acide chlorhydrique et en lavant le précipité jusqu'à ce que la solution primitive ait été diluée de vingt fois son volume. On peut obtenir l'alumine chimiquement pure au moyen d'alun ammoniacal absolument exempt de fer, en précipitant à plusieurs reprises par de l'ammoniaque, et lavant complètement d'abord avec de l'eau bouillante ; on peut aussi employer l'alumine de cryolite purifiée d'une manière particulière et complète (¹).

(¹) L'alumine pulvérulente, provenant de la cryolite et préalablement essayée au point de vue de l'absence de fer (ce qui n'est pas toujours le cas) telle qu'elle se trouve dans le commerce, est écrasée dans un mortier d'agate, passée à travers un tamis fin pour en séparer les impuretés qui pourraient y être mélangées et fortement chauffée sur la lampe ; on la recouvre ensuite d'eau distillée et on ajoute avec précaution de l'acide sulfurique jusqu'à ce qu'il ne se produise plus d'effervescence (provenant de carbonate de soude) et qu'il se montre même une réaction acide. Enfin on la lave complètement, on la sèche et on la calcine fortement. Elle est très hygrométrique, mais ne se combine plus chimiquement avec l'eau, ou seulement d'une manière peu importante.

L'acide silicique est rassemblé sur un filtre et essayé au point de vue de sa pureté en le traitant par de l'acide fluorhydrique, qui ne doit pas donner le moindre résidu ; l'alumine doit aussi être essayée au point de vue de l'acide sulfurique,.de l'acide silicique, du fer et des alcalis qui pourraient y être mélangés ; on les renferme dans des creusets à moitié remplis et bien fermés et, en augmentant progressivement la température, on les chauffe fortement pendant au moins une heure, jusqu'à expulsion complète de l'eau d'hydratation. Après refroidissement on pèse immédiatement une quantité déterminée de chaque élément.

Pour obtenir un mélange extrêmement intime, les deux substances d'essai, que le chauffage a rendues sans consistance, sont écrasées dans le mortier d'agate et triturées ensemble, on les délaie en petites proportions avec de l'eau, on les travaille d'une manière continue à l'état de bouillie compacte avec une spatule de platine jusqu'à ce qu'on en puisse faire de petits gâteaux. Ces derniers sont séchés, pulvérisés et la poussière obtenue est chauffée sur la lampe, après quoi la masse destinée aux essais est gardée dans une fiole qu'on ferme avec un bouchon de caoutchouc.

En ce qui concerne le rapport de la silice à l'alumine, pour les raisons qui suivent, c'est celui de 1 partie en poids de silice pour 1 partie en poids d'alumine qui se recommande.

c) **Mélanges avec silice dominante.** — Si, en employant les deux substances, on veut faire dominer la silice, les mêmes circonstances limitatives qui se manifestent quand on emploie la silice seule, se reproduisent toujours quand elle prédomine comme constituant, bien que relativement un peu moins. La température de l'essai peut relativement être poussée moins loin parce que les échantillons se mettent d'autant plus tôt à l'état fluide que la silice prédomine davantage. Le jeu entre le degré de chaleur nécessaire et le moment où les échantillons sont trop fondus et où les caractères distinctifs se confondent, devient plus restreint. Mais, d'un autre côté, l'échelle d'observation, c'est-à-dire la distance entre l'argile réfractaire la meilleure et la plus mauvaise devient d'autant plus caractéristique. D'autre part la température de l'essai se trouve alors plus limitée et un dépassement du degré de chaleur nécessaire se produit d'autant plus subitement. Un pareil mélange riche en silice peut fournir un moyen digne de fixer l'attention pour prouver d'une manière frappante les différences de fusibilité de deux argiles qui sont très voisines l'une de l'autre sous ce rapport.

d) **Mélanges avec alumine dominante.** — Si l'on choisit un mélange dans lequel l'alumine domine, on pourra inversement pousser plus haut la température déterminative, et l'on peut la dépasser sans crainte d'insuccès de l'expérience. L'échelle se restreint et tellement, quand on prend de plus grandes quantités d'alumine, qu'on ne peut plus mesurer les petites différences pyrométriques et par suite, pour les argiles qui ne sont pas différentes d'une manière marquée, il ne reste relativement plus de place pour les classer nettement.

Le mélange plus basique est donc à sa place quand il s'agit de faire des différenciations à des températures extrêmement élevées.

e) **Méthode de l'alumine.** — Richters s'est servi de la méthode à l'alumine dans son mémoire déjà souvent cité sur la réfractairité des argiles.

En règle générale ([1]), une argile, à laquelle on ajoute une certaine quantité d'alumine, devient infusible même pour un degré de chaleur élevé, en sorte que la quantité d'alumine employée peut donner une mesure déterminée à cet égard.

Les argiles facilement fusibles en exigent donc plus, et celles difficilement fusibles moins pour atteindre le même degré de fusibilité. A ce point de vue, la méthode à l'alumine a donc quelque chose de bien recommandable. Comme on le démontre facilement et comme cela résulte des découvertes de Richters, 1/10 d'alumine ou 10 % de la quantité d'argile à essayer produit une différence essentielle en plus ou moins, qui est assez grande pour permettre de classer les argiles d'après cela ; pour avoir une fixation certaine, on doit supposer un maintien très délicat d'une température très élevée et toujours égale pour l'essai. Ceci met en évidence la grande action de l'alumine, une petite quantité produit déjà un effet très important. Mais comme on l'a déjà signalé, l'échelle de mesures se restreint par ce fait, ses degrés individuels perdent en précision et dépendent encore plus des sources d'erreurs qu'on ne peut pas éviter.

Revenons maintenant à l'addition normale indiquée plus haut pour nous demander quand elle fond par elle même ou sous forme d'addition à l'argile.

Le mélange chimiquement pur de parties égales en poids de silice et d'alumine supporte sans se fondre un degré de chaleur élevé jus-

---

([1]) Voir plus haut l'influence de petites quantités d'alumine.

qu'au voisinage de la fusion du platine et sa réfractairité est très
près d'être égale à celle de l'argile normale la plus supérieure. Au
blanc soudant complet du fer de forge, la surface de cassure d'un
échantillon qu'il constitue est encore terreuse, sans consistance et
fortement absorbante. Si l'on additionne une argile quelconque, à
l'exception de l'argile normale la plus supérieure, avec le mélange
normal, le mélange devient plus facilement fusible, et d'autant plus
que la situation de l'argile réfractaire est plus basse dans la classification. En d'autres termes, comme on l'a expliqué à propos de
l'addition riche en alumine, plus l'argile à essayer est facilement
fusible, et plus il faut du mélange normal, pour atteindre un degré
normal et fixé d'avance de fusibilité, la température étant bien entendu la même.

Préparation des essais.— Une petite quantité de l'argile à essayer,
tout au plus 1 gramme, prise dans un échantillon moyen soigneusement préparé, sera plutôt écrasée que pulvérisée dans le mortier
d'agate, chauffée au moins 10 minutes sur la lampe et refroidie dans
le verre à chlorure de calcium ; on en pèsera plusieurs portions de
0,1 gramme chacune. A une pareille portion on ajoute l'addition
normale également complètement séchée et pesée et dans la proportion en poids de un jusqu'à dix.

Pour obtenir un mélange intime et complet de chacun de ces nouveaux mélanges, on procédera exactement comme on l'a fait pour
la préparation de l'addition normale. Les éléments seront mélangés
entre eux au mortier d'agate, on en fera avec de l'eau une pâte
claire qu'on malaxera longtemps avec la stapule de platine jusqu'à
ce que la masse soit assez sèche pour qu'on puisse en faire des
éprouvettes, et la mouler sous forme de petits cylindres ou autres
figures géométriques. Ils seront désignés par des numéros, ceux sur
la surface courbe se rapportant à l'argile et ceux sur les bases aux
additions normales de chacun. Après que les éprouvettes auront
été bien et complètement séchées, pour éviter qu'elles n'éclatent ou
se fendent plus tard, on les soumettra finalement à la température
d'essai.

Chauffage des éprouvettes. —Le chauffage des cylindres d'essai,
qui ont 6 millimètres de haut et 4 millimètres de large (diamètre de
la face circulaire) se fait de la manière la plus appropriée dans le
four ci-après de Deville, que l'auteur a appliqué pour la première
fois et qui répond toujours de plus en plus à l'objet déterminé en
vue ; il faut avoir bien soin que les opérations à faire soient con-

duites avec la plus grande uniformité possible, par exemple en ce qui a trait à l'amenée d'air, au combustible, au creuset de chauffage et à sa position, ainsi qu'à ses dimensions extérieures et intérieures. Pour ce qui regarde la position des éprouvettes, elles doivent être assez loin les unes des autres pour qu'elles ne se touchent pas quand elles fondront et qu'elles ne se mélangent pas entre elles.

Au moyen des pyroscopes décrits plus loin, on peut par les changements qu'ils manifestent au chauffage, et notamment d'après leur manière d'être réciproque, reconnaître sans équivoque le degré de température qui a été atteint. Comme condition préalable, il faut que, par des recherches de chauffage nombre de fois répétées, on se soit familiarisé, avec autant d'exactitude que de certitude, avec les phénomènes de chauffage qu'on doit produire et qui servent de mesure.

Creuset de chauffage, couvercle et disques. — Pour le creuset de chauffage, qui joue dans l'essai pyrométrique un rôle aussi important que décisif, il convient, quand il s'agit de le soumettre à un degré de température aussi élevé, de le faire avec de la matière aussi bonne et aussi pure que possible, il faut choisir sa forme, sa grandeur, son homogénéité et sa position la plus convenable dans la chambre de chauffage, et il faut apporter la plus grande attention à ce que ces conditions soient bien remplies. Pour pouvoir employer des dispositifs plus grands, il faut abandonner la forme en cône renversé usitée jusqu'ici et adopter celle d'une boîte de faible hauteur, lui donner un diamètre plus grand et égal ; cette forme permet en même temps de mieux surveiller l'uniformité de sa préparation en lui donnant des parois plus épaisses.

Ce creuset-boîte a 3 centimètres de haut, 4^{cm},5 de large et ses parois sont épaisses de 6 à 8 millimètres suivant la température plus ou moins élevée à atteindre. Les couvercles ont de 5 à 8 millimètres d'épaisseur, et même 10 au besoin. Son socle a une hauteur de 4 centimètres et une largeur de 4^{cm},5. Les disques sur lesquels les éprouvettes sont fixées au moyen de la meilleure garniture, ont de 1^{mm},5 à 2 millimètres d'épaisseur.

De même que le four de Sefström qu'on a décrit plus haut, le four de Deville est un four à vent ; mais l'arrivée du vent ne s'y fait pas par le côté, mais par dessous, de manière à être le moins gênée possible. Il se compose seulement d'un cylindre de tôle, revêtu d'un mélange de kaolin et d'argile schisteuse ([1]). La grille est remplacée par une plaque de fer, percée d'un grand nombre de trous par lesquels le vent arrive, et elle est rivée sur une boîte en fer, qui sert dans une certaine mesure de boîte à vent. Le creuset, muni de son socle, est placé dans le milieu du four.

Le four réunit un ensemble de particularités favorables, qui augmentent son effet d'une manière extraordinaire. La forme ronde présente l'avantage d'avoir la moindre périphérie pour la plus grande surface et de perdre le moins de chaleur par ses parois. D'après Gruner et Dürre, en raison du contact du combustible et des parois des vases, la chaleur est plus grande que dans le four à gaz, excepté peut-être dans des points isolés. Il faut observer de plus, ce qui est un avantage pour le four de Deville, qu'une flamme relativement petite augmente l'intensité du chauffage. D'après Fletcher, en brûlant une seule et même quantité de gaz, on peut obtenir un effet relativement plus grand avec une petite flamme qu'avec une grande. Dans tous les cas, dans un fourneau qui transmet très peu la chaleur, qui est bien fermé et qui concentre ce qu'on appelle la chaleur bleue dans un petit espace, nous avons ici une combustion aussi rapide que complète du combustible le plus compact employé (coke) et dans le temps le plus court possible. Plus le combustible employé est pur et compact et plus l'effet produit est grand. S'il s'y joint des rapports convenables pour l'épaisseur des parois, pour le diamètre du foyer et sa hauteur, pour la grandeur du creuset et son emplacement dans la zone la plus chaude produite (et comme nous l'avons déjà dit, tout cela a été expérimenté après des modifications ayant duré des années), on peut par le fait obtenir quelque chose d'extraordinaire dans le four. On peut indiquer rapidement ici les proportions qui s'imposent,

Le four, qui a 35 centimètres de haut et un diamètre de 28 centimètres, est garni d'une masse de chamotte, épaisse de 8 centimètres et aussi compacte que possible. La plaque de fer de la grille, qui est percée de 20 à 25 trous de la grosseur d'un crayon, disposés suivant des cercles et à des distances régulières, a une épaisseur de 2 centimètres et se trouve à 15 centimètres au-dessus du fond. Exactement au milieu de la grille on dispose (comme on l'a déjà indiqué) un cercle un peu renforcé de $4^{cm},5$ de diamètre, qui est destiné à maintenir en position invariable le socle sur lequel repose le

______

([1]) On a aussi recommandé d'un autre côté un mélange de magnésie et de kaolin.

creuset. Pour fermer le four par en haut pendant le chauffage on peut se servir d'un couvercle garni d'une masse de chamotte avec une ouverture en forme de tuyau, qui empêche l'air du dehors de produire une action refroidissante et irrégulière. Comme soufflerie, il suffit d'un soufflet double, qui n'a pas besoin d'être plus grand que celui dont se servent habituellement les souffleurs de verre, mais qui au moyen de la plaque de fer dont il est chargé doit donner un courant d'air continu et uniforme. Le tuyau d'amenée a un diamètre de 2^{cm},25. Pour contrôler la pression de l'air et pour régler la marche du four, on emploie un manomètre intercalé. Il faut que les oscillations de la colonne de liquide atteignent tout au plus 0^{cm},5. Comme combustible on se sert de morceaux de coke soigneusement triés, exempts de poussier et de schiste et dont la grosseur varie depuis celle d'un pois à celle d'une noix (¹).

Dans un four construit de la manière indiquée, et après avoir soigneusement mis au point toute l'installation, on peut, en 30 à 33 minutes fondre sous forme de sphérule un fil de platine enfermé dans une cazette d'alumine étanche à l'air ; la poussière de quartz ou des morceaux de quartz se fondent encore plus vite sous forme de gouttes transparentes. Si l'on prolonge le chauffage un peu au-delà d'une demi-heure, un creuset d'argile y fond en une masse pâteuse sans forme, même quand il est composé d'une masse d'argile de toute la meilleure qualité. Si pour des cas particuliers, on doit élever la température encore plus haut, on peut, comme l'auteur l'a indiqué plus haut, se servir de creusets riches en alumine, préparés spécialement et à parois épaisses. Les creusets en magnésie, qu'on avait proposés, ne sont pas à recommander pour plusieurs raisons. Comme on le sait, la magnésie ne supporte au feu aucun contact avec l'argile, les creusets de magnésie éclatent facilement et, ce qui exclut leur emploi dans les excès de réfractairité, c'est ce fait que, à un chauffage énergique, la magnésie donne de la poussière et alors attaque les éprouvettes.

Le four doit être tenu constamment en bon état et notamment être très compact. Il faut remplacer constamment le conduit intérieur d'écoulement des scories au moyen de chamotte de la meilleure qualité en pâte molle, mais pas trop grasse ; les fentes et les

---

(¹) Si l'on veut employer un combustible exempt de cendres, compact et élevant le degré de chaleur, on peut prendre du graphite de cornue à gaz ; si on l'emploie exclusivement, il faut, pour le brûler complètement une plus grande pression de la soufflerie.

trous doivent être bouchés immédiatement. En faisant ceci régulièrement, on peut faire jusqu'à 100 chauffages dans le four sans avoir
à le refaire.

Le four, tel que l'auteur l'emploie, a été introduit dans diverses
fabriques de produits argileux et dans les Instituts publics et l'on
s'en sert aussi dans le laboratoire du *Tonindustrie Zeitung* (Journal
de l'industrie de l'argile). Dans ces derniers temps, Seger et Cramer
l'ont modifié dans quelques points peu importants ; comme on l'a
déjà indiqué, l'auteur n'a pas conservé la disposition primitive du
four de Deville.

S'il s'agit d'augmenter la température dans le four de Deville, il
faut en première ligne employer du combustible aussi pur que possible ; nous ne pouvons que l'indiquer en passant. Si de plus on
doit se servir des creusets plus grands, il faut renforcer la soufflerie
en conséquence et aider l'opération par un chauffage préalable,
c'est-à-dire faire le chauffage décisif dans le four déjà fortement
chauffé à l'avance.

**Contrôle du degré de chaleur obtenu au moyen d'un mélange
d'argile et d'alumine pure contenant de la silice.** — Dans les chauffages ordinaires qui ne sont pas particulièrement forcés, on peut
recommander comme essai de contrôle très sensible, ou si l'on veut,
comme pyroindicateur, l'emploi d'un mélange du meilleur schiste
connu avec de l'alumine renfermant plus ou moins de silice. Pour
une partie en poids d'alumine, on prendra 1,1 2/10, 1 4/10, etc., en
poids de silice. Les alumines siliceuses diversement acides ainsi
obtenues sont mélangées avec une partie en poids de l'argile spécifiée et avec ce mélange on moule des éprouvettes. L'addition d'argile donne aux éprouvettes un aspect plus semblable à celui
de l'argile et mieux comparable, ainsi qu'une consistance plus
ferme.

Les trois mélanges doubles ainsi obtenus et que, en raison de
l'addition de silice, on appelle pyroindicateur 1,1 2/10, 1 4/10, caractérisent par leur changement au chauffage, et notamment par comparaison entre eux, le degré de chaleur obtenu, de la manière la
mieux déterminée. Ainsi on doit admettre que l'on a atteint la température de fusion du fer doux, quand l'indicateur I présente une
surface de cassure encore absorbante, quand celle de 1 2/10 l'est
encore un peu et celle de 1 4/10 ne l'est plus du tout. Pour un degré
un peu moins élevé, les indicateurs 1 et 1 2/10 sont encore absor-
bants, mais 1 4/10 ne l'est plus ; pour une température un peu plus

élevée au contraire, l'indicateur 1 est à peine absorbant, les autres ne le sont plus. On aura des exemples du mode d'emploi de la méthode en l'appliquant aux argiles normales bien définies.

Revenons à l'examen pyrométrique plus approfondi et indiquons une action de contact qui mérite une attention particulière à cet égard, et à laquelle les matières réfractaires ont à résister au feu.

Dans les déterminations pyrométriques, on n'a pas seulement à observer les phénomènes physiques de l'action des températures élevées sur l'argile pour elle-même et les actions chimiques qui se produisent entre les éléments eux-mêmes ; il n'est pas moins important de prendre en considération la manière dont les masses d'argile se comportent vis-à-vis d'autres corps, et qui est souvent très difficile à contrôler à cause d'une combinaison d'effets, c'est-à-dire leur manière d'être à l'égard des substances différentes avec lesquelles elles sont en contact prolongé ou passager, pendant qu'elles sont très fortement chauffées dans la fabrication.

En ce qui touche l'action prolongée des résidus non combustibles des matériaux de chauffage, des éléments des cendres, ces dernières, scoriacées ou fluides, de même que les substances volatiles qui se dégagent, exercent une influence non seulement inévitable, mais aussi continue dans tous les chauffages directs.

Ce sont les ennemis permanents des matières réfractaires, sans que leur attaque, très différente suivant la nature chimique des cendres et souvent très inconstante, permette d'établir des règles fixes et qui conviennent toujours pour les combattre. Le fabricant doit donc toujours en tenir compte [1] et il sera bon d'indiquer ici la composition de quelques-unes de ces cendres, d'après des analyses de l'auteur et d'autres observateurs.

On s'est servi, pour les analyses des cendres suivantes, de charbon de terre, avec lequel on avait fait quelques déterminations pyrométriques ; l'ancien quotient de réfractairité a été calculé au moyen de ces analyses.

1. SCORIE DE CHARBON DE TERRE DE ZWICKAU. — Cette scorie est dure, compacte et pesante, sa poussière est gris foncé. Elle fond au rouge clair en une masse visqueuse, qui devient compacte et

---

[1] D'après Liegel, on peut rendre les pierres résistantes aux scories en faisant leur composition aussi conforme que possible avec celle des scories, en leur donnant un grain fin et en les cuisant aussi fort que cela se peut.

solide au refroidissement. A la température de fusion de l'acier, elle attaque un support d'argile bien plus que la scorie de Westphalie qui suit.

2. SCORIE DE CHARBON DE WESTPHALIE. — Elle paraît dure, boursouflée, et mélangée de morceaux de schiste. Elle fond également en une masse boursouflée sans consistance.

3. SCORIE DE COKE DE LA SAAR.

	N° 1	N° 2	N° 3
Silice	48,06	55,56	35,89
Alumine	25,26	23,42	19,53
Magnésie. . . .	1,44	1,05	10,44
Chaux.	5,11	4,23	10,99
Oxyde de fer . .	16,91	11,34	17,53
Potasse	2,98	3,56	2,89
Soufre.	0,46	0,36	2,47
Perte au chauffage (charbon) . . .	»	0,94	»
	100,23	100,36	99,74
Quot. de réfractairité	0,67	0,30	0,14
	2,01 nouveau	0,9 nouveau	0,42 nouveau

Parmi les substances pouvant venir accidentellement en contact, on a étudié spécialement l'action du verre et des scories de fer, comme le font connaître les recherches suivantes, bien que courtes et limitées. Comme les résultats peuvent présenter une certaine importance, nous les donnons en l'absence d'autres méthodes meilleures.

En ce qui concerne la scorie de fer, il faut remarquer qu'elle présente un caractère chimique variable — elle peut révéler une teneur en bases, et en particulier en chaux, plus ou moins élevée par rapport à la silice, ou une très forte diminution de celle-ci, une teneur en alumine ne servant qu'à saturer la silice ; suivant l'élément prédominant. elle agit donc d'une manière inégale sur les masses d'argile avec lesquelles elle vient en contact et il faut avant tout tenir compte du garnissage du haut-fourneau. Avec un lit de fusion ayant une teneur en silice égale, les scories qui se produisent suivant la marche du four peuvent agir d'une manière très différente sur les pierres réfractaires en matière argileuse, qui garnissent le four, même quand celle-ci est de même nature. L'expérience montre qu'une scorie de marche anormale attaque très fortement le garnissage par son oxyde de fer, le mange, tandis qu'en marche normale le même lit de fusion forme avec l'argile une masse si difficilement fusible, que la scorie adhère aux parois (elle se colle).

Pour essayer les argiles réfractaires au point de vue de leur tenue dans le feu à l'égard du verre, des scories de fer et de fourneau, on ajoute à l'argile à étudier 1/2, 1, 2, 4, etc. $^{0}/_{0}$ de verre ou de scorie de fer en poudre très fine ; on mélange intimement d'abord à l'état sec, puis en pâte, on sèche le mélange, on le broie à nouveau, et au moyen d'une quantité déterminée et mesurée on fait des éprouvettes en forme de cylindres. Les petits cylindres sont désignés par un numéro qui correspond à l'addition de verre, etc. Si ces éprouvettes, qui contiennent des quantités croissantes de verre, sont soumises à une chaleur vive, le verre produit dans les diverses argiles composées une fusibilité variable, celle-ci se manifestant plus tôt ou plus tard, et à un degré plus élevé ou moindre. Si donc on prend un certain degré, déjà assez avancé, de fusion comme type, on pourra déterminer de cette manière un degré normal pour la fusibilité d'une argile et sa résistance au verre fluide, etc. Par exemple, tandis que l'argile à pots de Grünstadt supporte une addition de verre de 16 à 18 $^{0}/_{0}$ avant de fondre à la température de fusion du fer doux, avec l'addition de scories de fer ce phénomène se manifeste déjà avec 7 à 8 $^{0}/_{0}$. L'action des scories de fer est donc deux fois aussi grande. En général le changement de fusibilité d'une argile par suite d'addition de verre ou de scories de fer est déterminé par sa position pyrométrique ; il y a cependant des exceptions spécifiques, que le procédé indiqué a pour objet de faire connaître pour une des substances mises en contact ou une autre. De plus, pour une même sorte de verre, il se produit une saturation plus tôt pour l'argile cuite (plus riche en substances) que pour l'argile non cuite. Il en résulte donc pour la pratique que, avec l'argile cuite, mais dans aucun cas pas trop faiblement cuite, la faculté d'absorption par le verre agit en sens contraire.

Si l'on fait abstraction de cette influence immédiate à déterminer des fondants sur les argiles, on peut les essayer d'une manière bien plus simple, par exemple pour leur manière de se comporter vis-à-vis des scories de four, en soumettant des éprouvettes soit directement au feu nu, soit plus prudemment en les mettant dans un creuset et en les y entourant des scories ou des fondants dont on veut étudier l'action. Après avoir déterminé pour les produits réfractaires ou les argiles cuites à essayer quel degré de chaleur ils supportent sans montrer de déformation par fusion, on en expose au feu nu, de la manière indiquée, des morceaux ou des éprouvettes moulées après réduction préalable en poudre fine, ou bien on les

soumet dans un creuset à l'influence de scories ou de toute autre
matière de contact jusqu'au degré de chaleur voulu et vérifié par
une épreuve de contrôle. Alors suivant que les éprouvettes sont
plus ou moins attaquées (¹), ou bien que, par suite de gonflement,
elles sont compactes, crevassées ou rongées, etc., on peut observer
les différentes gradations qui se manifestent dans la diminution de
la réfractairité pour des matières différentes sous l'influence des
scories de fourneau.

Dans un travail approfondi, et qui, en l'absence jusqu'à ce jour
de recherches semblables, est aussi plein de mérite que digne de
reconnaissance, Bunte a étudié la manière dont se comportent les
scories de cendres de charbon eu égard à la fusibilité et il a décrit
leur action sur la matière des pierres réfractaires dans le *Journal
fur Gasbeleuchtung* (Journal de l'éclairage au gaz, 1876, n° 11,
14 et 17.

Dans les analyses chimiques effectuées simultanément sur diverses scories de cendres, on n'a déterminé que les éléments qui
constituent en quantité prépondérante les cendres du coke et qui par
leur prédominance sont déterminatives pour la fusibilité des scories, à savoir l'alumine, la silice, l'oxyde de fer, la chaux et la magnésie ; les alcalis sont restés sans être déterminés.

Dans l'analyse, on n'a pas étudié à fond les différentes combinaisons sous lesquelles le fer se trouve dans les scories, mais on a calculé la teneur trouvée pour le fer sous forme d'oxyde de fer. Comme
point de repère approximatif pour la fusibilité d'une scorie, on prit
le rapport de la somme de l'alumine et de la silice à celle des fondants (oxyde de fer, chaux et magnésie). D'après cela, le calcul se
faisait d'une manière extrèmement simple, en ajoutant tout court
les nombres en pourcentage de l'analyse pour ces deux groupes
d'éléments, et en divisant l'une par l'autre les deux sommes obtenues, c'est-à-dire l'alumine + la silice par la somme de l'oxyde de
fer, de la chaux et de la magnésie, et on laissait de côté, sans les
considérer, les quantités d'oxygène et les rapports d'équivalence
des fondants. Il faut encore se rappeler ici que l'alumine et la silice
ne peuvent pas passer tout simplement pour des substances de
même valeur pour augmenter la difficulté de fusion. La silice joue
un autre rôle et elle est en état d'agir comme fondant.

(¹) Une scorie acide, et notamment un sable argileux fondu attaque le kaolin, par
exemple, d'une manière frappante. (L'auteur).

La recherche s'étendait à six sortes de coke rangées suivant la réfractairité calculée ; elles avaient la composition suivante, qui a servi à calculer les quotients de la manière indiquée ; on y a ajouté ces nombres corrigés en tenant compte des quantités d'oxygène et les quotients de réfractairité calculés au moyen de la composition chimique.

Les sortes de cokes sont rangées suivant les quotients décroissants :

	I	II	III	IV	V	VI
	Coke bohémien Littitz	Westphalie Consolidation	Saar Heinilz I	Anglais Leverson, Walsend et Primerose	Haute-Silésie Luisen-Grube	Saxe Forst Schacht
Silice	51,43	50,82	51,90	48,00	38,47	33,62
Alumine.	32,91	28,09	25,27	24,82	20,86	18,24
Oxyde de fer	11,57	15,81	12,33	19,24	11,62	25,62
Chaux.	2.67	2,11	3,60	10,87	18,41	20,10
Magnésie.	0,95	»	2,66	»	9,06	2,43
	99,53	96,83	95,76	102,93	98,42	100,01
Quotient de Bunte	5,55	4,40	4,15	2,42	1,52	1,08
Quotient corrigé	4,13	3,56	2,88	1,78	0,9	0,75
Quotient de réfractairité (calculé à la manière antérieure)	2,49	1,63	1,11	0,75	0,42	0,33

Pour ce qui regarde la première série de quotients calculés au moyen des tableaux précédents et qui en gros montrent entre eux les mêmes rapports que ceux que j'ai introduits, Bunte a trouvé que, pour les quatre sortes de cokes difficilement fusibles qui se suivent, le calcul s'accorde suffisamment avec l'observation. Pour les cokes de Bohême et de Westphalie, dit-il, les scories de cendres paraissent en accord avec les observations faites dans le fonctionnement de la cornue à gaz de Schlitz, qui les montrent comme les plus difficiles à fondre ; de même pour les cokes de la Haute Silésie et de la Saxe, la situation des éléments des cendres correspond à la manière d'être qu'on a observée.

En ce qui concerne la non concordance du calcul pour les cokes

de la Sarr et d'Angleterre, dont Bunte ne parait pas avoir cherché
la cause, elle doit presque indubitablement être attribuée à une
inexactitude de l'analyse de ces deux cokes, qui, rapportées à 100,
montrent les plus grands écarts parmi toutes les scories examinées.
Pour le coke de la Saar, il manque 4,24 pour cent à 100 tandis que
pour le coke anglais il y a 2,93 pour cent en trop; ces différences
(perte ou excédent) sont bien assez grandes pour donner lieu à un
calcul tout différent et plus satisfaisant au point de vue d'un accord
favorable.

Pour le coke de la Saar, le nombre est évidemment trop élevé
parce qu'on a admis une trop petite quantité de fondant, et inversement, pour le coke anglais, il a été calculé trop bas à cause de la
trop grande quantité de fondant.

Si, pour le coke de Saar, les 4,24 pour cent qui manquent à 100
sont introduits dans le calcul comme alcali ([1]), le quotient de réfractairité tombe de 0,37 à 0,31 et ce dernier nombre correspond au
rapprochement que Bunte, s'appuyant sur l'observation, a fait avec
le coke de Saxe (0,14) plutôt qu'avec celui de Westphalie (0,56).
Si donc en se basant sur le calcul, le coke de la Saar ne parait
pas plus fusible que le coke anglais, il faut prendre garde que
l'analyse du coke anglais est fautive par suite d'un excès de
2,93 pour cent et qu'elle ne peut pas être regardée comme déterminative.

Si l'on voulait considérer cet excès comme du fondant et le porter en déduction, la difficulté de fusion et par suite le quotient de
réfractairité augmenteraient d'une manière correspondante. D'après
tout cela, on peut regarder comme à peu près certain que le manque
d'accord dans les deux analyses doit être recherché dans des inexactitudes qui se sont produites et par suite ces deux cas non concordants ne peuvent pas entrer en ligne de compte vis-à-vis des quatre
autres qui s'accordent et détruire les conclusions légitimes qui en
résultent.

J'en viens maintenant aux conclusions finales de Bunte, basées
sur l'observation que « plus la scorie d'une sorte de coke coulait facilement, plus elle déterminait la fusion de la pierre de Schlitz », ce
qui par le fait s'explique suffisamment; mais en ce qui regarde cette
affirmation simultanée que « la matière de la pierre de Schlitz (pour

([1]) D'après des analyses faites par Liegel sur le coke de la Saar, et de la mine d'Al-
tenwald, la teneur en alcalis s'élève à 4,95 $^0/_0$.

laquelle on avait employé de la chamotte de Stettin) [1] se compose des mêmes éléments acides qui donnent lieu à la résistance au feu des scories de coke », il faut signaler que des substances sans contredit les mêmes, mais dans des rapports tout différents, peuvent produire ici une grande difficulté à la fusion et là une fusion facile. Au moyen d'alumine et de silice chimiquement pures, on peut préparer un mélange, qui se montre assez facilement fusible, quand la dernière prédomine, et qui au contraire est extrêmement difficile à fondre quand c'est l'alumine qui domine. Si donc, par exemple une argile ou une masse quelconque contient 20 ou 30 ou même 40 pour cent d'alumine, sa difficulté de fusion est non seulement très différente, mais elle est élevée à un degré extraordinairement important. La distinction dépend donc des rapports des quantités et non pas des éléments semblables qui peuvent être présents.

Bunte dit de plus que des pierres de silice pure ou d'alumine pure ont été peu à peu décomposées par les scories; en fait il n'y a rien à objecter à cela ; mais si l'on admet qu'avec les deux substances, et notamment avec l'alumine, on puisse faire des pierres qui n'absorbent pas, il se produirait alors une attaque superficielle infiniment moindre et une fusion beaucoup plus lente; et par suite la conséquence serait une faculté de résistance incomparablement plus grande. L'alumine pure est bien infusible par elle-même dans nos foyers, mais on doit empêcher les scories d'y pénétrer et d'en déterminer la fusion.

Dans l'hypothèse, bien entendu, que les masses de pierres supportent toujours sans déformation le degré de chaleur auquel elles sont soumises, un moyen d'empêcher au moins en partie l'action chimique des scories fondantes (et il faudrait aussi tenir compte des autres substances volatiles) [2] devrait être recherché dans la

---

[1] D'après l'analyse donnée par Bunte, la composition de la pierre de chamotte était :

Silice	56,98 %
Alumine	40,44 »
Oxyde de fer	1,85 »
Chaux	0,69 »
	98,86 %

[2] Aux influences perturbatrices des scories de cendres de coke, il faut encore ajouter que, d'après HAMMERBACKER (*Tonindustrie Ztg.*, 1878, n° 23), les substances qui accompagnent la vapeur d'eau peuvent exercer une forte action chimique sur les pierres. Il a trouvé, au moyen d'une détermination quantitative, que dans les produits de la combustion entraînés par l'eau il se trouve des quantités non sans importance d'acide chlorhydrique, sulfurique, phosphorique, des terres, des alcalis, auxquels les pierres réfractaires sont toujours exposées, suivant la constitution du combustible.

fabrication de pierres plus compactes, ou déjà rendues plus compactes pour le bain de scories, et c'est ce que Bunte donne à entendre d'une manière générale. L'effet le plus à craindre réside ici dans l'imbibition des pierres, c'est-à-dire si elle sont justement trop poreuses. Elles attirent alors avec avidité les scories fluides, qui exercent dans leur intérieur leur effet expansif, en diminuant leur cohésion, et qui, en enveloppant comme d'un réseau les parties. ébranlées, les exposent infailliblement à la décomposition. On doit y avoir d'autant plus d'égard que la scorie est plus facilement fluide, et par suite ici, pour le coke de Zwickau, de la Haute Silésie et même aussi de Saarbruck. Un exemple de la très grande importance de la compacité de la pâte nous est fourni par un cas où une pierre de fourneau à manche, à haute teneur en alumine et provenant d'une des fabriques allemandes les plus renommées, n'a pas tenu parce qu'elle était attaquée par les scories, tandis qu'une autre marque inférieure, mais cuite plus compacte et provenant d'une autre fabrique sans importance, s'est très bien comportée.

Dans ce cas, le point essentiel consistait dans une cuisson rendant la pierre aussi compacte que possible, pour ne pas lui laisser absorber les scories, ce qui n'était pas le cas pour la première marque. Sans la compacité nécessaire, la composition la plus alumineuse et la plus réfractaire ne sert de rien.

On doit donc ici s'opposer en première ligne à l'imbibition (¹) par les scories, mais il faut observer en même temps que plus une pierre est réfractaire, plus faiblement elle coulera par attaque à sa partie extérieure. Dans tout cela il faut toujours se rappeler cette vieille loi fondamentale bien connue que pour des scories basiques, comme celle du coke de Bohême et de Westphalie, il faut préparer les pierres aussi basiques que possible, et que pour les scories acides, comme celles du coke de la Haute Silésie et de la Saxe, elles doivent être pratiquement acides.

Si les recherches de Bunte ne laissent aucun doute sur ce que plus la scorie d'un coke coulait facilement et plus les pierres réfractaires, et notamment celles de Schlitz étaient attaquées, on ne doit pas perdre de vue qu'on se trouvait dans un cas particulier où cet effet se produisait sur des pierres à haute résistance qui, chauffées à une très haute température, avaient à lutter contre une ab-

---

(¹) Un coulage des scories sous forme de couverture mince, constitue un protecteur contre la pénétration de la flamme bleue.

sorption d'autant plus rapide des scories. « Pour le coke anglais moins facilement fusible, l'attaque n'était déjà plus aussi active » ; pour le coke de Westphalie, qui vient en seconde ligne, « la maçonnerie avait été à proprement parler détériorée par la dislocation mécanique des scories dures qui étaient fixées dans son intérieur ». Ceci nous donne cette indication importante que, pour une certaine fluidité pâteuse, la pierre présente une résistance suffisante, si elle est seulement très difficile à fondre, même quand elle serait encore absorbante. La scorie était trop pâteuse pour être encore absorbée par la masse pierreuse et il s'en suit que, pour un état moins pâteux, il faut préparer les pierres de sorte qu'elles se comportent de la même manière pour s'opposer à la pénétration des scories. Ce fait qu'en général la pierre de Schlitz était plus attaquée par les sortes de cokes donnant des scories plus fusibles et plus coulantes, doit s'expliquer parce que le fondant se présente plus abondant et plus riche dans la même unité de temps et par suite produit la décomposition sur une échelle plus étendue.

Néanmoins il se produira toujours une destruction progressive, parce que nous avons toujours à faire avec des masses qui ne sont pas absolument réfractaires ou complètement inattaquables, mais qui ne sont que relativement infusibles ; cependant la solution du problème de l'industrie réfractaire : augmenter la faculté de résistance relative, doit être poursuivi ici sans cesse, soit par une préparation appropriée de la matière des pierres, soit en agissant judicieusement sur les scories au moyen d'additions convenables. Le travail remarquable que nous avons cité donne là-dessus des indications dans des points nombreux.

Arrivons maintenant à l'examen pyrométrique ou au mode d'essai des diverses matières, telles que les produits réfractaires, le quartz et le grès, le graphite et la masse des creusets à graphite.

PRODUITS RÉFRACTAIRES. — L'argile cuite ou les produits qu'on a fabriqués avec elle, exigent que la chaleur de l'essai agisse plus longtemps que quand elle n'est pas cuite ; dans son essai pyrométrique, il faut donc la chauffer plus souvent ou plus fort que l'argile fraîche. Si l'on se sert pour cela des argiles normales, il est avantageux d'employer aussi celles-ci à l'état très cuit, parce qu'alors les phénomènes de chauffage acquièrent une similitude favorable et que la comparaison immédiate en est rendue plus facile.

Si, comme nous l'avons souvent indiqué, il y a souvent, dans les essais de réfractairité des argiles, une valeur pratique à déterminer

la température à laquelle elles fondent complètement et aussi à
fixer chaque fois quand elles commencent à fondre ou à se déformer, les fabricants doivent avoir pour règle de reconnaitre jusqu'à
quelle température elles se conservent sans changement essentiel
de forme. Si l'on a d'abord reconnu quand l'objet fabriqué s'est
complètement fondu de la même manière qu'une argile normale, il
faut encore déterminer, en s'appuyant sur plusieurs chauffages, à
quelle température elle résiste encore. Si, pour des matières inférieures, c'est l'argile normale la plus basse qui intervient, il s'agit
de fixer la position supérieure ou inférieure de cette argile limite
par rapport à l'objet fabriqué. Il est recommandable alors d'employer comme éprouvettes non seulement des morceaux pris en
différents endroits de l'objet, mais aussi de se servir d'une éprouvette
moyenne moulée avec la poussière la plus fine, parce qu'on aura
en même temps une indication non sans importance qui fera connaître si l'on a un objet en chamotte, ou s'il contient divers mélanges, notamment du quartz ou du sable. Pour les objets en chamotte, en règle générale, on n'observe entre les deux épreuves que
des différences nulles ou très faibles. Si le mode d'essai suppose
des exigences encore plus grandes que celles auxquelles la pierre
aura en règle générale à résister dans son emploi au feu, on pourra
par là juger de ce quelle pourra supporter à un chauffage longtemps
continué et quelquefois forcé, on pourra décider si la pierre est en
chamotte pure ou si elle contient d'autres additions et des impuretés en quantités notables et l'on sera averti en ce qui concerne
les exigences plus élevées dans des cas particuliers.

Schiste. — Si l'on fait abstraction de la fusion complète qui doit
d'abord être obtenue à température extrêmement élevée, on peut comparer entre eux les schistes et autres argiles occupant une situation
pyrométrique particulièrement élevée par une méthode dépressive
en mélangeant leur poudre avec 50,100 et 200 pour cent de l'argile
normale la plus inférieure, en moulant des éprouvettes avec ce mélange et soumettant celles-ci à une température se rapprochant de
celle de la fusion du platine. L'argile, qui occupe une situation pyrométrique basse, fond pour un écrasement moindre que celle qui
est plus élevée. Dans les mélanges, il faut éviter d'écraser les grains
de sable trop fin. Ce mode d'essai permet en particulier de reconnaître clairement que les kaolins occupent une situation plus basse
que les meilleurs schistes.

Quartz et grès. — Pour les essais à haute température de quartz et de grès, qui sont donnés dans le chapitre suivant (quatrième), auquel nous renvoyons ici, l'absorption d'un fluide coloré ou d'un trait fait à l'encre est un caractère qui indique que l'échantillon n'a pas encore pris l'état vitreux. La production de poudre en grattant avec un couteau l'échantillon chauffé ne donne aucun indice qu'il ait été fondu, car une masse à demi vitreuse donne elle-même de la poussière.

GRAPHITE. — Pour ce qui regarde le mode d'essai pyrométrique du graphite, nous renvoyons également à la section du quatrième chapitre qui traite de la détermination de la valeur de cette addition pour les argiles réfractaires. Pour ce qui touche les creusets en graphite eux-mêmes, on va décrire encore ici une méthode d'épreuve simple de l'auteur.

Pour faire l'essai comparatif de diverses masses d'argile composées, on en moule de petits creusets, qui doivent être préparés avec soin, surtout en ce qui touche l'uniformité d'épaisseur des parois. Quand ils ont été séchés d'abord progressivement, puis vivement, on prend quatre de ces creusets, on les place sur une plaque munie d'un couvercle, les deux qui sont opposés l'un à l'autre provenant de la même masse, et on les expose deux fois consécutivement au feu nu, la deuxième fois assez longtemps, pour qu'on puisse y observer des parties rongées ou même une fusion partielle. Quand on n'a pas de point de repère par ailleurs, il faut déterminer la température à ce nécessaire par des recherches préalables. On a ici comme contrôle que les deux petits creusets opposés doivent présenter le même aspect, c'est-à-dire les mêmes phénomènes de fusion. Si ce n'est pas le cas, l'expérience doit être rejetée et il faut la recommencer jusqu'à ce qu'on puisse constater de cette manière un résultat semblable sur les deux éprouvettes et par suite reconnaître une différence plus ou moins accusée entre les deux masses d'argile expérimentées. En opérant convenablement, la manière d'être des creusets les uns par rapport aux autres, sous l'action de la chaleur et de l'attaque par les scories, donne un moyen de mesure.

MODE D'ESSAI INDIRECT APPLIQUÉ DANS LA GRANDE PRATIQUE. — En laissant de côté d'autres modes d'essais indirects connus de l'auteur, mais décrits d'une manière trop peu précise, on peut indiquer ici un mode de détermination pyrométrique, qui est en partie caractéristique. Aux hauts fourneaux de la Haute-Silésie, pour juger si les briques réfractaires peuvent être employées comme pierres de haut fourneau, on ne détermine pas leur réfractairité absolue, mais on procède à l'essai suivant, qui est dépressif, c'est-à-dire qui diminue la difficulté de fusion. Après qu'il a été écrasé aussi fin que possible, le produit réfractaire en question est mélangé avec 10 pour cent de scories de haut fourneau (¹), et les petites briques qu'on moule avec sont exposées pendant 4 1/2 heures sur le pont à la chaleur d'un four à réchauffer.

De bonnes pierres employables doivent supporter ces épreuves sans se déformer ou se fondre. Au point de vue de la résistance mécanique qu'on demande à la pierre, on admet que si le rapport de l'oxygène de la silice est à celui des bases comme 1,049 : 1, et si la silice et l'alumine sont entre elles dans le rapport de 1,4 : 1, on a atteint un degré suffisant de résistance aussi bien mécanique que pyrométrique. Ce procédé repose sur des hypothèses qui ne sont pas justifiées par des recherches et qui par suite n'ont pas de bases bien certaines, bien qu'elles puissent s'accorder dans un cas ou un autre ; dans tous les cas, il faut considérer que des masses d'argile différentes forment aussi des combinaisons différentes en raison de leur composition et que par suite elles doivent se comporter différemment par rapport aux scories des hauts fourneaux.

C'est le même principe qui est suivi dans l'analyse dite quantitative indirecte de la réfractairité, procédé qui, d'après Kosmann, est appliqué en Amérique. On détermine la difficulté de fusion en mélangeant à l'argile une certaine quantité de fondant et l'on cherche à quelle température le mélange fond, en tant qu'on peut fixer cette dernière (*Leipziger Töpfer-Ztg.* 1894 ; n° 20).

Nous indiquons maintenant le mode d'essai au moyen d'argiles naturelles, des argiles normales.

On compare immédiatement les phénomènes que les argiles à essayer manifestent au chauffage avec ceux des argiles normales en soumettant de petites éprouvettes cylindriques préparées avec elles à un degré de chaleur, qui ne doit jamais être trop faible, et qui doit être plus élevé pour les argiles qui occupent une position pyrométrique plus élevée que pour celles qui en ont une plus basse ; ces éprouvettes sont disposées sur la même plaque, et chauffées ; et l'on observe avec laquelle des argiles normales l'argile à essayer coïncide ou quelle est celle dont elle se rapproche plus ou moins. Il faut tenir compte ici des règles de précautions que nous avons indiquées

---

(¹) D'après l'analyse, elles se composent de 8,37 °/₀ d'alumine, 37,66 °/₀ de silice, 19,79 °/₀ de magnésie, 26,99 °/₀ de chaux, 2,67 °/₀ d'oxydule de fer, 2,20 °/₀ d'oxydule de manganèse et 3,02 de sulfure de calcium.

plus haut pour le chauffage, des modes de contrôles formulés et de l'accord qui doit exister entre divers termes de comparaison choisis différents à dessein. Dans ce procédé, on conclut à proprement parler du connu à l'inconnu et plus on sera familiarisé avec les règles posées par un exercice préalable étendu, plus la conclusion ou le jugement sera concluant. Les chauffages se feront exactement de la manière qu'on a indiquée plus haut en détail. Les argiles à essayer seront en double échantillon et placées assez loin les unes des autres et de telle manière que les éprouvettes semblables occupent des positions opposées sur le plateau ; on aura de la sorte un contrôle qui indiquera si la chaleur a été uniforme dans la zone de chauffage, et qui permettra de reconnaître immédiatement si tel n'a pas été le cas. Dans ce dernier cas, il faudra recommencer l'essai jusqu'à ce que les éprouvettes semblables s'accordent comme aspect. En règle générale, on constate une grande uniformité, le contraire ne se produit que rarement quand le four est détérioré sans qu'on y ait pris garde, ou quand on a d'ailleurs négligé les règles de précaution que nous avons indiquées.

IV. — LES ARGILES NORMALES

1. Partie générale

Quand tout autre mode d'examen est insuffisant pour la pratique ou donne des résultats trop incertains, il faut s'en rapporter à des règles. Celles-ci doivent pouvoir se traduire en nombres aussi surs que possible et comparables. C'est de cette manière de voir que découle l'ancienne classification des argiles normales [1], primitivement purement empirique et où, pour l'essai des argiles réfractaires, on s'appuie immédiatement sur les argiles réfractaires connues et employées dans l'industrie. Le problème consiste, tout en restant en contact intime avec la fabrication qui progresse toujours et avec l'expérience en grand, à donner un con-

---

[1] L'opération du classement des argiles normales ou l'établissement des règles, peut reservir tout naturellement à toutes propriétés en évidence des argiles aussi bien qu'à leur réfractairité. On choisit des argiles aussi connues que faire se peut, dans lesquelles l'une ou l'autre des propriétés à comparer ressort d'une manière particulièrement claire et on en fait l'objet d'études et d'essais approfondis. Si l'on compose maintenant d'autres matières étrangères avec ces échantillons déterminatifs, on se trouve en état de porter un jugement précis sur une manière d'être difficile à déterminer pour elle-même. Voir OLSCHEWSKY, *Töpfer-u-Ziegler Ztg.*, 1880, n° 36.

trôle réciproque, notamment des argiles normales les unes par rapport aux autres. On ne doit conclure du connu à l'inconnu, que quand ce connu a été confirmé empiriquement et en même temps expérimentalement, ou qu'il est indiscutable. Si l'on a découvert de la manière la plus complète les propriétés des argiles choisies comme normales, et si l'ensemble de leurs caractères exacts sert dans une certaine mesure à les individualiser, il devient relativement facile de trouver ce que d'autres argiles, qu'on leur compare, ont de semblable ou de dissemblable, et non seulement de les juger d'une manière plus approfondie et plus complète, mais encore de se faire une idée parfaitement déterminée de ce que sont en général les argiles à essayer (¹). Les argiles normales aussi peuvent encore servir à indiquer comment les essais pyrométriques doivent être dirigés, ainsi que cela résulte de ce qui suit plus loin.

Donc, plus ces argiles normales auront été complètement étudiées à tous les égards imaginables, non seulement plus nous les connaîtrons, mais plus augmenteront les points de repères qui se contrôlent réciproquement. Ainsi l'expérience, comme base, et l'étude incessante des argiles normales, comme moyen, se compléteront réciproquement au moyen d'études et de comparaisons continues. Il faudra s'y garder des hypothèses ingénieuses ou systématiques, qui non seulement imposent une certaine contrainte aux épreuves, mais qui, parce qu'elles s'appuient toujours sur certaines suppositions hypothétiques, laissent trop facilement le champ libre pour les conceptions erronées.

Les argiles normales, classées systématiquement, embrassent toutes les argiles de grand feu, depuis la plus élevée qu'on connaisse jusqu'ici jusqu'à la plus inférieure, qui se trouve également dans la pratique, et qui, par exemple sur le Rhin comme ailleurs, constitue la démarcation expérimentale entre les argiles extrêmement réfractaires et les argiles réfractaires communes employées dans la

---

(¹) Les argiles normales, avec la signification qu'on y attache jusqu'ici, sont donc devenues pour beaucoup de producteurs et de consommateurs un moyen de mesure utile et certain, qui sert de base à des achats et à des ventes importantes. Les argiles normales en tant que types ou avec leurs individualités généralement connues ont été accueillies favorablement dans les fabriques et les instituts. Pour appuyer ce jugement je peux aller encore plus loin en donnant l'opinion de l'ancien propriétaire de la fabrique de produits réfractaires de Stolberg, près Aachen, R.-Keller. Il s'exprime ainsi dans un rapport : « J'ai trouvé que les indications de Bischof (relativement aux argiles normales) que j'ai employées assidûment depuis des années, sont vérifiées d'une manière réellement frappante par la pratique. » (R. KELLER, *Rapport sur la fabrication et l'emploi des pierres réfractaires*, 1880).

technique des usines. Pour la constitution des argiles normales, on a pris comme types des argiles en évidence, et qui, dans les régions industrielles du Rhin, en Westphalie, en Silésie, Bohême, etc., appartiennent à celles qui sont généralement connues et qui sont les plus pures, à l'exclusion de celles qui sont riches en sable ou qui manquent par trop d'uniformité.

Quand on recueille de la matière pour constituer les argiles normales, il faut faire attention que les morceaux, triés un à un et aussi semblables que possible d'aspect qui proviennent d'un amas d'argile et en règle générale d'une couche déterminée de celui-ci, sont toujours un peu plus élevés au point de vue pyrométrique, que des échantillons divers du même gisement, qui peuvent être en partie sableux ou impurs. Le mélange d'un grand nombre d'échantillons moyens se comporte donc en règle générale comme ayant moins de valeur que des échantillons individuels, uniformes et triés. Il nous faudra donc donner la préférence au mode d'opérer qu'on vient d'indiquer, non seulement à cause de la plus grande uniformité, mais encore pour classer les argiles normales plutôt plus haut que plus bas, afin que, dans aucun cas, les essais ne conduisent à donner une valeur exagérée aux argiles. Il faut donc prendre, pour constituer les argiles normales, des morceaux triés et paraissant aussi uniformes que possible quant à leurs caractères extérieurs, et préparer la matière normale moyenne toujours en grande quantité. La préparation d'une provision de matière pour les argiles normales qu'on vient d'indiquer, qui a été éprouvée et qui est aussi simple que relativement sure, quand on a un peu d'expérience des caractères non équivoques d'uniformité, doit être suivie rigoureusement pour ne pas s'exposer à des changements perturbateurs, bien que facilement reconnaissables, dans la qualité de l'argile naturelle. Il faut donc s'en tenir à la meilleur qualité rencontrée, ou tout au moins à une bonne qualité moyenne pour chaque argile choisie comme normale, parce qu'on peut la constituer avec une constance étonnante, comme le montrent de nombreuses années de recherches et de répétitions de ces opérations.

Chaque fois qu'on préparera une nouvelle provision, on devra comme contrôle de la similitude, déterminer au moyen des essais pyrométriques et d'analyses chimiques si l'on a bien la même matière ou s'il ne s'y est produit aucun changement important. Si ces deux déterminations s'accordent avec celles de l'argile primitive, on ne peut conserver aucun doute sur l'identité de matière.

En ce qui touche une différence de constitution entre les argiles normales, elle est généralement d'autant moindre que l'argile occupe une situation plus élevée. Ainsi pour l'argile normale la plus élevée, il est sans importance de la prendre parmi les meilleures argiles schisteuses du Rhin (Saarbruck) ou de Silésie (Altwasser) ou de Bohême (Kladno et Rakonitz). Malgré le grand éloignement de ces gisements, si l'on n'y choisit que des morceaux de la meilleure couche, c'est-à-dire en règle générale de la plus pure ou de celle qui donne à la cuisson une matière d'un blanc pur, leur situation pyrométrique est étonnamment la même, de telle sorte qu'on ne peut établir de différences qu'au moyen de recherches très soignées et d'une température extrêmement élevée.

De même pour les argiles normales de la deuxième classe (kaolin lévigé de Zettlitz), de longues années de recherches pyrométriques et les analyses chimiques, concordant de très près et exécutées par des chimistes différents, ont établi que les variations de composition sont très peu importantes. Pour les meilleures variétés de l'argile de Briesen, qui a été admise récemment, les analyses s'écartent aussi très peu les unes des autres.

Il en est à la vérité autrement pour les argiles normales situées plus bas et généralement plus impures. Toutefois une série d'analyses pour l'argile normale de la cinquième classe (argile de Grunstädt), par exemple paraît établir qu'ici encore les différences oscillent dans des limites déterminées et très étroites. Au moyen d'analyses et de déterminations pyrométriques, on a aussi trouvé d'une manière définie à quelles erreurs extrêmes on est exposé. Pour trouver la distance pyrométrique entre les argiles normales, elles ont en quelque sorte été titrées, par rapport à leur plus ou moins grande fusibilité, au moyen d'une addition, composée de parties égales en poids de silice et d'alumine pure, et qu'on désigne brièvement sous le nom d'addition normale. On a pris comme point de comparaison la manière dont se comporte l'argile de la première classe à laquelle on avait ajouté une partie égale d'addition normale et qu'on avait chauffée à un degré de chaleur déterminé. La réfractairité ainsi caractérisée (F) de cette argile normale la plus élevée, d'Altwasser, a été pour plus de simplicité posée égale à 100. Mais comme l'étude pyrométrique a montré que la fusibilité de cette argile normale supérieure coïncide de très près avec celle de l'addition normale, et par suite peut être regardée comme identique, on n'a plus mis d'addition et, dans l'exécution des essais, l'argile a été employée telle quelle. Pour une argile qui exige le double d'addition pour se montrer aussi difficile à fondre à la même température de l'essai, $F = 100 - 2$, et afin de constituer une échelle à intervalles plus grands, cette quantité d'addition a toujours été multipliée par le même facteur qu'on a pris égal à 10. Pour l'argile en question on a donc : $F = 100 - (2 \times 10) = 80$, ou rapporté à $100 = 80\ ^0/_0$. Pour une argile qui avait reçu trois fois autant d'addition, $F = 100 - (3 \times 10) = 70$, c'est-à-dire que c'est une argile à $70\ ^0/_0$ et ainsi de suite en général : La quantité en poids de l'addition normale, ou son nombre multiplié par 10 et retranché de 100, donne le degré de réfractairité rapporté à 100 de la manière indiquée, ou en pourcentage.

Il ne faut pas dissimuler que, pour cette méthode, la suite des recherches et des expériences ont montré que le procédé de titrage présente certaines défectuosités.

La classification adoptée jusqu'ici des 7 argiles normales, qui avaient été rangées en 7 classes au point de vue de leur fusibilité, en ordre décroissant, était, comme on l'a dit plus haut, une classification « arbitraire » c'est-à-dire que l'on a prévu que suivant les circonstances ou les nécessités, on pourra y apporter par voie de correction les changements correspondants aux progrès. On avait ainsi choisi comme argiles normales celles qui, parmi les mieux connues d'alors, paraissaient les plus déterminatives et qui représentaient de la manière la plus convenable les diverses argiles réfractaires en général. Depuis cette époque, il est survenu des argiles en partie nouvelles, inconnues jusqu'ici, dont la représentation parmi les argiles normales ne doit pas être négligée.

En dehors de la manière dont les argiles normales se comportent à la température des essais, qu'on avait désignée d'une manière trop peu déterminée comme température de fusion du fer doux (S.-S) et qui doit être définie d'une manière plus exacte, il faut encore étudier leur allure à divers degrés de chaleur moindre et effectuer une série de déterminations pyrométriques complémentaires.

Résumons rapidement les caractères principaux qui sont en faveur des argiles normales qu'on a choisies.

Elles donnent une base pratique, pour laquelle, au lieu d'une seule argile, il y en a toujours, pour servir de comparaison, plusieurs classées systématiquement, et comme on l'a dit, fournissant des

contrôles pyrométriques et analytiques réciproques (¹). On a ainsi
toujours un grand nombre de points de comparaison dont l'accord
rend le jugement plus complet. Chaque argile normale, étudiée dans
ses divers caractères et individualisée par ses propriétés, permet de
constituer un tableau à éclaircissements multipliés et par suite
étendu, qui permet de tirer des conclusions d'une manière d'autant
plus complète et plus synoptique. Presque toutes les argiles normales constituent des représentants de chacun des groupes d'argiles
déterminés. Elles permettent donc non seulement de découvrir quelle
situation les argiles à essayer occupent parmi elles, de voir si elles
s'en approchent plus ou moins et par suite de les identifier dans les
cas favorables, qui ne sont pas du tout rares ; mais encore de décider à quel groupe elles appartiennent, ou quels écarts existent de
nature à fournir des éclaircissements nouveaux et méritant d'être
suivis dans des cas donnés (²). On peut d'après cela assigner aux
argiles qu'on essaie une place parfaitement déterminée et qui,
comme on le verra plus loin, peut se préciser progressivement d'une
manière plus nette et plus convaincante jusqu'à ce qu'on arrive à
une entière certitude. La question, qui se pose presque comme règle
dans les essais d'argiles réfractaires : à quelles argiles connues sont
elles équivalentes et peuvent elles servir de remplaçantes, se résoud
immédiatement d'elle-même par l'application des argiles normales.
Comme nous le répétons et comme les recherches le montrent, par
cette méthode d'essai l'étude toujours plus complète des argiles
normales aide à leur connaissance et facilite celle des argiles qu'on
leur compare, de même que d'un autre côté l'établissement de tout
fait pyrométrique nouveau exige la connaissance des argiles réfractaires. La méthode repose donc sur le réciprocité la plus approfondie des faits, qui augmente les points de comparaison, et en même
temps simplifie la pratique et la rend plus rapide, ce qui n'est pas
un mince avantage. Grâce à une préparation convenable, elle permet
de faire en quelques heures l'essai au feu de dix argiles à étudier et
de fixer leur situation pyrométrique. Les mélanges artificiels, dans
l'hypothèse bien entendu qu'il n'y a ni erreur de pesée ni méprise
possible et que la pureté des substances employées a toujours été

(¹) Les résultats chimiques et pyrométriques doivent s'accorder et, abstraction faite
de petites variations, au plus grand F. Q. doit correspondre la réfractairité la plus
élevée.

(²) Voir plus loin les essais effectués au moyen des argiles normales et les propositions pyrométriques qui en découlent.

contrôlée, ne peuvent pas entrer en ligne de compte avec les argiles normales naturelles et conduisent bien plutôt à des abstractions sans base comparable. On ne doit pas perdre de vue que les phéno_ mènes de fusion des mélanges artificiels ne peuvent pas se comparer immédiatement avec ceux des argiles. Comme on l'a dit à plusieurs reprises, la condition nécessaire pour les comparaisons pyrométriques, c'est que les objets en présence se comportent d'une manière égale ou tout au moins semblable dans les phénomènes de chauffage ; plus une masse qui fond se comporte d'une manière dissemblable avec une argile qui fond, et plus il sera difficile de tirer une conclusion. Pour les mélanges artificiels, qui se composent d'un mélange mécanique d'éléments pulvérisés et variables dans leur constitution, cette similitude fait défaut.

Ici ce sont les constituants individuels ou les combinaisons plus ou moins incomplètes qui se forment, ainsi que les circonstances différentes, qui jouent un plus grand rôle, ce qui n'est que peu ou pas le cas pour les argiles naturelles, où il y a déjà des combinaisons préexistantes qui prédominent (¹).

Il résulte de là que la pratique s'appuie bien plus volontiers sur des résultats expérimentaux, qui peuvent arriver à s'établir scientifiquement au moyen de recherches, que sur des théories qui donnent lieu à des objections. Si les argiles normales ne donnent pas des résultats absolus, comme il faut le remarquer au point de vue scientifique strict, en règle générale, à cause des multiples avantages des mélanges artificiels comme moyens de comparaison pyrométrique, elles fournissent des points de repères très satisfaisants et qui sont assez souvent justifiés.

On a reproché à l'institution des argiles normales : qu'elles sont choisies arbitrairement et qu'on ne peut pas se les procurer d'une manière générale. Les argiles normales n'ont été admises arbitrairement et à volonté qu'autant qu'on peut les remplacer par d'autres également bonnes, ce qui est justement la condition que doit remplir une argile pratique par le fait et qui tient compte des circonstances. Si l'on n'était pas en état de remplacer à toute époque une argile normale par une autre qui lui soit égale, elles ne constitueraient réellement pas des types. Comme on l'a déjà dit plus haut, il faut se réserver, suivant les circonstances, ou les besoins d'y apporter les changements correspondants. Un arbitraire réel ne doit donc

(¹) Voir *Tonindustrie Ztg.*, 1898, n° 51.

pas donner lieu à un reproche, puisque les argiles normales embrassent tous les degrés depuis les argiles les plus élevées qui existent, jusqu'aux plus inférieures qui soient employées dans la pratique.

On peut encore signaler ici que les deux argiles normales les plus élevées introduites par l'auteur, l'argile schisteuse et le kaolin de Zettlitz, figurent aussi dans l'échelle connue des cônes de Seger, sous les numéros 35 et 36 comme les plus supérieures et par le fait comme termes naturels et empruntés à la pratique.

Pour ce qui regarde l'inaccessibilité des argiles normales, les conditions matérielles qu'on constate contredisent une pareille objection. Dans ce but, passons en revue les argiles normales individuellement, même au risque d'être prolixe, et commençons par les plus élevées, celles de la première classe. La matière se trouve non seulement en dépôts très étendus et très importants, mais encore on peut l'obtenir avec une grande uniformité dans les mines de charbon de Bohême, de Silésie et aussi du Rhin, dans un très grand nombre de points d'exploitation, surtout où la concurrence exige qu'on fasse un triage soigné avec la connaissance nécessaire des choses. Cette matière, qu'on peut se procurer presque exclusivement à l'état cuit, bien, que seulement depuis plusieurs années, se trouve annuellement dans le commerce par centaines de wagons de marchandises. Si l'on y recherche les morceaux les plus similaires, on peut, si on le veut seulement, se procurer la matière de l'argile normale la plus élevée, même par wagons, et par suite d'une manière illimitée (¹). Ce qu'on vient de dire pour l'argile la plus élevée s'applique aussi au kaolin de Zettlitz, à l'argile normale de la seconde classe ; ce produit aussi excellent qu'uniforme peut s'obtenir également par wagons et journellement comme article de commerce. Non seulement les analyses si concordantes de divers chimistes, qui s'accordent de très près avec celles plus anciennes de l'auteur, montrent combien grande est l'uniformité de ce produit ; mais cela est encore confirmé par les déterminations pyrométriques toujours concordantes de la matière qui ont été très souvent répétées pendant plus de 24 ans. Il ne peut donc être question le moins du monde de l'impossibilité de se procurer ces argiles normales.

Il faut intercaler ici à nouveau l'argile de Briesen. Cette argile, qui

(¹) Si l'on se donne la peine de ramasser sur place la matière brute qui correspond à la matière cuite, on pourra se servir aussi de cette argile normale très élevée à l'état non cuit.

se rencontre en dépôts puissants, constitue aussi un important article de commerce. Si, au point de vue du choix d'une bonne variété moyenne, on s'en tient à la matière que l'auteur a étudiée d'une manière approfondie et caractérisée d'une manière définie, on trouvera une provision aussi riche qu'illimitée de cette matière. En ce qui touche l'argile belge, qui appartient logiquement à une quatrième classe plus basse, le gisement de la meilleure variété est à la vérité limité ici, mais on peut toujours s'en procurer plusieurs quintaux, si l'on se donne la peine d'aller sur les gisements explorer les couches qui contiennent cette matière et la faire mettre de côté. On peut encore aller plus loin et, au lieu de l'argile belge indiquée dans les éditions précédentes, se servir de nombreuses argiles qui la remplacent, et qui se trouvent dans les divers bassins argileux, par exemple de la meilleure argile du Westerwald, où celle d'Ebernhan passe pour être de première qualité.

Arrivons maintenant aux argiles de la cinquième classe. Comme on l'a dit, pour ces argiles qui se rencontrent dans la formation lignitifère et qui sont aussi répandues que celle-ci, on ne manque pas de matière en abondance, même quand on s'en tient exclusivement à la meilleure variété que les recherches aient découverte. Dans chaque grande couche de lignite, où l'on trouve généralement les meilleures argiles réfractaires, on rencontre des argiles non seulement très semblables, mais complètement identiques. On en trouve de pareilles en Silésie, en Bavière, en Bohême, en Moravie, en Styrie, en Russie, en Amérique, etc., qui aux essais donnent, au point de vue pyrométrique, des phénomènes de chauffage complètement pareils. Un type plus ou moins semblable est propre à toutes ces argiles.

L'argile normale de sixième classe se rencontre d'une manière semblable, bien que moins fréquemment, parmi les argiles lignitifères, qui se trouvent d'un degré plus bas au point de la difficulté de fusion. Elle constitue dans une certaine mesure le passage aux argiles réfractaires inférieures, qui se trouvent également dans la formation lignitifère et ailleurs. Pour cette argile limite, qui termine inférieurement la série et qui est d'autant plus importante,

---

(¹) Si dans le triage on s'en tient aux morceaux les plus blancs et les plus purs, on éliminera fort à propos ainsi et en règle générale, les moins bons, c'est-à-dire, ceux qui sont rendus impurs par de la pyrite incluse ou autres substances mélangées. S'il s'agit de déterminations scientifiques, il faudra s'assurer de la pureté par des analyses chimiques.

chacun peut facilement se procurer une argile remplaçante, comme cela est depuis déjà longtemps usité dans la pratique. On n'a donc aucune crainte de ne les avoir qu'en quantité limitée, puisqu'on leur trouve partout des remplaçants. Tout producteur ou consommateur, qui a principalement à faire avec les argiles réfractaires, les a constamment en mains, et toute personne, qui s'occupe de l'examen d'argiles réfractaires rencontre toujours et le plus souvent cette matière. Ainsi donc il n'y a plus à perdre de paroles au sujet de l'accessibilité des argiles normales, qui constituent presque toutes un article de commerce important, et on ne manque pas d'un approvisionnement qui, dans la plupart des cas, peut être regardé comme inépuisable. Je remarquerai encore, et ceci regarde chacune des personnes qui s'y intéressent et moi-même, qu'on peut toujours se procurer, pour une faible dépense, de petites quantités des argiles normales (¹) qui suffisent pour un grand nombre d'essais ; que, parmi les autres argiles qu'on a à sa disposition, on peut toujours trier la matière qui correspond aux argiles normales, ainsi que cela se fait de divers côtés dans la grande pratique. Quiconque a fait une fois connaissance avec les argiles normales au point de vue pyrométrique, est en position de déterminer, parmi les autres argiles qui lui viennent en mains, quelles sont celles qui leur correspondent et peuvent servir de types, comme cela se fait effectivement d'une manière indiscutable. Enfin quand on n'a pas sous la main une argile normale quelconque, on peut employer à sa place une argile qui, sur la base du calcul d'analyses chimiques dignes de foi, donne un quotient de réfractairité égal ou très voisin. Sur certains points individuels, une pareille argile pourra peut être manifester d'autres propriétés, mais en règle générale son allure pyrométrique sera essentiellement semblable.

2. Caractères pyrométriques

Ils ont été employés pour avoir une connaissance complète et pour caractériser les argiles normales au point de vue réfractaire à divers degrés de chaleur et sous des modifications multiples. Il faut pour chaque argile normale suivre son allure pyrométrique d'une manière approfondie et examiner les chauffages non seule-

---

(¹) Pour reconnaître typiquement chaque argile normale, il suffit d'en avoir quelques grammes.

ment à un degré de chaleur élevé, mais encore aussi à des températures plus basses. Il faut observer en particulier à quelle température chaque argile se maintient sans se déformer. Pour chacune d'elles, les points suivants très dignes de remarques doivent être discutés : le ressuage et la fusion dans des différents stades et les faits qui en dépendent. Il faut, dans chaque cas, indiquer les circonstances qui influent sur l'acte de la fusion et qui modifient les phénomènes de chauffage. Il faut de plus exposer encore comment les argiles normales sont influencées par des matières connues en contact avec elles et déduire de toutes les déterminations différentes la manière dont elles se comportent entre elles.

Il faut signaler ici l'influence de la grosseur de grain sur la fusibilité de l'argile. Des recherches ont été instituées à cet effet par le céramiste connu, H. Ries, professeur à l'Université Cornell en Amérique (¹); il mélangea des quantités égales de kaolin avec de la horneblende et de la calcite en grains fins et gros, en constitua des baguettes, et, après les avoir séchées, les soumit à des températures croissantes exprimées en cônes de Seger. Il en est résulté, aussi bien pour la horneblende que pour la calcite, que les baguettes d'essai faites avec les mélanges plus fins se courbaient ou se fondaient plus tôt que celles à plus gros grains. La calcite, qui est un fondant moins énergique que la horneblende, exigeait seulement des températures relativement plus élevées.

A ce sujet, la rédaction du Journal de l'Industrie de l'argile (*Tonind Ztg*, 1903, N° 121) remarque avec justesse que les recherches effectuées par Ries ne se rapportaient qu'à la grosseur de grains des substances étrangères mélangées, et non pas à celle de l'argile elle-même.

Scorification. — La scorification ou le ramollissement qui se produit pour les argiles quand la température monte, constitue un fait intéressant et important, qui ne doit pas être considéré comme une fusion qui commence, ainsi qu'on le verra plus loin, mais qui doit être regardé comme en étant complètement différent. Comme nous le savons, le ramollissement se produit en général pour les argiles riches en alumine et plus élevées au point de vue pyrométrique plus tôt que pour celles qui sont pauvres en alumine ou en silice.

(¹) *Engineering News*, 1903, p. 111.

Fusion. — Comme premier stade du commencement de la fusion, bien discernable, bien que pas nettement délimité, il se produit un état relié à une condensation de la masse intérieure, qui tient de la fusion, et qui est souvent accompagnée d'une poussée de fusion commençante ou de points fondus se trouvant dans la masse. Par rapport à l'acte de la fusion, qui dure plus ou moins longtemps pour les argiles, on devrait pouvoir fixer là un point de repère d'une manière exacte, bien que pas bien caractérisée au point de vue de l'époque, au moyen de déterminations de retrait et de condensation qu'on entreprendrait. Pour cette fusion, qui se manifeste avec déformation nulle ou insignifiante, et dont la connaissance a une extrême importance pour la pratique, on a montré, comment, au moyen du pyromètre métallique, ou, pour des températures élevées, de la calorimétrie, on peut trouver la température pour laquelle une baguette, complètement séchée au préalable et mesurée, au lieu de continuer à se rétracter, reste constante ou éprouve un léger accroissement de volume par suite de son gonflement (¹). Le problème à résoudre par la science consisterait donc à arrêter, comme point fixe, entre des limites très étroites et de la manière la mieux déterminée et la plus précise, la première manifestation de ce gonflement, qui suit la plus grande condensation, laquelle pourrait être fixée au moyen du poids spécifique.

Comme stade suivant de la fusion, qui se produit longuement, comme on l'a dit, et qui dépend du phénomène physique du passage de quelques-uns des éléments de l'argile de l'état solide à l'état liquide et aussi de la formation chimique de nouvelles combinaisons entre les constituants de l'argile, il faut signaler la fusion coulante qui se produit plus ou moins.

Cette fusion des argiles (²), et notamment des argiles réfractaires, ne constitue pas, il faut le répéter, un acte unique, qui se termine brusquement; mais, comme règle dominante, elle parcourt une série de phases dépendantes des circonstances et par suite varia-

---

(¹) Ce gonflement ne doit pas être confondu avec l'accroissement de volume, comme cela se produit pour les argiles riches en quartz. Il existe un certain nombre d'argiles qui augmentent de volume à 1000°, qui se retractent ensuite à 1100° et qui se gonflent ensuite à plus haute température par suite de la formation de bulles et qui par suite passent par deux états différents de gonflement.

(²) Pour la fusion, il ne faut pas oublier qu'au point de vue pyrométrique on n'a traité qu'un côté de la question et qu'on n'a pas tenu compte d'autres questions importantes. Il convient d'étudier au feu, sous tous les côtés possibles, l'objet des expériences ou l'argile si riche en propriétés.Il ne faut pas se laisser aller à croire qu'avec la fusion on a obtenu tout ce qui sert à déterminer une argile.

bles, mais qui sont néanmoins reliées à une série de phénomènes déterminés caractéristiques et par suite qui méritent tout particulièrement d'être étudiés. Dans la liquéfaction, sans un contrôle effectué avec un soin tout particulier, on ne peut toujours pas décider s'il ne s'est pas produit un surchauffage ou si la température de fusion n'a pas été dépassée.

Si l'on veut se faire une idée claire de la manière dont les phénomènes de fusion croissent ou décroissent par degrés pour les argiles, étant données deux argiles complètement uniformes, pures mais de réfractairité différente, on mélange la plus difficilement fusible avec celle qui l'est moins en additions croissantes ou décroissantes, on en moule des éprouvettes et on chauffe ces dernières d'une manière uniforme à une température également élevée. De cette manière, on trouvera, par exemple, que la fusibilité plus facile se manifestera par une formation d'émail, ou une séparation par fusion plutôt que par un gonflement. Si l'on constitue 10 mélanges chacun de 1 partie de kaolin lévigé de Zettlitz avec 0,1, 0,2 et ainsi de suite jusqu'à 1,0 partie d'une argile de la cinquième classe, par exemple celle de Grünstadt, on pourra de cette manière observer la décroissance des phénomènes de fusion. Si la proportion est changée et si, pour 1 partie d'argile, on prend de 0,1 à 1,0 de kaolin, on pourra suivre la marche ascendante des phénomènes de fusion. Etant données deux argiles très voisines, mais pas égales a et b, si l'on veut manifester d'une manière évidente leur différence par leur manière d'être extérieure, on n'a qu'à mélanger 1 partie de kaolin avec 0,1 jusqu'à 1,0 partie de l'argile a, en faire autant pour l'argile b, et à chauffer toutes ces éprouvettes à une même température élevée ; les phénomènes correspondants de chauffage se manifesteront simultanément et d'eux-mêmes pour l'observateur.

Il convient d'indiquer encore ici les phénomènes successifs de chauffage qui sont reliés à la liquéfaction de l'argile normale la plus basse d'aujourd'hui.

Comme on l'a déjà signalé plus haut, quand on élève d'une manière continue le degré de température, une éprouvette cylindrique, moulée en argile normale la plus inférieure, passe par une série de changements de forme, telles que cône, sphère, demi-sphère, et forme en goutte jusqu'à liquéfaction complète ; dans des limites de température s'étendant jusqu'à environ 1 700°, mais ne dépassant ce point d'une manière marquée et en ayant soin d'opérer avec une

grande uniformité, les différentes formes qui se manifestent sont
en état de fournir une mesure pour les degrés de chaleur aussi bien
atteints que caractérisés d'une manière définie et qui, d'après les
recherches de l'auteur, correspondent à des durées de chauffage
qu'on peut exprimer en minutes d'une manière bien précise. Par
exemple, par suite de la fusion et après un chauffage ayant duré
environ 9 minutes (¹), le cylindre se transforme en cône par arrondissement de ses arêtes, et ensuite le gonflement qui se produit
donne naissance à une sphère ; en 10 minutes, la sphère s'affaisse
et en 11 minutes apparait la demi-sphère, puis la goutte, qui coule
enfin d'abord sous forme de bourrelet et qui finalement s'étend
complètement à plat. Toutes ces formes et tous ces changements se
manifestent d'une manière si caractéristique et, on peut le dire, ils
sont dans une certaine mesure si géométriquement dépendants de
l'action de la température croissante, qu'ils doivent écarter toute
erreur ou mésestimation subjective. Certains passages à signaler,
par exemple, entre la forme conique et sphérique, se produisent
d'une manière si subite qu'ils paraissent tout à fait indéterminés et
par suite sans importance ; cependant ces changements de forme
pourraient servir d'indicateurs pour un certain degré de chaleur
qu'on aurait atteint et qu'on pourrait toujours retrouver. Comme
on l'a signalé, les argiles pyrométriquement plus élevées, par
exemple l'argile normale de la cinquième classe, donnent lieu aussi
à des changements de formes semblables, mais qui ne sont pas
toujours caractérisés d'une manière aussi nette et qui passent plus
brusquement les uns aux autres.

En ce qui touche la fusion complète ou la liquéfaction jusqu'à
perte complète de forme, ce phénomène qui saute aux yeux et qui
en général en impose tout particulièrement aux profanes, ne peut
donner un point de repère déterminé du degré absolu de réfractairité, que si l'on peut indiquer la température atteinte ou que si, en
procédant d'une manière uniforme, on peut s'appuyer sur certains
phénomènes de fusion exactement précisés de cas en cas. S'il n'en
est pas ainsi, la liquéfaction d'une argile peut s'expliquer à volonté
d'après le stade atteint ou le chauffage trop élevé.

Aux déterminations pyrométriques se rattache aussi la manière
dont l'argile se comporte vis-à-vis des corps avec lesquels elle vient

(¹) Comme on l'a indiqué plus haut, on compte le temps à partir du moment où la
flamme s'établit dans le four de Deville, après qu'on a chauffé et rempli de combustible l'intérieur du four.

en contact, et surtout des scories de fourneaux, dont on a déjà parlé plus haut en détail. Si durant le chauffage, les argiles normales viennent en contact avec de la scorie fluide de fourneau, qui provient des cendres du coke (¹), la difficulté de fusion diminue tout naturellement d'une manière marquée. A une température pas trop élevée et par suite déterminable d'une manière plus précise, à laquelle une éprouvette cylindrique de la catégorie la plus inférieure des argiles normales (Classe 7) ne fait que se déformer en sphère, celle-ci fond complètement, tandis que, dans les mêmes circonstances, une éprouvette cylindrique de l'argile normale de la cinquième classe, qui conserverait encore sa forme, bien qu'avec formation d'une forte croute (couverture d'émail), fond complètement sous forme de sphère jusqu'à celle de goutte. De même le kaolin normal de Zettlitz, qui ne montre d'ailleurs qu'une très petite couverte et qui se maintient complètement, était déjà fondu, mais seulement jusqu'à un point où l'on pût encore reconnaître la forme de l'éprouvette. Il résulte de là cet enseignement, qui se comprend de lui-même mais dont il faut toujours tenir compte, que la scorie de fourneau influe d'une manière importante sur la fusibilité d'une argile, et abaisse le résultat de l'examen ou la mesure qui s'y rattache. Il faut donc, dans les déterminations de réfractairité, proscrire tout contact avec des scories ou des fondants. C'est ce qui explique pour les éprouvettes soumises au feu nu, une irrégularité des phénomènes de fusion, variable avec les circonstances et inévitable.

De ce qui précède, il résulte toute une série d'indications qui doivent être données pour chaque argile normale en particulier et qu'on résumera d'une manière abrégée ou seulement quant aux points essentiels dans le sommaire qui suit. Passons maintenant aux résultats de chauffage et tout d'abord aux déterminations de l'argile brute à la température du rouge.

Les éprouvettes d'argile préalablement cuites se comportent d'une autre manière que celles d'argile crue et présentent entre elles des phénomènes de chauffage, qui ne sont pas sans intérêt et qui doivent être décrits.

Si les argiles normales ont été préalablement cuites à environ 1 000° C., à la température des essais ou à une chaleur à laquelle l'argile normale la plus inférieure se déformant fond en passant de

---

(¹) Pour les expériences on se servait de coké pur et trié de charbon à gaz de Saarbrück.

la forme cylindrique à celle d'une sphère (¹), elles se montrent un peu, mais bien peu plus difficilement fusibles que quand elles sont soumises au même degré de chaleur sans avoir été cuites. Ceci s'accorde avec l'expérience en grand que, par la cuisson à l'état de chamotte, la résistance pyrométrique s'élève. L'amélioration que l'on obtient par la cuisson doit du reste être surtout envisagée comme un phénomène mécanique qui a pour base une condensation et une diminution du retrait.

Les autres données pour les argiles normales aux divers degrés de température signalés se trouvent indiquées dans l'exposé suivant pour chacune des argiles normales individuellement.

3. Examen et exposé des argiles normales individuelles avec indication de diverses données. Type de l'argile schisteuse. Partie générale.

Première classe : Argile d'Altwasser (²). — Elle représente ces argiles qui passent généralement jusqu'ici pour les meilleures qu'on emploie dans les usines. En raison de la grosse importance que l'argile schisteuse de la formation carbonifère a acquise dans l'industrie réfractaire et qu'elle soutiendra certainement encore pendant longtemps, il convient d'indiquer ici d'une manière plus détaillée où on les trouve et quels sont les caractères de leurs gisements.

Comme l'argile schisteuse a été souvent et à dessein nommée schiste argileux, il pourra être à propos d'indiquer rapidement ici une qualification définie de l'argile schisteuse, qui a été donnée par Kosmann.

Par argile schisteuse, il faut entendre exclusivement les roches argileuses de la formation carbonifère et notamment les roches argileuses schisteuses qui accompagnent les couches de charbon, et en dehors des roches de la formation carbonifère vraie qui se continue jusqu'au Rotliegend — (il s'agit ici en première ligne de la matière classée comme argile normale de première classe) — celles

(¹) A une température plus élevée, comme on l'a déjà signalé, il se produit pour l'argile normale plus élevée à 30 °/₀ un changement de la forme cylindrique, en un cône, une sphère, etc., et cette forme peut également servir de mesure pour un temps de chauffage de durée prolongée.

(²) Antérieurement elle avait été mise dans le commerce sous le nom d'argile de Saarau I, et l'on ne tenait pas du lieu exact où elle se trouve.

des charbons plus jeunes, tels que ceux du Lias, du Wealdien et de
la Molasse. Les schistes argileux, on le sait, ont un habitus très variable suivant leur âge géologique et leur position tectonique ; par
suite, avec un peu d'expérience et une fois connu le type de gisement, on ne confondra pas le schiste argileux et l'argile schisteuse.

D'après le remarquable travail de Fiebelkorn (¹), qui a été établi
sur des bases unitaires et qui a apporté de la clarté dans les clas-
sifications jusqu'ici si confuses des argiles, l'argile schisteuse constitue un terme de la série des roches, phyllites et schistes argileux,
ces dernières étant cristallines tandis qu'elle est schisteuse à cassure
mate et compacte, et qu'elle est molle et tendre. Toutes les deux
appartiennent à des formations différentes. Des inclusions telles que
la pyrite de fer, et des couches comme celle si digne de remarque
du cobalt, qui se sont déposées en même temps que la roche mère,
se trouvent parfois dans l'argile schisteuse.

a) et b). — L'argile schisteuse, classée comme argile normale 1,
cette matière qui a été trouvée pour la première fois en Allemagne
par l'auteur dans les mines de charbon de Sarrbruck en 1851, qui a
été ensuite indiquée comme second gisement en Basse Silésie dans
l'année 1861 et bientôt après comme troisième gisement en Bohême,
qui a été signalée comme particulièrement supérieure au point de
vue réfractaire et qui est employée en masses de plus en plus
grandes dans les fabriques intéressées, se trouve dans le système
de couches, dites du mur, du bassin carbonifère de Waldenburg,
aux mines Morgen et Abenstern à Altwasser, sous forme d'un banc
de 10 à 12 centimètres de puissance, attaché au charbon de la seconde couche, à son mur, et qui tantôt augmente, tantôt se perd
complètement par places ou se divise en deux parties (²). La couche
schisteuse est presque toujours homogène et compacte dans sa
masse. La roche est fendillée, présente de nombreuses divisions, et
notamment quand elle est exposée à l'air, elle se sépare facilement et
d'une manière caractéristique en morceaux anguleux, de forme pa-
rallèlipipèdique rectangulaire ou rhomboïde à aspect corné et translucide sur les côtés et qui donnent un trait blanc d'autant plus dé-

---

(¹) Voir l'ouvrage cité : *Die Tongesteine* du Dʳ Fiebelkorn.

(²) Certaines fois le gisement disparaît ainsi et il n'y a plus d'exploitation à cet
endroit, jusqu'à ce que (et cela a été déjà signalé au point de vue minier) la continuation de l'exploitation du charbon mette de nouveau à jour le banc d'argile schisteuse à une plus grande profondeur, d'où on peut l'extraire à nouveau.

licat que la bonté de l'argile schisteuse est plus grande. La poussière schisteuse écrasée très fin et délayée avec de l'eau peut se pétrir et se mouler, mais elle est courte, pas plastique, ce qui distingue l'argile schisteuse du kaolin qui lui est allié de près. On peut démonter la similitude chimique et pyrométrique entre l'argile schisteuse et le kaolin ([1]). Par places la petite couche est assez abondamment traversée de restes de racines dont les troncs ont fourni la substance de la couche superposée, et qui, d'après les recherches de Kosmann, appartiennent pour la plupart au *Stigmaria inaequalis* ([2]). La matière brute extraite se compose de morceaux compacts, schisteux, ayant la dureté de la pierre, de couleur bleue foncée à trait blanc. La cassure est en partie conchoïdale. A l'écrasement, l'argile schisteuse ne crie pas, ou pas d'une façon appréciable, et, en outre du charbon, elle renferme sporadiquement de la pyrite en efflorescence ou en nids et des petites feuilles isolées de mica blanc d'argent. Il se produit rarement un passage à des couches sableuses, bien qu'en général l'argile schisteuse, comme les couches de charbon, présente des changements de constitution dans le cours du gisement ([3]) ; ce qui, abstraction faite de la différence génétique, explique que les circonstances de lévigation et de transport n'ont pas toujours été les mêmes.

c) Application technique. — Les argiles de la première classe, qui fournissent une chamotte excellente quand elles ne sont pas cuites trop faiblement, trouvent leur application pour les besoins pyrotechniques, notamment dans la fabrication de l'acier fondu, pour la maçonnerie de la chemise des hauts fourneaux, dans la fabrication du verre pour préparer la meilleure chamotte, etc., comme moyen d'amélioration d'argiles moins réfractaires, et en général partout où il s'agit de satisfaire à des exigences extrêmement élevées. En Angleterre, l'argile schisteuse cuite est tout particulièrement estimée pour beaucoup d'applications moins réfractaires, et par suite on ne saurait trop la recommander à l'attention à bien des points de vue. L'argile schisteuse de Silésie et de Bohême, qui est le plus généralement expédiée à l'état cuit, s'est assuré un écoule-

---

([1]) Voir, l'auteur, « *Le gisement d'argile schisteuse des couches de charbon de Bohème* » Osterr, *Ztschr für Berg-und Hüttenwesen*, 27, année 1889.

([2]) Voir Kosmann. Sur les argiles schisteuses de la formation carbonifère. *Tonindustrie Zty*. 1883, n° 51.

([3]) Dissertation de Heimann, 1897 « *Beiträge zur Kenntnis des Gabbrozuges bei Neurode mit spez. Berücksichtung des daraus enstandenen feuerfesten Schieferlone* ».

ment étendu jusqu'à la mer Baltique et au Rhin. La demande peut être estimée à 500 wagons doubles et plus.

d) PRIX. — L'argile d'Altwasser, dont il est question, coute sur place 150 marks (187,50 francs) par wagon. On peut avoir le meilleur schiste de Bohême cuit pour 100 à 150 marks par wagon.

e) ARGILES QUI S'Y RATTACHENT. — A cette classe la plus élevée appartiennent ces argiles, dont la meilleure variété se comporte comme la plus difficilement fusible ou en général comme la plus indifférente aux degrés de température extrêmement élevés. A l'état brut, elles sont compactes, ressemblant à de la pierre, et, comme on l'a dit, pas plastiques; mais écrasées très fin, elles commencent à devenir un peu liantes après un long ramollissement dans l'eau. Elles présentent par elles-mêmes une masse plus compacte, d'un poids spécifique élevé et deviennent pour la plupart plus compactes par la cuisson ([1]). La place la plus élevée appartient ici aux argiles des charbons les plus anciens et il faut y rapporter sur le continent comme on l'a dit, l'argile schisteuse qui se trouve à Sarrbruck, dans des points isolés en Basse Silésie et dans presque toutes les mines de charbon de Bohême ([2]). Comme on l'a déjà indiqué, la meilleure variété de l'argile schisteuse se présente comme complètement semblable dans ces trois lieux d'origine. Jusqu'ici cette argile schisteuse n'a été trouvée le plus souvent qu'en petites couches, dans les régions charbonnières de la Saar à Duttweiler, Neunkirchen et Wellesweiler, ainsi qu'à Schwalbach et Griesborn dans les cercles de Saarbruck, Ottweiler et Saarlouis. Ensuite dans les diverses régions du bassin carbonifère de la Basse Silésie, à Altwasser, Waldenburg, Neurode, etc; et dans quelques uns des plus grands bassins charbonniers de Bohême, à Kladno, Pilsen, Rakowitz et Liebau. De plus on a pu reconnaitre cette même matière, mais située plus bas, dans les mines de charbon de Döhlen à peu de distance de Dresde, en Russie et en apparence en Amérique.

Parmi les argiles schisteuses d'Ecosse, qui étaient autrefois très renommées et qui se distinguent par leur grande infusibilité (elles restent non vitrifiées à la température de fusion du fer doux), il faut citer, comme les représentant, l'argile de Garnkirk de première sorte.

([1]) Cette grande consistance, comme on l'a reconnu dans la pratique, est une propriété de valeur qui élève en même temps la faculté de résistance au feu.

([2]) Voir le mémoire cité de l'auteur : « *Das Schiefervorkommen in den Steinkolenschichten Böhmens* ».

Comme sensiblement égales au point de vue réfractaire, il y a, à côté de l'argile de Garnkirk, celles de Gatrscherik et de Cowen; viennent ensuite celle du pays de Galles I et de Derby.

Les argiles de Stourbridge, qui doivent au préalable être triées avec soin, sont semblables à tous autres égards, mais se trouvent essentiellement plus bas au point de vue pyrométrique; il en est de même pour diverses autres argiles anglaises, qui se présentent sous d'autres noms, et qui sont souvent de qualité très variable [1]. Il faut en outre citer les argiles schisteuses, qui se trouvent en Suède, mais qui appartiennent à un charbon plus jeune de l'étage du Lias, et qui sont placées plus bas. L'argile schisteuse de Hoganäs [2] se rattache à une des meilleures variétés de cet endroit. Elle devrait appartenir au Rhétien et correspondre aux argiles Rhétiennes Allemandes (Voir Kaul, *Inaug. Dissert. Erlangen*, 1889). Un schiste, qui se rencontre et qui est utilisé à Schramberg dans le Wurtemberg, est semblablement réfractaire; d'autres schistes, comme par exemple ceux qu'on emploie pour briques et qui proviennent du bassin charbonnier de la Westphalie, sont beaucoup plus bas au point de vue pyrométrique.

Il faut encore citer une matière, décrite comme schiste argileux, qui se rencontre à Lettowitz en Moravie (voir l'argile de Briesen) et dont la meilleure variété présente une composition semblable à celle de l'argile schisteuse de Rakonitz (HECHT, *Tonind Ztg.*, 1889, n° 26),

A ce qu'on a dit de spécial pour les argiles schisteuses normales, il convient encore d'ajouter sous forme d'appendice ce qui en est général et digne de remarque pour les argiles schisteuses.

[1] Parmi les échantillons d'argile de Stourbridge, analysées par environ 12 chimistes, les variations de la teneur en alumine s'élèvent jusqu'à 9 % et celles en silice jusqu'à 10 %. La teneur en fer est également essentiellement variable; et elle va depuis moins de 1 jusqu'à 5 %.

[2] La matière la plus réfractaire en général, entre des couches essentiellement différentes pyrométriquement, appartient à la couche moyenne; voir *Dinglers Journal* 167, p. 29. Pour la position des argiles schisteuses de Suède par rapport à celle de Stourbridge, voir l'auteur, *Tonind. Ztg.*, 1879, n° 8.

D'après Cronquist, les argiles schisteuses réfractaires les meilleures se rencontrent à Schonen (sud de la Suède) près de Bjud, à Billesholm et Ljungssgard (*Tonind. Ztg.*, 1875, n° 9.

4. Appendice

Argile schisteuse, mode de formation de la structure schisteuse.
— L'argile schisteuse doit être regardée comme une argile qui s'est
durcie et qui par suite est devenue non plastique dans le cours de
millions d'années. Il convient de décrire d'un peu plus près ce qui
concerne la structure spéciale du schiste, et il faut faire la distinction entre la schistosité suivant les couches et la schistosité transversale ou « fausse » et sa consistance ressemblant à celle de la
pierre, par suite de laquelle il a perdu la propriété d'absorber l'eau
et, comme nous le répétons, de ne plus devenir un peu plastique
que quand il a été écrasé très fin et ramolli longtemps dans l'eau.
C'est indubitablement la pression, qui est toujours accompagnée
d'un développement de chaleur, qui a déterminé le passage de l'état
plastique à l'état non plastique, bien que dans des circonstances
particulières. D'après Hauenschild ([1]), c'est la pression extraordinaire du massif du Gothard, qui a détruit toute trace de plasticité
dans les argiles tertiaires le long de l'Axenstrasse, au lac de Vier-
waldstadt. Mais d'autres causes agissent aussi, comme l'ont montré
les recherches de Daubrée. Dans ses recherches synthétiques (Géologie expérimentale page 316), Daubrée a montré que par le fait,
pour donner à une argile une structure schisteuse, d'autres circonstances doivent agir en outre de la pression élevée, à savoir : 1° il
faut que la substance puisse glisser et s'allonger par un commencement d'aplatissement, et 2° que la masse comprimée possède un
degré particulièrement approprié d'humidité ; car, trop sèche, elle
se déchire, et trop molle elle s'allonge, sans former de feuilles schisteuses. Pour citer un exemple emprunté à la pratique, on sait que
les briques dites à la machine, obtenues au moyen de la presse re-
foulante, montrent assez souvent une structure schisteuse. Il se
produit donc une schistosité, quand la pression s'effectue de manière qu'il n'y ait pas de desaération.

D'après les recherches microscopiques de W. et S. Schmitz-Du-
mont (*Tonind. Ztg.* 1894, n° 50), l'argile schisteuse de Saarbruck
montrait, en coupe mince, une pâte homogène ou une structure
granophyrique. On y trouve disséminés sans ordre des fragments
de quartz, le plus souvent à arêtes vives. On n'y a pas trouvé de mica.

([1]) *Töpfer und Ziegler Ztg.*, 1882, p. 3.

D'après Fiebelkorn (*Baumaterialenkunde*, 1900, fas. 19, 20) dans une argile schisteuse on remarque au microscope, à côté d'éléments rocheux élastiques écrasés et arrondis, des microlites de horneblende, des houppes de mica calcique, des grumeaux de quartz, de petites feuilles d'oligiste, et de petites aiguilles brunâtres ou verdâtres de nature indéterminée, qui se trouvent parallèlement aux plans de schistosité.

Généralités sur le gisement des meilleures argiles schisteuses en question ([1]). — Il n'est pas le même pour tous les bassins charbonniers, mais seulement dans certains d'entre eux, et ici on le trouve à l'état individualisé, comme compagnon régulier et comme roche directrice déterminée de certaines couches de charbon. Le plus souvent la roche constitue le mur immédiat de celles-ci, ou, bien que plus rarement, l'entre-deux dans une ou plusieurs couches, ou plus rarement encore le toit. La présence de cette argile schisteuse, aussi caractéristique qu'estimée, est indubitablement reliée à des conditions génétiques particulières, c'est-à-dire qu'elles proviennent de roches feldspathiques cristallines du domaine du dépôt charbonneux, dont les produits de décomposition physique et chimique, se sont déposés dans des conditions exceptionnellement favorables et avantageuses, comme on l'a indiqué au chapitre premier.

L'argile schisteuse en question se trouve aussi comme couche d'argile individuelle et puissante, formée dans des conditions de dépôt identiques, en dehors de la série des couches de charbon et à leur mur.

Cette argile schisteuse, qu'on a appelée argile en couche au puits Ruben, près de Neurode ([2]), pour la distinguer des meilleures dépôts d'argiles qui se trouvent en contact immédiat avec le charbon, est de couleur claire, et se sépare en bancs épais, qui révèlent une texture embrouillée plus ou moins dissemblable et, qui, dans certains points, est traversée par beaucoup de restes de racines. La

([1]) L'auteur : *Schiefertonvorkommen in der Steinkohlenschichten Böhmens*, etc. (*Österreichische Zeitschrift für Berg-und Hüttenwesen*, 27ᵉ année 1889). Les argiles schisteuses en Bohême étaient représentées, brutes et cuites, par 83 espèces à l'exposition de l'industrie de l'argile, à l'exposition du jubilé impérial à Vienne, 1898.

([2]) L'argile schisteuse de la mine de charbon de Ruben est remarquable, parce qu'on y rencontre de la pholérite, qui est colorée en vert par du nickel. En dehors du nickel on y rencontre de plus des fleurs de cobalt, du sulfure d'antimoine, du sulfure de nickel, de cuivre, d'arsenic ; elle contient aussi de l'acide titanique et du vanadium. L'argile schisteuse provient ici en partie d'un gabbro, qui se rencontre au mur du système de couches et auquel il faut rapporter les combinaisons métalliques citées (*Vehr. d. naturhis. Vereins zu Bonn*, 1886 ; première partie).

matière n'est également expédiée qu'à l'état cuit. La couche d'argile qui, avec sa plus forte puissance de 3 mètres donne lieu à l'exploitation de beaucoup la plus importante d'argile schisteuse (42000 tonnes par an) [1], contient différentes couches; parmi celles-ci, celles dont la texture est la plus uniforme et la plus compacte sont les plus pures, elles sont plus élevées au point de vue pyrométrique que la masse principale de la couche, et elles se distinguent quelquefois par une teneur en alumine extrêmement importante. Leur ennemi principal se compose de petits nids de fer. La règle constatée nombre de fois par l'auteur pour l'argile schisteuse, que pour une couche épaisse et également éloignée de la région d'une couche de charbon, la qualité du gisement est toujours inférieure au point de vue pyrométrique, se trouve encore vérifiée ici. A l'exception des couches favorables signalées, l'argile schisteuse en couche a en somme une valeur moindre et est moins difficilement fusible que l'argile schisteuse d'amas.

Avantages de l'argile schisteuse. — En raison de leur haute réfractairité et de leur emploi comme matière pour chamotte en raison de leur constitution chimique et physique, les meilleures argiles schisteuses carbonifères constituent, parmi les diverses argiles connues, une venue individualisée. Ainsi qu'on l'a expliqué dans le chapitre I, comme conséquence de leur âge, qui se compte par millions d'années, de la décomposition et transformation complètes des matières qui en dépendent, et en raison en même temps des phénomènes de décomposition les plus étendus et les plus complets, où le charbon et les restes de plantes ont joué un rôle [2] et où l'énorme pression des couches superposées a agi comme moyen de condensation, elles ont subi les transformations les plus favorables au point de vue de leur résistance au feu.

Pour ce qui concerne l'examen analytique et pyrométrique, nous renvoyons ici à la composition que l'on trouvera plus loin; il en est de même pour les autres argiles normales, à moins qu'on ait à présenter des observations particulières à leur sujet.

La matière employée pour étudier les représentants de la première classe a été prélevée par triage d'une masse de plusieurs centaines de kilogrammes d'argile brute déjà réduite en petits mor-

---

[1] Depuis la réunion des mines de charbon appartenant aux familles des Comtes Magnis et Pilati, l'exploitation s'y est élevée à 1 million 1/2 de quintaux. *Töpfer Ztg.* Leipzig, 1898, n° 9.

[2] Voir Kaul, *Inaug. Dissertat.* citée.

ceaux, et elle correspond aux gisements les plus purs et les meilleurs de cette espèce. Pour les morceaux d'essai, on avait choisi une masse séparée de forme lenticulaire, à grain très fin et tendre de couleur très foncée et présentant un aspect complètement uniforme. On n'y remarquait pas ou peu d'impuretés ou de matières étrangères mélangées.

Deuxième classe : kaolin de Zettlitz. — La classe II représente principalement les kaolins primitifs et ceux qui sont les plus purs et les plus avantageux au point de vue pyrométrique, mais qui occupent cependant une situtation pyrométrique plus basse, c'est-à-dire qui constituent un groupe plus facilement fusible à un degré de température très élevé que la classe précédente. Si les argiles de la première classe sont très peu liantes, celles actuelles appartiennent aussi aux argiles peu jusqu'à moyennement liantes ; ce sont les plus maigres de toutes les argiles qu'on trouve à un état plus sec sur leurs gisements.

Parmi les divers kaolins connus depuis longtemps, renommés et d'ailleurs dignes d'être remarqués, on a choisi comme représentant la terre à porcelaine lévigée de Zettlitz [1].

a) GISEMENT. — Les mines de kaolin brut se trouvent au village de Zettlitz à 4 kilomètres au nord de Karlsbad en Bohême. La matière brute, lévigée dans le voisinage des mines, fournit trois produits : 1° Un gros sable quartzeux où, chose remarquable, se trouvent souvent des fragments cristallins plus ou moins gros de pyrite ; 2° un sable quartzeux plus fin à l'état de poussière, qui se dépose plus tard en même temps que les lamelles de quartz, et 3° la terre la plus fine telle qu'elle se trouve dans le commerce et qu'elle est employée dans les fabriques de porcelaines. Ce produit de lévigation du kaolin de Zettlitz se distingue en général par une très grande uniformité de constitution, comme en témoignent les analyses très concordantes de divers chimistes et les déterminations pyrométriques. A un examen précis, on ne peut pas méconnaître qu'il n'y ait de petites différences, notamment au point de vue pyrométrique. Ainsi, par exemple, les produits de lévigation plus gris, qu'on obtenait surtout antérieurement, présentent plus souvent au chauffage

[1] Les kaolins moindres, notamment ceux qui sont bruts ou impurs, occupent une situation pyrométrique incomparablement moins élevée. Toutefois un kaolin qu'on rencontre à Znain, où il se trouve seul, en a au contraire une plus élevée (voir l'auteur, recherches sur deux kaolins qu'on trouve à Znain, *Dinglers Journal*, 224, p. 434).

des boursouflures, provenant du feldspath, que les kaolins lévigés qu'on trouve aujourd'hui dans le commerce.

Pour ce qui touche l'origine de ces gisements de kaolins, nous renvoyons au chapitre 1ᵉʳ.

b) DESCRIPTION MINÉRALOGIQUE. — Le kaolin brut se compose, quand il est séché à l'air, d'une masse blanc-gris, à toucher rude, mais qui laisse aux doigts une poussière grasse tendre. On peut y remarquer des grains de quartz arrondis dominants, dont la grosseur peut tout au plus atteindre celle d'un grain de poivre, des paillettes de mica et quelques places colorées en noir de charbon. Dans les gros morceaux, qui sont en ma possession, je n'ai jamais reconnu la moindre coloration due au fer. La terre à porcelaine, débarrassée par lévigation du sable gros et fin, du mica et autres éléments à peine perceptibles, constitue sous la forme où on la trouve dans le commerce, des morceaux en forme de tables très homogènes et que la dessiccation a rendus compacts. La cassure paraît terreuse, peu compacte, en partie conchoïdale. Les surfaces de section sont polies et à éclat gras. Le craquement de la masse, quand on l'écrase, est à peine perceptible. La poussière, qui a une teinte grise brunâtre, est relativement bien liante, collante (semblable à de la pâte) et au pétrissage durcit rapidement en se fendillant ; elle se décompose dans l'eau avec sifflement.

La force de liaison est $= 3$ ([1]). Elle brunit un peu par le chauffage sur la lampe et devient ensuite presque d'un blanc pur.

c) EMPLOI TECHNIQUE.— Le kaolin lévigé sert principalement à la préparation de la porcelaine. Remarquons en passant qu'un bon kaolin destiné à cet usage doit se cuire complètement, ou à peu près, en couleur blanc de lait, et être aussi plastique que possible ; la matière en question possède ces qualités à un très haut degré ([2]).

Le kaolin est particulièrement à considérer pour les produits réfractaires, où il s'agit d'exigences élevées. Divers kaolins sont employés comme substance amaigrissante estimée pour des mélanges argileux réfractaires, le kaolin brut sert à faire des cazettes, à garnir les fours à reverbère, etc. Comme on l'a signalé plus haut et comme il faut y prendre garde, un fondant abondant riche en silice

---

([1]) Le liant a été déterminé par le procédé indiqué plus haut au moyen du pinceau mis en mouvement, agissant sur des échantillons mélangés avec du sable.

([2]) On peut aussi indiquer accessoirement que le kaolin est employé dans la fabrication du papier, dans la filature pour l'impression des cotonades, pour l'outre-mer, pour les moulures dorées, comme substance pour augmenter le blanc à la cuisson, etc.

attaque fortement le kaolin à haute température. Il y a aussi des difficultés techniques, que le kaolin présente notamment à cause de son retrait important, et qui doivent être surmontées par un traitement approprié.

d) Prix. — Le prix de la terre à porcelaine lévigée par grandes quantités est, en nombre rond, par wagon, de 300 florins, valeur autrichienne.

e) Argiles qui s'y rattachent. — Comme on l'a déjà indiqué, les kaolins lévigés purs appartiennent en première ligne à cette seconde classe ; les plus impurs montrent une réfractairité très variable et bien moindre. La rencontre du kaolin comme produit lévigé naturel est limitée, et généralement rare ; tel est le gisement cité de Znaim en Moravie ([1]).

Je signalerai encore quelques autres kaolins ; le plus anciennement connu, et celui qui a été le moins exploité jusqu'ici, est celui d'Aue près de Schneeberg en Saxe, qui dépasse encore partiellement le kaolin normal au point de vue pyrométrique. En ce qui concerne la réfractairité, on peut considérer comme équivalents à ce dernier celui de Sornzig près de Oschatz en Saxe, qui provient du porphyre quartzeux, et celui de Saint-Austell en Angleterre. Dans le commerce, ce dernier est connu sous le nom de China-clay.

En deuxième ligne et beaucoup plus bas viennent les kaolins de Saint-Yrieix près de Limoges, ceux de Seilitz près de Meissen et autres lieux de la Saxe, celui de Pilsen et autres lieux en Bohême, celui de Halles, ceux de Bavière, de Silésie et de Bretagne, etc.

Réunissons ensemble les données pyrométriques pour l'argile schisteuse d'Altwasser et le kaolin de Zettliz. Elles ont été déterminées par au moins deux chauffages concordants.

([1]) Voir, appréciation de divers kaolins par l'auteur : *Dinglers Journal*, 198, p. 396 et suiv. Strelle dans son remarquable livre sur la fabrication de la porcelaine, p. 5, indique aussi à côté des kaolins la collyrite et la cimolite à cause de leurs nombreuses ressemblances.

5. Données pyrométriques

Argile schisteuse d'Altwasser non cuite	Kaolin de Zettlitz lévigé

Depuis le rouge sombre jusqu'au rouge clair

En morceaux bruts devient en règle générale blanche jusqu'à blanc éclatant[1], compacte et pesante.	Blanc, tendre.

A environ 1 000° (fusion de l'argent). Et pour un chauffage prolongé longtemps.

Une éprouvette moulée avec de la poussière se cuit presque en blanc avec reflet bleuâtre. Cassure terreuse, tendre, blanche à blanc d'ivoire, et absorbante.	Blanc pur, exempt de points. Cassure terreuse, très absorbante.

A environ 1 500° (chaleur de fusion du palladium). Par chauffage rapide en atmosphère réductrice, 3 minutes de chauffage.

Blanc, huileux. Cassure absorbante[2]. Perte au chauffage de l'éprouvette, séchée à 100°, moyenne de trois épreuves, 14,42 %.	Blanc avec éclat bleu noirâtre et fins points noirs isolés. Cassure porcellanique, compacte, brillante. Perte au chauffage, moyenne de trois épreuves 14,88 %.

A environ 1 600° (température de fusion du nickel). Chauffage également rapide, durée 4 minutes.

Perte au chauffage restée la même. Il n'y avait plus d'eau présente, et cependant il se manifestait encore un faible retrait.	Blanc bleuâtre, exempt de points, avec faible couverte mate. Cassure porcellanique, compacte, à éclat faible. Commence à se boursoufler.

A une température pour laquelle une éprouvette cylindrique de l'argile normale la plus inférieure commence à fondre jusqu'à s'étaler en forme de goutte :

Ne se conserve pas complètement avec arêtes aigues, ne montre pas de couverte. Cassure doucement porcellanique, compacte.	Se conserve avec couverte blanche, dans laquelle on remarque quelques boursouflures. Cassure porcellanique bien compacte, transparente.

[1] Il y a aussi des morceaux, qui se cuisent en jaune couleur d'ivoire.
[2] La teneur en charbon se fait sentir ici.

A une température de 24 à 25 minutes de chauffage

Se conserve sans couverte, avec fracture non brillante et sans vides; les morceaux bruts montraient une très légère couverte et une cassure à pores fins.	Se conserve avec une couverte faible mais apparente, mais avec une cassure brillante et poreuse ; ce caractère permet de reconnaître visiblement une différence entre les deux argiles.

A une température voisine de celle de fusion du platine mais ne l'atteignant pas. Les deux argiles normales ont conservé leurs formes :

Argile brute étudiée	Argile cuite	Kaolin de Zettlitz
Forme encore conservée, avec couverte à peine brillante. Cassure à pores fins (conséquence du charbon brûlé).	Cassure compacte huileuse, à peine poreuse.	Conservé avec couverte forte et brillante, ayant un peu coulé. Cassure plus compacte, porcellanique avec quelques bulles.

A la température contrôlée et un peu dépassée de la fusion du platine (un fil de platine, enfermé dans une cazette d'alumine bien fermée, avait fondu sous forme d'une sphère martelable) :

Forme encore conservée, mais l'éprouvette avait un peu coulé et l'on y voyait en outre quelques boursouflures. Cassure plus compacte (¹).	Forme conservée en somme, mais devenue compacte, un émail blanc a coulé en forme de pâte. Cassure en partie compacte, en partie avec vides.

6. Particularités et points caractéristiques

Ce qui est caractéristique pour les deux argiles précédentes, c'est que leur cuisson donne le plus souvent des teintes complètement blanches, abstraction faite d'une tendance au jaunâtre, rougeâtre ou brunâtre, que certains kaolins présentent comme leur étant propre. La cuisson à 1 000° leur donne une cassure terreuse, à 1 500° ils deviennent compacts et à 1600° il n'y a plus de perte au chauffage. Par une élévation plus grande et continuée de la température, les argiles deviennent porcellaniques à la cuisson.

La différence pyrométrique des deux argiles commence à se montrer vers 1 500° et elle se manifeste de plus en plus à mesure que la température s'élève.

(¹) Si à la place de l'argile schisteuse non cuite on emploie de l'argile préalablement cuite, la grosse infusibilité de la meilleure argile schisteuse par rapport au kaolin de Zettlitz se manifeste d'une manière plus évidente.

L'argile schisteuse paraît incontestablement plus difficilement fusible que le kaolin. Pour le schiste brut, le charbon brûlé influe d'une manière défavorable sur les phénomènes pyrométriques, et on le reconnaît bien nettement aux températures très élevées.

L'argile la plus élevée supporte la température constatée de la fusion du platine sans se déformer, tandis que le kaolin de Zettlitz (qui la suit immédiatement) montre un boursouflement et coule beaucoup plus. Le mélange des deux se montre plus fusible, et encore plus quand, exposées au feu nu, elles viennent en contact avec les cendres du fourneau.

La fusion de ces deux argiles les plus élevées peut donner une mesure indiquant si l'on a réellement atteint la température de fusion du platine. Si le kaolin a fondu avec changement de forme, ce degré de chaleur très élevé à été atteint ; si toutes les deux sont fondues, il a été indubitablement dépassé.

En arrivant à la température de fusion du platine pur, on a atteint la limite de résistance des creusets faits de la meilleure argile schisteuse et du kaolin. Dans la section, « température de fusion du platine », on indiquera comment on peut se servir de ces constatations.

Troisième classe. Argile de Briesen. Généralités. — Cette argile découverte dans ces derniers temps, comme on l'a déjà indiqué plus haut, peut être acceptée et décrite ici à cause de sa situation pyrométrique et de sa ressemblance partielle avec les kaolins ; elle appartient aux argiles difficilement fusibles caractérisées. Elle doit être regardée comme du kaolin sédimentaire, bien que transformé, avec une teneur très élevée en alumine. A cause de sa plasticité, elle constitue le passage des deux argiles pas ou peu liantes du premier groupe avec les argiles bien jusqu'à fortement liantes qui viennent immédiatement après, les argiles plastiques proprement dites.

a) Gisement.— Le dépôt de cette argile se trouve entre deux bancs puissants de grès de la formation crétacée dans des mines étendues [1], et avec une puissance de 3 à 5 mètres dans les environs du village de Briesen, dans le cercle de Trübau en Moravie. Elle se brise en fortes mottes, qui sont dures, compactes, pesantes et qu'on

[1] D'après V. Bück, l'argile sur le Rudolfschacht Marke R a été découverte en direction par 6 puits et une galerie avec une puissance moyenne de 5 mètres de sorte que le gisement peut être regardé comme inépuisable pendant un long espace de temps.

détache avec le ciseau et la masse. Arrosées d'eau, elles se désagrègent avec un bruit particulier et deviennent progressivement remarquablement plastiques.

b) DESCRIPTION MINÉRALOGIQUE ([1]). — L'argile est de couleur bleu
clair avec des nuances plus ou moins foncées. Au point de vue de
l'analyse chimique et des essais pyrométriques, la matière bleu
clair est plus élevée que la foncée. Elle se coupe en donnant une
section unie et à éclat soyeux. La cassure montre des empreintes
polies, rarement des paillettes de mica et une séparation conchoïdale. L'argile la plus pure, extrèmement exempte de sable et de
feldspath, ne craque à l'écrasement que d'une manière insensible. La
poudre ramollie dans l'eau et après y être restée longtemps est liante
et collante. Elle augmente de volume et est tendre quand elle a été
séchée à l'air. Son pouvoir liant, déterminé au moyen de l'addition de
sable et du poussiérage (voir plus haut) est égal de 8 à 9 (nouveau).

c) EMPLOI TECHNIQUE. — En dehors de l'utilisation ordinaire,
notamment pour pots de verrerie, cornues à zinc et cazettes, la
matière est employée avec avantage partout où il faut concilier une
certaine plasticité avec de grandes exigences au point de vue d'une
haute réfractairité. Cette argile s'emploie aussi avec avantage pour
préparer des sels d'alumine exempts de fer.

d) PRIX. — Suivant la qualité, il varie de 90 jusqu'à 190 marks
par wagon double (10 000 kilogrammes) sur place à la station de
Lettowitz. Le débit est très important.

e) ARGILES QUI S'Y RATTACHENT. — A ce représentant des argiles
pierreuses et cependant liantes dans une certaine mesure, qui appartiennent à des gisements particuliers et généralement rares, il
faut rattacher, en raison de leur situation et de leur composition,
des argiles voisines, plus pauvres en alumine et plus riches en silice,
qu'on trouve dans le voisinage de Briesen, à Johnsdorf, Korbel-
Lhotta, Gross-Oppatowitz et Pamietitz ([2]) ; il faut y ajouter des argiles semblables qui ont été exploitées en Bohème, dans les mines
du Prince de Schwarzenberg à Frauenberg, et du Prince de Salm à
Blansko en Moravie, et à Flöhau en Styrie ([3]).

([1]) Voir *Notizbl*, 1886, p. 126. Mémoire original, *Sprechsaal*, 1885, n° 31 et 1886,
n° 14.

([2]) Voir les recherches étendues de Hecht (*Tonind Ztg*. 1891, n°s 25 à 27.

([3]) L'auteur : les argiles réfractaires etc, à l'exposition de Vienne, *Dinglers Journal*,
1873, p. 105 et suiv. L. R. Schütz de Cilli (Styrie) est le fournisseur de cette argile
particulièrement estimée.

B. Analyse chimique et quotient de réfractairité. — Pour
l'argile normale constituée, on a trouvé la composition chimique
suivante, et pour cela, on a employé un échantillon moyen, qui
avait été prélevé d'un wagon d'argile, désignée dans le commerce
comme argile de première classe. L'auteur a eu l'occasion d'étudier
cette qualité commerciale, pas trop enrichie, au moyen de nombreuses prises d'échantillons et déterminations pyrométriques pour
une importante fabrique de chamotte. On ne peut pas se procurer
exclusivement, avec certitude et en grande quantité, la variété la
plus claire et la meilleure. Cette sorte est intimement mélangée
avec la plus foncée et passe trop dans celle-ci sans qu'on la remarque
pour qu'on puisse en effectuer un triage rigoureux.

Alumine	39,25 %
Silice.	44,76 »
Magnésie	0,36 »
Chaux	0,26 »
Oxyde de fer	0,48 »
Potasse	1,55 »
Perte au chauffage	13,41 »
	100,07

$$10,57 \ (Al_2O_3 - 1,31 \ SiO_2) + RO$$

Quotient de réfractairité : 8,06 = 57,78 pour cent, en nombres
rond 60 pour cent, en prenant le chiffre de réfractairité de l'argile
normale de première classe = 100.

L'analyse de la sorte la plus claire, triée soigneusement à la loupe
et d'un grand nombre de morceaux par l'auteur, a donné la composition chimique suivante :

Alumine	39,93 %
Silice	44,88 »
Magnésie	0,08 »
Chaux.	0,21 »
Oxyde de fer	0,99 »
Potasse	0,52 »
Perte au feu	13,03 »
	99,64

D'après les analyses de la station d'essais de Berlin, comme on
l'a déjà dit, on n'a pour ainsi dire pas trouvé de quartz et de feldspath mélangés dans l'argile de Briesen.

Les variations de la composition de l'argile de Briesen se comportent de la manière suivante :

	Minimum	Maximum
Alumine	38,64 %	39,93 %
Silice	44,63 »	44,95 »
Fondant	1,80 »	3,23 »

C. Déterminations pyrométriques. — A environ 1 000°, la cuisson donne du blanc tendant à être impur, pas de points. Cassure terreuse et très absorbante.

On s'est abstenu avec réserve d'indiquer les données relatives au retrait des argiles normales (troisième à septième classe) à divers degrés de température. Les déterminations de retrait faites jusqu'à ce jour, qui dépendent d'un point de départ aussi fixe que possible et, en dehors du degré de température, de la durée du chauffage, et où d'autres facteurs viennent agir d'une manière concomitante, fournissent des données plus ou moins oscillantes.

A environ 1 500° C, l'éprouvette, sous forme d'un long cylindre, déjà chauffée à 1 000ᵣ C, est chauffée à la nouvelle température : elle se cuit en gris bleu à tendance foncée, avec quelques points noirs ; elle est exempte de bulles. Cassure complètement compacte, à éclat brillant, ressemblant au grès cérame.

A environ 1 600°, se cuit en gris bleu clair parsemé de fins points noirs avec une couverte tendre et mate. Cassure pierreuse, non brillante. S'est encore rétractée et ne montre aucune soufflure.

A une température où l'argile normale la plus inférieure a fondu en s'étalant complètement, l'éprouvette enveloppée d'une couverte faiblement brillante a un peu soufflé, est devenue compacte. La cassure montre quelques vides. Il s'est nettement produit une fusion ([1]).

Pour un chauffage de 25 minutes, l'éprouvette cylindrique s'est gonflée en forme de tonneau et montre une couverte gris jaunâtre. La cassure paraît finement bulbeuse.

Pour un chauffage de 30 minutes. Se comporte de la même manière, seulement les phénomènes de chauffage signalés se manifestent plus fortement et l'éprouvette commence à couler.

A la température atteinte, ou plutôt, comme on l'a dit, un peu dépassée de la fusion du platine ([2]), l'éprouvette est fondue en forme de goutte à l'extérieur avec une couverte bleue, à l'intérieur elle est bulbeuse.

Quatrième classe : Argile d'Ebernhahn, meilleure qualité, triée — Les argiles les plus grasses extrêmement plastiques, que nous connaissons surtout, occupent un étage plus bas.

[1] Au contraire une éprouvette de kaolin de Zettlitz s'est bien conservée et présente une cassure seulement porcellanique et compacte. D'après les déterminations de Hecht (*Tonind Ztg*, 1891, 25 à 27), au moyen des cônes de fusion de Seger, l'argile de Briesen, dans ses diverses sortes, est tantôt au dessus tantôt au dessous du cone 35 (kaolin de Zettlitz). D'après les déterminations actuelles, on n'a pas établi que l'argile de Briesen la meilleure occupe une place égale ou supérieure au kaolin de Zettlitz.

[2] Le fil de platine, complètement enfermé dans une cazette d'alumine, était fondu en une petite sphère ductile.

a) GISEMENT (¹). — Comme on le sait, l'argile provient des bassins de Hesse-Nassau, du Westerwald et de près Ebernhahn.

b) DESCRIPTION MINÉRALOGIQUE. — L'argile a une couleur blanche, qui tend au brun à l'air. La poudre délayée avec de l'eau est assez grasse et très liante.

c) EMPLOI TECHNIQUE. — Pour objets très réfractaires et autres fabrications céramiques soignées. Pour l'analyse et le quotient de réfractairité, voir la page 224.

Cinquième classe : Argiles de Grünstadt dans le Palatinat. — *a*) GISEMENT. — Les lieux où l'on trouve cette argile sont situés auprès d'Hettenleidelheim à 6 kilomètres au sud-ouest de Grünstadt, dans le Palatinat Rhénan. Le gisement peut être considéré comme tertiaire récent. Bien que cela ne soit pas prouvé, l'argile paraît être un produit de décomposition du porphyre amygdaloïde, qui constitue la chaîne du Donnersberg à quelques heures de distance seulement. L'amas d'argile se rencontre de 10 à 25 mètres en dessous de la surface du sol. La puissance de l'argile réfractaire utilisable varie entre 2 et 4 mètres ; la couche moyenne, puissante de 1 à 2 mètres, est la plus grasse et la plus pure, tandis que celles qui sont en dessous viennent après comme pureté et teneur en alumine. Elle renferme quelquefois de petits noyaux de pyrite. L'argile est débitée dans la mine même, au moyen d'une sorte de hache, en morceaux prismatiques allongés, pesant environ un quintal, et elle vient ainsi dans le commerce. La production est très importante et atteint le chiffre de deux millions de quintaux par an. En outre on trouve aussi, comme on le sait, des kaolins dans ce bassin argileux ; on les extrait en grandes quantités à Lautersheim.

b) DESCRIPTION MINÉRALOGIQUE. — Complètement séchée à l'air, elle a une couleur bleue claire, avec seulement des parties foncées, charbonneuses, isolées. Elle a un aspect très uniforme ; on y remarque quelquefois une nuance ferrugineuse jaune sale. Sa coupure est douce. Sa section a un éclat gras brillant. La masse montre des empreintes et des séparations, brillantes, unies, uniformément réparties ; elle happe fortement à la langue. Elle se désagrège dans l'eau en laissant échapper de nombreuses bulles avec un sifflement chantant ; humectée avec de l'eau, elle donne une masse liante, collante et plastique, qui retient l'humidité avec obstination. Elle

---

(¹) A la place de l'argile belge, classe IV, dont la qualité est variable, en particulier par suite de sa teneur variable en sable, ce qui rend un choix convenable difficile, nous prenons cette argile à cause de son uniformité et de sa pureté plus grande.

ne crie pas d'une manière perceptible quand on la frotte dans le
mortier d'agate. B est = à près de 12 (nouveau).

c) EMPLOI TECHNIQUE. — La première sorte, désignée sous le nom
« terre à pot triée » trouve un emploi technique presque exclusif
pour les verreries. Elle sert de plus à faire des pierres de cuvettes,
côtés et fonds. Elle trouve une application dans l'industrie du fer
pour pierres de hauts fourneaux et d'appareils de Cowper, comme
creusets pour acier fondu et en général comme argile à creusets.
L'argile de Grünstadt a cet avantage que son retrait est terminé à
une température relativement peu élevée. D'après les recherches
d'Aron, l'argile atteint son retrait maximum à 980° et sa condensation est complète. Le point de fusion se trouve beaucoup plus loin,
cependant il est essentiellement en dessous de celui de la fusion du
platine.

d) PRIX. — Le prix diffère suivant sa bonté et sa pureté. La première sorte, morceaux triés, exempts de toute pyrite visible, coûte
sur la mine, par wagon double, de 50 à 75 marks suivant l'importance de la fourniture.

e) ARGILES QUI S'Y RATTACHENT. — Il y a toute une série d'argiles,
employées en première ligne dans les verreries, qu'il faut rattacher
aux argiles réfractaires à 30 pour cent, et qui se distinguent de
celles immédiatement suivantes et placées plus bas par un haut
degré de réfractairité. Je n'indique que celles qui sont connues :
l'argile d'Ebernhahn, près de Vallendar sur le Rhin, celle de Löthain
en Saxe, en partie celle de Schwarzenberg en Bavière, celle de Wil-
denstein en Bohème et d'Albendorf en Moravie. Il faut y rattacher
aussi l'argile de Blansko en Moravie, qui est moins grasse, mais qui
occupe une position pyrométrique plus élevée. En général, l'argile
normale dont il s'agit est très répandue parmi les meilleures argiles
réfractaires lignitifères et elle est souvent identique avec l'argile
originale au point de vue des phénomènes de chauffage.

B. Analyse chimique et quotient de réfractairité; voir les tableaux
de la page 224.

Pour juger de la variabilité de la matière dans la couche la plus
grasse signalée dans le gisement de Grünstadt, l'auteur a analysé
huit fois dans l'espace de 21 ans (1867-1889) des échantillons du
même gisement à Hettenleidelheim, qui provenaient de différentes
mines et divers propriétaires. On en a déduit les teneurs moyennes,
le quotient de réfractairité et le maximum et le minimum des composants essentiels.

Années	1807	1874	1880	1886	1887	1886	1886	1886
Noms de l'expéditeur.	Pütz (jusqu'ici argile normale)	Frères Herrmann	id.	Schwab	Hagenburger	Frères Herrmann	id.	id.
Alumine.	35,05 (1)	34,76	32,54	33,09	33,71	34,61	33,76	35,60
Silice.	47,33	49,60	50,91	50,72	49,86	48,85	50,12	49,66
Magnésie	1,11	0,79	0,39	0,41	0,21	0,55	0,45	0,76
Chaux	0,16	0,56	0,42	0,48	0,40	0,33	0,34	0,51
Oxyde de fer	2,30 } 6,75	2,22 } 5,87	2,00 } 5,82	1,79 } 5,89	2,00 } 5,27	2,07 } 6,33	2,00 } 5,52	1,84 } 4,44
Potasse	3,18	2,30	3,01	3,21	2,66	3,38	2,73	1,38
Perte au chauffage	10,51 (2)	9,96	10,42	10,49	11,13	10,18	10,63	10,04
	99,61	100,19	99,69	100,19	99,97	99,97	100,03	99,74
F. Q. (calculé à l'ancienne manière)	2,37	2,51	2,38	2,43	2,55	2,71	2,95	3,24

(1) La plus haute teneur en alumine trouvée jusqu'ici : une quantité de 45,00, signalée à Rhien, ne s'est pas vérifiée. Voir *Tonindustrie Ztg.*, 1890, n° 39.

(2) Dans les analyses on n'a pas déterminé la quantité de soufre, qui ne s'élevait qu'à 0,1 % dans deux analyses, ni la teneur en sable, etc.

Les 8 analyses ont donné

Pour l'alumine

Moyenne	Maximum	Minimum
34,14 %	35,60 %	32,54 %

Pour la silice

46,93 %	50,91 %	47,33 %

Pour l'ensemble des fondants

5,74 %	6,75 %	4,44 %

Quotient de réfractairité

Nouveau : 7,95	Nouveau : 9,78	Nouveau : 7,11
Ancien : 2,65	Ancien : 3,26	Ancien : 2,37

Dans des années isolées, on a trouvé pour quotient de réfractairité (ancien)

1867	. . . . . .	2,37	1886	2,71
1874	. . . . . .	2,51	1886	2,95
1880	. . . . . .	2,38	1887	2,55
1886	. . . . . .	2,43	1889	3,26

Les efforts des producteurs d'argiles pour rechercher toujours la matière la meilleure et la plus pure, en s'appuyant sur les études faites, et pour la fournir aux consommateurs, se traduisent, il convient de le remarquer, dans l'élévation continue du quotient de réfractairité. En se basant sur les déterminations analytiques, on a choisi la matière et en particulier celle de l'année 1887, qui donne les analyses moyennes les plus semblables, et cette dernière a servi pour les essais pyrométriques qui suivent. On peut de cette manière mettre en évidence et préciser exactement les limites des sources d'erreurs, qui peuvent résulter du changement d'une matière qu'on prendrait pour argile normale.

On a comme éléments caractéristiques pour le mode de composition de l'argile bleue de Grünstadt : quantité importante de fondant, avec potasse prédominante, à côté d'une teneur relativement élevée en alumine et modérée en silice.

C. Déterminations pyrométriques ([1]). A environ 1 000° C. Se cuit en jaune sale avec des places noires et des points noirs iso-

---

([1]) Pour les déterminations pyrométriques, que nous rapportons ici, on a employé comme matière celle qui, eu égard à sa composition chimique (F.Q. 2,55, a un caractère moyen et par suite constitue une sorte de moyenne, ce avec quoi les déterminations pyrométriques sont d'accord.

lés. Cassure complètement compacte, bleue, brillante. En partie fondue.

A environ 1500° C. — L'éprouvette déjà chauffée à 1.000° C. se cuit en gris bleu un peu brillant, avec points noirs et fines bulles. Cassure vivement brillante.

Montre un boursouflement apparent.

La même à environ 1 600° C. — Se cuit en gris bleu avec tendance au noir et gros points de fusion noirs et ampoules. Cassure à vides individuels non brillante.

Pour 10 minutes de chauffage. — L'éprouvette cylindrique conserve ses arêtes seulement avec une couverte huileuse jaune foncé. Cassure ressemblant à de la chamotte, huileuse.

Pour 11 minutes. — Se comporte de la même manière, mais présente une couverte gris jaunâtre, cassure à vides fins (ressemblant à des points d'aiguille).

Pour 12 minutes et demie. — Conserve ses arêtes avec couverte grise tendre. Cassure à trous fins.

Pour 15 minutes. — A conservé ses arêtes, avec couverte brunâtre plus forte. Cassure compacte.

Pour 17 minutes. — Se déforme, mais on reconnaît encore la forme ; couverte grise faiblement brillante. Cassure poreuse, trouée.

Pour 20 minutes. — Fondue en forme de sphère anguleuse avec quelques bulbes et une couverte grise un peu plus brillante, dans laquelle nagent des veines noirâtres entrelacées. Cassure à trous depuis fins jusqu'à gros.

Sixième classe. Argile d'Oberkaufungen près de Cassel. A. Généralités. — Dans cette classe viennent tous les argiles qui, bien qu'occupant une situation moins élevée au point de vue réfractaire, sont cependant recherchées à cause de leur pouvoir liant élevé et de leur prix plus réduit. On a choisi comme représentant de ces argiles lignitifères moyennes l'argile d'Oberkaufungen, à 7 kilomètres au sud-est de Cassel.

a) Gisement. — Après l'enlèvement d'un découvert d'environ 1 mètre, on l'exploite là sous une puissance qui va jusqu'à 3 mètres. L'argile appartient à la formation lignitifère.

b) Description minéralogique. — Séchée à l'air, elle a une couleur gris-bleue. Elle contient des restes évidents de plantes, dans le voisinage desquels l'argile a une couleur plus foncée. Sa coupure est unie ; la section a un éclat gras. Se défait dans l'eau, en laissant dégager de nombreuses bulles et en donnant lieu à un sifflement chantant. Humectée, elle fournit une pâte bien liante et collante. Elle crie d'une manière marquée quand on l'écrase. Elle ne fait pas effervescence avec les acides. Elle contient quelquefois des nodules isolés de pyrite. Par chauffage à la lampe, elle noircit et se colore ensuite en gris jaunâtre faible. Son pouvoir de liaison est égal à peu près à 13 (nouveau).

c) Emploi technique. — Pour la fabrication des pierres réfractaires, des gros tuyaux, etc.

d) Coute 50 marks par wagon double pris sur place.

e) Argiles qui s'y rattachent. — Ces argiles constituent le passage entre les argiles normales les plus élevées d'une part et les plus basses de l'autre et on les rencontre le plus souvent là où se rencontrent celles des deux classes. Ainsi, on les trouve dans les argiles du Rhin déjà citées, par exemple à Mulheim comme seconde qualité, parmi celles de la vallée de l'Ahr ([1]), du Rhin-Nassau, du Palatinat, et parmi les argiles belges qui représentent tous les degrés pyrométriques au point de vue de la réfractairité.

A l'Exposition Universelle de Vienne en 1873, parmi une série d'échantillons du bassin tertiaire de la principauté de Wittingau en Bohême, il se trouvait un grand nombre d'argiles de cette classe. Parmi les argiles autrichiennes, c'est encore à elles qu'appartiennent celles de Binisch et l'argile de couleur chocolat clair de Krazak en Croatie. A côté des argiles à 50 % et plus qui proviennent de la mine Charlotte à Johnsdorf, près de Krönau en Moravie, on la trouve à 20 % dans la mine Annen, et elle constitue une partie des moindres sortes de l'argile de Blanske, etc.

B. ANALYSE CHIMIQUE. — Voir à ce sujet les tableaux p. 224.

C. DÉTERMINATIONS PYROMÉTRIQUES. — A environ 1 000° C. — Se cuit en gris-bleu, sans points. Cassure terreuse, absorbante.

A environ 1 500° C. — La même éprouvette déjà chauffée à 1 000° C. devient bleuâtre, à peine brillante, sans points, avec quelques fines bulles. Cassure complètement compacte, brillante. Il se manifeste un léger boursouflement.

La même à environ 1 600° C. — Elle se cuit en blanc bleuâtre jusqu'à blanc, sans points, avec de fines bulles, et une couverte tendre faiblement brillante. Cassure pierreuse, à peine brillante, avec trous isolés.

([1]) Voir l'auteur : « *Neu aufgeschossenes bedeutendes Tonlager, Untersuchung der Hauptschichten sogenn. Schokoladentone.* » *Sprechsaal* . 1887, p. 249 et suiv.

Pour 10 minutes de chauffage. — L'éprouvette cylindrique conserve à peu près ses arêtes, avec une couverte faible. Cassure poreuse jusqu'à finement trouée (ressemblant à des piqures d'aiguille).

Pour 11 minutes. — Se comporte de la même manière avec une couverte plus forte et un peu de gonflement. Cassure à quelques grands trous isolés.

Pour 12 minutes et demie. — Se conserve sous forme d'un cône arrondi, avec couverture d'émail brillant et bulbeux. Cassure, les grands trous ont un peu augmenté.

Pour 15 minutes. — Se comporte de la même manière, mais s'est un peu gonflée. Cassure, les grands trous se rencontrent plus fréquemment.

Pour 17 minutes. — Fondue sous forme d'une demi-sphère, avec peu d'émail brillant. Cassure à bulles rondes.

Pour 20 minutes. — Fondue sous forme de bourrelet en un émail grisâtre.

Septième classe : Argile de Tschirne. Argile normale la plus basse. A. GÉNÉRALITÉS. — A la place de l'argile normale la plus inférieure, qui constitue dans une certaine mesure la limite déterminée expérimentalement par la pratique, ou le point zéro des argiles hautement réfractaires, on a choisi cette argile, qui ainsi qu'on l'a dit, fond, non pas sous forme d'un verre, mais d'un émail. La température s'élevant, elle fond d'une manière particulièrement évidente en changeant progressivement de forme; nous avons étudié ces phénomènes plus haut en détail ; ils donnent au chauffage des caractères sensibles et tombant sous les yeux et fournissent en même temps un indicateur pour le degré de chaleur plus ou moins élevé qu'on atteint à chaque fois.

a) Gisement. — L'argile se trouve à Tschirne, près de Siegersdorf en Silésie comme première couche dans les mines d'argiles des Tschirner Tonwerke. Il faut remarquer qu'en outre de cette argile on en trouve, dans les exploitations très étendues d'argiles de cette région, qui sont plus élevées au point de vue pyrométrique, qu'on extrait pour les vendre, dont la réfractairité dépasse même celle de l'argile de la cinquième classe et qui se distinguent par une grande uniformité.

b) Description minéralogique. — A l'état sec, elle a une couleur bleue claire avec tendance au bleuâtre jusqu'au chocolat. Elle se coupe suivant une surface unie, à éclat soyeux. La poudre, qui est brun bleuâtre, crie sensiblement quand on l'écrase. Elle noircit légèrement par chauffage à la lampe. Délayée dans l'eau, elle est moyennement liante, collante, semblable à de la pâte et se moule bien. Son pouvoir liant est (B) = 11 (nouveau).

c) Emploi technique. — La matière sert comme argile liante et comme chamotte très réfractaire pour les fabriques de produits réfractaires.

d) Elle coûte par wagon double 60 marks à Siegersdorf.

e) Argiles qui s'y rattachent. — Comme on l'a indiqué plus haut, les argiles de cette catégorie la plus basse se rencontrent en quantité partout où se trouvent surtout des argiles réfractaires. Ainsi on rencontre cette argile normale parmi les argiles plastiques dans les gisements de Siershahn, Ebernhahn, Wirges, au Westerwald, et en outre parmi les argiles réfractaires du Palatinat, de Saxe, de Bavière, de Bohême, etc. De pareilles argiles se montrent aussi sous les kaolins bruts, par exemple à Sennewitz, et dans la plaine de Bennstedt près de Halle ; on les trouve aussi, en amas et nids déterminés impurs et notamment sableux, sous les argiles schisteuses du Rhin, de la Silésie, de la Bohême, en un mot partout où l'on rencontre des argiles qui accompagnent les lignites, mais qui se distinguent déjà par leur aspect extérieur comme étant plus pures.

B. Analyse chimique et quotient de réfractairité. — Dans une masse moyenne de 100 kilogrammes d'argile soigneusement préparée et séchée à 120° C., on a obtenu :

Alumine.	26,27 o/o
Silice	61,35 » (¹)
Magnésie	0,52 »
Chaux	0,10 »
Oxyde de fer	1,12 »
Potasse	3,15 »
Perte au feu . . . . ·	7,53 »
	100,04 o/o

On déduit de là comme composition chimique

$$4,10 \ (Al_2O_3 + 2,67 \ SiO_2) + RO$$

et pour quotient de réfractairité 4,62 (ancien 1,54).

C. Déterminations pyrométriques. — A environ 1 000° C. — Se cuit en brun parsemé de très petits points noirs isolés. Cassure terreuse, absorbante.

(¹) Il y a : sable 28,62 °/₀, alumine avec oxyde de fer 0,45 °/₀, chaux 0,05 °/₀. — Silice (différence) 28,12 °/₀.

Résumé des analyses des argiles normales et des valeurs qu'on en déduit, avec autres renseignements

	Classe I — Argile schisteuse d'Aitwasser. Variété triée très pure et très difficile à fondre. Représentant des argiles schisteuses.	Classe II — Kaolin lévigé de Zettlitz en Bohème. Représentant des Kaolins.	Classe III — Argile de Briesen en Moravie. Représentant des argiles pierreuses et cependant encore quelque peu liantes.	Classe IV — Argile d'Eberbahn meilleure qualité triée	Classe V — Argile de Grünstadt en Palatinat, sorte triée. Représentant des argiles kaolineuses dans les gisements secondaires.	Classe VI — Argile d'Oberlausitz en près de Cassel. Représentant des argiles moyennes de la formation lignitifère.	Classe VII — Argile de Tschirne en Silésie. Représentant des argiles ligniteuses les plus basses.
	%	%	%	%	%	%	%
Alumine (Al$_2$O$_3$)	36,30 [1]	38,54 [2]	39,25	37,95	35,05	27,97	26,27
Silice (SiO$_2$) combinée chimiquement	38,04	40,53	44,76	32,18	39,32	33,59	61,35
Silice (SiO$_2$) comme sable	4,90 } 43,84	5,15 } 45,68		14,70 } 46,97	8,01 } 47,33	24,40 } 57,99	
Magnésie (MgO)	0,19	0,38	0,36	0,11	1,11	0,54	0,52
Chaux (CaO)	0,19	0,08	0,26	0,04	0,16	0,97	0,10
Oxyde de fer (Fe$_2$O$_3$)	0,46 } 1,26	0,90 } 1,26	0,48 } 2,65	0,95 } 4,10	2,30 } 4,10	2,01 } 4,05	1,12 } 4,80
Potasse (dominante) K$_2$O	0,42	0,66	1,55	3,00	3,18	0,53	3,15
Perte au chauffage	17,18	13,00	13,41	10,02	10,51	9,43	7,53
	98,18	99,24	100,07	99,04	99,64	99,44	100,04
Formule de composition	19,25 (Al$_2$O$_3$, 1,38 SiO$_2$)+RO	12,82 (Al$_2$O$_3$, 1,35 SiO$_2$)+RO	19,57 (Al$_2$O$_3$, 1,21 SiO$_2$)+RO	»	3,65 (Al$_2$O$_3$, 1,34 SiO$_2$)+RO	4,73 (Al$_2$O$_3$, 2,37 SiO$_2$)+RO	4,10 (Al$_2$O$_3$, 2,67 SiO$_2$)+RO
Quotient de réfractairité ancien [3]	13,95	9,40	8,05	»	2,37	1,86	1,54
Degré de réfractairité	100 (très réfractaire)	70 (très réfractaire)	60 (tr. réfractaire)	50 (réfractaire)	30 (moyen. réfractaire)	20 (assez réfract.)	10 (peu mais enc. réfract.)
Degré de réfractairité exprimé en cônes de Seger [4]	36	35	environ 35	33	30	28	26
Quotient de réfractairité (13,95) =	100	68,03	57,78	»	16,99	13,38	11,68
Degré de liant (dans l'ancienne désignation)	1 à 2 (à peine liante)	3 (peu liante)	6 à 7 d'après Hecht [5] (moyen. liante)	9 (bien liante)	8 (très liante)	9 (fort. liante)	8 à 9 (fort. liante)
Perte au chauffage [6]	»	»	»	»	»	»	»

(1) Débarrassée d'eau et de charbon, donne 44,59 %. — (2) Calculée sans eau donne: 43,94 % d'alumine, 52,08 % de silice et 2,32 de fondants. — (3) On trouvera plus haut les indications sur le mode de calcul, la signification, la valeur, etc — (4) *Tonindustrie-Ztg.*, 1884, 14 — (5) *Tonindustrie-Ztg.*, 1891, n° 27 à 27. — (6) A ce sujet nous renvoyons aux données individuelles fournies plus haut (Section 3).

A environ 1500° C. — La même éprouvette déjà chauffée à 1000° C. se cuit en bleuâtre clair, un peu brillant, avec points noirs isolés et quelques fines bulles. Cassure ressemblant au grès cérame avec peu de pores. Il se manifeste un faible gonflement.

La même à environ 1 600° C. — Se cuit en blanc bleuâtre avec points noirs isolés et plus grosses bulles. Montre une couverte brillante. Cassure un peu boursouflée, à trous fins.

Pour 10 minutes. — L'éprouvette cylindrique est fondue en forme de cône avec des ampoules isolées, un peu gonflée. Montre une couverture d'émail brillante, blanc grisâtre. Cassure à trous depuis fins jusqu'à gros.

Pour 14 minutes. — Fondue en forme de sphère conique, avec couverte d'émail brillant, uni et plus bleuâtre. Cassure semblable avec ampoules circulaires isolées.

Pour 12 minutes et demie. — Fondue en forme de demi-sphère avec couverte d'émail moins brillant et un peu plus foncé. Cassure avec ampoules petites et grandes.

Pour 15 minutes. — Fondue sous forme de goutte, avec émail brillant et plus brunâtre. Cassure pareille.

Pour 17 minutes. — Est fondue en forme de bourrelet en un émail grisâtre.

Pour 20 minutes : Coule en s'étendant en un émail brunâtre.

7. Essai au moyen des argiles normales. Manière d'opérer et méthodes

Nous en venons maintenant aux déterminations pyrométriques ou à celles de la réfractairité au moyen des argiles normales, en ayant égard aux précautions et règles indiquées plus haut et en exerçant surtout un contrôle continu. Il faut indiquer préalablement comme proposition fondamentale pour ces recherches qu'il est nécessaire de procéder toujours d'une manière méthodique et d'observer les points principaux qui suivent.

Une seule détermination ou un seul critérium isolé, qui ne peut que trop facilement conduire à des conclusions erronées sans qu'on s'en doute, ne doit pas être considéré comme déterminatif, mais il faut, quand bien même le mode de recherche se compliquerait ([1]), que dans chaque cas le résultat découle de plusieurs phéno-

([1]) Au point de vue de la marche compliquée et peu sure, il faut (comme exemple) mutatis mutandis rappeler ce qui se passe dans un autre champ, celui des observa-

mènes de chauffage, modifiés à dessein et cependant se produisant parallèlement, et de comparaisons concordantes répétées ; en cas de non accord, les données discordantes doivent être indiquées séparément, d'une manière explicite et sans réticence. En ayant égard à la distance qui sépare les argiles réfractaires les plus basses des plus hautes et qui, exprimée en degrés de température n'est pas très grande, comme l'indique l'expérience pratique, mais qui cependant a une signification et une importance considérables, il faut en particulier procéder aux essais par étapes ou par stations, ou encore par groupements, ainsi qu'il suit. Si notamment on poussait le chauffage assez loin pour que les argiles les plus élevées fussent fondues, celles des séries inférieures seraient déjà tellement liquéfiées que les distinctions individuelles entre elles seraient d'autant plus compliquées qu'elles ont une situation plus basse. Si au contraire le chauffage est modéré, de telle manière que ce soient seulement les argiles inférieures qui fondent, on n'a pas encore d'indication clairement visible d'une fusion et par suite on ne peut pas observer des différences appréciables, et alors le critérium admis comme justifié et bien établi fait défaut et l'on n'a plus la possibilité de faire une distinction indiscutable entre les matières soumises aux essais. Si donc on manque de points de repère, il faudra dans chaque cas faire un essai préparatoire général, destiné dans une certaine mesure à fixer sur le degré de chaleur déterminatif, à classer au moyen de déterminations matérielles les argiles à essayer séparément ou, comme on l'a dit, suivant des groupes définis d'argiles normales, et on y arrivera d'après la manière expérimentale, et en somme fort simple, qui suit. Nous passons à la préparation des éprouvettes, au chauffage et au jugement qu'on en peut tirer.

Après avoir moulé, comme pour les argiles normales, au moins deux éprouvettes exactement égales (petits cylindres) au moyen d'une quantité moyenne bien préparée de l'argile à essayer (¹), on

tions barométriques, où il ne suffit pas de noter simplement la hausse ou la baisse du baromètre, mais où il faut donner les conditions d'humidité, les dépressions locales etc. et les combiner pour obtenir du tout un résultat juste. Les déterminations de réfractairité réclament des indications aussi étendues. Par exemple pour les argiles normales de cinquième et sixième classe, malgré leur distance aussi nette qu'importante au point de vue technique, les phénomènes de chauffage à haute température sont si voisins qu'en les observant sans soin, on peut les regarder comme égaux et les échanger entre eux. Pour des déterminations indiscutables, un abaissement de la température d'essai est donc une condition essentielle.

(¹) Si l'argile est visiblement charbonneuse, il faut d'abord la chauffer au rouge, ce qui n'empêche pas de soumettre à un essai l'argile telle qu'elle est.

les sèche complètement et on les fixe sur un plateau d'argile, mais pas trop près l'une de l'autre, pour que, à la liquéfaction, une éprouvette ne puisse pas agir sur une autre. Le creuset bien fermé avec son contenu ayant été préalablement fortement séché, on soumet les éprouvettes à un degré de chaleur déterminé, qui ne doit pas être trop bas dans aucun cas ([1]), parce que autrement on ne pourrait pas éviter des erreurs considérables et des résultats inexacts. Comme principe à suivre pour une classification, dont naturellement tout dépend, il faut, en ce qui touche la température à appliquer aux essais, poser en principe qu'elle doit être appropriée dans chaque cas aux argiles normales qui servent de termes de comparaison. Le chauffage devra donc être poussé assez loin ou réglé de telle manière que les argiles normales qui entrent en jeu, et il y en aura toujours plusieurs se suivant, présentent des différences évidentes ou des caractères bien nets dans leurs phénomènes de chauffage. Le chauffage étant terminé et le creuset ouvert, les éprouvettes refroidies seront comparées entre elles pour décider avec quelle argile normale l'argile examinée coïncide au point de vue de ses manifestations au chauffage, ou de laquelle elle se rapproche plus ou moins. Comme cela découle de ce qui suit immédiatement, la voie à suivre dans ce dernier cas consiste à diminuer la température de l'essai en chauffant en même temps l'argile normale servant de comparaison. Pour les argiles moins difficilement fusibles, le changement de forme de l'argile normale la plus basse, que nous avons décrit plus haut, peut donner, notamment quand on répète les essais, un point de repère délicat, indiquant qu'on a chauffé pendant un temps égal ou qu'on a atteint un degré déterminé de chaleur.

Si l'on a trouvé ainsi de combien l'argile à essayer est située au-dessus ou au-dessous d'une argile normale déterminée, et si l'on constate par exemple que sa fusibilité se trouve en dessous de celle de l'argile normale de la cinquième classe, on compare au moyen d'un nouveau chauffage plus faible, comment elle se comporte vis-à-vis de l'argile normale plus basse de sixième classe, ou de combien elle la dépasse. Si l'on a de la sorte établi sa position au-dessus de l'argile normale à 20 pour cent, on recommencera finalement l'essai

---

([1]) Si l'on manque d'indications pour le degré de chaleur à appliquer, il est d'autant plus nécessaire de faire l'essai préliminaire indiqué avec la ou les argiles classées, en faisant une estimation approximative.

de la même manière, mais à une température encore plus basse, et les deux objets de la comparaison, répétée deux et même trois fois si on veut aller aussi loin dans des cas particuliers, serviront à donner la certitude manifeste qu'il ne s'est produit dans la région du disque à chauffer que des différences de température nulles ou très petites. On peut se servir de deux témoins, l'un supérieur et l'autre inférieur, dont chacun sera placé de la même manière que les éprouvettes semblables, et dans des positions opposées. Si l'observateur arrive ainsi à une délimitation immédiate et aussi étroitement bornée que certaine, on peut effectuer la comparaison avec la plus grande précision qu'on puisse atteindre. Dans des cas importants ou litigieux, on peut de cette manière se faire une conviction qui ne laisse plus aucun doute sur la position pyrométrique de l'argile à essayer, et l'on peut même indiquer par des chiffres entre quelles limites minima se meut la détermination ou quelles sont les erreurs possibles. Dans cette manière de procéder, le problème consiste donc à comparer, de la façon la plus précise et plusieurs fois répétée, l'objet de l'expérience chauffé le plus fortement possible avec l'argile normale la plus semblable, en abaissant la température du chauffage. Dans ce cas, il ne s'agit pas de liquéfaction complète, mais d'un état en général essentiellement antérieur, ou de ce qu'on appelle la stabilité de l'argile à essayer, qui est plus importante au point de vue pratique que la fusion proprement dite, comme d'autres auteurs et notamment Seger l'ont établi. On peut de cette manière déterminer définitivement des différences petites et même très faibles de fusibilité en employant des degrés de chaleur plus modérés, mais toujours très voisins les uns des autres. Cette méthode est particulièrement à sa place, comme on l'a déjà indiqué, si, étant données deux argiles pyrométriquement très semblables (ou aussi deux produits réfractaires fabriqués), on veut déterminer quelle est celle qui se tiendra le mieux au point de vue de la stabilité spécifiée, ou si elle occupe une situation plus basse ou plus élevée que l'autre. Dans la section suivante, nous allons donner quelques propositions pyrométriques ou règles basées sur les déterminations effectuées avec les argiles normales, et signaler quelques phénomènes frappants de chauffage, qui paraissent dignes de remarque. Nous terminerons en formulant d'une manière rapide un certain nombre de thèses pyrométriques.

Comme exemple de recherche poussée à fond au moyen des argiles normales, on peut indiquer ici l'étude pyrométrique faite par l'auteur de l'argile de Girod, à Walmerod sur le Westerwald. (Sprechsaal, 1898, n°s 7 à 10).

DÉTERMINATION DE LA RÉFRACTAIRITÉ AU MOYEN DES ARGILES NORMALES ET PAR RAPPORT AUX CÔNES DE SEGER. — La détermination de la résistance au feu des argiles, produits réfractaires et autres matières, peut s'effectuer en les chauffant successivement aux températures de fusion des argiles normales et en observant quelle est celle de ces argiles normales dont la fusion correspond exactement ou d'une manière approchée avec les objets en question.

Comme Seger a déterminé la fusion des argiles normales par rapport à ses cônes, on peut aussi, quand on le désire, exprimer la température de fusion des argiles normales au moyen de ce qu'on appelle le point de fusion ou le degré de température indiqué par les cônes et c'est cette voie, à l'abri d'objections, que l'auteur suit dans ses indications pyrométriques.

V. — PROPOSITIONS PYROMÉTRIQUES GÉNÉRALES OU THÈSES

Qui découlent des recherches précédentes et qui doivent être réunies ici.

a) Le jugement pyrométrique des argiles réfractaires dépend, comme nous le savons, du degré de température employé pour l'essai; suivant ce degré de chaleur, l'échelle pour la classification, ou la position d'une argile peut changer. Dans les essais, il s'agit toujours de savoir quel degré de température, fixé aussi authentiquement que possible, on a pris comme type. Suivant la température à laquelle elles ont été soumises, deux argiles peuvent se comporter l'une par rapport à l'autre d'une manière tantôt semblable, tantôt différente et même opposée. Dans les déterminations, de même que dans toutes les recherches pyrométriques, il faut dans chaque cas indiquer d'une manière approchée et définie, pouvant servir de point de repère, les degrés de chaleur déterminatifs qu'on a appliqués et qu'on a fixés par une recherche matérielle préalable. Si ceci ne peut pas se faire jusqu'ici d'une manière suffisante au moyen d'un pyromètre proprement dit, qui soit applicable aux degrés de chaleur élevés qu'on considère, on doit se servir d'autres points de repère exacts, comme la température de fusion du platine, de l'iridium ou de leurs alliages.

Pour les argiles qui appartiennent aux argiles normales inférieures, et où il s'agit de savoir si une argile en général appartient
encore à celles qui sont réfractaires (qui résistent au grand feu), la
température à laquelle l'argile normale la plus basse fond en se déformant (transformation du cylindre en une forme sphérique) donne,
comme on l'a dit, la condition nécessaire pour une détermination
indiscutable. Mais s'il s'agit de la détermination comparative de
plusieurs de ces argiles presque égales entre elles, la température
d'essai devra être abaissée d'une manière correspondante, jusqu'à
ce que l'argile normale la plus inférieure ne fasse justement que se
déformer (la forme cylindrique passe à la forme conique). S'il faut
essayer des argiles plus élevées, qui soient égales à ou voisines de
l'argile normale moyenne, il faut pousser la température plus haut
en conséquence, et si enfin l'on a à considérer des argiles qui, au
point de vue de la difficulté de fusion, se rapprochent des kaolins
ou leur sont égales, ou même les dépassent, il faudra pousser le
chauffage à une température beaucoup plus élevée, d'une manière
relativement peu ordinaire, jusqu'à celle « effective » de la fusion
du platine, et on la constatera par la fusion du platine dans une
cazette d'alumine fermée.

Si nous voulons préciser davantage la température à appliquer,
on peut toujours pour les argiles se servir, comme point de comparaison ou comme indicateur, d'un changement de forme de l'argile
normale la plus inférieure déjà si souvent citée. Pour des argiles
situées plus haut, on peut de même se servir comme indicateur
d'une éprouvette cylindrique en argile normale de la cinquième
classe (ou de celle à 30 pour cent), qui doit être fondue sous forme
de demi-sphère ou de goutte, et indiquer dans des recherches déterminées, quelle forme de fusion a pris une éprouvette cylindrique
de l'argile normale la plus inférieure et de celle qui est plus élevée.
Pour des argiles situées encore plus haut, il faut comme on l'a dit,
employer comme contrôle de la température qu'on a atteinte, par
le fait, la chaleur bien constatée de la fusion du platine.

Exprimée en degrés de température, et seulement d'une manière
approximative, puisqu'on manque de points de repère scientifiques,
à l'exception du point de fusion du platine, la température pour la
détermination absolue des argiles les plus élevées doit être poussée
jusqu'à environ 1800° C ou pas bien au-dessus et celle pour les argiles les plus inférieures doit descendre jusqu'à environ 1700° C,
comme température la plus basse. Contrairement aux hypothèses

antérieures qu'on avait faites à vue seulement, il est très surprenant que les argiles réfractaires, depuis les plus élevées jusqu'aux plus basses, se meuvent dans un si faible écart de température, qui n'est que d'environ 100°C ou pas beaucoup plus, mais qui n'en demande pas moins un énorme effort quand il s'agit d'atteindre effectivement la température la plus élevée (¹).

Revenons aux conditions imposées aux pierres d'essai et expliquons le mode de détermination absolue et relative indiqué. Le premier repose sur la mise à l'état fluide de l'argile à essayer, le second au contraire sur sa résistance comparative ou sa stabilité jusqu'à une certaine limite. La première a pour but déterminatif la fusion, l'autre se limite à demander que, pour une certaine température moindre, l'argile conserve plus ou moins sa forme; elles donnent naissance aux problèmes différents qui suivent.

Pour la liquéfaction, il faut que la température soit élevée très haut pour obtenir un caractère frappant et en somme uniforme, bien que, comme on l'a déjà indiqué, cela ne donne pas de point de repère effectif et ne soit déterminatif dans aucun cas. Tandis donc que la théorie, qui implique le changement complet de forme même de l'argile la plus élevée, impose des exigences extrêmement élevées au point de vue des moyens à employer, la pratique demande la conservation aussi prolongée que possible de la forme de la masse argileuse. Pour le cas d'application effective, la théorie pose donc un problème différent et particulièrement trop élevé et cependant les deux buts doivent être dans une certaine mesure combinés et présents à l'esprit, si l'on veut avoir une connaissance complète de l'argile à essayer et obtenir des résultats qui satisfassent à la théorie comme à la pratique (²). Ce que l'on a trouvé dans l'un et l'autre cas, considéré seul et pour lui-même, ne peut donner qu'un résultat borné et incomplet. Une détermination de fusion simple et unique ne peut donc pas résoudre les questions qui surgissent dans un essai pyrométrique, notamment au point de vue pratique, et encore moins préciser le résultat. Ainsi, en général, la

(¹) Dans les indications « à l'estimation » au moyen de la série comme des cônes de Seger, l'écart entre les cônes 26 et 36, qui constituent l'échelle pour le jugement des matières réfractaires à chamotte s'élève à environ 300° C.; c'est donc une différence de température bien plus considérable (*Tonindustrie Ztg*, 1895, n° 13).

(²) Abstraction faite d'autres facteurs, circonstances et exigences, ce devrait être à ces problèmes doubles, dont on ne tient pas toujours compte et qui sont opposés les uns aux autres, qu'on devrait attribuer l'insuffisance de la plus part des déterminations pyrométriques faites jusqu'ici.

détermination poussée trop haut est en état de nuire aux intérêts des producteurs et faite trop bas à ceux des consommateurs. En un mot, il ne suffit donc pas seulement de préciser quand l'argile fond, mais encore pendant combien de temps et à quelle température elle se maintient sans changement de forme appréciable ou pas trop marqué, ce qu'il faut toujours fixer clairement par une détermination particulière (¹). Dans le dernier cas, il s'agit, même encore plus que dans la détermination absolue, de fournir une série de renseignements, par exemple sur les circonstances d'où dépend la stabilité d'une argile, sur les facteurs qui y jouent un rôle, ainsi que sur les anomalies qui peuvent se manifester.

b) Comme deuxième proposition, il résulte de bien des causes que : l'appréciation pyrométrique doit se baser sur plusieurs degrés de chaleur différents pris comme points de repère.

Dans un examen soigneux et exact, on ne doit pas regarder à faire plusieurs chauffages différents entre eux, mais dont les résultats doivent concorder, autant que cela est possible; ou bien, comme on l'a dit, s'il se produit des écarts dans l'accord des phénomènes de chauffage, chacun d'eux doit être signalé d'une manière définie. Il n'est heureusement pas rare que des irrégularités apparentes ou des observations contradictoires puissent s'éclaircir en recommençant les chauffages plus souvent.

c) De petites différences pyrométriques, notamment pour des argiles très voisines et en général facilement fusibles, devront être déterminées de la manière suivante, ainsi qu'on l'a déjà indiqué ; connaissant la température de fusion de l'argile normale voisine, on l'abaissera progressivement jusqu'à ce que l'une ou l'autre des argiles commence à fondre, et alors, à une température encore diminuée, ou au stade qui précède immédiatement la fusion, on pourra faire la distinction, qui sera basée sur des faits indiscutables.

d) S'il se produit en même temps pour le même objet des phénomènes de fusion d'espèces différentes, il faudra les décrire individuellement, et il s'agit alors de savoir à quel point de vue on donne la préférence. En ce qui touche les manifestations d'espèces différentes qu'on observe dans le chauffage, la fusion en un verre indique, comme on l'a déjà signalé, une plus grande fusibilité que

______
(¹) De la fusion égale de deux argiles ou de leur position égale à ce point de vue, ils ne s'en suit nullement qu'elles se comportent de même au point de vue de leur conservation. On rencontre au contraire des variations frappantes à cet égard.

quand il se produit un émail. Si de plus deux argiles sont fondues
d'une manière dissemblable, on sait qu'il faut regarder comme
la plus facilement fusible celle dont la cassure est le plus homogène.

e) Comme nous l'avons déjà indiqué plus haut, le mélange de
deux argiles est en règle générale pyrométriquement un peu plus
bas que la moyenne arithmétique calculée au moyen des températures de fusion, et ceci se manifeste d'autant plus nettement que
la température employée est plus élevée. Cette manière d'être se vérifie expérimentalement. Si l'on mélange plusieurs échantillons
d'une argile réfractaire prélevés dans une couche, d'aspect parfaitement uniforme, et qui, essayés chacun isolément, sont égaux ou
n'accusent pas de différence appréciable de fusibilité, les objets
d'essai préparés avec le mélange se montrent nettement plus fusibles
que les éprouvettes individuelles. Le mode de composition chimique
influe d'après cela sur le résultat d'une manière le plus souvent favorable, bien que limitée.

f) Le chauffage d'une argile, ainsi qu'on l'a expliqué, accroît sa
faculté de résistance dans une mesure très faible, mais cependant
différente suivant la situation pyrométrique de l'argile. L'argile
préalablement cuite se comporte en règle générale comme plus résistante que l'argile brute qu'on soumet en même temps au chauffage, et dans laquelle les particules argileuses sont en contact plus
intime que la matière cuite et par suite devenue poreuse. La cuisson
d'une argile en chamotte élevera donc sa situation pyrométrique,
bien que d'une manière le plus souvent peu démontrable. L'augmentation de la résistance est plus importante et plus précieuse au
point de vue physique.

g) Comme on l'a déjà signalé en (*a*), les phénomènes de chauffage
des argiles ne marchent pas toujours parallèlement avec la température des essais, notamment aux températures basses comparées
aux plus hautes, et il faut l'indiquer ici d'une manière bien explicite. S'il arrive par exemple qu'une argile chauffée à environ
1500°C ne se tienne pas complètement, c'est-à-dire manifeste des
symptômes de fusion évidents, un boursouflement, ce qui doit passer pour une indication caractéristique d'une opération chimique
qui s'effectue, en règle générale, à une température plus élevée, elle
se liquéfie bientôt et plus tôt que l'argile normale la plus basse et
ne doit plus être comptée parmi les argiles réfractaires proprement
dites.

Mais on ne peut pas conclure réciproquement que, si une argile se conserve à 1500° C sans manifester de signes de fusion, elle appartient indubitablement aux argiles réfractaires ; il y a au contraire des argiles qui, bien que se tenant bien à 1500° C, ne sont cependant pas réfractaires. D'un autre côté, il peut se produire le cas contraire qu'une argile, bien que montrant des signes évidents de fusion à la température la plus basse, doive cependant être caractérisée comme réfractaire.

Ainsi parmi les argiles plastiques, il en existe par le fait qui, bien que se dilatant de plusieurs pour cent par chauffage à une température de 1500° C par suite d'un boursouflement, se conservent, quand on les chauffe plus haut, plus longtemps et sans déformation apparente plus forte que l'argile normale la plus basse. Malgré le commencement de fusion à un degré de chaleur moindre, elles appartiennent à celles qui sont décidément réfractaires. On ne peut donc pas de suite et sans restriction, pour des résultats positifs ou négatifs, de la manière d'être d'une argile à un degré de chaleur moindre conclure parallèlement de ce qu'elle sera à un degré plus élevé.

Le résultat pyrométrique doit donc, comme on l'a déjà indiqué plus haut, se déduire toujours d'une combinaison d'une série de phénomènes de chauffage, qu'ils soient concordants ou discordants entre eux. Dans le premier cas, ils doivent se compléter réciproquement, ou bien les discordances, si elles existent, doivent être décrites sans réticences par l'observateur, si l'on veut obtenir une idée claire et certaine de la situation pyrométrique d'une argile.

Il faut donc dans chaque cas, spécifier d'une manière précise quelles sont les manifestations qui ne marchent pas parallèlement, jusqu'à quelle température l'argile se maintient, quand elle commence à fondre et quand elle coule. Toutes ces indications, auxquelles on peut encore ajouter d'autres données déterminatives dans des cas particuliers, doivent se corriger réciproquement dans les conclusions définitives.

h) ARGILES DANS UNE CERTAINE MESURE DIFFICILES A FONDRE, MAIS COULANT RAPIDEMENT DÈS QU'ON A ATTEINT UN CERTAIN DEGRÉ DE TEMPÉRATURE. — Il existe des argiles, bien que rares en somme, dont la situation pyrométrique se modifie tout à fait essentiellement pour une très petite différence de température, ou qui se comportent incomparablement mieux à un degré de chaleur moins élevé qu'à un plus haut.

Ce phénomène fait contraste avec les argiles pour lesquelles le point de scorification et le point de fusion sont très éloignés l'un de l'autre. Si par exemple on chauffe certains kaolins bruts de Halle dans le four de Deville pendant 12 à 13 minutes, ce qui fait couler l'argile normale la plus basse sous forme d'une demi-sphère, ceux-ci ne conservent pas complètement la forme qu'on leur a donnée ; mais si l'on élève le degré de chaleur relativement très peu plus haut, ce qui fait presque complètement couler l'argile normale la plus basse, les kaolins bruts ont coulé aussi, mais à un degré un peu moindre que cette argile normale. Dans ces cas, les argiles, à une température d'essai moindre, se montrent égales aux argiles normales à 50 pour cent, tandis que, dans le second cas, elles ne sont plus égales qu'à celles à 30 pour cent. Des phénomènes semblables se manifestent déjà à une température un peu basse pour les argiles réfractaires, qui sont modérément riches en alumine, mais qui contiennent des quantités importantes de fondants.

Si donc, pour déterminer la valeur de pareilles argiles, on se contentait simplement de la liquéfaction, on leur attribuerait ainsi une place inexacte, c'est-à-dire beaucoup trop basse, tandis qu'une température d'essai moindre indique que les argiles se comportent très bien jusqu'à un certain degré de chaleur, et c'est ce qui fait bien voir que la combinaison des deux phénomènes est nécessaire pour y voir bien clair. L'indication de la température d'essai est donc, dans ces cas, une condition indispensable et c'est par là qu'on pourra porter sur l'allure pyrométrique un jugement bien fondé, qui sera pour la pratique aussi déterminé qu'utilisable, mais qui, dans le cas contraire, serait erroné.

Toutes ces nombreuses irrégularités, qui se rencontrent toujours et qu'on ne doit pas négliger, bien qu'en général elles doivent être considérées comme des exceptions, corroborent l'expérience confirmée à de nombreuses reprises que, dans les déterminations pyrométriques, il ne faut pas opérer à un seul point de vue et qu'on ne saurait procéder avec trop de précaution et notamment de prudence. Il s'agit toujours ici, nous le répétons, d'obtenir une vue d'ensemble ou un aperçu de toutes les circonstances modifiantes.

Pour terminer, on peut encore signaler le dépassement d'une argile par une autre, que j'avais indiqué antérieurement comme phénomène particulier de fusion, et dans lequel une argile A se ramollit plus tôt qu'une argile B à une température inférieure, tandis que A reste beaucoup plus longtemps sans se fondre à une température plus élevée. Ce fait trouve son explication dans l'exposé qui précède, et d'où il résulte que le ramollissement d'une argile ne doit pas être regardé comme un premier degré de fusion. Le ramollissement d'une argile, qui peut se produire à une température incomparablement plus basse, ne donne qu'un point de repère pour un stade précédant la fusion.

Nous passons maintenant aux thèses dans lesquelles on a cherché à faire un résumé sous forme abrégée.

Thèses

1° Une argile cuite est en règle générale un peu plus résistante que l'argile crue; on peut le démontrer en les comparant entre elles à un degré de chaleur également élevé ;

2° Le ramollissement d'une argile au chauffage ne peut pas, et dans aucun cas, passer pour le premier degré immédiat de sa fusion ([1]) ;

3° La première manifestation de boursouflement d'une argile chauffée ([2]), doit être regardée comme un commencement de fusion et comme la fixant scientifiquement; on peut en déduire un repère pour un point de commencement déterminé de fusion (ou pour un point de déformation, par suite de fusion ou de boursouflement);

4° La fusion d'une argile est changée, c'est-à-dire accélérée ou retardée, par les circonstances sous lesquelles elle se produit ([3]) ;

5° La fusion d'une argile n'est pas un acte simple, mais constitue le produit de facteurs différents, qui peuvent prédominer dans certains cas et suivant les circonstances. Si l'on n'observe pas toutes ces circonstances d'une manière exacte, la fusion d'une argile ne donne aucune mesure d'un degré déterminé de température qu'on aurait atteint;

6° La liquéfaction d'une argile ne peut donner de point de repère, que si l'on indique en même temps la température, ou si elle se

---

([1]) Il existe des argiles qui, bien que se ramollissant à environ 1500° et même plus tôt, appartiennent cependant bien aux argiles hautement réfractaires (réfractairité au dessus de 80 °/0). De la manière d'être à une température inférieure, on ne peut donc en somme rien conclure.

([2]) Il faut excepter les argiles pyriteuses dans lesquelles l'acide sulfureux s'en va à haute température.

([3]) Pour des déterminations pyrométriques indiscutables, il faut avoir soin de ne pas mettre et chauffer en même temps diverses éprouvettes sur le disque d'expérience, pour éviter l'action perturbatrice des unes sur les autres.

trouve reliée à des caractères évidents et bien déterminatifs confir-
més, au moyen desquels on aurait observé la fusion ;

7° Au moyen de certaines argiles moulées qui, protégées contre les
influences des actions latérales dues à la formation de combinaisons plus ou moins fluides, se transforment, quand la température
s'élève, en diverses formes de corps fondus d'une manière qu'on ne
peut méconnaître, on peut obtenir pour les argiles normales, depuis
les inférieures jusqu'aux moyennes, et dans les limites de températures très étroites, un point de repère (indicateur) pour certains
degrés de chaleur déterminés, qu'on peut toujours retrouver;

8° Deux argiles étant fondues d'une manière dissemblable, il faut
regarder comme la plus fusible celle dont la cassure paraît le plus
homogène ;

9° De deux argiles qui ont coulé, la plus fusible est celle qui a
coulé sous forme de verre (à la place d'émail) ;

10° La fusibilité d'une argile est considérablement influencée et
diminuée par l'absorption de scories de foyer ;

11° La différence de température de fusion entre les argiles normales qui fondent le plus bas et celles qui fondent le plus haut,
rapportée au thermomètre à mercure, ne dépasse pas beaucoup
100° C.

12° Plus les degrés de température des essais sont élevés, et plus
s'effacent entre les argiles normales les plus basses, les distances
qui se manifestent plus évidentes et plus déterminatives à des températures moindres. Le contraire a lieu pour les argiles normales
élevées ;

13° Pour des déterminations pyrométriques complètes et conclu-
antes, il faut fournir une série de renseignements obtenus en faisant
successivement croître ou décroître la température ;

14° Le mélange de deux argiles d'ailleurs voisines, en règle générale, est pyrométriquement un peu moins élevé que la moyenne
arithmétique calculée au moyen des températures de fusion, et cette
constatation est d'autant plus sensible que la température est plus
élevée. Le mélange d'une grande quantité d'échantillons moyens,
provenant de la même couche d'argile, est donc habituellement un
peu plus fusible et par suite présente moins de valeur que les échantillons isolés triés ;

15° Toutes les déterminations pyrométriques doivent toujours
reposer sur la concordance de plusieurs recherches différentes et,
en règle générale, modifiées ; les déterminations physiques, telles

notamment que celle du retrait, doivent être continuées jusqu'à constance des résultats ;

16° Dans les essais de réfractairité, il faut toujours procéder méthodiquement et ne pas conclure sur un résultat individuel ou à un seul point de vue, qui n'est que trop facilement trompeur. On ne peut avoir de base sure pour un jugement pyrométrique qu'au moyen de deux essais ou plus, qui doivent tendre vers un résultat d'ensemble concordant.

Nous allons indiquer dans ce qui suit les moyens connus dont on a cherché à se servir pour la mesure des hautes températures : le pyromètre, le pyroscope et le cône de Seger.

VI. — PYROMÉTRIE

Pyromètre, pyroscope et cône de Seger. — Comme on le sait, on entend par pyrométrie la mesure des températures élevées et en particulier de celles qui ne peuvent plus s'effectuer au moyen du thermomètre à mercure. Des mesures de température, sûres et en même temps faciles à effectuer, telles qu'on a cherché à les appliquer à toute question difficile à résoudre, sont encore aujourd'hui pour la pratique le but important et qu'on n'a que partiellement atteint, bien qu'il ne manque pas de moyens et d'instruments divers mis en avant : ce qu'on appelle les pyromètres. En raison de leur importance extraordinaire, les pyromètres ont donné naissance à d'innombrables recherches très ingénieusement imaginées et exécutées, et tous les champs de la science, notamment la physique et la technique, y ont pris part.

En tant que cela est possible en dépit des nombreuses confusions, il faut distinguer nettement les pyromètres des pyroscopes, qui, comme pyroscopes de fabrique, n'ont qu'une importance conventionnelle et subjective et ne sont destinés qu'à des usages techniques, tandis que les pyromètres servent en première ligne pour les déterminations scientifiques. On emploie le plus souvent comme pyroscopes des substances qui fondent, des mélanges scorifiables, émaillables ou vitrifiables (silicates, émaux, couleurs de fusion, etc.). Ou bien, d'autre part, on appelle à son aide les caractères distinctifs qui doivent montrer qu'un certain degré de chaleur a été atteint.

1. Pyromètre

En ce qui touche le pyromètre et avant tout sa sureté, les difficultés à surmonter croissent tout à fait hors de proportion avec la hauteur de la température à déterminer. Seger a exposé dans un mémoire [1], d'une manière rapide, mais frappante, les erreurs et les défauts inhérents aux pyromètres connus jusqu'ici autant qu'on peut en même temps les déterminer pour l'usage pratique dans les fabriques. Les modes d'opérer les plus importants y ont été passés en revue et il s'en est dégagé un résultat plus ou moins négatif, ou tout au plus une utilisation limitée [2]. Nous laisserons de côté ici les pyromètres qui se montrent inutilisables pour les mesures de chaleur, tels que celui de Wedgewood, par exemple, qui repose, comme on le sait, sur le retrait de l'argile (Voir l'auteur, *Notizbl.* 1888 ; 2ᵉ partie).

Jusqu'au pyromètre de Le Chatelier que nous traiterons plus loin à part, nous suivrons ici les travaux nouveaux de E. Cramer [3] si complets et si pleins de connaissance des faits, qui complètent les développements plus anciens de Seger. Tout en conservant la subdivision ancienne, il classe les pyromètres en ceux qui s'appuient sur *a)* un changement de grandeur des corps par la chaleur, c'est-à-dire, sur la dilatation de corps solides, liquides ou gazeux ; *b)* sur les phénomènes électriques : *c)* sur la répartition de la chaleur ; *d)* sur le changement d'état d'aggrégation ; *e)* sur des actions pyrochimiques et *f)* sur des phénomènes optiques.

C'est ici qu'appartient tout d'abord le thermomètre à mercure, qui ne suffit plus au-delà d'environ 380° (point d'ébullition du mercure). En employant des gaz comprimés, on arrive à mesurer encore une température plus élevée ; mais, pour avoir des résultats exacts, il ne faut pas aller au-delà de 550°.

Pour des températures plus élevées, il faut donc choisir des moyens et des méthodes autres, qui reposent toutes sur la même base, les effets différents que la chaleur peut produire.

a) DILATATION DES MÉTAUX OU DES CORPS SOLIDES EN GÉNÉRAL. — Dans les appareils qui reposent sur la dilatation des métaux par

[1] Présenté à l'assemblée générale de l'association des fabricants Allemands de produits réfractaires. *Tonind.*, 1891 n° 12.

[2] Ceci est d'accord avec d'autres études, voir *Bayer. Gewbl*, 1890, n° 12 et 13.

[3] *Tonind. Ztg.*, 1902, n° 79 et suiv.

la chaleur, nous rencontrons ce défaut capital que les verges métalliques ne restent pas constantes à un usage répété et que par suite leur zéro se déplace constamment. Il se produit un raté complet déjà au rouge. Le pyromètre à graphite doit trouver sa place ici ; il présente l'inconvénient semblable que, par le chauffage, l'état des fines particules se modifie et qu'après chaque emploi, le pyromètre doit être exactement refait à nouveau.

b) DILATATION DE CORPS GAZEUX. — Un thermomètre est rempli d'air ou d'azote et l'on emploie comme vase la porcelaine ou le platine. Ce thermomètre à air, qui donne des indications exactes entre certaines limites, ne s'applique pas dans la pratique parce que les déterminations doivent être faites avec très grand soin et par un observateur dressé scientifiquement. De plus aux températures élevées, le platine devient poreux et la porcelaine se ramollit.

c) PYROMÈTRE ÉLECTRIQUE. — Il se divise en deux espèces, ceux qui sont fondés sur la résistance à la conductibilité et ceux qu'on appelle des thermo-éléments. Dans les premiers, on mesure la résistance d'un courant électrique, qui croît avec la hauteur de température. Pour les thermo-éléments, on utilise cette observation que deux métaux différents soudés ensemble développent de l'électricité quand on les chauffe et en général d'autant plus que la soudure est plus chauffée. L'intensité de l'électricité se mesure de la manière ordinaire.

d) PYROMÈTRE A COURANT D'EAU. — On envoie dans un tube de cuivre introduit dans le four un courant d'eau de température déterminée et l'on mesure l'échauffement que subit l'eau. La méthode dépend de la perméabilité du tuyau de cuivre pour la chaleur, laquelle peut-être très influencée par des dépôts de suie ou en être exempte. Il en résulte que la commodité est faible et l'installation dépend des circonstances. Ce pyromètre ne peut pas donner un moyen constant et exempt d'erreurs pour faire connaître la chaleur communiquée.

e) PYROMÈTRE EXPLOSIF. — Le termophone breveté, ou pyromètre explosif du professeur Wiborg, repose sur la propagation de la chaleur dans les corps solides. Dans un petit cylindre d'argile réfractaire, fermé par une capsule de métal, on introduit une quantité non dangereuse de matière explosible, qui fait explosion à une température déterminée. On le porte aux endroits dont on veut déterminer la température. On conclut de la hauteur de la température par le temps que l'explosion met à se produire. Mais ce temps est

très petit, et il s'agit d'une fraction de seconde ; sa détermination
exacte n'est pas facile à réaliser dans la pratique et il n'y a pas
d'observations à faire sans une horloge électrique. L'inventeur déclare aussi que le thermophone n'est pas un instrument de mesure
scientifique des températures et qu'il n'est destiné qu'à des emplois
pratiques (*Tonind. Ztg.* 1896, p. 744).

f) Pyromètre optique. — J'indique rapidement encore le pyromètre optique de Mesuré et Nouel et celui de Warner, qui est basé
sur la polarisation de la lumière et les phénomènes de coloration
qui en dépendent. Pour ce qui regarde la description complète et
les dessins de l'instrument, nous renvoyons au travail déjà cité plus
haut de Cramer. D'après les recherches du Dr Hecht ([1]), le premier
n'est pas applicable pour les températures élevées, il exige pour
son usage dans la pratique une installation compliquée, coûteuse
et par suite peu sûre, dont il faut tenir compte pour son application
industrielle.

Fusion des métaux et des alliages. — Avec les métaux non
nobles on ne peut en général, à cause de leur oxydabilité, déterminer que des températures peu élevées et qui sont insuffisantes pour
la céramique. Les métaux nobles et les alliages or-argent, dans
l'hypothèse qu'ils sont purs et se conservent tels, donnent des déterminations à l'abri de reproches (ils ne comprennent toutefois
qu'une différence de température d'environ 125° C.), tandis que les
alliages platine-or et platine-argent ne donnent pas de points de fusion aussi nettement déterminables. Ils laissent couler un alliage
riche en or ou en argent et il reste un alliage spongieux plus riche
en platine, qui se maintient plus longtemps et fond progressivement. Si l'on veut empêcher la production de cette fusion prématurée, la teneur en platine doit-être au-dessous de 15 %. Un alliage
à 15 % correspond à une température 1 180° C. ([2]). Autrement,
comme on l'a exposé plus haut, il faut prendre le platine seul, s'il
s'est conservé pur au chauffage. D'après les recherches de l'auteur,
il donne une mesure bien déterminée pour un degré de température
très élevé. Si l'on veut aller plus haut, on peut employer l'iridium

([1]) Remarquons en passant que les indications de couleur usitées, rouge foncé,
rouge clair, rouge cerise, etc. ces estimations des couleurs de chauffage ne donnent
pyrométriquement, d'après Howe, aucun point de repère certain. *Chem. Ztg.*, 1890.

([2]) Quand ils restent longtemps à température convenable, les alliages riches en
platine fondent en un tout et donnent ainsi la mesure maxima que la température est
atteinte ; mais comme ils ne fondent pas tout d'un coup, ils éprouvent un certain
surchauffage, quand on élève brusquement la température.

ou, pour un stade intermédiaire, un alliage de platine et d'iridium, comme celui que Le Chatelier et Robert-Austen ont étudié (*Chem. Centbl.* 1892).

Abstraction faite de la restriction indiquée, du retard du point de fusion dans les alliages d'or riches en platine et de la dépense élevée qu'entraîne l'usage journalier et fréquent des pyroscopes métalliques dans les fours étendus et continus, l'emploi pour les mesures comparatives de température des métaux nobles, qui fondent presque instantanément et qui ont été déterminés au point de vue calorimétrique, ainsi qu'il suit, présente un grand avantage scientifique et nous allons montrer comment, en observant soigneusement les précautions indiquées, on peut employer ces pyroscopes comme pyromètres, et faire connaître l'échelle qui repose sur leur emploi et, en particulier, le mode d'opérer et d'observer.

Pour les fours céramiques, les dépenses sont dans tous les cas importantes, parce que des fils minces ou des plaques fines ne se voient pas suffisamment, étant données les dimensions considérables des fours, et qu'il faut employer des baguettes plus épaisses et plus longues, et en plus grand nombre en marche continue.

La Gold-und Silberscheideanstalt allemande de Francfort sur le Mein a établi une échelle de pyroscopes métalliques qui se trouve dans le commerce sous le nom de pyromètres métalliques. Ils ont la forme de petites lames minces, dont on observe la fusion en régule dans de petits creusets ou des capsules réfractaires remplis de magnésie, ou dans des sphères de kaolin aplaties, et qu'on place aux points où la détermination de la température doit s'effectuer.

Comme échelle, on emploie les métaux et alliages suivants :

800 parties d'argent, 200 parties de cuivre fondent à . .				
(ou rapporté à 100,80 + 20)				850° C
950 parties d'argent, 50 parties de cuivre fondent à. . .				900° C
Argent fin				954° C
400 parties d'argent, 600 parties d'or fondent à				1.020° C
Or fin				1.075° C
950 parties d'or et 50 de platine fondent à.				1.100° C
900 » 100 »				1 130° C
850 » 150 »				1.160° C
800 » 200 »				1 190° C
750 » 250 »				1.220° C
700 » 300 »				1.255° C
600 » 400 »				1.820° C
500 » 500 »				1.385° C
Platine.				1.775° C

D'après les recherches soigneuses de Violle, déjà citées plus haut, (Comptes Rendus, tome 85, 1879, p. 12), les températures indiquées, rapportées au thermomètre à air considéré comme le plus exact en général, correspondent bien aux points de fusion de l'argent, de l'or et du platine ([1]). Le cuivre fond à 1 400° (le zinc bout à 9206°,), le palladium fond à 1500° et l'iridium à 1 950°. Comme on l'a indiqué, Ehrhard et autres ont trouvé des nombres voisins et en partie complètement concordants (*Töpf.-u-Ziegl. Ztg.* 1880, n° 39).

Les points de fusion des métaux chimiquement purs ont été soigneusement déterminés scientifiquement, au moyen du calorimètre et par différents chercheurs, en partie exactement ou en partie d'une manière très approchée ; ceux des alliages ont été étudiés par Princeps et fixés au moyen d'un thermomètre à air en porcelaine par Ehrhard et Schertel ([2]). La fusion est instantanée, excepté pour les alliage riches en platine, qui donnent cependant une base déterminée. Si pour 100 d'or on emploie plus de 15 de platine, la fusion s'effectue d'autant moins en un seul acte que le mélange est plus riche en platine. D'après les recherches de l'auteur (1886), le point de fusion d'un métal retarde extraordinairement (et c'est ici un phénomène frappant à remarquer), quand on l'enferme presque complètement dans de l'alumine pure.

D'autre part, et c'est là un point capital qu'il ne faut pas perdre de vue dans ces déterminations, les points de fusion des métaux changent quand ceux-ci absorbent des matières étrangères, en particulier du carbone et du silicium, qui abaissent le point de fusion d'une manière marquée et, pour le platine, d'une manière importante. Cette absorption s'effectue avec augmentation de poids, soit directement par contact avec le charbon, ou, d'après Schultzenberger et Colson ([3]), à l'état de vapeur, peut-être sous forme d'azoture de silicium. De nouvelles recherches ([4]) établissent même un transport du silicium dans le platine à travers du charbon pur. On doit donc prendre bien garde, pour qu'une absorption de carbone ou de silicium ne se produise pas, d'éviter les supports en silice ou un contact médiat ou immédiat avec du charbon, et s'arranger

[1] D'après F. Fischer, le point de fusion du platine, calculé en tenant compte de sa chaleur spécifique, est de 1779° C, et encore un peu plus bas (*Dinglers Journal*, 230, p. 325).

[2] *Sächs. Jahrb. fur Berg u-Hüttenwasen*, 1879.

[3] *Chem. Centralbl.*, 1882, n° 39.

[4] En outre du mémoire de l'auteur, voir Jochum : *Die Bestimmung der. techn. wichtigsten phys. Eigenschaften*, etc, Berlin 1885.

pour que, à la place de gaz de combustion riches en charbon et réducteurs, il y ait un excès d'air ou d'oxygène. Si l'on néglige ces circonstances, l'exactitude de la détermination reste douteuse, nous le répétons, et il faut admettre un abaissement du point de fusion. Si au contraire, quand il s'agit d'une exactitude aussi grande que possible, on tient compte des accélérations ou des retards du point de fusion au moyen d'une inclusion étanche à l'air dans une cazette d'alumine, et si l'on a soigneusement égard aux limites fixées, les métaux et les alliages peuvent passer comme les pyroscopes relativement les plus exacts à la place du pyromètre proprement dit; non seulement ils permettent de reconnaître un degré de température et notamment un maximum déterminé, mais encore ils en donnent une mesure fixe.

Installation et observation. — Si la température à déterminer est connue approximativement, on installe pour la mesure trois pyroscopes métalliques, dont l'un correspond au degré de température vraisemblable, le second à un plus bas et le troisième à un plus haut. En employant une plus grande série de pyroscopes de ce genre, le degré de température cherché est une sorte de moyenne entre le dernier métal ou alliage fondu et le premier qui ne l'est pas.

Calorimètre. — Le calorimètre, qui donne les résultats relativement les plus certains, quand on a l'habitude de s'en servir, ne suffit pas pour les hautes températures (¹). Il se compose, comme on le sait, d'un réservoir cylindrique en cuivre, entouré de mauvais conducteurs de la chaleur, feutre ou bois, et qui est rempli d'eau. Dans le feu à mesurer, on chauffe un bloc, habituellement de fer ou de platine, du poids de 100 grammes, on porte le bloc chauffé dans l'eau, en prenant toutes les précautions pour ne pas perdre de chaleur, et l'on mesure l'élévation de température au moyen d'un thermomètre fin et exact. Au point de vue théorique, on pourrait mesurer de la manière la plus exacte la température, connaissant la capacité calorifique du réservoir en cuivre, la masse d'eau et l'élévation de température, et par suite la quantité de chaleur apportée par le bloc de fer ou de platine, si la chaleur spécifique du

---

(¹) Voir Post, qui, comme Fischer et autres, regarde la méthode calorimétrique comme la plus recommandable pour les besoins scientifiques et techniques (Post, *Chemisch-technische Analyse*, 1882, p. 41 et 55). Au point de vue des desseins de calorimètre, signalons le nouveau catalogue (1902) du Dʳ H. Rohrbeck, de Berlin, où se trouvent des dessins de divers appareils modifiés et améliorés.

fer ou du platine à haute température était seulement la même que celle à basse température ; mais c'est seulement cette dernière qu'on a pu déterminer. Pour les degrés de température élevés, on ne connaît pas la chaleur spécifique ; on sait seulement qu'elle est autre.

Parmi les pyromètres calorimétriques ou à communication de chaleur, nous devons citer ici celui dont se sert Krupp d'Essen dans ses usines à fer. Il consiste à mesurer la température d'un mélange du gaz à étudier avec de l'air froid, et à déduire la température du premier d'une formule expérimentale (*Rev. univ.* 1887).

Hobson applique un principe semblable ; il mélange dans une proportion déterminée l'air soufflé chaud avec de l'air non chaud et il lit la température du mélange au moyen d'un thermomètre à mercure. Il va de soi qu'il faut, dans chaque cas particulier, faire une étude préparatoire pour déterminer le rapport entre la quantité de chaleur lue et celle qui est réellement existante (*Tonind. Ztg.*, 1883, n° 29).

La Magdeburger Verein fur Damlkesselbetrieb a breveté un pyromètre semblable, mais essentiellement différent au point de vue de l'objet à mesurer (D. R. P. n° 54 611).

On y mesure la vitesse avec laquelle la chaleur passe de la source de chaleur à étudier sur un autre corps. Les valeurs trouvées doivent être alors comparées avec les valeurs obtenues pour des températures connues. Si, par exemple, on amène la boule d'un thermomètre dans une chambre chauffée, dont il faut déterminer la température, le mercure monte alors dans le tube du thermomètre et touche un contact intérieur. Il ferme un circuit électrique. L'électro-aimant de ce dernier amène un crayon à écrire en contact avec une bande de papier qu'un mouvement d'horlogerie déplace avec une vitesse connue devant le crayon, de telle manière que celui-ci trace une ligne sur le papier. Si le mercure s'élève jusqu'à un contact situé plus haut, un autre électro-aimant met en action un deuxième crayon, qui dessine sur la bande de papier une seconde ligne à côté de la première. La longueur des lignes simples donne la vitesse du transport de chaleur, et par suite, comme on l'a remarqué plus haut, le degré de la température observée (*Dinglers polyt. Journ.* 281, 1891, p. 144).

Nous pouvons finalement indiquer les propositions fondamentales auxquelles il faut impérieusement se tenir dans la construction et l'usage du pyromètre.

1º Les substances de recherche, employées dans les pyromètres ou les constantes, ne doivent pas changer à l'usage, et en particulier il ne doit se produire aucun changement du point de fusion.

2º Les pyromètres doivent toujours être contrôlés d'une manière continue dans leurs indications et il en résulte, comme condition, que toutes les circonstances qui peuvent se produire doivent être contrôlables et calculables.

2. Pyroscopes (indicateurs de fusion)

Sous le nom de pyroscopes, il faut entendre des moyens d'observations pour la mesure approchée de la température des corps incandescents; on en connaît de substances et de composition différentes, de formes multiples et en règle générale ils sont appropriés à leur objet spécial d'un cas à l'autre et souvent aux circonstances locales. Il faut ménager des regards dans les conduits du four pour les observations et on peut les boucher commodément avec des pierres de chamotte (Voir *Ziegel u. Zement*, 1897, nº 18). Ces pyroscopes n'indiquent que les actions maxima, mais ne permettent pas de reconnaître les degrés intermédiaires ou les oscillations de la température, sa régression. Ici, comme dans toutes les déterminations de ce genre, la seule base consiste à constituer l'échelle thermométrique ou la réduction en conséquence, autant que possible. Les pyroscopes sont surtout importants, quand il s'agit de fabriquer des produits de la meilleure qualité.

Dans l'application d'un pyroscope, la condition essentielle pour la pratique est qu'il soit à bon marché, qu'on puisse l'installer d'une manière suffisamment visible et qu'il puisse être employé facilement, même par les ouvriers ordinaires. Il va de soi que les pyroscopes ne donnent la mesure de la température dans un four qu'au point où ils se trouvent et que, par suite, il faut les répartir en divers points de ce four.

Le plus ancien pyroscope empirique consiste, dans une certaine mesure, dans l'observation et la fixation du retrait total ou partiel qui se produit par la cuisson en couverte d'objets en argile. Pour toutes les argiles qui se rétractent au feu d'une manière appréciable (au-dessus de 2 %) et pour lesquelles le point de scorification et celui de fusion ne sont pas trop voisins l'un de l'autre, on admet qu'on peut facilement déterminer d'une manière empirique et suffisamment exacte la température nécessaire pour la cuisson. Le cuiseur, en faisant souvent des prises d'échantillon, sait de combien pour cent ou de combien de millimètres la charge du four s'est con-. tractée jusqu'à ce qu'on ait atteint le degré de cuisson désiré ; ou bien, s'il s'agit de produits réfractaires, quand un certain point de retrait a été atteint, et il se donne ainsi un point de repère lisible [1] indiquant dans chaque cas quand le feu doit être arrêté. Pour les argiles qui ont moins de retrait ou pour lesquelles les points de scorification et de fusion sont très voisins, Danneberg prépare au moyen de la matière argileuse à cuire des bandes minces, peu larges, mais longues. Elles sont placées dans des vides en face des regards de telle manière qu'elles soient horizontales à leurs bouts, et au-dessus du vide, et l'on observe leur courbure, qui se produit plus tôt pour des bandes pas épaisses et par un chauffage rapide que pour les matières à cuire plus épaisses.

Ces connaissances, qui reposent sur le ramollissement de la masse d'argile, donneront bien un certain point de repère, à la condition que la matière des bandes d'essai et de la fournée soient complètement identiques et subissent le même traitement dans les mêmes conditions. Le placement du plus grand nombre possible de bandes dans la charge du four fournirait en même temps des indications sur la marche du four.

La fabrique de grès de Villeroy et Boch, à Mettlach [2], emploie aussi un pyroscope, fondé sur le retrait d'une quantité déterminée d'argile, et qui est en partie semblable à celui de Ricklefs. On dispose 4 ou 6 pierres réfractaires de support, pénétrant dans le four ; leur surface présente une rainure et un talon au moyen desquels on donne une position et un appui fixe à un tuyau placé sur elles. Ce sont ces tuyaux, d'argile grasse et de terre à porcelaine de composition constante, dont le retrait indique empiriquement le degré de chaleur. Une broche d'argile réfractaire très cuite et par là deve-

---

[1] Dans les fours annulaires, on se sert d'une tige de fer à l'extrémité de laquelle est rivé un disque de tôle. La tige est munie d'une division en centimètres sur laquelle un index mobile peut être fixé par une vis dans une position quelconque (*Tonwaren Industrie*, 1883, n° 31).

Un appareil de contrôle semblable, mais bien plus sensible, a été construit par Ricklefs, comme on l'a indiqué plus haut (*Tonind Ztg*, 1894, n° 38). D'après une communication du *Töpfer-u-Ziegler-Ztg.*, 1897, n° 19, cet appareil s'est conservé dans la pratique.

[2] Compte rendu officiel sur l'Exposition de Vienne. Industrie des objets en pierre, argile et verre.

nue indifférente est fixée dans chacun d'eux ; sa tête est appliquée à la bouche du tuyau, tandis que son autre extrémité fait saillie et est percée pour y fixer un fin cordon de tirage. Celui-ci passe à travers une ouverture dans le mur du four, dans le prolongement de la broche ; il s'enroule sur une petite poulie dont l'axe porte un style, et il est chargé et tendu par un poids attaché à son extrémité. On voit que la broche mise en mouvement par le retrait du tuyau entraine le fil, fait tourner la poulie et qu'en même temps le style se déplace devant une division. Au moyen de cet instrument, on peut juger de la marche progressive du four et de son plus haut degré de chaleur en différents points et l'on assure que la Société s'en sert depuis nombre d'années dans ses diverses fabriques et qu'il est appliqué d'une manière continue.

Il faut signaler aussi ici le pyromètre ou plutôt le pyroscope connu de Wedgewood, qui s'est montré tout à fait inexact. L'alumine, comme les argiles ou les mélanges semblables à l'argile, sont inutilisables comme pyromètres physiques à l'exception de quelques points de repère isolés qu'ils peuvent fournir. (Voir l'auteur : Schwindung der Tonerde und das Wedgewoodsche Pyrometer, *Notizbl.* 1888, 2me partie).

A la place des bandes mentionnées, il faut regarder comme étant plus des pyroscopes proprement dits les corps ou pierres d'épreuve, qu'on prépare avec la même matière que celles des produits fabriqués à cuire et qu'on dispose en différentes places des appareils de cuisson. Quand la cuisson est faite on les retire, et on en juge d'après leur aspect extérieur. Les pierres d'épreuve sont aussi placées dans les parties les plus chaudes du four, pour observer expérimentalement quand elles ont atteint un bon degré de cuisson et diminuer le feu en conséquence. Ainsi dans la cuisson des grès cérames, pour obtenir un glacis uniforme des objets, on emploie simplement un certain nombre d'éprouvettes de contrôle provenant de la même masse, et on les place à la partie supérieure du four et au bas dans la fournée, à deux rangs de pierre plus bas que les objets en grès.

On avait déjà proposé bien antérieurement des anneaux ou des disques de différentes substances dont le point de fusion constitue une sorte d'échelle de température. [1]

Depuis longtemps déjà on emploie comme pyroscope à la fabri-

---

[1] *Naumburger Töpfer Ztg.* 1878, n° 14.

que de Brieg des cônes de feldspath. On mélange du feldspath finement écrasé avec assez d'argile réfractaire ([1]) pour obtenir une
mixture qui empiriquement se liquéfie à la température de cuisson
demandée; on délaie la masse avec de l'eau et l'on en moule des.
cônes ou des tétraèdres de 4 à 5 centimètres de haut et de 1,5 centimètre de base qu'on place dans divers points du four. On chauffe
jusqu'à ce que ces cônes commencent à se boursoufler, à « devenir
consistants », par suite à montrer un commencement de fusion et à.
s'aplatir nettement; on suit l'opération à travers un regard fermé
par une plaque de gypse ou de mica. Au moyen de ce mode d'opé--
rer relativement simple et qui est plus facilement exécutable que le
retrait d'éprouvettes ou de morceaux d'essai, on peut constater qu'il
se produit des variations réellement marquées dans le temps de
cuisson et par suite combien il est important en général de se servir
d'un pareil contrôle.

Les cônes de feldspath qu'on vient d'indiquer, et à la place desquels on peut se servir de matières essayées expérimentalement,
peuvent, dans de certaines limites et suivant les cas, servir d'indicateurs pour la température déterminée empiriquement qu'il est
nécessaire d'atteindre, mais qu'on ne doit dépasser dans aucun cas.
Dans la cuisson des produits réfractaires, cette limite maxima est
laissée de côté ou observée avec moins de crainte; par contre, il est
ici bien plus important qu'ont ait atteint et contrôlé le maximum
déterminé, sans lequel on ne peut obtenir aucune compacité, résistance et invariabilité suffisantes. Mais les cônes de feldspath ne
donnent ainsi qu'un moyen qui permet de reconnaitre le degré de
chaleur nécessaire pour la cuisson complète des produits réfractaires. Si l'on veut aller plus loin et arriver de cette manière à des.
points de repères plus précis dans une certaine mesure, et indiquer jusqu'à quel point le degré de chaleur déterminé a été atteint
mais n'a pas été essentiellement dépassé, on peut, comme on l'a
déjà signalé plus haut à propos des pyroindicateurs, se servir d'une
série de ces cônes (au moins trois), dans lesquels, en outre de la
quantité normale, on a fait des mélanges avec plus ou moins d'addition argileuse, et l'on observe la manière d'être de ces pyroscopes.
ainsi préparés les uns par rapport aux autres. Si par exemple le cône
supérieur est liquéfié au point le plus chaud, on fait attention

([1]) La difficulté de fusion croit ici avec la quantité d'argile réfractaire. Inversement.
pour des degrés de chaleur plus bas, on prend du feldspath avec des additions croissantes de carbonate de chaux, ou de gypse, etc.

quand le second inférieur est devenu consistant. On peut de cette manière observer en gros des intervalles de température plus réduits.

Jochum emploie comme pyroscope le mélange signalé de feldspath et de gypse, qui sert à cuire en jaune les plaques de grès. Les deux éléments sont moulus fin, mélangés soigneusement à sec, délayés avec de l'eau, bien pétris et moulés à la main en pyramides ; aussitôt que le gypse commence à prendre, on les taille avec un couteau de zinc en pyramides pointues, à arêtes vives, d'environ 10 centimètres de haut, Pour 10 parties en volume de feldspath, on prend 2,1 1/2, 1 et 1/2 partie en volume de gypse. Après séchage, on prend trois de ces pyramides du premier mélange et trois du second et on les place dans un four ou dans une chambre de telle manière qu'il y en ait deux dissemblables sur le côté gauche, deux sur le côté droit et deux dans le milieu du four, aux 2/3 de la hauteur de la fournée. Elles sont protégées des deux côtés par des pierres réfractaires déjà cuites, placées de champ, et recouvertes avec une troisième. Le support est une plaque de chamotte ou une pierre réfractaire. On observe les cônes à travers des regards pratiqués dans le mur du four, et aussitôt que le premier mélange commence à fondre, le cuiseur sait qu'il doit travailler maintenant avec toute précaution ; car si le second mélange se liquéfiait, le chauffage serait trop élevé pour les produits en question. Jochum a fait l'observation que le mélange doit être aussi intime que possible, qu'il faut toujours prendre juste la même quantité d'eau pour le gâchage et abriter notamment les pyramides contre les cendres volantes. En observant ces règles de précaution, les pyroscopes fonctionnent conformément au but en vue (*Sprechsaal*, 188, n° 7).

Pour l'industrie ordinaire des briques, on a aussi mélangé de l'argile avec de la litharge. Pour 100 parties en poids d'argile, on prend 10, 20, etc., jusqu'à 60 parties en poids de litharge. Le mélange est délayé avec de l'eau, bien pétri et moulé en baguettes de 50 millimètres de long et d'environ 5 millimètres d'épaisseur. On les place sur un support en argile réfractaire, de manière qu'elles ne soient pas exactement verticales, mais un peu obliques. On dispose deux baguettes dont l'une doit s'infléchir, quand la température de bonne cuisson est atteinte, tandis que l'autre est choisie de manière à conserver sa forme primitive. Le pyroscope de 100 d'argile et de 30 de litharge, doit se plier à environ 980°, celui avec 60 de litharge à environ 930° et celui avec 40 à la température de fusion de l'argent (environ 956°). Dans cet emploi de l'oxyde de plomb, il ne faut pas oublier qu'une source d'erreurs essentielle provient de ce qu'il se transforme au chauffage. Il se produit une réduction en plomb métallique, qui s'imbibe ou se volatilise.

Felter emploie, pour l'industrie ordinaire des briques, une argile à laquelle, outre la litharge, il ajoute 4 à 5 pour cent d'oxyde de fer et 20 à 25 pour cent de carbonate de chaux.

Comme cône particulièrement facile à fondre, pour la fabrication des briques, E. Cramer recommande un verre fondant à 960° C, dont la composition stoechiométrique est :

$$0,5 \text{ NaO} \atop 0,5 \text{ CaO} \Bigg\} \ 0,2 \text{ Al}_2\text{O}_3 \ \Bigg\} \ {2 \text{ SiO}_2 \atop \text{B}_2\text{O}_2}$$

et qui, liquéfié, se composerait des éléments suivants :

Borax cristallisé	191 parties
Marbre	50 »
Kaolin de Zettlitz	52 »
Sable de Hohenbocka.	96 »

Ce verre est mélangé alors en dix sortes avec 40, 80, 120 etc., jusqu'à 400 parties ; chacune d'elles doit avoir son point de fusion de 19° C plus élevé que la précédente, et pour toute la série la variation doit être de 960° à 1150°. Une volatilisation de l'acide borique intervient ici comme source d'erreur.

Pour les températures plus basses, notamment pour celles qui se trouvent en dessous de la fusion de l'argent entre autres, Hecht a indiqué une série de mélanges qui se composent de litharge avec addition croissante de kaolin de Zettlitz en rapports équivalents (Voir *Tonind. Ztg.* 1895, n°s 6 et 7).

On peut encore citer le procédé dont Seger se servait antérieurement pour comparer entre elles les fusibilités de divers émaux. Au moyen de cuivre ou de laiton, on constitue un moule propre en soudant suivant un de leurs cotés deux triangles équilatéraux de ces substances en feuilles, et, après l'avoir huilé, on y moule un émail délayé avec un peu d'eau de gomme sous forme de tétraèdres équilatéraux égaux, on les colle au moyen de la même substance auprès d'un trait tiré sur une plaque lisse d'argile, on place dans un moufle la plaque avec les éprouvettes d'émail sous un angle de 45° et on chauffe jusqu'à ce que l'émail le plus difficilement fusible se soit rassemblé par fusion en une goutte. Les émaux plus fusibles ont alors coulé plus ou moins sur la plaque d'argile et, d'après la longueur du chemin que les gouttes d'émail y ont parcouru, on peut tirer des conclusions sur la plus ou moins grande fusibilité des émaux.

Si l'on veut de plus déterminer l'époque à laquelle l'émail est devenu complètement uni par la cuisson, on emploie, d'après le même observateur, des corps fusibles en forme de pyramides, formés de l'émail. Si la pyramide visible dans le four est fondue, on peut considérer que l'émail est aussi fondu sur la poterie. On peut ainsi, au moyen de verres, d'émaux, de couleurs fondantes, etc., se procurer une série de points de fusion qui peuvent servir aux usages les plus différents.

Pyroscope à avertissement automatique. — Jul. Blake et C° ont fait breveter un appareil, comme pyroscope à avertissement automatique de températures déterminées, (D. R. P. 24578). L'extrémité inférieure d'un tuyau, qui est introduit dans le rampant ou la cheminée, est munie d'un tampon métallique bouchant hermétiquement; on peut employer des métaux ou des alliages différents. Si ce tampon fond le métal tombant dans un vase met en mouvement un appareil d'alarme (*Tonind. Ztg*, 188, n° 19).

L'auteur s'est servi d'un dispositif semblable, bien que non électrique, pour l'établissement des argiles normales. Il va de soi que ces modes de détermination ne sont pas exempts d'erreurs et ne peuvent donner de points de repère pour des températures égales atteintes que dans des circonstances égales.

On peut encore mentionner ici les montres de contrôle au moyen desquelles ont peut surveiller le cuiseur et son exactitude, bien qu'il s'agisse d'un tout autre objet. Une montre porte un disque de papier divisé en heures et faisant une révolution en 12 heures; l'ouvrier doit, toutes les quatre heures, y imprimer ou y perforer un trou, qui fait connaître sa vigilance continue. On met chaque jour un papier nouveau, la montre est remontée et fermée. Le dispositif est arrangé de telle sorte qu'il est impossible d'y pratiquer un trou après coup (Voir pour une description complète avec dessins, Keram. Rundschau, 1896, N° 28).

Il faut regarder comme l'instrument le plus complet à l'époque présente, pour les températures élevées, le pyromètre de Le Chatelier, sous la forme que lui ont donnée Holborn et Wien à la Physik. Techn. Reichsanstalt de Charlottenbourg et tel qu'il a été mis dans le commerce par la maison W. C. Heraeus de Hanan. C'est pour cela que Heraeus passe pour le premier inventeur du thermo-élément à fil de platine et de platine-rhodium, dont les propriétés thermo-électriques constituent le principe de ce pyromètre, comme on le verra par la description qui suit.

Deux fils ayant en règle générale 0,6 millimètre d'épaisseur et 150 centimètres de long, dont l'un se compose de platine absolument pur et l'autre d'un alliage de platine également pur avec 10 pour cent de rhodium, sont fondus ensemble à l'une de leurs extrémités sous forme d'une petite sphère, le « point de soudure », et constituent ainsi un élément. Si l'on réunit les côtés à un circuit, l'échauffement de la soudure donne naissance, comme on l'a déjà indiqué, à un faible courant électrique (en moyenne 0,001 volt pour une élévation de température de 100°) dont l'intensité est dans un rapport croissant avec la température.

Comme pour chaque élément de la Physik. Techn. Reichsanstalt ce rapport est exactement déterminé avec un élément normal, et comme les résultats sont consignés dans une table, qui est donnée avec chaque instrument ainsi gradué, on peut alors employer directement un instrument de ce genre pour la mesure des températures. A cet effet, on réunit les deux extrémités de l'élément directement, ou en règle général au moyen d'un fil conducteur ordinaire, avec un galvanomètre approprié et l'on porte la soudure à l'endroit dont on doit mesurer la température. En comparant la force électromotrice avec la table, on obtient la température qui règne à l'endroit en question. Les galvanomètres spécialement construits pour le pyromètre permettent aussi la lecture directe de la température ; car l'aiguille se meut sur deux échelles, dont l'une indique les microvolts et l'autre les températures.

L'avantage extrêmement précieux pour la pratique consiste en ce que le galvanomètre peut être placé à grande distance du four à mesurer, sans que l'exactitude des mesures en souffre, puisque la liaison entre l'élément et le galvanomètre se fait au moyen de fils conducteurs ordinaires. Il faut seulement prendre garde que la résistance du circuit complet ne dépasse pas 1 ohm ; pour une distance de 100 mètres entre l'élément et le galvanomètre, il suffit que le conducteur (fil de cuivre isolé) ait un diamètre de 2 millimètres. Avec un galvanomètre, qui par exemple trouve place sur un bureau, on peut de la sorte contrôler un grand nombre de fours très éloignés les uns des autres, en les reliant successivement avec le galvanomètre ; l'instrument donne des résultats instantanément.

L'exactitude de ce pyromètre est extrêmement grande ; Holborn et Wien ont montré que l'élément donne les températures avec une erreur de 5° à 1000°. Les indications de l'instrument sont exactes pour le cas où les points de liaison de cet instrument avec les fils conducteurs sont dans la glace fondante et ont par suite une température de 0°. Si dans ces points la température n'est pas plus élevée que celle d'une chambre, par suite ne dépasse pas 20°, il n'y a pas de différence appréciable au point de vue technique. Si la température est plus élevée, il est bon de la déterminer au moyen d'un thermomètre à mercure qu'on suspend près des liaisons. On peut alors, ou bien retrancher le nombre de degrés de ceux qu'indique le galvanomètre, ou bien on déplace l'échelle de la gauche vers la droite d'autant de degrés qu'en indique le thermomètre à mercure ; ainsi par exemple, pour une température de 50° indiquée par le thermomètre à mercure, l'aiguille du galvanomètre n'est plus sur 0° mais sur 50°.

Pour ce qui est de l'application de ce pyromètre dans l'industrie céramique, quelques unes des fabriques d'argiles les plus importantes, qui sont au courant des progrès, s'en servent ; cependant on ne peut pas dire qu'il ait été introduit d'une manière générale dans l'industrie. Il est hors de doute que le pyromètre est appelé à rendre des services importants dans l'industrie céramique, et en particulier pour contrôler ça et là des chauffages et fournir des éclaircissements, quand il se produit dans l'exploitation des perturbations qui viennent d'un manque de contrôle de la température.

Pour être complet, nous pouvons encore ajouter que Siemens et Halske construisent un galvanomètre qui repose sur le même principe. Récemment cette maison a produit un galvanomètre de même espèce avec un appareil enregistreur, un mouvement d'horlogerie, qui abaisse l'aiguille à des intervalles de temps d'une minute, ce qui imprime un point sur un rouleau de papier qui se meut sous l'aiguille. Cet instrument coûte 600 marks, tandis que le galvanomètre simple ne coûte que 200 marks.

Cônes de Seger. — Nous renvoyons à la deuxième édition de cet ouvrage, pages 203 à 209, où l'on a donné la description, la composition et le mode d'emploi de ces corps fusibles très discutés ; et nous nous contentons ici d'un résumé sommaire ([1]).

Mais auparavant nous pouvons signaler les observations qui ont

([1]) Au point de vue de la succession des cônes, il faut remarquer en passant que pour les numéros de 1 à 37, l'infusibilité croit en même temps que le numéro ; inversement pour les nombres qui contiennent un zéro, 0,1 à 0, 22, la température de fusion ou l'infusibilité décroit quand le nombre croit.

été faites par d'autres avec les cônes et qui ont été pour la plupart défavorables, en tant qu'elles sont connues dans la littérature spéciale.

En se basant sur une grande série d'observations faites « avec soin et scientifiquement » avec les cônes de Seger dans différents systèmes de fours, Jochum a trouvé qu'il ne sont pas « assez sûrs » pour qu'on puisse par leur moyen mesurer et connaître les températures déterminées dans la cuisson des objets céramiques. Quatre années plus tard, Jochum, dans les communications répétées, signalait leur manière d'être « irrégulière » (¹). En outre Seger lui même rend compte d'observations non concordantes dans une fabrique de produits réfractaires (²) et il signale qu'il lui est arrivé quelquefois de voir se produire la liquéfaction simultanée de deux cônes consécutifs ; dans un mémoire sur la mesure des hautes températures (*Tonind. Ztg.* 1891, n° 12), il dit lui même, avec la grande délicatesse de conscience qui fait reconnaître le vrai savant, qu'en établissant ses cônes il a dû faire « bien des suppositions hypothétiques » sur les points de fusion des cônes et sur leurs distances entre eux, et il ajoute d'une manière bien nette que les différences de températures, que les points de fusion des cônes caractérisent, ne sont « pas constantes » (*Tonind. Ztg.* 1886, n° 17).

E. Cramer (*Notizblatt, neue Folge*, 1894, p. 79) avoue de plus avec une franchise, dont on doit lui savoir gré, que les indications de températures des cônes en degrés, sont « peu sûres ». Dans un autre endroit (*Zeitschrift*, 1889), il déclare qu'il faut renoncer à des données numériques pour les cônes en question et qu'il n'y a tout au plus qu'un minimum exprimable d'une manière définie, et il existe encore à cet égard une incertitude qu'on ne peut contester. Cependant chez tous nous trouvons les degrés individuels de température, auxquels chaque cône doit correspondre, donnés d'une manière spéciale, bien que dans ces derniers temps avec la mention « par estimation » (*Tonind. Ztg.* 1893, n° 49). Hecht ayant eu l'occasion de faire des mesures de températures dans les fours de la Manufacture Royale de porcelaine de Berlin au moyen du thermoélément de Le Chatelier et des cônes de Seger, s'exprime d'une façon encore plus précise sur l'indétermination de ces données par estimation et il dit que les observations effectuées ont « montré l'impossibilité d'exprimer les points de fusion des cônes en degrés de

(¹) *Sprechsaal*, 1888. n° 2.
(²) *Töpfer und Ziegler Ztg.* 1884, n° 4.

Celsius » (*Tonind. Ztg*. 1895, n° 52). Par contre il ne faut pas passer sous silence que H. O. Hofmann de Boston (Transactions of the American Institute of Mining Engineers, XXIV, 42) après avoir effectué soixante dix déterminations au moyen des cônes de Seger, n'a observé aucune irrégularité de fusion dans l'ordre établi.

Résultat final. — *a*) La fusion de l'argile en général est un état aussi conditionnel que changeant et il ne peut pas être question en général d'un point de fusion pour elle. Pour les cônes, il s'y ajoute le mode de composition mécanique et défavorable ([1]), c'est-à-dire surtout le choix de l'acide silicique et de la poussière de quartz comme moyen d'élévation de la fusibilité. D'après les faits généraux et particuliers, les cônes en question ne peuvent donc donner aucune base pyrométrique restant comparable à elle-même, et ils ne fournissent aucune garantie de l'uniformité continue de chacun des phénomènes de fusion les uns par rapport aux autres.

b) En général l'observation simple et unique du point de fusion, ou plutôt de l'acte rapide ou lent et plusieurs fois variable de la fusion d'une argile ou d'un mélange qui lui ressemble, ne peut donner aucun point de repère suffisamment sûr, et, comme on l'a indiqué d'une manière complète, on ne peut de cette manière obtenir en aucun cas des valeurs déterminées exprimables en degrés de thermomètre.

c) Les argiles, avec leurs phénomènes de fusion variables et changeants ne peuvent nullement servir de pyromètres, bien qu'on ait cherché à le faire, et à cet égard elles sont bien loin de pouvoir fournir, comme les métaux nobles, des points de fusion parfaitement déterminés qu'on peut fixer scientifiquement et bien que ces derniers soit soumis à certaines restrictions, qu'on a décrites plus haut et qu'on ne peut pas méconnaître.

En outre les cônes dont il est question, ne satisfont pas à la première condition fondamentale, qui doit être regardée comme indispensable pour un pyromètre, que toutes les substances qu'on y emploie ne changent pas par absorption d'autres substances, et en

---

([1]) Un mélange mécanique ne peut jamais remplacer un mélange chimique. Suivant le degré de finesse du mélange, sa fusibilité est différente, et il s'y ajoute encore que les éléments naturels à ce employés changent de composition. Pour des déterminations pyrométriques fournissant des mesures, au moyen des cônes de Seger, il s'agit de savoir quel signe de fusion on prend, soit flexion (ramollissement), soit vitrification ou émaillage, déformation ou fusion coulante. Suivant que l'on choisit l'un ou l'autre de ces caractères de fusion, l'échelle se déplace et ce déplacement peut s'élever de 3 à 4 cônes.

particulier que leur point de fusion, si tant est qu'on en puisse parler pour des mélanges argileux, ainsi qu'on l'a dit, ne se déplace pas par suite d'autres influences. Lauth et Vogt ([1]) ont fait remarquer que les cônes en question ne peuvent pas prouver que la température s'est abaissée ou est restée stationnaire dans les fours de cuisson, ce que peuvent seulement faire les pyromètres proprement dits (par exemple le calorimètre, qui n'a été employé jusqu'ici que dans un but scientifique, ainsi que le pyromètre électrique perfectionné, etc.). Nous avons déjà signalé plus haut cette restriction qui est en général inhérente aux pyroscopes.

d) Si séduisant que soit, pour les cônes inférieurs, comme pour ceux plus élevés qui suivent immédiatement, le mode de détermination en apparence aussi simple que commode qu'ils donnent, et quelque recommandable que soit la facilité de se les procurer, leur application, particulièrement pour des déterminations irrévocables, donne lieu à de nombreuses objections. On ne doit dans aucun cas demander aux cônes plus qu'ils ne peuvent donner ; d'autre part il ne faut pas se dissimuler que ces cônes, les inférieurs comme les plus élevés et notamment une série d'entre eux, peuvent fournir des indications sur les températures croissantes et que, dans la pratique et pour les cas où les changements ou irrégularités signalés sont secondaires, on peut par leur moyen faire en général des observations suffisantes pour la détermination de la bonne température de cuisson ; c'est ce que soutiennent les fabricants éclairés et ce qui est reconnu dans la littérature technique ([2]). Cependant il ne faut jamais leur demander d'être employables comme pyromètres ; cette question est essentiellement différente et dépend de ce fait qu'il faut savoir si les cônes sont utilisables en fait pour l'observation de points fixes dans les mesures de températures. Mais, soit dit en terminant, s'il s'agit de constituer une échelle qui n'admette pas la plus grande irrégularité et donne un accord certain, ou qui permette de reconnaître immédiatement les erreurs qui se produisent et alors de les corriger, il faut attirer l'attention, pour les déterminations ainsi effectuées, sur les variations évidentes qui s'y rattachent et que Seger lui même et d'autres ont constaté par l'expérience, et cela bien que l'emploi des cônes soit important et toujours croissant et malgré les louanges que la réclame leur prodigue.

([1]) *Töpfer u-Ziegler Ztg.*, 1887, n° 7.

([2]) Voir « Wie werden Schmelz Kegel am geeignesten zur Ermittlung des Garbrandes im Ringofenbetrieb angewandt » *Töpfer-u-Ziegler Ztg.*, 1895, n° 37.

Cônes de Seger plus élevés [1]. — En outre de ses cônes de fusion pour la détermination de la bonne température dans les fours de l'industrie céramique, Seger a aussi préparé, comme on le sait, des cônes plus élevés au point de vue pyrométrique et qui reposent en partie immédiatement sur le même principe. En diminuant d'une manière continue le fondant, on a fixé l'invariabilité du rapport équivalent de l'alumine et de la silice jusqu'à une composition de 0,3 K_2O, 0,7 CaO, 7,2 Al_2O_3, 72 SiO_2 (cônes n° 21 jusqu'à 27); vient ensuite une autre diminution des fondants (cônes n°s 27 et 28) et enfin les fondants disparaissent complètement en même temps que la silice diminue depuis la composition $Al_2O_3.8\,SiO_2$ jusqu'à $Al_2O_3.2\,SiO_2$ (cônes n° 29 jusqu'à 35) [2].

Cette série supérieure a été recommandée et employée pour la détermination du point de fusion des argiles réfractaires; et, comme échelle pyrométrique, elle servait antérieurement comme moyen de comparaison immédiat et récemment, dans une certaine mesure seulement, comme pyromètre. La série toute entière, qui avait primitivement été établie pour un autre but et qui avait été essayée à d'autres points de vue, comme on l'a indiqué, doit trouver son application dans toutes les industries céramiques et en même temps pour les produits réfractaires.

En ce qui touche l'application des cônes supérieurs comme échelle réfractaire, il faut signaler que primitivement on avait pris pour ces cônes comme caractère de la fusion « la première courbure » ou, d'après une indication postérieure, le contact du sommet courbé avec le corps, par suite leur ramollissement. Mais, comme nous devons le répéter, le ramollissement d'une argile ou d'une masse argileuse, qui se produit en général plus tôt pour les argiles les meilleures (riches en alumine) et les plus élevées au point de vue pyrométrique, ne doit nullement être envisagé comme une fusion commençante, et ne doit nullement être confondu avec la fusion proprement dite. Il existe des argiles réfractaires qui se ramollissent nettement pour une température relativement basse, et qui ne fondent qu'à une température extrêmement élevée. Un disque composé du meilleur kaolin et d'argile schisteuse très difficilement fusible, se ramollit ou se courbe fortement, quand il a été chauffé pendant 15 minutes dans le four de Deville, par suite à une température d'environ 1650° C et la masse ne fond qu'au bout de 30 à

(1) Voir *Tonindustrie-Ztg.* et *Töpfer-u Ziegler Ztg.*, 1893, n° 48.
(2) On y a ajouté plus tard le cône 36 argile schisteuse de Rakowitz).

33 minutes, quand on a atteint la température de fusion du platine c'est-à-dire à 1775° C. Comme nous l'avons déjà répété nombre de fois, le ramollissement d'une argile ne peut donc jamais être considéré comme un stade antérieur de sa fusion. Avec les cônes, au lieu des points de fusion, nous avons donc à faire avec une marque distinctive ou une notion différente imposée, les caractères du ramollissement, et ceux-ci ne peuvent donc pas à cet égard servir pour l'établissement de la fusion des argiles réfractaires. Le ramollissement peut donner une mesure pour une hauteur de température atteinte, mais pas pour la difficulté de fusion ou la réfractairité en général. Nous devons encore ajouter ici que, si l'on voulait considérer le ramollissement comme un caractère déterminatif, il faudrait en conséquence placer l'argile normale de la sixième classe au-dessus de celle de la cinquième, et par suite à l'inverse de ce que nous apprennent les propositions pyrométriques, et classer en dessous d'une argile plus fusible une autre qui est certainement plus élevée d'après les recherches immédiates ainsi que d'après sa composition. Du ramollissement hâtif d'une argile on ne peut donc tirer aucune conclusion sur la production plus prématurée de la fusion.

On peut encore remarquer en passant que si, d'autre part, on veut prendre la liquéfaction comme point de comparaison, il faut, en ce qui touche la détermination du point de fusion des argiles réfractaires au moyen des cônes, bien prendre garde que la dissimilitude des phénomènes de fusion entre les cônes qui fondent et les argiles qui fondent est très importante. Nous le répétons encore, plus une masse fondante, de composition mécanique multiple et cuite au préalable, est dissemblable d'une argile naturelle qui fond, et plus l'observation immédiate rend difficile une comparaison sûre entre les deux, ou plus on laisse de champ à des opinions subjectives pour un résultat extensible à volonté et ne justifiant que trop facilement une idée préconçue. Un mélange qu'il faut constituer tout d'abord fond d'une toute autre manière qu'un autre qui au moins en partie est constitué avec le caractère de l'homogénité. Tandis que les argiles fondent en général d'une manière plus inerte, se boursouflent et donnent un émail pâteux à l'état fluide, les cônes coulent plus ou moins brusquement en un verre, ou en un émail seulement pour ceux qui sont très élevés, ou bien ils se recouvrent en place d'une couche de matière qui fond, et en général présentent des caractères de fusion qui ne marchent pas parallèlement.

Comme on l'a indiqué plus haut, on a établi dans ces derniers temps une comparaison, déjà étudiée antérieurement, des phénomènes de fusion entre les cônes et les objets à essayer. Actuellement les cônes qui se ramollissent ne doivent uniquement indiquer que jusqu'à quelle température les éprouvettes ont été chauffées et par suite servir individuellement et simplement dans une certaine mesure comme pyromètres ; et ici se pose la question principale, déjà soulevée à propos des cônes inférieurs, de savoir jusqu'à quel point ces cônes occupent la situation revendiquée pour eux et quelles sont les conditions qu'ils doivent remplir à cet effet. Comme nous l'avons vu, les cônes de même que les mélanges argileux en général, avec leurs phénomènes de fusion divers et changeants et notamment à cause de la variabilité à laquelle ils sont exposés par suite du déplacement des numéros des cônes suivant les circonstances, *ne peuvent dans aucun cas être considérés comme des pyromètres reposant sur des bases scientifiques.*

Pour ce qui est des conditions matérielles, elles exigent nécessairement que les phénomènes de fusion non seulement se manifestent toujours de la même manière pour les cônes, mais encore qu'on puisse les établir et les définir d'une manière bien déterminée.

Bien que les cônes ne puissent plus servir comme moyens de comparaison dans les déterminations de réfractairité, il ne parait cependant pas superflu de parler de ce côté de la question, qui intervient nécessairement pour les objets d'essai et dont on a trop peu tenu compte jusqu'ici.

En tant que les cônes de fusion doivent être employés pour déterminer la fusibilité d'autres matières, demandons nous ce qu'on doit entendre par point de fusion de ces dernières. Quoiqu'on en ait, le ramollissement ne peut dans aucun cas être regardé comme un critérium.

Si donc nous passons à la fusion proprement dite ou à ce qu'on appelle le point de fusion ([1]), la question se pose encore de savoir quel moment doit être regardé comme le commencement, la continuation ou un certain point final de la fusion ; ce sont, comme on l'a signalé plus haut en détail, des notions ambigues et variables. Si l'on ne peut pas fournir de réponse définie et précise, il ne reste

([1]) Dans ces derniers temps, *Tonindustrie Ztg.,*, 1902 n° 136, les cônes de Seger servent à définir un fait ou une opération pyrométrique déterminée, et on prend comme point de départ d'une manière bien nette un point « point de fusion », une fois atteint.

plus que l'indication de la température à laquelle correspondent
à chaque fois les phénomènes de fusion, et, si ceci aussi n'est pas
possible, il s'ouvrira encore un champ plus grand pour une estimation quelconque. Comme cela se verra plus loin, elle peut, suivant
la température d'essai, varier de 3 à 4 numéros des cônes. Dans ce
cas comme dans le précédent, quand le jugement pyrométrique doit
être déterminé exactement par les épreuves, il s'agit de définir la
température atteinte de la manière la plus exacte possible, ce qui
suppose encore qu'on ait un pyromètre comme appui sûr, ou bien
il faut établir une indication contrôlable, qui caractérise un point
de fusion déterminé. Dans un cas comme dans l'autre, nous nous
heurtons à un manque de point de repère suffisamment sûr
jusqu'ici pour les déterminations pyrométriques effectuées suivant
la méthode des cônes.

Passons aux déterminations de chauffage avec les cônes supérieurs, et le lecteur devra être indulgent pour des répétitions inévi-
tables. Elles ont été effectuées avec les trois argiles normales les
plus basses. Nous avons donné plus haut leur description minéralogique, leur analyse complète et leur étude pyrométrique. A cause
de ses avantages caractéristiques décrits antérieurement, au lieu
de l'argile normale la plus basse usitée jusqu'ici l'auteur s'est
servi de l'argile qui la remplace, et qui a été traitée plus haut. (¹)

Pour déterminer la position que les cônes en question occupent
par rapport à ces trois argiles normales, on a institué les recherches
suivantes, qui, bien que n'épuisant pas le sujet, suffisent cependant
pour porter un jugement motivé. On n'a d'abord employé en général que la température la plus basse, ce qui constitue la condition
indispensable pour un essai sûr et exempt d'erreurs, même quand
il ne s'agit que des argiles normales les plus inférieures. Comme
on l'a expliqué plus haut, la détermination des argiles réfractaires
dépend de la température de l'essai. Si celle-ci est trop basse, il
peut se produire, on le sait, qu'une argile pyrométriquement plus
élevée change de place avec une argile plus basse ou de moindre
qualité, et que par suite on soit exposé d'avance à une erreur fondamentale dans le mode de détermination.

Abstraction faite des questions pratiques ou particulières qui
peuvent se présenter, dans toutes les recherches pyrométriques
élevées, il faut se conformer en première ligne à cette prescription

(¹) Voir les argiles normales, *Töpfer und Ziegler Zeitung*, 1892, nᵒˢ 25 et 26.

fondamentale, que la chaleur d'essai doit plutôt être plus élevée que plus basse. Ainsi pour citer encore quelques exemples, nous renvoyons à l'argile normale de sixième classe déjà indiquée plus haut, qui ne peut se classer exactement sous celle de la cinquième et d'accord avec la pratique, que si la température appliquée dans les essais est poussée assez haut. En particulier, la situation pyrométrique de certains kaolins bruts se fixe avec certitude purement et simplement à l'aide d'une température d'essai élevée, tandis qu'inversement, à une température trop basse on obtient inévitablement un résultat erroné. Il peut donc arriver qu'on classe une matière de cette sorte comme approximativement égale au kaolin (par suite de réfractairité 60 à 70 pour cent), tandis que, par le fait, elle se trouve en dessous des argiles moyennement réfractaires de la cinquième classe, celles à 30 pour cent.

Après ces exemples multiples, qui montrent tous que la température d'essai des argiles, quand il s'agit de leur fusion, ne doit pas être trop basse et que par suite à cet égard leur ramollissement n'est pas déterminatif, revenons aux recherches.

Comme on l'a expliqué en détail dans le chapitre des argiles normales, la nouvelle argile normale la plus basse en question peut, par la manière dont elle se comporte à un chauffage relativement vif, donner un point de repère qui tombe sous les yeux pour certains degrés de chaleur atteints dans chaque cas. Comme on l'a dit, au degré le moins élevé de chaleur indiqué, une éprouvette cylindrique de cette argile se transforme en sphère, de telle sorte que, dans ce cas, la forme sphérique est l'indicateur de la température que l'on a atteinte. Si la température d'essai est un peu inférieure, les petits cylindres d'essai fondent, en se rapprochant seulement de la forme sphérique, de même que, d'un autre côté, si elle n'est que très peu plus élevée, l'éprouvette s'affaisse sous forme d'une demi-sphère. De cette manière on peut contrôler très simplement et immédiatement, si l'on a atteint exactement le point de fusion exigé, qu'on peut bien spécifier dans ce cas, ou si la température a été en dessus ou en dessous.

Les cônes ont été chauffés au point de fusion indiqué, sous forme de morceaux brisés et les trois argiles normales ont été employées sous formes de petits cylindres moulés (¹) ; avec quelques recherches

---

(¹) Ces petits corps soumis aux essais présentent l'avantage que, dans l'espace petit et par suite uniforme du creuset, ou peut mettre en même temps un grand nombre d'éprouvettes.

préalables et en tenant compte d'ailleurs des règles de précaution, on y arrive de la manière la plus nette et la plus sure, en prenant bien soin que les circonstances soient les mêmes au point de vue de la quantité de combustible trié et pur employé et de l'uniformité du creuset, en ce qui concerne sa grandeur, sa forme, ses parois. et sa position. Dans le fourneau de Deville décrit plus haut, ce changement de forme déterminé se produit en 10 à 11 minutes, après la première manifestation de la flamme, et je remarque encore que les. résultats ont été déduits d'au moins deux chauffages complètement concordants et sur la vue de phénomènes de chauffage semblables. Si cette concordance n'existait pas, l'expérience était rejetée comme non décisive et chaque fois on la recommençait assez de fois pour que plusieurs chauffages absolument égaux, et obtenus de la manière la plus satisfaisante et la plus évidente, pussent servir de base à un jugement sûr.

De cette manière on a constaté ce qui suit.

Chauffage de 10 à 11 minutes, pendant lequel l'éprouvette cylindrique de l'argile normale la plus basse s'est fondue sous forme sphérique en un fin émail gris clair brillant. Le cône 29 est plus fondu, en forme de goutte, en un émail brillant, tandis que le cône 30 s'est conservé avec des arêtes encore reconnaissables. Un émail brillant a coulé.

La forme cylindrique de la seconde argile normale en remontant (sixième classe) s'est conservée, mais elle s'est boursouflée et montre une couverte grise. La cassure paraît claire, jaunâtre et poreuse avec des trous. Elle se place numériquement, en dessous du cône décrit comme égal à 30.

La troisième argile normale (Cinquième classe) a complètement conservé la forme qu'on lui a donnée, et laisse voir une faible couverte. La cassure est un peu poreuse et trouée. Elle doit se placer au dessus du cone 30.

La difficulté de fusion ou la réfractairité est la suivante :

Pour l'argile normale la plus basse, Classe VII	Pour la seconde au dessus, Classe VI	Pour la troisième au dessus, Classe V
Au dessus du cône 29	Environ au dessous du cône 30	Un peu au dessus du cône 30

Chauffage de 13 minutes, pour lequel l'argile normale s'est fondue, sous forme d'une demi-sphère, en un émail gris brillant.

Le cône 30 s'est fondu en forme de goutte en un émail plus brillant.

Le cylindre de la deuxième argile normale s'est fondu sous forme d'une demi-sphère, avec une couverte jaune un peu bulbeuse, cassure bulbeuse ; elle se place comme environ égale au cône 31, qui est en partie fondu et est fortement émaillé.

La troisième argile normale a conservé sa forme, est un peu boursouflée, avec une faible couverture en forme de macarons. Cassure un peu poreuse-trouée. Est environ égale au cône de 31 à 32 ; 32 est certainement plus haut, a conservé ses arêtes, mais paraît émaillé et un peu brillant.

La réfractairité est la suivante :

Argile normale de VIIᵉ classe	Argile normale de VIᵉ classe	Argile normale de Vᵉ classe
Approximativement égale au cône 31	Approximativement égale au cône 31	Au dessus du cône 31

Chauffage de 15 minutes, pour lequel l'argile normale la plus basse s'est fondue sous forme de goutte en un émail brillant.

Le cône 31 est fortement fondu en forme de goutte et en émail vitreux.

La deuxième argile normale est fondue en forme de sphère en un émail jaunâtre. Cassure à bulles depuis fines jusqu'à grosses. Semblable au cône 32 qui s'est fondu sous forme de demi-sphère en un émail blanc.

La troisième argile normale s'est maintenue avec couverte fortement pustuleuse. Cassure poreuse, trouée, compacte. Se place en dessous du cône 33, qui est encore à arêtes, mais montre une couverte fondue brillante.

La réfractairité est la suivante :

Argile normale de VIIᵉ classe	Argile normale de VIᵉ classe	Argile normale de Vᵉ classe
En dessous du cône 31 d'une manière marquée	Se rapproche du cône 32	En dessous du cône 33

Chauffage de 20 à 21 minutes, dans lequel l'argile normale la plus basse a complètement coulé en un émail gris brillant.

Les cônes 29, 30 et 31 ont complètement coulé en un verre brillant, le cône 32 a également coulé en un émail gris clair et un peu brillant. 33 est aussi fondu en un émail gris, un peu brillant, mais qui se montre encore un peu en forme de bourrelet. La deuxième argile normale a coulé en un émail gris foncé, un peu en bourrelet, se rapprochant du cône 33.

La troisième argile normale est fondue sous forme de demi-sphère en un émail un peu brillant. Elle se place au dessus du cône 33; 34 s'est mieux conservé. On peut encore reconnaître un peu la forme de l'éprouvette, mais elle est entourée d'un émail gris clair et un peu brillant.

Le cône 35 s'est bien conservé, mais, il paraît, soit dit en passant, huileux et plus gris que le meilleur kaolin normal de Zettlitz, qui doit ainsi être placé plus haut. Cette situation inférieure frappante du cône (35) composé de kaolin de Zettlitz, qui indique qu'on a employé une matière de qualité inférieure, a été constatée par des recherches répétées, variées, pour arriver à une conviction déterminée.

La réfractairité est la suivante :

Argile normale de VIIe classe	Argile normale de VIe classe	Argile normale de V[e] classe
Entre les cônes 32 et 33	Se rapproche du cône 33	Au dessous du cône 34

En dehors des recherches précédentes, dans lesquelles les argiles normales indiquées, toujours étudiées à nouveau servaient d'éprouvettes, on a essayé une argile riche en silice, un soi-disant sable collant, qui se trouve à Grünstadt, dans le Palatinat Rhénan.

Cette matière à l'état sec est de couleur bleue claire uniforme, avec des places jaunes et de couleur sale. Elle se compose d'un sable fin argileux, avec des grains de quartz isolés ayant jusqu'à un demi-millimètre de grosseur. Elle crie d'une manière notable quand on l'écrase. La poussière, gris bleu, délayée avec de l'eau se moule bien, colle un peu et se fendille sur les bords quand on la pétrit. L'analyse chimique d'une quantité moyenne soigneusement préparée et séchée à 120° C, a donné :

Silice	90,63 °/₀
Alumine	6,08 »
Oxyde de fer	0,99 »
Potasse	0,32 »
Perte au rouge	2,20 »
	100,22 »

Passons aux déterminations au chauffage.

Un essai préalable ayant fait connaitre qu'une éprouvette moyenne montrait des signes évidents de fusion d'abord à une température de 10 minutes (temps de chauffage au four de Deville), c'est à cette température qu'on a commencé les recherches qui ont été effectuées dans chaque cas, comme ont l'a décrit et d'une manière aussi uniforme que possible.

a) *Chauffage de 10 minutes, ou à une température où une éprouvette cylindrique de l'argile normale la plus basse s'est fondue sous forme depuis conique jusqu'à sphérique.* — L'éprouvette cylindrique de sable collant parait vitrifiée, la forme de l'éprouvette est conservée, mais pas complètement avec ses arêtes, la cassure a quelques bulles; elle s'est mieux comportée que les cônes de 27 à 30.

Elle est au dessus du cône 30 ([1]).

b) *Chauffage de 13 minutes.* — L'éprouvette cylindrique de l'argile normale la plus basse est fondue en forme de demi-sphère. Celle du sable est vitreuse, encore à arêtes et la cassure montre quelques bulles; elle s'est mieux tenue que le cône 31.

Elle est entre les cones 32 et 33.

c) *Chauffage de 15 minutes.* — L'éprouvette cylindrique de l'argile normale de cinquième classe est fondue en forme de cône, avec couverte jaune. L'éprouvette de sable est fortement vitrifiée, garde encore assez ses arêtes et la cassure est huileuse avec des bulles. L'éprouvette s'est mieux comportée que le cône 32.

Elle se place entre les cônes 32 et 33.

d) *Chauffage de 20 minutes.* — L'éprouvette cylindrique de l'argile normale de la cinquième classe est fondue en forme de demi-sphère. L'éprouvette de sable a encore conservé sa forme, mais elle est arrondie, à éclat vitreux et transparent; elle s'est mieux comportée que le cône 33, mais n'atteint pas 34.

Elle se place au-dessus du cône 33.

Le kaolin normal de Zettlitz montre une couverte huileuse. L'éprouvette de sable est fondue en forme sphère, à éclat vitreux, translucide. La cassure montre de grosses bulles; l'éprouvette s'est mieux comportée que le cône 34, mais n'atteint pas à bien loin 35.

Elle se place donc au-dessus du cône 34.

______

([1]) et ([2]) Une indication exacte ou une classification précise fait encore défaut à cause de la dissemblance des phénomènes de fusion entre le sable liant et les cônes.

Résumé. — Le résultat est complètement analogue aux précédents ; avec une chaleur d'épreuve plus élevée, c'est un cône plus élevé qui intervient comme déterminatif. Tandis que pour une chaleur de 10 minutes, la fusibilité du sable se place plus haut que celle du cône 30, puis pour 12 minutes au-dessus du cône 31, et ensuite pour 15 minutes au-dessus du cône 32, en 20 minutes elle monte au-dessus du cône 33 et enfin en 27 minutes au-dessus du cône 34. Suivant donc la température appliquée, la variation dans la position s'étend de 3 à 4 cônes ; d'où il résulte que, dans l'énoncé du résultat précédent, la condition fondamentale pour une classification méthodique au moyen des cônes consiste en première ligne dans l'indication bien définie de la température de l'essai ou d'un autre critérium indépendant.

Pour ce qui regarde la position d'un cône déterminé avec laquelle la fusibilité du sable collant doit s'accorder, on ne peut la fixer que relativement et, d'une manière générale, on peut tout simplement dire : pour une température inférieure à définir de plus près, la réfractairité du sable examiné se rapproche de celle du cône a, pour une température moyenne de celle du cône b, et pour une température élevée jusqu'à très élevée de celles des cônes c et d. Si l'on cherche à s'exprimer d'une manière plus précise, on marchera sur un terrain incertain et peu solide.

Conclusions. — a) La position d'un cône par rapport à une argile ou à un sable collant à essayer varie, comme l'indiquent les recherches nouvellement faites, avec la température appliquée. Suivant le degré de température, l'argile à essayer occupera une autre place et l'indication de la température appliquée, constitue une condition absolument nécessaire pour formuler dans ce cas d'une manière générale un jugement décisif.

b) Dans l'intervalle des moindres températures à appliquer et pour celles qui conviennent aux argiles réfractaires plus élevées et qui doivent être poussées plus loin que celles qui ont servi de bases aux recherches, la variation trouvée s'élève à plus de 3 cônes pour les argiles normales les plus basses, à environ 3 pour les secondes, à 4 pour les troisièmes et jusqu'à 4 pour le sable qu'on vient de déterminer.

Remarquons en passant que pour les séries de cônes moyennes et plus basses, cette variation est encore plus grande et peut aller jusqu'à 6 cônes.

c) Dans les cas généraux où l'on emploie les cônes comme moyen pyrométrique de recherche, comme on l'avait cherché tout d'abord, les déterminations sont trop élevées ou trop favorables [1], abstraction faite de certains écarts d'observation, qui doivent notamment provenir de la dissemblance le plus souvent complète, et signalée plus haut à plusieurs reprises, entre le cône qui fond et l'argile qui fond.

d) Si d'une part nous mettons en seconde ligne les objections faites à la comparaison immédiate des cônes avec les matières d'essai et les défauts signalés, et si nous regardons d'autre part les cônes comme étant seulement les degrés d'une échelle réfractaire, l'exactitude des déterminations aboutit dans les deux cas et de la même manière au maniement d'un pyromètre contrôlant d'une manière sûre et en même temps pratique.

e) On ne peut nier que l'introduction des cônes de Seger n'ait été l'objet d'une grande partialité.

Finalement il nous sera permis, au sujet des résultats précédents, de renvoyer à nouveau à la réponse d'Aron, qui est écrite d'une manière adroite quant à la forme mais qui ne s'appuie nullement sur des contre-expériences, parce que dans la réfutation de mes recherches relativement à la variabilité de la position des cônes, il s'agissait seulement de températures d'essai croissantes. *Tonindustrie Ztg.* 1893, n° 52 et 1894, n° 4 (Réplique de l'auteur).

Explications finales. — La fusibilité des cônes dépend principalement de leur mode de composition; cependant, en dehors de la hauteur de la température, sa durée joue un rôle sur lequel on a attiré l'attention de divers côtés à de nombreuses reprises et avec raison. La dépendance du mode de composition peut s'expliquer de la manière suivante.

Chaque mélange argileux a besoin pour fondre d'une température déterminée et celle-ci doit agir sur lui pendant un certain temps. Dans le commencement, la chaleur absorbée y sera employée pour la transformation chimique des composants élémentaires individuels, et ensuite pour fondre après l'accomplissement de ces réactions chimiques. De plus la chaleur a besoin d'un certain temps pour imprégner l'objet argileux à cuire et d'autant plus que l'argile appartient aux mauvais conducteurs de la chaleur. Soit dit en passant, un retard à la fusion constaté nombre de fois dans les fours

---

[1] D'après de nouvelles recherches de Heraeus, les cônes en question fondent plus tôt que Seger ne l'avait admis. *Tonindustrie Ztg.*, 1902. n° 136.

de la Fabrique de porcelaine de Berlin — comme le Dr Hecht l'a vérifié au moyen du thermoélément de Le Chatelier [1] — pourrait bien trouver là son explication. Pour ce qui nous regarde ici, la quantité de chaleur nécessaire est différente suivant la masse et la constitution des éléments ou la composition de la masse des cônes et par suite aussi la production de la fusion est différente, abstraction faite (et nous y revenons encore une fois pour terminer) de ce que la liquéfaction des cônes ne dépend pas seulement de la composition. C'est pour cela, d'après Peyrusson, professeur de céramique à Limoges, que les cônes de Seger n'enregistrent pas toujours d'une manière uniforme. Aussi Peyrusson emploie-t-il aussi pour la préparation des cônes la matière même qui est cuite dans les fours, et par l'addition d'un fondant, en proportions déterminées, il constitue une série particulière de cônes ; il emploie la chaux fraichement précipitée, ou un émail et une substance augmentant la fusibilité. Ces cônes, qui possèdent en somme presque la même composition que la fournée doivent se comporter dans les diverses circonstances de la cuisson presque comme celle-ci, de sorte que, une fois les conditions convenables déterminées, ces cônes indiquent toujours la cuisson d'une manière approximativement exacte et sûre. Peyrusson propose aussi pour le pyroscope une autre forme ; il plie à angle droit le sommet du cône, de manière à obtenir une pointe de 15 millimètres. Avec une pareille forme pour les éprouvettes, il suffit du moindre changement de la masse pour donner des différences déterminées et par suite des résultats appréciables (*Zeitschrift für Keramik*, 1898, n° 28). C'est pour les raisons qu'on a exposées que les Français n'ont pas adopté les cônes de Seger.

Les céramistes anglais n'ont pas pu non plus se décider à admettre les cônes de Seger, et ils moulent, au moyen des mélanges indiqués par Peyrusson, des baguettes [2] qui sont placées dans une caisse en argile et soutenues à leurs deux extrémités. Au chauffage, c'est le ploiement des baguettes qui est observé. La méthode repose sur le « ramollissement » des pyroscopes, dont le premier ploiement est déterminé au moyen d'un pyromètre exact ; elle peut donner un certain point de repère, mais, comme on l'a indiqué plus

---

[1] *Tonindustrie Ztg.*, 1892, n° 52.

[2] Holderost et C°. Thermoscospe breveté, dans la *Gazette de la poterie*, octobre 1898.

haut tout au long, elle ne peut pas servir pour la détermination de la réfractairité. La méthode est en effet la même que celle que E. Cramer a employée dans ses recherches étendues pour la fixation de la signification du terme « réfractaire » (*Tonind. Ztg.* 1901, p. 706).

Au contraire autant qu'on le sait et pour être complets, nous devons ajouter qu'on se sert des cônes de Seger en Amérique et en Russie.

CHAPITRE IV

—

TRAITEMENT DE L'ARGILE ET DE SES ADDITIONS
HOMOGÉNÉITÉ, PRÉPARATION, MACHINES QU'ON Y EMPLOIE
APPENDICE — LES ADDITIONS

Homogénéité

Comme entrée de ce chapitre — le traitement de l'argile — c'est l'homogénéité ou l'homogénéisation de l'argile, cette condition extrêmement importante et absolument nécessaire, qui doit occuper une place particulière.

C'est Brogniart qui, dans son ouvrage connu, a le premier attiré l'attention sur ce point fondamental ; Türrschmiedt, qui répète les propres paroles de Brogniart et les amplifie, dit que l'homogénéité est « l'âme de la fabrication dans toute la poterie, l'α et l'ω de la briqueterie, le but immuable de toute fabrication, sans lequel il n'y a pas de succès et même pas de salut » ; il l'explique de la manière suivante : un aggrégat minéral homogène, à structure sans direction, porte en général le nom de structure massive. Une argile homogène possède cette structure, c'est-à-dire pas de structure perceptible, ou présente l'absence de toute structure ; les briques préparées avec de l'argile doivent également avoir une structure massive. L'homogénéité est en général l'inverse de ce qu'on trouve dans les gisements naturels de l'argile. Tout ce qu'on peut observer dans les argiles à cet état, texture, compacité de structure (¹), plis, veines,

---

(¹) Schumacher est disposé à utiliser la compacité naturelle de structure des argiles sortant des mines, c'est-à-dire de l'employer quand une forte compacité de la structure élève la qualité des produits ou facilite l'obtention d'une bonne qualité (*Sprechsaal*, 83, n° 29). On recommande pour la réduction des argiles sortant des gisements une machine qui est employée dans les fabriques de sucre pour obtenir les cossettes de betteraves.

colorations, impuretés, concrétions, séparations, parties maigres et grasses, alternatives de sables, de parties maigres et d'argile, toute particularité en un mot doit disparaître dans la masse homogène.

L'homogénéisation est la négation de toute non uniformité visible, c'est le résumé de la répartition uniforme de tous les éléments qui constituent l'argile. On doit trouver en chaque place autant d'argile, de sable, de maigre, d'eau, etc., en quantité uniforme (¹).

L'inhomogénéité, ou les défauts d'homogénéité, se manifeste dans un morceau d'argile cuite, quand des parties individuelles sont plus en évidence par leur coloration, leur porosité, leur grain ou par des accumulations d'une espèce quelconque ; et dans un objet fabriqué cuit, elle se révèle sur les cassures par des séparations dans la masse, des crevasses, des fentes ou en général par des solutions de continuité. Inversement une cassure conchoïdale passe pour le caractère d'une texture homogène, et, dans les endroits ou les éléments ont une finesse microscopique, elle paraît presque aussi complète que dans le verre.

La notion de l'homogénéité s'étend encore plus loin que l'homogénéité naturelle, visible ; comme on l'a déjà indiqué, elle se rapporte aussi, dans une masse argileuse à la répartition uniforme de tous les éléments qu'on a pu y apporter, par exemple des dégraissants qui donnent une plus grande résistance, de l'eau même, etenfin au traitement uniforme de la masse argileuse dans sa préparation.

Toutes les parties qui composent l'argile, les naturelles comme les artificielles, celles qui sont utiles comme aussi celles qui sont nuisibles, doivent être incorporées dans la masse d'une manière aussi régulière qu'intime. Il faut faire attention à cette circonstance que l'air enfermé dans la masse argileuse doit être expulsé.

Une masse d'argile homogène, constituée par un mélange d'éléments plastiques et non plastiques, doit autant que possible présenter en chaque point un égal degré de plasticité et de compacité. Les argiles présentent, comme on le sait, au point de vue de la plasticité une manière d'être différente ; nous le répétons, c'est aux argiles difficiles à homogénéiser qu'appartiennent les argiles grasses et

(¹) Au point de l'homogénéisation, bien qu'en général, elle ne saurait être poussée trop loin, il faut pour la pratique séparer le côté idéal de la notion d'homogénéité du côté réel ; car une homogénéisation absolue par des moyens mécaniques est aussi impossible qu'une séparation complète. Dans la porcelaine, les poteries, etc, on peut encore au microscope distinguer les uns des autres les fondants et les particules d'argile.

encore plus les très grasses, dans lesquelles des parties non ramollies ou non divisées se conservent avec opiniâtreté. Si la difficulté d'une absorption d'eau uniforme et de la préparation en général croit avec l'onctuosité de l'argile, on peut néanmoins préparer au moyen d'une pareille argile grasse une masse homogène par addition d'une substance amaigrissante appropriée. Le sable, entre autres, se comporte à cet égard d'une manière favorable, parce que par ses arêtes aigues et la grosseur de ses grains il agit à l'encontre d'une non-uniformité. Il est bien plus difficile de constituer une masse homogène avec de l'argile et une poussière minérale, c'est-à-dire une poussière de minéraux peu ou pas décomposés. Et encore ici peut-on y aider au moyen d'une préparation à l'état boueux.

Homogénéisation de l'argile au moyen d'appareils mécaniques. — Aux moyens simples ou naturels qui servent pour l'homogénéisation de l'argile, viennent s'adjoindre les dispositifs mécaniques ou les machines, ces derniers servant plus pour l'argile mélangée ou les masses argileuses. Plus les premiers ont déjà rempli satisfaisamment leur but, plus est grand l'effet des machines. La grande fabrication pousse à l'emploi des machines, qui, dans un espace limité, peuvent mettre en œuvre de grandes masses dans un temps court, et d'une manière illimitée. Si la machine n'est pas en état de changer la qualité de la matière, au point de vue de la division et notamment du mélange le plus intime, où intervient l'échauffement mécanique ([1]), elle rend les services les plus appréciés et éventuellement d'une manière plus économique et plus indépendante de la force humaine ; cependant il n'est pas juste et c'est méconnaître les faits, que de vouloir attendre tout des machines et de se reposer uniquement sur elles. L'emploi d'une machine suppose toujours une direction intelligente, et sans elle elle peut donner les résultats les plus malheureux.

Au point de vue du choix d'une machine pour un cas isolé, ce qu'il y a encore de plus sûr aujourd'hui c'est de s'appuyer sur l'expérience, surtout sur celle d'un confrère, qui travaille une matière semblable et poursuit le même but. Parmi les différentes machines, il faut toujours donner la préférence à la plus solide et dans aucun cas, à la construction la plus faible, circonstance dont on tient trop rarement compte.

Pour les argiles réfractaires, qui en règle générale sont prises

([1]) Voir plus loin.

dans une couche déterminée, uniforme et aussi la plus pure, et pour lesquelles il n'est pas rare que l'argile liante constitue la plus petite portion, l'homogénéisation de l'argile pour elle-même a peu d'importance ; par contre, au point de vue de l'absorption d'eau par l'argile, sa très grande division, sa finesse et son mélange intime avec les matières amaigrissantes jouent souvent un rôle extrêmement important et fort délicat dans des cas d'application particuliers pour chaque pièce. D'autre part, dans beaucoup de produits réfractaires, on tend, comme on le sait, vers une certaine non homogénéité voulue, au moyen du mélange de parties plus grossières dans la masse, pour retarder au feu l'action chimique des éléments de l'argile les uns sur les autres.

Machine à tailler les argiles. — Nous avons à parler ici et à traiter de la machine la plus ancienne, la plus généralement employée, la plus propre à son but et la plus efficace pour la préparation de l'argile ; elle est connue sous le nom de tailleuse d'argile. Il ne faut pas perdre de vue que le travail de cette machine est purement mécanique, un mouvement de la masse, tandis que les éléments de l'argile comme tels ne sont modifiés en rien. Elle est provenue du moulin hollandais à argile en bois et de la tailleuse postérieure en fer de Clayton, qui possédaient toutes les deux des couteaux rectilignes, tandis que dans les machines actuelles ils sont le plus souvent remplacés par des bras hélicoïdaux, qui coupent et compriment en même temps. La tailleuse, qui doit être conçue en vue du but à atteindre et de la matière à traiter, n'est pas bien appropriée pour les petites exploitations ; mais, pour une grosse production, elle donne un travail à meilleur marché et un succès complet, pourvu que l'argile qui doit y passer ait subi une préparation préliminaire suffisante ou qu'elle soit déjà d'une constitution naturelle favorable, comme c'est le cas pour beaucoup d'argiles réfractaires, ou que les additions, comme par exemple le sable ou la chamotte, agissent comme agents d'homogénéisation. L'appareil a pour objet de couper soigneusement l'argile ou la masse argileuse, d'en pétrir ensemble les parties, de les rendre compactes, et elle peut aussi opérer la purification des matières pierreuses mélangées. Les tailleuses d'argile à main, à cheval et à machine à vapeur sont d'une manière générale construites aujourd'hui en fonte de fer (¹).

(¹) La fonte a dans son emploi, par rapport au bois, l'inconvénient que les tailleuses en fonte ne peuvent pas se réparer par endroits.

Chaque tailleuse se compose de deux parties : le vase où se fait
le mélange (tonneau, cylindre ou cône) pour recevoir l'argile à traiter et l'arbre tournant à couteaux, qui met les masses d'argile en
mouvement les unes à travers les autres. L'arbre tourne horizontalement ou verticalement, sa vitesse de rotation est modérée et ne
doit jamais dépasser une limite déterminée, parce que l'argile doit
avoir un certain temps pour se mélanger complètement avec l'eau.
En général, il faut prendre égale la vitesse par chevaux ou machine
à vapeur ; l'arbre de la tailleuse fait environ 4 à 5 tours par minute,
ce qui correspondent au circuit d'un cheval (¹).

Quant aux couteaux des tailleuses, ils sont différents de forme et
de position. Il en existe d'unis, d'autres avec des dents et des fragments d'hélice. Les couteaux unis donnent la plus grande homogénéisation en exigeant le moins de force ; l'argile séjourne alors plus
longtemps dans la tailleuse et par suite est plus souvent exposée à
l'action taillante des couteaux. Les couteaux en segments d'hélice,
coupent, compriment et poussent l'argile d'une manière uniforme,
bien que lente, et fournissent plus au point de vue quantitatif. Au
lieu d'un arbre avec des segments d'hélice, on a aussi mis en application des vis d'Archimède complètes, qui découpent l'argile en
bandes individuelles déterminées par le pas de la vis. On a également employé des tailleuses avec deux arbres à ailettes, comme il
y en a en service à l'usine Hermann à Hörde (section réfractaire).
Pour ce qui est de la position des couteaux, ils sont tous au même
niveau dans les tailleuses anciennes. On a réalisé un véritable progrès, comme on l'a signalé, en fixant sur l'arbre des couteaux simples, inclinés sur l'horizon et disposés suivant une espèce de filet
d'hélice, qui non seulement recoupent une argile tendre assez sèche,
mais encore la compriment de haut en bas, et par suite la ma-
laxent, le couteau suivant agissant comme celui qui le précède.
C'est pourquoi les couteaux sont plus serrés et plus plats en allant
vers le bas, et les plus bas ont une inclinaison d'environ 45° pour
faire sortir la masse.

Suivant la constitution de l'argile ou de la masse (et ce qu'il y a
de mieux consiste à tremper la matière sèche avec de l'eau et à la
laisser reposer pendant quelques heures) et suivant qu'on veut la

---

(¹) On trouve des pétrisseuses mues à la vapeur, qui font jusqu'à 15 tours par minute. La machine à vapeur, en dehors de sa rotation plus rapide, présente aussi
l'avantage qu'on peut y mettre et en retirer la masse argileuse avec moins d'em-
barras.

préparer dure ou molle, on fait varier le nombre des couteaux. Une argile molle ne se travaille pas aussi intimement à la longue qu'une argile plus ferme, parce que, en raison de sa grande mobilité, elle se soustrait plus facilement à l'action taillante et malaxante qui l'attaque. Plus l'argile est soumise ferme à l'action des couteaux, plus ils agissent énergiquement, et plus aussi il faut de force et moindre est le déplacement des particules. Tout en diminuant le travail du cheval, on peut réduire assez la consistance pour que la masse soit encore homogène, et on le reconnaît au mieux par les faces de rupture des morceaux d'argile qui sont devenues plus dures, mais pas encore sèches comme des os. Quand l'homogénéité est insuffisante, on voit des bulles, des bandes et des couches de couleurs différentes. Si l'on remarque des inégalités, on cherche à y remédier en faisant passer la masse plusieurs fois dans la tailleuse et il convient d'attirer l'attention sur un repos préalable de 24 heures. Plus une argile ou une masse argileuse est introduite dans la tailleuse en grains aussi fins que possible, et plus cette dernière la prépare d'une manière homogène.

Türrschmied ([1]) recommande comme une construction modèle pour une tailleuse une cuve conique en bois cerclé de fer, de $1^m,57$ de hauteur libre, de $0^m,94$ de diamètre en haut et de $0^m,63$ en bas, pour fournir un bon travail pour un cheval. L'arbre en fer forgé, de $27^{cm},35$ carrés de section, passe à sa partie supérieure dans la tête d'une fourche, située sur le bord supérieur du tonneau et il est maintenu perpendiculairement à la tête au moyen d'un anneau.

A sa partie inférieure, l'arbre s'engage dans un tenon en acier. Sur la tête de la fourche se trouve un chapeau en fer qui sert de support à un bras d'environ $5^m,56$ de long. Suivant la force disponible, l'arbre porte de 10 à 18 morceaux de couteau de 105 millimètres de large, dont les 6 plus hauts sont disposés avec leur surface horizontale par rapport à l'axe vertical. Ils ont un dos arrondi de 33 millimètres de large, dont la partie inférieure est raccordée au tranchant de telle sorte que, dans le mouvement du couteau, la

---

([1]) *Notizbl.* 5, 243-283 avec dessins. Lacroix, *Études sur l'exposition* de 1867, fasc. 31 à 35 p. 376, t. CCXXXIII. Lipowitz, *Portlandzementfabrikation.* 1868 p. 37. Schmerber, *Machinen zur Vorbereitung des Ziegelstones,* dans *Public. Industrielles de machines,* etc, Paris. 19, 33. Lambert, *loc. cit. fig.* 24 et 25. Lacroix. *Études sur l'Exposition* de 1867, 7e série. *Bresl. Gewerbabl.* 12, n° 24. (Tailleuse d'argile de Carlowitz). *Notizbl.* 3,70 *Ibid.* 5,391. Türrschmiedt recommande de plus la tailleuse de la briqueterie royale de Joachimsthal, qui, construite à la manière ancienne, rend encore aujourd'hui les meilleurs services. *Notizbl,* III, p. 184.

masse argileuse est poussée vers le bas de 33 millimètres. Les couteaux suivants, de même forme, sont disposés quatre par quatre sous un angle de 10, 15, 20, 25 et 30° par rapport à l'arbre, de manière que leur tranchant soit plus haut que leur dos, ce qui fait que la pression des couteaux est toujours d'autant plus énergique qu'ils sont plus bas. Si l'on réduit le récipient, les couteaux diminuent d'une manière correspondante, et ils restent toujours à une distance de 39 millimètres des parois. Ils descendent le long de l'axe suivant une hélice simple et à la partie inférieure se trouvent quatre couteaux en aile, disposés sous un angle de 45°, qui raclent le fond avec leur dos pour faire sortir l'argile par une ouverture de 314 × 366 millimètres de large, munie d'une coulisse. Pendant le travail, le tonneau doit toujours être maintenu bien rempli.

Fig. 11

Tailleuses verticales ou horizontales. — Suivant la position de l'axe, on distingue les tailleuses en verticales ou dressées, et horizontales ou couchées. Les premières sont plus faciles à monter et plus durables ; par contre, pour leur remplissage, l'argile doit être élevée assez haut ; les secondes, qui demandent plus de force et de place, remplissent leur but d'une manière plus complète. Elles sont appliquées notamment dans les fabriques de produits réfractaires parce qu'elles font les mélanges d'une manière plus parfaite. Le malaxage ou le mélange se fait d'autant plus complètement que la même masse argileuse se trouve plus longtemps sous l'action des couteaux ou des bras de compression, c'est le cas, à construction semblable, pour les tailleuses horizontales. Réciproquement, comme on l'a déjà dit à propos de l'action des couteaux unis, quand il s'agit de la préparation rapide de masses molles, la tailleuse verticale produit plus dans le même temps.

Nous donnons ici le dessin d'une tailleuse horizontale fermée (fig. 11) et d'une verticale (fig. 12) de la fonderie et fabrique de machines bien connue d'Ed. Laeis et C° de Trier. Nous figurons aussi une tailleuse à main de Th. Groke, de Mersburg (fig 13) destinée aux recherches. On a breveté dans ces derniers temps en Allemagne, sous les n°s 145, 171, une tailleuse perfectionnée, qui est construite avec deux couteaux se mouvant en sens opposé. (*Töpf.-u-Ziegel Ztg*. 1903, n° 95).

MACHINE COMBINÉE POUR PRÉPARER L'ARGILE. — On obtient une préparation absolument complète de beaucoup d'argiles par une combinaison de rouleaux avec une tailleuse. Tandis que le laminoir broie, écrase et, dans une certaine mesure,

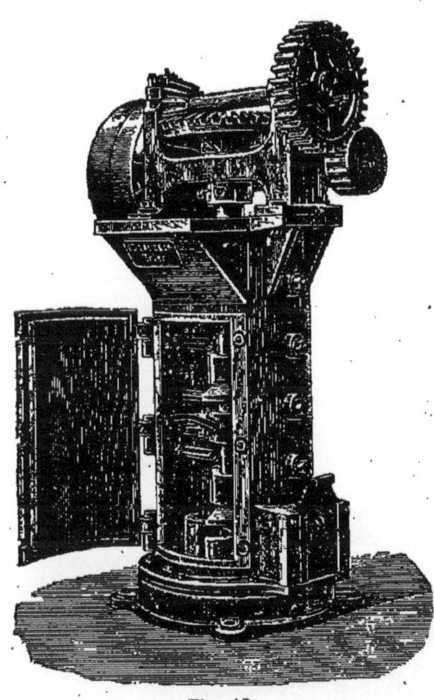

Fig. 12

mélange aussi, la tailleuse produit un découpage, un malaxage et un mélange (¹).

Notamment pour la trituration des grosses matières mélangées ou des argiles très dures, on a dans ces derniers temps placé avant la tailleuse des cylindres broyeurs (voir plus loin, Schlickeysen, rapport) qui tournent avec des vitesses différentes, qui saisissent, écrasent et amènent de la matière d'une manière continue à la tailleuse. Si les pierrres sont trop grosses ou trop dures, un rouleau peut reculer de lui-même et des appareils de triage appropriés en effectuent l'enlèvement.

(¹) Voir MICHAELIS, *Mortiers hyIrauliques*, l'appareil à broyer et tailler, construit par Hertel et C° de Nienburg et qui y est recommandé. Voir de plus *Dinglers Journal*, 219, p. 47. Seger signale aussi un appareil semblable, *Notizbl*. VII. p. 140, note.

L'appareil « mélangeur d'argiles », qui est décrit plus loin aux pots de verrerie, appartient encore un peu ici.

TAILLEUSE UNIVERSELLE D'ARGILE. — La tailleuse la mieux construite et la plus satisfaisante ne peut jamais servir comme machine universelle, c'est-à-dire comme appareil de pétrissage, dans lequel une argile quelconque, sans appropriation à sa constitution spéciale, puisse être transformée en une masse homogène soit seule, soit avec les additions exigées. Quoiqu'on puisse toujours atteindre par le travail des machines, leurs succès le plus complet dépend toujours de certaines conditions naturelles préalables.

Fig. 13

Le rendement d'une tailleuse bien installée, qui dépend de la grandeur du récipient, de l'ouverture de sortie et du nombre de tours de l'arbre à couteaux, s'élève pour les pierres à bâtir à 10 000 morceaux par jour. Comme on l'a déjà indiqué, la force nécessaire est d'autant plus grande que la masse est plus ferme, et cette fermeté se manifeste à un haut degré dans les argiles grasses.

Une tailleuse, qui doit servir comme appareil à homogénéiser, ne doit pas, au point de vue rationnel, être employée en même temps comme mouleuse. On ne peut atteindre ces deux buts opposés qu'au détriment de l'un ou de l'autre ; pour satisfaire d'une manière suffisante à cette double condition, il est donc plus convenable de prendre deux appareils l'un après l'autre.

En ce qui regarde les nouveautés, nous citerons un mémoire de Schlickeysen à la 21ᵉ assemblée générale (1885) de l'Association Allemande de l'industrie de l'argile, du ciment et de la chaux, qui traite notamment des vis à mélanger et homogénéiser, et qui cite la combinaison indiquée d'une tailleuse avec un laminoir de Jordan fils à Darmstadt *(Töpfer. Ztg.* 1887, n° 51). Voir de plus Gruber « la tailleuse d'argile ». A l'exposition de Paris de 1900, se trouvait une meunerie complète de la maison connue F.-L. Schmidt et Cᵒ de Copenhague, pour chamotte, argile, etc.

Il faut citer en particulier ici la machine à diviser et à mélanger de Jochum, qui mélange automatiquement les éléments qu'on y introduit, et qui, avec un temps de travail suffisant, garantit un mélange uniforme.

Remarques finales sur quelques points de l'expérience en fabrique. — Dans le traitement des matières renfermant du quartz, il faut rejeter les tailleuses en fer, parce qu'elles s'usent trop vite, introduisent des particules de fer dans la masse, et parce que leur réparation est par trop difficile. Au lieu du rétrécissement progressif de la tailleuse vers le bas, on préfère lui donner une largeur uniforme, mais il faut augmenter progressivement les couteaux. L'axe se compose de la manière la plus appropriée de fer massif de 10 à 15 centimètres de diamètre, qui doit être à faces planes, quadrangulaire, aux points où les couteaux sont fixés sur lui ([1]). Il faut éviter la liaison du bois avec le fer. Les couteaux se font commodément en fonte de fer.

On trouve aussi des tailleuses quadrangulaires construites en bois. Il s'y fait de soi-même une chambre de travail cylindrique, et les pierres et les éléments accidentels durs vont se loger dans les angles morts. En Angleterre, dans la fabrication de la faïence, on a pour préparer l'argile des tailleuses à section octogonale, qu'on préfère aux circulaires, parce que l'argile éprouve de la résistance aux sommets et que les extrémités des couteaux, qui décrivent un cercle, n'entraînent pas seulement l'argile en tournant, mais la recoupent.

Pour ce qui est de l'emplacement de la tailleuse, il faut prendre garde qu'on puisse y introduire facilement les matières et qu'il soit commode de retirer un peu plus bas les masses préparées. La position de la tailleuse par rapport aux machines à mouler est très

---

([1]) Les deux dispositifs ont déjà été recommandés par Türrschmiedt, *Notizbl.* V, p. 248.

essentielle. La meilleure disposition est celle où elle se trouve au-dessus de ces dernières, de manière que la matière malaxée qui en sort arrive directement dans le local à mouler, sans qu'on ait besoin de la reprendre.

Échauffement de l'argile. — Dans le malaxage au moyen des machines à préparer l'argile, celle-ci, de même que tous les corps, qui sont soumis à un travail mécanique, frottement, pression, choc, éprouve une élévation de température. D'après Daubrée, dans une tailleuse fermée, la température peut s'élever de 30°. Le degré de consistance de l'argile a de l'influence sur l'échauffement, et dans des circonstances égales une masse grenue (maigre) s'échauffe plus vite qu'une plastique. Dans des temps égaux, l'élévation de température produite par les rouleaux est plus grande que celle qui se manifeste dans la tailleuse. Voir en outre *Töpfer. Ztg.* 1882, n° 21.

Préparation préliminaire

Le but de tout traitement préparatoire d'une argile, ou dans une certaine mesure de sa préparation ou des opérations qu'on doit lui faire subir d'une manière rationnelle, consiste dans ceci : produire l'homogénéité dont on a parlé précédemment; et il résulte de cette conception très étendue que, pour obtenir un résultat certain, il est souvent nécessaire d'avoir une connaissance approfondie des propriétés physiques de l'argile. Les travaux qui s'y rattachent, parmi lesquels il faut faire la distinction entre l'homogénéisation et la purification (cette dernière devant précéder pour les argiles notablement impures) doivent être adaptés à la nature de l'argile et basés sur sa connaissance exacte. Ici en général les modifications chimiques ont moins de portée que les changements physiques ; pour les argiles réfractaires, ces derniers viennent plus souvent au premier plan que les premiers. Une bonne préparation préliminaire de l'argile favorise dans tous les cas sa tenue mécanique au feu.

Hivernage. — L'hivernage ou l'exposition au froid (qui a pour contre-partie le séchage par la chaleur de l'été ou l'estivage) ce moyen important et aussi simple que suffisant, quand son action s'est produite complètement, a pour but de rendre plus facile le travail mécanique de l'argile. En pénétrant par d'innombrables fentes, l'eau qui augmente de volume en passant à l'état de glace (100 centimètres cubes d'eau donnent environ 110 centimètres cubes de glace) fait éclater la matière dans les particules les plus fines et.

par suite détruit complètement sa consistance et la structure qu'elle avait jusque là. Le froid peut aussi produire une action chimique en mettant à nu par suite du fendillement quelques substances qui sont décomposées, dissoutes et lessivées.

E. Cramer a montré que l'hivernage d'une argile n'est pas indiqué dans toutes les circonstances et qu'il ne doit pas s'effectuer si une argile, remplie de pyrite finement disséminée, doit servir à la fabrication de briques de couleur pure. La pyrite, insoluble par elle même, a l'occasion de se transformer en sulfate de fer soluble, qui agit d'une manière fâcheuse. Si la congélation doit s'effectuer en tas, il faut disposer ceux-ci par couches individuelles ayant au plus de 50 à 60 centimètres de hauteur, et les recouvrir d'une seconde et d'une troisième, quand l'argile située au-dessous a été complètement pénétrée par la gelée. Pour activer l'action du froid, il faut jeter sur la couche de l'eau qui s'imbibe dans les vides. (*Tonind. Ztg.* 1897, n° 22 ; 1899, n° 13).

D'après Schumacher, [1] l'hivernage s'effectue de la manière la plus favorable et la plus active, quand les mottes d'argiles ne sont pas trop grosses, de manière qu'elles puissent être complètement pénétrées par le froid ; cependant elles ne doivent pas être trop petites pour que le séchage puisse s'effectuer de manière qu'il reste au moins un noyau imbibé d'eau, quand la couche extérieure est complètement sèche. La grosseur convenable des balles d'argiles dépend de la largeur des pores ou de ce fait que le mouvement capillaire de l'eau sortant de l'intérieur des balles est rapide ou lent. Pour les argiles à grands pores, l'égalisation de l'eau entre l'intérieur et l'extérieur se produit vite, de même qu'il s'effectue d'autant plus lentement que les pores sont plus fins.

De plus l'hivernage, qui n'est plus que rarement appliqué aujourd'hui en raison des améliorations de la pratique, donne des résultats d'autant meilleurs que l'argile contient plus d'eau et que le gel et le dégel se reproduisent plus souvent. Avec l'imbibition plus abondante d'eau, il se produira une augmentation de volume progressivement plus grande, c'est-à-dire une désagrégation finale importante de l'argile, et notamment des argiles grasses. Dans l'hivernage, à côté des modifications physiques, les actions chimiques aussi jouent toujours un rôle, comme on l'a dit.

L'estivage de l'argile, qui consiste en des séchages et des humec-

---

[1] *Sprechsaal*, 1883, n° 29,

tages répétés, peut également, au moins pour beaucoup d'argiles, comme Schumacher l'a expliqué, produire une désagrégation et par suite une homogénéisation plus parfaite, bien que jamais dans la mesure de l'hivernage. Quand une argile complètement séchée, qui a encore la texture naturelle du gisement, se sature d'eau, elle se dilate.

On pratique l'hivernage pour faciliter le travail et surtout pour les argiles à briques ; au contraire pour les argiles réfractaires, pour lesquelles il faut bien faire attention qu'elles ne contiennent d'impuretés d'aucune sorte, on a pratiqué de préférence l'homogénéisation par voie sèche, et mieux, en pulvérisant l'argile séchée à l'air et en la passant au tamis fin ; on peut alors effectuer son mélange intime avec d'autres matières d'une manière bien plus complète. S'il arrive que l'argile appartienne à celles qui sont peu dures ou notablement poreuses et par suite facilement séchables, la voie sèche est la plus convenable et la plus avantageuse.

L'HIVERNAGE ET LA PURIFICATION ET LE TRIAGE QU'IL PRODUIT. — On applique en particulier l'hivernage pour les argiles schisteuses anglaises et la préparation des argiles en Belgique et en Angleterre. On dispose les argiles de manière qu'elles soient aussi accessibles que possible [1] aux agents atmosphériques, et aussi aux actions chimiques, c'est-à-dire qu'on les soumet aussi longtemps que possible [2] aux changements abrupts de chaleur et de froid, de soleil et de pluie, qui sont loin d'être défavorables.

Si, par exemple, il se rencontre dans l'argile de la pyrite ou du carbonate de chaux [3], la première en s'oxydant passe progressivement à l'état de sulfate d'oxydule de fer et celui-ci, en présence du sel de chaux, peut se décomposer en gypse et carbonate d'oxydule de fer, par suite en combinaisons lessivables [4]. Les substances organiques contenues dans l'argile, qui sont d'autant plus exposées à la décomposition qu'elles sont à l'air et sous l'influence de l'humidité et de la chaleur, décomposeront de leur côté les combinai-

---

[1] Voir Türrschmiedt, *Notizbl*, IV, p. 225 et 229.

[2] On a abandonné l'argile suédoise de Höganäs pendant plus de 10 ans à l'atmosphérisation. Voir *Dinglers Journal*, 167,37.

[3] D'après SENFT (*Tonsubstanzen*, p. 33 et 90), les argiles perdent leur teneur en chaux, quand on les recouvre d'eau de fumier ou de tourbière et qu'on les abandonne ensuite pendant 14 jours en les remuant souvent. Les racines des plantes produisent le même effet, c'est-à-dire l'extraction de la chaux.

[4] Plus une argile est grasse et moins elle se lessive.

sons de l'oxyde de fer, et il se produira également des sels d'oxydule solubles.

Ceux des sels qui se sont produits, qui cristallisent avec de l'eau et par suite augmentent de volume, peuvent d'après Kulmann, [1] contribuer comme le froid à la désagrégation d'une matière argileuse. Ainsi l'argile de Garnkirk, dans le voisinage de Garstherrie, est, comme on le sait, une argile schisteuse grise, bitumineuse, un peu sableuse, qui provient de la formation carbonifère d'Ecosse [2]; on l'expose aux actions des agents atmosphériques. Les bancs d'argile schisteuse, ayant de $0^m,91$ à $1^m,83$ de puissance, suivent le pendage et la direction de la région carbonifère ; on les exploite au moyen de travaux souterrains, et, pour fournir un bon produit, ils doivent être aussi exempts que possible de sable et de pyrite de fer, notamment de cette dernière, qui donne un silicate de fer facilement fusible, mais surtout qui rend les produits susceptibles d'éclater au feu. L'argile est extraite à une profondeur considérable et mise au jour en tas de $4^m,5$ à 6 mètres de hauteur, où on la laisse exposée à l'air pendant 2 à 3 années. Elle devient claire, se gonfle en absorbant de l'eau, elle perd sa teneur en pyrites, qui se transforment en sulfate de fer et sont lessivées par les pluies ; finalement l'argile se réduit en une poudre collante, pouvant se mettre en boules. Par là les parties argileuses homogènes se décomposent plus, tandis que celles qui sont siliceuses et sableuses se conservent comme masses plus consistantes. L'argile schisteuse renferme des couches d'un entre-deux sableux ainsi que des nodules sphérosidéritiques de carbonate de fer, qui proviennent évidemment de la décomposition et de la transformation de la pyrite de fer. On les soumet alors à un triage, dans lequel les parties sableuses ou les morceaux colorés en brun par de l'oxyde de fer, ou ceux qui ne peuvent pas s'écraser facilement à la main, sont mis à part et en partie jetés de côté, en partie remis sur les monceaux pour subir à nouveau l'atmosphérisation.

En dehors des argiles schisteuses suédoises de Höganäs, Stapparb, etc., celle de Glenboig est tout au moins partiellement exposée à l'atmosphérisation à l'air ; on opère ainsi en particulier, quand l'argile renferme des nids de fer.

Le célèbre gisement d'argile réfractaire, qui se trouve à Stour-

(1) *Dinglers Journal*, 208, 127.
(2) En Angleterre les argiles et les charbons se trouvèrent avantageusement ensemble et de plus aux bords des cours d'eau.

bridge dans le comté anglais de Worcester (tout contre la limite du Straffordshire) et qui, avec celui de Garnkirk, fournit en partie les produits réfractaires connus antérieurement et encore aujourd'hui souvent employés en Allemagne, a une étendue d'environ deux milles anglais en longueur ; il arrive au jour suivant une direction inclinée et va à une profondeur qui n'est pas exactement connue.

Le gisement d'argile lui-même a une puissance moyenne de 1 mètre 2/3, qui s'abaisse par places jusqu'à 1 mètre. La qualité des différentes couches est très inégale, et, notamment dans le milieu, elle est meilleure que là où l'argile vient en contact avec le toit et le mur.

L'extraction de l'argile s'effectue suivant les procédés miniers, exactement comme le charbon et le minerai de fer au même endroit.

Dans la mine, l'argile est déjà triée en trois qualités différentes : 1° la meilleure pour les pots de verrerie et les hauts fourneaux (employée pour les parois de la cuve) ; 2° pour les creusets de fusion, utilisés pour fondre le laiton et le fer (pour les objets fins) ; 3° pour les briques réfractaires et les moulages de toutes sortes. Dans la préparation, les deux premiers numéros sont mélangés avec de l'argile déjà cuite, mais pas le troisième, et l'on y met aussi les déchets des deux premières sortes. En outre, dans toutes les trois qualités, on fait la distinction entre la variété forte et tendre, c'est-à-dire entre dure et molle, sableuse ou plus argileuse ; les deux sont gardées séparément et mélangées suivant les besoins. Les deux premières qualités, quand elles arrivent au jour, sont encore une fois triées, des femmes brisent les morceaux avec le marteau et séparent toutes les parties traversées de veinules de matières ferrugineuses et autres impuretés. Les morceaux ainsi mis de côté vont comme déchets à la troisième sorte et à la briqueterie. Les morceaux trouvés bons sont cassés tout à fait fin avant la mouture et soumis à un dernier triage très soigné. L'argile de première qualité, complètement triée et purifiée, est conservée dans des hangards fermés tout autour pour la préserver de la pluie. Les autres sortes sont mises en couches au grand air et on les laisse se décomposer. Toutes ces règles de précaution sont nécessaires pour obtenir la qualité spéciale demandée pour les pots de verrerie et les hauts fourneaux.

L'argile, après avoir été brisée au marteau, est moulue au moyen d'un grand moulin vertical à table tournante de plus de 2 mètres de diamètre, dont les rouleaux pèsent jusqu'à 3 tonnes. Le fond est percé de trous et l'argile qui le traverse est amenée par une chaîne à godets à une bluterie. Le tamisé arrive dans un autre élévateur, le gros retourne sous les rouleaux. Pour l'argile fine, destinée au mortier de chamotte, le tamis a 25 mailles par centimètre carré, pour l'argile à briques il n'en a que 3. Le deuxième élévateur apporte le tamisé fin sur un transporteur qui le décharge dans les wagons et, si l'on travaille avec l'argile à briques, il verse le fin dans un tuyau, qui le conduit aux malaxeurs, dont quatre sont disposés autour du tuyau. Dès que l'argile, après addition d'eau, a pris la consistance convenable dans ces malaxeurs, elle est chargée dans de petits wagons, qui sont amenés par un élévateur à vapeur au niveau supérieur de la chambre de séchage et de là sur une voie ferrée aux bancs de moulage où ils sont déchargés. Un homme alimente d'argile de cette manière de 9 à 12 moules, dont chacun, avec le secours d'un aide, fournit journellement 2500 briques. Un four de séchage, breveté et employé avec double avantage pour le séchage de la pierre de Glenboig, a la construction que nous allons indiquer. Les chambres de séchage, longues de 36 mètres et larges de 9 mètres ne sont chauffées qu'à une extrémité. Leur fond se compose de plaques de fer de 16 millimètres d'épaisseur ; seule la moitié postérieure est garantie de l'action directe du feu par un vide de 200 millimètres de hauteur et un fond d'argile de 75 à 100 millimètres d'épaisseur. Cette chambre vide est en communication avec l'air extérieur (juste au-dessus de la grille,) ce qui produit un abaissement de la température dans la partie antérieure du sol, la plus voisine du foyer, et une combustion complète des gaz dans la moitié postérieure. Dans un four de ce genre, non seulement les dépenses de séchage sont très faibles, mais encore on sèche le double de ce qu'on obtient par les anciennes méthodes (journellement de 20 000 à 24 000 morceaux).

Les recherches en vue de sécher au moyen de tuyaux de vapeur ou d'air chaud n'ont nullement donné de résultats aussi favorables, parce que le rangement des briques, qui devient nécessaire ici, entraîne de grosses dépenses de main d'œuvre et une perte de temps. Voir la description de l'admirable dispositif de séchage de Moller et Pfeifer. *Tonindustrie Kalender* 1903, 2e partie, p. 418.

Scheidage. — En dehors du triage déjà indiqué, quand cela est nécessaire, on laisse l'argile schisteuse encore molle sécher longtemps à l'air sous un hangard pour la débarrasser des corps étrangers visibles qui s'y trouvent et l'on effectue une séparation d'après son aspect extérieur et sa constitution par un travail fait à la main.

On casse les plus gros blocs en morceaux, on enlève les veines pierreuses, la pyrite et toutes les substances étrangères mélangées et, en se rapportant à certains caractères extérieurs, on en fait plusieurs tas pour obtenir des qualités différentes. Ce travail préparatoire est indispensable pour les argiles à structure irrégulière, ou qui ne proviennent pas de là même mine ; en effet, comme le montrent l'analyse et l'expérience, les propriétés de l'argile dans les couches différentes, sont sujettes à des changements multiples.

Préparation

C'est ici que se rattachent une série de manipulations, qu'on doit faire subir aux argiles, telles que le séchage, le corroyage, la lévigation, la mouture dans les concasseurs et autres machines à écraser, le tamisage, le détrempage, le pétrissage, etc., l'homogénéisation au moyen de machines et surtout au moyen des tailleuses [1]. Nous aurons aussi à citer ici quelques moyens artificiels [2].

Séchage [3]. — Tandis que les argiles à poteries, et plus rarement aussi les argiles à briques, sont le plus souvent corroyées, les argiles réfractaires, particulièrement celles qui sont plastiques, après avoir été triées en partie en dedans ou en dehors de la mine, et les argiles schisteuses, après atmosphérisation et purification, sont séchées soigneusement, comme on l'a déjà indiqué, soit à l'air libre dans des espaces bien ventilés, ou en se servant de la chaleur perdue ailleurs, ou bien directement sur ou dans des fours et des canaux, ou dans des fours spécialement construits à cet effet.

Le séchage est, comme on le sait, un bon moyen de rendre l'argile accessible à l'eau ; elle se ramollit alors rapidement, tandis que cette même argile, avec une certaine teneur en eau, oppose une

---

[1] Voir plus haut p. 280.

[2] Ainsi on a recommandé une addition de goudron pour donner plus de plasticité à une masse argileuse maigre ; la gomme, la gélatine, etc., agissent de même et, d'après Kerpely, pour rendre plastique du schiste cuit, il faut ajouter à l'eau de liaison 6 $^0/_0$ d'acide sulfurique et le laisser reposer 2 jours. Il se produit du sulfate d'alumine, qui, par le fait, augmente la plasticité, mais en même temps aussi le retrait et la porosité à la cuisson. En ajoutant 4 $^0/_0$ de gomme arabique à une argile, celle-ci gagne notablement en dureté, compacité et liant, sans que son retrait au feu soit plus grand ; il diminue au contraire à la température de fusion de l'argent.

[3] Le mode de séchage des produits fabriqués se trouve au chap. V qui suit.

résistance extraordinaire à une plus grande absorption d'eau, et cela d'autant qu'elle est plus grasse.

Au moyen du séchage, praticable en été comme en hiver, et d'une mouture subséquente aussi fine que possible, qui s'opère d'autant plus facilement et plus complètement que la matière est plus sèche, on peut arriver à une répartition bien uniforme d'une manière complète (¹). Pour le séchage des objets moulés, voir dans le chapitre suivant.

Trempage de l'argile. — La préparation de l'argile comporte par elle-même, bien que d'une façon pas absolue, le trempage ou l'introduction de l'argile dans des fosses étanches planchéiées ou murées en ciment, qui ne doivent pas avoir plus d'un mètre de profondeur, 3 à 4 mètres de long et 1^m,5 à 2 mètres de large (²). Bien que cette opération ne soit pas en usage pour les argiles réfractaires brutes, (³) mais qu'elle constitue plutôt et plus souvent pour les mélanges d'argiles et les masses réfractaires une sorte de pourrissage, pour faire surtout disparaître les différences dans le retrait de matières humides, nous devons cependant indiquer rapidement ici, son but, ses avantages et les conditions auxquelles elle doit satisfaire.

Le trempage a pour objet d'imbiber d'eau la masse argileuse. Et il faut avoir égard ici autant à la quantité convenable d'eau qu'à sa répartition uniforme et à sa pureté (⁴). L'argile doit d'abord macérer et

---

(1) Au point de vue de la valeur particulière de la farine sèche et en outre du séchage de l'argile, Türrschmiedt se prononce nettement dans la *Notizbl*, p. 391 à 395. Il affirme que « par la pulvérisation de l'argile sèche, on peut préparer une masse aussi homogène que par le travail à l'état plastique ». De même Seger. *Notizbl*, VII, p. 122 et encore VII, p. 142. Les moyens de vaincre la résistance que l'argile oppose à l'eau, sont le séchage, l'hivernage ou l'estivage. L'argile séchée dure s'imbibe si complètement d'eau qu'elle s'affaisse en peu de temps en un monceau boueux, qui ne révèle plus aucun caractère de sa constitution précédente, veines, couches, taches etc.

(²) Pour plus de détails, voir *Tonindustrie Ztg.*, 1887, n° 44.

(³) Dans les cas où une argile réfractaire est mélangée avec du sable ou des veines de quartz, on peut par le trempage économiser le séchage et la mouture.

(⁴) Dans le cours de la fabrication, l'eau employée pour le trempage ou le pétrissage de l'argile y introduit souvent des sels, auxquels on ne fait pas toujours attention. Comme pour le pétrissage seul on emploie au moins de l'eau dans la proportion d'au moins 30 °/₀ au poids de l'argile, il faut pour la fabrication des produits réfractaires excellents employer une eau aussi pure que possible (eau de pluie ou de ruisseau). (Voir OLSCHEWSKY, *Töpfer-u-Ziegler Ztg.*, 1884, 24).

Olschewsky recommande de déterminer de la manière suivante la quantité d'eau exigée. A une petite quantité moyenne de l'argile on ajoute successivement de l'eau jusqu'à ce qu'on ait obtenu la consistance désirée. Au moyen de cette pâte on forme un corps quelconque, on le pèse et on le laisse sécher à l'air. En le pesant de nous'imbiber pour donner souvent comme avant-préparation une masse molle susceptible d'être travaillée et qui se prête à un mélange ; car il est extrêmement difficile d'arriver par le trempage seul à la consistance requise. On peut y aider par une surabondance d'eau, si l'on ajoute à l'argile molle de la poudre d'argile sèche et moulue. Türrschmiedt considère le trempage comme un travail préparatoire et absolument nécessaire pour le taillage. Habituellement l'argile bien hivernée est immédiatement soumise au trempage ; il n'est pas mauvais de lui faire subir une division prélable en couches minces par le taillage ou le laminage. La mise en fosse se fait en étendant l'argile en couches minces au moyen de pelles et, pour des matières différentes, en forme de lits. L'argile maigre, qui présente une plus grande subdivision et une plus grande surface d'attaque, se ramollit, comme on le sait, plus vite que l'argile grasse. Mais la première absorbe beaucoup moins d'eau. Tandis que l'argile grasse pour un volume exige plus de 1/2 volume d'eau, il suffit de 1/2 pour l'argile moyennement grasse et de 1/4 pour les lehms maigres. L'eau est absorbée de telle sorte que l'argile trempée, y comprenant l'eau même, occupe un moindre volume que celle non trempée. L'argile trempée doit être humidifiée d'une manière complètement uniforme. La coupure au fil métallique doit être lisse et, quand on pétrit l'argile, elle ne doit pas s'attacher aux mains. Dans ces derniers temps, on s'est servi pour le trempage, de moyens artificiels comme la vis d'Archimède (*Berl. Töpfer-u-Ziegel. Zeitg.* 1886 ; n° 38 et 39), la vapeur d'eau moyen trop cher (*Leihm. Central. Anz.* 1887, 3). On trouvera dans le *Tonind. Ztg.* 1897, n° 103 la description et le dessin d'un dispositif de trempage plusieurs fois éprouvé.

L'argile hivernée se trempe plus vite et plus uniformément que celle non hivernée. L'argile sèche se trempe plus facilement que

veau, quand il a séché à l'air, on obtient la quantité d'eau qu'exige un poids déterminé d'argile pour avoir le degré de plasticité demandé. Si l'on détermine maintenant la teneur en eau que présente l'argile arrivant au trempage, comme on peut connaître par le nombre de brouettes le poids de la masse séchée après le trempage, l'addition d'eau se trouve ainsi dans une certaine mesure limitée exactement (OLSCHEWSKY, *Katechismus*, p. 94.

Il faut encore citer, comme se rattachant ici, une mélangeuse brevetée (n° 89 113) de Krocker, qui se compose d'une trémie d'amenée, de rouleaux mélangeurs à canelures longitudinales, qui agissent de concert avec un rouleau tournant dans le même sens de côté et au dessus d'un fond en tôle muni d'ailes alternativement pleines et interrompues, qui envoie la matière dans l'espace où se meut la vis d'Archimède transporteuse (*Tonind Ztg.*, 1896, n° 70).

celle qui est à moitié humide ou irrégulièrement sèche ; c'est pourquoi Türrschmiedt recommande le trempage de l'argile séchée à l'air, et ce qui vaut mieux, précédé d'une lévigation. On reconnaîtra que l'opération est suffisante à ce qu'un morceau d'argile paraît uniformément humide jusque dans son milieu, qu'il est plastique, cède sous la pression et peut s'étendre d'une manière uniforme entre les doigts.

Le pourrissage. — En nous rappelant cette proposition de Türrschmiedt « qu'il est pratique, et dans tous les cas plus sûr, de dépasser les limites que réclame le travail de la matière que de se borner à ce qu'il lui faut exactement » nous allons parler ici plus en détail du pourrissage et des phénomènes qui s'y rattachent. L'expérience montre que le pourrissage d'une masse ou d'une argile la rend plus facile à travailler, plus plastique, plus uniforme, plus compacte, plus exempte d'air, et aussi plus réfractaire, et qu'il fournit des produits qui, toutes circonstances égales d'ailleurs, se comportent d'autant mieux au feu que la masse humide est restée plus longtemps en dépôt. Les changements qui se produisent dans la masse par suite du pourrissage, n'ont malheureusement pas encore été expliqués scientifiquement d'une manière complète ; toutefois nous allons résumer rapidement ici ce qu'on en sait.

En ce qui a trait aux masses de porcelaine, on sait que, après environ trois mois, elles deviennent grises dans l'intérieur, puis noires et qu'il s'en dégage une odeur d'hydrogène sulfuré. Ces phénomènes se produisent d'autant plus vite que la masse est plus fine, et d'autant plus que l'eau est moins pure en substances organiques ; et pour les favoriser, on ajoute de l'eau de fumier ou de marais (¹). En employant de l'eau distillée, on n'observe rien de pareil, ce qui a une grosse importance. La coloration commence en dessous de la surface et devient plus intense à plus grande profondeur. Au contact de l'air, la coloration disparaît en quelques heures, il se forme de l'acide carbonique et, quand on lessive la masse, l'eau, d'après les observations de Salvetat, renferme du sulfate de fer en dissolution. L'hydrogène sulfuré se produit par l'action de substances organiques sur le sulfate de calcium contenu dans la masse, qui est transformé en sulfure de calcium. Au contact de l'acide carbonique de l'air, ce dernier est décomposé à nouveau, avec formation d'hydrogène sul-

____

(¹) On ajoute par là des sels dans la masse, ce qui est à considérer au point de vue réfractaire.

furé, et il se produit, d'après Salvetat, une matière mucilagineuse (glairine), par suite de quoi la masse pourrie deviendrait plus plastique.

Brogniart attribue la coloration en noir au carbone qui se sépare par suite de la décomposition des parties organiques dans l'eau. Il a conservé des matières fraiches pendant deux années sous l'eau, à l'abri de l'air, et il a trouvé qu'elles n'avaient éprouvé par là aucun changement. Par contre en mélangeant deux parties de masse fraiche avec une partie de ce qu'on appelle les copeaux, qui proviennent du tournage, il a obtenu une masse qui jouissait des mêmes propriétés que celle pourrie. L'addition de copeaux, c'est-à-dire d'une matière qui était passée plusieurs fois par la main de l'ouvrier, avait donc produit un pourrissage artificiel. Brogniart a cru pouvoir en conclure que l'effet essentiel que produit la pourriture par suite de la décomposition de matières organiques, consiste dans un rapprochement réciproque plus grand et une répartition mécanique plus complète des plus petites parties de la masse. V. Sommaruga confirme le mode de décomposition observé par Salvetat. D'après Mène ([1]), dans le pourrissage de l'argile, il ne se produit pas de décomposition de matières organiques, mais les particules individuelles de la masse argileuse absorbent encore de l'eau et celle-ci devient plastique. D'après Kosmann, c'est une hydratation qui agit ici. Suivant les circonstances, les actions oxydantes produisent indubitablement une transformation chimique des parties mélangées dans l'argile qui sont susceptibles de s'oxyder, comme par exemple celle de la pyrite par l'oxygène de l'air.

Les chercheurs ont donc ici un large champ ouvert pour les recherches scientifiques et la question s'est posée de savoir si l'action du pourrissage ne dépendrait pas de la désagrégation des plus petites particules produite par des micro-organismes qui joueraient un rôle ([2]).

La lévigation. — GÉNÉRALITÉS. — Cette méthode bien connue de purification et de séparation donne un moyen de séparation et de purification des éléments de l'argile et produit en général une amélioration de celle-ci. Pour un objet déterminé et appliqué au lieu convenable, la lévigation rend les services les plus signalés. Bien que n'exigeant pas beaucoup de force et d'appareils couteux, mais

[1] *Polytechnisches Centralblat.*, 1863, p. 1243.
[2] Voir *Tonindustrie Ztg.*, 1903, n° 48.

demandant beaucoup de place notamment pour les bassins et fosses nécessaires, la lévigation est une opération circonstanciée, dépendant de beaucoup de conditions ; elle constitue un procédé rationnel, couronné de succès et pas très cher, pour séparer d'une argile les substances étrangères mélangées de poids spécifiques, de volumes, et de nature différents. Il n'y a pas d'autre système qui effectue la séparation en question d'une manière plus complète. Un autre objet, qui en règle générale se relie à la lévigation, est l'homogénéisation qu'on a en vue d'obtenir de cette manière pour l'argile ou pour plusieurs argiles les unes avec les autres. Mais ce résultat n'est que partiel et dépend de conditions déterminées. Toutes les particules les plus fines de l'argile proprement dite peuvent être rassemblées par la lévigation et réunies en une masse uniforme, tendre. Mais l'opération est justement l'opposé de l'homogénéisation : au lieu d'un mélange intime avec le tout, il se produit plutôt une séparation et, à la place d'une répartition intime et uniforme, un arrangement dissemblable. Il en résulte donc aussi qu'il y a des cas où des argiles naturelles, finement sableuses qui paraissent déjà homogènes à l'état brut, deviennent justement inhomogènes par la lévigation ; l'argile et le sable se déposent en amas ou en couches et l'on obtient de la sorte une masse nettement dissemblable, qu'on ne peut pas, ou à grande peine, ramener à l'état homogène primitif.

L'essence de la lévigation consiste dans l'isolement, d'après leurs valeurs hydrauliques, des substances semblables et l'on obtient de la sorte, non pas une masse, mais des masses différentes et par groupes, qui sont d'espèce uniforme au point de vue du poids spécifique. S'il se trouve des parties avec des propriétés physiques différentes, on peut les séparer d'une autre manière ; ainsi par exemple, les corps spécifiquement pesants (comme la pyrite) peuvent s'isoler par la force centrifuge.

On sait de plus que les corps colloïdaux, comme l'argile, qui nagent dans un fluide, peuvent être amenés rapidement à se déposer au moyen de sels et en particulier de sels de chaux (par les acides aussi). La propriété attractive des sels sur l'eau agit dans les conditions suivantes : après l'addition, les particules argileuses se mettent en mouvement, elles s'attirent et forment des flocons plus gros qui tombent bientôt au fond, tandis que le liquide qui les recouvre reste clair. L'argile a ainsi perdu de l'eau qui produisait son état colloïdal.

Quand on lévige, il faut non seulement avoir en vue le but à atteindre, mais, quand on y est arrivé, il faut bien prendre garde de ne
pas le perdre par un traitement subséquent inapproprié. Il en résulte que les argiles à léviger, lorsqu'elles sont très différentes et
d'autre constitution, demandent des installations modifiées, et que
par suite il ne peut pas être question d'une machine universelle à
léviger. Notamment les argiles maigres ou grasses exigent un traitement d'espèce différente.

Quelque loin qu'on pousse la lévigation, il faut toujours se diriger suivant la manière d'être de la masse à traiter, et suivant les
désiderata, qui sont imposés au produit à obtenir. Dans les cas où
il s'agit de séparer les grosses matières mélangées mécaniquement
comme, par exemple, les pierres ou les très gros sables, il suffit de
délayer une fois dans l'eau; dans la boue pas trop consistante, ces
éléments se déposent presque instantanément au fond et on peut les
séparer simplement par décantation. Si le fluide arrive bientôt à
l'état de repos, on nomme l'opération sédimentation; s'il reste en
mouvement, lévigation proprement dite.

Pour l'obtention de masses très fines, il faut toujours préférer la
lévigation proprement dite, et il faut souvent plusieurs lévigations,
dans lesquelles on délaie la boue avec plus d'eau. Dans le premier
vase se déposent les matières les plus grosses, dans le second se
rassemble le sable plus fin, etc., dans le dernier se dépose l'argile,
qui atteint souvent un degré de pureté élevé. On peut effectuer très
bien et très facilement la séparation du sable, au moins de la plus
grosse partie, en conduisant la bouillie dans une rigole de grande
longueur avec aussi peu de pente que possible. Dans le mouvement
très lent du fluide, les parties les plus grosses, les plus pesantes,
ont le temps de se déposer justement à l'extrémité supérieure de la
rigole; suivant la manière dont le fluide s'écoule plus loin, la plus
grande partie du sable fin se dépose aussi. Pour la lévigation du
kaolin, que nous allons indiquer rapidement ici, le procédé suivant
passe pour le plus rationnel. Le kaolin exploité au jour, en été par
étages après enlèvement du découvert, en hiver par chambres, est
apporté au commencement de l'année dans des caisses fixes de 2 à
3 mètres de grandeur, dans lesquelles se trouve un système de rouleaux se mouvant horizontalement. De là la bouillie de kaolin coule
dans des caisses et des rigoles de dépôt, dont la grandeur et la longueur se règlent d'après l'état physique de la matière brute, ou de la
plus ou moins grande finesse, notamment du sable mélangé. De là

le kaolin est rassemblé dans de grands bassins, où il se dépose. Quand il est arrivé à l'état de bouillie compacte, il est comprimé dans des filtres-presses au moyen de pompes à membranes, et les gâteaux qui s'y forment sont séchés très économiquement, soit dans des séchoirs à l'air, soit dans des fours à tuiles.

Au point de vue de la payabilité d'une lévigation de kaolin, il est d'une grande importance que les déchets qui en proviennent et qui sont : du gros sable (habituellement du sable quartzeux presque pur), et les maigres fins qui se déposent dans les caisses, puissent être employés avec avantage dans des fabriques aussi rapprochées que possible.

Dépenses. — Pour ce qui est des frais de la lévigation, ils sont différents suivant la constitution variable de la matière, qui se lévige tantôt plus facilement, tantôt plus difficilement, tantôt plus lentement. D'après le *Töpfer-und Ziegler Zeitung*, 1883, p. 322, dans la fabrication des briques, on admet qu'en moyenne le prix de revient des briques est augmenté par la lévigation de 2 1/2 à 3 marks par mille. D'après des indications spéciales du même journal, 1889, n° 47, les dépenses de lévigation elles-mêmes s'élèvent, pour 1 000 briques, de 0,40 à 1,20 marks ; de plus le séchage et l'enlèvement de la bouillie est de 0,60 à 1,30 mark. D'après Matern (*Notizbl.* 1884, page 82) pour une matière d'où il faut séparer environ de 40 à 50 % de gros sable et de fragments de roche, les frais s'élèvent à environ 2,50 marks par 1 000 pièces. Il faut y ajouter 93 pfennige pour le transport de la matière lévigée au séchage à l'air. Dans le système de lévigation danois de Smidth et Cᵒ indiqué plus loin, les frais y compris le salaire des ouvriers sont de 2 marks par 1 000 pierres, mais celles-ci sont de petit format,

Exécution. — La lévigation est toujours le résultat de deux opérations, à savoir le délayage et la décantation, auxquelles s'ajoute la récupération de la matière fine lévigée. L'argile est complètement divisée avec de l'eau, remuée, et le lait argileux est écoulé. L'eau joue le rôle principal dans la lévigation, elle doit délayer, porter et séparer. A l'exception de beaucoup d'argiles qui s'y prêtent directement, comme les argiles maigres, les kaolins, etc., le succès de la lévigation dépend essentiellement de sa préparation préliminaire. Comme on l'a signalé, l'argile hivernée se lave plus vite que la brute. Si elle est soumise complètement sèche à la lévigation, elle se délaye bien plus facilement que quand elle est humide. L'argile trempée, qui a déjà absorbé plus d'eau, se liquéfie plus brusquement que celle qui a l'humidité de la mine. Comme première action de l'eau, c'est donc l'imbibition aussi grande que possible de l'argile qui conduit à une séparation certaine de ses parties. L'eau tiède, et encore mieux l'eau chaude, ramollit plus que la froide ; et si à cela s'ajoute un fort courant d'eau en mouvement, le succès est encore plus complet. On ne doit donc pas épargner l'eau ; elle doit être en quantité suffisante, cependant elle doit être maintenue dans des limites déterminées. Si donc, dans une exploitation continue, qu'il faut regarder comme la condition d'un traitement rationnel, la quantité d'eau nécessaire parcourt un cercle continu, elle peut par suite se récupérer. Il n'y a donc à remplacer que la perte causée par le délayage et l'absorption par l'argile.

Pour léviger on a besoin d'appareils pour délayer l'argile, des agitateurs ([1]), et de bassins de décantation (puits à matières lévigées) dans lesquels le dépôt s'effectue. Ces derniers doivent être disposés de telle manière que l'eau surabondante puisse s'écouler. Les installations pour sécher artificiellement l'argile lévigée ([2]) (chauffage par conduits, filtres-presses) sont le plus souvent trop dispendieuses et ne s'emploient en règle générale que pour les argiles supérieures, après que la matière lévigée a été mélangée avec les additions fines, comme nous le décrirons plus loin. Aux machines essentielles qu'on vient de citer s'ajoutent encore des tamis pour séparer les plus grosses impuretés, des pompes, des conduites d'eau, des manèges, des roues hydrauliques et des machines à vapeur.

A. Appareils a léviger. — Suivant la grandeur des fabriques, la quantité d'eau qu'on a à sa disposition, la manière d'être de l'argile, etc., on rencontre principalement les constructions suivantes :

α) Lévigation avec appareils à main ;

β) Installations de lévigation hydrauliques ;

γ) Lévigation pour grande exploitation ;

a) Machines rotatives ;

δ) Verticales ;

ε) Horizontales ;

b) Machines oscillantes.

[1] Les argiles très grasses ne doivent pas être mises en trop gros morceaux dans l'agitateur et il faut y éviter autant que possible les parties rouillées.

[2] Dans les étés défavorables, le lévigat argileux reste souvent pendant des mois dans les bassins sans pouvoir atteindre un degré de sécheresse et de consistance suffisant pour être travaillé. Remarquons en passant que, pour débarrasser l'eau du lévigat argileux, O. Schaller se sert de sable comme masse filtrante (*Tonindustrie Ztg.* 1897, n° 46.

B. **Puits a lévigat, caisses a lévigat, bassins a lévigat** ([1]), **bassins de clarification**. — C'est dans ceux-ci que les troubles argileux lévigés doivent se clarifier. On les construit en bois ou en maçonnerie, ou bien ils se composent de fosses creusées dans la terre, sans aucun revêtement, de sorte que l'eau en excès puisse s'en aller dans le sol. Si les fosses de cette sorte se trouvent sur un amas d'argile, l'eau s'en va trop lentement. Dans de pareils cas, d'après Delbrück, on a avantage à disposer sous le fond du bassin une couche de sable anguleux, épaisse de 156 à 235 millimètres et l'on dispose dans le sable des lignes de tuyaux de drainage ou de pierre de maçonnerie creusées à une distance de 1,88 mètre les unes des autres et débouchant dans un canal qui a de l'écoulement. Pour les argiles, notamment pour les argiles grasses, ce moyen ne doit pas servir beaucoup. Dès qu'il s'est déposé sur le sable une couche d'argile, si mince soit-elle, elle constitue un revêtement imperméable.

On aura plus de succès en drainant le terrain sous le bassin et dans son entourage et en plaçant dans une situation convenable et à grande profondeur sous le fond des tuyaux de drainage suffisamment larges (de 6 centimètres de clair), qui enlèvent l'eau. En ce qui touche la clarification dans le bassin, l'expérience a montré qu'elle s'effectue d'autant plus simplement et d'autant mieux que le bassin est plus grand.

D'après Fr. Hoffmann, la condition essentielle au point de vue du séchage rapide de l'argile lévigée, est de transporter le lévigat en dehors du bassin aussitôt que possible, parce que l'air qui l'y sèche y a une trop petite surface d'action. A cet effet, il est recommandable de mélanger au lévigat de la poussière sèche d'argile et en quantité telle que le produit argileux devienne grumeleux et puisse se façonner en morceaux individuels au sortir de la fosse. Dans cet état le séchage à l'air se fait vite. Si la fabrication exige qu'on donne à une argile une addition de chamotte ou de sable, il sera très rationnel de le faire dans les bassins et quand il n'y a plus d'eau sur l'argile. On mesure alors les matières d'addition passées au tamis fin, on en met la quantité correspondante dans le bassin et l'on brasse le tout avec un râble jusqu'à ce que le mélange soit uniforme. Ce mélange demande une bien moins grande dépense de temps et de main d'œuvre que quand on le fait plus tard dans les tailleuses.

([1]) *Notizblat.*, 4, 67, 136.

En terminant nous pouvons encore indiquer quelques dispositifs nouveaux et qui ont été brevetés dans ces derniers temps pour la lévigation. Il faut citer en particulier un appareil bréveté de Schiller et Kircher, de Grünstadt dans le Palatinat Rhénan, et un autre (également breveté) de Smidth et C° de Copenhague. L'appareil rationnellement établi de Schiffer et Kircher, qui se distingue par sa simplicité dans l'application, se compose d'un agitateur situé dans un trommel horizontal au dessus duquel est une trémie s'évasant par le haut. La matière kaolineuse à purifier est jetée dans la trémie et arrive à l'agitateur, où elle est divisée par une amenée continue d'eau. Le courant d'eau sous pression emporte les particules les plus fines vers le haut où elles s'écoulent avec l'eau et sont reçues dans le bassin de dépôt. Le sable reste dans l'agitateur jusqu'à ce qu'il soit dépouillé de toutes les particules d'argile et il est enlevé ensuite pour être classé en diverses grosseurs de grains. Voir de plus les principes essentiels pour la construction d'un appareil a léviger rationnel et susceptible de rendement (Hotop, Vortrag, *Ziegel u. Zem.* 1893. n° 7-10).

L'appareil de Smidth, appliqué dans la fabrique de Copenhague, se compose d'un grand canal annulaire en maçonnerie, dans lequel un cheval met en mouvement des herses spécialement construites pour cet objet. Le canal a une capacité très importante. La caractéristique de l'installation réside dans la grande profondeur de ce dernier et la suspension au moyen de chaines du chassis agitateur (mobile). Il est possible par là de rendre insignifiante la résistance que des pierres ou d'autres grosses impuretés présentent, en relevant l'agitateur progressivement et à mesure que le fond se recouvre de pierres. Ce procédé est renommé pour sa grande productivité, son fonctionnement non interrompu (jusqu'à 14 jours), ses dépenses peu élevées d'installation et de réparation et son emploi facile. (Voir *Tonind. Ztg*, 1886, n° 11 et 48).

Pour ce qui regarde les diverses nouveautés brevetées pour les machines à léviger, nous renverrons aux *Sprechsaal* de 1883, n° 38, de 1886, n° 44, et au *Töpf. u. Ziegel-Ztg.*, 1885, n° 43, 1887, n° 45 et 1893, n° 4. Il faut indiquer en particulier ici une machine lévigeante à rateaux brevetée, dans laquelle, d'après le *Tonind. Ztg.* 1896, n° 12, les substances nuisibles contenues dans la matière à léviger sont enlevées automatiquement par la machine et déchargées dans des wagonnets. La matière brute peut-être déversée au moyen de loris en masses de 1/2, 1 et même 2 mètres cubes, sans que cela trouble le fonctionnement de la machine. Les rateaux brevetés, qui travaillent avec une vitesse extraordinairement grande, brisent la matière en petits morceaux aussitôt qu'elle a été introduite et amènent rapidement ceux-ci à se séparer. En raison de la construction particulière des rateaux, les morceaux d'argile sont envoyés vers le milieu dans un mouvement en zig-zag sous forme d'une spirale. Par suite du long chemin à parcourir, les nodules d'argile qui subsistent encore n'atteignent pas le point milieu mais se réduisent en bouillie, tandis que les pierres, le sable, etc., complètement lavés se déposent circulairement autour du socle de la machine, d'où un élévateur les enlève. Au moyen de la force centrifuge de la machine, la boue est lancée à travers un tamis fin et court, de là à une pompe centrifuge qui distribue la bouillie d'une manière uniforme dans les fosses à dépôt. Pour la lévigation du kaolin en particulier, on trouvera une remarquable description dans le *Sprechsaal* de 1896, n° 28, et un extrait complet dans le *Tonind. Ztg.*, 1896, n° 30. Enfin signalons encore une machine à léviger, essayée en pratique et qu'on peut regarder comme un modèle d'installation, *Tonind. Ztg.* 1897, n° 102. Pour ce qui est des machines plus petites (à la main) et des installations extrêmement simples de lévigation, on les trouvera décrites dans le *Töpfer.-u.-Ziegel.-Ztg.* 1890, n° 49. Voir dans le *Leipziger Töpf.-Ztg.* 1894, n° 27, un dispositif breveté par J. Lüdicke pour l'enlèvement continu des résidus de lévigation.

On peut rattacher ici le procédé qu'on a désigné sous le nom de *lévigation par l'air* par opposition à la lévigation par voie humide. Ce problème, qui avait déjà été étudié antérieurement, par exemple dans les fabriques de blanc de zinc, a été résolu dans ces dernières années en Angleterre de la manière la plus satisfaisante au point de vue mécanique par ce qu'on appelle les séparateurs à vent. L'air en mouvement y sert pour séparer des corps secs en poussière ou finement moulus, d'après leur poids spécifique ou d'après leur grosseur de grains. On obtient de cette manière une farine fine et très fine au moyen d'un courant d'air aspirant produit par un aspirateur. On peut en particulier obtenir des produits d'une finesse extraordinaire, que ne donnent pas les tamisages à travers les gazes de soie les plus fines. Il faut ajouter que la séparation se fait d'une manière bien plus sûre et plus uniforme, tandis que les chambres des fabriques restent exemptes de poussière et qu'en même temps pour une production importante l'usure et la force nécessaire sont très petites. L'appareil se compose d'abord de l'appareil de propulsion, d'une chambre cylindrique supérieure en tôle, d'un cône extérieur en tôle qui s'y rattache et d'un cône intérieur en tôle concentrique laissant un espace libre pour le jeu.

Sous le couvercle de la chambre cylindrique est disposé un ventilateur, mis en mouvement par un arbre vertical. Sur le même axe, en-dessous du ventilateur, se trouve un distributeur qui projette à sa périphérie la farine brute amenée, qui a de 6 à 15 millimètres de grosseur de grain. En-dessous du ventilateur est disposé un système d'anneaux, de disques et de cônes, dont l'arrangement varie avec la finesse qu'on veut obtenir pour la farine ; il permet à l'air aspiré par le ventilateur de passer normalement au travers de la matière projetée par le distributeur. Le courant d'air amène au ventilateur les particules les plus fines de la farine, le ventilateur projette le mélange de farine et d'air contre la paroi de la chambre cylindrique : la farine tombe dans le cône extérieur et l'air purifié retourne sous le distributeur, qui est muni d'un voile. Dans les plus grands appareils, le chemin parcouru par l'air du distributeur jusqu'à la chambre et de retour au distributeur atteint à peine un mètre. Toutes les particules matérielles plus grosses, qui tombent au travers du courant d'air ascendant, se rassemblent dans le cône intérieur et retournent par des tuyaux aux machines à moudre. La farine prête, à sa sortie du cône extérieur, peut être envoyée directement dans des sacs. Comme les orifices de sortie sont fermés d'une façon spéciale de manière à ne donner passage qu'au gravier ou à la farine mélangée d'un peu d'air, l'appareil peut travailler d'une manière continue avec la même quantité d'air, la complète compacité de l'appareil empêche toute sortie d'air chargé de poussière.

On trouvera le dessin de l'appareil en trois figures dans le *Töpf. u.-Ziegel Ztg.*, 1890, n° 2.

D'après le *Tonind.-Ztg.* 1883, n° 25, d'une manière générale, la lévigation par l'air, en particulier pour l'obtention de substances fines, pour le kaolin, l'argile plastique et ses mélanges, pour la fabrication de vases fins, de plaques, de terres cuites, etc., a donné les résultats suivants qui semblent indiquer que ce procédé mérite tout particulièrement de fixer l'attention dans l'industrie céramique. Les avantages de la lévigation à sec, au point de vue du travail rapide, exact et bon marché sont presque toujours intuitifs, et il y a peu de matières à en exclure. Il s'agit seulement du réglement progressif de la partie de l'appareil au point de vue de l'allongement du courant d'air qui va du distributeur aux chambres à poussières, en tant que transporteur des poussières qui y sont en suspension, et ensuite de la fixation de la disposition, des dimensions et d'arrangement intérieur de ces chambres destinées au fractionnement. Ces conditions dépendent de la variété de structure de la matière à réduire en poudre, et de la quantité d'eau qui reste combinée, même après un séchage à fond. Ces facteurs sont différents pour chaque matière au point de vue du jeu entre les batteurs du désintégrateur et du transport et du fractionnement du produit obtenu. Pour les cas où l'on ne demande pas tant la grandeur du rendement quantitatif que l'extrême finesse du produit de séparation, il paraît bon de suivre le principe introduit dans les appareils à trier les farines de froment, qui au moyen de l'aspirateur qu'on vient de décrire, donnent pour les sortes de farines plus tendres le triage le plus parfait possible (¹).

L'hivernage (auquel appartient aussi la décomposition), le trempage auquel il faut aussi rapporter le pourrissage et en partie au moins la lévigation, peuvent être désignés sous le nom d'homogénéisation par voie humide, et d'après Zwick (Nature des argiles à briques) les machines suivantes pour homogénéiser par voie sèche s'en différencient.

Réduction de l'argile en poudre fine au moyen de machines

Sans avoir la prétention d'être complets, nous n'allons donner ici que les machines à écraser les plus connues et celles moins usitées avec quelques remarques. En général chaque installation pour réduire en poudre fine se compose de l'appareil moteur et d'un système d'instruments, ces derniers réunis les uns aux autres par des élévateurs. Dans la plupart des fabriques de produits réfractaires, on réduit habituellement la matière au moyen de concasseurs, des élévateurs amènent la matière concassée sous des meules verticales ou sur des cylindres, le gros et le fin sur un train de meules jusqu'à ce que finalement la poussière tamisée arrive immédiatement aux tailleuses. Cylindres et tailleuses s'aident et se complètent donc immédiatement comme machines de préparation. De plus on ne

(¹) Un séparateur à vent suivant le brevet Museford, qui est supérieur à tous les anciens procédés, est décrit dans le *Tonind. Ztg.*, 1897, n° 107.

doit pas passer sous silence la fabrique de machines à réduire en poudres de Th. Groke de Merserburg, qui domine à bien des égards parmi d'autres fabriques renommées. Dans ces derniers temps, l'emploi des laminoirs s'est restreint de plus en plus, parce qu'ils produisent un fort bruit et de fortes secousses, font beaucoup de poussière, éparpillent la matière écrasée, rendent le travail insupportable et dangereux, ont souvent besoin de réparations, subissent une forte usure des coussinets, ne produisent que peu et ne donnent qu'une finesse moyenne et inégale, qui exige l'emploi de plusieurs tamis. De plus quand on emploie des matières différentes, il faut à chaque fois un nettoyage minutieux, qui peut avoir des conséquences durables par suite d'une négligence possible de l'ouvrier.

BOCARDS A GRILLE. — Les bocards à fonds percés sont un peu plus convenables. Pour écraser des matières dures, il est bon que le fond soit en acier. Ce qui tombe à travers la grille est repris par une vis sans fin pour pouvoir être conduit aux meules.

Broyeuses à meules verticales. — Ces machines se composent, comme on le sait, d'une cuvette sur laquelle une ou plusieurs meules pesantes sont disposées de telle manière qu'elles agissent par leur poids sur le fond de la cuvette et écrasent la matière qui se présente entre la meule et la cuvette.

Le fond de la cuvette est fixe ou mobile. Les meules verticales ont, pour pulvériser l'argile qui doit toute fois être demi-sèche et ne pas coller, l'avantage qu'elles sont utilisables aussi bien pour l'écraser sous forme de farine que pour la pétrir. D'autre part, elles exigent pour leur installation un espace assez grand, les frais d'acquisition sont élevés et, par rapport à eux, le rendement (voir plus loin) quantitatif est limité et il est encore diminué par les longues interruptions pour le chargement et le déchargement, abstraction faite de la perte de force quand le moteur tourne à vide.

Le système de meules, quand il est entièrement en pierre ([5]), ce qui est rare, exclut les impuretés dues au fer ; cependant la pierre s'use, ce à quoi il faut songer dans les fabriques de produits réfractaires. Les meules tournent autour d'un axe qui, passant à travers un arbre perpendiculaire, est mis en mouvement par ce dernier. Chaque meule suit son propre chemin sur la plaque, tandis que les deux ensemble, embrassant toute la surface du support, décrivent

---

([1]) A la manufacture royale de porcelaine de Berlin, pour l'écrasement du feldspath, les meules et le fond de la cuve sont en granite.

deux cercles concentriques. Des palettes convenablement fixées sur l'arbre vertical suivent les meules ; elles sont disposées de telle manière qu'elles déplacent constamment la masse à moudre vers la voie que suivent les meules ; une pelle qui y est attachée, appuie contre le pourtour de la cuve, pour détacher les particules d'argile qui pourraient y rester adhérentes. L'axe commun aux deux meules passe par un trou allongé pratiqué dans l'arbre vertical ; les meules peuvent donc se soulever quand elles rencontrent sur leur chemin des corps durs, qui opposent de la résistance à la pression due à leur poids.

Fig. 14

Dans un pareil système, le maximum de l'effet utile, qui est relié a un certain nombre de tours, ni trop rapides ni trop lents, est très diminué par cette circonstance que la poudre produite par l'écrasement entourant les morceaux, ceux-ci sont protégés contre un écrasement subséquent.

Aussi pour éviter cet inconvénient a-t-on cherché des modifications et des dispositions différentes (¹).

(¹) Merkelbach entre autres réalise ceci au moyen d'un système de tamis ajouté et combiné avec un appareil d'écrasement préparatoire (*Dinglers Journal*, 177, p. 346). Dans les moulins anglais on a pour cela percé le fond de trous par lesquels le fin s'en va d'une manière continue.

Les moulins à roues verticales de construction récente de la Maschinenbau-Actiengesellschaft Humbolt de Kalk près de Deutz, ont la disposition suivante (fig. 14). Ils sont indépendants, la matière à pulvériser est fournie par une trémie située dans le milieu des deux meules, et un élévateur peut y amener et y décharger la matière. Le même élévateur ramène sous les meules les morceaux trop gros qu'un trommel tamiseur situé sous le moulin lui fournit. La matière à moudre est constamment amenée du centre vers la périphérie de la cuvette par un système particulier de bras et de rateaux ; en certains points, elle va au trommel et les gros passent de celui-ci à l'élévateur, de sorte qu'il se produit une marche continue. Ces moulins fournissent presque le double des anciens systèmes et sont établis en 6 grandeurs.

Dans les broyeurs qui sont appliqués à Sèvres et dans d'autres fabriques de produits argileux, le fond se meut horizontalement autour de son axe sous les meules, et les fait tourner sur lui, sans qu'elles aient un mouvement de déplacement en avant ; c'est l'opposé de la construction précédente dans laquelle le fond était fixe et les roues mobiles. A (fig. 15) est l'arbre de fer vertical qui repose à la partie inférieure dans la crapaudine C et est relié à sa partie supérieure par une roue dentée D et une transmission avec une machine à vapeur ou une roue hydraulique. La cuve M est fixée d'une manière invariable à sa partie inférieure. Les deux meules R reposent de tout leur poids sur le fond et elles sont mises en mouvement par le frottement que leur communique la rotation de la cuve. Les deux meules sont réunies par un fort arbre commun en fer B sur lequel elles sont libres, de manière qu'elles peuvent tourner autour de lui, et celui-ci est tenu à ses extrémités par des paliers T qui peuvent se mouvoir de haut en bas et de bas en haut. L'axe B a dans son milieu un épanouissement annulaire B', par lequel l'arbre A passe librement. Les paliers T sont représentés dans la figure 15 (T), vus de côté, pour montrer exactement leur mécanisme. Ils se composent des paliers annulaires proprement dits, formés de deux parties boulonnées ensemble ; à leur partie inférieure est fixée une longue tige q, qui glisse librement dans les deux anneaux OO. Cette mobilité des paliers est absolument commandée, pour que les meules puissent jouer librement, comme on l'a dit plus haut ; elles peuvent ainsi se soulever quand elles rencontrent une grosse pierre que leur poids propre n'est pas en état d'écraser. Si elles ne pouvaient pas effectuer ce mouvement vers le haut, la résistance dans ce cas serait tellement grande que tout le mécanisme serait disloqué, ou il pourrait en résulter de grands dommages.

Le fond et les roues de ce moulin sont en fonte ou en grès dur. On choisit toujours la première quand il s'agit de broyer des substances, qui doivent être employées en masses pas absolument incolores. Pour le broyage du feldspath et des autres éléments des masses de porcelaine blanches, on ne peut employer que le grès,

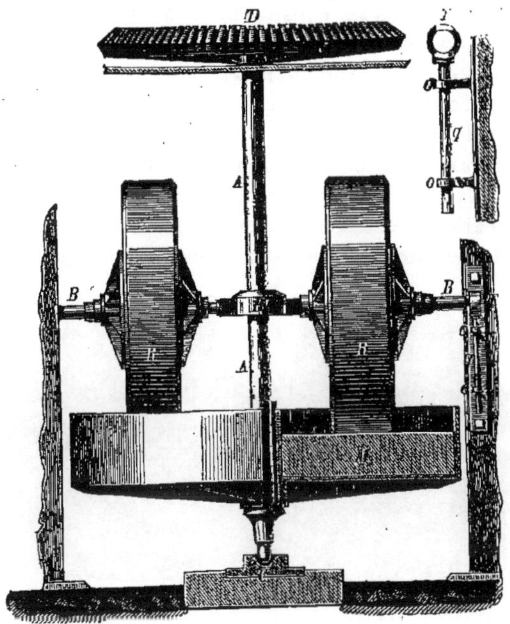

Fig. 15

parce que le fer s'userait et pourrait communiquer à la masse une teinte jaune. Le fond est alors entouré extérieurement d'un fort anneau en fer et repose sur un fort fond à nervures en fer, qui se réunit en son milieu à un anneau par lequel passe l'axe. Les meules en pierre sont également fixées sur des roues en fer, au travers desquelles passe l'axe B.

Les pierres sont écrasées pour la plupart après une ou deux révolutions du moulin. On jette la poudre sur un tamis auquel il est très avantageux de donner une forme conique et qui est disposé de telle sorte que les parties grosses, qui ne tombent pas au travers des mailles du tamis, retournent de nouveau d'elles-mêmes au moulin où elles sont exposées encore une fois à l'action de compression et de frottement des meules.

D'après Teirich, les nouveaux moulins, à roues verticales en position invariable et à cuvette mobile, présentent l'avantage d'un mouvement plus facile et d'une plus grande commodité de manipulation. La force nécessaire est moindre, la force centrifuge des meules tournantes disparaît et l'appareil se prête à une plus grande vitesse que dans les constructions anciennes ; par suite le rendement des nouveaux moulins est beaucoup plus grand. (*Dingler's Journal*, 214, 17). D'après le *Töpfer-Zeitung*, les moulins à cuvette fixe se conservent mieux que ceux à cuvette mobile (*Töpfer-u-Ziegler-Ztg.* 1883, n° 10).

Moulin à meules verticales de Jannot. — Pour l'enlèvement immédiat de la matière déjà écrasée de même que pour l'amenée continue de la matière à écraser sous les meules, on dispose d'une manière spéciale des raclettes, qui sont reliées à un appareil conique

Fig. 16

central à secousses. Tandis qu'un des systèmes de râcloirs, comme dans l'ancienne construction allemande, renvoie sous les meules, le second se compose d'un transporteur massif à huit godets seulement, qui gratte d'une manière continue la partie broyée pendant la révolution et l'envoie sur un tamis à secousses situé au centre du moulin. Le gros retombe directement sous les meules, tandis que le fin est envoyé plus loin par un appareil ordinaire de transport situé sous la cuvette du moulin. Nous devons citer aussi ici le moulin mélangeur triple à mouture très fine de Bühler à Uzwyl (Suisse) et le mélangeur par voie humide à quatre meules « Her-

cule » des Jakobiwerk de Meissen, à cause de son rendement extraordinaire (fig. 16).

Les laminoirs, qui sont aussi des machines à homogénéiser et
qui donnent un grain plus net sans farine, particulièrement pour les
masses très dures ([1]), se composent en somme d'une ou deux paires
de cylindres en fonte dure, situés dans le même plan à côté ou au-
dessus de l'autre, dont l'un est mis en mouvement par une poulie et
qui le communique au moyen de roues dentées au second cylindre
et à la seconde paire de cylindres. Pour le rendement, qui est plus
grand pour les laminoirs que pour les moulins verticaux, ce qui
est important, comme on le voit facilement, c'est la vitesse de rotation et le diamètre des laminoirs ; car plus ce dernier est petit,
plus restreint est l'espace que l'argile peut remplir entre les deux
cylindres et par suite plus mal aussi les cylindres attirent-ils l'argile, de telle sorte que les gros morceaux d'argile, surtout s'ils sont
glissants, ne sont souvent saisis par les cylindres que quand on les
pousse entre eux au moyen de perches. Les petits laminoirs supposent donc que l'argile leur est fournie en petits morceaux, ou
que les plus gros ont été cassés. Ceci n'est pas toujours le cas et
entraîne des dépenses ; d'après cela on ne devrait jamais employer
de cylindres ayant un diamètre inférieure à 45 centimètres ; et il
vaut mieux se tenir au-dessus.

Pour ce qui est de la vitesse des rouleaux qui peuvent être unis,
rayés, cannelés ou munis de pointes, elle doit être grande autant que
possible, mais pas la même pour les deux, parce que, pour un même
nombre de tours, les cylindres écrasent bien l'argile, mais ne la déchirent pas, tandis que ces deux effets se produisent quand leurs
vitesses sont inégales. Il y a cette circonstance, dont on tient trop peu
compte mais qu'on ne peut cependant méconnaître, que pour des
vitesses inégales, la force nécessaire est notablement plus grande, et
que pour des cylindres tournant rapidement, il se produit une usure
rapide, en sorte que c'est la question de rendement qui est décisive.
Une disposition remarquable pour produire des vitessses différentes
pour un même nombre de tours des cylindres a été imaginée par
Louis Jäger de Burtscheid-Aachen dans son laminoir construit
d'après un principe américain ; il donne à ses cylindres la forme
conique ([2]) et oppose le plus grand diamètre de l'un d'eux au plus
petit de l'autre. Comme en outre ces laminoirs sont cannelés, on

[1] Une matière qui « colle », ne peut pas être travaillée avec les laminoirs.
[2] Pour l'enlèvement de pierres les laminoirs coniques ne se sont pas conservées.

obtient en même temps une grande surface de laminage. Mais même
pour les laminoirs de plus grand diamètre et de plus grand écartement, quand il faut préparer des morceaux d'argiles gros en même
temps que glissants, il est nécessaire d'avoir un dispositif, qui
réduise ces morceaux en d'autres plus petits, de telle sorte que ces
derniers soient saisis par les rouleaux sans qu'on ait rien à y faire.
De cette manière, on dispense les laminoirs d'un travail auquel ils
sont peu propres ; mais, quand l'argile est déjà en petits morceaux,
les rouleaux peuvent être disposés plus près, de manière qu'ils fournissent non seulement une matière finement laminée, mais encore
une grande quantité. Pour la mise en petits morceaux de l'argile
qui alimente les laminoirs, L. Rharmdo (*Tonind. Ztg.* 1877, n° 6) a
recommandé une machine, qui mérite l'attention, parce qu'elle a
donné de bons résultats pour matière modérément dure. Elle se

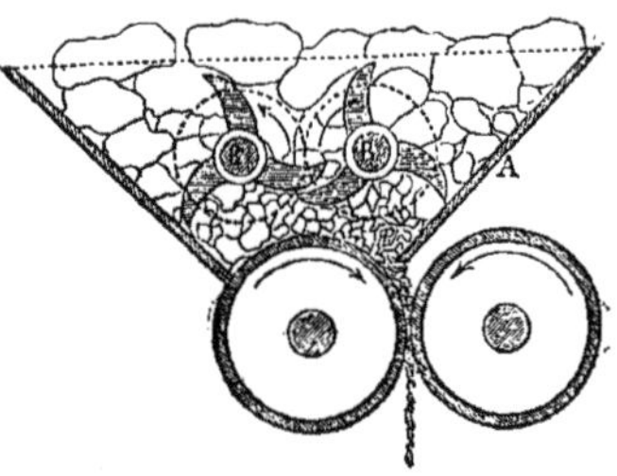

Fig. 17

compose (fig. 17) d'une trémie forte
en fonte A, dans laquelle deux
roues à couteaux B tournent en
sens contraire. Sur chaque roue se
trouve un certain nombre de ces
couteaux en fer forgé de forme
spéciale, représentés dans la figure
ci-jointe, et calculés de manière
que les gros morceaux d'argile
soient écrasés entre les couteaux et
la paroie inclinée de la trémie. Il faut faire particulièrement attention à ce mode d'action. Si l'on voulait faire travailler les couteaux,
non pas du milieu vers l'extérieur, ainsi que cela a lieu effectivement, mais en convergeant vers le milieu, l'action serait bien moins
complète. Ce qui est encore important, c'est la disposition des couteaux qui sont placés de telle sorte que ceux d'une roue passent
dans les vides de l'autre roue. Les morceaux gros ou petits, qui n'ont
pas été saisis par un premier passage, sont ramenés en partie vers le
haut par les couteaux et réduits en fragments à leur second passage.

Enfin signalons encore que l'axe moyen de la trémie de remplissage doit se trouver perpendiculairement au-dessus de l'axe d'une
des roues, comme le montre le dessin (¹).

Machines à concasser. — Concasseur de pierres. Celui-ci, appelé
concasseur à mâchoire, produit un écrasement de la pierre entre

(¹) *Tonewarenindustrie Zeitung*, 1877, n° 313. Voir de plus SCHMELZER, *Töpfer-Ztg.*
1882, p. 222.

une mâchoire oscillante fondue en coquille et une mâchoire fixe. Cette machine s'emploie avec avantage pour réduire des matières dures, comme du grès et notamment de la chamotte, en petits morceaux descendant jusqu'à une certaine grosseur (60 millimètres).

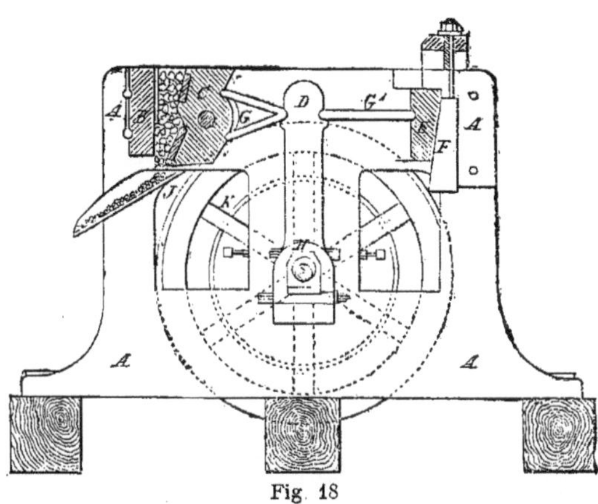

Fig. 18

Elle ne peut pas donner de grains fins ni de farine, mais elle unit plusieurs avantages avec une très grande faculté de rendement. Les constructions de ces appareils diffèrent les unes des autres, suivant que le concasseur a une ou deux mâchoires mobiles, une mâchoire à simple ou double effet, suivant qu'il comprime ou écrase en même temps, etc. Les plaques des mâchoires fixes et mobiles qui éprouvent une forte usure, peuvent être changées.

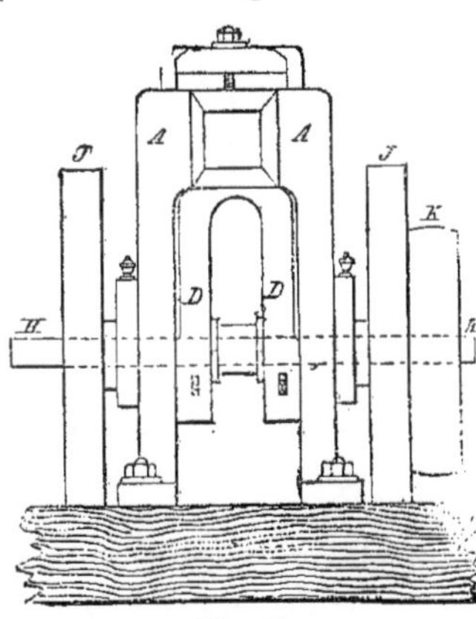

Fig. 19

Nous citerons en particulier d'après le *Dinglers Journal*, 194, p. 197, le concasseur de Marsden, (fig. 18 et 19); il se compose d'un bâti A à une extrémité duquel est disposée la mâchoire fixe B de fonte fondue en coquille; l'autre mâchoire mobile C repose sur un arbre, dont les extrémités portent sur des paliers mobiles pour pouvoir changer suivant les besoins l'écartement des deux machoires.

La mâchoire mobile est revêtue de plaques d'acier, de la manière qui est indiquée dans la coupe de la figure 19 ; son mouvement se produit au moyen du levier coudé GG et de la tige D fixée à l'excentrique de l'arbre H. Des deux côtés sont les volants JJ et la poulie sur laquelle repose la transmission.

L'action du levier coudé ne consiste pas seulement dans l'approchement et l'éloignement de la mâchoire mobile C vers la mâchoire fixe B, mais il produit encore un mouvement d'oscillation particulier, qui amène la matière entre les mâchoires et l'écrase progressivement.

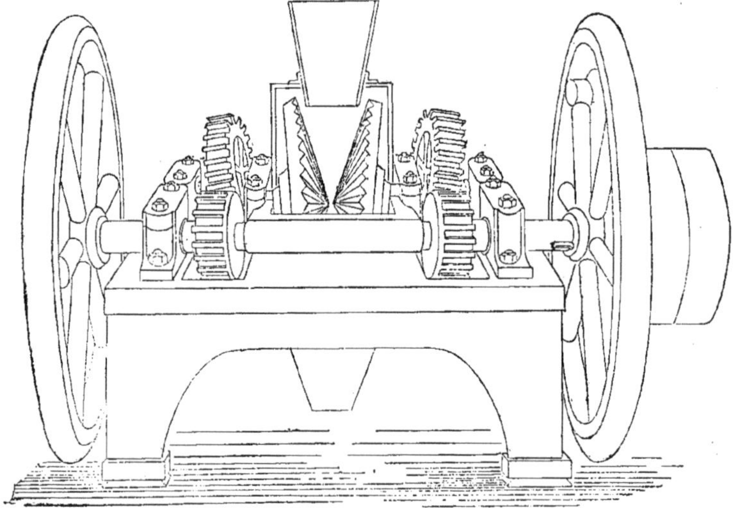

Fig. 20

Nous devons encore mentionner ici le concasseur de Camroux, qui travaille d'une autre manière (*Dingler's Journ.* 198, p. 196). Comme avantages de cette machine qui est représentée en perspective dans la figure 20, on réclame : le travail continu, la facilité de transport et enfin la simplicité de construction, qui fait que la machine ne se dérange pas facilement. Elle est principalement en usage dans l'industrie chimique, pour écraser le bisulfate, etc.

Les disques concasseurs, unis ou entaillés, peuvent (comme on le voit sur la figure) recevoir des vitesses de rotation égales ou inégales. Le changement des disques se fait si facilement que l'ouvrier le plus ordinaire apprend à se servir de la machine dans un temps très court.

Dans la pratique on préfère les concasseurs à action directe à ceux à action indirecte, parce que les premiers exigent moins de réparations ([1]).

Moulins à boulets ou trommels à boulets. — Dans le moulin à boulets, des sphères de fer qui tombent et se déplacent en avant, produisent une fragmentation et un écrasement comparable à celui d'un pilon dans un mortier. Ils permettent une pulvérisation très complète, bien que pas exempte d'impuretés provenant du fer, mais ils font peu de poussière dans une grosse production. D'après des renseignements très concordants, les moulins à boulets se sont pour la plupart bien comportés dans les fabriques de briques (voir *Notizbl.* 1892, p. 15 et 17). Comme inconvénient, on doit signaler qu'ils exigent beaucoup de dépense de force, parce que le gros poids des boulets doit être mis constamment en mouvement. La machine se prête surtout à l'écrasement de matières sèches ([2]). Une machine de ce genre, provenant des usines Gruson, se compose d'un trommel tournant, dans lequel en outre de la matière à pulvériser se trouve un certain nombre de boulets de fonte dure ou d'acier de diamètres différents. Suivant la nature de la matière à moudre, on peut employer au lieu de sphères de fonte, des boulets de laiton, de porcelaine ou de quartz ([3]). Les boulets lancés dans un sens et dans l'autre par la rotation écrasent la matière qui leur est soumise et, qui dans les moulins de construction ancienne, est retirée de temps en temps du trommel par une ouverture qu'on peut fermer, dès qu'elle a atteint le degré de finesse désiré.

L'introduction de la matière s'effectue par les ouvertures qu'on vient d'indiquer, et dans ces derniers temps, au moyen d'une trémie latérale ou d'une vis d'Archimède transporteuse.

Les usines Gruson construisent en outre des moulins à boulets à décharge continue. D. R. P., n° 795. Cette décharge continue de

---

([1]) Voir de plus MICHAELIS, p. 157-163, appareils à écraser, concasser, etc. avec dessins.

([2]) Beaucoup d'argiles grasses, bien que complètement sèches, ne peuvent pas se travailler avec les moulins à boulets.

([3]) Le même principe, mais combiné, est employé à la manufacture royale de porcelaine de Berlin pour écraser le feldspath ; cette opération se fait dans un trommel tournant, qui est garni intérieurement de plaques de porcelaine et dans lequel se trouvent en même temps des pierres siliceuses rondes comme appareils d'écrasement (*Töpf. Ztg.*, 1874, n° 11).

la matière réduite en poudre, jointe à l'amenée continue de celle qui doit être écrasée, a donné aux moulins à boulets un rendement bien plus considérable.

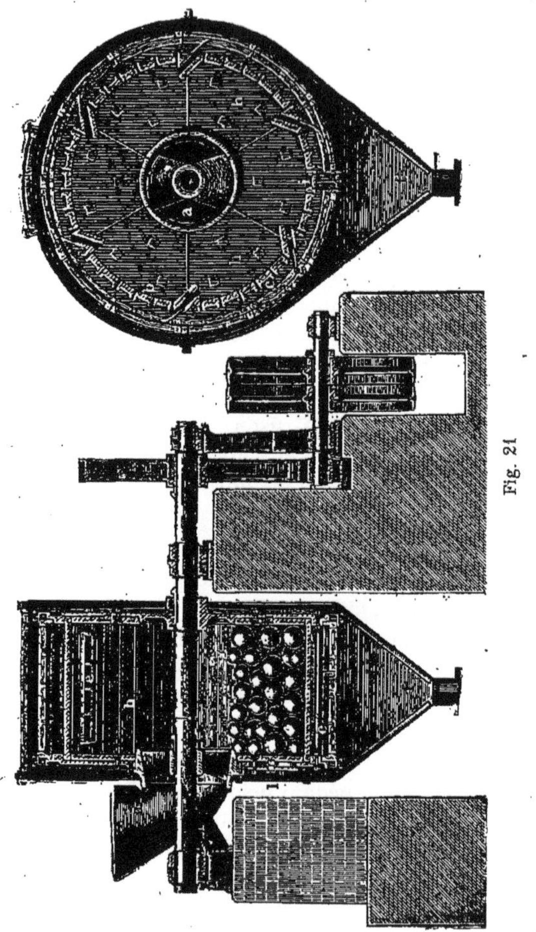

La matière brute est fournie aux moulins en morceaux ayant jusqu'au double de la grosseur du poing par la trémie d'alimentation a (fig. 21) et arrive au travers de la paroi du trommel jusque sur les boulets qui se trouvent dans son intérieur. Ceux-ci brisent et pulvérisent la matière par suite de la rotation du moulin jusqu'à ce qu'elle tombe par les intervalles du revêtement du trommel, composé des barreaux de grille B, et arrive sur un système de tôles tamiseuses c. Ces dernières enveloppent concentriquement la grille cylindrique et ont pour objet de séparer les gros grains et de les ramener à nouveau dans le trommel, par des fentes E ménagées à travers les barreaux de la grille, pour qu'ils subissent une nouvelle mouture. La farine exempte de poussière, tamisée par les toiles métalliques, tombe dans la trémie évacuatrice F de l'enveloppe en tôle qui enveloppe tout le moulin d'une manière étanche à la poussière, tandis que le gros revient à nouveau dans le moulin par les échancrures latérales G, dans les tôles à poussière C et par les fentes E. L'intérieur du moulin est accessible par le trou d'homme *l* de l'enveloppe de tôle et par celui correspondant *m* du trommel. La trémie d'évacuation F se termine par un porte-sac et est munie d'un disque de fermeture, de telle sorte que le produit de la mouture peut être reçu dans des sacs sans aucun poussiérage.

Le rendement des moulins à boulets à alimentation continue est très variable, suivant la dureté de la matière à pulvériser.

En employant un tamis de 20 mailles par pouce anglais, une machine de moyenne grandeur peut moudre par heure :

Quartzite. 900 kg.
Chamotte . . . . 1.350 »

Et avec un tamis de 40 mailles au pouce anglais

Schiste argileux. . . . . 825 kg.
Quartz . . . . 400 »

Suivant leur grandeur, ces moulins exigent une force de 2 1/2 à 11 chevaux ([1]).

Pour ce qui regarde les moulins à boulets de Hanctin et Sachsenberg, je renvoie à Olschewsky (*Katechismus der Ziegelfabrikation*, p. 89 et 90).

Pour terminer, on peut encore indiquer un moulin horizontal à boulets qui se rapproche de très près de l'idéal d'un appareil à pulvériser. Voir sa description et ses dessins dans la *Notizbl. Forts.* 1894, p. 28 ([2]).

([1]) Les données qui précèdent sont empruntées aux communications de l'usine Gruser de Magdeburg-Buckau. Ce grand établissement fournit des machines à écraser de toutes sortes, qui se distinguent particulièrement par de la fonte incomparable et un mode de construction solide.

([2]) Voir de plus le mémoire de PFEIFFER (*Töpfer Ztg.*, 1895, n° 12).

Moulin à broyer. — On peut encore citer rapidement ici un moulin, qui ressemble par son principe aux moulins à café. Les parties destinées à moudre se composent d'une cloche cannelée intérieurement et d'un cône également cannelé extérieurement, qui tourne à son intérieur. Plus ce dernier descend dans la cloche, et plus fin est le produit. Le cône et la cloche sont en fonte dure. Ce moulin ne peut servir que pour des matières peu dures, parce que pour celles qui sont dures il est impossible d'éviter une usure extraordinaire. Il faut indiquer le moulin Griffin, qui est connu comme machine à écraser les matières dures et qui sert pour la mouture des briques cuites à l'état de chamotte. Son emploi principal est la mouture à l'état de finesse uniforme du ciment et ici sa production est d'environ 2500 kilogrammes par heure en employant une force de 25 chevaux.

On peut se le procurer par A. V. Young, Berlin, W. Postdamer Platz.

Désintégrateur ou moulin centrifuge. — Le mode d'action de cette machine repose sur la force centrifuge. Tandis que, dans tous les autres dispositifs de moulins, la substance à écraser est exposée

Fig. 22

à l'action de frottement et de compression de deux surfaces, dans le désintégrateur elle est en suspension dans l'air et chaque particule de la substance à moudre n'est à chaque instant en contact qu'avec une seule surface. L'effet mécanique entre deux milieux, en règle générale solides, n'existe plus ici et il est remplacé par le choc que produit le rebondissement subit d'un corps en mouvement très rapide. L'écrasement dans cette machine se produit par l'action du jet et peut se comparer, d'après Kick, à l'action d'un corps qu'on lance contre une paroi solide ou qui tombe d'une certaine hauteur sur une enclume.

Pour ce qui regarde le dessin d'un désintégrateur et les explications qui s'y rattachent, je renvois au *Töpf. und Ziegel Ztg.* 1889, n° 40. Voir aussi (fig. 22) la représentation d'un désintégrateur construit par Th. Groke de Merseburg.

On emploie aussi la force centrifuge pour pulvériser les matières dures dans le pulvérisateur de Vapart, qui utilise la force d'une manière méthodique et rationnelle dans les conditions les plus favorables. L'appareil se compose de trois plateaux horizontaux, fixés sur un arbre vertical, qui portent des baguettes dirigées radialement. La matière tombe de plateau en plateau où elle subit chaque fois un nouvel écrasement.

Le moulin centrifuge de Vapart, complètement fermé et ne donnant pas de poussière (D.R.P. 364), tel que le construit Mehler d'Aachen, travaille d'une manière très satisfaisante dans diverses fabriques de produits réfractaires. Comme conditions dans ces cas, il faut que la matière qui l'alimente soit sèche et que les systèmes de tamisage qui s'y rattachent, les tôles percées, qui remplacent les toiles ordinaires, ainsi que toute la machine, soient maniés en connaissance de cause. La machine exige environ 12 chevaux et écrase en 10 heures environ 30 000 kilogrammes (voir *Tonind. Ztg.* 1883, n° 22). Pour la manière de traiter les argiles ayant encore l'humidité de carrière, on trouvera des données dans les Verhandlungen der General-Vers. des Vereins deutscher Fabriken, 1895. D'après les recherches de Reinh. Marth, il paraît résulter de l'expérience qu'un moulin centrifuge à grille annulaire breveté permet de travailler d'une manière satisfaisante de l'argile contenant jusqu'à 16 pour cent d'humidité (*Leitm. Central. Anz.* 1895, n° 23).

Cyclone. — C'est sur un principe semblable à celui du désintégrateur que repose le moulin cyclone, qui a attiré l'attention à l'exposition universelle de Paris, 1889 ; il vient d'Amérique et il y est employé avec avantage depuis des années. Il se compose essentiellement de deux ailes hélicoïdales, qui sont fixées aux extrémités de deux arbres légèrement inclinés l'un sur l'autre. On leur imprime un mouvement de rotation extrêmement rapide et en sens inverse, de telle sorte que les ailes fassent de 1 000 à 3 000 tours par minute.

Elles sont renfermées dans deux chambres en fonte, ayant à peu près la forme de deux cônes obtus, qui se rejoignent par leurs bases. Au-dessus, cette chambre porte une chambre en tôle sur laquelle sont fixées les trémies qui apportent la mouture. L'amenée de la mouture se fait d'elle même au moyen de deux rouleaux cannelés, disposés dans les trémies et mis en mouvement par des engrenages. La chambre de mouture est munie d'entrées d'air, auxquelles sont fixés des clapets. La rotation des deux ailes détermine dans la chambre de mouture un mouvement tourbillonnaire d'air extrêmement intense (cyclone) qui a donné son nom à l'appareil. Les deux parties de la mouture introduites séparément prennent part à ce mouvement tourbillonnaire et, raison du mouvement inverse qu'elles sont contraintes de prendre, elles se frappent et se frottent, bref elles se meulent et cela à un degré de finesse élevé, jusqu'à l'impalpabilité. Un ventilateur réglable conduit les substances moulues dans des chambres de dépôt, qui ont différentes grandeurs suivant la substance et sa finesse. Elles s'y déposent suivant la mesure de leur finesse et de leur densité, de telle sorte qu'il n'y a pas besoin de tamisage ou de blutage. La matière fournie au moulin doit être préalablement réduite à l'état fin, de manière à pouvoir être entraînée par le tourbillon d'air ; quand elle est compacte, comme le quartz, par exemple, elle doit être réduite à la grosseur d'une noix. Par une adaptation convenable de la vitesse des ailes hélicoïdales, de la succion du ventilateur et de la grosseur de la matière envoyée dans la chambre du moulin, on peut obtenir avec exactitude telle finesse qu'on désire. On moud entre autres de cette manière des scories de fer, du ciment, de l'argile, des minéraux, etc.

La caractéristique de ce système de moulin est de permettre la mouture de substances, qui contiennent jusqu'à 20 pour cent d'eau, ce qui n'est possible par aucun autre système. Le mouvement intense de l'air enlève l'eau à la matière et celle-ci sèche rapidement.

D'après les expériences faites à l'exposition, on pouvait moudre par heure 1 000 kilogrammes de phosphorite, connue pour sa dureté, à la finesse du tamis de 120 mailles. On a moulu 1 400 kilogrammes de ciment par heure à la même finesse et il ne restait sur le tamis que 6 pour cent de refus. Les dimensions les plus importantes, la force nécessaire, le rendement et le prix des machines sont résumés dans le tableau suivant :

	Appareil n° 1	Appareil n° 2	Appareil n° 3
Diamètre des ailes . . .	0,305 m.	0,610 m.	0,900 m.
Force nécesssaire . . .	8 à 15 chev.	20 à 35 chev.	35 à 50 chev.
Rendement à l'heure en. poussière impalpable .	200 à 800 kg.	400 à 2 500 kg	1 000 à 4 000 kg.
Prix (ancien)	5 000 frs.	7 500 frs.	10 000 frs.

L'usure de cette machine doit être très faible, et c'est une assertion qui au premier abord paraît surprenante, notamment au point de vue des ailes. Mais si l'on songe que celles-ci ne viennent pour ainsi dire pas en contact avec la mouture, que celle-ci par suite du tourbillon de vent est toujours comprimée vers le milieu et que ses parties s'y écrasent d'elles-mêmes sans le secours de parties métalliques, l'assertion ne paraît pas invraisemblable. La machine demande peu de place, n'exige qu'un seul homme pour son service, elle ne fait pas de poussière, et par suite ne produit pas de perte de matière et elle moud les corps les plus durs comme les plus tendres. Le tamisage et le blutage y sont superflus, parce que le triage est réglé par le ventilateur de l'appel d'air.

Moulins à blocs. — J'indique encore rapidement ici le moulin à blocs, qui est caractéristique pour l'industrie céramique et qui est employé et très répandu depuis assez longtemps pour la mouture du quartz, de la pierre réfractaire, du grès et du feldspath; il se compose d'une pierre de fond par l'œil de laquelle passe un arbre; celui-ci porte à sa partie supérieure trois forts bras horizontaux, auxquels sont fixés des bras verticaux, qui poussent devant eux un certain nombre de blocs en pierre pesants (¹) et les déplacent suivant un cercle. Ces derniers agissent comme meules et leur mode de mouvement est bien plus convenable que le trainage des blocs de pierre au moyen de chaines, qui distingue les moulins à trainement des moulins à blocs. Les chaines ont de plus l'inconvénient que des particules de fer enlevées par frottement viennent dans la mouture (²). Le moulin à blocs peut-être employé avantageusement avec

(¹) On prend pour cela des pierres très tenaces comme, par exemple du basalte, du porphyre ou du granite, ainsi que des pierres très dures, comme les cornéennes et le quartz. Les pierres à trous de Champagne, Belgique ou des Carpathes, passent pour les meilleurs quartz pour les moulins à blocs.

(²) Voir, propositions pour mettre de côté les chaines et autres développements : Die Massemühle von heute (*Sprechsaal*, 1892, n° 1 à 3).

de grandes dimensions (on en fait qui ont jusqu'à 5 mètres de diamètre) et, quand il s'agit du mélange intime et très fin d'éléments
divers par la mouture à l'état humide, il fournit relativement beaucoup plus de matière que les petits moulins. Avec un moulin à
blocs, dont la pierre de fond a un diamètre de 2 mètres, on peut
moudre en 24 heures 240 kilogs de quartz, qui peut être mis avec
de l'eau sous forme de grosse poudre, comme la fournit le moulin
broyeur, ou de sable. (¹)

Le moulin à blocs présente de nombreux avantages, il est de
construction assez simple, notamment lorsque le mécanisme de
mouvement est en bois, ce qui fait que l'installation et les réparations présentent peu de difficultés. Il demande peu de surveillance
et ne souffre pas quand elle est négligée : s'il est disposé de telle
manière que, quand le moulin s'arrête, il ne se produise plus d'alimentation de matière, on peut l'abandonner à lui-même. Comme
contre-partie à ces avantages, il a un débit quantitatif faible. Une
partie est moulue trop fine, et c'est du travail perdu, et une partie
encore plus grosse est trainée tout autour. Pour éviter ces inconvénients, dans les fabriques anglaises de fayences, on a mis en pratique
en même temps la lévigation de la mouture. On a de plus introduit
le système de mouture sèche et le rendement pour le même moulin
est beaucoup plus élevé que dans la mouture humide, (voir plus
loin, séparateur à vent).

Tamisage. — Comme les matières écrasées, notamment par les
moulins verticaux et les laminoirs, présentent toujours des grains
de grosseurs différentes, le problème se pose en même temps de séparer le fin du très fin, ou de retirer les corps qui n'ont pas été pulvérisés du tout ou qui ne l'ont pas été assez. Les tamis (²) sont ou
bien des tamis plats, à la main, ou des tamis à jet plus ou moins
inclinés, semblables à ceux qui sont employés dans les fonderies

---

(¹) Pour plus de détails. avec dessins, voir KERL, *Tonwarenindustrie*, p. 157.

(²) On emploie pour les argiles des tamis à toiles de fer ou de laiton, qui ont 200
mailles au centimètre carré ; pour le quartz, d'autres ayant 3 à 4 fils au centimètre,
et pour la chamotte, 2 à 3 fils. Toutes les sortes de toiles métalliques, y compris les
plus fines ayant jusqu'à 20 vides au cent. courant, provenaient autrefois seulement
de chez John Staniar et Cᵒ de Manchester. Au lieu de toiles métalliques qui s'usent
relativement vite et dont le renouvellement revient très cher pour la grosse fabrication, on emploie aussi des tôles perforées. Ce genre de tamis avec inclinaison réglable
présenté l'avantage qu'avec les mêmes trous on peut à volonté obtenir un grain fin
ou gros, suivant qu'on les dispose plus ou moins verticalement. Relativement aux
irrégularités des tamis qu'on trouve dans le commerce, voir un article remarquable
dans le *Tonind Ztg.*, 1897, nᵒ 44.

pour le sable à mouler, sur lesquels l'ouvrier jette avec des pelles la matière écrasée et renvoie aux appareils à écraser ce qui tombe du dessus ; ou bien, au lieu de tamis fixes, on en a qui sont mis en

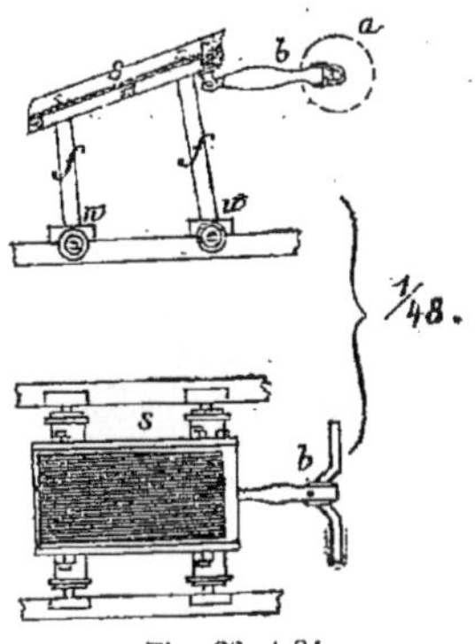
Fig. 23 et 24

mouvement en même temps que la machine à écraser, tamis à choc munis d'un appareil à choc, ou trommels tamiseurs tournants, cylindriques ou hexagonaux. Les tamis doivent aussi retenir les impuretés contenues dans le lait d'argile, paille, morceaux de bois, etc. Winhausen ([1]) recommande des tamis hydrauliques de dépôt pour la lévigation des argiles ; ils laissent passer l'argile et le sable, tandis que les pierres restent sur eux. Leur efficacité est douteuse. On a aussi cherché des tamiseuses centrifuges, dans lesquelles un système d'ailes tourne rapidement dans un cylindre tamiseur et lance le produit contre les toiles à mailles. Malgré leur extraordinaire capacité de rendement ,on ne les a pas employés à cause de leur usure importante et de leur forte poussière.

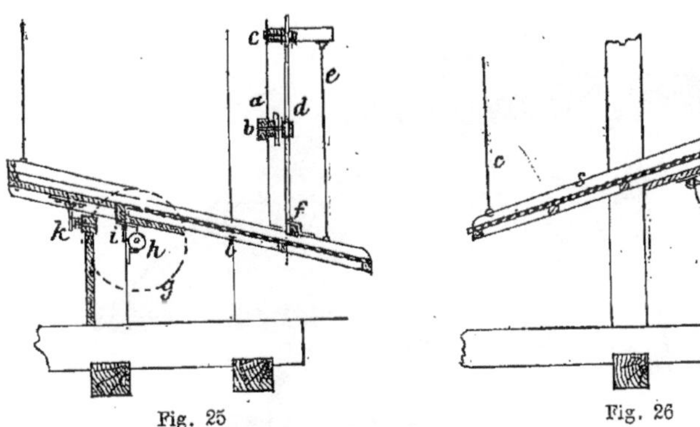
Fig. 25

Fig. 26

Par contre, il faut indiquer ici le tamiseur centrifuge à secousses de Kleiss, de Hambourg, dans lequel les inconvénients signalés doivent être évités par un changement de la distance de l'appareil projecteur intérieur au tamis cylindrique extérieur. La distance des deux est ici très grande (environ 120 millimètres). Il devient ainsi

([1]) *Notizbl* , 5, 81.

possible de produire ce qu'on appelle le pelletage réciproque pour amener la matière qu'on laisse tomber sur les batteurs, qui tournent rapidement. Au moyen de cette disposition on envoie la matière à tamiser perpendiculairement contre l'enveloppe dans un état très divisé; il en résulte que les toiles métalliques souffrent peu, tandis que le grand débit de la machine centrifuge n'est pas modifié (*Tonindustrie-Zeitung*, 1886, n° 49).

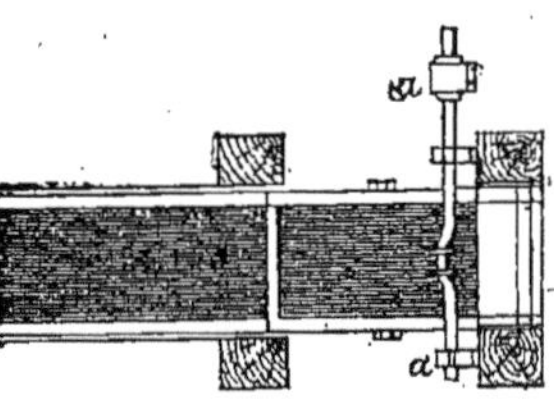

Fig. 27

. La disposition des tamis à secousses est représentée dans les figures 23 à 27.

J'indique encore ici une machine brevetée et construite par Amman de Memmingen, qui a pour but de séparer rapidement le sable des gros graviers. Elle est fixée sur un bati et se compose de trois tamis, disposés obliquement les uns audessus des autres, de largeur de mailles différentes et auxquels le mouvement de rotation d'une manivelle à la main imprime un mouvement de va et vient. La matière brute est déversée sur le premier tamis, on tourne et le classement en quatre grosseurs de grains s'effectue immédiatement (fig. 28) (*Töpfer-Zeitung* 1884, n° 23).

Fig. 28

Michaelis ([1]) a décrit un tamis cylindrique dans lequel les parties usées où tombe la matière, peuvent être changées facilement et rapidement. Son action est extraordinairement améliorée par un balancier mobile. ([2])

([1]) MICHAELIS, *les mortiers hydrauliques*, p. 168.
([2]) *Ibid.* p. 170.

Le crible à sable de Fournier ([1]) se compose d'un tamis incliné avec trois pieds mobiles, pour donner une inclinaison plus ou moins forte. Le tamis est secoué par une planchette à ressort, qui s'incline dès qu'on y jette la charge de sable, projette le sable sur le tamis et se relève quand il a glissé en avant; le ressort produit en même temps un mouvement oscillatoire du corps du tamis. Cette dernière disposition est plus nécessaire pour les substances argileuses, grasses et humides que pour le sable sec.

On a recommandé dans ces derniers temps le tamis oscillant automatique de Schlickeysen. La matière peut lui être fournie assez humide; parce que, par suite du mouvement oscillatoire du tamis, celui-ci ne peut pas se boucher. De plus ce tamis oscillatoire doit être construit très solidement et un ouvrier peut avec lui produire environ quatre fois autant qu'avec un tamis ordinaire (*Tonindustrie-Zeitung*, 188, n° 15).

Pour terminer j'indique encore une machine dont la grande faculté de rendement est renommée pour les fabriques de produits réfractaires. Elle se compose de trois tamis plans situés les uns au-dessus des autres et inclinés alternativement en sens contraire.

Système de mouture et de triage. — Dans les grandes fabriques de produits réfractaires, on trouve les installations de mouture et de tamisage réunies en un même système. La matière à écraser, quand elle est dure, arrive d'abord dans le moulin à casser, le concasseur, sous forme de morceaux de la grosseur du poing, au besoin cassés préalablement à la main; elle en sort sous forme de masse grossièrement pulvérisée, elle est reprise par un transporteur, ou déplacée horizontalement au moyen d'un ruban sans fin, jusque dans les laminoirs pour le gros ([2]), puis dans les laminoirs pour le fin (ces derniers étant disposés sous les premiers) et elle va enfin aux moulins à meules verticales; au moyen de tamis cylindriques ou à secousses installés après le laminoir à fin, ou le moulin vertical, la mouture est séparée uniformément, jusqu'à ce qu'on n'obtienne plus que du fin, ou, suivant la demande, un mélange de grains fins et gros. Pour ce qui est de l'usure, soit dit en passant, elle est la plus importante au concasseur, puis aux laminoirs, et elle est moin-

----

([1]) *Dinglers Journal*, 184, p. 483.

([2]) Pour ce système de laminoirs employé de préférence, son arrangement et ses dessins, voir Michaelis, *les mortiers hydrauliques*, p. 162.

dre aux bandages des meules verticales. Pour la fonte fondue en coquille, elle est très inégale, il se produit de grands creux, ce qui réduit beaucoup l'efficacité, et il faut lui préférer l'acier fondu, plus cher et aussi plus difficile à travailler.

APPENDICE

Des matières d'addition

a) **Chamotte. Matières** (*b*) **riches en silice** (*c*) **contenant du carbone** (*d*) **Bauxite** (*e*) **Magnésite et** (*f*) **Chromite.** — Les trois derniers minéraux ont été employés isolément dans ces derniers temps.

A l'exception de quelques kaolins bruts, d'un petit nombre d'argiles riches en sable, comme le sable liant ou la poussière d'argile à presser à l'état sec, l'argile ne s'emploie pas dans son état naturel, plastique, mais a besoin d'une addition. Les argiles grasses, très liantes, collent aux moules et ne s'en laissent retirer qu'avec difficulté. En séchant, elles se contractent par suite d'un retrait important. Si le séchage se fait inégalement, de manière que les parties qui ont séché plus vite se contractent plus fortement, il se produit des fentes, qui augmentent encore par l'action partielle de la chaleur. En conséquence, on mélange l'argile avec des matières antiplastiques, naturelles ou artificielles, ce qu'on appelle des matières amaigrissantes ou dégraissantes, qui diminuent la plasticité ou amaigrissent la masse grasse, ce qui facilite le moulage, diminue le retrait et les inconvénients qu'il entraine, ou même le fait disparaitre. Pour les substances dégraissantes, la question importante est de savoir combien on doit en ajouter aux diverses argiles et à diverse grosseur de grain. Ces matières agissent elles-mêmes comme moyen de division ([1]), elles permettent à l'eau de l'intérieur de sortir à l'extérieur et par là donnent un séchage et une cuisson plus facile et plus uniforme ; en un mot elles améliorent la manière dont les argiles se comportent mécaniquement et physiquement et en particulier leur faculté de supporter de brusques changements de température. Pour nous résumer en quelques mots, sous le nom de

([1]) On emploie aussi, comme on l'a dit, la chamotte et le sable dans une certaine mesure comme moyen de séchage, pour donner plus de consistance à une masse argileuse molle. Il faut ajouter de plus que l'argile cuite trouve un emploi important et apprécié comme plate-forme de chemin de fer et chargements de routes, notamment en Amérique (voir un article dans le *Tonind. Ztg.*, 1896, n° 30).

matières dégraissantes, pour lesquelles en général nous pouvons faire la distinction entre les substances poreuses et non poreuses, il faut entendre : les matières non plastiques, poudreuses, fines ou grosses, qui doivent être choisies en quantité et en qualité différentes, selon le degré de plasticité qu'on désire, suivant la constitution de la matière liante, suivant la température de cuisson nécessaire et le but spécial en vue. Le choix est donc très important, parce que la valeur du produit fabriqué dépend de la matière dégraissante appropriée.

L'industrie réfractaire se sert aussi, dans divers cas, de substances de remplacement ou d'amaigrissement pour obtenir par là une plus grande infusibilité de la masse et il y a ici comme condition que la substance argileuse améliorante soit aussi uniformément répartie que possible ou que l'homogénéisation soit complète.

a) **Chamotte**

La substance de remplacement la plus importante et la plus précieuse est la chamotte. Elle constitue une poudre à grain gros ou fin d'argile cuite ([1]), et par suite rendue plus résistante, plus compacte et en même temps plus invariable. Quand l'argile est cuite, elle perd son eau, diminue de volume et se contracte en une masse compacte, qui au refroidissement est plus dure et plus résistante.

La chamotte doit être poussée jusqu'à l'extrême limite du retrait, c'est à dire avoir atteint à un très haut degré son maximum de compacité et de résistance, avec cette limitation toutefois qu'elle n'ait pas complètement perdu la faculté de se lier avec l'argile fraiche, ou qu'elle possède un certain degré de porosité et une rugosité marquée de la surface de cassure. Ces conditions admises, le rôle que doit jouer la chamotte ne consiste pas seulement à diminuer dans une certaine mesure le retrait d'une masse argileuse et à empêcher les fentes, mais elle sert aussi comme squelette solide et, comme on l'a indiqué, comme moyen d'augmenter le degré pyrométrique. De plus en employant la même argile à l'état cru

---

([1]) Ce n'est qu'exceptionnellement qu'on emploie dans une certaine mesure, en place de chamotte, avec l'argile schisteuse une partie de l'argile brute non cuite et pas complètement écrasée, qui donne immédiatement et de la même manière la plus simple, notamment dans les masses employées en Angleterre (pressage dit à sec) un grenu suffisant.

comme à l'état cuit, on peut pousser très loin le dégraissage d'une argile réfractaire sans changer la composition chimique des objets fabriqués, et par suite aussi leur degré de réfractairité. La chamotte doit rendre aussi uniforme que possible le retrait d'une masse argileuse, qui se produit au séchage, et elle contribue à la consistance de la masse, parce qu'elle absorbe l'eau avec avidité et l'enlève à l'argile, ce qui facilite le séchage et diminue la crainte de la contraction et des fentes. De la chamotte ayant pris trop peu de retrait apporte avec elle, pour les objets qui en sont fabriqués, des inconvénients qui apparaissent plus tard au feu, et de la chamotte faiblement cuite a moins de résistance, est plus tendre et doit se regrossir par absorption d'eau.

On fabrique la chamotte ou bien directement en cuisant de l'argile réfractaire brute [1], ou bien on l'obtient comme déchets de produits réfractaires : cazettes, moufles, pots de verrerie, formes de convertisseurs Besemer, cassis de briques en chamotte, etc. ; ces masses ayant été porté au rouge, pourvu qu'elles ne soient pas vitrifiées ou fondues (surcuites) [2] ont dans tous les cas ceci pour elles qu'elles ont déjà éprouvé le retrait à un très haut degré. On emploie les tessons de cruches d'eau minérale brisées à l'état de mouture fine, mais cela ne peut se faire que quand on n'a pas de besoins pyrométriques très élevés. Si l'on veut se procurer un produit semblable et dans tous les cas plus pur par préparation directe, l'argile doit être cuite d'une manière continue, c'est-à-dire d'outre en outre à une température élevée uniforme.

Théoriquement la cuisson de la chamotte pour les besoins réfractaires présente ce double problème à résoudre : 1º le chauffage doit s'effectuer assez longtemps et être assez intense pour que l'argile se condense autant que possible, sans que cependant, ainsi qu'on l'a indiqué, elle ait absolument perdu la faculté de liaison et sans qu'il se produise une vitrification ou un boursouflement ; 2º l'argile doit être un élément indispensable et essentiellement approprié, ce qui est alors accompagné d'un accroissement de la réfractairité.

---

[1] Aux prix antérieurs des charbons, on estimait les frais de cuisson pour une argile grasse à 3 fr. 75 — 5 francs les 1 000 kilogrammes ; pour l'argile connue de Grünstadt, avec une perte à la cuisson de 25 $\%$, ils s'élèvent à environ 3 fr. 75.

[2] Comme cela va de soi, ces débris sont très différents entre eux. On ne peut obtenir une qualité uniforme que pour de grandes fournitures, et sur la base d'essais pyrométriques préalables d'échantillons moyens régulièrement pris.

L'argile cuite ([1]) est indifférente aux cendres de foyer fusibles, au verre fondu, etc. Par suite de la cuisson, l'argile devient poreuse et, comme l'ont fait voir les déterminations précédentes, elle gagne relativement en réfractairité, bien que d'une manière très minime. La solution aussi exacte que possible de ces deux problèmes, qui se contredisent dans une certaine mesure, conduit, pour une opération aussi simple que la cuisson de la chamotte, à une pratique particulière à suivre.

La matière la plus convenable pour la chamotte provient de la cassure des cazettes employées dans la fabrication de la porcelaine. Les températures élevées, qui prédominent dans cette industrie, exigent l'emploi de bonne matière seulement et l'emploi répété des cazettes donne une matière pour chamotte qui a presque complètement effectué son retrait. Si comme c'est souvent le cas, la cazette est mélangée avec des matières dégraissantes — comme les grains de quartz dans le kaolin brut — il ne se produit plus de dilatation accidentelle de la masse, et c'est une circonstance qui n'est pas à dédaigner. En Allemagne on a l'habitude de mélanger la matière des cazettes à porcelaine principalement avec un kaolin brut ; on emploie comme chamotte les fragments de cazettes proprement dites et on y ajoute une argile liante ; et l'argile de Waldstein (du bassin d'Eger) ainsi que celle de Salzmünd ont trouvé le plus grand emploi dans la Thuringe, la Saxe et la Bavière. La cazette à porcelaine, à cause de ses éléments en partie kaoliniques, est particulièrement propre à être employée pour les objets en chamotte, qui ne doivent pas être compacts, mais doivent avant tout résister à de brusques changements de température. — La constitution poreuse de la chamotte de cazettes a de plus cette caractéristique qu'elle attire fortement à elle l'argile de liaison et, quand elle est uniformément enveloppée par elle, elle donne une structure granuleuse plus intime que les chamottes argileuses cuites dur. — Le point faible de cette

[1] Il n'est pas rare de rencontrer dans la pratique l'opinion que des pierres réfractaires qui ont été plus longtemps soumises à la chaleur sont devenues plus difficilement fusibles ; on ne peut l'expliquer dans une certaine mesure que comme conséquence des points de vue signalés. La différence possible n'est dans aucun cas importante et n'a jamais une grande portée. Les fabricants de produits réfractaires prétendent aussi : que la chamotte préparée directement de morceaux d'argile brute naturelle se comporte comme plus résistante au feu que celle qui a été préalablement homogénéisée et où la texture naturelle a été dérangée et dont on a fait ensuite de la chamotte. Les expériences que j'ai faites à ce sujet n'ont pas donné de différences appréciables.

matière, par rapport à la chamotte argileuse, est dans sa constitution poreuse, dans sa moindre teneur en alumine, et dans les impuretés fréquentes des tessons et de l'émail des capsules, ainsi que des cendres de kaolin.

Par contre un avantage qui n'est pas à dédaigner réside, dans l'écrasement facile des cazettes à parois minces et dans le bon marché de leur prix. 10.000 kilogs de tessons de cazettes coutent habituellement en fabrique de 60 à 80 marks. La plupart des fragments de cazettes se placent à peu près sur le pied d'égalité avec l'argile normale à 30 pour cent ou entre les cônes 29 à 32 de Seger[1]. Si l'on n'a pas de cazettes à sa disposition, il faut faire la cuisson proprement dite de la chamotte. Le même cas se présente aussi quand il s'agit de fabriquer des produits qui doivent être compacts et tenaces et résister autant que possible aux actions des scories fondantes.

La cuisson de la chamotte s'effectue, ou bien dans un des fours quelconques pour produits réfractaires, ou bien l'on se sert avec plus d'avantage de fours construits spécialement pour cela, avant tout de four continus et surtout du four à cuve avec chauffage par générateur. Les figures données par Kerpely « Anlage und Einrichtung der Eisenhütten » Planche III, fig. 1, 2 et 3, indiquent la disposition d'un de ces fours employé dans le Haut Harz. On y dispose par couches des morceaux d'argile de 15 à 25 centimètres d'épaisseur, de manière qu'il reste assez de vides libres pour le passage de l'air et on y entretient le feu avec du charbon de terre pendant 3 fois 24 heures. On laisse refroidir pendant 24 heures en fermant la cheminée et ensuite on vide le four. On emploie de 30 à 35 quintaux de charbon de terre par fournée. Mendheim recommande pour la cuisson de la chamotte son four continu à gaz, tel qu'il est employé pour la cuisson de la magnésie en poudre à très haute température. Dans ce four, la consommation en coke de houille s'élève de 1400 à 1900 kilogs, pour 10.000 kilogs de chamotte, suivant la qualité du coke et la température atteinte.

Janitz de Lauban indique au contraire que dans un four (Brevet Diesner) on n'emploie que 1 000 à 1 100 kilogrammes de coke pour 10 000 kilogrammes de chamotte bien cuite (*Tonindustrie-Ztg.*, 1896, n° 21).

Il faut citer ici un four à cuire la chamotte que C. von Popp a fait breveter. Ce four a pour objet de cuire l'argile réfractaire d'une

<hr>

[1] Pour des données analytiques plus complètes, voir Bischof « *Gesammelte Analysen*, 1901, p. 148 à 150.

manière continue à une haute température, sans moulage préalable et en excluant toutes les impuretés. Les cendres volantes sont captées au moyen de plaques de chamotte qui sont disposées dans la chambre à cendres volantes, ce qui doit empêcher toute contamination des objets qu'on cuit. Le four en question se compose essentiellement : 1° d'une plate-forme pour sécher la fournée ; 2° de deux plans obliques pour le grillage et la cuisson de la fournée ; 3° du foyer du four à réverbère avec 4° la chambre de refroidissement située en-dessous ; 5° de la chambre à cendres volantes et 6° du feu. Un foyer simple de ce genre comprend dans toutes ses parties environ 7 000 kilogrammes d'argile réfractaire qui donnent en 24 heures environ 5 000 kilogr. de chamotte = 71 $^o/_o$.

Fig 29

Dans le foyer double, on ne réalise d'économie que par le soin, tandis que la dépense de chauffage reste la même. La chamotte, qui forme ici des morceaux anguleux, est presque généralement réduite par un concasseur (fig. 29) parce que le moulin à meules verticales donne trop de farine. Il y a, en liaison avec cette machine, divers tamis à secousses, qui trient la chamotte exactement en grosseurs individuelles de grains. Pour obtenir ce dernier résultat, on recommande le trieur de Klönne, à cause de son grand débit, quand la matière lui est envoyée d'une manière uniforme. De plus, pour la mouture très fine, on choisit notamment le moulin à boulets. Les idées sur l'application du moulin à boulets ([1]) pour la mouture fine de la chamotte sont très partagées ; les tamis s'engorgent facilement à cause du fort échauffement de la poudre et le mélange de particules ferrugineuses devrait être aussi plus grand.

Les différentes machines à pulvériser donnent, en dehors de la

([1]) Une machine à boulets, très efficace et très simple, pour l'écrasement de la chamotte est appliquée dans les briqueteries de Bunzlau ; Hotop l'a donnée avec dessins (*Töpp u-Z Ztg*, 1882, n° 14).

poudre fine, des grains tantôt plus anguleux, tantôt plus ronds, tantôt plus plats (en forme de lentilles) et, en règle générale, on ne va pas au-dessus de 7 millimètres comme maximum.

Dans la chamotte pulvérisée, il y a trois points à considérer eu égard à sa manière d'être, particulièrement au point de vue réfractaire : l'état physique des petits morceaux, leur forme et leur grosseur.

1° Pour la chamotte prête pour l'emploi, son poids spécifique a une grosse importance. Suivant qu'elle a été cuite compacte ou poreuse, elle a une valeur très inégale. Abstraction faite de son liant moindre, la chamotte pesante, compacte ou exempte de pores et non absorbante, parce qu'elle contient plus de parties matérielles sous un moindre volume, offre plus de résistance à la pointe de la flamme, aux cendres volantes et aux agents produisant des flux qu'une chamotte de poids moindre, lâche, riche en pores et plus spongieuse. Si la chamotte est cuite sans consistance, elle s'écrase de plus en plus à la pulvérisation, de sorte qu'elle ne permet pas un grain anguleux compact. On obtient aussi en bien plus grande quantité de la farine fine qui rend plus tendres les produits préparés avec cette chamotte et cause la fatale crevaison de beaucoup de produits réfractaires.

Si un pareil produit absorbe la scorie du foyer, particulièrement si elle est vitreuse, il est évidemment plus exposé à se crever que ce n'est le cas pour une masse pure exempte de verre, abstraction faite de ce que les transformations chimiques favorisent encore la crevaison. A côté du retrait, il se manifeste dans la masse une grande tension entre les particules. Il en résulte encore en particulier que la chamotte sans consistance est absorbante et conséquemment attire jusque dans son intérieur les scories des cendres quand elle est en contact avec elles et par suite se trouve nécessairement exposée à la destruction ([1]).

2° Pour ce qui regarde la forme des grains de la chamotte, il est à remarquer qu'il faut les préparer plutôt anguleux ou aplatis que ronds.

Comme, de tous les corps, la sphère est celui qui a la plus petite surface ; un mélange, composé de parties sphériques et d'argile, présente les interstices relativement les plus grands. Quand il s'agit donc de la surface la plus grande possible et des intervalles les

([1]) Voir, l'auteur, Conditions physiques importantes dans les argiles réfractaires modérément cuites (*Centralbl., f. Glasind*, v, 10 janvier 1886).

plus petits, une chamotte à formes anguleuses, irrégulières, est la matière d'addition la plus convenable, et elle paraît d'autant plus appropriée que sa masse diminue par rapport à sa surface et que celle-ci se rapproche de la forme de feuillets. De plus, comme on l'a dit, il faut préférer une chamotte rugueuse à une lisse.

3° La grosseur du grain se règle d'après le but qu'on veut atteindre par l'addition. Plus le grain est fin, ou plus la surface est grande par rapport au volume, plus on en emploie et plus le mélange devient uniforme. Le retrait croit avec la finesse. La masse se cuit donc plus solide et plus compacte, mais sa résistance à supporter les écarts de température est moindre et ce défaut s'augmente encore si l'argile de liaison a une tendance à éclater.

Le grain gros est donc à sa place, quand il s'agit d'avoir une plus grande résistance, notamment au chauffage brusque. Le mélange qui en provient n'a pas une forte cohésion, obéit dans une certaine mesure, de sorte qu'il ne se produit pas de grandes fentes ou qui traversent d'outre en outre. Le gros grain donne de plus une cuisson à fond plus rapide de la masse. La surface rugueuse qui en résulte, et qui présente au feu plus d'arêtes et d'angles, peut se corriger par un graissage avec de l'argile fine. Comme l'effet du grain gros ou fin se manifeste d'une manière différente, la grosseur du grain doit donc être réglée suivant le caractère qui est déterminatif pour un objet défini. Le choix convenable entre la chamotte fine et grosse, pour la mélanger avec des argiles grasses, a pour la fabrication une importance qu'il ne faut pas mésestimer. On peut de cette manière rendre la structure de l'objet fabriqué tantôt plus compacte, tantôt plus poreuse, sans changer sa composition chimique. On obtiendra une masse qui sera déjà compacte par un séchage à l'air, si la chamotte se compose de grains de toutes les grosseurs possibles ; car les grands pores, dans les environs de la chamotte grosse, sont fermés par l'intercalation des grains fins et sont ainsi réduits à un minimum. On doit donc mélanger à la grosse chamotte autant de fine qu'il en faut pour remplir les interstices. On détermine cette quantité d'une manière simple en prenant un volume déterminé de grosse chamotte, un hectolitre par exemple, et en y ajoutant de l'eau au moyen d'un vase gradué, jusqu'à ce que l'air ait été chassé de tous les vides et que l'eau se montre à la surface. La quantité d'eau nécessaire fournit la mesure des vides de la grosse chamotte. Les données qui indiquent quelle quantité de chamotte exige une argile pour pouvoir être employée par exemple pour la fabrication de pierres réfractaires, de tours, etc., se trouvent aux endroits correspondants dans cet ouvrage.

Le mélange de la chamotte avec l'argile se fait en général de la manière suivante : dans une caisse en bois ou en pierre, de 0^m,50 de profondeur, on dispose des couches minces les unes au-dessus des autres, on verse dessus une quantité déterminée d'eau de pluie ou de ruisseau et on abandonne le tout pendant un jour jusqu'à ce que l'eau ait pénétré partout. Finalement on mélange l'ensemble suivant une direction perpendiculaire aux couches et l'on porte le tout à la tailleuse pour l'homogénéiser. Si le mélange doit se faire suivant certains rapports de poids, on peut renvoyer au mélangeur automatique de Jochum indiqué plus haut.

CHAMOTTE EN OPPOSITION AU SABLE QUARTZEUX. — En général, pour les produits réfractaires, on doit préférer comme addition la chamotte aux autres matières d'une manière tout à fait essentielle, et, au point de vue physique, elle surpasse en première ligne le sable quartzeux, qui constitue une substance amaigrissante fréquemment employée. Cette matière, généralement connue sous forme de quartz réduit en grains de différentes grosseurs, que l'écrasement ait lieu par voie naturelle ou artificielle, a sa justification dans certains cas qu'on peut déterminer d'une manière précise et mérite l'attention dans des cas particuliers, et notamment de beaucoup au point de vue économique. En règle générale, elle est bien meilleur marché à conditionner et à préparer.

En comparant une argile qui a été mélangée d'une part avec de la chamotte fine et de l'autre avec du sable pur, et en chauffant les deux mélanges jusqu'à la température de fusion de l'acier, si le premier des deux se ramollit d'une manière plus importante, il faudra choisir pour l'argile en question l'addition de sable. Si au contraire le mélange avec le sable fond plutôt, il faudra décidément préférer l'addition de chamotte et désigner l'argile en question comme argile à chamotte. Les argiles éminemment réfractaires doivent être de préférence cuites comme chamotte et employées comme telles (¹), et une addition de sable va ici contre le but ; par

(¹) Il n'est pas rare qu'un produit en chamotte qui, pour une certaine température élevée, se ramollit plus tôt qu'un autre plus riche en silice, dépasse ce dernier à une température plus élevée (voir plus haut) ; tandis que le produit riche en alumine reste dans une certaine mesure constant et sans changement, les phénomènes de fusion se manifestent sans arrêt, quand la température croit jusqu'à ce qu'il se produise un coulage complet. Ces deux phénomènes, un certain ramollissement bien en dessous du point de fusion ainsi que la conservation sans changement, puis le passage brusque

contre, les argiles moyennes et en particulier celles qui sont pauvres en fondants, comme c'est incontestablement le cas pour les argiles réfractaires inférieures, devront avec avantage être mélangées avec du sable, pour empêcher leur scorification trop prématurée ou augmenter leur difficulté de fusion, bien que tout naturellement elles ne soient pas suffisantes pour des besoins particulièrement élevés. Quand les produits réfractaires sont soumis à une action purement chimique des agents qui viennent en contact avec eux, comme par exemple dans la préparation des vases à essais, des creusets pour les fusions en grand, etc., c'est avec raison que la première place appartient à la chamotte avant le sable. De la chamotte difficilement fusible, convenablement cuite et employée judicieusement avec une grosseur de grain appropriée, a, comme on l'a indiqué plus haut en détail, l'influence la plus heureuse sur la tenue mécanique et pyrométrique de la masse qu'on a préparée avec elle.

Pour ce qui est de l'action pyrométrique de la chamotte, on trouve qu'en l'augmentant par rapport à l'argile, il ne se produit aucune élévation absolue de l'infusibilité, si l'on fait abstraction de son indifférence, qu'on remarque à un très faible degré et qu'on a signalée plus haut, ou de sa tenue pyrométrique meilleure. Les grains isolés de chamotte, et surtout les gros, ne se conservent plus longtemps que d'une manière relative ([1]).

b) **Matières riches en silice**

La silice sous ses diverses formes (bien que sous forme d'aggrégat fin ([2]), elle se présente toujours à des températures suffisamment élevées, comme fondant ou scorificateur) joue souvent un rôle extrêmement important ([3]) dans des cas déterminés et pour des

de l'état solide à l'état de fusion fluide, doivent tout particulièrement être pris en considération par les fabricants de produits réfractaires suivant le but à atteindre et les conditions imposées. Nous trouvons quelque chose de semblable dans le soufre, qui passe immédiatement de la fusion à l'état volatil.

([1]) La fusibilité dépend encore en partie, bien qu'à un faible degré, de la constitution physique des éléments. La réfractairité croit avec la réduction de la surface de contact qui résulte de la plus grande grosseur de grain, et avec la diminution de l'action chimique qui en est la conséquence.

([2]) Au point de vue chimique et mécanique, le sable argileux est un bienfait pour les produits réfractaires.

([3]) Notamment le quartz, ce minéral si répandu et si facile à éclater en fragments conchoïdaux à arêtes vives, est le grand secret dont chaque fabricant de produits réfractaires cherche à se servir plus ou moins et ce n'est pas le moindre avantage de l'une ou l'autre usine que de l'employer sur une aussi grande échelle que possible, d'une manière appropriée et adroite, c'est-à-dire assez souvent bien dissimulée.

raisons particulières, comme on l'a déjà indiqué, principalement au point de vue économique et aussi au point de vue physique. La silice se trouve dans la nature à l'état cristallisé comme cristal de roche, améthyste, quartz, enfin comme quartz ordinaire compact dans les diverses espèces de grès, sables et quartzites, ainsi que sous sa modification comme tridymite ; on la rencontre sous forme cristallinique compacte, comme calcédoine, chrysoprase, cornéenne et silex et sous forme amorphe comme opale, hyalite, ménilite, silice incrustante et terre d'infusoires. Ces différentes espèces possèdent des propriétés chimiques et physiques différentes. On sait par exemple, d'après Lunge, que la silice amorphe, de poids spécifique de 2,2 à 2,3 [1], se dissout facilement et complètement dans une solution alcaline concentrée, tandis que ceci se produit très peu avec la silice cristallisée de poids spécifique 2,6. De plus l'acide fluorhydrique fumant agit énergiquement sur la silice amorphe, avec forte élévation de chaleur et dégagement de gaz, tandis que la silice cristallisée n'est dissoute par lui que lentement et tranquillement. La silice amorphe subit donc plus facilement et plus tôt l'influence des réactifs. La différence chimique, qui existe entre la silice amorphe et cristallisée, peut aussi se reconnaître en partie d'une manière semblable au point de vue de leur fusibilité, bien que pas aussi immédiatement [2].

Si l'on chauffe vigoureusement les différentes espèces de quartz, elles se montrent différentes les unes des autres au point de leur difficile fusibilité, même quand on les a au préalable purifiées de la même manière au moyen de l'acide chlorhydrique bouillant ; toutefois on ne constate pas une différence marquée à l'avantage de la silice cristallisée et, au contraire, l'opale tout au moins paraît plus difficilement fusible que la plupart des espèces de quartz cristallisées. Par un chauffage intense, comme on le sait, les silices cristallisées et cristalliniques se transforment en silice amorphe [3]. Ce sont le cristal de roche et le silex qui paraissent les plus difficilement fusibles, viennent ensuite l'opale, puis après l'améthyste, la calcédoine, la cornéenne, l'hyalite, le quartz cristallisé et le quartz

---

[1] Plus tard Von Rath (*Pogg. Ann*, 1868, n° 3 p. 507) a découvert par son poids spécifique moindre une silice cristallisée, à laquelle il a donné le nom de tridymite. Voir aussi Körner, *Inaug. Diss. Erlangen*, 1901.

[2] Voir, mémoire de l'auteur, *Dinglers Journal*, 174, p 140.

[3] D'après Jensch, la silice compacte cristallisée est susceptible d'altération sous l'influence des agents atmosphériques ; elle se transformerait en silice amorphe (*Notizbl.*, IV, p. 261).

laiteux. En apparence, c'est la terre d'infusoires qui paraît le moins difficile à fondre. Si l'on mélange des échantillons de ces diverses silices avec de l'alumine (ou de l'argile naturelle), le mélange avec la silice amorphe se comporte comme essentiellement plus facile à fondre que celui avec la silice cristallisée, et à une température déterminée et bien entendue élevée, à laquelle la silice amorphe joue manifestement le rôle de fondant, la silice cristallisée au contraire permet de relever l'infusibilité, et c'est un phénomène qu'on devrait bien rapporter aux diversités de finesse de la matière. Pour ce qui est de l'origine de la silice amorphe, on doit la regarder comme de la silice gélatineuse durcie ([1]) et qui serait provenue de la décomposition de silicates dissous par l'action de l'acide carbonique. Aux silices amorphes appartiennent les produits organiques connus sous le nom de Kieselguhr, farine de montagne, terre d'infusoires, qui, par opposition aux formations inorganiques pures précitées, se composent presque exclusivement des restes siliceux d'innombrables millions de petits organismes et sont le produit de leur existence.

Au point de vue physique, il faut encore tenir compte de l'observation connue que le quartz se dilate au rouge, qu'il « croit », phénomène qu'on peut penser être la conséquence de changements qui se produiraient dans la situation relative des molécules. Pour un morceau de quartz, sur lequel il avait tracé deux marques, Aron a observé après le chauffage au rouge une augmentation de 0,59 pour cent en dilatation linéaire. Cette dilatation doit croître avec le nombre des chauffages (*Tonind. Ztg.* 1886, n° 35). D'après les recherches de l'auteur, le quartz se cuit à une température d'environ 1 700° C presque sans se fendre, mais il s'écrase plus facilement et augmente de volume à environ 1 725° et encore plus à environ 1 750°, il se fend fortement à la cuisson, s'écrase plus facilement mais n'a presque plus augmenté de volume. Si une masse riche en quartz, comme par exemple un morceau mesuré de brique de Dinas, est rapidement chauffé jusqu'à 1 500° C, il montre déjà un certain accroissement, qui atteint son maximum après le quatrième chauffage (avec 2 pour cent linéairement) et une certaine constance avec

---

([1]) On a déjà préparé plusieurs fois le quartz artificiellement ; par exemple Senarmont par chauffage de silice gélatineuse avec du clore, Daubrée par l'action de l'eau surchauffée sur du verre, Hautefeuille, en chauffant de la silice à 750-880° C avec du sulfate de soude. Friedel et Sarasin chauffaient un mélange de potasse, alumine et silice gélatineuse en présence de l'eau (*Töpp. Ztg.*, 1880, p. 284).

le cinquième chauffage. Le passage de la silice cristallisée, de poids spécifique 2,6, à la silice amorphe de poids spécifique, 2,2 au chalumeau oxhydrique, correspond d'après le même opérateur et d'après Fr. Mohr, comme on le verra plus loin, à une augmentation de volume d'environ 18 pour cent (*Notizbl.* VI, 206 et X, 140). C'est le problème de la pratique de s'opposer à cette poussée du quartz cristallin au feu, et, à ce point de vue et en dehors du choix de la matière siliceuse, la détermination du degré de finesse du grain à lui donner est importante. Dans des cas déterminés, il faudra produire une compensation par addition de chamotte ou par un autre mélange et réciproquement, pour des argiles à retrait considérable, une adjonction de quartz pourra être un adjuvant désirable. S'il s'agit de fabriquer une pierre quartzeuse dite fixe (brique quartzeuse), il faudra, comme première règle, observer la proportion indiquée entre les éléments. Si par exemple le quartz doit être mélangé avec de l'argile grasse, il faudra nécessairement dégraisser cette dernière au préalable, c'est-à-dire qu'une addition de sable plus fin devra jouer le rôle d'intermédiaire entre les deux éléments. Le gros ne peut pas se relier au fin sans terme intermédiaire pour former un ensemble fermé.

Pour la préparation de produits réfractaires au moyen d'une addition de silice, il n'est donc pas indifférent de savoir de quelles circonstances il y faut tenir compte, quel quartz on emploiera, et, pour ce dernier, l'état cristallin joue aussi un rôle auquel s'adjoint la grosseur du grain sous laquelle se trouve l'espèce de quartz employé. Nous devons indiquer rapidement ici deux études importantes de E. Cramer et L. Rosenberg sur l'accroissement des minéraux riches en silice et en particulier des quartzites quand on les chauffe au rouge.

Augmentation de volume de divers minéraux riches en silice au rouge

Nous devons à E. Cramer un travail récent (¹), extrêmement étendu et plein de renseignements sur la manière d'être de 51 quartzites, quelques quartz, et grès, et un schiste siliceux, qui ont été, à de nombreuses reprises et même jusqu'à 10 fois, exposés à la température de cuisson de la porcelaine. Il en découle comme résul-

---

(¹) *Tonindustrie Ztg.*, 1901, p. 864.

tat que des matières quartzeuses différentes présentent une manière d'être essentiellement différente non seulement au point de vue de l'augmentation qui s'est manifestée sur tous les échantillons, mais aussi sur la manière dont elle se produit. Quelques uns accusent déjà un très fort accroissement de volume au premier chauffage, tandis que le changement subséquent était relativement faible ; d'autres au contraire n'augmentaient que peu au premier chauffage, mais éprouvaient un grossissement pour chacun des chauffages subséquents.

Le changement de volume n'a pas été fixé jusqu'ici par une mesure linéaire directe, mais par la détermination du poids du volume, au moyen du voluménomètre de Seger, et du poids spécifique avant et après chaque chauffage. Les nombres trouvés permettent de calculer exactement l'accroissement total de volume et aussi la dilatation linéaire d'une manière suffisamment exacte, parce que l'expérience montre que, pour les pierres naturelles, la dilatation linéaire est la même suivant les différentes directions.

Les quartzites ont montré de faibles différences de poids spécifiques, mais elles étaient plus grandes en poids au volume. Les accroissements de volume total, après le premier chauffage, ont été extraordinairement différents les uns des autres. Le plus faible nombre, pour l'augmentation de volume au premier chauffage, a été de 3,2 pour cent et le plus élevé de 23,5 pour cent, et l'on a rencontré tous les degrés intermédiaires. Quatre échantillons d'un quartz norvégien très pur ont donné des nombres notablement différents, et il faut attribuer leur fort accroissement de volume à la formation de fentes. Comme on le sait, pour l'accroissement du quartz, il faut tenir compte des deux facteurs : aggrandissement des vides des pores et dilatation de la substance rocheuse. D'après les vues de Cramer, la forme et la position des cristaux individuels de quartz devraient être déterminatifs pour les vides des pores, tandis que, dans le passage de l'état cristallisé à l'état amorphe, c'est la constitution chimique du cristal qui a de l'influence. Nous renvoyons aux tables étendues qui n'occupent pas moins de 8 grandes pages d'impression et, faute d'espace, nous nous bornons à donner ici les deux premières pages avec 9 quartz ou quartzites expérimentés, en indiquant seulement la dilatation linéaire de la substance rocheuse et l'augmentation de volume en pourcentage.

Quartz et quartzites

1 à 4 a, quartz blanc pur ; 5 à 6 b, galets roulés du même ; 7, 8 et 9, matières un peu moins pures

	1	2	3a		3b		3c	3d	4a	
	cuit une fois	cuit une fois	cuit une fois	cuit deux fois	cuit une fois	cuit deux fois	cuit une fois	cuit une fois	cuit une fois	cuit deux fois
Allongement linéaire de la substance rocheuse en $^0/_0$	1,04	3,0	4,86	5,42	1,29	3,94	1,95	5,66	1,00	1,24
Allongement linéaire total en $^0/_0$	3,42	»	10,35	10,37	4,43	9,65	»	»	»	»
Augmentation de volume de la substance rocheuse en $^0/_0$. . .	3,14	9,48	15,29	17,17	3,92	12,29	5,95	17,97	3,02	3,77
Augmentation totale de volume par rapport à la matière brute en $^0/_0$	10,02	»	34,38	34,44	13,90	31,82	»	»	»	»
	Après la 1re cuite, déjà tendre et facilement écrasable.	Déjà complètement éclaté après la première cuite.	Très fendu et tendre a. Un morceau blanc.	encoreplus fendu	Devenu fendu et sans consistance b. Un morceau transparent.	Eclaté	Eclaté mais encore assez dur	Complètement éclaté	Déjà éclaté en de nombreux morceaux après la 1re cuite. L'échantillon b était un peu plus dur mais aussi facile à écraser.	

341

	4 b		5		6 a			6 b		
	cuit une fois	cuit deux fois	cuit une fois	cuit deux fois	cuit une fois	cuit deux fois	cuit trois fois	cuit une fois	cuit deux fois	cuit trois fois
Allongement linéaire de la substance rocheuse en $^0/_0$	1,00	1,42	0,36	1,52	0,56	1,29	1,84	1,41	2,72	2,76
Allongement linéaire total en $^0/_0$	»	»	2,60	»	1,06	2,52	3,45	2,09	4,40	»
Augmentation de volume de la substance rocheuse en $^0/_0$. . .	3,03	4,33	1,08	4,64	1,69	3,93	5,61	4,30	8,38	8,51
Augmentation totale de volume par rapport à la matière brute en $^0/_0$.	»	»	8,00	»	3,21	7,71	10,72	7,08	13,78	»
	Déjà éclaté en de nombreux morceaux après la 1re cuite. L'échantillon *b* était un peu plus dur mais aussi facile à écraser.		Déjà très tendre après la première cuite, complètement éclaté après la seconde.		Eclaté en plusieurs morceaux après la deuxième cuite, mais resté dur et compact. Pas changé à la troisième cuite.			A la première cuite, éclaté en plusieurs morceaux, à la deuxième encore plus éclaté et devenu tendre ; après la troisième tellement éclaté qu'il n'a plus été possible de mesurer les morceaux.		

| | 7 Quartzite, galet du diluvium. — Cristaux assez petits | | | | | | | | | 8 |
	cuit une fois	cuit deux fois	cuit trois fois	cuit quatre fois	cuit cinq fois	cuit sept fois	cuit huit fois	cuit neuf fois	cuit dix fois	cuit une fois
Allongement linéaire de la substance rocheuse en $^0/_0$	1,61	3,10	4,44	4,79	5,19	4,91	4,88	5,53	5,22	5,43
Allongement linéaire total en $^0/_0$	4,52	7,86	11,95	12,09	13,33	14,05	13,91	14,14	14,40	5,33
Augmentation de volume de la substance rocheuse en $^0/_0$ . . .	4,92	9,59	13,91	15,06	16,05	15,48	15,35	17,53	16,51	17,19
Augmentation totale de volume par rapport à la matière brute en $^0/_0$.	14,17	25,49	40,32	40,85	45,45	48,37	47,80	47,80	49,74	16,85

Après la 1re cuite séparé en plusieurs morceaux la masse est encore très compacte et dure.

9

Quartzite à gros cristaux, en partie rouge et lilas, du diluvium

	cuit une fois	cuit deux fois	cuit trois fois	cuit quatre fois	cuit cinq fois	cuit six fois	cuit sept fois	cuit huit fois	cuit neuf fois	cuit dix fois
Allongement linéaire de la substance rocheuse en $^o/_o$	2,22	3,19	3,83	5,70	5,92	5,83	5,83	5,73	5,71	6,76
Allongement linéaire total en $^o/_o$	5,79	9,55	13,02	16,46	16,38	17,02	18,31	18,89	18,59	19,18
Augmentation de volume de la substance rocheuse en $^o/_o$ . . .	6,82	9,37	11,92	18,08	18,84	18,54	18,54	18,19	18,13	21,69
Augmentation totale de volume par rapport à la matière brute en $^o/_o$.	18,40	31,49	44,38	57,97	57,55	60,24	65,60	68,07	66,79	69,30

Si l'on réunit ensemble d'une part les plus petits nombres obtenus (en desssous de 2 %) et d'autre part ceux qui restent, on obtient en moyenne après une seule cuisson 1,14 % et comme le plus petit nombre 0,36 %. D'autre part, on trouve comme maximum pour cinq quartzites expérimentées 4,25 % et comme le plus grand nombre 5,66 %. Le résultat s'accorde en gros et d'une manière tout à fait approchée avec les données sur l'augmentation des produits de Dinas au chauffage et reste notamment en dessous de celui que l'on a admis dans la grande pratique pour l'allongement linéaire (10 à 12 %), tandis que les résultats très élevés pour la substance pure en pourcentage et notamment pour le volume total sont dominants ([1]).

Après une double cuisson, on a trouvé en moyenne comme minimum 1,64 et comme maximum, 3,41. Le nombre le plus petit était 1,24 % et le plus grand 3,94 %.

La cuisson des matières 7 et 9, depuis une fois jusqu'à dix fois, a donné en moyenne pour les dix cuissons un accroissement de 4,51 % pour l'allongement linéaire de la matière rocheuse. Le nombre le plus élevé trouvé s'élève à 5,43 pour cent. De même la matière 9 a donné en moyenne un accroissement de 5,07 pour cent et comme plus haut nombre 6,76 %.

Cramer a étudié aussi 9 échantillons des pierres de Dinas connues dans le commerce, et, nous le répétons, au lieu de mesurer l'allongement, on a appliqué la méthode indirecte. Il déterminait le poids spécifique des Dinas avant et après le chauffage et en calculait de combien la pierre s'était accrue ou avait diminué. L'allongement linéaire des Dinas, qui a été notamment différent des autres, a donné en pourcentage.

	No 1	No 2	No 3	No 4	No 5	No 6	No 7	No 8	No 9
1 chauffage.	3,39	6,05	1,62	2,11	1,53	1,37	4,98	4,05	3,5
2 chauffages	4,32	6,27	2,00	2,40	1,81	1.57	5,27	4,90	5.2
3 chauffages	4,81	6,32	2,20	2,55	1,85	1,64	5,32	5,22	5,4

[1] Après 9 et 10 chauffages, on avait calculé pour la matière une augmentation de volume de 69,3 %. Par contre il faut signaler un calcul de Fr. Mohr pour la transformation produite par le chauffage de la silice cristallisée en silice amorphe, d'où il résulte qu'il n'y a une augmentation de volume que d'environ 18 % (*Notizbl.*, VI, 206, X, 140).

Il est digne de remarque que, dans ces déterminations, le changement de volume des Dinas ne dépend pas seulement de la nature de la matière quartzeuse et la finesse différente de son grain, mais aussi de la quantité de fondant, ce dernier jouant dans la cuisson en général un rôle condensant et par suite antagoniste.

Des indications données en si grand nombre dans ce qui précède pour combattre la dilatation des minéraux quartzeux résultent les prescriptions qui suivent et il faut y tenir compte des points ci-après qui permettent de faire, parmi diverses argiles essayées, une distinction désirable au moins de celles qui s'accroissent le plus.

Comme on l'a indiqué plus haut, des matières quartzeuses différentes présentent au chauffage un accroissement essentiellement différent, qui pour les unes se manifeste fortement dès le premier chauffage, tandis qu'il est d'abord faible pour les autres, puis augmente pour chaque chauffage subséquent. Il convient de rechercher pour l'usage, au moyen d'essais préalables, les matières qui présentent une manière d'être relativement favorable. Il faudra préférer : 1° la matière qui donne son gonflement au moins à la température de cuisson des Dinas ; 2° la matière qui, à haute température, se cuit en restant bientôt constante ; 3° celle qui ne se fend ni ne se disloque, quelque impure que soit la matière.

Nous devons citer ici un mémoire remarquable et substantiel « Südrussiche Quartzite und ihre Verwendharkeit für Dinasfabrikation » (quartzites du sud de la Russie et leur applicabilité à la fabrication des Dinas) par Léonid Baron Rosenberg (*Rigaische Ind. Ztg.* 1901, n° 17). Rosenberg a étudié 10 échantillons de quartzites trouvées en blocs gros ou petits. Ils ont été analysés (voir table 1 du mémoire) et déterminés pyrométriquement et l'on a mesuré l'accroissement des pierres de Dinas de format habituel qu'on avait préparés avec eux. La cuisson a été faite dans des cazettes dans un four à chambre à flamme renversée au cône 16 de Seger. La cuisson a duré 7 jours, savoir 2 jours d'enfumage, 1 jour de feu moyen et 4 jours de grand feu. On avait choisi à dessein un feu prolongé et le refroidissement a duré également longtemps, 26 jours. De plus, les éprouvettes de pierres de Dinas ont été cuites une fois (tableau II), deux fois, tableau III et trois fois, tableau IV, et à chaque fois on élevait la température.

Les tableaux donnent les accroissements suivants pour les trois directions en millimètres et ils sont exprimés en pourcentage ; nous nous bornerons à citer les valeurs maxima et minima.

Pour les 10 éprouvettes de Dinas cuites à titre d'essai par Rosenberg, le plus petit et le plus grand accroissement en pourcentage s'est élevé : tableau II, à 1,7 et 4,7 %; tableau III, 0,4 et 4,2 %; tableau IV, 0,0 et 0,8 %. Pour les 10 éprouvettes le plus grand allongement, après trois chauffages, s'élève à 6 % il est donc modéré et il s'accorde bien avec les déterminations maxima de Cramer, relatives aux pierres de Dinas récemment mises dans le commerce, tandis que les déterminations minima de Rosenberg indiquent des valeurs en partie notablement plus faibles. En général l'accroissement des pierres de Dinas augmente avec les trois chauffages effectués, et, d'après les constatations de Cramer, on doit le regarder comme continu. Par contre pour la matière brute (le quartzite) l'augmentation de volume au chauffage est très importante, et aussi beaucoup plus changeante que pour les produits fabriqués de Dinas, ce qui parle en faveur d'un chauffage répété et à surveiller en dépit de son côté désavantageux.

Occupons nous maintenant des minéraux riches en silice et spécialement du quartz. Parmi les minéraux cités, l'argile réfractaire n'a qu'un emploi partiel dans l'industrie. Le plus souvent répandu et par suite le plus important de beaucoup, comme on l'a déjà indiqué, c'est le quartz; en raison de son grain et suivant son liant et sa couleur [1], le grès si variable d'espèce vient après, et le silex, la cornéenne, le quartzite, le schiste quartzeux s'y rattachent. Le quartz — ce minéral dur comme le verre, mais cassant, à éclat gras, blanc trouble, quelquefois blanc pur, et transparent aussi, qui est infusible pour lui-même dans nos fours — a cet avantage qu'il est un élément de beaucoup de roches, qu'il forme des filons et des couches dans différentes formations et qu'on le trouve dans des régions entières sous forme de galets (quartz roulé, gravier), roche quartzeuse, etc. Le quartz se montre rarement en cristaux bien formés. On rencontre quelquefois le quartz mat ou corrodé, dont les surfaces ont été attaquées par l'atmosphérisation; et ce qui est intéressant, le quartz englobe quelquefois des fluides (de l'eau et même de l'acide carbonique liquide).

On emploie le quartz réduit en petits fragments pour le revête-

---

[1] Au point de vue de la couleur d'un grès, il convient de remarquer qu'elle ne donne aucune indication sur la teneur en oxyde de fer. D'après Wallace « sur l'altération des grès », dans un série de grès anglais, quelques uns de couleur très blanche contenaient plus d'oxyde de fer que ceux qui étaient colorés en rouge. *Tonindustrie Ztg.* 1883, n° 30).

ment de la sole des fours à réchauffer, et, avec avantage, le grès aussi exempt que possible de fer et de mica, en particulier pour la fabrication des pierres de Dinas ; le silex sert pour la porcelaine vitreuse, les grès cérames, les faïences, ainsi que le sable sous forme grosse ou fine. Quand on emploie les grès naturels, schistes quartzeux (¹), etc., comme tels, il faut faire attention, quand ils sont en couches, de les disposer dans la maçonnerie comme ils se trouvent dans les carrières, de manière que ce ne soit pas la face des couches, mais leur tranche qui soit exposée au feu, parce que autrement il se produirait un feuilletage au feu.

Ecrasement du quartz, etc. — Pour écraser des pierres dures, comme le quartz, le silex et le grès, on les chauffe au rouge après les avoir triées et débarrassées des impuretés étrangères, et on les refroidit brusquement en les arrosant d'eau froide. Pour le chauffage, on se sert ou bien du four à reverbère à sole dormante, ou du four à cuve, ou du four à cuve en double cône très aimé en Angleterre (*Tonind.-Ztg.* 1900, n° 55) dans lequel les pierres sont recouvertes de couches alternatives de combustible, ce qui rend possible un traitement continu ; ou bien enfin on construit avec la roche et le combustible des tas en forme de meules (²). La première méthode est dans tous les cas la plus couteuse, la deuxième celle à meilleure marché. On peut employer un four à chaux quelconque, qui bien entendu ne doit pas contenir de restes de chaux. Si l'on fait la cuisson dans un four à chaux de Rumford, avec trois ou quatre foyers sur le pourtour, il suffit de 10 à 12 heures de grand feu pour amener toute la charge (de 200 à 300 quintaux) au rouge clair. Dans les cas où il faut éviter la contamination des masses par des cendres ou des scories, on donnera la préférence à la première méthode, parce qu'elle fournit les produits les plus purs. On emploie pour cela le combustible à meilleur marché, le charbon de terre. Notamment pour le chauffage du silex, il est à conseiller de ne pas employer le bois comme combustible, parce que, sous l'influence des cendres volantes alcalines, il se forme facilement une masse vitreuse sur le silex, et qu'elle agit plus tard d'une manière fâcheuse dans la préparation. Si l'on amène les pierres encore au rouge ou tout au moins très chaudes dans un réservoir disposé devant le four

(¹) On préfère un gisement de Krumendorf en Silésie, estimé parce qu'il n'éclate pas. Voir de plus *Tonindustrie*, 1896, n° 13.

(²) SALVÉTAT, *loc. cit.*, t. II, p. 36-40 ; STRELE, *Préparation de la porcelaine*, 1868, p 22, avec dessins.

et rempli d'eau froide, elles éclatent déjà en grosse poussière, ou tout au moins elles se fendent suivant tontes les directions et sont traversées de fines fêlures qui facilitent la réduction ultérieure en poussière. D'après Tenax, on utilise de la même manière les fours à cuve pour le chauffage du silex dans les fabriques de faïence de grès. A la partie inférieure de la cuve, qui se termine par une ouverture carrée, ils sont munis d'une forte grille, en fonte, qui peut s'ouvrir par en dessous. La grille ayant été recouverte de copeaux, de bois, etc., le four est rempli jusqu'à la moitié de la cuve avec du coke, ou, pour les objets plus fins, avec du charbon de bois, malgré l'émail qui peut se produire par places ; on dispose ensuite des couches alternatives de pierre et de coke jusqu'à ce que le four soit rempli. Au moyen des copeaux et du bois, on met le feu au fourneau et, au fur et à mesure que la charge s'affaisse, on le remplit avec de nouvelles couches. Quand la charge ne glisse plus et que la flamme qui la traverse se montre au-dessus, on ouvre la grille, et la partie inférieure des pierres portées au rouge tombe dans une chambre sous la cuve, d'où on les enlève, pour les mettre au besoin au rebut. Les premières pierres qui tombent sont moins bien cuites, plus tard il se produit une cuisson uniforme, et l'on peut aussi diminuer la quantité de coke à brûler. En remplissant et vidant alternativement, la cuite peut se prolonger aussi longtemps qu'on le vent. Les fours doivent être bâtis solidement.

Pour la préparation des pierres connues de Dinas, extrêmement riches en quartz, d'après Khern (¹), la roche quartzeuse aussi pure que possible, exempte de mica, feldspath et de veines de fer, est amenée au rouge clair pendant 10 à 12 heures et en quantités de 10 à 15.000 kilogs dans le four de Rumford ; les blocs encore rouges sont jetés dans l'eau, lavés dans une machine mue à la main, et soumis à un triage à la main ; les morceaux les. plus purs sont employés pour les premières sortes de pierres. Pour la cuisson, il faut disposer les blocs de telle manière que les plus gros blocs forment une cuve interrompue et que la flamme trouve le passage dont elle a besoin.

Moyens d'écrasement du quartz. — Les roches brutes ou triées sont d'abord réduites dans des moulins à pilons, des concasseurs, des moulins à meules verticales ou des appareils à force centrifuge pour être mises à l'état de poussière fine, ou bien encore elles sont

(¹) *Wagners Jahresbericht*, 8. 380 ; 12, 237.

lévigées dans les moulins à blocs. Khern écrase le quartz trié, suivant la méthode ancienne, sous un martinet du poids de 140 kilogs, qui, servi par un homme, fournit en 12 heures 1,5 à 1,6 quintal de farine de quartz, qu'on passe à travers un tamis de 8 à 9 mailles par centimètre carré. Au moyen de l'acide chlorhydrique ou d'un aimant on peut enlever à la poussière obtenue le fer qu'elle contient, bien que, dans le dernier cas, l'extraction ne soit pas complète. S'il s'agit de préparer du sable de quartz, ayant une grosseur de grains déterminée (par exemple de 2 à 8 millimètres) en évitant autant que possible la farine fine (d'après le *Töpferzeitung*, 1881, p. 243), un laminoir à gros, avec une large ouverture de passage, se recommande comme le système le plus rationnel. La vitesse de rotation des cylindres ne doit pas être trop grande. On recommande surtout des cylindres en fonte fondue en coquille ou une combinaison d'un cylindre en fonte avec un en acier fondu. Une pareille disposition, avec une matière dure à écraser et un passage entre les cylindres de 8 à 10 millimètres, donne en 10 heures de 300 à 400 quintaux de sable, ayant une grosseur de grain de 1 à 10 millimètres et ce sable peut être séparé en plusieurs grosseurs de grain au moyen de trommels. La force nécessaire pour cette production s'élève de 7 à 8 chevaux, de telle sorte qu'elle est d'environ 4 à 5 quintaux par cheval et par heure. Dans ces derniers temps, on a recommandé les moulins à boulets.

Silice sous forme de sable. — Sous le nom de sable, on entend dans le sens le plus large du mot, d'après Senft ([1]), un produit de décomposition à grain fin de toutes les roches cristallines et aussi des roches simples qui en sont provenues par suite de la désagrégation mécanique par les ruisseaux, les cours d'eau, les vagues de la mer, ainsi que par suite de la dissociation chimique et de la séparation à l'état sec de dissolutions aqueuses. L'eau désagrège la roche en formant de la glace ou de la vapeur, elle pulvérise les débris jusqu'à les réduire en petites écailles et feuilles microscopiques et engendre ainsi le sable mouvant ou sable en farine, qui se trouve quelquefois en formes extraordinairement fines. Si le ciment des grès entre en dissolution aqueuse, par un séchage brusque la partie dissoute reste sous forme pulvérulente, qui constitue en partie un élément intime des argiles, en partie recouvre le sable et les galets, en partie se dépose comme farine de pierre ou de montagne.

([1]) *Der Steinschutt und Erdboden de Fred. Senft.*, Berlin 1887.

Chaque roche et chaque minéral, dit très justement Senft, peut par suite d'un écrasement mécanique constituer au moins pendant longtemps un sable effectif et non seulement du quartz en débris, et par suite chaque amas de sable doit être considéré en général comme un mélange de débris minéraux de diverse espèce. Le sable n'est qu'une forme sous laquelle chaque minéral peut se présenter et par suite, en règle générale, il ne se compose pas exclusivement d'une seule matière. Comme on l'a déjà indiqué, d'après Daubrée, les roches solides peuvent, au moyen d'une expérience simple par leur mouvement dans l'eau dans un trommel horizontal, se décomposer en sable proprement dit, en galets et en boue. D'après cela, le produit principal de l'usure réciproque n'est pas du sable, mais de la boue. Les innombrables variétés de sable appartiennent à plusieurs types particuliers (*Notizbl.* 1880, p. 203).

Dans les mélanges de sable, on peut distinguer des grains de deux espèces, les variables et les stables, et c'est à ces derniers qu'appartiennent les débris de quartz. En outre on rencontre dans les sables des éléments accessoires ou accidentels : des cristaux, des grains et des petites feuilles de minéraux et de métaux, qui proviennent des roches mères décomposées, et dans lesquels ont été entrainés par les eaux des restes de plantes et d'animaux (morceaux de bois, charbon, coquilles).

On peut classer les espèces de sable, pour lesquelles chaque gisement a habituellement une certaine uniformité, en partie d'après la grosseur de leur grain, en partie par la forme des grains, en partie par les éléments principaux, et enfin d'après leur mode de formation. Le sable peut être gros (gravier), fin (sable de source ou sable mouvant), très fin ([1]) (sable en poussière) et d'autre part il peut être grenu, feuilleté, anguleux, et de plus riche en quartz, en feldspath, contenir de la chaux, du mica, être augitique, ferrugineux, et être le produit d'altération à l'air de matières volcaniques. Certains élément peuvent se montrer prédominants, de sorte qu'ils indiquent immédiatement l'origine du sable. Hauenschild (voir plus haut, l. c.) établit les subdivisions principales d'après les deux groupes principaux de roches : Sables à silicates et sables à carbonates, ces

---

([1]) Ce qui est très remarquable, c'est l'auto-réduction de dimensions du sable, comme Böhme et autres l'ont constaté au sujet du changement de la qualité du sable normal pour les essais de ciment. Même quand les argiles restent en repos, il doit se produire un frottement continu et par suite un poussiérage en sable. Au sujet d'un sable fin, voir, l'auteur, *Sprechsaal*, 1877, p. 84.

derniers étant les produits de décomposition des roches carbonatées (calcaire et dolomie) et des roches qui leur sont apparentées.
Huenschild divise à nouveaux les sables à silicates en sables miné-
rogènes, qui se composent de minéraux simples, et en sables pétro-
gènes, qui contiennent les restes des roches mères non encore décomposées et leurs composants individuels.

Tous les caractères indiqués sont pris en considération dans
l'emploi du sable au point de vue réfractaire, et surtout du sable
quartzeux ([1]), qui est le plus répandu comme le plus susceptible de
résistance et qui appartient au groupe des silicates. Comme on l'a
déjà indiqué, au point de vue pyrométrique il n'est nullement indifférent que le sable soit gros ou fin, qu'il soit arrondi ([2]), aplati
ou anguleux, à arêtes vives, en forme d'éclats ([3]). Avant tout le sable
réfractaire doit être suffisamment pur ou exempt des restes de ro-
ches-mères signalés, comme de toute partie terreuse et même à l'occasion argileuse.

Le sable sa bonté; d'après son âge. — En les prenant en gros et
dans leur ensemble, on peut dire notamment des sables quartzeux
eu égard à leur pureté et à leur bonté, la même chose que pour les
argiles. Plus le sable ou ses parties décomposables ont été exposées
à l'atmosphérisation, et plus la matière restante se sépare pure.

Parmi les gisements très nombreux et importants, nous citerons
seulement ici le sable vitreux lavé qui est très pur et qui est très
élevé pyrométriquement. Le gisement le meilleur et le plus important se trouve à Nivelstein (Province du Rhin) pour lequel des ana-

---

([1]) D'après Girard, le sable des lignites se distingue comme quartzeux pur (*Notizbl.*
IV, p. 141). D'après V. Dechen « Die nutzbaren Mineralien und Gebirgsarten im Deust-
chen Reiche », les couches tertiaires fournissent surtout beaucoup de sable quartzeux
très pur.

([2]) D'après Daubrée, sous certaines conditions qui se manifestent assez souvent, il
se produit des sables dont les grains sont complètement arrondis par une action mécanique. Les grains de sable également gros s'arrondissent les uns contre les autres
comme les galets, il est seulement nécessaire pour cela qu'ils soient suffisamment gros
pour ne pas être en suspension dans l'eau, mais assez petits pour suivre l'écoulement
de l'eau. Des grains de 1/10 millimètre de diamètre paraissent nager dans l'eau en
faible mouvement ; tout sable qui est plus fin restera sans doute anguleux. Quand
le mouvement de l'eau est plus fort, les grains de diamètre plus gros nagent aussi et
par suite peuvent se conserver anguleux (*Notizbl.*, 1880, p. 207).

([3]) D'après Daubrée, le sable, produit par écrasement sous le poids des glaciers, se
compose de grains anguleux irréguliers de toutes grosseurs. Le quartz se sépare également en petites veines anguleuses, quand le granite se décompose in situ et se résoud en ses composants. Le sable, qui provient du granite par trituration, est également
anguleux (*Notizbl.*, 1888, p. 206).

lyses étonnantes indiquent que le sable contient 99, 975 pour cent
d'acide silicique, et que, par suite, il est pratiquement pur. Vient
ensuite celui de Hohenbocka ([1]) (N-Lausitz) dans sa variété la plus
pure avec 99,77 de silice, etc. En France, on estime très haut le sable
de Fontainebleau, et en Amérique on connait comme sable tout à
fait supérieur celui de Crystal-City dans l'état de Missouri et celui
du Berkshire dans le Massachusetts.

Un sable pur, étalé et frotté sur un papier blanc, n'y laisse aucune
tache de saleté, ou bien agité avec de l'eau, il ne la trouble pas ou
seulement d'une manière inappréciable, et il est très rapidement
pénétré par l'eau. La couleur du sable provient assez souvent de
mélanges charbonneux, auquel cas le sable cuit est tout à fait blanc;
c'est ce qui se produit aussi à un degré de température élevé pour
les sortes de sables jaunes ([2]) et qui s'explique par une fusion ou par
une réfraction de la lumière. Il faut signaler ici une sorte de sable,
qui est aimée dans l'industrie des argiles réfractaires comme mortier, ainsi que pour les pierres réfractaires légères et qu'on établit
par suite à bon marché ; c'est ce qu'on appelle le sable liant, dans
le dépôt duquel il s'est introduit assez d'argile pour qu'il donne une
masse plastique.

Parmi ces sables liants, et dans l'hypothèse qu'ils se composent
de sable quartzeux aussi pur que possible et d'argile réfractaire, les
plus riches en silice sont les plus difficilement fusibles. Il faut préférer les gisements qui présentent le sable sous forme fine, comme
sable en poussière ou sable sec. Si le sable en poussière favorise la
préparation du phénomène de la fusion, on peut cependant combattre cette action par un grand excès de silice, et, toutes conditions égales d'ailleurs, on obtiendra à la cuisson un produit d'autant plus compact. Pour des exigences modérées, on peut aussi fabriquer avec du bon sable liant des produits suffisamment réfractaires ([3]).

Nous pouvons encore introduire ici la matière connue sous le
nom de sable à émail. Elle sert comme moyen d'émaillage dans les
fabriques de porcelaine, grès cérames, majoliques, etc., et dans les

([1]) Pour ce qui regarde l'extraction du sable le mieux connu d'Hohenbocka, son
lavage extrêmement soigné et son expédition, opérations par lesquelles toutes les
impuretés sont écartées, voir *Tonindustrie Zt.*, 1902, n° 152.

([2]) L'auteur (*Notizbl.*, 1877, août.

([3]) Le sable liant de Grünstadt, dans le Palatinat Rhénan, est connu à cause de son
gisement puissant (il forme de petites montagnes), très pur et très uniforme, qui se
compose de 90 à 95 % de sable et 5 à 10 % d'argile.

poteries et briqueteries ordinaires ([1]). La première condition ici est que le sable soit aussi fin que possible ; plus il est fin et meilleur il est. On détermine le degré de finesse par la fixation du poids en volume. Cependant la composition chimique joue aussi un rôle ici. Ainsi l'émail pour les vases fins ne permet au sable qu'une très petite teneur en fer. La quantité de fer doit se tenir au dessous de 1 $\%$, tandis que pour les objets ordinaires qu'on a mentionnés la quantité de fer peut s'élever de 1 1/2 à 2 $\%$. De plus la teneur en silice du sable doit être très élevée, c'est-à-dire que les matières ordinaires mélangées, notamment l'argile, le mica et le feldspath doivent être en petite quantité. Comme on l'a signalé, le sable quartzeux est incontestablement d'autant plus fusible qu'il s'y trouve plus de feldspath ; comme, d'autre part, plus l'argile de liaison employée est pure ou réfractaire et plus tôt il se manifeste une influence fluidifiante. Si le degré de chaleur, auquel les particules d'argile fondent, a été dépassé, une certaine quantité de sable agit comme un fondant énergique. Le sable (comme le quartz) lorsqu'il ne prédomine pas extraordinairement, fournit donc un fondant indirect.

Si le sable est mélangé avec des éléments terreux, ce qui arrive d'autant plus souvent qu'il est plus fin, on le purifiera par lavage ([2]) dans des tamis en toile métallique, qu'on secoue dans l'eau. Pour les usages en grand, on a des installations spéciales de lévigation.

Pour déterminer la grosseur des grains, le crible d'Alex. Müller est recommandable ; il se compose de tôles, percées de trous ronds. A la lévigation les gros grains de silice restent sur le crible, les parties argileuses vont dans le récipient et le sable se rassemble dans les vases à dépôt.

Strele donne deux appareils pour laver le sable, avec leurs dessins. La figure 30 représente l'un d'eux pour les cas où l'on a assez

---

([1]) Au sujet de l'importance du sable et de son emploi comme addition pour la porcelaine et la faïence, dont il augmente la transparence et le blanc, voir un article remarquable de G. MÜLLER dans la *Tonwaren-Industrie* (Bunzlau), 1903, n°s 45 et 46.

([2]) Le lavage du sable est une lévigation avec un objet opposé à la lévigation ordinaire. Par le lavage de sable on veut avoir le gros et mettre de côté le fin. D'après Schumann (*Töpfer-u-Ziegler Zeitung*, 1879. p. 59), le poids spécifique du sable de mine est

Gros . . . . = 2,66
Fin . . . . = 2,75
Sable pur (lourd) . . . . = 2,64

d'eau à sa disposition. B est une roue hydraulique comme force
motrice, sur laquelle se trouve l'arbre A avec des ailes. C est un
conduit, qui amène au vase D l'eau de lavage, qui, lorsqu'elle a
pris les fines parties terreuses que dégage le mouvement de la roue

et le remuage du sable qui en
est la conséquence, s'écoule
trouble et peut être recueillie
dans les vases de dépôt qui se
trouvent à côté. F et G sont
deux de ces vases, a et b sont
les tuyaux de trop plein. Le
contenu, lorsqu'il est utilisable, se traite de la manière
connue.

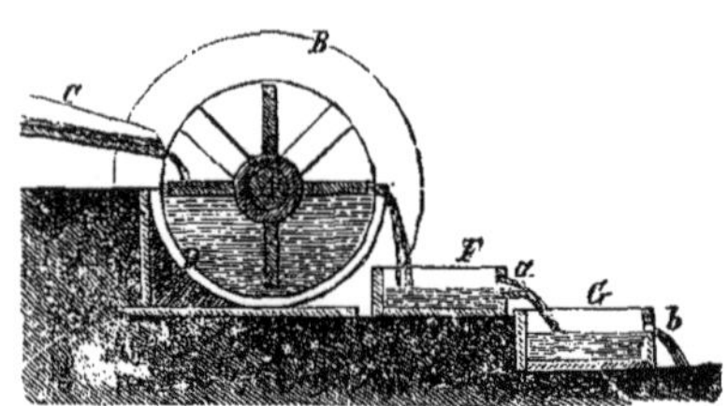

Fig. 30

Si cependant on est obligé d'économiser l'eau, la figure 31 représente un appareil, dans lequel l'eau lave le sable jusqu'à ce que ce
lavage soit complètement effectué. A est un tonneau qui est fixé sur
l'arbre qui le traverse et qui peut tourner avec lui. B est une ouverture fermable, par laquelle on peut charger et vider la tonne,
quand on lui a donné une position convenable pour cet objet. Si
l'on déplace progressivement l'ouver-
ture vers le bas, le liquide trouble
s'écoule le premier et enfin tout le sable
tombe dans le bac à décharge, quand
l'ouverture est tout à fait en bas. C sont
des tasseaux de renforcement, en bois
ou aussi en fer, quand l'oxyde de fer ne
peut pas nuire aux masses préparées
avec la matière. D est une caisse en
forme d'entonnoir. Elle comporte une
ouverture qu'on peut ouvrir ou fermer

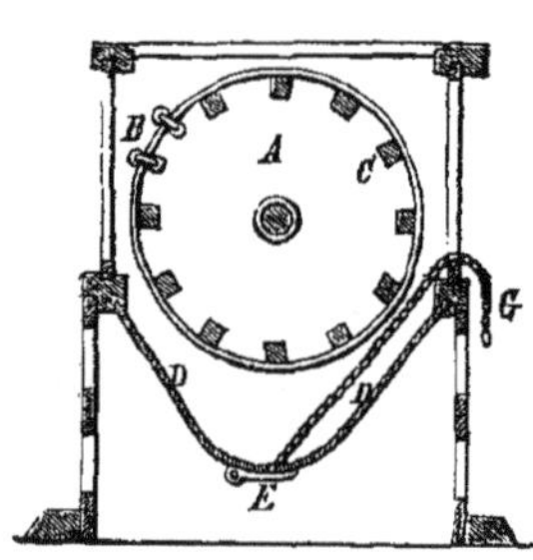

Fig. 31

au moyen de la poulie G, et par le moyen de laquelle on envoie le
sable lavé dans le vase placé en dessous et on l'enlève. Indiquons
encore une installation mécanique pour laver et tamiser le sable et
le gravier, décrite dans le *Tonind. Ztg.* 1884, n° 33 et 44 et une
machine à laver le sable de Gresly et Ruge (*Tonind.-Ztg.*, 1886,
n° 51). Dans ces derniers temps on emploie des trommels tournants, dans lesquels se meut une roue avec ailes mélangeuses, qui
sépare les troubles sous l'action d'une amenée continue d'eau.

Si le sable doit être porté au rouge, ce qui est indispensable quand il est abondamment chargé de matières organiques, cette opération se faisait jusqu'ici dans des cazettes ; dans ces derniers temps, on a construit des fours particuliers pour cet objet (Voir Steger, *Tonind.-Ztg.*, 1894, n° 5).

On peut encore purifier le sable en le fondant avec 1 à 15 $^0/_0$ de soude caustique ; le fer et le manganèse sont dissous par la pierre à lessive qui se forme.

Action du sable, principalement au point de vue physique. — Le sable est un élément dont l'influence est tantôt utile, tantôt nuisible pour la fabrication ; quand il n'est pas trop fin, il combat le retrait de l'argile et le règle par sa matérialité aussi bien au séchage qu'à la cuisson. Il accélère le séchage et agit pour conserver les formes, donner du corps, et ceci d'autant plus qu'il est plus finement réparti et que sa surface est plus grande. Quand il est en plus grande quantité, les pierres deviennent tendres à la cuisson (la porosité augmente), ou bien fendillées, craquelées, quand le grain du sable est trop gros, et notamment quand le sable étant en plusieurs grosseurs il n'y a pas d'intermédiaire suffisant entre les gros éléments. Un excès de sable enlève à l'argile sa compacité, elle devient une masse peu consistante, qui absorbe l'eau avec avidité. Le sable n'augmente l'infusibilité en général que d'une manière relative pour des degrés de chaleur moyens, ou bien il en faut un excès important.

Dans son mémoire connu « Uber die Wirkung des Quartzsandes und des Kalkes auf die Tone beim Brennprozess » (Sur l'influence du sable quartzeux et de la chaux sur les argiles à la cuisson) (*Notizbl.* X., p. 131) Aron a établi, et nous le répétons ici à cause de ses recherches étendues, que les pierres amaigries avec du sable quartzeux sont plus grosses au rouge sombre qu'à l'état sec, et que les argiles amaigris au moyen de poussière de quartz, à partir d'un certain point d'amaigrissement, ne deviennent pas plus compactes, mais plus poreuses, et d'autant plus poreuses que la température de cuisson est plus forte.

Des expériences de retrait effectuées avec de l'argile additionnée de sable quartzeux ont donné à Aron ce résultat que, pour un gros grain, le retrait de l'argile au séchage augmente, tandis qu'au chauffage c'est le contraire qui se produit, le retrait diminue d'une manière très considérable et finalement il se produit même une dilatation par suite de boursouflement. La raison doit en être cherchée dans un fait mécanique (position primitive plus ou moins com-

pacte des particules) et, pour une température suffisamment élevée, dans un fait chimique (possibilité d'attaque augmentée). Pour
tous les autres mélanges d'argile et de sable quartzeux, semblables
d'ailleurs à la grosseur près des grains de sable, qui était différente,
on a constaté que des quantités égales d'eau donnent une pâte dont
la tendreté augmente avec la grosseur du grain, parce que l'eau
remplacée par le quartz pousse à l'éloignement des particules d'argile ; par suite la masse paraît d'autant plus tendre et se contracte
ou se rétracte d'autant plus au séchage.

Si l'on ajoute à une argile du sable quartzeux pur en rapports
variables et si l'on cuit les mélanges, on voit, comme nous l'avons
déjà appris, que, pour une température en-dessous de celle de la
fusion de l'acier, l'infusibilité est augmentée par le sable et cela
dans des rapports qui croissent quand croissent les quantités employées ; mais si la température de l'essai est poussée au-dessus de
celle de la fusion de l'acier, c'est-à-dire jusqu'à la formation d'un
silicate, le sable agit au contraire comme fondant. La formation du
silicate se produit d'autant plus facilement que l'état du sable est
plus fin et il se forme d'autant plus de combinaisons sans consistance que l'argile est plus impure. Si l'on chauffe à une température moindre, avec l'augmentation du sable, notamment quand il
n'est pas pulvérisé trop fin, le volume augmente, c'est-à-dire la porosité et la résistance diminuent.

Si le retrait doit être combattu ainsi par addition de sable, l'éclatement sera aussi empêché par là ; mais comme on l'a mentionné,
pour une addition croissante, il se manifeste un fendillement et, si
le grain est gros, une crevaison et une dislocation de la masse fondamentale. Comme toute masse sans consistance, le sable renferme
de l'air, dont la quantité croit avec la grosseur du grain du sable
ou du gravier. Des expériences faites avec un vase de 23 litres de
capacité ont montré que l'espace occupé par l'air dans un sable
anguleux du Rhin s'élève en nombres ronds à 33 $^o/_o$ du volume de
toute la masse ; pour le gravier dont le grain a environ 15 millimètres de diamètre, on a trouvé 38 $^o/_o$; pour celui de 24 millimètres,
40 $^o/_o$, et pour celui de 40 millimètres, 43 $^o/_o$. Pour le poids, c'est
naturellement l'inverse qui se produit ([1]).

Avec la porosité, de même qu'avec une éponge, le produit a de la
tendance à attirer les substances fluides, les scories, etc. ; ce qui

([1]) *Töpfer-Zeitung*, 1861, p. 290.

produit d'autant plus facilement une dislocation de la masse. Comme on l'a dit, le sable exerce encore une action mécanique digne de remarque. Dans un mélange mis en mouvement dans une tailleuse à argile, le sable produit un frottement et sert ainsi comme moyen puissant d'homogénéisation. On dit aussi de lui que le gros sable dans la machine « répare les dents » il fait que les rouleaux attaquent partout.

Si un mélange d'argile, et de sable n'est chauffé que jusqu'au point où il ne se forme pas de silicate, le mélange écrasé donne une poussière à grains arrondis, qui se pétrit moins intimement, comme on le sait, et qui devient moins compacte à la cuisson que celle à grains anguleux.

Terre d'infusoires ([1]). — Ce minéral est peu propre pour les produits réfractaires élevés. Abstraction faite de ce que la terre d'infusoires est de la silice amorphe et se compose dans bien des endroits de carapaces d'infusoires, feutrées les unes dans les autres, ou provient, d'après des recherches récentes, du règne végétal, elle se comporte comme bien plus fusible et se rencontre le plus souvent impure. Elle est extrêmement volumineuse et retient très énergiquement l'eau chimiquement combinée. D'après les recherches de l'auteur, la terre d'infusoires de Lüneburg se rétracte d'environ 3 % vers 1 000° C. et d'environ 22,5 % à 1 500° C. Il faut remarquer de plus que la matière est à peine utilisable sans un séchage préalable, qu'elle est aussi difficile à moudre fin et qu'elle n'est pas tamisable.

Les pierres de terre d'infusoires sont extrêmement poreuses à la cuisson, conduisent extrêmement peu la chaleur, sont spécifiquement très légères, mais fusibles et peu consistantes. Soit dit en passant, Krank combat ces derniers inconvénients en ajoutant à la masse, avec la quantité de chaux, ou d'autres terres alcalines nécessaires pour la liaison, des matières organiques difficilement combustibles; ceci diminue beaucoup la fusibilité de l'ensemble.

[1] Un gisement connu, très important et apprécié, se trouve dans la commune de Lüneburg, au sud d'Oberohe, dans le baillage d'Ebsdorf. Un autre est dans le grand duché de Hesse, au Vogelsberg. On rencontre des gisements semblables à Angern près de Franzenbad, dans l'Isle de France, à Santa Fiora en Toscane, au Caucase, et une partie du sol de Berlin se compose de cette terre. Dans ces derniers temps, on en a trouvé des amas importants aux Etats-Unis, et on les y exploite, entre autres à Drakeville, New-Jersey etc. (*Hannov. Gewerbebl.* 1876, n° 45). On emploie la terre d'infusoires pour le modelage en argile, comme émail, etc. On trouvera une description approfondie de la terre d'infusoires, *Tonind Ztg.*, 1899, n° 132.

Mode de détermination pyrométrique des espèces de quartz
— Les espèces de quartz, et notamment les divers grès ([1]), qui méritent la préférence au point de vue physique, peuvent aussi être titrés dans une certaine mesure au moyen de la poudre de quartz chimiquement pure. C'est-à-dire que, de la quantité d'additions dans chaque éprouvette, qui montre une fusibilité manifeste au chauffage, on peut déterminer la valeur pyrométrique en nombres ([2]). Des différences même très petites, qui se manifestent pour les diverses espèces de quartz pur, seront exprimées dans cette méthode par un nombre relativement grand.

La matière à essayer, pulvérisée très fin et tamisée, sera mélangée intimement avec une, deux, trois fois autant de poussière de quartz ou de cristal de roche pur également écrasée fin. On obtient de cette manière 10 éprouvettes, qu'on détrempe avec de l'eau ; on moule des prismes et on les marque d'un numéro correspondant à l'addition. On y ajoute aussi une éprouvette semblable du quartz chimiquement pur, ainsi qu'un prisme de la matière en question (bien que cela ne soit pas nécessaire, et pour mieux asseoir son opinion) et finalement on chauffe toutes les 12 éprouvettes à la même chaleur blanche intense et contrôlée par des déterminations pyrométriques exactes ; on a de la sorte une série d'éprouvettes qui, suivant leur matière, se rapprochent plus tôt ou plus tard du quartz chimiquement pur. Si l'on suit les diverses éprouvettes individuellement, il se présente toujours une d'elles qui, sans être absolument identique à l'éprouvette de quartz pur, paraît presque semblable, par comparaison avec celles qui la précèdent immédiatement.

Dans les cas où l'on a affaire à des grès impurs, etc., l'éprouvette, qui est approximativement semblable à celle de silice pure, est caractérisée par la disparition de la croûte d'émail ou de la couverte fusible, et l'on prendra ce caractère comme déterminatif.

Si l'on représente de plus l'infusibilité du quartz par 100, et si l'on en retranche l'addition, ou son facteur (pour faire la différence avec le mode de classification des argiles), on obtient l'échelle simple qui suit. Un grès qui demande une partie de poudre de quartz, pour paraître sensiblement pareil au quartz pur au point de vue pyrométrique et de la manière qu'on vient d'indiquer, est

---

([1]) Remarquons en passant que, d'après R. Keller, ce sont parmi les grès carbonifères que sont les plus durs et les plus réfractaires, ce qui s'accorde bien avec leur grande teneur en silice.

([2]) L'auteur. *Dinglers Journal*, mai 1870.

100 — 1 = 99 ; un grès inférieur, qui demande une addition double
est 100 — 2 = 98 et ainsi de suite. Le mélange intime, qui est chaque fois nécessaire, s'opère de la manière qu'on a indiquée précédemment, par l'écrasement dans la capsule d'agate, le détrempage
abondant et le pétrissage complet, le séchage et l'écrasement encore
une fois. Il va de soi qu'il faut arriver à une homogénéité aussi
grande que possible dans la préparation. Le degré de chaleur à
appliquer ne doit pas se trouver en dessous de celui de la fusion du
fer malléable, il faut même le dépasser pour arriver jusque dans le
voisinage du point de fusion du platine, mais pourtant il ne faut
pas aller trop loin pour que le quartz purifié à l'acide chlorhydrique présente une couverture fondue, ce qui exige dans tous les cas
une très haute température.

Pour le grès, le sable et les matières riches en silice, on peut,
pour le calcul de leur infusibilité, prendre comme déterminatif de
rapport du fondant à la silice, et il y faudra compter tout simplement l'alumine comme un fondant, en prenant pour bases les quantités égales d'oxygène ([1]). Ainsi pour 100 parties de silice, le fondant + l'argile pour le meilleur Dinas donne la valeur numérique
de 2,96 à 3,38, et pour la matière brute, le grès de Dinas, 1,34, tandis que le meilleur grès carbonifère allemand, de Stollberg près
d'Aachen, donne le nombre de 1,39. Les sortes de grès les plus
pures donnent encore un nombre essentiellement plus bas.

Une pareille comparaison en pourcentage du fondant par rapport
à la silice donne, pour les matières riches en silice, une échelle
qui ne laisse rien à désirer au point de vue d'une détermination
facile. Pour ce qui regarde la détermination pyrométrique des matières riches en silice, auxquelles appartiennent aussi les argiles
sableuses, on peut encore remarquer brièvement qu'il y s'agit de
fixer la température ou un repère qui indique quand celles-ci se
vitrifient, se déforment ou fondent sans conserver de forme. Ces
trois indications définiront d'une manière suffisante la position pyrométrique, par exemple de ce qu'on appelle un sable liant. Au
point de vue de la fusibilité du quartz, on peut encore remarquer
en terminant que la Firm W. C. Heraeus est arrivée dans ces derniers temps à perfectionner assez les méthodes pour l'obtention du
cristal de roche fondu et, que la production en fabrique des vases
de cristal de roche constitue déjà un article demandé.

<hr>

[1] L'auteur (*Tonindustrie Ztg.*, 1879, n° 8).

Nous pouvons rattacher ici une description rapide d'une table des silicates d'alumine dressée par Kosmann ([1]), qui, partant d'une composition des silicates d'alumine en pourcentage se rapprochant autant que possible de l'alumine pure (100 $^o/_o$), permet de calculer les rapports en pourcentage des matières silicifiantes déterminées et s'exprimant par des formules chimiques rationnelles ; la succession a été choisie aussi approximativement que possible et les formules se déduisent d'elles mêmes des rapports des multiples simples ou des parties aliquotes des substances saturantes.

La série commence ainsi par le corindon, l'émeri, elle passe ensuite aux hydrates d'alumine, diaspore, hydragilite, arrive à la bauxite dans ses variétés très diverses, dont la plus inférieure correspond déjà au trisilicate, l'andalousite étant le terme typique pour ce dernier. A la suite se trouvent les minéraux qui correspondent aux demi comme aux monosilicates, aux silicates normaux ou aux bisilicates, ainsi qu'aux bi- et trisilicates acides (auxquels appartiennent les feldspaths alcalins). Les combinaisons siliciques plus élevées sont représentées par les diverses masses de porcelaines. Les combinaisons éminemment siliceuses, avec une teneur en silice dépassant 90 $^o/_o$, ont leurs représentants dans les Dinas et pierres quartzeuses artificielles. Enfin pour terminer, viennent les variétés qui ne se composent que de silice, mais des minéraux impurs en allant jusqu'à la silice pure et exempte d'eau dans le quartz et le cristal de roche.

La table de Kosmann, si commode dans ses parties individuelles et dans son mode d'emploi, et qui renferme 67 matières silicifiantes, se recommande à l'usage, quand il s'agit de mettre à sa place exacte dans les matières silicifiantes une combinaison dont la composition en pourcentage a été déterminée par l'analyse chimique, et sans qu'il soit besoin de plus amples calculs stœchiométriques.

c) **Substances renfermant du carbone, comme additions à l'argile en général et en particulier**

Les substances contenant du carbone, qui sont habituellement infusibles ([2]) et indifférentes, à une certaine teneur près en cendres, variable dans tous les cas, comprennent les charbons dans le sens

([1]) *Tonindustrie Ztg.*, 1883, n°s 32 et 33.
([2]) Dans le courant d'une batterie de 5 à 600 éléments, on arrive à ramollir le carbone.

étroit du mot, auxquels se rattachent le coke et le charbon de bois
qui viennent plus loin, et, aussi dans le sens plus large, principalement et de préférence, le graphite, différent au point de vue
chimique, et l'anthracite et le goudron.

Comme addition à une argile réfractaire le charbon, à plus d'un
point de vue, joue un rôle très important. Il élève directement l'infusibilité de l'argile, parce que, en tant que corps difficilement
fusible, il la protège contre la fusion d'une manière surprenante,
quand il se trouve présent en certaine quantité dans un mélange
argileux. Cette protection est d'autant plus complète que le charbon se trouve à un état plus incombustible par son inclusion aussi
hermétique que possible dans l'argile. Le charbon exerce aussi une
action favorable d'une manière indirecte. D'autre part, par suite
d'une addition de charbon, une argile devient poreuse à la cuisson,
absorbante, et tendre quand il est en grande quantité.

Comme avantage du graphite, il faut encore signaler que les
vases qui en sont fabriqués, les creusets par exemple, supportent
une variation brusque de température à cause de leur conductibilité pour la chaleur ; le métal y fond plus tôt et enfin les parois
acquièrent par là un glacé qui est très avantageux pour le versement
des métaux fondus.

Graphite. — Il sert principalement pour creusets pour les métaux, et en outre comme porte-vent et bouchon des convertisseurs
Bessemer [2].

Le graphite est gris de fer, brillant, très tendre, tache en partie
fortement et a un toucher onctueux entre les doigts. Sa texture est
feuilletée, rayonnée jusqu'à compacte. Le graphite feuilleté, qu'il
faut distinguer de celui qui est amorphe ou terreux, se comporte
mieux aux hautes températures que ce dernier. Le graphite est

---

[1] D'après Boussingault, comme on l'a déjà mentionné plus haut, en chauffant
énergiquement de la silice avec du carbone, celle-ci est partiellement réduite. A une
très haute température le silicium engendré se volatilise, ce qui produit pour une
argile une élévation relative de l'infusibilité. A un chauffage très énergique, dans des
conditions qui empêchent sa combustion, tout charbon peut devenir essentiellement
incombustible, d'après les recherches de l'auteur.

[2] L'emploi principal du graphite est, comme on le sait, la fabrication des crayons
et de la poterie noire, des dalles de carrelage et des briques ; on s'en sert aussi pour
le graissage des machines qui a pris récemment une importance particulière et qui,
soit dit en passant, exige une absence aussi complète que possible de mélanges quartzeux, pour noircir les poêles (plombagine), et, dans ces derniers temps pour les usages
électriques, ainsi pour les prises de courant dans les machines électriques et les
batteries sèches, etc.

bon conducteur de l'électricité et brûle difficilement à l'air même dans l'oxygène.

Le graphite n'est attaqué ni par les acides minéraux, ni par le chlore, ni par les lessives alcalines. Mouillé avec de l'acide nitrique, il se gonfle quand on le chauffe. Par fusion avec le salpêtre et plus énergiquement encore par chauffage avec du chromate de potasse et de l'acide sulfurique étendu de 1/5 de son volume d'eau, la variété à l'état de division très fine se change en acide carbonique. Par voie humide, à côté de cette oxydation en acide carbonique, il se forme une combinaison renfermant du carbone, de l'hydrogène et de l'oxygène, l'acide graphitique.

D'après Weinsckenk, le graphite est principalement un produit d'action volcanique. Les agents qui ont produit le graphite étaient l'acide carbonique et l'oxyde de carbone ; les oxydes métalliques et le titane y ont contribué indirectement [1].

Le poids spécifique du graphite complètement pur est de 2,25 à 2,26 ; d'après Kopp, sa chaleur spécifique est de 0,174, et de 0,166 pour le graphite de haut fourneau. Sa conductibilité calorifique, comme on l'a déjà dit, est très élevée, sa capacité calorifique est deux fois aussi grande que celle de l'argile.

Chauffé au chalumeau dans des matras en verre, le graphite abandonne quelquefois une certaine quantité d'eau. Dans une cuiller de platine sur la flamme de l'alcool, il manifeste peu de changement, mais dans les pinces il perd en volume et par un chauffage continu il abandonne des cendres. A l'état pulvérulent, il détone quand on le chauffe au rouge dans la cuiller de platine avec du salpêtre et, quand on lessive avec de l'eau, il laisse des mélanges terreux et métalliques, principalement de la silice et de l'oxyde de fer.

Le graphite [2] se trouve toujours dans les roches cristallines anciennes, dans le gneiss, le micaschiste, les roches fondamentales, également dans le granite et le schiste argileux, etc., avec un éclat vif ressemblant au bismuth (Ceylan) ou plus ou moins terreux, et alors coloré en noir et souillé par de l'oxyde de fer, de l'oxyde de cuivre, du sulfure d'antimoine, de l'acide titanique, de l'argile, du sable, etc.

---

[1] Voir l'écrit qui a fait époque : « Le graphite, ses gisements les plus importants et son emploi technique « du Dr E. Weinschenck. 1898. Egalement l'ouvrage « *Gisement, traitement et emploi du graphite.* » *Iron age,* New-York. 1900.

[2] Weger, monographie du graphite dans les *Abhandlungen der naturhistorischen Gesellschaft zu Nürnberg,* 1864, 3, p. 167.

Le graphite se produit aussi artificiellement dans la coulée de la fonte, comme graphite de haut-fourneau, ou, dans la préparation du gaz d'éclairage, comme graphite de cornue, et dans la fabrication de la soude, par suite de la décomposition de certaines combinaisons cyanurées et autres.

Parmi les gisements anciens, il faut citer en particulier Borrowdale et Keswick dans le Cumberland et Passau en Bavière. A Borrowdale (¹), le graphite se trouve dans des filons d'une pureté remarquable dans un porphyre felsitique ; mais la mine est à peu près épuisée. A Cumnock, dans l'Ayrshire, le graphite se rencontre dans la région carbonifère. Comme le graphite à crayons (²) de Borrowdale revient trop cher pour les creusets de fusion, jusqu'à environ il y a vingt cinq ans l'Angleterre tirait le graphite à creusets de l'Allemagne (Passau) ; mais depuis on a importé de grandes quantités de graphite de l'île de Ceylan et l'on en fabrique aujourd'hui les creusets de fusion (Patent Plumbago Crucible-Company à Battersea dans Londres) (³).

A Hafner ou Obernzell près de Passau en Bavière, (⁴) le graphite se trouve dans des gneiss et des micaschistes décomposés. Il est souvent tellement souillé de particules terreuses, que celles-ci dominent de beaucoup dans la masse du graphite. Par une lévigation soignée, on obtient une poussière extrêmement tendre, mate, pas onctueuse, qui prend du brillant par le frottement et qui ne laisse qu'environ 5 % de résidu quand on la brûle. Suivant la quantité et la nature des parties terreuses mélangées et l'état pulvérulent du graphite, les creusets qu'on en prépare résistent plus ou moins bien au feu. Auparavant, pour une matière meilleure et à

(¹) Karsten, *Archiv. fur Mineralogie*, etc., 2, R. 2, p. 285 ; *Bergwerksfreund*, 8, p. 127.

(²) Pour la fabrication des crayons, on mélange la farine de graphite avec de l'argile, dont la plus ou moins grande quantité détermine les degrés différents de dureté ou de noirceur.

(³) Wagner, *Jahresbericht* 8, 181 ; 10, 357 ; 11, 460.

(⁴) C'est le plus important gisement de graphite d'Allemagne ; il se trouve, dans la région de Vegscheid et Passau, dans des gneiss et dans le voisinage des usines de porcelaine. Il s'y trouve en masse, mais il n'est utilisable que si la roche environnante est transformée en argile et décomposée en sable fin. Voir Dechen « *Die nutzbaren Mineralien* p. 765 et catalogue de l'exposition de Nuremberg, 1882, p. 215. D'après les mêmes sources, le graphite se rencontre aussi dans le grand duché de Hesse, dans l'Odenwald, mélangé en nids au schiste quartzeux, qui passe au micaschiste en beaucoup d'endroits. En Saxe on l'a trouvé dans le granite gnéissique en divers points, non loin de Pulsnitz et dans le micaschiste à Neudstadt, etc. Il y a aussi des gisements de graphite dans les districts de Breslau et Liegnitz.

meilleur marché, ils supportaient jusqu'à 30 coulées et les moindres sortes seulement de 8 à 10 coulées. Depuis qu'on y ajoute du graphite de Ceylan, la qualité est devenue meilleure.

Dans ces derniers temps on a appris aussi à purifier et à améliorer le graphite de Passau de telle manière que la meilleure sorte ainsi préparée est presque égale à celle de Ceylan au point de vue pyrométrique.

La production de ces graphites raffinés est très grande. La société « Vereinigte Schmelztiegelfabriken und Graphitwerke d'Obernzell près de Passau » en fournit annuellement des milliers de quintaux.

On rencontre en petite quantité, dans le calcaire fondamental à Wunsiedel, un graphite en petits morceaux anguleux, qui a une constitution particulière, mais qui n'est intéressant qu'au point de vue minéralogique. Dans la Basse Bavière, on a trouvé à Germansdorf un amas de graphite de 10 mètres de profondeur et 40 mètres de longueur. La qualité doit être excellente à l'état préparé et les Frères Bessel de Dresde l'emploient pour la fabrication de creusets (*N. Töpf. Ztg.* 1881, p. 86).

Ces gisements anciens sont mis tout à fait au second plan par celui qu'on a cité de l'île de Ceylan. On y trouve le graphite, dans le gneiss, en morceaux depuis la grosseur d'une noix jusqu'à plusieurs centimètres de diamètre. A cause de sa constitution en grandes feuilles, il n'est pas employable pour crayons, mais il se prête d'une manière tout à fait excellente à la fabrication des creusets. La London Patent Plumbago Crucible-Company citée en emploie de grandes quantités pour cet objet. Dans l'année 1862, on a expédié par navires de Ceylan 2 044 750 kilogrammes de graphite, dont 1 736 500 kilogrammes pour l'Angleterre. Dans l'année 1863, la production s'est élevée à 2 1/2 fois ces chiffres.

On a récemment trouvé dans les monts Batougal du sud de la Sibérie et dans le granite du rivage rocheux de la Tunguska (Gouvernement de Jeisey) des masses pures, grandes et compactes de graphite, qu'on transporte par la rivière précédente à Turuschansk. On a aussi indiqué comme autres gisements ceux de Sernopol (District de Semipalatinsk) et de la Sibérie. D'après Ziurek, le graphite très compact de Sibérie, avec 5 à 6 °/₀ de cendres, se prête de la même manière que celui de Ceylan à la fabrication des creusets, et dépasse celui de Cumberland et de beaucoup le graphite brut de Passau. Dans la Russie, le graphite se rencontre notamment dans les monts Tunkinski et est exploité dans le bassin graphitique de

Marynsk, où les qualités les plus pures ont de 89 à 97 pour cent de carbone, tandis que la teneur en carbone ne descend pas en général au-dessous de 83 %. On exploite de plus sur les rivières Niznaja-Tunguska et Kurejka, dans le cercle de Turuchansk du gouvernement de Jenisejsk du graphite qui est très pur (89 à 94% de carbone) (*Ziegel-u-Zement*, 1896, n° 7).

A cause de sa consistance, le graphite de Sibérie est difficile à purifier et coûte relativement beaucoup de transport. L'Autriche-Hongrie possède une grande richesse en gisements de graphite en partie prospectés, par exemple à Schwarzbach et Migrau en Bohême, à plusieurs endroits de Moravie, dans la Basse Autriche et en Styrie [1]. On estime le graphite de Krumau en Bohême [2], qui se trouve principalement dans les schistes cristallins du terrain primitif. De consistance tendre, on le rencontre dans le commerce en partie comme graphite naturel de trois sortes, en partie comme rafiné (déchets lévigés), et avec un tonnage annuel de 2 800 000 kilogrammes. Le graphite de Moravie, par exemple celui de Petrow, est dur et schisteux et doit au préalable être boccardé et lévigé ; la production annuelle est de 1 120 000 kilogrammes. D'après V. Hauer, le graphite de la Basse Autriche [3], par exemple celui de Lichtenau, vaut dans la plupart des sortes le meilleur graphite de Bohême et on peut le purifier par fusion avec la soude, lessivage avec de l'eau et de l'acide chlorhydrique, ou tout au moins par lévigation.

Le graphite de la Haute Styrie, à Rottenmann [4], qui a une haute

[1] En Styrie, on emploie pour les creusets à fondre l'acier, un graphite qui a la composition suivante :

Carbone	77,95 %
Silice	13,04 »
Alumine	6,12 »
Oxyde de fer	0,44 »
Potasse	0,43 »
Acide phosphorique	0,012 »
Eau	1,95 »
Soufre	traces
	99,942 »

[2] *Österreich. Zeitschrift für Berg und Hüttenwesen*, 1866, n° 51 ; 1865, n° 18. Robock, *Böhmens Graphit*, Prag. 1865. *Österreicher Bericht über die Pariser Ausstellung von* 1867, n° 15, p. 249. Au sujet d'un rapprochement des usines à graphite d'Autriche et de Bohême, par André, voir *Tonindustrie Zeitung*, 1890 n° 43.

[3] *Berggeist* 1866, n° 14. *Dinglers Journal*, 180, 323. *Wochenschrift des Niederösterreichischen Gewerbevereins*, 1866, n° 14. Graphite de Lichtenau, dans le *Schemnitzer und Leobener Jarhrbuch*, 1867, 17.

[4] *Dinglers Journal*, 199, 115.

teneur en carbone et peu de cendres, est recommandé pour la fabrication des creusets. L'Autriche-Hongrie a produit en 1865, 7 486 000 kilogrammes de graphite.

D'après Knoblauch, le graphite du Portugal, séché à 100° C. contient 42,69, de carbone, 53,35 de substance incombustible et 3,96 d'eau combinée. La substance incombustible a donné 42,21 d'oxyde de fer et d'alumine, 10,21 de silice et 0,73 de chaux.

On trouve un très bon graphite à Arragoe de Bareiras, province de Minas Geraes au Brésil, de même qu'à Ticonderoga dans l'état de New-York et en Californie ([1]).

Le gisement le plus grand et le plus important est celui de « Eureka Black Lead Mine », près de Sonora, la ville principale du comté de Tuolmaine. Il se trouve sur le côté du Tenesse Gulch, affluent du Wood's Creek, à environ 68 miles de Stockton, le port le plus important sur la San Joaquin River. Le minéral forme ici un filon de 7 à 10 mètres de puissance ; son toit se compose de diorite et son mur de schiste argileux. Il est si pur qu'il est pour la plus grande partie cassé en blocs solides et expédié sans autre traitement.

Dans l'année 1868, on extrayait mensuellement 20 000 quintaux, sans que l'exploitation ait été poussée bien loin. On a indiqué de plus un gisement de graphite en Pensylvanie, où il est exploité en deux points dans la Piskering Valley (*Polyt. Review*, 1877, n° 18).

L'exploitation la plus importante de graphite en Amérique (la Richesse Minérale des Etats-Unis, Relevé géologique des Etats-Unis) est à Ticonderoga (N. Y.) où l'on exploite un amas dans une certaine mesure inépuisable. Il y a en outre d'autres exploitations en Géorgie et en Californie. Citons encore à l'exposition de Chicago en 1893 une très riche collection de la Walker Mining C°, Ottawa, Canada, qui comprenait le graphite à tous ses états de préparation et de vente ([2]). Voir en outre « La production de graphite dans les Etats-Unis d'Amérique dans l'année 1901 ».

Mène ([3]) a donné le résumé suivant d'analyses de graphite, auquel on en a ajouté quelques unes — presque seulement d'Autriche — connues dans ces derniers temps.

([1]) *Wagners Jaresbericht*, 1868, p. 267.
([2]) *Tonindustrie Ztg.*, 1893, n° 29.
([3]) *Dinglers Journal*, 185, p. 373.

Lieu d'origine	Poids spécifique	Éléments volatils	Carbone	Cendres	Éléments des cendres en pourcentage				
					Silice	Alumine	Oxyde de fer	Chaux Magnésie	Alcalis et perte
Cumberland — Très bel échantillon	2,346	1,10	91,55	7,35	0,525	0,283	0,120	0,060	0,612
Cumberland — Sorte ordinaire	2,238	3,10	80,85	16,05	»	»	»	»	»
Cumberland — En morceaux tirés du commerce	2,586	2,62	84,38	13,00	0,620	0,250	0,100	0,026	0,004
Cumberland — En poudre tirée du commerce	2,409	6,10	78,10	15,80	0,585	0,305	0,075	0,035	»
Bavière — Passau	2,303	7,30	81,08	11,62	0,537	0,356	0,068	0,017	0,022
Bavière — Passau	2,311	4,20	73,65	22,15	0,695	0,211	0,055	0,020	0,019
Autriche — Mugrau, Bohême	2,120	4,10	91,05	4,85	0,618	0,285	0,080	0,007	0,010
Autriche — id.	2,228	2,85	90,85	6,30	»	»	»	»	»
Autriche — Hoback, Prague	2,331	2,07	82,68	15,25	»	»	»	»	»
Autriche — Schwarzbach, Bohême	2,344	1,05	88,05	10,90	0,620	0,285	0,063	0,015	0,017
Autriche — Altstadt, Moravie	2,327	1,17	87,58	11,25	»	»	»	»	»
Autriche — Zaphan, Basse-Autriche	2,218	2,20	90,63	7,17	0,550	0,300	0,143	0,000	0,007
Ceylan — cristallisé	2,350	5,10	79,40	15,50	»	»	»	»	»
Ceylan — du commerce	2,266	5,20	68,30	26,50	0,503	0,415	0,082	0,000	0,000
Sibérie — Région de l'Oural Mont Alibert	2,176	0,72	94,03	5,25	0,642	0,247	0,100	0,008	0,003
Amérique — Ceara, Brésil	2,387	2,55	77,15	20,30	0,790	0,117	0,078	0,015	»
Amérique — Buckingham, Canada	2,286	1,82	78,48	19,70	0,650	0,251	0,062	0,005	0,012
Australie — Spencer-Golf, S. Australie	2,370	2,15	25,75	72,10	»	»	»	»	»
Australie — Spencer-Golf, S. Australie	2,285	3,00	50,80	46,20	0,631	0,285	0,045	»	0,039
France — Pissie, Hautes-Alpes	2,457	3,20	59,67	37,13	0,069	0,687	0,081	0,015	0,009
France — id.	2,328	2,17	72,68	25,15	»	»	»	»	»
France — Brussin, Rhône	2,203	0,28	92,00	7,72	»	»	»	»	»
France — Saint-Paule, Rhône	2,366	0,17	92,50	7,33	»	»	»	»	»
France — id.	2,366	0,14	93,21	6,65	»	»	»	»	»
France — Baugnesay, Rhône	2,105	0,13	94,30	5,57	»	»	»	»	»
Suddo, do Fargorita	2,109	1,55	87,65	10,80	0,586	0,315	0,072	0,005	0,022
Madagascar	2,409	5,18	70,69	24,13	0,596	0,596	0,068	0,012	0,006

Produits ressemblant au graphite

Lieu d'origine	Poids spécifique	Éléments volatils	Carbone	Cendres	Silice	Alumine	Oxyde de fer	Chaux Magnésie	Alcalis et perte
Graphite de Haut-Fourneau — Creusot	2,582	»	90,80	9,20	0,225	0,175	0,375	0,255	0,005
Graphite de Haut-Fourneau — id.	2,398	0,30	81,90	17,80	0,425	0,090	0,080	0,405	»
Graphite de Haut-Fourneau — Givors	2,457	»	84,70	15,30	0,559	0,155	0,120	0,155	0,001
Graphite de Haut-Fourneau — Vienne	2,583	0,15	88,30	11,55	»	»	»	»	»
Graphite de Haut-Fourneau — Terrenoire	2,431	»	83,50	16,50	0,500	0,160	0,105	0,200	0,035
Graphite de cornue à gaz — a.	1,885	0,25	95,25	4,50	0,720	0,243	0,030	0,000	0,007
Graphite de cornue à gaz — b.	1,698	0,10	90,60	9,30	0,648	0,330	0,020	0,000	0,002
Graphite d'anthracite obtenu par calcination d'anthracite	1,701	1,15	95,05	3,80	0,763	0,277	0,012	0,003	»

Nouvelles analyses de graphite

Lieu d'origine	Carbone	Cendres	Eau	Silice	Alumine	Oxyde de fer	Oxydule de fer	Chaux	Magnésie	Potasse	Soude	Acide sulfurique	Pyrite de fer	Observations
Bavière : Ranzig près Passau.	62,00	»	»	24,6	25,1	6,5	»	»	»	»	»	»	»	
Kruman, Bohème	72,40	»	»	8.78	5,73	1,91	1,29	0,05	0,21	1,22	0,3	1,58	3,75	
Kruman, Bohème a	61,01	»	3,24	17,34	7,80	5,54	»	2,56	1,03	0,87	»	»	0,51	D'après les analyses de l'auteur : (a) pour creusets à acier de la fabrique de Krupp, (b) pas employé, (c) raffiné.
b	69,04	»	2,89	14,18	6,86	4,00	»	0,80	0,53	0,91	»	»	0,62	
c	43,24	»	6,66	25,76	8,13	7,01	4,32	2,40	1,74	1,04	»	»	0,00	
Schwarzbach, Bohème	87,50	»	»	5,1	6,1	1,2	»	0,1	»	»	»	»	»	
id. id.	87,60	11,31	1,09	»	»	»	»	»	»	»	»	»	»	1re qualité, produit naturel.
Hafnerluden, Moravie	43,00	»	»	49,2	7,0	0,8	»	»	»	»	»	»	»	
Mugrau, Bohème { I raffiné.	96,13	2,61	1,27	»	»	»	»	»	»	»	»	»	»	Pour le graphite de Mugrau, la teneur en carbone est très variable et tombe jusqu'à 25,85 %. Voir *Sprechsaal*, 1890, n° 32.
{ II. raffiné	84,39	15,19	0,42	»	»	»	»	»	»	»	»	»	»	
Rastbach	66,4	32,9	0,7	»	»	»	»	»	»	»	»	»	»	
Saint-Lorenz, Styrie	54,8	45,2	»	»	»	»	»	»	»	»	»	»	»	
St-Michael, près Leoben.	61,1	31,12	2,0	»	»	»	»	»	»	»	»	»	»	
Müglitz, Moravie	44,4	53,2	2,4	»	»	»	»	»	»	»	»	»	»	D'après les analyses du service géologique de Vienne.
id.	59,4	39,9	0,70	»	»	»	»	»	»	»	»	»	»	
Gr. Tresny, Bohème	28,52	44.67	1,15	»	»	»	»	»	»	»	»	»	»	
Ceylan	62,80	»	»	21,6	9,3	5,4	»	0,2	0,1	»	1,2	»	»	

En moyenne on déduit des diverses analyses qui précèdent :

Graphite, 33 échantillons	Graphite, 52 échantillons	Graphite, 41 échantillons
Pois spécifique . . . 2,10	Carbone . . . 76,08 %	Cendres. . . . 18,81 %

Purification. — On peut, comme on l'a indiqué, purifier le graphite aussi bien par des moyens mécaniques, par la lévigation, que par des procédés complètement chimiques. Quelques graphites peuvent s'améliorer par la lévigation et être notablement débarrassés de leurs impuretés, comme cela se fait par exemple en Californie, sur une grande échelle, dans des cuves de $6^m,3$ de large et $0^m,94$ de profondeur avec des systèmes de tuyaux. Le graphite qui se sépare est abandonné dans une seconde cuve, purifié complètement par amenée d'eau, surlévigé dans des caisses plates et séché au soleil ([1]).

Dans une exploitation rationnelle des couches de graphite, il est nécessaire de faire dans la mine un triage des couches de graphite maigres et grasses. Quand ceci est effectué, la masse grasse est lévigée et séparée ainsi en diverses sortes. La sorte la plus fine qui en provient est employée pour les creusets de fusion et pour les crayons, la deuxième et la troisième pour des usages plus ordinaires.

D'autres graphites de Brunn-Taubitz, près de Krems en Basse Autriche, ne peuvent pas être rendus meilleurs par lévigation. On applique alors les procédés chimiques qui suivent.

Par le simple chauffage au rouge de graphite dans une cornue, l'oxyde de fer se transforme en métal, les sulfates en sulfures métalliques, qu'on peut extraire au moyen de l'acide chlorhydrique. Löwe([2]) chauffe avec un poids double de carbonate de potasse ou d'hydrate de potasse, extrait les sels alcalins formés, notamment le silicate de potasse, avec de l'eau bouillante, fait digérer le résidu avec de l'acide nitrique étendu ou de l'acide chlorhydrique fort, filtre et sèche. En répétant trois fois cette opération, Gottschalk ([3]) a obtenu du graphite à 11 % de cendres un produit qui en était exempt. Brodie ([4]), en faisant bouillir le graphite avec les acides et en le

---

([1]) Procédé Ginte, *Dinglers Journal*, 189, 234.

([2]) *Polytechn Centralbl.*, 1885, p. 1404.

([3]) *Erdmanns Journal*, 95. 326.

([4]) *Ann. de Chim. et Pharm.* 114, 7. *Wagners Jahresbericht*, 11, 275. Brodie est arrivé à produire du graphite absolument pur en employant du chlorate de potasse, de l'acide sulfurique et finalement de l'acide fluorhydrique. Hofmann, Exposition de Vienne, 1873, p. 256.

fondant avec de l'hydrate de potasse, a obtenu un produit qui contenait 99,96 % de carbone. Winkler (¹) chauffe le graphite finement pulvérisé avec une quantité double de soude et de soufre, fait bouillir la masse avec de l'eau, lave, traite le résidu avec de l'acide chlorhydrique dilué, lave avec de l'eau, puis avec une solution de sel ammoniac, pour accélérer la précipitation du graphite très fin, lave à nouveau, sèche et chauffe doucement. Schölfel (²) obtient un produit très pur en traitant le graphite par de l'acide chlorhydrique, de la soude caustique, en le chauffant avec de la soude et lessivant. D'après Stingl, on ne peut débarrasser le graphite complètement de ses cendres qu'en le réduisant en poudre très fine, et répétant l'opération avec des alcalis fondus, de l'eau régale et de l'acide fluorhydrique. On a encore essayé d'autres moyens (³).

Les opérations chimiques pour la purification du graphite destiné à la préparation de la matière à crayons et pour les usages médicinaux sont depuis longtemps en usage ; le procédé de Brodie donne un produit absolument pur et en même temps une poudre extrêmement fine, impalpable. Actuellement on purifie encore le graphite employé pour les creusets, par exemple en Angleterre et aussi isolément en Allemagne, en le traitant par les acides.

Détermination de la valeur du graphite (⁴). — Pour déterminer la valeur relative du graphite plus ou moins impur, qui trouve son application dans la pyrotechnie, à l'encontre de celui presque pur et cristallisé servant à la fabrication des crayons, on s'appuyait presque uniquement jusqu'ici sur la teneur en carbone. Une pareille détermination n'a pratiquement de valeur qu'en tant que le carbone constitue l'élément propre recherché dans ces produits naturels si indispensables pour la fusion des métaux, et que sa quantité ne doit pas tomber au-dessous d'un minimum déterminé.

Les méthodes pour la détermination du carbone constituent donc les moyens de fixer la valeur du graphite, et, au point de vue pratique, on s'est préoccupé d'une exécution facile et rapide (par comparaison avec la méthode scientifique employée dans l'analyse organique élémentaire par combustion, ou avec la détermination par

---

(¹) Voir *Dinglers Journal*, 182, 405.

(²) *Zeitschrift d. k. k. geolog. Reichsanstalt zu Wien*, 1866, fasc. I, p. 126.

(³) Ainsi, d'après un brevet (n° 429, 2 juin 1877, classe 22) des frères Bessel de Dresde, on purifie le graphite brut en y ajoutant une petite quantité de graisse, huile, résine etc. et en faisant bouillir le mélange résultant.

(⁴) L'auteur, *Dinglers Journal*, 204, p. 139.

l'acide chromique). H. Schwarz ([1]) recommande pour cet objet de chauffer la quantité pesée de graphite dans un creuset bien fermé avec du bioxyde de plomb en excès et de calculer la teneur en graphite pur au moyen du régule de plomb obtenu. Cette même méthode avec le bioxyde de plomb se trouve aussi indiquée par Wittstein dans le Dinglers journal, 216,45. Il détermine les éléments mélangés au carbone ou encore celui-ci par une seule analyse, en fondant avec des alcalis carbonatés avec addition d'hydrate d'alcali. Gintl, ([2]) qui a trouvé que les résultats obtenus par ce procédé présentent trop d'écart et sont généralement trop élevés, par ce que le fer et le silicium agissent en même temps comme réducteurs sur le bioxyde de plomb, et aussi par ce que tout le plomb ne se réunit pas toujours en un seul et même régule, a recommandé deux autres méthodes. Il transforme le carbone des sortes de graphite en question en acide carbonique et le détermine directement ou indirectement d'après la perte. Dans le premier cas, Gintl fond le graphite avec du bioxyde de plomb dans un petit tube pesé, dans le second avec du salpêtre dans un creuset. Enfin il a indiqué récemment que la meilleure méthode pour la détermination du carbone est celle de l'analyse élémentaire. Stolba ([3]), qui suit les méthodes les plus simples, brûle le graphite à l'air ; la condition indispensable à observer est que la combustion s'effectue à la température la plus haute possible et en même temps avec amenée d'oxygène. « Le graphite pulvérisé, déshydraté et pesé est soumis dans un creuset ·de platine à la température la plus forte d'un brûleur Bunsen à gaz, et le couvercle perforé est disposé de telle manière sur le creuset qu'il s'y produise un courant d'air actif. Si la surface du graphite est renouvelée de temps en temps par remuage au moyen d'un fil de platine de moyenne grosseur, il suffit de 2 à 3 heures pour l'incinération complète de 1/2 gramme de graphite ».

Stolba fait remarquer que, dans ce procédé, la teneur en carbone est un peu plus élevée qu'elle ne l'est réellement, parce que beaucoup de silicates contenus dans le graphite n'abandonnent les dernières traces d'eau qu'à une température très soutenue, et que de plus les sortes de graphite écailleuses renferment notamment du mica, qui par suite de sa teneur en fluor donne naissance au rouge à un peu de fluorure de silicium. D'après Gintl, cette source d'er-

<hr>

([1]) *Dinglers Journal*, 1864, 171, p. 77.
([2]) *Dinglers Journal*, 1868, 189, p. 234.
([3]) *Dinglers Journal*, 1870, 198, p. 213.

reur est peu importante. Si les graphites contiennent du carbonate de chaux, de la pyrite de fer et de l'hydrate d'oxyde de fer, il faut en tenir compte dans la détermination.

Comme Stolba l'a déjà dit, cette méthode a l'agrément que les matières minérales restent sous une forme qui permet leur étude de tous les côtés, ce qui est d'autant plus important que la nature des éléments mélangés ou des enclaves de minéraux étrangers dans le graphite décide de son emploi pour beaucoup d'objets. Il existe cependant des graphites qui, avec une teneur suffisamment élevée en carbone et d'autre part faible en fondants, sont cependant inutilisables, par exemple pour les creusets à fondre l'acier. On peut indiquer rapidement pourquoi cela se produit. Ou bien il faut faire connaître la qualité du carbone ou des éléments accessoires, leur liaison entre eux ou la qualité des deux ensemble. Il va de soi que pour une teneur très importante en carbone, ou lorsque les éléments mélangés sont en quantité extrêmement petite, les éléments accessoires perdent de leur importance et c'est alors la qualité du carbone qui arrive d'autant plus au premier plan.

La manière d'être du carbone graphitique, sa structure amorphe, terreuse ou feuilletée ([1]), sa combustibilité variable plus ou moins grande, jouent un rôle pour déterminer sa valeur. Dans la pratique, sa couleur et sa puissance de couverture séparent les graphites en amorphes et feuilletés ; les premiers doivent être préférés de beaucoup comme matière colorante, tandis que les graphites feuilletés, beaucoup plus compacts, résistent plus longtemps au feu ; par suite de leur structure feuilletée, ils empêchent les creusets de se rompre et augmentent leur résistance contre les changements de température.

D'après G. Rose (*Pogg. Ann.* 148,497) le graphite feuilleté est bien plus difficilement combustible que le compact (amorphe) et c'est ce que montre aussi l'expérience. D'après Rammelsberg (Berl. Ber. 6,187), certains graphites brûlent sur le salpêtre fondant, mais d'autres ne sont pas attaqués.

Valeur de l'analyse chimique du graphite.—L'analyse chimique exacte, pour des graphites de même espèce, fournit une base solide et des indications sures ; pour ceux qui sont dissemblables, il faut tenir compte en particulier de la manière d'être du carbone. Dans la pratique, on se contente habituellement, comme on l'a indiqué,

([1]) Szombathy a observé une structure cellulaire manifeste dans un graphite de Sibérie. *Verh. d. k. k. geolg. Reichsanstalt Wien*, I, 1877.

de déterminer simplement les cendres, mais ceci ne peut donner une sorte d'échelle que pour les mêmes sortes de graphite. Si l'analyse révèle, aussi bien pour une seule et même sorte que pour des sortes de graphite différentes, des valeurs égales, se compensant, il faut conseiller comme critérium pratique la détermination pyrométrique qui suit.

Détermination pyrométrique des graphites d'après l'auteur [1]. — On établit de la manière la plus incontestable la manière d'être pyrométriquement différente des graphites naturels, en les mélangeant avec de la silice chimiquement pure et dans le rapport reconnu le plus favorable : à 100 parties en poids de silice, on ajoute 30 parties de graphite séché à 100° C. Les éléments pesés, finement pulvérisés, sont d'abord soigneusement mélangés à l'état sec, puis à l'état de bouillie ; on les sèche alors, on les écrase encore une fois et l'on en fait des éprouvettes moulées sous forme de cylindres et on les chauffe. Il suffit pour cela de la température de l'acier fondu ou plus exactement d'une température à laquelle une éprouvette cylindrique de l'argile normale la plus inférieure fond en forme de goutte. La détermination devient alors parfaitement évidente, car à un degré de température élevé auquel les éprouvettes fondent déjà complètement, quelques différences possibles disparaîtront. Comme points de repère, on se sert dans ce mode de détermination de mélanges, effectués tout à fait de la même manière, avec de la silice et le meilleur graphite de Ceylan, et avec le graphite trié de Passau, tous deux à l'état naturel. Les petites éprouvettes normales ainsi préparées, disposées et fixées sur le même plateau, sont chauffées avec les graphites mélangés à essayer et sur le même plateau. Si l'on veut aller encore plus loin, on peut prendre, au lieu des graphites naturels, les graphites extrêmement purifiés préparés dans ces derniers temps, pour constater les différences entre eux. Pour les graphites terreux, il est à propos de faire précéder le chauffage intense d'un autre plus faible, mais plus prolongé.

Détermination analytique et pyrométrique. — L'exécution des deux recherches, analytique et pyrométrique, se recommande à cause du contrôle qu'elles fournissent, bien qu'elles ne soient pas toujours absolument nécessaires toutes les deux. Un accord entre le résultat analytique et pyrométrique donne la preuve de leur exacti-

[1] C. Bischof, *Détermination analytique et pyrométrique de la valeur des graphites. Dinglers Journal*, t. CCIV, p. 139.

tude, de même qu'un désaccord laisse supposer qu'il s'est produit des erreurs d'observation dans l'un ou dans l'autre.

Coke, Anthracite et Charbon de bois. — Ces diverses espèces de charbon sont employées, mais en petite quantité, à la place du graphite comme addition pour l'argile. L'anthracite, puis le coke et encore plus le charbon de bois, sont extrêmement plus inflammables et combustibles que le graphite, mais aussi longtemps qu'ils sont protégés par l'enveloppe d'argile, ils se conservent sans brûler, ils augmentent l'infusibilité de l'argile et s'opposent notamment à son éclatement. On en fait des creusets pour la fonte de l'acier, etc. Ajoutés en plus grande quantité, ils rendent l'argile poreuse, moins résistante et spécifiquement plus légère. Le charbon de bois laisse une cendre plus alcaline, au contraire l'anthracite et le coke une plus riche en terres. On prépare aussi les pierres charbonneuses dont on parlera plus loin avec de la poussière de coke.

Goudron. — Celui-ci se répartit facilement d'une manière uniforme dans l'argile, il se brûle et ne laisse aucune cendre alcaline, ce qui est à considérer pour les masses réfractaires poreuses. On l'emploie aussi pour ce qu'on appelle la carbonisation (enfumage des objets d'argiles), ce qui produit une augmentation de réfractairité pour les briques réfractaires, l'argile réfractaire et les creusets de fusion pour les besoins métallurgiques. Le goudron sert encore pour augmenter la plasticité de l'argile ou d'une masse argileuse, et comme ciment pour le charbon, la magnésie, le chromite, etc.

d) Bauxite ou Wochénite

Ce silicate d'alumine, qu'on n'a trouvé qu'en un nombre restreint de lieux, qui est souvent fortement jusqu'à très fortement basique et qui contient souvent des quantités importantes de fer, doit son nom au premier endroit où on l'a découvert : Les Beaux, département des Bouches du Rhône, dans le sud de la France, et ensuite à Wochein dans la Carinthie. On peut regarder ce minéral comme une argile inversée dans ses éléments essentiels. D'après Hofmann[1], la bauxite forme un terme de passage entre le diaspore et la limonite, il a une composition variable, c'est un hydrate d'alumine avec oxyde de fer hydraté.

[1] Hofman, *Rapport sur le développement de l'industrie chimique* (*Exposition de Vienne*, 1875, p. 619). Voir en outre H. Lienan, *Electrochimie*, 9, 101 à 105).

Cette matière est employée notamment pour la préparation d'alumine pure, de sels d'alumine [1], pour les objets réfractaires (comme matière basique ou neutre pour les pierres réfractaires ou pour le revêtement de fours, etc.), dans les usines à fer, pour la production de l'aluminium, et aussi dans l'industrie du sucre (pour la clarification des mélasses de sucre).

En dehors des gisements anciens et qui sont jusqu'ici les plus importants en Europe, la bauxite a été trouvée dans ces derniers temps en amas importants depuis la limite nord du département de l'Hérault jusqu'à la mer, et en particulier à Valle-Verac, petit district près de Paulhau, où se fait l'exploitation. La bauxite se trouve aussi dans le département de la Charente, et très pure dans le département du Gard. Quelques amas ont une puissance de 20 à 30 mètres. D'après Wedding, le gisement des Baux, remplissage en forme de filon, doit traverser les couches crétacées sur une longueur de près de 3.600 mètres.

En Autriche, on a trouvé la bauxite en plusieurs endroits d'abord en Carinthie, ou il n'y a pas longtemps encore on la regardait comme un minéral particulier. La première découverte a eu lieu dans le nord-est de la province, dans une vallée sur un affluent de la Sau. Les montagnes environnantes se composent de calcaires. La couche de bauxite s'étend dans le milieu de la vallée et a une puissance de 4 mètres, à la rencontre des calcaires triasiques et jurassiques. La bauxite compacte a l'apparence d'une argile grise, à d'autres endroits, elle est jaune jusqu'à rouge par suite de mélanges avec de l'oxyde de fer. Les meilleurs échantillons ont 64 % d'alumine, les variétés jaunes 58 % avec 8 à 9 % d'oxyde de fer, tandis que les bruns foncées contiennent de 10 à 30 % d'oxyde de fer et de 12 à 15 % de silice. La bauxite a un poids spécifique de 2,55. De nouvelles analyses ont donné comme composition : 67,6 à 51,4 % d'alumine; 0,7 à 19,3 % d'oxyde de fer, 5,9 à 14,4 % de silice, des traces de manganèse, chaux, magnésie, acide titanique et 23,1 à 12,2 d'eau. Il existe un autre gisement en Styrie, près de Prichova, sur le versant nord du Dobrolberg. Il est ouvert au jour et se compose d'amas, fortement traversés par des argiles et des argiles sableuses, qui reposent sur les calcaires mésozoïques. Ces nodules bruns avaient d'abord été pris pour du minerai de fer; on a recon-

---

[1] D'après un brevet anglais, 22365, pour l'obtention de l'alumine pure, la bauxite, qui est plus ou moins difficilement attaquée par les acides, se décompose facilement par un chauffage modéré avec un sulfite (*Chemiker-Ztg.* 1900, n° 17).

nu plus tard qu'ils sont un mélange de bauxite et d'argile. Le poids spécifique de cette bauxite argileuse s'élève à 3,06. Des analyses ont donné : 58,6 %$_0$ d'alumine, 18,7 %$_0$ d'oxyde de fer. 11 %$_0$ de silice et le reste est de l'eau. Jusqu'à présent on n'a pas extrait de grandes quantités de ces gisements. (*Tonind.-Ztg.* 1898, n° 95).

D'après Fr. von Hauer, à Wochein la bauxite constitue un amas étendu entre les roches triasiques et jurassiques. La bauxite est exploitée depuis longtemps en Irlande, à Belfast et Antrim. On la connait en Calabre, on l'a découverte récemment dans l'Apennin Central comme intercallation dans la craie (*Tonindustrie-Ztg*, 1903, n° 116); en dehors de l'Europe, au Sénégal, en Amérique (voir ci-dessous) et ailleurs. En Allemagne, la bauxite a été découverte tout récemment par l'auteur dans le Hesse-Nassau ([1]).

D'après Percy-Wedding, à Antrim en Irlande, la bauxite se présente en forme d'amas dans le basalte, le gisement allemand est également accompagné de basalte ; il est dans l'argile au Westerwald, en forme de nids au Vogelsberg, et ce même minéral se rencontre au jour dans la terre végétale en morceaux roulés isolés, quelque fois plats ou sphériques.

La bauxite allemande est de couleur gris clair jusqu'à assez blanc (rarement), grise, jaunâtre, rouge ou brune avec nuances intermédiaires. Les morceaux paraissent aussi pointillés. La couleur est produite par la teneur en fer, qui varie beaucoup suivant le gisement et qui prédomine quelquefois sur celle de l'alumine.

Au point de vue pyrométrique, les variétés pures, dans lesquelles il y a une petite teneur en fer et en silice, se montrent fortement jusqu'à très fortement difficiles à fondre, et, à part quelques inconvénients, elles sont en état de fournir un moyen d'augmenter la quantité d'alumine d'autres argiles réfractaires et par suite aussi d'accroître essentiellement leur difficulté de fusion.

D'autre part la bauxite se rétracte au chauffage, et d'une manière très importante, aux températures élevées; aussi par la cuisson d'une masse bauxiteuse, qui n'a pas été au préalable soumise à une chaleur vive, il se produit comme inconvénient de nombreuses fentes de retrait.

L'extraction de bauxite la plus importante a lieu en France. Dans l'année 1901, la production totale s'est élevée à environ 70.000 ton-

([1]) Voir l'auteur, *Le premier gisement de bauxite en Allemagne. Notizbl.*, 1877, p. 309,

nes, et ce chiffre doit être regardé comme plutôt trop fort que trop faible. On y distingue deux sortes principales, la bauxite blanche et la rouge ; la première, qui a une teneur moyenne en alumine de 56 à 75 $\%$ et de 1 à 3 $\%$ d'oxyde de fer, sert à la préparation du sulfate d'alumine et à l'amélioration de l'argile dans l'industrie des chamottes et des ciments. La bauxite rouge, avec une teneur en alumine de 60 à 68 $\%$ et en fer de 12 à 16 $\%$ est exclusivement employée pour la préparation d'hydrate d'alumine (*Tonind.-Ztg.* 1903, n° 4).

Après la bauxite française, c'est celle d'Angleterre (Irlande) qu'on emploie le plus. Cette dernière se vend en trois sortes de la composition suivante :

	I	II	III
Al_2O_3	49 à 54 $\%$	51 à 52 $\%$	45 à 46 $\%$
H_2O	26 à 30 »	23 à 24 »	23 à 24 »
$FeO + Fe_2O_3$ . .	1,75 à 2,25	4 à 5 »	15 à 16 »
SiO_2	8 à 16 »	11 à 12 »	10 à 11 »
TiO_2	5 à 6 »	6 à 7 »	4 à 5 »
CaO	0,5 à 0,6 »	0,7 à 0,8 »	0,15 à 0,20

(Tonind.-Ztg. 1897, n° 14).

Pour ce qui regarde la constitution de la bauxite, il existe un grand nombre d'analyses, qui se trouvent une publication de Roth de Wetzlar « Der Bauxit und seine Verwendung zur Herstellung von Zement aus Ofenschlacke » (La bauxite et son emploi dans la préparation de ciment de scories). On peut renvoyer ici à ce recueil qui est le plus étendu jusqu'à ce jour.

Gisements de bauxite en Australie et dans l'Amérique du Nord

Dans la Nouvelle Galles du Sud (Australie), on a découvert en 1899 la bauxite à Winyello, à environ 100 milles au Sud de Sydney, et presque en même temps on en a trouvé des amas étendus dans les districts de Inverell et d'Emmaville, dans la partie nord de l'Etat. A Emmaville, on a découvert de grands dépots de 12 milles carrés anglais, formés d'une cendre volcanique, ayant par endroits jusqu'à 40 pieds d'épaisseur, et cette cendre est de la bauxite et de la wochenite. Dans le district d'Inverell, la bauxite se rencontre aussi sur des surfaces importantes.

La bauxite de la Nouvelle Galles du Sud varie en couleur depuis le jaune paille jusqu'au rouge foncé. A Inverell, la bauxite n'avait été employée jusqu'ici que pour la construction des routes, parce qu'on ne connaissait pas encore sa valeur pour la production de l'aluminium. Les gisements d'Emmaville ont été pris par le service des routes, mais ceci n'a plus lieu pour d'autres parties du pays à cause des recherches systématiques faites pour la bauxite. Eu égard aux riches gisements de bauxite et à l'emploi continuellement croissant de l'aluminium, la fabrication de ce dernier pourrait introduire dans la Nouvelle Galle du Sud une industrie nouvelle et lucrative. Il faudrait seulement que le minéral fût transporté par chemin de fer jusqu'à un endroit où l'on aurait, en abondance et à bon marché, le charbon et les matériaux nécessaires pour la construction de fours de fusion (Commercial Intelligence).

Dans ces derniers temps, on a découvert dans l'Amérique du nord, en Alabama, Arkansas, Georgie et Caroline du Nord, de puissants dépôts de bauxite, qui doivent, d'après le « Scientific American », l'emporter sur la bauxite française ([1]).

Les analyses (*Ziegel und Zement*, 1892, n° 23 et 1893, n° 1) donnent :

Alumine	35 à 60 %
Silice	6 à 10 »
Oxyde de fer	5 à 6 »
Eau. . . . . . . , ...	24 à 30 »

Parmi les substances mélangées plus rares, les analyses indiquent assez souvent de l'acide titanique ([2]) (jusqu'à 4,5 % dans une bauxite américaine), de l'acide phosphorique et sulfurique, et L. Hote a trouvé, dans deux échantillons, de 0,5 et 0,31 % de vanadium. La présence de la bauxite dans l'entourage ou le voisinage du basalte, permet, d'après les recherches de l'auteur ([3]), d'expliquer sa genèse de la manière suivante. Le basalte, silicate d'alumine, de fer, de chaux, de magnésie, de soude et de potasse, a éprouvé de la part des agents atmosphériques, air, acide carbonique et eau, très vraisemblablement aidés par des vapeurs volcaniques acides, une dé-

---

([1]) Comme particularité, il faut signaler ici les gisements d'argile bauxiteuse qu'on y rencontre, avec une teneur en alumine plus élevée que les kaolins riches en alumine eux-mêmes. Autant qu'on le sait, de pareilles argiles n'ont pas jusqu'ici été trouvées ailleurs.

([2]) Incontestablement il faudrait des chiffres de la silice soustraire une quantité d'acide titanique, qui peut s'élever jusqu'à plusieurs pour cent dans les anciennes analyses.

([3]) L'auteur, *Notizblatt.*, 1880, p. 278.

composition, dans laquelle la plus grande partie de la silice, des alcalis et des terres alcalines a été lessivée et enlevée à l'état de dissolution aqueuse, tandis qu'il restait de l'hydrate d'oxyde de fer, de l'hydrate d'alumine et un peu de silice. Si l'oxyde de fer avait l'occasion, sous des influences réductrices, de se décomposer avec le sulfate d'alumine préexistant ou arrivant d'ailleurs, il se formait de la bauxite qui est le plus souvent plus ou moins semblable au basalte comme habitus.

Fiebelkorn [1], combattant le mode d'origine possible de la bauxite établi par l'auteur au moyen de recherches étendues, fait remarquer qu'elle suppose une amenée longtemps prolongée de sulfate d'alumine, dont l'existence en abondance peut être mise en doute, notamment si l'on considère les importants gisements de France et tout récemment d'Amérique. Il faut au contraire se rappeler et appeler à son aide les époques géologiques avec leurs plusieurs millions d'années, pendant le cours desquelles des quantités minuscules sont néanmoins en état de produire des effets extraordinaires, incommensurables. Dans son étude, l'auteur s'était proposé comme but principal de mettre en évidence au moyen de recherches positives comment, aux endroits où la bauxite et le basalte se présentent l'un avec l'autre, la première a pu provenir du second et dans quelles circonstances ; et ceci a été établi d'une manière indiscutable. Liebrich et Davilla ont en outre indiqué et décrit un mode hypothétique de formation de la bauxite.

Styrie. — On doit indiquer aussi ici la Styrie, avec une teneur en alumine allant jusqu'à 41,48 %.

e) Minéraux contenant de la magnésie

On emploie depuis longtemps la magnésite et aussi la dolomie ; le calcaire et l'asbeste (l'asbeste aide à supporter les changements de températures pour des objets réfractaires, soit qu'on les utilise à eux seuls ou en mélange avec de l'argile réfractaire) [2].

Ainsi en Autriche, on emploie la magnésite provenant d'Oberdorf près de St. Katharein, avec une addition de 20 parties en volume d'argile de Blansko, pour la fabrication de briques réfractaires.

[1] *Tonindustrie Ztg.*, 1897, nº 117.

[2] Les silicates de magnésie et d'alumine : stéatite, schiste calcaire, pierre de savon et serpentine ne doivent pas être comptés parmi les matières réfractaires ; nous ne nous en occupons pas ici.

D'après Schwarz, on employait à Donawitz, près de Leoben, pour les fours à puddler, des briques de magnésie et il a recommandé comme matière excellente un gisement avec 92,52 % de carbonate de magnésie à Mahrenberg en Styrie [1]. Pour la fabrication des briques de magnésie, qui dans ces derniers temps ont pris une importance toute autre et extraordinaire, on estime particulièrement à cause de ses propriétés spéciales la magnésite styrienne de Mittendorf en dessous de Mürzzuschlag [2]. La magnésite se trouve en outre en Saxe, en Silésie (magnésite compacte), en Norvège, Suède, Laponie, et dans l'ile d'Eubée (gisement le plus ancien) localement, mais cependant en massifs puissants ou en nids. Les magnésites d'Eubée ou de Grèce passent pour les plus pures, et, comme on le verra dans le chapitre suivant, celles de Styrie comme les plus propres à la fabrication des briques ; la composition de ces dernières à l'état brut et après cuisson est la suivante [3]. Magnésie styrienne (non cuite) de la Veitschtal, matière pour les pierres de magnésie et pour les masses à pilonner :

Carbonate de magnésie	90.0	jusqu'à	96,0 %
Carbonate de chaux.	0,5	»	2,0 »
Carbonate d'oxydule de fer	3,0	»	6,0 »
Silice.	»	»	1,0 »
Oxyde de manganèse	»	»	0,5 »

D'après Wedding, les divers spaths magnésiens de cet endroit contiennent de 87 à 99 % de carbonate de magnésie ; la teneur en chaux varie entre 1,5 jusqu'à 2,6 % et celle en silice entre 0,6 et 4 %. (Verh. d. Vereins z. Beförderung des Gewerbfleisses zu Berlin, Bericht über Sitzung vom. 6. Febr. 1893).

D'après Christomanos, la magnésie de Maudouai dans l'Eubée [4]

---

[1] *Notizblatt.*, VII, p. 175.

[2] Dans l'année 1885, 16 exploitations ont fourni 2 300 tonnes de magnésite et la production a cru d'une manière importante. D'après les communications de l'auteur cité, l'envoi de matière brute provenant de toutes les carrières styriennes de la maison C. Spaeter de Coblence s'élevait en 1892 à 13 000 tonnes. D'après le rapport de la commission permanente du ministère I. R. du commerce de Vienne, la valeur commerciale de la magnésite cuite en 1901 était de 4 couronnes au quintal. Actuellement toutes les exploitations de magnésite de la maison C. Spaeter sont passées à une société par actions « Veitscher Magnesitwerke ». (*Wiener Zeitschrift für Keramik*, 1899, n° 16).

[3] Zyromski. *Compt. rend.* 1886, p. 106.

[4] Des chargements de navire de cette magnésite vont en Angleterre, à Brest et Hambourg.

est exceptionnellement pure ; sa composition à l'état non cuit donne
(*Chemiker-Ztg*. 1886 :

Carbonate de magnésie	94,46 %
Carbonate de chaux	4,40 »
Silice	0,52 »
Oxyde de fer	0,08 »
Eau, etc.	0,54 »

Les dolomies, toujours très différemment riches en chaux et employées, mais en proportions toujours en diminution, comme remplaçant la magnésite, sont notablement plus pauvres en magnésie ;
leur composition est la suivante :

	I	II	III	IV	V	VI	VII
Magnésie	18,6	17,7	16,4	18,5	17,3	16,1	17,0
Chaux	28,3	33,6	31,4	33,0	29,0	31,0	28,0
Silice	4,1	0,9	0,1	0,3	0,8	2,0	3,8
Alumine	3,0	0,7	1,5	0,2	0,9	1,3	4,0
Oxyde de magnésie	1,7	0,6	4,0	0,7	4,1	3,2	
Matières volatiles	44,2	46,6	42,2	47,4	46,2	45,4	45,0

I, II, III, et VII sont des dolomies françaises ; IV une belge,
V une de Chrzanow en Galicie, VI une de la Pologne Russe.

Il se trouve de plus dans la présidence de Madras, et appartenant
aux montagnes calcaires de Salem, deux très importants amas de
magnésite de 1 1/4 à 3 milles 1/2 carrés. Les montagnes étaient primitivement des roches à olivine, qui ont subi de grandes transformations minéralogiques, d'abord en serpentine, puis en magnésite,
calcédoine, etc. La magnésite se présente en veines, le plus souvent disposées irrégulièrement. Sa quantité est indéfinie. (*Eng.
and Mining Journal*, 1898 ; 66, 609, d'après le *Tonindustrie Ztg.*,
1899, n° 7).

Une moyenne de cinq morceaux différents de magnésie gris foncée, provenant des mines de Kallawang en Styrie, a donné, d'après
les recherches de l'auteur en 1897, la composition suivante :

Magnésie	41,37 %
Chaux	4,10 »
Alumine	0,19 »
Oxyde de fer	2,85 »
Oxydule de manganèse	0,31 »
Silice	1,23 »
Perte au rouge	50,26 »
	100,31 %

Rapporté à cent et en comptant la magnésie, la chaux et le fer comme oxydule à l'état de carbonate :

Carbonate de magnésie	86,84 %
Carbonate de chaux	7,29 »
Alumine	0,19 »
Carbonate de fer	4,13 »
Oxydule de manganèse	0,31 »
Silice	1,22 »
Perte au rouge (eau et matières organiques)	0,3 »
	100,00 %

Des morceaux plus clairs et tout à fait dissemblables, avec endroits jaunâtres ou couleur de noix, avaient seulement une teneur de 27,75 % en magnésie. Les déterminations pyrométriques ont donné :

a) Des morceaux des cinq échantillons de magnésite chauffés à mort et jusqu'à scorification à une température d'environ 1 650°, sont devenus bleus de fer foncé à la cuisson ; cependant quelques-uns d'entre eux se montraient plus clairs. Tous les échantillons traités par de l'acide chlorhydrique dilué montraient pas ou très peu de dégagement de bulles, tandis qu'on percevait une faible odeur d'hydrogène sulfuré.

b) Chauffés à une température de 1 700° environ, les phénomènes étaient entièrement les mêmes.

c) Chauffés vivement et à plusieurs reprises à une température à laquelle un fil de platine enfermé dans une cazette de magnésie était fondu en une petite sphère, tous les échantillons avaient complète-ment conservé la forme qu'on leur avait donnée et s'étaient com-portés presque aussi bien que la meilleure magnésie à pilonner con-nue de Spüter. Malgré ces résultats favorables, la grande teneur en chaux est nuisible ; non seulement elle influe sur l'infusibilité, mais, comme tous les gens du métier l'affirment, elle a, au point de vue mécanique, une action défavorable sur les produits fabri-qués avec de la magnésie.

Magnésie artificielle. — On a bien souvent cherché à employer la magnésie préparée artificiellement. Ainsi on a fait des recherches pour fabriquer des briques avec la magnésie qu'on trouve dans les salines de Stassfurt. A Neu-Stassfurt près de Löderburg, le sel qui se dépose et qui, outre 82,95 % de magnésie, contient encore 11,63 % de sels de magnésie solubles à côté du sel, est débarrassé assez complètement de toutes ces matières, qu'on peut extraire par l'eau au moyen de lavages répétés. Cette magnésie lavée, contenant de l'eau, poreuse et non liante, a supporté une chaleur d'environ 1 600° sans se fondre et elle était encore sectile ; à une température plus élevée, elle ne présentait pas de scorification.

D'après un brevet de G. d'Abelswärd de Paris, on peut préparer un hydrate de magnésium pur en précipitant par la chaux pure des solutions magnésiennes naturelles ou artificielles. (*Sprechsaal* 1890, n° 45). Avec des masses de magnésite humides, on peut aider à la production d'hydrate de magnésie en les chauffant à une température de 140 à 150° dans une chaudière à vapeur.

Déterminations pyrométriques. — La magnésie pure, chauffée sur elle-même ou sur un support de graphite de cornue à gaz, se maintient sans fondre jusqu'à une température poussée jusqu'à la fusion effective (contrôlée) du platine. D'après Moissan, la magnésie fond complètement dans le four électrique à une température de 3 000°, tandis que la chaux fond à 2 500° et l'alumine à 2 000° (*Keram. Rundschau*, 1897, n° 37). En contact avec une masse d'argile, la magnésie perd aussi beaucoup de son infusibilité et fond à environ 1 600° C. Autant la magnésie par elle-même est extraordinairement réfractaire, autant elle mérite peu de confiance dès qu'elle a l'occasion à haute température de former des silicates doubles. Parmi les mélanges purs préparés avec de la magnésie, et dans lesquels on a étudié l'alumine, la chaux, l'oxyde de fer et la silice, les bases et les acides qu'on vient d'indiquer agissent dans leur ordre de succession et d'une manière croissante comme fondants. Parmi les bases, c'est l'alumine qui est le fondant le plus faible ([1]) et l'oxyde de fer le plus fort ; et parmi les acides, l'acide phosphorique favorise la fusibilité beaucoup plus que l'acide silicique. La chaux se distingue de la magnésie d'une manière individuelle. En combinaison avec les acides, comme avec les bases, elle fond plus tôt et plus complètement que la magnésie. Pour ce qui est de l'action des divers éléments nommés les uns par rapport aux autres, on a comme première règle : plus les mélanges sont composés, notamment quand ils sont constitués par des combinaisons déjà formées, et plus en général ils fondent facilement en donnant des produits fluides. (L'auteur, la magnésie et ses combinaisons. *Dinglers Journal*, 237, p. 51 et suiv.).

([1]) La magnésie supporte une addition d'alumine allant jusqu'à 100 % sans fondre à la température de fusion du fer doux.

Dans l'industrie des produits réfractaires, la magnésie sert à faire des pierres (briques), des creusets et des revêtements, notamment dans le procédé Thomas. Dans la section suivante on indiquera ces divers modes d'application.

La magnésie dite à pilonner formée de magnésie de Styrie (¹)

Un échantillon de scories de fourneaux, moulé avec cette matière, et exposé à la température constatée de la fusion du platine (²), reste sans fondre sur un support de magnésie ; il a éprouvé un retrait marqué, absorbe avec avidité les scories ferrugineuses des cendres du coke, sans cependant éprouver une grande détérioration à une première expérience ; si l'on reprend l'essai plusieurs fois, il se produit facilement un éclatement, et la cendre de coke détruit progressivement la masse de magnésie, en formant une scorie visqueuse noire. La cassure montre des morceaux pénétrés de matière fondue, brillants et de couleur gris foncé. On peut y remarquer une réduction en poudre de la magnésie.

f) Fer chromé

Ce minéral rare a été recommandé par Audouin comme extrêmement réfractaire ; il n'est pas attaqué par la silice ni par l'oxyde de fer et ne se rétracte pas. Par le fait, il est par lui-même extrêmement difficile à fondre. A une température qui se rapproche de celle de la fusion du platine, l'oxyde de chrome vert foncé se conserve complètement, et, à cette température élevée, il donne une masse mate, gris foncé, avec une cassure plus foncée, compacte, mais encore absorbante. Il n'éprouve qu'un retrait nul ou insensible, et, en contact avec une masse d'argile, il ne manifeste pas de fusion. Abstraction faite du prix aujourd'hui très élevé de cet oxyde, il faut remarquer que le chrome, qui au point de vue de ses produits d'oxydation se trouve immédiatement à côté du fer et du manganèse, forme aussi comme ces métaux un grand nombre de produits d'oxydation. Ce sont ces différents produits d'oxydation

____

(¹) Comme les pierres magnésiennes, elle montre un léger dégagement d'acide carbonique avec les acides.

(²) Un petit morceau de platine, dans une cazette de magnésie chimiquement pure complètement fermée, était fondu en une petite sphère.

qui rendent le fer et le manganèse si complètement impropres comme matière réfractaire. Il s'ajoute ici que le fer chromé est de composition très variable.

Ce sont surtout les minerais riches en oxyde de chrôme et très chers qui montrent une infusibilité extraordinaire, ce qui a empêché jusqu'ici qu'on en fasse un grand emploi. Aussi un fer chrômé trouvé récemment en Silésie a-t-il fait du bruit; il constitue un gros amas et a été analysé (¹).

D'après les recherches de l'auteur, un échantillon qui en provient, supporte sans fondre une température allant jusqu'à la fusion constatée du platine et même plus haut (²). En outre un cylindre moulé au moyen de minerai finement écrasé reste sans changement, à part un retrait appréciable, et paraît bleu (bleu de fer). La fracture noire, avec quelques grains individuels fondus, montre une condensation et de l'éclat (ramollissement). Le fer chrômé se conserve sur un support de magnésie, mais ne permet aucun contact avec une masse d'argile. A une première expérience, il résiste à la scorie des cendres de coke; si l'on répète plusieurs fois l'expérience avec la même éprouvette, il peut se produire un boursouflement. En raison de la teneur importante en fer, qui suivant les circonstances se transforme si facilement au feu d'une manière défavorable, et d'après ce qu'on a dit plus haut, on peut le supposer aussi pour l'oxyde de chrôme; et l'on doit conserver des doutes sur la résistance prolongée de cette matière.

D'après un brevet (D. R. P., n° 71078) on emploie comme ciment pour le fer chrômé en poudre une addition de 2 °/₀ de gypse et 1 °/₀ de sulfate d'alumine. On obtient de cette manière une masse bien moulable, dure au séchage, qu'on peut sans crainte mouler en pierres façonnées et qui ne change pas au four (*Tonind. Ztg.* 1893,

---

(¹) D'après Seger, il contient :

Oxyde de chrôme.	35,85 °/₀
Oxyde de fer	15,26 »
Alumine.	31,28 »
Chaux.	0,91 »
Magnésie.	11,43 »
Silice .	5,23 »
	99,96 »

(²) Des déterminations pyrométriques au laboratoire du journal de l'industrie des argile (1893) effectuées sur des pierres préparées avec cette matière, ont également montré qu'elle se conserve sans changement et sans fusion à une température supérieure à celle de la fusion du platine.

n° 45). On emploie aussi comme ciment du lait de chaux, du goudron, de la mélasse et autres.

Il y a lieu d'examiner si l'eau chimiquement combinée du gypse et du sulfate d'alumine, ainsi que l'acide sulfurique qui se dégage à un fort chauffage, n'exposeront pas la masse à une dislocation et même à un éclatement possible.

Analyses. — D'après la Chimie Minérale de Rammelsberg, le fer chrômé contient :

	Minimum	Maximum
Oxyde de chrôme	7,23	64,76
Oxyde de fer	14.11	43,39
Alumine	0,86	56,0
Magnésie	6,28	23,59

Le fer chrômé de divers gisements est composé de (*Tonind. Ztg.*, 1893, n° 16) :

	Autriche-Hongrie				Drontheim (Norwège)	Russie			Kavalissac (Asie Mineure)	Baltimore
	Kraubat (Styrie)	Hongrie	Bosnie	Orsova		Iekatorinburg (Oural)	Orenburg	Wiatka		
Cr_2O_3	53,0	31,5	53,0	39,6	42,0	49,5	53,0	58,0	53,0	45,0
Fe_2O_3	24,9	29,6	35,3	21,2	19,7	23,3	24,9	18,2	24,9	42,3
Al_2O_3	8,0	16,8	8,2	22,5	12,0	6,8	8,0	10,0	7,6	5,4
MgO	11,6	14,8	2,0	9,5	21,3	13,4	11,0	11,6	12,3	4,1
CaO	»	»	trace	1,3	»	»	»	»	»	»
SiO_2	2,5	7,3	2,4	4,5	5,0	7,1	3,0	2,2	2,2	3,2
CuO	»	»	»	0,2	»	»	»	»	»	»

Des minerais de chrôme de Grèce ou de l'Oural, qui servent à Urieux pour la fabrication du ferro-chrôme, avaient la composition moyenne suivante :

Oxyde de chrôme	39,1 °/₀
Oxydule de fer	18,0 »
Alumine	27,6 »
Magnésie	11,6 »
Silice	3,0 »
	99,3 °/₀

Voici quelques renseignements sur la production du chrôme : à l'heure actuelle, l'Asie Mineure est presque le marché exclusif du

chrôme pour toute l'Europe. Le minerai contient habituellement
50 % de sesqui-oxyde de chrôme et se rencontre très irrégulièrement réparti au milieu de la serpentine ; le minerai se ramasse sur
la surface dans les champs. Les points principaux d'exploitation
ne sont pas loin de Brousse dans le nord de l'Asie-Mineure et le
port d'exportation est Gemlek. Les autres mines se trouvent le
long de la côte au sud de Smyrne, ou dans le Vilayet d'Allepo, non
loin d'Alexandrette et d'Antioche. La production totale va en Angleterre, Allemagne et Amérique du Nord ; elle doit s'élever à environ 30 000 tonnes au plus (*Tonind. Ztg.*, 1895, n° 51).

Comme on le sait, le fer chrômé, en morceaux ou en grosse
poussière, mélangé avec du goudron exempt d'eau et de la chaux
exempte de silice, a été suffisamment essayé en France et en Russie
dans les fours de Martin Siemens pour la production du fer fondu,
et comme substance neutre de séparation entre les zônes basiques
et acides, les pierres de magnésie et celle de Dinas. Le fer chrômé
se fritte avec la chaux et constitue une sole résistante ; il n'est pas
attaqué par le métal fondu et il est par lui-même sensible aux
changements de température. Tant que, dans le bain, les pierres
magnésiennes sont recouvertes du fer fondu, l'expérience montre
qu'elles se conservent bien ; mais dans une zône plus élevée, où
elles sont découvertes et exposées à d'autres influences, et où elles
se tiennent moins bien, on emploie avec succès les meilleurs Dinas
Anglais.

D'après Wedding, la couche de séparation en fer chrômé qu'on
emploie au lieu de magnésite et de dolomie est tout à fait superflue ;
aussi dans la plupart des usines à fer on a abandonné la garniture
en fer chrômé ([1]).

Fours

Les fours de cuisson employés dans la céramique, avec leurs
accessoires (appareil d'Orsat pour l'examen des gaz, etc.) sont
l'objet d'un ouvrage spécial et nous entraîneraient trop loin ici.
Comme on le sait, les fours céramiques de cuisson se trouvent traités dans des ouvrages spéciaux, auxquels nous renverrons ici.
Parmi ceux-ci, on peut citer ceux de Mendheim, Stegmann, Ram-

---

([1]) Le fer chrômé est employé en grandes quantités dans les aciéries Alexandrowisch
de Pétersbourg (*Töpfer Ztg.*, 1899, n° 69).

dohr, Steinmann, Schinz, etc. Il existe aussi des bureaux spéciaux pour les fours céramiques parmi lesquels le plus anciennement connu est celui de Hoffmann.

Si néanmoins quelques questions principales touchant les fours de cuisson doivent être traitées, on peut le faire au point de vue d'une critique rapide.

D'après les idées de l'auteur, le meilleur four, que l'industrie réfractaire ait à sa disposition, est le four rond de l'industrie des porcelaines, à feu renversé, et cela parce que jusqu'à présent aucun système de four continu n'a pu donner une marche réellement satisfaisante, uniforme et par suite rationnelle. Le four à chambres et à gaz de Mendheim, qui est répandu en dedans et en dehors de l'Allemagne, revient, il faut le remarquer, très cher comme installation et son avantage dépend des conditions, de la marche du générateur, circonstance commune à tous les autres fours chauffés au gaz.

L'auteur doit au remarquable pyrocéramiste Mendheim, mort récemment, les communications suivantes sur les fours au gaz à chambres.

Le four à chambres au gaz se compose d'un certain nombre de chambres de four, séparées les unes des autres par des murs intermédiaires et qui ne sont reliées les unes aux autres que par des canaux qu'on peut fermer. Il tient le mieux compte des principes fondamentaux du chauffage au gaz, parce que le mélange de gaz et d'air ne se fait pas d'abord dans la chambre de four et dans des rapports complètement indéterminés comme dans les fours annulaires connus (qui possèdent une chambre de cuisson annulaire complètement ouverte sans murs de séparation) mais parce qu'il s'effectue dans des rapports qu'on peut déterminer approximativement et avant son entrée dans la chambre de combustion. L'échauffement préalable et le refroidissement de la fournée, comme le demande la bonne qualité des produits, s'effectuent progressivement et uniformément de chambre en chambre, tandis que, dans les fours annulaires, dans la partie supérieure de la charge, le chauffage préalable et postérieur s'étend plus avant et après que dans les fours à sole, et les produits qui s'y trouvent sont exposés à se refroidir plus rapidement et à être saisis plus brusquement par le grand feu. Pour la cuisson des produits réfractaires et en particulier pour la préparation de grosses pièces moulées cuites uniformément, il est important, il est même nécessaire de pouvoir maintenir le chauffage postérieur longtemps dans toutes les parties de l'ensemble de la section du four, et, comme on l'a indiqué, le four annulaire ne donne justement pas cette possibilité d'une manière suffisante.

En raison de son principe, le four à chambres au gaz se prête à un certain nombre de modifications, dont deux trouvent spécialement leur application dans la cuisson des objets en chamotte : (*a*) la construction qui a trait au chauffage par la sole, (*b*) celle à flamme descendante. Quelle est celle des deux constructions qui doit être appliquée ? cela dépend souvent de circonstances accessoires et de ce que la fabrique attache de préférence de l'importance à la production en masse de produits réfractaires de formats normaux, ou qu'elle tient surtout à la fabrication de gros morceaux moulés. La construction désignée par (*a*) présente l'avantage d'une répartition extraordinairement uniforme de la température dans le four à chambre, de telle sorte que la différence entre les parties les plus chauffées et les moins chauffées d'une fournée atteint souvent à peine 1 cône de Seger. La modification (*b*) ne donne pas une pareille uniformisation de la température ; bien plus, les différences entre les parties supérieures et inférieures de la fournée, notamment dans les fours à grandes chambres, peuvent s'élever jusqu'à 2 et 3 cônes de Seger ; dans la plupart des cas, ceci n'est pas nuisible, mais bien plutôt souhaité, parce qu'on a ainsi la possibilité de pouvoir cuire d'une manière complètement uniforme dans une seule et même chambre du four des pierres de composition différente. C'est pour cela que cette construction du four est préférée en général.

Les dépenses de construction et de cuisson des fours à chambres avec chauffage descendant ou par la sole sont les mêmes dans des conditions égales.

Pour une température moyenne du cône 13 de Seger, et dans les fours à chambres de grandeur moyenne et grands, la quantité de combustible pour cuire des pierres réfractaires normales ou moulées est d'environ 12 à 14 °/₀ de charbon de terre de qualité moyenne ou de 19 à 20 °/₀ de la meilleur lignite de Bohême. Dans des fours plus petits ou pour un point de cuisson plus élevé, la quantité est un peu plus grande.

La durée de la cuisson dans les fours à chambres individuels dépend naturellement de leur grandeur et de la température demandée ; et on peut obtenir plus de fournées dans les petits et moins dans les grands dans le même temps. Pour la cuisson d'objets en chamotte,

la production mensuelle d'un four à chambres varie suivant la grandeur de ses chambres entre 24 et 36 chambres. En raison des grandes
quantités de chaleur qui sont emmagasinées dans le four à chambres
au gaz et qui ne sont pas utilisées pour l'exploitation, celui-ci permet diverses modifications des installations de séchage.

Nous n'en finirions pas avec le nombre de fours à chambres au gaz
et autres tels que ceux de Danneberg, Wolf, Hotop, Bock, Böing, etc.
Le système le plus convenable paraît à l'auteur celui des fours ronds
accouplés, avec demi chauffage au gaz, où 6 fours sont groupés en
une seule colonne, et où les gaz provenant de l'un vont dans les
fours suivants pour les réchauffer, tandis que le four, qui se trouve
en plein feu et qui précède, cède de sa chaleur à l'air secondaire
attiré et agit ainsi comme un récupé-
rateur. Son inconvénient pour les
objets à cuire réside dans la fusion
des cendres et des scories, qui donne
un pourcentage plus élevé de déchets.

Nous limiterons nos considérations
sur les fours aux rapides indications
que nous venons de donner, et nous
allons nous occuper des fours d'expériences plus petits, parmi lesquels
celui de Deville et Sefström ont déjà
été indiqués en détail. Ce sont les
fours du laboratoire de l'industrie des
argiles à Berlin, un autre plus petit
avec un four à moufle de Rössler,
ainsi qu'un four à chauffage électrique
de Heraeus qu'il faut signaler en particulier.

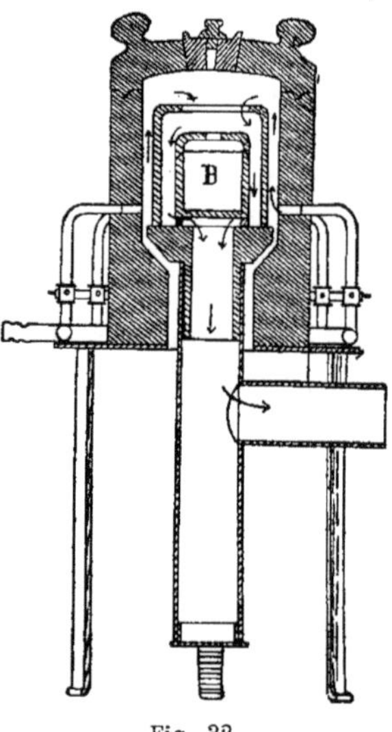

Fig. 32

Pour les premiers, on fera remarquer que le mode de chauffage
est semblable à celui de la grosse industrie, la chaleur monte lentement et est uniformément répartie dans toutes les parties de la zone
de cuisson. D'après cela, on peut y produire facilement une flamme
tantôt oxydante, tantôt réductrice. Dans le four représenté ici, le
chauffage se fait au gaz d'éclairage avec de l'air au préalable fortement chauffé. Il se compose (fig. 32) d'un cylindre de chamotte à
parois épaisses, avec couvercle amovible, qui, formant un pont de
chauffe élevé, renferme un cylindre de chamotte à parois minces.

A l'intérieur du pont de chauffe cylindrique se trouve à petite distance une cazette de chamotte avec couvercle amovible, de forme cylindrique, qui sert à recevoir l'objet à cuire. Six brûleurs Bunsen, régulièrement répartis sur un cercle, envoient leur flamme du dehors à travers le manteau épais de chamotte, dans lequel on a ménagé des ouvertures correspondantes a cet effet; elle monte contre le pont, puis retombant du couvercle entre ce dernier et la cazette elle arrive au tuyau d'échappement qui est en communication avec la cheminée. L'air qui sert à la combustion, réchauffé par les gaz chauds de la combustion qui s'échappent, est introduit dans l'espace annulaire ménagé entre la paroi extérieure et le pont. A cet effet, le tuyau d'échappement en fer est entouré d'une enveloppe; dans l'espace annulaire ainsi constitué, l'air destiné à la combustion monte en sens inverse des gaz brûlés et s'échauffe contre les parois chaudes du tuyau. Par suite de l'emploi d'air chaud, la combustion du gaz est plus intensive et la température engendrée est en conséquence plus élevée.

En raison de la marche de la flamme qui se meut d'abord vers le haut, puis vers le bas, la chambre de chauffage proprement dite est entourée annulairement. Ceci rend possible l'uniformité de la température dans toutes les parties de la cazette de cuisson. On l'observe au moyen d'un trou pratiqué dans son couvercle. On envoie d'abord un faible courant de gaz dans le fourneau et on l'allume avec précaution. Un regard dans le couvercle permet de bien observer la marche du feu. Suivant la rapidité avec laquelle la température doit s'élever, on agit sur l'arrivée du gaz qu'on règle au moyen d'un robinet.

Comme on l'a indiqué, ce fourneau s'est bien comporté pour les diverses expériences de chauffage, et l'on y a cuit aussi bien de la porcelaine dure que du ciment, du grès cérame, de la faïence, de la brique, etc.

On obtient une élévation plus rapide de la température dans les fours d'expériences par des modifications dans les proportions et la construction des brûleurs. Voir une description avec dessin (*Tonind. Ztg.* 1896, p. 885). On y trouvera aussi des indications sur un four à fondre les fondants colorés et les émaux, ainsi que des dessins d'un four à moufle sans chauffage préalable et d'un moufle d'expérience avec chauffage préalable d'air. Parmi les appareils chauffés au pétrole, le *Tonind. Ztg.* 1898, p. 353, indique encore un four d'expériences de Barthel de Dresde.

Le four de Rössler, qui est également chauffé au gaz, est approprié aux recherches de chauffage et particulièrement aux déterminations de fusions d'argent et d'or et autres. L'argent y fond après
15 minutes, l'or après 20, un alliage de 90 d'or et 10 de platine après
40. D'après le dessin ci-joint (fig. 33), l'air froid arrive par la
chambre, dans laquelle il se réchauffe contre les parois chaudes de
l'enveloppe, jusqu'au brûleur Bunsen a, et en quantité aussi abondante qu'il est nécessaire pour une combustion complète ; il passe
aussi autour du brûleur et, avec le mélange gazeux sortant de ce
dernier, il arrive dans l'enveloppe intérieure c sous le creuset b, où
la combustion s'effectue. Les gaz de la combustion passent par le
petit couvercle en dehors de l'enveloppe interne C, entourent celle-
ci complètement en se répandant entre
elle et l'enveloppe extérieure d ; ils
lèchent alors les parois intérieures de la
chambre de réchauffage e, où ils abandonnent une partie de leur chaleur à
l'air destiné à la combustion et finalement ils s'évacuent par la cheminée g.
Le second brûleur F est disposé de telle
manière qu'il y ait autant d'air aspiré,
dans l'appareil, mais pas plus qu'il n'est
nécessaire pour une combustion complète. Pour le faire fonctionner, on enlève

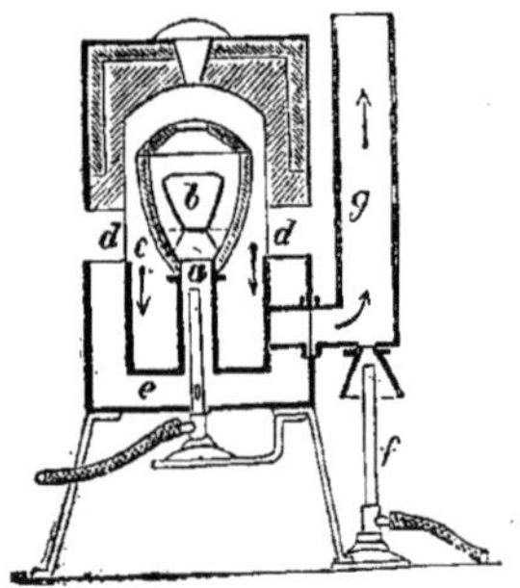
Fig. 33

d'abord les deux couvercles, on allume les deux brûleurs et on remet
les couvercles en place (*Dinglers Journal* 1885). Rössler a de plus décrit
dans ces derniers temps un remarquable four à moufle combiné,
avec chauffage par pulvérisation automatique de pétrole (*Keram.
Runschau*, 1902, nᵒ 47). Pour des expériences plus grandes, le four
de Löser avec demi chauffage au gaz et récupérateur, représente un
système extrêmement favorable, comme l'auteur a eu l'occasion de
l'observer. Il se trouvait à l'Exposition de Paris en 1900 une série
de fours de laboratoire et d'expériences avec chauffage au gaz
et récupérateur (*Tonind. Ztg.* 1900, nᵒ 66).

Nous devons mentionner ici les fours de laboratoire pour hautes
températures et chauffés électriquement. Si l'on envoie un courant
électrique à travers des tubes ou autres corps creux de porcelaine
au moyen d'une spirale de fil de platine, on produit rapidement
une température d'environ 1 500ᵒ C. Lorsqu'il est mince, le fil ne
dure que peu de temps. Si à sa place on emploie une feuille mince

de platine, ceci présente plusieurs avantages. La chaleur dégagée est cédée immédiatement, la feuille de platine ne se chauffe pas d'une manière importante et elle est bien meilleur marché. En 15 minutes environ, la température s'élève à 1400° C. dans un tube de 25 millimètres de large, mais la spirale de platine se détériore pour une température plus élevée. On peut ainsi conserver toute température que l'on veut aussi longtemps qu'on le désire et la mesurer au moyen du pyromètre d'Holborn et Wien, ou la calculer d'après le changement de résistance de la spirale chaude. Les tubes portés au rouge ne doivent pas être mis en contact avec des objets froids, parce qu'il se crèvent alors facilement.

On a construit les types suivants de fours : des fours horizontaux ou à tuyaux, avec tubes de 20, 30, 40, 50 et 65 millimètres de largeur libre, et aussi un four vertical ou modifié d'Holborn, qui sert pour les creusets. (Communication de W. C. Heraeus, d'après les procédés indiqués pour le brevet (*Tonind. Ztg.* 1902, n° 136).

Nous devons encore citer ici comme tout particulièrement remarquable un four de fusion construit dans ces temps derniers par W.-C. Heraeus et chauffé primitivement au gaz oxhydrique. D'après le *Tonind. Ztg.* ce qui sert de chambre de chauffage est un tube en iridium pur, d'environ 40 millimètres de large et 200 millimètres de long, qui est fermé à ses deux extrémités par un bouché perforé, fait de chaux calcinée. On introduit par une des ouvertures le thermo-élément bien connu et préparé par Heraeus, tandis que par l'autre on observe avec une lunette d'approche ce qui se passe dans le tube. Le four est maintenant disposé aussi pour le chauffage électrique et il permet de la seule manière connue jusqu'ici, non seulement de mesurer des températures extraordinairement élevées, mais encore de les observer d'une manière durable.

Les températures ont été mesurées au moyen du thermo-élément allant jusqu'à 2100°, et composé d'iridium pur, par rapport à un alliage d'iridium et de ruténium. Le thermo-élément avait été comparé jusqu'à 1600° avec un élément normal gradué par le Phys. Techn. Reichsanstalt; les températures plus élevées avaient été déduites du calcul d'après la détermination de la force thermo-électrique correspondant à la fusion du platine. Au moyen du nouveau four combiné avec le tuyau d'iridium et le thermo-élément d'iridium, il est possible d'engendrer tous les degrés possibles de température qu'on rencontre dans la pratique, dans un four qui est fermé à l'exception des deux ouvertures mentionnées plus haut, et de

les mesurer. En prenant pour base le point de fusion du platine :
1 780°, on a déterminé la température de fusion (exprimée en degrés
de Celsius) du corindon pur, du cristal de roche et des cônes 36 et
37 de Seger. On a trouvé :   .

Corindon.	1 865° C.
Cristal de roche	1 705° »
Cône 36 de Seger.	1 785° »
Cône 37 de Seger	1 800° »

Par là se trouvent fixées d'une manière exacte les propositions
suivantes que l'auteur n'avait pu mentionner qu'à titre d'indication
à l'aide de moyens d'expérience moins puissants et en se basant
sur des températures élevées qu'on n'avait pu atteindre qu'à grande
peine (¹).

1° L'alumine chimiquement pure est extrêmement difficile à
fondre et fond plus tard que le platine pur et conservé pur, et la
silice aussi se montre plus facilement fusible.

2° Le mélange de deux composants, d'accord avec la loi connue,
fond plus tôt que chacun des composants individuellement. Par
l'introduction de ce four extrêmement intéressant, on a fait un pas
important qui laisse pressentir des progrès scientifiques dont on n'a
pas encore l'idée et Heraeus a rendu ainsi un service extraordinaire
à la science céramique. C'est ainsi qu'on a été fixé sur ce que l'auteur avait annoncé plus haut, à savoir que les cônes de Seger fondent
plutôt que Seger ne l'avait admis.

(¹) L'auteur est arrivé à souder ensemble des morceaux d'iridium, dans une cazette
d'alumine, mais pas à les fondre (voir, chap. iii).

CHAPITRE V

—

APPLICATION DE L'ARGILE
CONDITIONS GÉNÉRALES RELATIVES A LA PRÉPARATION
DES PRODUITS RÉFRACTAIRES

Dans la préparation des produits réfractaires ([1]), nous avons à signaler au début que, si la difficulté de fusion y est prise en très grande considération, cette propriété individuelle et seule n'est cependant pas déterminante. La réfractairité est le produit de divers facteurs qui sont : la difficulté de fusion, la compacité, la solidité et la résistance à l'endroit des substances avec lesquelles les produits viennent en contact. On doit avoir plus ou moins égard à tous ces desiderata, le plus souvent toujours en même temps, ou bien ils s'imposent comme condition à des titres différents. D'après Jochum, on peut dire d'une manière appropriée que « la faculté de résistance des produits réfractaires se présente comme la somme des fonctions des propriétés chimiques et physiques ». (Jochum, Vortrag im Pfalz-Saarbrücker Bezirkverein deutscher Ingenieure. Juillet 1894). Nous pouvons traiter d'abord les questions pyrométriques, puis les questions physiques.

Conditions pyrométriques et chimiques. — On doit tenir comme condition fondamentale dans la préparation de tout produit réfrac-

---

([1]) Les objets fabriqués réfractaires, désignés dans diverses fabriques sous le nom peu convenable de « produits réfractaires » et, en Autriche, de « productions réfractaires ». sont employés dans la céramique et dans les industries alliées. L'industrie des argiles réfractaires est relativement encore jeune, elle a à peine plus de quatre cents ans et elle ne s'est développée en grand que depuis l'accroissement de la production métallique. Les objets réfractaires sont surtout employés dans l'industrie métallurgique et minière, en un mot partout où l'on se sert de fours devant supporter un très haut degré de chaleur. Comme on le sait, la fabrication des objets en argile est très ancienne. Il est prouvé qu'en Chine on a fait des produits fabriqués en argile déjà 2 698 ans avant J. C. et dès l'année 2 000 avant J. C. on préparait déjà des grès ·cérames ressemblant à de la porcelaine.

taire que la matière à employer ou le mélange composé de substances diverses doit être convenable au point de vue pyrométrique, c'est-à-dire, doit être suffisamment difficile à fondre. Aucun fabricant ne doit se faire d'illusions à cet égard ; car à quoi sert toute recherche dans un autre sens si le produit en question ne peut pas supporter le degré de chaleur déterminé qu'on exige, s'il fond au lieu de se conserver suffisamment longtemps? Il en résulte, pour les questions pyrométriques, que si l'on ne s'aide pas en règle générale d'additions choisies de matières plus difficilement fusibles, les nombreux adjuvants dont les industries céramiques jouissent d'ailleurs et même ce qu'on appelle les agents chimiques spéciaux ne peuvent que peu y remédier.

Le fabricant de produits réfractaires doit dans tous les cas connaître ses matières pyrométriquement ainsi que chimiquement et, s'il a en vue une masse de composition déterminée ou en général s'il veut réaliser des améliorations, une connaissance exacte de la composition chimique est nécessaire. Dans une fabrique bien conduite, le contrôle de la fabrication par des déterminations pyrométriques continues aussi bien que par des analyses chimiques, est donc indispensable, notamment pour toute matière nouvelle qui se présente ([1]).

Conditions physiques ou mécaniques. — Ce n'est que dans des cas rares que le praticien emploie la matière seule et comme telle ; la seconde question de la méthode de fabrication qui se présente à lui est celle de la partie mécanique, qui s'occupe de lier en un tout

---

([1]) On a proposé, et l'on a pris des brevets en Angleterre à cet effet, de purifier l'argile artificiellement au moyen d'agents chimiques, en particulier de la débarrasser du fer et de la rendre ainsi réfractaire (il faut ainsi que l'oxyde de fer soit transformé soit en oxydule soluble par des agents réducteurs ; soit par le chauffage de l'argile avec divers sulfates en sulfure de fer insoluble et en combinaisons d'alumine solubles) : cependant cette marche ne doit pas avoir été suivie bien loin et l'on ne sait rien là dessus dans la littérature.

Pour rendre en même temps aussi petite que possible la perte en alumine, qui a de la valeur, et faire que l'emploi des acides soit aussi économique, quand il s'agit d'enlever le fer et à l'occasion la chaux, on peut avoir recours à l'emploi d'un acide très dilué, dont la quantité correspond à la teneur en fer et chaux, ou ne dépasse pas beaucoup ces éléments au point de vue de l'équivalence. Il faut dans ce cas lessiver les sels de fer et de chaux produits et il y a intérêt à relier cette opération avec une lévigation. L'eau enlève par là les alcalis du kaolin, comme Daubrée et autres l'ont établi. D'après le *Chemiker Zeitung*, 1892, pour débarrasser du fer la bauxite et autres matières brutes, on recommande d'employer le gaz chlorhydrique, mélangé d'un peu de chlore. On conduit le mélange gazeux sur de la bauxite chauffée et le fer doit se volatiliser sous forme de chlorure de fer.

unique la ou les matières en question de la manière qui réponde le mieux au but, c'est-à-dire de donner aux objets fabriqués une moulabilité, une consistance et une dureté suffisantes, sans préjudice de la ténacité; et ce n'est pas seulement la grosseur du grain de l'addition, sa forme, son arrangement, mais aussi ses qualités physiques et, dans un sens plus étroit, sa manière d'être spéciale au point de vue physique qui jouent un rôle important à la cuisson. Il s'agit de propriétés et de désiderata perceptibles à l'œil, de la cohésion nécessaire et déterminée ou de la liaison aussi bien intérieure qu'extérieure, de la plus grande continuité possible de la texture, et les propriétés que nous venons d'indiquer doivent se manifester d'une manière suffisamment favorable non seulement après la cuisson, mais elles doivent encore se conserver longtemps à l'usage. Plus une masse a été préparée compacte, d'après les indications qui suivent, plus elle a été lissée et comprimée, plus le séchage s'est effectué lentement, plus la deuxième pressée à été intense, plus le réchauffage a été progressif, plus la chaleur a été élevée et prolongée, et, plus l'objet fabriqué sera résistant.

Si la densité de texture de l'argile ou d'une masse fabriquée joue un grand rôle pour la constitution et la conservation des formes, elle a aussi une influence essentielle sur la résistance de l'objet et les fabricants doivent y prendre garde d'une manière particulière (¹). Un objet fabriqué est-il absorbant ou imperméable, particulièrement à l'endroit des scories de four? cela a une très grande importance. Il faut en outre prendre soin qu'il ne se rétracte pas ou peu au feu, mais qu'il n'augmente pas non plus d'une manière notable.

Si d'une part la faculté de résistance pyrométrique, qu'on désigne aussi sous le nom de stabilité au feu, constitue le principal caractère chimique indispensable, dans bien des cas aussi la résistance mécanique, dans le sens le plus large du mot, est la condition physique nécessaire, sans l'accomplissement heureux de laquelle la meilleure matière réfractaire ne doit pas être employée, ou se détruit bientôt d'une manière plus ou moins rapide quand la connexion mécanique est défectueuse (²). La théorie et la pratique, la

---

(¹) Dans une masse plus compacte, il y a plus de particules dans l'unité de volume.

(²) Ici encore, si nous en venons aux conditions individuelles, il faut signaler la faculté de résister aux changements de température, aux substances qui viennent en contact au feu, à leurs actions chimiques, à la pénétration par les matières fondues et les gaz.

Comme on l'a indiqué, les combustibles attaquent suivant la qualité et la quantité

science et l'expérience, ces deux principes qui se font si souvent la guerre inutilement au lieu de se compléter, doivent ici, comme en général, venir alternativement l'un après l'autre ; ils doivent, marchant toujours ensemble, poursuivre le but qu'on s'est fixé. Ils ne devraient tous les deux n'avoir aucune animosité ; car que sert au théoricien en progrès d'avoir indiqué le meilleur mode de composition et même la matière la plus infusible de toutes, si le praticien ne survient pas et ne rend pas avec elle un service indiscutable. La théorie la plus complète ne prend de la vie, ne rend des services et n'est couronnée de succès que quand il est possible de l'appliquer ; et inversement la proposition connue dit : « faire des essais sans avoir la science pour étoile conductrice, c'est errer çà et là dans le domaine illimité des possibilités ».

Il faut encore remarquer que la question pyrométrique peut se trancher par un essai ou par un petit nombre d'essais ; le problème physique exige l'accomplissement d'une série de conditions ; il suppose une connaissance étendue et approfondie de la matière, ainsi que cela a été démontré en première ligne et par de nombreux observateurs. Si aux déterminations pyrométriques et analytiques vient se joindre l'étude physique méthodique, cette réunion donne pour toute exploitation rationnelle le moyen le plus désirable pour éviter en temps utile les erreurs et les mécomptes.

Conditions économiques. — Nous avons maintenant à envisager le côté économique, qui embrasse une masse de points de vue. Il ne s'agit pas seulement de savoir comment on fabriquera de la manière la plus avantageuse ou à meilleur marché, sans fautes d'omission, et il ne faut pas se laisser séduire jusqu'à attribuer plus de valeur à un produit fabriqué à bon marché qu'à un bon. Le bon marché ne doit pas être l'imperfection. Les consommateurs devraient

des substances qui leur sont mélangées ; ces dernières s'accumulent dans les particules des cendres et agissent d'autant plus énergiquement sur les objets réfractaires que ceux ci se laissent plus facilement pénétrer et que le degré de température atteint est plus élevé. Toutes choses égales d'ailleurs, il faut, par exemple, donner aux matières réfractaires une composition différente pour des charbons gras et pour les charbons maigres. Les parois, qui entourent la grille d'un foyer, exigent une masse plus susceptible de résistance que celles qui ne sont qu'effleurées par la flamme.

Pour ce qui est de la résistance aux changements de température, une masse y est d'autant moins sensible qu'elle est plus maigre, à gros grains, poreuse et, comme dit Aron (*Notizbl.*, X. 157) qu'elle se montre fissile dès le début, de telle sorte que la tension, qui se manifeste à un endroit isolé par suite d'une élévation de température et qui se traduit par une fente, ne s'étende pas à toute la masse, mais se limite à la fente capillaire la plus voisine et n'aille pas plus loin.

regarder comme un principe juste et vérifié pratiquement qu'il faut toujours choisir le meilleur qu'on puisse se procurer et traiter le prix des objets comme un point d'importance secondaire. C'est ici que s'applique ce dicton ; « le meilleur marché est souvent le plus cher et, en règle générale, le meilleur est à meilleur marché ».

Il est important d'avoir une exploitation méthodique et continue, où l'on transporte les grandes masses avec le moins de temps et de dépenses au moyen d'élévateurs (¹), de chaines, de systèmes de voies, où l'on évite dans chaque cas des transports inutiles, et où l'on se fixe pour but de régler l'enchainement des diverses opérations suivant un système déterminé ; de plus, en étudiant de plus près les circonstances données, en s'en rendant maître et en les utilisant, on se rend indépendant des cas imprévus et des circonstances qu'on ne peut pas contrôler, et quelquefois des choses purement extérieures peuvent faire qu'une concurrence soit impossible. Rappelons nous que la pratique ne cherche pas le meilleur absolu, sans conditions, mais le bon, en tant qu'on peut y arriver au meilleur marché et le plus facilement possible. Un fabricant prévoyant, après avoir fait un choix déterminé en se basant sur une connaissance étendue des propriétés des matières brutes, songera toujours combien un changement d'exploitation entraine de difficultés multiples et souvent peut préparer des inconvénients inattendus.

Un but économique qu'on se propose souvent et qui consiste à épargner sur le travail, sur l'homogénéisation ou le mélange intime, etc, ou à obtenir inconsidérément le maximum de production dans le minimum de temps, ne peut se réaliser que plus ou moins aux dépens de l'objet fabriqué. Dans la fabrication des produits réfractaires, il ne faut pas oublier ce dicton : « une fois ne répond pas pour toutes » ; et il faut tenir compte de la proposition fondamentale rappelée plus haut que le produit réfractaire doit, dans chaque cas, convenir au but déterminé et satisfaire aux exigences ou aux desiderata spéciaux qui lui sont imposés. Chaque objet réfractaire fabriqué a, comme on dit, une place d'emploi déterminée, spéciale. On ne mettra pas une pierre riche en silice dans un endroit où elle aura l'occasion d'absorber des substances basiques et inversement une masse très riche en bases ne supportera pas le contact de fine

---

(¹) Voir, *installations de transport dans les briqueteries*, de ECKHART. *Töpfer u-Zieg-Ztg.*, 1880. Voir aussi, *élévateur d'argile*, *ibid.*, 1886, n° 10 etc.

poussière sableuse. Une pierre à degré pyrométrique élevée, mise dans une fausse place, peut quelquefois s'y comporter essentiellement plus mal qu'une autre située pyrométriquement plus bas.

Une fabrication prévoyante réunira au choix des ouvriers les dispositions les plus satisfaisantes pour le travail lui-même, en construisant des ateliers bien aérés, pleins de lumière, frais et autant que possible séparés, pour éviter notamment les poussières mauvaises pour la santé et souvent fatales dans les fabriques d'argile ([1]).

Ainsi chaque fabrication doit consulter les trois points de vue déterminatifs qu'on a signalés, et plus elle saura satisfaire aux trois en même temps, tantôt l'un, tantôt l'autre venant au premier plan, et mieux elle rendra, plus elle sera susceptible de concurrence. Il en résulte que l'industrie des argiles réfractaires de même celle des argiles en général, peut se servir en même temps de diverses substances faisant compensation. Pour des exigences très élevées, ou bien quand tout dépend de la confiance, comme par exemple dans les verreries, ou pour les creusets à fondre l'acier, etc., ce sont les deux premières conditions qui doivent tenir le premier rang, et la troisième ne vient qu'après, surtout s'il s'agit de la matière à meilleure marché.

Il faut encore signaler que l'emplacement d'une fabrique d'articles réfractaires supérieurs ne dépend pas, comme celui d'une briqueterie, du voisinage du gisement d'argile; car ce n'est pas tant la quantité de la matière brute que les salaires des ouvriers et d'autres considérations, notamment les facilités de chargement et de déchargement, qui peuvent être déterminatifs ici.

Fabrication en général

Préparation des masses. — Toutes les matières écrasées, qui ne sont pas travaillées immédiatement, les diverses sortes de farine

[1] Il existe, comme on le sait, divers dispositifs nouveaux pour éviter les poussières. Signalons entre autres ceux de Beth à Lübeck. Pour écarter la poussière dans le gâchage de l'argile, on peut signaler la machine à moudre humide de Meisel-Zeyem, qui travaille sans donner de poussière (*Tonind Ztg.*, 1895, n° 12). On trouvera des sources de référence dans la partie éditoriale et les annonces du dit journal. Citons encore à ce sujet un ouvrage recommandé dans le *Tonindustrie Zeitung*, 1902, n° 135. « Schutz der Staubarbeiter » de Karl Hauck, ingénieur et inspecteur des métiers, dans lequel sont donnés une série d'exemples et les divers moyens à appliquer pour empêcher la poussière dans l'industrie.

d'argile, la chamotte, le quartz de diverses grosseurs de grain, etc., doivent être soigneusement tenus et conservés séparés. Les magasins de provisions doivent se trouver dans le voisinage immédiat des endroits où l'on fait les écrasements et les mélanges ; ils doivent être protégés du vent et de la pluie et munis d'un fond dur en bois, sur lequel sont amoncelées les diverses matières dans leur subdivisions particulières. Pour ce qui est du travail, à l'exception des argiles schisteuses, de quelques kaolins bruts et argiles sableuses, les argiles ne peuvent pas être travaillées immédiatement après mouture fine et addition d'eau, mais elles ont besoin, comme on le sait et comme on l'a déjà dit, de matières amaigrissantes pour combattre le retrait, augmenter la résistance au feu et élever leur réfractairité. Au moyen des substances amaigrissantes, nous pouvons à volonté graduer tous les phénomènes en rapport avec la plasticité, particulièrement l'absorption d'eau et le temps de séchage de l'argile ; et en général le retrait et le temps de séchage diminuent à mesure que leur quantité augmente. On sait que le rapport entre l'argile fraîche et l'addition, ainsi que le plus ou moins grand degré de finesse de cette dernière, doit être choisi d'une manière différente suivant la constitution de l'argile brute et suivant l'espèce de produit à fabriquer. Habituellement la quantité de matière amaigrissante est d'autant plus grande que l'argile est plus grasse [1], et la grosseur de son grain croît avec la grosseur de l'objet à préparer.

Comme on l'a expliqué plus haut, l'argile à employer à l'état cuit (chamotte) doit avoir été ramenée à un volume aussi invariable que possible par une cuisson longue et suffisamment forte, sans être excessive, afin qu'elle n'éprouve plus que peu ou pas de retrait dans les objets préparés.

Comme on l'a indiqué plus haut, le mélange des matières se fait à la main par pétrissage, pelletage, battage, par le marchage ou au moyen de machines. On peut donner ici un schéma simple, qui indique notamment d'une manière sommaire les éléments qui entrent dans les mélanges composés ; son explication se comprend d'elle-même.

Les mélanges 1 à 3 correspondent aux sortes d'argiles individuelles ; le mélange 4 se compose d'une partie d'argile a, et d'une partie de chamotte b, dans 5 interviennent d'autres sortes de chamotte, ainsi que du sable et dans des proportions différentes, etc.

[1] Il n'est pas rare qu'on tire avantage de cette propriété dans la pratique.

Mélanges	Argile *a*	Argile *b*	Argile *c* etc.	Chamotte *a*	Chamotte *b* etc.	Sable *a*	Sable *b* etc.	Feldspath etc.	
1	1	»	»	»	»	»	»	»	
2	»	1	»	»	»	»	»	»	
3	»	»	1	»	»	»	»	»	Argile contenant du charbon
4	1	»	»	1	»	»	»	»	Chamotte *a* de grain moyen
5	2	»	»	2	1	2	»	»	Chamotte *b* à gros grain, 12mm.
6	3	1	1	1	1	1	1	1	Chamotte, contenant beaucoup de sable et de feldspath, à grain fin.

Continuons la description de la préparation des mélanges. D'abord on mélange la farine d'argile sèche, suivant le rapport découvert et fixé, au moyen d'un seau à main et par pelletage avec l'addition, par exemple dans une caisse rectangulaire de 15 mètres cubes de contenance, et on y ajoute le plus souvent autant d'eau qu'il est absolument nécessaire pour le moulage des objets et leur conservation au séchage. Ceci facilitera certainement le séchage des produits, parce qu'il faudra moins d'espace et de temps pour cette opération ; cependant il ne faut pas perdre de vue qu'une certaine addition d'eau, pas trop parcimonieuse, c'est-à-dire l'approche d'un état mou, ressemblant à de la bouillie, facilite essentiellement le mélange uniforme et le favorise, en rendant le plus souvent les produits plus compacts. Ce problème délicat de l'addition d'eau en quantité convenable, pas trop faible, mais aussi pas trop abondante, doit être regardé comme une chose étonnante dans beaucoup de fabriques. Suivant que l'un ou l'autre des problèmes signalés occupe le premier rang, le fabricant avisé préparera sa masse tantôt plus sèche, tantôt plus humide. On peut prendre comme règle que la masse à former, abstraction de la voie sèche ou demisèche, doit avoir la consistance de la pâte de pain. Nous reviendrons encore plus loin sur le problème le plus souvent pas assez étudié de la préparation d'une masse dense, ayant du corps et de la consistance, et dépourvue de structure.

Mélange des masses par le marchage et le battage. — Ce mode de mélange de l'argile humidifiée avec de l'eau et des additions est en usage dans les verreries, comme on le verra plus loin et comme nous l'indiquons ici. Sur une surface planchéiée ou dans des caisses allongées, on étend les ingrédients par couches les uns au-dessus des autres, on fait un pelletage convenable, on humecte le mélange uniformément avec de l'eau, on le travaille de nouveau à plusieurs reprises, on laisse les mottes qui se sont produites reposer pendant quelques heures au moins, ou encore mieux pendant 1 à 2 jours, et on la corroye avec les pieds-nus (opération qu'on regarde encore aujourd'hui comme la plus convenable et ne pouvant être remplacée complètement par les machines) jusqu'à ce qu'elle paraisse molle et uniformément mouillée sans rester collante, et qu'elle soit devenue suffisamment homogène ; on le reconnaît à ce que la masse ne montre aucune des inégalités signalées plus haut et que toutes les grosses parties sont uniformément enrobées ou entourées par l'argile. Après le marchage, on divise la masse en mottes de 5 à 6 kilogrammes ; on lance celles-ci avec toute la force sur le fond, de manière que chacune d'elles recouvre le bord de la précédente qui s'est étalée, on corroie à nouveau avec les pieds, on bat la masse aussi dur que possible sur une table massive avec des battoirs en fer ou en bois et pendant un certain temps ; on la divise à nouveau en mottes et on la conserve dans un endroit humide, en la recouvrant aussi avec des linges humides pour aller encore plus loin et l'améliorer par le pourrissage. Le marchage répété et le battage prolongé donnent une masse compacte, plus uniforme et qui a moins de retrait.

Mélange par pétrissage à la machine. — Sur une surface unie, on fait un mélange à sec de l'argile brute et de l'addition, on l'humecte superficiellement avec de l'eau, on le laisse reposer pendant quelques heures et on le soumet à l'une des machines décrites précédemment (tailleuses) en ajoutant encore de 18 à 20 % d'eau en poids pour faciliter le travail de la machine. Si l'on traite la masse par la tailleuse sans autre addition d'eau, on obtient un produit d'autant plus compact.

Pourrissage. — Nous renvoyons ici aux indications données dans le chapitre précédent sur le pourrissage, auquel on attache une importance extraordinaire comme action définitive, notamment dans la fabrication de la porcelaine. Pour les produits réfractaires, comme on le sait, c'est la préparation à sec qui est en usage : on s'en sert cependant pour les masses d'argile, quand il y a des exigences élevées en ce qui touche l'obtention d'une très grande homogénéité et pour la préparation d'instruments compacts, par exemple pour les creusets, les pots de verrerie, les cornues à distiller le zinc, les moufles ou les tuyaux, etc.

Séchage des masses argileuses

Le premier enlèvement de l'eau (durcissement) s'opère par le repos, par addition sèche ou aussi au moyen du filtre-presse ; et le séchage lui-même se fait par amenée d'air et de chaleur. Quand on emploie une argile humide pour des produits réfractaires, il est recommandable de la sécher toujours au préalable, parce que, comme on dit, c'est seulement l'argile bien sèche qui se dissout complètement dans l'eau, c'est-à-dire que ses plus fines particules se désagrègent, pendant que l'argile fraîche peut rester dans l'eau des jours entiers sans que celle-ci la pénètre petit à petit, et parce qu'il reste toujours de grosses mottes d'argile qui donnent lieu à la formation de mélanges non homogènes. Le séchage postérieur des objets qui vont à la cuisson, qui a pour objet de les rendre assez durs pour qu'on puisse les mettre au four sans qu'ils se détériorent et, notamment pour les pierres afin qu'elles puissent porter le poids de plusieurs couches superposées, s'effectue ou bien à l'air sur des échafaudages (¹), ou par l'amenée artificielle de chaleur et par le mouvement d'air qu'elle produit. Dans ce dernier cas, le séchage doit se faire avec circonspection et prendre un certain temps. Un séchage irrégulier ou trop rapide entraîne bien des inconvénients après lui. Il faut faire attention avec le plus grand soin à la surface sur laquelle repose un objet à sécher ; car son poids propre empêche l'accès de l'air.

Le séchage se produit à partir de la surface et doit être dans un rapport convenable avec le mouvement capillaire de l'humidité qui vient de l'intérieur. Dans un séchage approprié, au fur et à mesure que l'eau disparaît, les particules solides de la masse se rapprochent les unes des autres par suite de la force d'adhésion, mais seulement jusqu'à un certain point, et il se produit une diminution de volume (retrait). Plus le retrait de l'argile employée est grand ou plus celle-ci est grasse, plus il faut de temps pour le séchage. Dans un séchage trop rapide, lorsque l'eau est enlevée de la surface plus rapidement qu'elle ne peut venir de l'intérieur par les pores, on n'a plus les conditions convenables pour que les changements

(¹) Dans la fabrication des briques ordinaires, on admet que le séchage à l'air libre prend 14 jours, et le plus souvent davantage. Comme le signale Michaelis, les matières humides sortant de la terre peuvent être utilement séchées dans des trommels tournants, *Töpfer-und Ziegl. Ztg.*, 1897, n° 19.

de volume se fassent d'une manière uniforme. Il se produit un retrait irrégulier et, comme conséquence, l'objet se fissure. La force de retrait s'exerce également suivant toutes les directions, mais si un objet moulé n'est pas uniformément humecté, s'il est mou ici, dur là, on comprend que les parties molles se rétractent plus, tandis que la masse plus dure ne les suit pas dans la même mesure ; il se produit des fentes au séchage. Si la croûte extérieure est séchée par trop rapidement et par suite devient trop compacte, elle oppose des obstacles à la sortie de l'eau ; et si la température est suffisamment élevée, cette dernière se change en vapeur qui brise l'enveloppe, fend la pierre ou la disloque complètement.

Comme on l'a déjà indiqué, les sortes d'argile sèchent à l'air d'une manière très différente, tantôt rapidement et sans fentes (les argiles poreuses), tantôt lentement et difficilement (les argiles grasses et en particulier celles qui sont en même temps riches en carbone), et ce n'est que par un très grand soin qu'on peut éviter que les produits ne se fendent [2]. Dans le séchage naturel à l'air, qui à l'air libre dépend du mouvement naturel de celui-ci, ou qui s'effectue dans les hangards couverts, ouverts ou fermés, ou dans des chambres fermées au-dessus ou à côté du four, l'argile, qui devient toujours plus claire d'abord à l'extérieur et ensuite peu à peu dans l'intérieur, perd la plus grande partie de sa teneur en eau. Il y reste toujours 12 à 25 % d'eau chimiquement combinée [3] et hygroscopique, qui doit être enlevée par la chaleur artificielle. L'addition de substances amaigrissantes sèches facilite le séchage et par suite, pour les produits réfractaires où cette addition se fait en grande quantité, il présente rarement de grosses difficultés ; il peut sans inconvénient s'effectuer d'une manière relativement rapide, cependant il ne doit jamais être précipité de telle sorte qu'il se produise une dislocation de la masse.

Si la nature particulière d'un produit fabriqué présente de grosses difficultés au séchage, l'observation attentive de thermomètres et des hygromètres qu'on va décrire plus loin, ainsi que les mesures de vaporisation, donné toujours un moyen couronné de succès

[1] Voir Aron et Seger, *Les proportions du retrait* (*Notizbl.*, 1873, p. 167).

[2] Pour ce qui est des points d'où dépend le temps de séchage des briques, voir Olschewsky (*Notizbl.*, 1884, p. 85). On peut protéger des parties d'un objet contre un séchage trop rapide en les recouvrant de papier mouillé et en appliquant sur celui-ci des plaques d'argile humide.

[3] Il n'existe réellement aucune limite déterminée entre l'eau chimiquement combinée et l'eau hygroscopique.

pour fixer les conditions de séchage en ce qui concerne le mouvement de la chaleur et de l'air.

Séchage artificiel. — A la place du séchage par voie naturelle, qui dépend des changements du temps et de l'époque de l'année, le séchage artificiel, ou le mouvement de l'air de séchage accéléré par des moyens artificiels, rend la fabrication des produits réfractaires et autres régulière et rationnelle ; c'est ainsi qu'on arrive à une bonne exploitation en fabrique et par suite le séchage artificiel y est aujourd'hui la règle presque générale. Il s'agit d'amener la chaleur nécessaire aussi lentement que possible. Pour indiquer d'une manière certaine quelle quantité de chaleur est nécessaire pour sécher suffisamment une brique fraîchement moulée, nous pouvons signaler ici les calculs institués par Olschewsky à ce sujet.

Unités de chaleur de séchage. — D'après l'auteur cité, (Ziegler-katechismus ([1]), p. 141), 100 kilogrammes d'argile qui correspondent environ à 20-25 briques ordinaires fraîchement moulées et qui contiennent en moyenne 20 kilogrammes d'eau, demandant 10 800 unités de chaleur pour l'enlèvement de l'eau. Si l'on compte que 1 kilogramme de charbon de terre de qualité moyenne développe environ 5 400 unités de chaleur, 2 kilogrammes de charbon de terre suffiraient pour 20 à 25 briques, si la chaleur développée par la combustion complète pouvait être rendue totalement utilisable pour le séchage. Si l'on estime à 50 $^o/_o$ l'effet utile réel de nos installations de séchage, il faudrait 4 kilogrammes pour l'enlèvement de l'eau de 20 à 25 briques, ou 100 à 150 kilogrammes de charbon de terre de qualité moyenne pour sécher 1 000 pierres. Le séchage artificiel exige donc une dépense de combustible assez considérable. Pour les fabriques, le problème qui se pose est donc non seulement de se procurer la chaleur de séchage à aussi bon marché que possible, en l'empruntant à d'autres sources de chaleurs qui servent pour d'autres objets, mais encore de chercher à l'employer avec la plus grande circonspection. S'il est possible d'appliquer le maximum de chaleur que supporte le corps à sécher, le séchage est ainsi le plus économique. Ceci résulte des nombres suivants.

([1]) Voir de plus du même auteur. Développement avec exemples, indiquant de quelle manière on obtient des données pour la fixation du temps de séchage (p. 214 à 222). Voir aussi Ohle, sur le séchage artificiel et les installations de séchage, en ayant particulièrement égard aux influences atmosphériques (*Tonind. Ztg.*, 1886, nº 25).

D'après Weigelin ([1]), l'air saturé d'eau contient par mètre cube :

20°	17,1 gr. d'eau
30°	30,1 »
50°	82,3 »
70°	195,3 »
100°	589,5 »

Si l'air n'est saturé qu'à 60 %, il contient

10,2	18,1	49,4	117,3	355 gr. d'eau

Utilisation directe ou indirecte des espaces de séchage. — Abstraction faite de la chaleur transmise par les fours de cuisson ou de celles des fours restant chauds après cuisson (fours annulaires et particulièrement fours annulaires au gaz), le séchage artificiel, tel qu'il est en usage surtout pour les meilleures briques, peut se diviser en trois systèmes différents, suivant le mode de production et d'emploi de la chaleur. Comme principe déjà signalé, il faut qu'à côté d'une installation et d'une application économique pour l'air humide, on évite le chauffage brusque et trop sec. Il s'effectuera de la manière suivante : 1° par le chauffage direct dans une chambre de séchage ; 2° par le chauffage à l'air ou à la vapeur ; 3° par le chauffage sur sole. Dans le premier cas, les gaz et la fumée, provenant de la combustion dans des foyers particuliers, traversent immédiatement les briques à sécher. On se sert pour cela de foyers en maçonnerie, qui sont disposés en divers points de la chambre de séchage et dont les tuyaux d'échappement, de 6 à 12 centimètres de large, vont jusqu'en dessous du toit. Les foyers chauffés au rouge faible aspirent l'humidité et absorbent les vapeurs de dessous, de telle sorte que la chaleur est sèche aussi bien en dessus qu'en dessous.

Dans le second cas, la chaleur provenant d'un four de cuisson ou devenant libre autrement, ou encore la vapeur d'échappement des machines à vapeur, est conduite dans les séchoirs par les tuyaux disposés suivant le système dit en arête de poissson et l'on se sert avec avantage d'un ventilateur (exhausteur) ou d'une cheminée. Par suite de son grand pouvoir de conductibilité calorifique, la vapeur d'eau fait que l'intérieur des objets prend une température plus élevée, sans que la surface sèche.

[1] *Notizbl.*, 1872, p. 249.

Dans le troisième cas, qui est le plus appliqué, les gaz de combustion d'un foyer situé au dehors circulent dans des carnaux ou
des canaux situés sous le fond (chauffage par la sole) et qui sont
recouverts de plaques de chamotte ou de fer. Le mode de disposition au fond dépend aussi bien de la quantité de chaleur disponible
que de la susceptibilité des objets à sécher. Si ceux-ci sont sensibles,
le fond ne doit pas être percé, mais être conservé compact, et tout
naturellement le séchage est moindre. Si les objets fabriqués viennent immédiatement au-dessus des conduits, un réchauffage lent
est toujours la condition pour qu'ils ne deviennent pas de suite trop
chauds et ne se fendent pas. Pour les produits fins, on emploie des
trétaux particuliers à l'aide desquels les pierres et les briques sont
séchées lentement sur des planchettes ou sur de la pierre pour conserver leur forme et leur uni ([1]).

Nous devons indiquer ici la disposition brévetée de chambres de
séchage associées aux fours annulaires ou en long, de Cohrs de
Hambourg ([2]). La découverte a pour but de rendre uniforme l'action
séchante, qui est par elle-même non uniforme, et de sécher sur le
four les objets d'argile sensibles aux fissures. Le four annulaire, ou
en long, est muni d'un toit épais, qui recouvre le four proprement
dit et s'appuie à ses extrémités sur un mur en maçonnerie courant
autour ou concentrique avec la forme du four. Dans cette chambre,
des trétaux sont placés à côté de puits à air régulièrement disposés
et avec des ouvertures en forme de fentes, par lesquelles l'air chauffé,
mais continuellement renouvelé, est aspiré lentement et d'une manière continue de haut en bas. Il existe de bons rapports provenant
de la grande pratique ([3]) et de divers auteurs sur le fonctionnement
de ce dispositif de séchage. Aux usines de Holzmann et Cᵒ, à Franc-
fort-sur-le-Main, les installations de séchage de Cohrs fonctionnent
de la façon la plus satisfaisante pour les pierres de revêtement et
les tuyaux d'eau qu'on y cuit dans les fours annulaires. Le séchage
ne demande pas la moitié du temps qu'il exige dans les hangards
de séchage ordinaires. Les ingénieurs Bock ([4]), Lassen ([*]) et Schmelzer ([5]) parlent avec éloge du procédé de Corhs et Laussen ajoute
qu'il est « complètement juste ». Rühne, qui a fait bréveter un autre

([1]) Voir *Töpfer Ztg.*, 1879, nᵒ 2.
([2]) Il s'en trouve un dessin dans le *Leitm. Zentr. Anz.*, 1887, nᵒ 7.
([3]) *Notizbl.*, 1888, p. 61.
([4]) *Tonindustrie Ztg.*. 1886, nᵒ 16.
([5]) *Notizbl.*, 1884, p. 51; 1885, p. 16; 1887, p. 39.

dispositif, a une opinion différente. Il prétend que, dans le procédé
de Cohrs, par suite du courant d'air plusieurs fois contourné et des
hautes chambres avec une grande quantité d'air peu ou pas chauffé,
le séchage doit être limité, qu'il dépend beaucoup du temps qu'il
fait et que, pour beaucoup de matières, il est mauvais parce qu'il
n'est pas uniforme. Il préconise le système inverse, d'appliquer peu
d'air mais à haute température, de disposer des chambres épaisses
et chaudes immédiatement au-dessus du four, et de ne laisser éva-
cuer de bas en haut que de l'air aussi saturé que possible [1].

Malgré les jugements favorables que nous avons rapportés plus
haut, le système de séchage de Cohrs devrait donc être élucidé de plus
près et il conviendrait de faire sur lui des expériences comparatives.

D'après Michaelis [2], Fellnet et Ziegler de Francfort sur le Main
ont construit pour l'exploitation discontinue et continue un système
de séchage en partie semblable au four à canal de Bock, et dans
lequel des wagons courant sur des voies et chargés des corps à
sécher sont conduits à travers un canal. L'air de séchage arrive à
l'intérieur du canal sous la sole de la chambre de séchage par des
ouvertures en forme de fentes, régulières et pouvant se fermer.

Pour ce qui concerne le four en canal et à forme annulaire de
Bock, signalé dans une précédente édition du présent ouvrage, et
qui paraissait promettre des avantages, il n'y a pas eu de nouvelles
communications, de sorte que nous nous abstiendrons d'en parler
davantage.

Il faut encore signaler en particulier un dispositif de séchage
breveté dans ces derniers temps (1891) par Hotop de Berlin. A
l'encontre du système de ce séchage en partie semblable de Cohrs,
Hotop ferme complètement la chambre de séchage. L'air est aspiré
au moyen de ventilateurs au travers des trétaux connus, et cela
tantôt pour un temps de haut en bas, et inversement. Comme avantages on a invoqué, à côté de l'indépendance du temps et de l'accé-
lération du séchage, le bon marché de l'installation, des frais d'exploitation et de transport (*Tonindustrie Zeitung*, 1894, n° 21).

A cause du manque de place nous ne pouvons citer que très rapidement les appareils de séchage à trommel et à canal de Möller et
Pfeifer, qui ont fait époque et qui sont principalement et particulièrement très répandus dans l'industrie des ciments. Les argiles les

[1] *Tonind Ztg.*, 1889, n° 22.
[2] *Ibid.* 1887, n° 49.

plus grasses et les plus riches en eau peuvent être complètement séchées par un seul passage à travers le trommel, de telle
sorte qu'elles peuvent être moulues immédiatement.

Keller a introduit un nouveau procédé de séchage avec wagons
à briques automatiques. Les trétaux individuels à sécher se composent d'étages en lattes à six étages. Ils sont chauffés jusqu'à 50°
et au-dessus par un chauffage à vapeur. Les frais d'exploitation
pour 1 000 pierres jusqu'au four sont de 1,12 à 1,20 marks et l'installation, même l'hiver par 10° de froid, est en état de fournir à
l'état sec et sans fentes en trois fois vingt quatre heures des pierres
introduites fraîches (*Tonindustrie Ztg.* 1897, n° 22).

Instruments de séchage (Hygromètre). — Pour mesurer l'humidité de l'air on se sert de l'hygromètre ou du psychromètre d'Au-
gust [1]. Il faut prendre garde que ces deux instruments sont tous
deux très difficiles à manier et exigent de longs calculs. Par contre
l'hygromètre de Klinkerfue est plus approprié, en ce qu'il est plus
simple, que, renfermé dans une enveloppe métallique,
il est destiné à servir d'instrument de poche ou de
voyage, ou pour les installations stationnaires, et qu'il
n'exige aucun calcul [2].

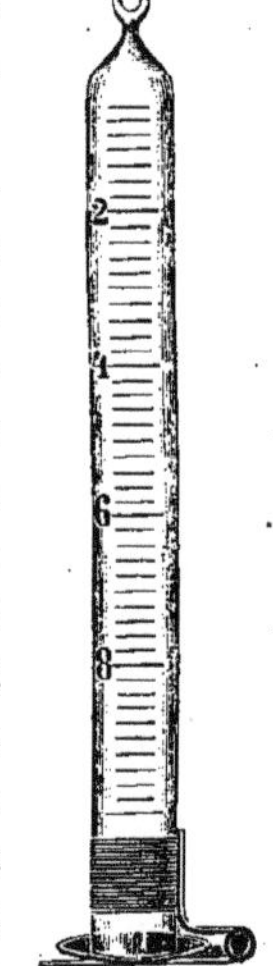

Mesureur de vaporisation (Atmomètre). — Les hygromètres cités indiquent la vapeur d'eau contenue
dans l'air, mais ne donnent aucune mesure de la
quantité d'eau évaporée, ce qui importe dans les fabriques céramiques. Olschewsky a décrit pour cet
objet un appareil très simple, qui se ferme au moyen
de papier buvard humide (la fermeture par papier
buvard devrait bien avoir ses inconvénients) et qui
doit répondre aux exigences de la pratique. Un petit
tube de verre pas trop mince (*fig. 34*) est étiré à une de
ses extrémités et façonné en une boucle, dans laquelle
on passe une ficelle pour suspendre l'appareil. Le tube
est calibré en centimètres cubes avec des subdivisions
de 0,2 en 0,2 centimètre. A la partie inférieure ouverte
du petit tube est fixé un ressort protégé contre la rouille

Fig, 34

au moyen duquel une petite feuille de papier buvard est appliquée
contre l'ouverture, de telle manière qu'il y ait une fermeture suffi-

(1) On trouvera la description et le dessin de cet appareil dans le *Leitmeritzer
Zentr-Anzeiger*, 1887, n° 7.
(2) Voir *Tonindustrie Ztg.*, 1878, p. 11.

sante. Le petit tube est rempli d'eau, le papier buvard prélablement mouillé est appliqué contre l'ouverture par le ressort un peu soulevé, et, après que l'ouverture est ainsi fermée, l'appareil est retourné. La petite feuille de papier empêche l'écoulement de l'eau et l'on peut lire la position de celle-ci dans le tube. Le papier buvard employé pour les petites feuilles est de qualité particulière; ce papier est toujours humecté par l'eau située au-dessus de lui et il en arrive autant qu'il s'en vaporise par la feuille. Si l'on suspend dans l'air l'appareil rempli d'eau, suivant l'action séchante de l'atmosphère, il suintera et il s'évaporera plus ou moins d'eau dans des temps égaux, ce qu'on constate en lisant le nombre actuel par rapport à l'ancien.

Si l'on veut déterminer par des expériences comment une argile se comporte au séchage, on en prépare quelques uns des objets qu'on veut fabriquer et on les expose en divers endroits à l'action séchante (bien entendu en les abritant contre la pluie). Dans le voisinage immédiat de chaque objet, on place un appareil et, après avoir pris note du temps et du poids du corps en expérience, on fait la lecture du niveau de l'eau dans l'atmomètre. On relève ces données à certains intervalles de temps (toutes les 24 heures) jusqu'à ce que le poids du corps en expérience ne diminue plus, c'est-à-dire qu'il soit séché à l'air.

D'après Olschewsky, au moyen de cet appareil, on peut, sinon lire la quantité exacte d'eau évaporée, tout au moins un nombre qui lui est proportionnel et qui suffit pour des comparaisons exactes (¹).

Cuisson. — Le séchage, qui se termine habituellement dans le four de cuisson, est suivi de l'opération si importante de la cuisson, qui a pour objet de rendre les matières cuites plus solides, et par suite plus dures, plus invariables et plus susceptibles de résistance (²). Si la dernière eau combinée mécaniquement a été enlevée par un avant chauffage lent, correspondant au caractère des matières mises en œuvre, (l'enfumage pour les briques, ou ce qu'on appelle l'avant feu) le problème du chauffeur consiste maintenant à élever davantage la température pour brûler la suie qui s'est déposée sur les pierres, et enfin à la pousser d'une manière continue

---

(¹) Un anémomètre (*Töpfer Zfg.*, 1882, n° 50) dans lequel, pour mesurer la vitesse de l'air de séchage, une roue à ailettes est mise en mouvement par le courant d'air et dont le nombre de tours est enregistré, se trouve décrit avec dessin dans le *Leitm. Z. A.* 1887, n° 7.

(²) Pour ce qui est de la consommation de combustible dans les fours céramiques, Mendheim, par exemple, compte qu'en travail continu, il faut 145 kilogs de charbon de terre pour cuire 1 000 kilogs de pierres réfractaires.

aussi haut que possible jusqu'au degré voulu (grand feu) et pendant une durée de temps déterminée par l'expérience. On reconnaît le degré d'avancement du feu par les évents de la voûte à l'intensité du rouge, ainsi que par les portes de chauffe ; toutefois pour régler convenablement la température, il faut une grande habitude et un œil exercé pour juger sans se tromper des diverses apparences du rouge (¹). Un enfournage soigneux et bien compris des produits, pas trop serré, mais aussi pas trop large, permet de modérer ou d'activer.

Par un fort chauffage, l'eau d'hydratation de la silice amorphe (et des combinaisons semblables) s'en va d'abord. Le départ des substances volatiles est nécessairement accompagné d'un ralentissement dans l'élévation de la température, comme Le Chatelier a montré que cela se produit dans le chauffage rapide d'une petite masse d'argile au moment de la deshydratation ; d'après ce même observateur, ce fait peut être employé pour faire la distinction entre les divers silicates d'alumine hydratés (²). C'est seulement à une forte température, dépassant au moins le rouge et par suite d'une action chimique se produisant en même temps que la transformation physique (la scorification) qui commence comme seconde étape avec l'enlèvement de l'eau d'hydratation, que l'argile, ou un mélange de celle-ci avec d'autres additions, acquiert la propriété caractéristique que ses molécules se cuisent les unes contre les autres, c'est-à-dire qu'elle devient résistante ou dure comme de la pierre et peut être utilisable économiquement d'une manière générale. C'est ici, après que la silice a chassé les autres acides minéraux déplaçables, que se forment finalement les silicates doubles entre l'alumine et les divers fondants.

D'après cela, à peu d'exceptions près, tous les objets fabriqués avec de l'argile sont cuits et, en règle générale, soumis à une forte chaleur. Pour la plupart des buts, et en particulier pour les pierres réfractaires, cela est d'autant meilleur que la cuisson a été plus vive et plus pénétrante, à la condition bien entendu, qu'il ne se produise aucune déformation (³). En employant les produits à un degré de

---

(¹) Maintenant on se sert des cônes de fusion de Seger pour la détermination de la température de cuisson. Voir plus haut, Pyroscopes.

(²) *Leitm Z. A.* 1887, n° 17.

(³) Abstraction faite qu'une température plus élevée peut s'obtenir avec une grande uniformité, une pierre fortement cuite est plus résistante, plus compacte, et moins hygroscopique qu'une faiblement cuite.

chaleur moindre que celui auquel ils ont été préparés, on n'a plus à craindre d'autre changement, notamment au point de vue physique. Un pareil chauffage est, comme on le sait, accompagné d'un retrait, qu'on désigne sous le nom de retrait au feu, par opposition à celui au séchage.

Après avoir indiqué le but que se propose la cuisson et les actions qui s'y produisent, passons aux phénomènes sur lesquels elle repose. Il s'agit ici de la flamme ou du phénomène que présente un gaz en combustion. La flamme, on le sait, se manifeste de diverse manière en ce qui regarde sa forme, sa couleur, sa chaleur et son action chimique, et dans chaque cas, comme cause fondamentale, c'est le rapport des quantités de gaz et d'air qui est déterminatif. Pour ce qui est notamment de la composition chimique de la flamme ou des gaz de foyer, en outre des flammes que donne le chalumeau, flamme oxydante avec un excès d'air, flamme réductrice avec un excès de gaz, on distingue aussi dans la pratique la flamme neutre avec des proportions de gaz et d'air qui se complètent. Une flamme oxydante peut, d'après cela, abandonner de l'oxygène, tandis qu'une flamme réductrice en enlève (desoxyde) et qu'une flamme neutre n'agit ni pour oxyder, ni pour réduire.

Le *Sprechsaal* (1885, page 600) contient un article très clair sur les caractères distinctifs visibles de ces trois genres de flammes ; au moyen d'une lampe ordinaire d'appartement, on peut décrire les divers états de la flamme d'une manière aussi simple que claire. Supposons que la lampe soit remplie d'huile pure, que la mèche s'adapte exactement à la douille et qu'elle soit uniformément coupée, en un mot que la lampe soit en ordre parfait et qu'on l'ait allumée ; si l'on monte la mèche assez pour que la flamme soit brillante et claire, sans dégager de fumée, c'est la flamme neutre. Le gaz qui se dégage de l'huile reçoit autant d'oxygène de l'air qu'il est nécessaire pour la combustion. Si l'on monte la mèche un peu plus haut, la flamme perd son éclat clair, la couleur blanche passe à l'orangé et au rouge ; il se dégage une fumée noire ; la flamme est réductrice, l'équilibre entre le gaz et l'air est détruit, la formation de gaz se fait en trop grande abondance, et il se dégage du carbone non brulé (fumée). Si au contraire on abaisse la mèche au dessous de la limite normale, la flamme demeure claire, mais se raccourcit considérablement, sans dégagement de fumée ; la flamme devient oxydante, il arrive plus d'oxygène qu'il n'est nécessaire pour la combustion de la quantité de gaz employée.

Retrait au feu (¹). Comme on l'a déjà signalé, au chauffage l'eau
d'hydratation se vaporise, et tout d'abord celle de la silice amorphe. L'état amorphe de la silice permet aux molécules de celle-ci
de se rapprocher par suite du départ des molécules de l'eau, c'est-
à-dire que les particules de la silice amorphe se contractent; toutefois leur quote-part de la masse totale n'est le plus souvent pas assez importante pour se faire essentiellement remarquer par une
diminution du volume total, par un retrait, et, à la place d'une condensation, il se produit un relâchement ou une porosité. Pour une
élévation plus grande de la température, les particules d'argile
abandonnent aussi leur eau chimiquement combinée, en d'autres
termes, la chaleur enlève l'eau d'hydratation du silicate hydraté
d'alumine. Quels évènements se passent-ils d'après cela dans la
structure moléculaire des particules de substance argileuse? Les
molécules du silicate d'alumine se rapprochent-elles les unes des
autres au départ des molécules d'eau, ou bien conservent-elles leurs
positions primitives, éclatent-elles, au moins les plus grosses,
comme cela est si fréquent pour les formations cristallines soumises
à une grande chaleur, etc., nous ne le savons pas. On admet en
général ici que, par suite de la perte de l'eau d'hydratation, les particules d'argile diminuent de volume et que par suite le volume
total de la masse argileuse devient plus petit, et qu'il se produit le
premier retrait dit au feu. Le retrait subséquent est produit par
l'élévation continue de la température et il est d'autant plus fort
que la température monte jusqu'à une certaine limite, quelquefois
très élevée. Pour les argiles à particules argileuses petites (pour les
argiles grasses), le retrait peut aller jusqu'à une fermeture complète
de la masse, c'est-à-dire que les particules argileuses se placent si
près les unes des autres, que tous les interstices ont disparu, ou
tout au moins se sont réduits à une grandeur qui ne permet plus à
l'eau de pénétrer par capillarité. C'est finalement le point le plus
élevé du retrait; l'argile paraît scorifiée, et il s'est produit à la cuisson les unes avec les autres des particules d'argiles qu'on a signalées
plus haut. La scorification, qu'il faut distinguer du ramollissement
complet avec changement de forme, peut en dehors du changement
physique concomitant, être regardée, d'après Seger, comme une
fusion de composants individuels de la masse, c'est-à-dire comme

(¹) Sur le retrait des briques pour le séchage seul, pour le séchage et une cuisson
faible, pour une cuisson forte, dans laquelle le retrait est uniforme suivante toutes
les dimensions, voir KERL, *Tonwarenindustrie*, p. 392.

un phénomène sporadique et nullement un commencement de fusion de toute la masse. Cette fusion, quelque peu partielle, produit une contraction plus ou moins forte, une obturation des pores, et communique en même temps à la masse argileuse, par suite d'une imbibition des éléments non fusibles par un ciment qui se solidifie ensuite, une plus grande consistance et une certaine résistance aux influences mécaniques et même chimiques. Le point de scorification compacte, ou la température à laquelle elle se produit, est très variable d'après les espèces des argiles, et dépend nettement de la quantité des particules d'argile ; et leur grosseur et leur forme peuvent intervenir simultanément. Beaucoup d'argiles réfractaires grasses, mais pauvres en silice et très riches en fondants, se scorifient déjà au commencement de la chaleur rouge (rouge orangé), tandis que beaucoup de kaolins demandent pour cela une très haute chaleur blanche. Des argiles très charbonneuses se comportent d'une manière remarquable à une cuisson compacte, en ce que, perdant beaucoup au chauffage, elles se rétractent peu, et paraissent alors poreuses, puis se scorifient à une température plus élevée et reprennent alors le plus grand retrait.

Nous ne savons rien de plus en ce qui touche l'opération chimique de la fritte d'une argile, ou tout au moins on n'a rien fait connaître de positif jusqu'ici ([1]).

Si l'on veut caractériser les diverses étapes que parcourt une argile au chauffage, Schumacher (*Sprechsaal*, 1883, p. 125) emploie, comme on l'a déjà dit plus haut, les expressions suivantes pour la porosité : fortement poreux, faiblement poreux, à peine encore poreux ; pour la consistance : scorifié compact ; pour le ramollissement : biscuit compact, quand le biscuitage se fait sans scorification ; vient ensuite comme dernier stade la fusion avec les phénomènes qui l'accompagnent, et dont font partie le dégagement de gaz, le boursouflage et la constitution du produit de fusion.

Si dans le chauffage la température est poussée suffisamment loin, la plupart des argiles et notamment celles ordinaires, riches en fondants, se mettent en fusion, se boursouflent et, après le refroidissement, leur cassure présente un aspect spongieux, ressemblant à de la ponce, ou spumeux, ou elles coulent complètement.

D'après Seger ([2]), que nous suivons principalement ici, il se pro-

([1]) Voir Schumacher, *Sprechsaal*, 1885, n° 25.
([2]) Voir *Notizbl.*, 1880, p. 169.

duit toujours un boursoufflement dans l'argile, quand la température est élevée très rapidement et quand la constitution de la flamme ou de la matière est telle que les substances organiques, qui sont contenues dans toute argile, ne peuvent pas se brûler complètement au dehors. Le carbone peut alors partir plus tard à un chauffage prolongé, produire un dégagement de gaz et par là un boursoufflement, ou bien agir sur les éléments de l'argile, et en particulier sur l'oxyde de fer. Si ce dernier subit une réduction, celle-ci a également comme conséquence un développement de gaz. Mais le carbone peut aussi être introduit postérieurement, par exemple dans les argiles contenant des oxydes de fer, qui viennent en contact pendant le chauffage avec des combinaisons gazéiformes du carbone, et séparent alors de l'oxygène, du fer charbonneux ou encore du fer métallique et du carbone. Toutes les actions chimiques mentionnées sont liées à des dégagements de gaz, auxquels peuvent finalement prendre part, avec des alternances multiples, des reconstitutions extérieures d'oxydes de fer et intérieures de fer charbonné.

Pour ce qui est des autres phénomènes de fusion, comme on l'a déjà dit, les argiles coulent soit en un émail, soit en un verre, soit en une scorie, ou montrent des passages d'un état de fusion à un autre. Le boursoufflage par suite de la présence de la pyrite de fer n'est pas moins fréquent.

Pour ce qui est de la texture ou de l'aspect extérieur d'une masse d'argile cuite, nous avons en général à observer comment la cassure est constituée, si elle est terreuse (absorbante), frittée ou fondue. L'état fritté augmente la résistance, donne un son clair à la percussion en opposition avec la tendreté ou avec le son étouffé ; il augmente aussi le pouvoir de conductibilité de la chaleur (¹). Il est en rapport direct avec la compacité. Si la cassure est terreuse, la résistance est moindre, la masse est hygroscopique et s'affaiblira d'autant plus quand on la conservera dans une atmosphère humide ou dans l'eau. Si la cassure paraît colorée ou noire, ceci provient en règle générale de la teneur en fer ou en carbone.

(¹) KERL, *Tonwarenindustrie*, p. 312.

PIERRES RÉFRACTAIRES

Classification des pierres réfractaires, mode de préparation et autres remarques

Parmi les pierres réfractaires ou les produits fabriqués qui s'y rapportent, on distingue trois espèces, d'après les matières dont elles se composent uniquement ou d'une manière prépondérante :

I. *Les pierres d'argile pure ou de chamotte*, se composant de matières réfractaires riches en alumine.

II. *Les pierres quartzeuses*, se composant de matières riches en silice, avec leurs subdivisions : objets fabriqués purs ou mélangés. On a aussi donné aux pierres quartzeuses le nom d'acides en raison de leur teneur importante en acide silicique et par opposition aux pierres dites basiques et riches en alumine. On est encore allé plus loin et on a essayé la dénomination « demi-basique » ; mais ces expressions ne sont pas soutenables au point de vue chimique et sont plutôt faites pour embrouiller que pour éclaircir une classification.

III. *Pierres avec d'autres additions, également pures ou mélangées, comme celles à enveloppe réfractaire (D. R. P., n 104, 928).* — On peut encore classer les pierres réfractaires autrement et dans une certaine mesure pyrométriquement d'après leur mode d'emploi, l'endroit où on les utilise, ou d'après les différentes exigences qu'on leur impose.

Au point de vue de la composition des pierres réfractaires, on peut citer ici le groupement fait par l'auteur des analyses connues d'argiles, de produits réfractaires, etc., et qui a paru comme publication séparée [1].

Généralités. Distinctions. — Les pierres, briques ou pièces moulées de toute forme en argile réfractaire, qui font partie des objets réfractaires généralement pas perfectionnés au point de vue artistique et qui dans ce sens rentrent dans les produits céramiques ordinaires, constituent une branche extrêmement importante de la céramique et ont une grande valeur dans toutes les industries où l'on travaille à des températures élevées. Elles se distinguent des

---

[1] Bischof, Recueil d'analyses de minéraux employés dans l'industrie de l'argile et des produits qui en sont fabriqués. Librairie de Quandt et Händel, Leipzig, 1901.

briques ordinaires aussi bien au point de vue de leur application et
des diverses conditions qu'elles doivent y remplir que par leur matière et leur manipulation qui est essentiellement autre. Les pierres
réfractaires, qui doivent être cuites à un feu beaucoup plus vif, sont
donc pendant la cuisson habituellement exposées au feu pendant
un temps beaucoup plus court, parce que les additions rendent leur
masse plus poreuse et qu'ainsi la chaleur rayonnante peut pénétrer plus facilement dans leur intérieur. Elles doivent résister à
l'attaque du feu ainsi qu'à celle de l'atmosphérisation et de
l'eau.

Caractère. — Par pierres réfractaires en général, on entend des
pierres qui ne fondent pas aux températures élevées, c'est-à-dire
qui ne se déforment pas au chauffage le plus élevé ou qui passent
de l'état solide à l'état fondu en coulant goutte à goutte. Pour ce
qui regarde la définition de la notion tout à fait relative de « réfractairité », nous renvoyons à ce qui a été dit plus haut en détail. Les
pierres réfractaires cuites montrent le plus souvent un aspect terreux, elles sont seulement plus cuites que scorifiées ou ramollies
ou vitrifiées. Ce contraste se reconnaît de la manière la plus évidente, quand on compare une bonne pierre de chamotte avec un
biscuit. Les couleurs intenses, par exemple le rouge foncé, qu'on
rencontre chez les briques, ne se trouvent pas parmi les meilleurs
produits réfractaires, pour lesquels l'échelle des couleurs s'étend
habituellement du blanc au jaune, en passant par le blanc jaune, et
va tout au plus au jaune foncé.

Dénomination. — Les pierres réfractaires ont des noms particuliers suivant le but déterminé auquel elles servent spécialement
dans la technique réfractaire ; ou comme on dit, suivant les fours
où on les applique, et suivant les places qu'elles occupent dans
ces fours. Elles reçoivent d'après cela leurs noms et sont préparées
pour :

1º Les besoins métallurgiques : fours à fer et à acier, hauts fourneaux, fours à manche (¹), à puddler, à réchauffer, à acier Martin-
Siemens ; fours à zinc, etc.

2º Pour les besoins céramiques : fours annulaires, à briques, à
porcelaine, à fayence, fours à mouffles et à cornues, etc.

(¹) Pour les fours à manche, soit dit en passant, il faut recommander une pierre
de chamotte qui devient déjà compacte à une température modérée, qui est aussi
exempte d'impuretés que possible et qui ne contient que peu de sable. Il faut aussi
prendre en considération les pierres de magnésie, abstraction faite de leur prix élevé.

3º Pour diverses industries : fours à coke, à chaux, à gaz, fours de verrerie, fours chimiques, etc.

4º Pour des objets courants ([1]) : distilleries, brasseries, fours à calciner, four à cheminées, à reverbère, calebasses, et fours à chauffage, etc.

Si le nombre des fours, dans lesquels les pierres réfractaires sont employées, est déjà grand, celui des pierres qu'on y utilise est encore bien plus grand, parce que, dans les fours ou les industries individuelles, on distingue suivant leur mode d'emploi toute une série de sortes de pierres différentes. Ainsi dans l'industrie du fer, en dehors des pierres pour fours à manche, à réchauffer et à pudler, on a des pierres pour convertisseurs, pour leurs fonds et leurs parois, des pierres de grilles, de voûte, qui permettent un joint uniformément mince pour les voûtes des fours, des pierres de cuve, d'étalage et de fond, des pierres de regards pour l'observation multiple du foyer. Comme on l'a déjà indiqué, non seulement chaque four exige plus ou moins ses pierres propres, mais encore celles-ci doivent être modifiées suivant leur emplacement, comme on l'a signalé. Il y a quelquefois un certain mystère dans le choix exact pour une place déterminée. Il en est de même pour les fours à gaz, les fours de verrerie, ainsi que pour les fours des autres industries. Il en résulte que, suivant les diverses formes et grosseurs, suivant les conditions du travail et les circonstances locales, on a donné aux pierres des noms particuliers et même bizarres.

Emploi. — Comme objet propre et principal des pierres réfractaires, il faut mettre en première ligne leur faculté de résistance à des températures déterminées; et elles ne doivent y montrer aucun changement de forme. Comme on l'a déjà signalé en partie, elles constituent un facteur extrêmement important pour l'ensemble des industries du fer et de l'acier, pour la fabrication du verre, de la porcelaine, de la fayence, pour le gaz et le coke, etc. L'importante introduction du procédé de régénération a notamment élevé les exigences qu'on a imposées aux pierres réfractaires. En outre on les emploie aussi, particulièrement en Angleterre, pour la protection des constructions voûtées, ainsi que dans les endroits qu'on veut mettre à l'abri des écroulements dans les grands incendies.

([1]) A l'exposition de Düsseldorf, 1902, on trouvait comme nouveautés des « pierres de pyrite » et, sous une désignation nouvelle, des « pierres moulées normales ». Il faut signaler aussi ici la spécialité de la maison Ed. Böttger et Cº à Berg-Gladbach, « les pierres universelles de voute pour les voutes de fours à manche ».

L'emploi des pierres réfractaires, bien que paraissant peu de chose en général en face de celui des briques ordinaires, se présente cependant comme relativement plus grand, parce que ces pierres réfractaires, même les plus difficilement fusibles, doivent toujours être remplacées après une durée plus ou moins longue.

Exigences. — La condition générale qu'on doit imposer, comme base et en première ligne, à tout produit réfractaire s'applique aussi aux pierres réfractaires. Celles-ci, nous le répétons ici à cause de l'enchainement, doivent supporter sans changements essentiels des températures élevées et même très élevées. En outre de la supposition pyrométrique d'une résistance suffisante à la fusion, il s'agit encore de la faculté de résistance des pierres à de nombreux points de vue qui diffèrent les uns des autres. La pierre doit aussi pouvoir résister dans les fours, et avec succès, aux autres influences destructives. La faculté de résistance des pierres n'entraîne pas seulement la plus longue conservation des fours de cuisson, mais elle est dans une connection déterminée avec la marche des fours.

En dehors de la réfractairité ou de la difficulté de fusion, on impose encore dans la pratique les exigences suivantes aux pierres réfractaires :

1. RÉSISTANCE AUX ACTIONS CHIMIQUES. — Ces réactions chimiques sont provoquées par les scories fluides basiques ou acides des cendres de charbon, ou par des gaz de chauffage fortement réducteurs. Si les scories fondantes sont fortement basiques, elles se combinent avec la silice des pierres réfractaires, ou bien si elles sont acides, ce qui arrive du reste rarement, elles leur enlèvent de l'alumine et d'autres bases. Dans les deux cas, il peut se produire une destruction rapide de la maçonnerie. En dehors de la composition, qui doit intervenir en première ligne, l'inattaquabilité de la masse des pierres est augmentée par une cuisson préalable à fond de ces pierres. A ce point de vue, les petites pierres paraissent préférables aux grosses, parce qu'elles cuisent à fond plus facilement que les grosses pour lesquelles c'est un problème difficile.

Une seconde condition qu'on impose aux pierres réfractaires est :

2. LA FIXITÉ DE LEUR VOLUME OU LEUR CHANGEMENT DE VOLUME AUSSI PETIT QUE POSSIBLE AUX TEMPÉRATURES ÉLEVÉES. — Comme on l'a dit, les pierres ne doivent plus se rétracter au feu ou le faire aussi peu que possible, mais elles ne doivent pas non plus se dila-

ter trop fortement. Un changement de volume peut avoir d'après cela des inconvénients sérieux, parce qu'il se produit par là des joints dans la maçonnerie, ce qui agit souvent pour troubler la bonne marche du four, et même rendre son fonctionnement impossible. En conséquence les pierres réfractaires doivent être cuites assez longtemps et assez fortement jusqu'à ce qu'elles ne manifestent plus de retrait ou aussi peu que possible. Elles doivent être compactes (et on y attache de l'importance et de la valeur) pour que les scories fluides n'y pénètrent pas déjà mécaniquement, ou que la pointe de la flamme ne les détruise pas avant le temps. Plus un produit réfractaire a été préparé compact, on peut encore l'ajouter ici, et plus il sera susceptible de résistance, toutes choses égales d'ailleurs; car, abstraction faite de la conductibilité calorifique toujours meilleure d'un produit compact, celui-ci exige une plus grande quantité de chaleur pour en être pénétré de part en part. Etant données par exemple deux matières semblables, dont l'une est deux fois aussi compacte que l'autre, la première pour être chauffée au même point exige une quantité double d'unités de chaleur pendant une même durée de temps. Inversement, le gonflement des pierres peut faire éclater la voûte du four ou bien, lorsqu'un refroidissement temporaire produit une contraction, il détermine un mouvement des particules des pierres et par suite une dislocation, tandis que d'autre part, si l'accroissement reste dans les limites déterminées, et si la **texture** est extrêmement compacte, les joints se ferment et la maçonnerie acquiert une plus grande stabilité.

Une autre condition qu'on impose encore aux pierres réfractaires, est :

3. La faculté de résister aux changements brusques de température. — Les pierres doivent pouvoir supporter un refroidissement brusque et un chauffage de même nature, sans perdre leur adhérence, c'est-à-dire sans se détacher et sans éclater. C'est par suite de ce défaut qu'échouent souvent des produits qui ont été préparés suivant toutes les règles de l'art et avec les matières les plus pures. Cette exigence de la grande résistance est quelquefois si exagérée, que le fabricant est obligé de diminuer la réfractairité des pierres pour satisfaire à cette condition. Le chauffage subit d'une pierre produit une dilatation si importante et le refroidissement un brusque retrait si prononcé de la masse, que ces effets favorisent la formation de fentes et le détachage de parties individuelles. Les pierres, qui ont été préparées avec des masses finement moulues et

à haute pression, éclatent plus facilement que celles qui sont lâches et poreuses et que celles à gros grain. En particulier ce sont les pierres de quartz qui paraissent supporter le moins ces changements de température. Un amaigrissement avec de la chamotte s'oppose à cet inconvénient.

Comme quatrième condition imposée aux pierres réfractaires et qui n'est pas sans importance, il faut signaler, comme nous l'avons déjà fait, une résistance mécanique aussi grande qu'on peut l'obtenir, et qui, si elle ne constitue pas toujours une condition obligatoire, joue néanmoins dans bien des cas un rôle essentiel. Ainsi les parties supérieures de la cuve des hauts-fourneaux demandent des pierres d'une grande résistance et d'une grande compacité pour pouvoir résister suffisamment au frottement des couches qui descendent ; de même pour les murs latéraux des fours à coke ('), on n'emploie que des pierres compactes fortement cuites, car des pierres sans consistance seraient mises en morceaux par la poussée du coke et seraient exposées à la destruction. C'est encore ici qu'appartient la question de l'uni des pierres. Une forme unie, sans fissure et à arêtes vives, contribue encore à augmenter la bonté des pierres réfractaires. Elle annonce le soin du fabricant à cet égard, séduit malgré lui le visiteur à première vue, et l'on doit s'y attacher aussi longtemps que cela peut payer. Le traitement mécanique augmente dans un certain sens la valeur intérieure. Sur sa cassure, une pierre réfractaire doit être sans structure comme une bonne brique et pouvoir également bien se façonner.

En résumé, de bonnes pierres utilisables, en ayant égard à leur emploi spécial et aux circonstances propres, doivent résister au degré de chaleur qu'on leur impose en même temps qu'aux actions des matières avec lesquelles elles viennent en contact au feu et aux actions chimiques. En règle générale, elles doivent être solides, unies (plus une surface est unie et moins elle offre de surface d'attaque au feu), droites, à arêtes vives, complètement bien cuites, compactes (pas absorbantes), à texture fermée, principalement quand elles doivent supporter une pression importante ; elles doivent supporter les changements de température, n'éprouver que peu ou pas de retrait, ne pas se fendre, ne pas se feuilleter ni s'écla-

---

(¹) D'après les échantillons américains, les hauts-fourneaux, très élevés et de grande capacité, demandent tout particulièrement une très haute résistance contre la pression des masses.

ter ([1]). On doit pouvoir en faire une maçonnerie convenable avec du mortier réfractaire approprié et des joints minces et il faut les conserver au sec avant leur emploi ([2]).

Nous finirons en donnant quelques remarques générales relativement à la production des pierres réfractaires en Allemagne, au calcul de leur fabrication, à leurs prix, résistance, conservation, mode de destruction dans leur emploi pour les fours.

La fabrication des matières réfractaires existe en Allemagne depuis environ 45 ans, et il y a aujourd'hui au-delà de 80 usines qui occupent environ 20 000 ouvriers. Il vient dans le commerce environ 5 millions et demi de quintaux métriques de produits réfractaires avec une valeur de 16 millions de marks (20 millions de francs).

Autant que les notices sur les frais d'établissement des matières réfractaires le font connaître, on admet que les frais de main-d'œuvre pour 50 kilogrammes de pierres réfractaires sont de 30 pfenings en général. On estime la quantité de combustible en charbon de terre à 25 % du poids des produits réfractaires, mais par l'emploi de fours continus, on l'abaissera à environ 10 % (*Tonind. Ztg.*, n° 10).

Pour pouvoir donner, dans une certaine mesure, un point de comparaison pour les prix des diverses sortes de pierres réfractaires, nous indiquons ici les renseignements contenus dans le *Techn. Auskunftbuch*, de Joly, 1900, p. 229.

([1]) La cause de la fissilité d'une masse argileuse ou de produits fabriqués doit d'après cela être attribuée aux circonstances différentes. Les fentes peuvent se produire au moulage, au séchage, à l'enfumage, à la cuisson ou au refroidissement. Pendant le moulage les fentes proviennent souvent de ce que l'argile est trop maigre ou qu'elle enferme des bulles d'air. Au contraire les fentes au séchage se montrent dans une masse trop grasse, qui supporte encore moins un chauffage forcé, pour lequel l'eau libre ou combinée donne naissance à des éclatements puissants. S'il se produit un refroidissement trop brusque, il se forme des fentes et d'autant plus que la masse est plus résistante, plus compacte et plus facilement scorifiable.

([2]) Pour obtenir des joints de maçonnerie aussi minces que possible (lits et joints), il faut diluer le mortier avec assez d'eau pour qu'il ne puisse plus être apporté avec une truelle, mais avec une cuiller, à l'endroit des parties à recouvrir. Les pierres, qu'on peut même enduire à l'avance, doivent être rapidement plongées dans l'eau et battues rapidement avec un marteau, en les soutenant au besoin avec des calles de bois convenables, jusqu'à ce que le son indique que le contact est opéré ; de cette manière on empêche l'inclusion des bulles d'air.

	Prix pour 1 000 morceaux	
	Format normal — marks	Format anglais — marks
Pierres de chamotte, qualité à chaudières, pour maçonnerie réfractaire ordinaire, pour foyers de chaudières à vapeur, fours annulaires pour briqueteries, pierres réfractaires pour reins de voutes ; aussi pour les foyers de forge	100	95
Pierres de chamotte, qualité de fours à chaux, plus alumineuse que la sorte précédente, pour endroits exposés et pour la construction de fours à chaux	110	105
Pierres de chamotte, qualité de four à réchauffer, pour fours à coke, à puddler, à réchauffer, à verre et à ciment, ainsi que pour industries chimiques	128	120
Pierres de chamotte, qualités à cubilots, pour cubilots, hauts-fourneaux, et ponts de feu	150	145
Pierres de chamotte, qualité à cubilots, comme matière meilleure pour cubilots, aussi pour joues et fonds de fours à calciner les lessives.	200	170
Pierres de chamotte, qualité pour acier fondu et générateurs, supportant les brusques changements de température, propres pour générateurs à gaz, industrie de l'acier et fours à reverbères, plus riches en alumine que les autres qualités	250	200
Pierres de chamotte, poreuses, à employer comme pierres de voute, maçonnerie isolante dans les hauts-fourneaux, à cause de leur faible poids et malgré une bonne réfractairité.	120	»
Pierres de Dinas, Dinas calcaires (Dinas anglais) pour voutes de fours dans l'industrie de l'acier et du verre	180	165
Pierres de chamotte demi fortes, à employer comme recouvrement.	67	52
Pierres en coin, pour voutes (normales). . . . . . . 125 à	150	»
Les mêmes pour cubilots, fours à chaux, briqueteries, fabriques de ciment, maçonneries de chaudières, suivant forme et qualité, par 100 kilogrammes, de 2,25 à 5 marks.		

D'après Michaelis, les déterminations de résistance des pierres réfractaires donnent des résultats qui sont peu concordants entre eux. Les écarts s'élevaient à 50 °/₀ et plus (*Notizbl.* 1886, p. 76.

Résistance à la compression des matières réfractaires. — Pour les pierres A, bien connues de la fabrique de Settin, la résistance à la compression s'est élevée à 395 kilogrammes par centimètre carré ; pour une pierre réfractaire de la fabrique de Mühlheim, à 221 kilogrammes : pour une de la fabrique de Coburg à 241 ; et pour une pierre de kaolin de Miessen, qui à l'aspect extérieur ne paraissait pas aussi solide, elle a été jusqu'à 511 kilogrammes.

On doit placer les pierres réfractaires dans un espace sec, et dans tous les cas abrité contre la pluie et la neige. Comme celles-ci, surtout les pierres quartzeuses, se composent de masses plus ou moins poreuses, elles absorbent l'eau avec avidité et deviennent alors sans

cohésion, s'atmosphérisent, présentent parfois des efflorescences et
sont désorganisées par la gelée. Si cette désorganisation par la gelée
ne se produit pas toujours, il faut toujours avant l'emploi chasser
l'humidité au préalable, non sans frais, et on y arrive par un séchage
et un chauffage fait avec soin, de manière à ne pas produire de crevaison ou d'éclatement. Dans le transport, les pierres demandent
un traitement convenable, auquel on fait souvent trop peu attention, pour se conserver à arêtes vives, unies et sans détériorations.
On doit donc toujours mettre entre les diverses couches des cou-
vertures, composées de sacs coupés ; pour les transporter aux
lieux de dépôts, on se sert de brouettes ou de voitures suspendues,
et pour les grands transports on les emballe dans du foin.

Les excroissances ou efflorescences qui, pour les autres objets
fabriqués en argile, se manifestent après leur préparation complète
sous l'influence de l'air, de l'humidité et de la chaleur et qui ont pour
cause les sels solubles (¹) qui s'y déposent du dehors et qui les
colorent, ne se produisent en général que rarement pour les pierres
ou les objets réfractaires, parce que, par suite de la cuisson énergique, les sels sont ou détruits, c'est-à-dire transformés en silicates
insolubles, ou bien la porosité de la matière a très diminué. Si la
cuisson a été par trop faible, les produits montrent quelquefois des
efflorescences qui proviennent de la matière elle-même, l'argile, ou
de l'eau de détrempe (on doit d'après cela la choisir toujours avec
soin ou la purifier); elles peuvent en outre provenir du combustible, du mortier, comme aussi de la terre, d'autres mélanges accidentels ou de circonstances spéciales. Comme on le sait, les sels se
composent pour la plus grande partie de sulfates, de sulfate de chaux
et plus rarement de carbonate et de phosphate de soude. Comme nous
le savons, l'eau amène les sels solubles à la surface des morceaux d'argile, et, par l'évaporation, ceux-ci se déposent sous forme de farine,
de cristaux ou de mamelons, notamment aux endroits où le séchage
se fait plus vite, c'est-à-dire aux arêtes et aux endroits raboteux ;
et, par la formation de cristaux, ils agissent pour faire éclater et
détruire les pierres. Il n'est pas rare que les excroissances soient

---

(¹) Voir en outre **Seger** (*Tonind.-Ztg.* 1878, nᵒˢ 5 et 6), les recherches d'Olschewsky
à ce sujet et ce qui a été dit au Chap. I, les souillures par les sels. Les ouvrages du
Dʳ Mackler « Les efflorescences des maçonneries, leur origine et les moyens de les
combattre », qui ont été réunis par les soins de l'association pour l'industrie de
l'argile, du ciment et de la potasse, et qui ont paru récemment (1901) sont tout particulièrement remarquables.

d'origine organique, petites végétations microscopiques qui tirent leur nourriture de l'argile et qui s'en distinguent par leur teneur en vanadium.

La destruction des pierres réfractaires, dans leur application aux fours, peut se ramener rapidement à deux causes : hauteur de la température, qui les fait fondre ([1]), et transformations que subissent leurs éléments, soit par contact direct avec la matière contenue dans le four, soit par les produits qui s'y développent, notamment ceux du combustible, soit enfin comme conséquence de circonstances particulières. Pour combattre l'attaque des cendres fluides qui se forment, on sait qu'une matière réfractaire acide résiste le mieux aux scories acides et une basique aux scories basiques.

On peut aussi prouver d'une manière intéressante ces changements de la matière au feu. Pour une pierre réfractaire, qui avait été employée dans une distillation de charbon de Westphalie, les analyses comparatives, d'une part d'un échantillon du côté du gaz de chauffage et d'autre part du côté du charbon, ont donné pour ce dernier, par suite de l'action des cendres du charbon, une augmentation de tous les éléments et il n'y avait que la quantité de silice qui avait relativement diminué. Voir « Gesammelte Analysen » de l'auteur, p. 146. De plus des analyses de pierres de fours à coke, qui étaient tombées dans le canal d'un four gazogène et qui laissaient distinguer une croûte extérieure fondue et une intérieure scorifiée, ont donné la composition suivante :

	Partie intérieure	Croûte extérieure
Alumine	31,91 $^o/_o$	28,91 $^o/_o$
Silice	64,13 »	66,33 »
Magnésie	0,32 »	0,26 »
Chaux	0,73 »	0,99 »
Oxyde de fer.	2,23 »	2,60 »
Potasse.	0,29 »	0,63 »
Soude	0,16 »	0,45 »
Perte au rouge	0,48 »	0,18 »
	100,25 $^o/_o$	100,35 $^o/_o$

Dans la croûte fondue, il s'était produit un enrichissement en silice, chaux, oxyde de fer et notamment en alcalis, qui a été évidemment produit par les cendres volantes et les vapeurs alcalines. A l'inverse de l'augmentation de ces éléments favorisant la fusion,

[1] Il se produira aussi certains changements par suite d'actions physiques, comme par exemple la séparation sous forme colonnaire dans les pierres artificielles.

la quantité d'alumine, qui donne de la stabilité, a relativement diminué. Une forte teneur en sel de la charge de charbon favorise la décomposition des pierres réfractaires. Les couches de charbon contiennent quelquefois, comme on le sait, des sources fortement salées ; il n'est pas rare, d'après cela, que l'eau de mine et les charbons contiennent du sel. D'après Otto, sur une mine de Westphalie, des fours à coke nouvellement construits montraient déjà après un fonctionnement de plusieurs mois une usure si considérable des murs latéraux, qu'on ne pouvait plus tirer les gâteaux de coke et qu'un renouvellement des pierres a été nécessaire. En démolissant les murs latéraux, on a reconnu que les carneaux intérieurs avaient pris un émail complet de sel et que les pierres contenaient jusqu'à 7 $\%$ de soude dans leur couche extérieure ; tandis que l'intérieur révélait des quantités à peine appréciables de soude. Des recherches ultérieures ont montré que l'eau de mine employée pour le lavage des charbons, était si fortement salée que chaque charge de charbon introduisait jusqu'à 14 kilogrammes de sel dans le four. La décomposition s'était vraisemblablement produite de la manière suivante : le sel marin en présence de l'eau s'était dissocié en soude et acide chlorhydrique ; la soude s'était combinée avec les silicates des pierres, avec la silice et l'alumine, et l'acide chlorhydrique s'était dégagé avec les autres gaz du charbon. Il s'était produit peu à peu un enrichissement notable en silicate de soude et par suite une facilité de fusion si importante que les pierres ne supportaient plus la température régnante dans le four, se fondaient et rendaient les murs inégaux (*Tonind. Ztg.* 1885, n° 11).

Des morceaux d'une pierre de chamotte parvenue à l'auteur, et qui se composait d'argile schisteuse très élevée pyrométriquement, avec du kaolin pour ciment, s'étaient fondus dans un four de verrerie marchant très chaud, et dans un endroit où ils étaient en contact avec le verre fluide. Ces morceaux constituaient un conglomérat de morceaux de la pierre, en partie conservés et nageant dans le verre, et, dans leur voisinage immédiat, de matière imbibée de verre fondu et par suite dissoute. L'opération de dissolution qui s'est produite devrait s'expliquer de la manière suivante. Le verre fondu avait été absorbé par la masse d'argile encore absorbante et notamment par le kaolin ; cette masse dans son ensemble était devenue par là plus facilement fusible, jusqu'à ce que peu à peu les parties les plus grosses soient devenues sans consistance et aient été entraînées mécaniquement, et que, par un contact répété avec le fluide, elles se soient dissoutes complètement. La décomposition est donc d'abord mécanique, c'est une absorption du verre fondu ; l'action chimique de la masse de verre commence ensuite, le silicate acide du verre prend les bases du kaolin et de la masse de chamotte et donne naissance à des combinaisons successives facilement fusibles. La très grande réfractairité de la masse de pierre ne doit donc pas être mise en cause ici ; bien au contraire, comme celle-ci est dans une certaine mesure trop difficilement fusible et qu'elle possède avec cela la faculté d'être absorbante, la décomposition s'y introduit et, une fois commencée elle se continue régulièrement de la manière indiquée. La détermination pyrométrique a montré que la masse, non touchée encore par le verre, se conservait complètement à une température atteignant la température effective de fusion du platine, tandis que celle qui avait été partiellement imbibée de verre était notablement plus fusible et pouvait être désignée comme étant tout au plus fortement réfractaire.

Patisson (¹) a décrit une décomposition particulière de pierres réfractaires. Après que celles-ci eurent fait une campagne de haut fourneau de 5 ans seulement, il se produisit une abondante séparation de charbon. Les pierres qui contenaient déjà auparavant la quantité importante de plus de 8 % de fondants, dont 3 à 4 % d'oxyde de fer, et qui étaient données comme poreuses, étaient tellement tendres qu'elles s'écrasaient en une poussière fine entre les doigts, qui étaient tachés par elles en noir de fumée.

De pareilles destructions se produisent pour les briques ordinaires (²). Quand elles sont faites avec de l'argile ferrugineuse, et particulièrement quand elles sont très compactes, il n'est pas rare de voir que l'intérieur est noir et spongieux, tandis que la surface paraît jusqu'à une certaine profondeur cuite en biscuit sans défaut. La décomposition s'explique par ce fait, ou bien qu'il y avait primitivement du carbone dans l'argile, et qu'à cause de la constitution compacte de celle-ci il n'a pas pu brûler au dehors avant que le biscuitage fût commencé, ou bien qu'il s'y est déposé comme produit de la dissociation de l'oxyde de carbone et de l'oxyde de fer au rouge, par suite d'un abaissement survenu dans la température.

La séparation de carbone ou de graphite est un fait connu qui se produit au contact de gaz de four réducteurs avec des corps

<hr>

(¹) *Dinglers Journal*, 223, p. 413.
(²) *Tonindustrie-Ztg.* 1883, p. 256 et 1884, n° 3²⁶.

solides ou de la matière chauffée, et elle est d'autant plus abondante que ceux-ci renferment plus de carbone.

Si la matière contient du sulfure de fer, le sulfure double donne d'abord naissance à du sulfure simple et, par chauffage prolongé et par suite du dégagement des gaz, il se produit du fer métallique, qui décompose ensuite l'oxyde de carbone en carbone et acide carbonique. Dans les deux cas il se produit donc du fer métallique qui a la propriété d'absorber du carbone et de le rendre sous forme de graphite. Le carbone se dépose donc finalement sur le fer et peut ainsi produire progressivement un dépôt compact, qui agit pour faire éclater et qui détermine finalement la désagrégation complète de la matière réfractaire. Quelque destructeurs que puissent être des dépôts de charbon, les combinaisons alcalines, d'après les observations et les recherches de Limbor, agissent encore plus activement pour la décomposition des pierres dans les hauts fourneaux que le carbone ne peut le faire. Les combinaisons potassiques, qui se forment dans l'ouvrage, sont volatilisées par la haute température qui y règne ; une partie s'en va avec les gaz du haut fourneau, tandis que la plus grande partie se dépose sur les parois intérieures du four, pénètre dans les pierres et les fait fondre. Une pierre de cuve, d'ailleurs bonne, sera d'autant plus résistante qu'elle permettra moins à l'alcali de pénétrer dans ses pores, ce qui démontre clairement encore la valeur d'une grande compacité des pierres.

Préparation. — Pour préparer des pierres qui répondent à toutes les exigences pyrométriques et mécaniques indiquées, il faut toujours d'abord, comme nous le résumons ici, pour la matière brute : 1° un essai à fond et 2° une étude faite en connaissance de cause des diverses propriétés dont il faut tenir compte et il faut par suite instituer des essais déterminés de chauffage. Dans la commande des pierres, il faut en outre indiquer d'une manière spéciale à l'ingénieur technique directeur pour quel but et dans quelles circonstances peut-être particulières le produit doit être employé ; et, comme on l'a signalé à plusieurs reprises, il faut par suite, dans la construction d'un four, prendre des pierres mêmes différentes pour des endroits différents.

Après qu'on a préparé les masses appropriées pour les pierres en tenant soigneusement compte à chaque fois des conditions déterminées qu'impose non seulement tel ou tel four avec les opérations qui s'y produisent, mais qui varient avec les scories que donne le combustible, les substances en contact et les circonstances, la première opération à entreprendre est le moulage.

Comme nous l'avons déjà dit plus haut, pour obtenir un travail plus exact, les pierres réfractaires sont moulées de préférence à la main et, à cet effet, les moules saupoudrés de la meilleure chamotte pulvérisée ou du meilleur sable à mouler, pour empêcher que la masse ne s'y colle, sont placés sur la table à mouler également saupoudrée ; on les remplit abondamment avec la masse, c'est-à-dire qu'on y enfonce celle-ci en la comprimant, soit en une fois en y lançant avec force une motte suffisamment grosse, ou bien successivement avec un battage rapide et énergique pour produire une réunion intime avec la masse ; on enlève l'excédent du dessus avec un fil métallique ou un couteau à mouler et on dresse la surface bien unie. On tourne la masse dans le moule côté pour côté, et on fait sortir la pierre en la secouant ou en l'agitant fortement et rapidement, au besoin avec un coup sec. Ou bien, on place le moule sur une plaque qui se meut bien au moyen d'un levier et on fait sortir la pierre au moyen de ce levier.

Les grosses pierres pesant des quintaux, dont la préparation présente toujours de grosses difficultés, sont pilonnées successivement dans des moules souvent formés de plusieurs morceaux, ou battues avec des battoirs en bois. L'ouvrier lance d'abord dans le moule un morceau avec lequel il fait les angles, puis il en ajoute un second au premier en les travaillant intimement ensemble et il continue ainsi jusqu'à ce que la pierre soit faite.

Après le moulage, en règle générale, les pierres sont posées sur la sole de la chambre de moulage, qui est chauffée modérément par plusieurs conduites à feu placées en dessous d'elle. Elles n'ont besoin de rester ici que quelques jours au plus et alors elles peuvent déjà être transportées dans des chambres plus grandes, pour sécher encore quelques jours de plus avant d'aller au four de cuisson. D'autre part, plus les pierres sont grosses, plus lontemps durera le séchage et, comme on l'a dit, plus la cuisson à fond sans fentes intérieures est difficile.

Pour ce qui est de la préparation individuelle par moulage à la main des briques réfractaires, on se sert de moules en bois armé ou, pour que cela dure plus longtemps, de moules en tôle ou en fonte ; pour tenir compte du retrait, ils sont en règle générale plus grands que ne doit être la pierre préparée ; comme on peut le voir dans les figures 35 et 36, ils se composent d'un cadre *aa* de tôle de

6 millimètres d'épaisseur, qui est renforcé en *b* et *c* par des baguettes
de fer carré ayant de 18 à 24 millimètres de côté et qui est muni de
poignées pour les mains. Sur le cadre des baguettes inférieures *c* se
trouve une tôle de fond, ayant également 6 millimètres d'épaisseur,

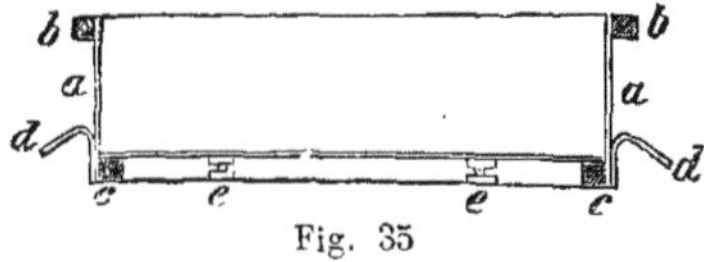

Fig. 35

qui est soutenue en son milieu
par les boutons *ee*. Dans ce
moule la masse est pilonnée au
moyen d'un pilon pesant environ 2 1/4 kilogrammes. Pour le
format ordinaire, cela se fait par couches, ou bien, autant que cela
est possible, en lançant tout d'une fois la masse grossièrement
moulée. Après chaque couche, la surface est grattée avec la
raclette (fig. 37) pour provoquer la liaison des couches entre elles.

Le couteau (fig. 38) sert à enlever
du moule la masse surabondante, après quoi la surface est
rendue unie au moyen de la
palette (fig. 39) et saupoudrée
avec du quartz pur très fin, ou
mieux avec la meilleure farine
de chamotte. La brique est alors

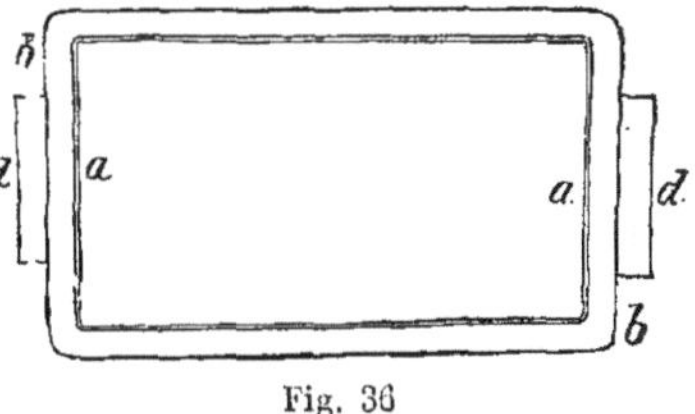

Fig. 36

retournée sur une planchette de grandeur correspondante au moule
et également saupoudrée ([1]). Pour faciliter ceci, le moule a 3 millimètres de largeur de plus dans toutes les directions à son bord

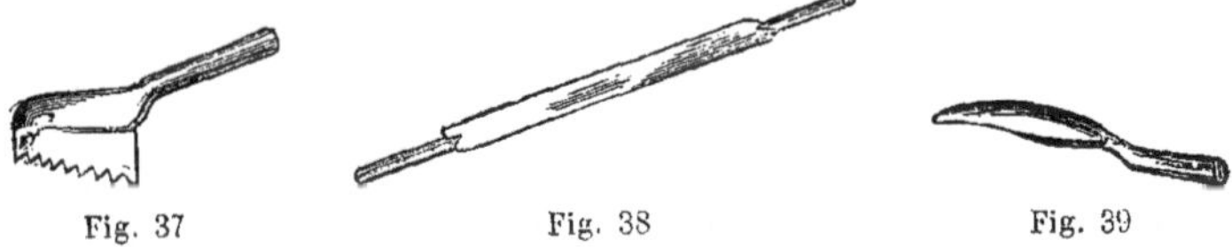

Fig. 37 Fig. 38 Fig. 39

supérieur. Chaque morceau est encore paré sur son support et
déposé sur les séchoirs. Au lieu d'un moule simple, on en emploie
aussi un double dans lequel les deux moules sont réunis ensemble
et séparés seulement par une planche.

Les tables à briques, sur lesquelles les moules sont maniés, se
composent de madriers de 12 centimètres et, à côté de la place

---

([1]) Si en place de planches on emploie des carreaux d'argile, ceux-ci ne se gon-
dolent pas et les briques posées sur eux ne deviennent pas courbes au retrait. Ils
facilitent de plus le séchage en absorbant l'eau.

nécessaire pour le travail, elles doivent laisser un espace pour la matière de 50 à 100 briques.

Les moules destinés aux briques pressées sont représentés en coupe longitudinale, transversale et en plan dans les figures 40, 41 et 42.

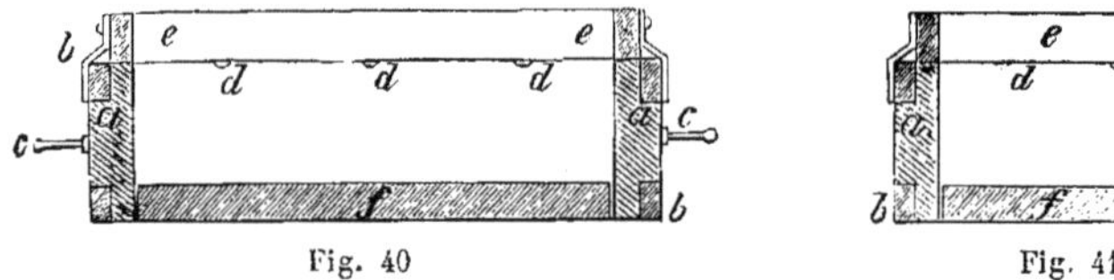

Fig. 40   Fig. 41

Le corps a, en fonte pleine, sans soufflures et compact, est raboté et poli dans son intérieur et à ses talons. Les mesures intérieures pour former des briques par exemple de $32 \times 16 \times 8$ ont au fond 32 centimètres de longueur et 16 de largeur, et au bord supérieur 32,2 centimètres en longueur, 16,15 centimètres en largeur et 10,7 centimètres en hauteur. Les moules sont en outre armés

par deux anneaux en fer forgé bb placés à chaud, cc sont les poignées, dd sont des rainures pour la sortie de l'humidité. Sur le bord supérieur s'adapte un anneau en fer e de 8 à 9 millimètres de haut. Comme fond

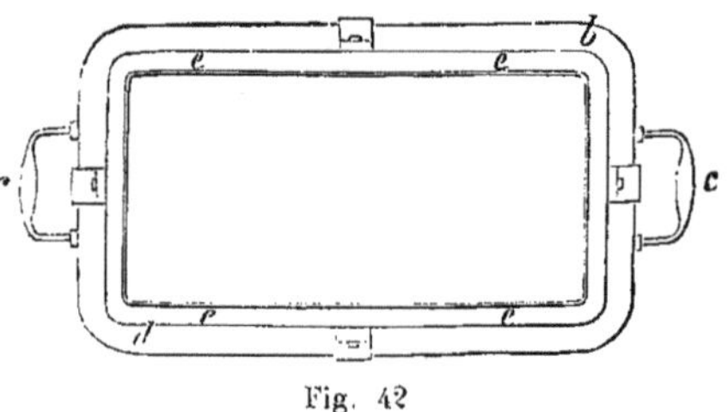

Fig. 42

on se sert d'une plaque de fer de 7 millimètres d'épaisseur qui s'adapte exactement au moule. Le moule tout entier de la brique à presser, comme le montre le dessin, est placé sur la table et pilonné par couches suivant la manière déjà décrite; on place ensuite dessus une plaque en acier fondu, épaisse de 2,5 centimètres et le tout est porté à la presse.

Comme on l'a indiqué plus haut, on a aussi cherché à se passer du moulage pour les pierres de grosseur ordinaire, et l'on a employé le même mode de préparation que celui usité pour les briques à maçonnerie (¹). La tailleuse, disposée horizontalement est

---

(¹) Comme inconvénient dans le moulage des pierres à la machine (presse donnant des bandes) il faut signaler que, par la pression de l'argile au travers de l'ouverture du moule, il se produit un déplacement des particules argileuses les unes par rapport aux autres, de telle sorte que le milieu de la bande est en avance à cause du frottement énergique qui se produit contre les parois intérieures du moule.

placée de telle manière qu'en pétrissant et pressant la masse, elle donne à travers un embouchoir une bande continue qui, coupée en parties égales par un fil métallique, fournit les pierres de la grandeur désirée. Quand les pierres ont pris la consistance du cuir, elles sont pressées à nouveau soit au moyen d'une presse à main, soit au moyen d'une presse à vapeur pour les gros morceaux.

Pour les grosses pierres moulées, les pierres pour ouvrages, etc., Kerpely recommande la disposition suivante pour les moules (voir Fig. 43). *a* est une chape de moule en bois de tilleul, *b* l'armature en fer ; *c* une pièce en forme de coin. Les plaques d'argile réfractaire de grande dimension s'obtiennent en les faisant par compression ou battage dans un chassis placé sur la terre ; on unit

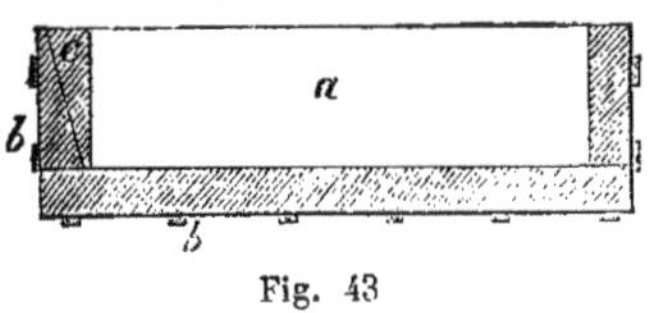

Fig. 43

la surface au moyen d'une règle, on enlève le chassis et la plaque reste sur le fond jusqu'à ce qu'elle soit assez sèche pour être transportée.

Pour ce qu'on appelle les pierres à la machine, le pressage subséquent est absolument nécessaire, parce qu'elles en reçoivent des arêtes et des sommets aigus, des faces planes et un format uniforme, et parce que cette opération les rend plus compactes, plus pesantes et leur donne davantage une texture fibreuse. Les bonnes pierres de chamotte, préparées à la presse à brique ou à la main, sont toujours pressées après coup pour cette raison. On doit recommander particulièrement ici la presse à briques de Loss, parce qu'il ne s'y produit pas de frottement de la pierre contre les parois du moule et la pression après coup ne la courbe pas (*Tonind.-Ztg.* 1888, n° 16). Si la pierre moulée est bien battue, on la retourne après avoir placé sur elle le support bien saupoudré, et on la fait facilement sortir avec quelques coups doux au moyen du pilon. On doit toujours avoir des pilons en grand nombre et ils doivent être souvent chauffés pendant le battage, pour empêcher que la masse ne s'y colle.

Kühne a fait breveter un moule à brique, qui se compose d'une enveloppe en fonte avec une garniture en plomb ; cette dernière facilement fusible peut être fondue tantôt plus épaisse et tantôt plus mince, et par suite on peut donner au moule une section quelconque (*Tonind.-Ztg.* 1879, p. 263).

Pressage, et aussi pressage après coup pour les pierres réfractaires. — D'après d'importantes expériences faites de divers côtés, la consistance intérieure contribue essentiellement à la conservation des pierres réfractaires et, comme on l'a dit, il faut prendre garde que leur sensibilité aux changements de température et leur facilité à éclater s'accroît. Après la bonté de la matière employée, la durée des pierres dépend en première ligne de la pression sous laquelle elles ont été fabriquées. Justement pour les argiles difficilement fusibles, chez lesquelles il ne se produit pas facilement de scorification à la chaleur des fours de cuisson ordinaires, une compression forte, c'est-à-dire un rapprochement le plus intime possible des plus petites particules les unes vers les autres est la condition. S'il s'agit de donner aux pierres une grande conductibilité calorifique, comme pour les régénérateurs, il faut d'après cela qu'elles soient préparées aussi compactes que possible. Une pierre préparée à la main avec une masse tendre, même quand celle-ci est de la plus grande finesse, n'a pas la compacité, la liaison, le poids et l'extérieur se recommandant de lui-même d'une pierre obtenue au moyen d'un mélange tenace avec grande pression, par une machine à balancier, à levier, à vis, à vapeur ou hydraulique. On classe les presses d'après le moyen de compression qu'on emploie. Il s'y joint encore les presses dites à sec, qui viennent après, et qui servent à presser de la matière plus ou moins sèche. Pour la matière qui a été fortement humectée, l'objet, pour être pressé convenablement, doit être amené à un état grumeleux déterminé (de la consistance du cuir) ni trop sec, ni trop mou. S'il est trop sec, la pression doit être extraordinairement forte; s'il est trop mou, l'effet de la pression est notablement moindre.

On prépare les pierres par le battage au moyen d'une presse à battre simple (¹) et, comme on l'a indiqué, on les presse ensuite dès qu'elles ont un peu séché à l'état de la consistance du cuir. Comme presses à levier, avec grand bras de levier, ou levier coudé, ou dispositif avec mouvement par excentrique ou par vis (²), on emploie

---

(¹) Les presses à battre ont l'inconvénient de travailler avec une pression irrégulière et de donner facilement des pierres gauchies. Pour une construction perfectionnée de Kind, voir *Topfer-Ztg.* 1880, p. 1.

(²) Voir de plus les presses à levier à pédale, celle de Hougats avec levier et disque combinés. *Heusinger, v. Waldegg,* p. 90. Une presse à briques très recommandable de Wesenberg est décrite avec dessins dans le *Topfer-Ztg.* 1876, n° 36. En France on se sert souvent des presses de Prethon, Jordan, Koller et Jäger (*Dinglers Journal,* 178, p. 180) Riedel, ainsi que Weisse et Mousky de Halle, etc., fournissent des presses à

des presses à main de différentes constructions. Nous devons citer ici la presse à briques bien connue (pour briques ordinaires) de Clayton [1], qui comprime par pression simultanée par dessus et par dessous et qui est aussi appliquée pour les pierres réfractaires. (Voir fig. 44).

Parmi les presses à vapeur, on en a décrit une de Daelen, qui exerce sur la pierre une pression aussi grande que possible [2].

Fig. 44

Je vais donner ici la description et le dessin de la presse pour pierres réfractaires, etc., de l'ingénieur Morkramer [3].

Morkramer distingue les machines, qui moulent et pressent directement les pierres sous pression élevée, de celles qui compriment et pressent les pierres préalablement moulées.

levier articulé. On peut recommander comme très effective et productive une presse à briques de l'établissement de construction de machines de Görlitz (3000 morceaux par jour).

[1] *Dinglers Journal*, 214, p. 285.

[2] *Dinglers Journal* 169, p. 109. Une nouvelle presse à vapeur de Schlickeysen, qui se distingue par sa grande simplicité, pouvant presser 800 pierres de chamotte par heure et exerçant une pression allant jusqu'à 5000 kilogrammes, est décrite dans le *Tonind-Ztg.* 1879, p. 301.

[3] *Dinglers Journal*, 190, p. 184.

Les premières sont compliquées, chères d'installation, sont le plus souvent mues à la vapeur et ne se prêtent par suite qu'aux gros établissements.

Les presses à main au contraire sont de construction simple, faciles à transporter, relativement à bon marché et sont mises en mouvement par la force de l'homme.

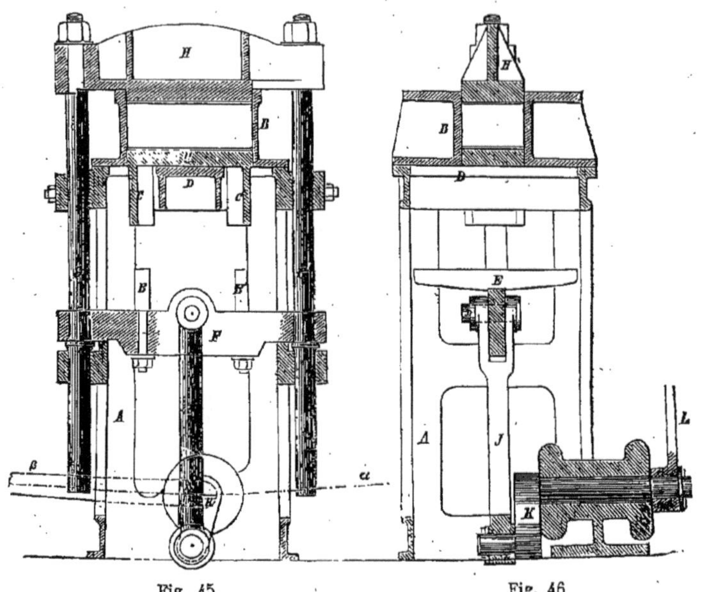

Fig. 45   Fig. 46

Une machine de la dernière espèce, qui avec 1 à 2 ouvriers peut presser par jour de 4000 à 6000 pierres sous une pression de 2500 livres et plus, est représentée en coupe longitudinale dans la figure 45 et en coupe transversale dans la figure 46. Elle se compose d'un bâti A qui, pour le rendre aussi léger que possible, a été fondu avec des jours. Sur la surface disposée horizontalement le moule B (dans lequel la pierre est pressée) est fixé au moyen de quatre boulons taraudés. Dans ce moule peut se mouvoir de bas en haut et de haut en bas la plaque C, qui a en dessous deux épaulements c et c'. Cette plaque C repose ou bien (comme dans le dessin) sur le pont D, qui est fondu avec le bâti, ou bien elle est soulevée par les deux doigts E et E' jusqu'à la partie supérieure du moule. Les doigts E et E' sont boulonnés dans la traverse F. De plus dans cette traverse sont

amenés du dehors deux tirants G et G', qui sont fixés au couvercle
H. La traverse F, les tirants G, G' et le couvercle H constituent
ainsi un cadre bien fixé sur lui-même, qui peut se déplacer exactement perpendiculairement, de bas en haut et de haut en bas, à
travers deux chapes venues de fonte avec le bâti. Au milieu de la
traverse vient se rattacher le tirant J au moyen d'un boulon à
charnière. La partie inférieure de ce tirant embrasse le doigt de la
manivelle K. L'axe de celle-ci est fondu d'une seule pièce avec elle,
la partie extérieure de l'arbre porte un carré, sur lequel est engagé
le levier L. Ce levier est placé à 90° par rapport à la manivelle.

Pour presser une pierre, on procède de la manière suivante : Le
levier est amené dans sa position la plus extrême vers a; par suite
de cela la manivelle se meut vers le haut et les doigts E, E' soulèvent le plateau C jusqu'aux arêtes supérieures du moule. Sur ce
plateau est posée une pierre moulée superficiellement, qui a séché
environ 12 à 24 heures et qui a encore la consistance du cuir. Ensuite on déplace le levier vers β. La manivelle va vers le bas et avec
elle le chassis précédemment décrit (composé de la traverse, des tirants et du couvercle). A peu près vers le milieu de la course, le
plateau se pose sur le pont et y reste, le cadre au contraire continue
à se mouvoir par le bas, le couvercle entre dans le moule et exerce
la pression sur la pierre, ce qui lui donne de belles arêtes aigues et
la rend compacte. Pour munir la pierre du numéro de qualité ou
du nom de la maison, on peut placer sous la partie inférieure du
couvercle l'estampille ou l'inscription. Pour faciliter le travail et
pour empêcher que la pierre ne s'attache, il est avantageux, après
qu'on a pressé 8 à 10 pierres, de passer de l'huile avec un pinceau
ou un chiffon sur la partie inférieure du couvercle et sur la surface
de la plaque. Au moyen de cette machine, on peut presser toute
forme de pierre, qui n'a pas plus de 30 centimètres de côté ni plus
de 12 centimètres d'épaisseur, que ce soit une pierre de moulure ou
de voute; il n'y a qu'à choisir et changer en conséquence le moule,
le couvercle et le plateau. Pour les formes de pierres qui se rencontrent rarement, on peut, pour économiser les dépenses, faire le
moule et le couvercle en bois dur. La machine tout entière est bou-
lonnée sur une brouette construite *ad hoc* ou sur deux bois, pour
pouvoir la transporter facilement et rapidement à chaque endroit
où elle doit être employée.

Pressage à sec et à demi-sec. — Le nom de ce pressage se rapporte à l'état sous lequel la matière brute, qu'on y comprime, y

vient pour être travaillée, sèche ou moins sèche par opposition avec une masse humide, molle ou plastique. On distingue encore des presses à sec celles dites à demi-sec, où la matière est un peu plus humectée. La distinction n'est pas rigoureuse, mais plus ou moins arbitraire. Au point de vue mécanique, les presses à sec travaillent à une pression infiniment plus élevée que celles à demi-sec. En général, moins la matière à presser est humide, plus la pression à employer doit être élevée, pour obtenir un produit fabriqué aussi bon que ceux par moulage humide ; d'autre part, la masse adhère d'autant moins ou moule. Inversement : plus une masse contient d'eau, plus elle colle au moule et en même temps, comme on l'a dit, l'action de la pression est d'autant plus limité.

La matière elle-même joue un rôle important, parfois déterminant, dans le procédé à sec ; vient ensuite sa préparation, le degré de finesse, en farine et en poussière pas à trop gros grains, la régularisation de la pression et en particulier, pour le pressage à demi-sec, la répartition uniforme de l'humidité. Abstraction faite d'application particulière, comme par exemple dans la fabrication de la porcelaine, le procédé à sec s'est surtout conservé pour la fabrication de pierres réfractaires au moyen de l'argile schisteuse. Comme inconvénients il faut surtout signaler pour ce procédé un grand retrait de la masse de la pierre qui est tendre, et, comme conséquence, une liaison incomplète des parties entre elles, une séparation des grains de la masse principale ; mais l'ennemi le plus à craindre est l'emprisonnement de l'air inclus ou cédé par l'argile, et en vue de le faire disparaitre de la manière la plus praticable on aura recours à un pressage progressif et à différents états, sur différents côtés, à la formation de trous de sortie, au chauffage, etc. Comme on le sait, l'eau absorbe de grandes quantités d'air, jusqu'à 5 %; cet inconvénient peut s'atténuer en employant pour le détrempage de l'argile de l'eau bouillie ou condensée (eau de condensation). Comme avantage réellement important du travail à sec sur celui d'une masse tendre et plastique, il faut indiquer : la production en masse, facile à réaliser et indépendante, avec diminution du capital de premier établissement pour machines (tous les appareils d'homogénéisation disparaissent). Un temps de séchage court permet d'économiser les hangars de séchage, les frais de main d'œuvre et le combustible. Un séchage rapide rend indépendant du temps de l'année, conserve les surfaces et les arêtes plus nettes, etc. Le pressage à sec parait indiqué, quand on doit employer des matières qui ne se divisent pas suffisamment dans l'eau, qui ne deviennent pas plastiques, ou quand on a une matière trop compacte pour se prêter à un travail par voie humide.

Pour le pressage à sec, nous avons à indiquer les résultats importants qui suivent et que nous tirons d'un travail étendu de Liedtke (*Notizbl.* 1891). Toutes les argiles peuvent se mouler sans défaut, à l'état pulvérulent avec une teneur convenable en eau, et en tenant compte de leurs propriétés physiques, au moyen de presses à sec de bonne construction. Comme condition pour la préparation de l'argile, il faut : 1° granulage uniforme, fin ; 2° répartition intime et uniforme de l'eau d'humectation ; 3° amaigrissage approprié. Pour toutes les argiles, l'addition d'eau la plus convenable est de 4 à 6 %. Les argiles, qui séchées à l'air retiennent plus de 2 % d'eau hygroscopique peuvent se presser sans défauts ; si la teneur en eau tombe au dessous de 2 %, elles sont exposées à se fendre. L'action plus prolongée de la même pression donne des produits non seulement plus solides, mais aussi plus beaux d'aspect.

Comme on le sait, on emploie le procédé à sec en Angleterre, notamment pour les argiles schisteuses peu liantes et dures comme de la pierre, pour leurs déchets, ainsi que pour les lehms maigres ayant l'humidité terreuse. Le schiste anglais est écrasé dans des machines spécialement construites pour cet objet ; la poussière fine et jusque de la grosseur d'une épingle vient dans un cylindre mélangeur où l'on y ajoute une très petite quantité d'eau. La matière humidifiée arrive dans la trémie de la presse à sec, dans les moules de laquelle elle est moulée en briques sous une haute pression. De la presse, les pierres vont directement dans le four pour la cuisson, qui doit être aussi active que possible. On obtient de cette manière, dans le temps le plus court, un produit qui, au point de vue de la compacité, de la résistance et de la dureté, ne vient pas après les autres briques, tandis qu'il coute 33 % moins cher à fabriquer et par suite arrive dans le commerce à un prix raisonnable. Les pierres sont employées dans les usines à fer et possèdent une résistance à la pression extraordinaire (= 1135 kilogrammes par centimètre carré).

Dans l'Amérique du Nord ([1]) on applique les presses à sec fré-

[1] Voir *Dinglers Journal*, 150, p. 79. A Philadelphie, avec des presses suivant le brevet Greggs, on fait annuellement plus de 100 millions de briques.

D'après le *Landw. Zeitung* qui paraît à la Nouvelle-Orléans, on fait aussi en Amérique des briques avec de l'argile complètement sèche. La farine d'argile séchée, moulue, tamisée et par suite purifiée de toutes les petites pierres, est pressée dans des moules en une masse compacte sous une presse hydraulique.

quemment et pour toutes les matières différentes ; et bien que celles-ci soient introduites ici en quantités croissantes d'année en année, elles ne sont en somme employées en Allemagne que d'une manière isolée. C'est en Westphalie que le pressage à sec a été relativement le plus employé ; dans plusieurs usines on y fabrique avec de l'argile schisteuse des briques, bien que pas réfractaires.

1° La presse à sec construite par la fabrique de machines de Dorsten est une presse à pilon. Les pierres sont pressées par un triple choc avec trois pilons tombant librement. Elle se distingue par un grand rendement avec une faible force motrice.

2° Il faut citer la presse à demi-sec de Quast, presse à manivelle très puissante (tout à fait spéciale) qui est reliée à une vis mélangeuse et dans laquelle l'air est enlevé pendant la chûte de la matière. Elle a été essayée pour l'argile schisteuse (*Tonind Ztg.*, 1890, n° 15).

3° Presse hydraulique à sec. La pression la plus forte est exercée d'une manière directe ou indirecte par la presse hydraulique qui se répand toujours de plus en plus, bien qu'elle soit plus lente et fournisse moins dans le même temps. Ces presses, qui, au point de vue quantitatif, sont moins susceptibles de rendement, reviennent plus cher et ont l'inconvénient que les réparations qui y sont souvent nécessaires troublent l'exploitation. On emploie les presses hydrauliques pour la fabrication des pierres de magnésie, des portevent, des moufles à zinc, des plaques de trottoir. Il faut indiquer ici la fabrique bien connue et considérable de machines pour usines à argiles de Ed. Laeis et C° à Trier. Elle fournit des catalogues illustrés à la main et tout à fait remarquables de : 1° machines pour la fabrication de briques, tuyaux, etc. ; 2° presses hydrauliques pour pressage après coup et fabrication à sec allant jusqu'à 500 atmosphères ; 3° toutes les autres espèces de machines à écraser. Parmi les presses, on peut rapidement signaler les presses après moulage, les presses à main et les presses à friction ; ces dernières servent à presser après coup les pierres préalablement moulées pour leur donner des surfaces unies et éventuellement pour y imprimer des marques de fabrique. Les presses ne sont pas employées pour le moulage lui-même.

Dans ces derniers temps (D. R. P. 124111) Jul. Matern de Rothenstein, près de Könisberg, a fait breveter une presse hydraulique pour la fabrication de briques et d'objets en argile de toutes sortes au moyen de poudre d'argile séchée, et von Mitzlaff a fait connaître une presse à sec nouvelle très remarquable et considérablement améliorée (Voir *Tonindustrie Zeitung*, 1884, n° 10). D'après von Mitzlaff, dans les presses hydrauliques, il s'agit entre autres choses, non pas tant de la grandeur de la pression seulement, mais il faut encore pouvoir régulariser celle-ci facilement et à tout moment; et von Mitzlaff indique comme caractères importants : 1° la vitesse avec laquelle on fait exercer la pression sur la pierre à presser; 2° que la matière à presser doit être aussi divisée que possible. La presse se compose d'une table tournante dans laquelle se trouvent six paires de moules. De ceux-ci deux sont au remplissage, deux sous pression et les pierres sont expulsées des deux autres. La presse fournit de 26 à 32 pierres par minute. Chacune d'elles est soumise à une double pression; la première expulse l'air mélangé et la seconde, beaucoup plus forte, presse simultanément les pierres par dessus et par dessous. Les pilons sont en état de fournir une pression énorme et tout à fait réglable allant jusqu'à 700 quintaux sur la pierre normale. Le fonctionnement de tout le système exige de 8 à 10 chevaux de force. Cette presse est une de celles qui ont été le mieux étudiées et c'est la seule qui travaille réellement les masses à sec. Von Mitzlaff y a trouvé, ce qui est remarquable, que pour une sécheresse complète les argiles grasses se laissent mieux travailler que les maigres. La presse sert pour les pierres de chamotte, de dolomie, de magnésie et pour les Dinas. Elle se trouve décrite avec un dessin dans la Notizblatt, de 1888, p. 141.

Nous passons aux diverses sortes de pierres réfractaires, à leur préparation particulière et à leur objet.

Pierres de chamotte

Sous le nom généralement employé dans la pratique de pierres de chamotte, de chamottes ou en général d'objets façonnés en chamotte ([1]), il faut, comme on l'a indiqué plus haut dans la section chamotte, entendre les produits fabriqués qui sont préparés comme pierres de chamotte pure au moyen d'argile réfractaire, mélangée avec de l'argile réfractaire préalablement cuite et réduite en poudre. Nous pouvons d'après cela faire la distinction entre les pierres qui se composent uniquement d'une seule et même argile, comme

---

([1]) La chamotte peut aussi, comme on le sait, provenir de déchets complètement cuits, de tessons de cazettes, de pierres, etc.

celles de Garnkirk et de Stourbridge, et celles qui renferment une autre argile liante, comme par exemple les pierres d'argiles schisteuses très estimées dans ces derniers temps. Ces mélanges, quand ils ne contiennent aucune autre substance que l'argile, peuvent cependant être riches en silice, si l'argile employée était elle-même très siliceuse. Mais, en général, on n'ajoute à dessein aucune silice, et dans aucun cas on n'en ajoute en grande quantité et sous forme fine; car s'il s'agit d'un degré de chaleur très élevé, elle abaisserait toujours la valeur pyrométrique de la pierre; on mélange tout au plus une petite fraction de morceaux de quartz clair pour cette raison physique : diminuer le retrait.

Comme exemple d'une pierre de chamotte extraordinairement riche en silice nous devons citer les pierres de la manufacture royale de Berlin, qui sont tenues en haut renom à cause de leur infusibilité et de leur grande conservation, et qui se composent du kaolin connu de Halle et de fragments de cazettes. Des chamottes pauvres en alumine de cette espèce se préparent même avec le kaolin brut naturel ou après qu'il a été plus ou moins lévigé; et alors on emploie surtout le résidu de la lévigation qui est dans tous les cas très riche en silice. Dans le premier cas, la fabrication se fait de telle manière que le kaolin brut, fraîchement extrait, est jeté dans une machine à mouler les briques de Schlickeysen mue par une machine à vapeur. Après que les briques sont restées pendant une demi-journée, quand le temps est sec, et plus longtemps, quand il est humide, elles sont pressées au moyen d'une presse à main simple, mais travaillant bien. Les pierres réfractaires de cette sorte, telles qu'on les fabrique en Silésie et ailleurs, se conservent, complètement jusqu'à une température qui atteint celle de la fusion du fer doux; mais à une température plus élevée, elles fondent extérieurement et commencent à changer de forme. Pour les fours à gaz à régénérateurs, Steimann entre autres donne la préférence aux pierres de chamotte en kaolin de Meissen eu égard à leur réfractairité et à leur uniformité.

Dans ces derniers temps, on a accordé une attention toute particulière à la fabrication de pierres réfractaires en kaolin brut (ce qu'on appelle les pierres de kaolin), qui ne s'était faite jusqu'ici qu'isolément; et ce n'est pas sans raison, parce que, en dehors de la remarquable infusibilité du kaolin en lui-même, sa grande indifférence à haute température à l'endroit des matières fondues avec lesquelles il vient en contact paraît digne de remarque. Au lieu de la préparation ci-dessus indiquée immédiatement avec la matière brute, telle qu'elle se rencontre naturellement, on mélange rationnellement le kaolin brut avec de la chamotte fortement cuite. On peut ainsi s'opposer à ce que le kaolin devienne peu serré et volumineux à la cuisson, c'est-à-dire qu'on peut atteindre une plus grande compacité et tenir compte d'exigences élevées déterminées, en changeant le granulage et la quantité de l'addition. L'application d'un pressage énergique et d'une cuisson intense est très favorable pour les chamottes de kaolin et l'on peut encore augmenter la compacité du tout en employant comme matière liante une argile réfractaire grasse appropriée. La difficulté de fusion du kaolin, qui est très variable en général, joue, il ne faut pas le perdre de vue, un rôle décisif et le problème consiste en même temps à avoir des mélanges les plus infusibles possibles avec la plus grande compacité, sans crainte d'un éclatement de la pierre, et c'est pourquoi il faut éviter avec soin des différences dans la compacité de la texture de la masse. D'après les recherches de l'auteur, l'analyse d'un produit fabriqué, très résistant dans les conditions indiquées, solide, compact, visiblement pressé et très fortement cuit, qui se composait d'un mélange intime d'argile liante pétrie avec des grains de chamotte de la grosseur de la moitié d'un grain de poivre, a donné [1] :

Alumine (en moyenne).	37,10	36,95 % / 37,25 »
Silice (en moyenne.	60,50	60,44 » / 60,56 ».
Magnésie.	0,21 %	
Chaux	0,24 »	
Oxyde de fer	1,51 »	
Potasse	0,78 »	
	100,34 %	

A une température voisine de celle de la fusion du platine [2], des morceaux de cette pierre se conservent complètement à arêtes vives, sont de couleur bleu mat et en somme sans poussée ressemblant à une fusion. Les grains de chamotte sont encore en partie un peu rétractés. Ce qui est caractéristique, c'est la manière d'être à la température de la fusion de l'argent, quand la pierre a été exposée aux scories du four dans un feu de coke de charbon à gaz de Hei-

[1] Elle provenait de la fabrique antérieurement connue de produits réfractaires de Haupt et Lange à Brieg, circonscription de Breslau.
[2] D'après les déterminations de l'auteur.

nitz. Elle paraît fortement entourée de scories, mais la scorie est bientôt saturée, elle ne pénètre pas profondément, ce qui ressortait d'une manière remarquable et à l'œil par rapport à une des meilleures pierres anglaises de Dinas, ou à un échantillon de pierre de haut fourneau de Garnkirk qu'on avait chauffés de la même manière pour faire la comparaison. Pour le premier produit, l'anneau de scories est essentiellement plus petit, et il a été moins profondément corrodé ; la pierre de Garnkirk, qui se ramollissait déjà et était fortement fendue, est pénétrée par les scories sous forme d'ondes. Les pierres de kaolin ont été employées avec avantage pour les grilles à fente des fours à cornues à gaz de Liégel.

Abstraction faite de leur grande tendance au retrait en général ([1]), les pierres de chamotte possèdent l'avantage connu de présenter une plus grande solidité mécanique, une ténacité particulière contre les chocs, elles ne deviennent pas tendres à la cuisson en montrant une avidité trop grande pour les scories du four et les combinaisons plus facilement fusibles n'y pénètrent pas ou seulement d'une manière limitée. On peut de plus préparer des pierres de chamotte de toutes les dimensions possibles, et même de très grandes. Les propriétés extrêmement favorables qu'on vient d'indiquer ne peuvent pas être facilement remplacées par d'autres substances. Quand les pierres de chamotte pures sont suffisamment infusibles pour un but déterminé et quand elles ne reviennent pas trop cher, on doit en général les préférer à tous les autres produits. Ce sont elles qui résistent le plus longtemps à une scorie basique, notamment à celle des hauts fourneaux. Les scories fusibles ont de la tendance à absorber tantôt de l'alumine et tantôt de la silice. Abstraction faite de cette exigence pyrométrique, que les pierres de chamotte soient en état de résister à la température à laquelle on les emploie et aux autres actions particulières, il faut encore, comme condition dont on ne peut se passer, qu'elles éprouvent aussi peu de retrait que possible ou tout au moins qu'elles prennent bientôt un état de volume constant. En général : plus un produit est riche en alumine, c'est-à-dire plus il est réfractaire, et plus il éprouve de retrait à une haute température prolongée ; et il peut se passer de 4 à 6 mois jusqu'à ce qu'il se produise un état station-

---

[1] Il faut également tenir compte du retrait des pierres dans leur fabrication. On se sert pour cela d'une règle particulière (règle de retrait) qui est préparée en s'appuyant sur des recherches empiriques. Voir une description remarquable, avec dessin, *Sprechsaal*, 1890, n° 9).

naire. Dans des cas pareils, et en se basant sur la grandeur du retrait que doivent déterminer les fabricants, les moules des pierres doivent être faits plus grands d'autant, pour que ce retrait postérieur ne soit pas nuisible. Et à ce point de vue aussi, les produits doivent être travaillés avec soin et cuits fortement ([1]). Comme on le sait, plus la forme de la pierre est uniforme et bien dressée, plus les joints en mortier sont étroits, plus l'extérieur est uni et moins il présente de surface d'attaque au feu. On impose de plus comme condition que les produits doivent supporter les changements de température.

Quand on emploie des mélanges gras et riches en kaolin, le retrait peut être important. Plus nombreux sont les vides des pores qui se produisent au séchage et au chauffage par suite d'une grande teneur en eau, plus grand est le retrait. Comme second stade et à une température suffisante, il se produit un ramollissement, c'est-à-dire un état de fusion pâteuse, par suite duquel s'effectue la plus grande condensation. Ainsi les pierres de chamotte, faites en argiles grasses de Belgique et cuites, ont un retrait linéaire de 8,33 %; dans les fabriques des Ardennes, on admet 10 %; pour les pierres faites avec l'argile du Palatinat (Grünstadt), il est de 7,14 % et pour les matières grasses et renfermant en même temps du carbone, il s'élève à 12,5 et plus. Dans ces derniers cas, suivant que les pierres préparées ont été faiblement ou fortement cuites, les retraits sont très différents entre eux ; les pierres deviennent légèrement courbes et par suite de pareilles argiles sont très difficiles à employer pour la fabrication de chamotte, quand elles n'y paraissent pas tout à fait impropres. On a admis ici que plus les pierres de chamotte sont fortement cuites et plus elles éprouvent de retrait. Mais, dans tous les cas, ceci n'a lieu qu'autant qu'il ne se produit pas de boursouflement, qui s'oppose au retrait et produit une augmentation de volume. Il faut encore remarquer que, d'après la méthode employée jusqu'à présent pour préparer les pierres de chamotte au moyen d'argile grasse non cuite et où l'addition grasse constitue une partie importante, l'arrivée à un très haut degré de réfractairité dépend de l'argile de liaison et de la quantité qu'on en a employée. Le problème qui s'impose donc aux progrès de la technique consiste à diminuer toujours de plus en plus l'emploi de l'argile grasse et d'autre part à augmenter sur une très grande échelle celui de la chamotte cuite à mort.

([1]) La pierre de chamotte exige par suite plus de combustible que tout autre produit pour être cuite à fond, ou un four plus chaud.

La condition fondamentale la plus importante dans la préparation des pierres de chamotte réside dans le choix judicieux de la matière brute, dont les propriétés physiques et chimiques doivent être fixées scientifiquement et expérimentalement. Pour ce qui est du mélange convenable de l'argile de liaison avec la chamotte, de la quantité et de la grosseur de grain de cette dernière, du réglage de l'humectation et du travail soigné, nous renvoyons à ce qui a été dit plus haut. Si nous laissons de côté en général et même dans les détails la préparation connue des pierres de chamotte, en raison des développements donnés dans les chapitres précédents, nous pouvons néanmoins signaler les produits de chamotte qui sont les mieux appréciés dans les différents pays, comme la littérature les a indiqués, ou tels que l'auteur en a eu connaissance, et ajouter ce qu'ils ont de plus remarquable.

En Angleterre, les pierres de Garnkirk appartiennent à celles qui ont la plus haute situation ; viennent ensuite plus bas celles de Stourbridge, Cowen, Glenboig, etc. Tous ces produits sont fabriqués avec une seule argile sans autre addition. Pour les pierres de Garnkirk, on prend trois parties d'argile schisteuse brute, triée ou même hivernée, et une partie de cuite, tandis que les autres produits ne se composent que d'argile schisteuse non cuite. D'après Kerl (*Tonwarenindustrie*, 2ᵉ édition, p. 500), en France on regarde comme les meilleures les pierres de chamotte de Moutit (Saône-et-Loire) ; de Forges les Eaux (Seine-Inférieure), celles pressées et pilonnées de sept villes, de Coubière (Puy-de-Dôme), de Meillonas près de Metz, de Dormes et les premières marques de Bourgogne. En Belgique, pour les pierres de chamotte on prend pour une partie en volume d'argile brute une partie de cuite ; et suivant la qualité qu'on veut produire, on emploie l'argile belge cuite et pure, ou bien, pour les sortes inférieures, une addition composée de déchets de la matière cuite. A Angleur, le rapport est le même ; à Saint-Léonard, on augmente l'addition jusqu'à 1 1/2 ; à Corfali et à Prayon, elle n'est que de 1 et à Andenne elle va jusqu'à 3 parties, qui se composent d'une partie de poussière fine et 2 parties de farine plus grosse. Le corroyage de la masse se fait ici presque toujours par le marchage et sans machine, ou au moyen de la tailleuse. A un endroit, on tient à ce que la masse reste préalablement en dépôt ; à d'autres on la laisse pourrir et même jusque pendant une année. Ailleurs encore, on fait le marchage et on répète cette opération trois fois. Dans tous les cas, avant le travail, la masse doit avoir une consistance telle qu'elle s'étire en long sans se fendre et, comme on le sait, les doigts ne doivent pas se salir quand on la presse. Pour les meilleurs produits enfin, dans les usines belges, on attache de l'importance à ce que la chamotte ait été cuite au moins deux fois. Un autre point digne d'attention est l'humectation convenable ; pour n'être pas sans consistance et sans compacité à la cuisson, la masse ne doit pas être trop humide, mais aussi elle ne doit pas être trop dure, parce que l'homogénéisation serait insuffisante dans la tailleuse. Comme on l'a dit, la grosseur du grain et la quantité de chamotte cuite qu'on ajoute jouent un rôle essentiel.

Pour ce qui est de la grosseur du grain, l'expérience générale est que plus le grain est fin, plus on peut en ajouter à l'argile, ce qui fait que la masse gagne en uniformité, en compacité et en résistance et qu'elle conduit mieux la chaleur ; par contre sa faculté de supporter les changements de température diminue. Réciproquement, plus le grain est gros et plus il faut d'argile liante pour l'envelopper. On égalisera les deux effets en ajoutant à de l'argile très finement moulue une certaine quantité de chamotte fine et grosse, cette dernière en forte proportion. Pour le gros grain, la grosseur du grain de poivre est généralement suffisante, et ce n'est que dans des cas tout à fait particuliers qu'on va jusqu'à un diamètre de 7 millimètres. Une argile fraîchement extraite de la mine donne à la cuisson une chamotte plus compacte qu'une qui a été préalablement atmosphérisée. De plus en pressant après coup les pierres fabriquées avec une argile, on obtient une plus grande compacité.

Le rapport entre l'argile liante et l'argile cuite, qui dépend du degré de plasticité de la première et de la grosseur du grain de la seconde, oscille, comme on l'a dit plus haut, entre une jusqu'à deux parties d'argile cuite pour une partie d'argile liante.

Aux usines à zinc belges de Saint-Léonard, on emploie pour les pierres de première qualité :

31 % d'argile belge non cuite.

52 % d'argile cuite de 2 à 5 millimètres de grosseur de grain.

17 % de quartz pur.

En Autriche, à la Société I. R. Autrichienne des chemins de fer de l'Etat, les briques employées pour les fours à coke sont préparées au moyen de masses de chamotte (¹).

____

(¹) Des échantillons se trouvaient à l'exposition de Vienne 1895 (v. l'auteur, *Dinglers Journal*, 209, p. 121).

En Allemagne, il faut citer en première ligne les pierres de chamotte de la fabrique de chamotte A. G. autrefois Didier de Steetin, désignées par la marque « Excelsior » [1]. Avec un soin extrême, la maison a su réunir les matériaux les meilleurs qu'on pût se procurer et fournir le meilleur de tous les produits de ce genre qui existe jusqu'à présent. La société a le mérite d'avoir entrepris cette fabrication sur une grande échelle et d'avoir apporté la première, à proprement parler, la matière sur le marché mondial au prix de grands sacrifices, notamment du triage soigneux des argiles schisteuses de Bohême [2]. Les pierres sont préparées avec du schiste cuit, une petite quantité de kaolin de Bornholm, et un peu de la meilleure argile grasse; et, pour cette dernière, on emploie une variété expérimentée et particulièrement préparée. Les pierres sont pressées énergiquement, fortement cuites; et alors elles ont peu de retrait. Dans ces derniers temps, d'autres fabriques, employant des matières dans leur voisinage, ont fabriqué des produits semblables.

Application. — En général les pierres de chamotte, sous leurs formes et leurs grosseurs les plus diverses, servent pour toutes sortes de foyers, où l'on attache de l'importance à la résistance, la ténacité et l'invariabilité de la texture. Mendheim donne comme résultat de ses observations que pour les fours à marche intermittente, les pierres de chamotte sans grande teneur en quartz se sont toujours montrées la matière la plus durable [3]. Il en est de même pour les fours à reverbère à chauffage direct, dans lesquels, comme le dit Keller [4], d'après l'expérience des usines de Westphalie, les pierres de chamotte sont les seules qui se conservent suffisamment.

Si nous passons en revue les diverses industries qui emploient les pierres de chamotte, elles constituent dans la seule branche de l'industrie métallurgique une matière qu'on ne peut pas remplacer. Dans l'industrie du fer, les hauts fourneaux dans lesquels il se produit une chûte des charges et un mouvement incessant de matières fondues, emploient avec avantage les meilleures pierres de chamotte,

---

[1] L'analyse donne : alumine, 45,72 $^0/_0$; silice, 51,15 $^0/_0$; chaux, 1,77 $^0/_0$; oxyde de fer, 0,80 $^0/_0$; potasse, 0,34 $^0/_0$; perte au chauffage, 0,28 $^0/_0$.

[2] *Tonindustrie-Ztg.*, 1889, n°s 19 à 23.

[3] *Töpfer-und Ziegler Zeitung*, 1878, p. 203.

[4] KELLER. — *Sur la fabrication et l'emploi des pierres réfractaires*, 1880, pp. 32 et 33.

et surtout celles, qui non seulement sont très difficiles à fondre (¹),
mais qui sont bien dures, compactes, résistant sans inconvénient
aux changements de température, et qui n'éprouvent plus de retrait
postérieur. Les dernières propriétés doivent occuper ici la première
place, parce qu'un défaut d'infusibilité, particulièrement pour des
pierres d'ouvrages ou d'étalages qui pèsent des quintaux, ou comme
la pierre de fond, peut toujours être combattu par un refroidissement
à l'air ou à l'eau. La masse de la pierre de fond ne doit pas avoir de
retrait subséquent, pour qu'il ne se produise pas de joints par lesquels le fer en fusion pourrait couler par dessous ; et elle ne doit
pas être poreuse, ce qu'on obtient par une cuisson extraordinairement intense, qu'on pousse jusqu'à la scorification. S'il se trouve du
plomb dans les minerais de fer, la masse de chamotte même la plus
compacte ne peut pas résister au plomb fondu. Aussi dans les fours
à creusets pour acier fondu, dans la partie inférieure de la cuve, et
aussi loin que les cokes peuvent se coller, on emploie les meilleures
chamottes et l'on recherche les plus solides (pierres de Garnkirk
pressées), de même pour celles qui se trouvent sur la sole et pour
les fours à acier Siemens qui sont très exposés aux changements
de température ; on s'en sert aussi pour les buses de convertisseurs
Bessemer et pour les fonds.

De même, dans les usines à zinc, on emploie pour les foyers la
meilleure qualité de pierres de chamotte. Dans l'industrie du verre,
les bonnes pierres de chamotte, et notamment celles qui sont fabriqués avec des masses d'argile pures, constituent un article estimé
et particulièrement préféré.

Dans les fours de cornues à gaz, les chamottes, ou les masses
qu'on forme avec elles, servent comme grilles ; il en est de même
dans les générateurs et dans les fours à gaz de Liegel où elles
donnent les pierres à échancrures.

On emploie de plus les pierres ou les masses de chamotte pour
les fours à chaux et à ciment ; dans les fabriques chimiques, pour
les fours à chauffer et à calciner ; pour les fours de sucrerie, pour
les fours à gaz d'huile ; on fait aussi des blocs et des tuyaux pour

---

(¹) La masse de chamotte pure, qu'on prépare avec une teneur en alumine allant
jusqu'à 43 % et même plus, est peu attaquée par les scories basiques des hauts-
fourneaux ; mais elle l'est au contraire par celles qui sont acides, comme on l'a déjà
signalé. Dans ce dernier cas, soit dit en passant, une petite addition d'alumine aux
scories, à cause de la grande capacité de saturation de celle-ci, est le meilleur
moyen d'action contre l'état vainqueur de ces scories.

les fours et les canaux de chauffage ([1]), des anneaux pour la combustion des fumées dans les locomotives, etc.

Augmentation de la durée. — Ajoutons encore ici que, si l'on
veut augmenter la résistance d'une masse, comme les pierres réfractaires ou autres produits fabriqués, dans des cas extraordinaires où
la matière naturelle même la mieux connue ne dure pas suffisamment, on peut employer deux moyens, l'un chimique et l'autre physique. On cherche à provoquer un changement dans les réactions
chimiques qui s'accomplissent, on agit, comme on l'a déjà dit, pour
amener un autre mode de composition de scories qui se produisent
et suivant les circonstances on les rend plus basiques ou plus
acides, plus pâteuses ou plus fluides. Comme moyen physique de
préservation, il faut appliquer les installations de refroidissement,
au moyen soit d'air, soit d'eau en circulation, en dessus, en dessous
ou en dedans des pierres à protéger.

Dinas

Les roches de quartz ou, sous un nom plus défini, les Dinas, qui,
en tant que leur mode de préparation et leurs emplois le permettent,
ne se composent que de silice, appartiennent aux produits de beaucoup les plus difficiles à fondre. D'après les lois pyrométriques, ils
constituent l'opposé des chamottes toujours plus facilement fusibles,
quand bien même on emploie pour ces dernières les silicates d'alumine les plus purs. A cause de leur préparation primitive avec une
matière anglaise brute, le grès de Dinas, ([2]) et de leur première fabrication en Angleterre, on leur a donné le nom de Dinas anglais.
Pour ce qui regarde l'analyse des grès de Dinas et des produits qu'on
fabrique avec eux, nous renvoyons aux « Gesammelte Analysen,
1901 », de l'auteur.

Décrivons le mode de fabrication et rattachons-y ce qu'il y a de
plus remarquable. Comme matière brute, on se sert pour cela du
ganister, le grès qui se trouve en Angleterre comme on l'a dit, et qui
a servi d'abord à faire les Dinas. On emploi en outre le quartz, et
en particulier les quartzites ([3]), et certains grès carbonifères. Dans

---

([1]) La chamotte produit un retard dans le refroidissement des gaz du foyer.

([2]) Le minéral se rencontre dans le sud du Pays de Galles, dans la vallée de la
Neath, et s'y présente aussi bien comme sable que comme roche.

([3]) Par rapport au quartz, la quartzite présente l'avantage de devenir en général
résistante par la cuisson, et d'être à peu près constante à environ 1 500° tandis que le
quartz augmente encore de volume.

le choix de ces roches, il faut donner la préférence à celle qui augmente le moins au feu, qui reste en même temps de volume constant au chauffage et qui demeure solide à la cuisson ; cet objet a été atteint dans ces derniers temps par Cramer à la suite de recherches extrêmement nombreuses et approfondies. Rosenberg s'est aussi occupé de ce problème. Voir les importantes études de Cramer et Rosenberg qu'on a résumées dans le chapitre quatrième.

Ces roches sont écrasées entre des rouleaux en fer sous forme d'une poussière grossière. Dans ces derniers temps, on a appliqué pour cela des concasseurs et, pour la mouture plus fine, des écraseurs, des moulins à boulets ou des moulins à meules verticales avec des tables non perforées. La résistance mécanique dont il faut se préoccuper pour les produits fabriqués dépend de ce qu'on emploie la matière cuite ou non cuite. Un fort chauffage préalable du quartz lui donne en général une plus grande invariabilité ou une plus grande constance de volume ; mais la consistance de l'ensemble en souffre, et une pareille masse exige relativement plus de matière liante que celle qui est brute, ce qui équivaut à une diminution de l'infusibilité.

Comme substance liante et en même temps cimentante, abstraction faite des autres additions étudiées, telles que l'argile, la magnésie et l'oxyde de fer, on emploie le plus généralement la chaux cuite sous forme de lait de chaux, et aussi l'eau de chaux et le chlorure de calcium. Dans le *Sprechsaal* de 1896, n° 12, on a recommandé le sirop de pommes de terre. On additionne la masse de quartz de 1 à 2 $\%$ de lait de chaux et de la même quantité de sirop. Au point de vue du choix de la chaux, il faut exiger qu'elle soit blanche à la cuisson, qu'elle se dissolve sans ou seulement avec peu de résidu, et qu'elle donne un lait de chaux uniforme. Il faut tamiser les morceaux de chaux qui pourraient rester non dissous. En ce qui concerne le lait de chaux, il ne faut pas perdre de vue que l'hydrate de chaux est deux fois aussi volumineux que la chaux cuite, ce qui contribue à rendre le produit fabriqué sans cohésion quand il se produit du boursouflement. Dans aucun cas la quantité de chaux ne doit donc être grande, et on l'a limitée jusqu'ici à 2 $\%$ au plus. Une petite quantité d'alumine allant jusqu'à 1 $\%$ joue un rôle déterminatif pour la production de la cimentation au feu et augmente l'action de la chaux par suite de la formation de combinaisons doubles.

Le mélange aussi homogène que possible avec la chaux s'effectue

dans une chambre à fond imperméable à l'eau, sur lequel la masse
de quartz est étendue uniformément sous une épaisseur de 45 à
60 centimètres. On laisse souvent le long de deux parois une rigole
de 30 centimètres de large. Près du four à chaux se trouvent deux
auges; dans la plus élevée, on agite la quantité de chaux pesée à
sec avec de l'eau, et le lait de chaux passe dans l'auge inférieure;
après un court repos, il coule par la rigole vers la masse. Celle-ci
est alors travaillée aussi complètement que possible.

Passons maintenant à la préparation de la masse, à la manière
dont on doit la traiter et à la fabrication des Dinas. La masse doit
se composer de parties fines, demi-fines et grosses de la roche riche
en silice, dont la constitution la plus appropriée et les caractères
doivent être essayés assez longtemps pour que les produits fabriqués aient une résistance ou une consistance suffisantes quand ils
ont été séchés à l'air aussi bien que cuits; et comme on l'a dit, il ne
faut pas perdre de vue qu'une matière quartzeuse préalablement
cuite est plus tendre, c'est-à-dire moins résistante quand on la cuit
qu'une manière fraîche. On doit donc corriger ce défaut, autant
que cela se peut, en déterminant par des recherches le mode de
composition le plus favorable de la masse principale ainsi que de
ses parties.

Le moulage des pierres se fait au moyen d'une presse à main,
avec un moule de fer pour deux morceaux, ouvert en dessus et en
dessous, et qui doit toujours être conservé propre pour l'usage. Plus
le mélange est maigre et plus la masse principale fine y domine, et
plus s'impose la condition que le pressage s'effectue sous une grande
pression ; et avec les presses hydrauliques, il se fait avec une pression allant jusqu'à 200 atmosphères. D'autre part, on a avancé que
pour une pression par trop forte, la pierre est moins résistante et
qu'elle se fond à la cuisson. On recommande aussi, au lieu d'une
pression continue, de donner un ou plusieurs coups, ce qui fait sortir un peu de bouillie et donne à la pierre une sorte d'enduit ou de
couverture. Le séchage des pierres a lieu sur les plaques de fer de
support, quand celles-ci sortent de la presse, dans une chambre de
séchage chauffée; après un jour, elles sont dans un état tel qu'elles
peuvent être brouettées sans crainte et complètement sèches dans le
four de cuisson.

Une méthode utile, employée dans une usine de la basse Allemagne, est la suivante : du sable quartzeux et des pierres quartzeuses, qui contiennent au moins 95 % de silice, sont moulus et sé-

parés en grains de 1 à 2 millimètres et de 2 à 3 millimètres. On mélange intimement des poids égaux de ces deux masses. Pour 49.250 kilogrammes de la masse sableuse, on emploie 75 kilogrammes la meilleure chaux. On y ajoute assez d'eau pour que le lait de chaux humecte exactement le sable et le lie. Cette masse bien travaillée est moulée dans des presses à main sous forme de briques, qu'on laisse sécher pendant environ 18 heures et qu'on cuit ensuite après les avoir chauffées lentement. Le séchage des Dinas ne présente aucune difficulté et peut se faire assez rapidement sur les séchoirs en 10 à 12 heures.

Lütgen prépare d'après la méthode anglaise des Dinas de toutes grosseurs et formes pour les voutes de fours à cuve et pour les fours Martin. Dans ces derniers temps, on a aussi fabriqué comme pièces d'exposition des pierres de Dinas pesant jusqu'à 25 kilogrammes qui ne sont pas pressées, mais simplement travaillées à la main. Comme masse principale on emploie pour cela le grès carbonifère de Aachen, qui est tout particulièrement estimé et qui a une teneur en silice de 90 à 99 %. On n'y ajoute pas plus de 2 % de chaux et la teneur en fer varie de 0,5 à 1 %, suivant que les machines d'écrasage en ont donné plus ou moins à la farine dure. Dans la cuisson, qui est plus forte que pour les autres produits réfractaires, le fer ainsi entraîné communique aux pierres blanches les taches brun-rouge caractéristiques bien connues.

Pour ce qui est de la qualité des Dinas, on a considéré dans ces derniers temps celles de Pilsen, en Bohême, comme les meilleures. Elles sont solides, sonores, compactes dans leur cassure et doivent être cuites à une température particulièrement élevée. On évite de la sorte un changement de volume quand on les emploie à des températures moindres. Elles ont un poids important à l'unité de volume.

Le four de cuisson est rond, il a de 3,8 à 4,5 mètres de diamètre et 4 mètres de haut; il contient environ 30 mille briques de 24 centimètres de long. Il a sur son pourtour six à huit foyers pour employer du charbon de terre de qualité inférieure. Les couches les plus supérieures habituellement ne sont pas complètement bien cuites, elles servent dans la fournée suivante à faire les conduits à feu. Elles deviennent alors inutilisables pour la plupart parce qu'elles sont trop cuites; cependant on trie les meilleures comme seconde sorte et le reste est passé aux pilons et employé à nouveau. La cuisson dure en moyenne sept jours et on laisse refroidir progressivement les pierres pendant un temps aussi long. Une fabrique allemande, qui fournit de très bons produits, est arrivée à cuire les Dinas en 24 à 36 heures. On a recommandé dans ces derniers temps le four annulaire à gaz, parce qu'il donne une température élevée, un refroidissement suffisamment lent et une économie de combustible. Dans le *Tonindustrie-Zeitung.* 1903, n° 42, on a signalé comme particulièrement approprié, pour la cuisson des Dinas et des pierres de chamotte de la meilleure qualité, un four périodique à section ronde ou rectangulaire, à demi chauffage au gaz, à flamme renversée, enlèvement de la fumée par dessous et utilisation de la chaleur abandonnée par un four pour en réchauffer un autre.

Le refroidissement des Dinas cuits présente une difficulté particulière; on ne peut pas le faire avec assez de soin et assez lentement, si l'on veut éviter les produits fendus ou fêlés, c'est-à-dire qui ne sonnent pas bien. Nous ferons remarquer expressément qu'à cet égard on n'a pas encore pour les Dinas de four de cuisson dans lequel on puisse préserver les pierres cuites contre l'éclatement en échauffant l'air qui y pénètre pendant le refroidissement du four. De plus le four devrait être disposé de telle manière que l'air refroidisse, non pas les produits, mais seulement l'intérieur des parois et la voûte du four.

Pour terminer, il faut encore signaler comme point tout particulièrement important qu'il faut réduire autant que possible le gonflement bien connu, souvent gênant et dangereux, des Dinas au feu. On peut envisager plusieurs moyens pour le combattre.

1° Il faut à chaque fois faire précéder la fabrication d'un choix soigneux de la matière brute la plus favorable, c'est-à-dire de la quartzite qui se dilate aussi peu que possible au feu, en se basant sur des déterminations pyrométriques approfondies, comme nous l'avons indiqué plus haut.

2° On peut y aider par addition de grès moulu particulièrement fin, et aussi de roche quartzeuse contenant de l'argile; on peut de plus s'opposer au gonflement au moyen d'une plus grande quantité de fondant dans la masse, bien qu'au détriment de l'infusibilité.

Avantages et inconvénients. — Le côté favorable, qui est propre aux pierres de quartz en général et aux Dinas en particulier, est qu'au lieu de se rétracter au feu elles y augmentent de volume; mais il peut, comme nous le répétions encore une fois, devenir néfaste, s'il se manifeste trop fortement. D'après Snelus, dans les fours à fondre l'acier de Dowlais, qui sont en maçonnerie de Dinas, l'ouvrier doit lâcher les tirants au-dessus du four quand la température s'accroît, et les resserrer quand elle diminue, pour tenir compte d'une part de l'allongement et d'autre part de la contracton. D'après Benrath (*Glasfabrikation*, p. 159) les pierres de Dinas s'allongent jusqu'environ au rouge clair, mais à une température plus élevée l'augmentation de volume cesse et il se produira même une légère contraction. D'après les recherches de l'auteur, une baguette de Dinas de 50 millimètres de long, taillée au ciseau dans le Dinas anglais mentionné plus haut, après avoir été chauffée à la température de fusion de l'argent et refroidie, montrait un allongement de 1,5 %; et un échantillon de même longueur, chauffé à une température approchant celle de la fusion du platine, révélait un accroissement de 4,2 %. De pareilles baguettes, qui augmentaient à un chauffage rapide jusqu'à 1.500°, montraient encore après un pareil chauffage répété un accroissement continu de l'allongement et ce n'est qu'au quatrième chauffage que la constance s'est produite.

Application. — Les Dinas conduisent très peu la chaleur, et, quand ils sont poreux, ils sont assez légers. Ils ne supportent pas les changements de température brusques et fréquents, deviennent au feu tendres, spongieux, ou bien ils se fondent et se désagrègent. En association avec cela, se trouve ce côté facheux, que les Dinas ne se conservent pas dans les endroits où l'on a besoin de résistance mécanique. Mendheim a trouvé que les Dinas sont complètement inutilisables dans les canaux de la sole d'un four à gaz à fonctionnement intermittent. Comme on l'a déjà indiqué, les Dinas, qui contiennent du fer, se détruisent très rapidement sous des influences réductrices à un fort degré de chaleur. Les cendres volantes, les oxydes métalliques, les scories fortement basiques, attaquent énergiquement les pierres de quartz, comme l'impliquent les actions chimiques. Elles ne peuvent résister que très peu aux scories de fer et ne supportent que dans une très petite mesure le collage des charbons ou du coke. Elles éclatent fortement quand on les chauffe sans précautions et se taillent mal.

A l'exception des pierres de magnésie qu'on est arrivé à préparer dans ces derniers temps, les Dinas les plus purs et les meilleurs appartiennent aux produits les plus fortement réfractaires que nous connaissions. Ils sont indestructibles là où il faut supporter sans interruption (refroidissement) la chaleur la plus élevée, celle dite sèche, ou une flamme pure. Ils sont de plus à leur place aux en-

droits où il faut résister à des scories acides. Ils se conservent dans
les fours Siemens incomparablement plus longtemps que les pierres
de chamotte les plus supérieures. Ils ont une valeur extraordinaire
pour les chapeaux des fours de verrerie, parce que les gouttes qui
en tombent ne salissent pas le verre, c'est-à-dire n'y produisent que
des rubans ou des filaments clairs; on les emploie aussi pour les
blocs de fours à cuve. Ils servent pour la fabrication Bessemer dans
presque toutes les applications, pour les fours Martin dans la préparation de l'acier, où l'on impose de grandes exigences au point
de vue de la difficulté de fusion, et où les Dinas contenant beaucoup de silice et peu de chaux sont les seuls qui aient fait leurs
preuves. Dans les parties les plus chaudes des fours à gaz et de divers fours à réverbères, ainsi que dans les fours à réchauffer, ils
sont considérés pour la plupart comme impossibles à remplacer.
D'après Keller, dans les voûtes des fours Martin, il n'y a pas d'autres pierres que les Dinas qui aient été essayées avec succès. Pour
être complets nous devons encore ajouter que les Dinas, quand on
les conserve, doivent être préservés de l'humidité et de l'eau, qu'ils
absorbent volontiers. Il faut donc avoir soin de les chauffer avant
de les employer en maçonnerie, et le mortier réfractaire ne doit
pas être quelconque, mais nécessairement un mélange semblable
au Dinas.

Dinas Allemands. — Pour terminer nous devons encore citer ces
pierres préparées pour la première fois dans la fabrique Keller,
avec du grès provenant des mines de charbon de Aachen, mais
sans addition de chaux et par une méthode particulière qui n'est
pas bien connue. Lütgen d'Eschweiler, qui fabrique aussi les Dinas
dits allemands, déclare que l'argile, que la roche contient déjà, sert
de liant; sa masse doit être petite et ne s'élève que de 1,5 à 3 %; on
est néanmoins arrivé à produire des pierres de grande dureté et de
très haute infusibilité. Elles doivent supporter les changements
brusques de température essentiellement mieux que les Dinas à la
chaux, mais elles sont en général moins dures et moins résistantes.
D'après Keller, dans les voûtes de fours à réchauffer et à puddler,
chauffés à très haute température, on donne la préférence aux produits allemands sur les anglais, et notamment dans les usines à fer
de Suède. De plus, d'après le même auteur, ils se sont conservés le
mieux du monde dans le fours Siemens-Bicheroux et Boetius. On
ne connait pas d'analyse des Dinas dits allemands.

Aux Dinas appartiennent les pierres silicatées, qui se composent principalement de quartzite avec aussi peu que possible de chaux comme ciment. La meilleure qualité est extrêmement infusible. L'augmentation de la pierre est déjà limitée par un chauffage préalable aussi fort que possible de la quartzite et la résistance postérieure ne doit pas en souffrir. La cuisson s'effectue le plus souvent dans les fours à gaz et à chambres de Mendheim.

Grès calcaires

D'après un brevet allemand, on a utilisé dans ces derniers temps, ce qui est remarquable, les masses dites de grès calcaires pour la préparation de Dinas, et les pierres qu'on en a fait doivent augmenter seulement d'une manière « insignifiante » après des chauffages répétés. Si l'on emploie, comme jusqu'ici, une quantité également grande de chaux (10 %) comme ciment, l'infusibilité sera indubitablement ramenée d'une manière considérable en dessous de celle des Dinas connus jusqu'ici comme les plus extrêmement réfractaires.

Comme cela est bien clair, la réfractairité des grès calcaires, qui sont en partie apparentés aux Dinas, augmente d'autant plus que leur teneur en chaux est moindre. D'après une conférence du professeur Glasenapp (¹), quand on chauffe cette pierre, c'est d'abord l'eau d'hydratation de l'hydrate de chaux qui s'en va, puis celle de l'hydrosilicate de calcium et enfin l'acide carbonique du carbonate de chaux, quand il y en a de présent. La chaux vive moins résistante, qui reste, change la consistance de la pierre jusqu'à la faire disparaître. Cependant si la température s'élève plus haut, il se produit une fusion de la chaux vive au contact des grains de sable quartzeux ; c'est ce qui devrait conduire à la coulée du silicate fusible de chaux qui s'est produit et devenir néfaste à un chauffage de longue durée. Pour ce qui est de l'emploi des grès calcaires, ce sont des pierres acides qui, abstraction faite de leur infusibilité en général peu élevée, ne doivent pas être placées aux endroits où elles seraient en contact avec des substances basiques, par exemple dans les fours à ciment, les hauts-fourneaux, etc. Pour la maçonnerie, il va de soi qu'il faut employer un mortier de même composition.

(¹) Les pierres, composées d'argile et de sable fin, éclatent facilement au feu. Si ceci ne se produit pas et si elles sont cuites jusqu'au ramollissement, on peut obtenir de cette manière un produit compact et résistant. Si le sable est à gros grains, il est généralement peu uniforme et renferme des substances étrangères mélangées.

Dans la fabrication qu'on vient d'indiquer, il faut encore prendre garde d'employer un sable qui, éprouvé au feu, n'augmente pas trop de volume.

Pierres quartzeuses mixtes

Dans ces pierres riches en silice, qui tirent leur nom de la matière qu'on y emploie le plus souvent, le quartz, on en distingue, comme on l'à déjà dit, deux sortes dans le commerce : les pierres quartzeuses pures, avec une teneur d'au moins 95 °/₀ en silice, et les pierres mélangées ou mixtes, avec plus ou moins d'argile à l'état de mélange. Au lieu de quartz ou de sable quartzeux, on s'y sert, bien que moins souvent, de grès, quartzite, cornéenne, silex purifié, cailloux, etc. Parlons d'abord de celles qui sont connues depuis le plus longtemps, les pierres quartzeuses mixtes.

Il faut ranger ici les pierres qui se composent le plus habituellement d'argile et de sable quartzeux naturel, ce qui est au point de vue du fabricant économique, avantageux et séduisant, mais qui sont bien meilleures avec du grès quartzeux trié et préalablement lavé, ou encore avec de la cornéenne, etc., avec ou sans addition de chamotte.

Fabrication. — La fabrication des pierres quartzeuses, en tant qu'on ne se sert pas tout simplement du sable quartzeux indiqué, qui est irrégulier et souvent impur, a ses difficultés particulières et souvent d'espèce spéciale. Pour 1 d'argile, on prend jusqu'à 2 parties de sable, avec les gradations intermédiaires et l'on obtient de la sorte un silicate d'alumine plus ou moins facilement fusible. Si au contraire on veut obtenir un produit qui présente une très grande infusibilité, on doit employer du quartz ou un grès bien compact. L'écrasement exige alors beaucoup de peines et de dépenses. Il peut être facilité en chauffant au préalable le quartz ou le grès, et en le plongeant dans l'eau ; mais la matière, comparée à la pierre brute moulue, perd du liant et l'on est par suite obligé d'augmenter dans une certaine mesure l'addition d'argile et de diminuer dans la même mesure la réfractairité. Pour produire des pierres quartzeuses extrêmement réfractaires, on ne peut donc pas se dispenser de moudre le quartz brut, etc., et c'est seulement alors qu'on peut réduire l'addition d'argile au strict nécessaire pour obtenir une résistance mécanique suffisante avec une infusibilité aussi grande qu'on peut l'avoir.

La grosseur de grain du quartz moulu, employé dans le mélange, a son importance. Si, en dehors de matières relativement pures, la pierre fabriquée se compose d'une quantité suffisante de gros grains, elle est incomparablement meilleure, c'est-à-dire plus difficilement fusible qu'une pierre qui contiendrait la même quantité de quartz à un état de mouture plus fine. Plus la poussière de quartz est fine, plus est grand le nombre des points de contact avec les fondants basiques présents et plus tôt il se produira une fusion. Le gros grain permet aussi au quartz de supporter suffisamment les changements de température. On peut déterminer expérimentalement une limite des proportions de l'addition par ce fait qu'il n'y ait pas de relâchement appréciable de la masse. Les pierres quartzeuses exigent, pour être suffisamment solides, un chauffage très énergique dans les parties les plus chaudes du four de cuisson, ce qui suppose une fabrication étendue. Il est digne de remarque, comme on l'a déjà signalé d'après Kerpely, que le travail d'une masse de quartz dans une malaxeuse est accompagné d'un échauffement important, qui contribue à l'homogénéisation complète du tout.

Pour ce qui est des proportions connues de mélange ([1]), par exemple pour les fours à réchauffer et à puddler des usines à fer de Fronberg près de Schwandorf, on prend, pour une mesure d'argile de Schwarzenfeld, 2 parties de sable naturel ou préalablement lavé de la rivière Naab. L'argile est employé en farine fine, on n'ajoute d'eau que jusqu'à consistance grumeleuse et la masse est fortement battue dans les moules. L'allumage doit se faire très lentement pour les pierres séchées à l'air et déjà bien solides et compactes. Ici les pierres durent 5 à 6 mois dans les fours à puddler et à réchauffer. On emploie les mêmes proportions à la fabrique de laiton de Achenrain. On prend ici de l'argile de Passau et du sable quartzeux en partie préparé artificiellement, avec un peu de charbon fin. Le quartz (qui provient des roches anciennes) est chauffé, plongé dans l'eau, écrasé et passé à travers un tamis de 1 millimètre de largeur de maille et encore une fois lavé. Pour le mode spécial d'opérer, voir *Dinglers Journal* 156, p. 116. D'après Lundin, on fait avec 3 à 5 parties de quartz, 2 parties de farine de brique et une partie d'argile hollandaise de Ballen (Vallendar) des briques pour les besoins réfractaires ordinaires, pour le revêtement des fours à briques, les cheminées, les fours de grillage, les forges, etc.

____

([1]) Voir les recherches, *Dinglers Journal*, 175, p. 447.

Quand on veut obtenir une réfractairité plus élevée, on augmente la quantité de quartz et, pour 1 partie d'argile, on prend 8, 10, 14 et même jusqu'à 16 parties de quartz. C'est ainsi qu'on fabrique des briques pour four de réchauffage et de puddlage avec 8 parties de quartz et 1 partie de l'argile sus-indiquée. Avec 10 parties de quartz et 1 partie d'argile brute d'Andenne, on prépare des briques extrêmement réfractaires. D'après Khern, les pierres composées de 14 parties de quartz très pur et de 1 partie d'argile de Blansko donnent un produit très résistant de première sorte et il est encore meilleur avec 16 parties de quartz très pur et 1 partie d'argile de Göttweig.

D'après des expériences en grand, la teneur en argile doit être d'au moins 6 % (par suite 1 partie d'argile pour 16,7 parties de quartz) parce qu'autrement les pierres éclatent trop facilement. On trouve couramment une teneur de 80 % en silice, notamment dans les pierres dites de réchauffage. D'après Leplay, la composition moyenne des matériaux réfractaires employés dans les usines du Pays de Galles révèle une teneur en silice de 79,5 %. Nous trouvons qu'on fabrique surtout des masses quartzeuses dans la nouvelle briqueterie de pierres réfractaires de Reschitza, que Kerply a citée spécialement au point de vue de la disposition appropriée des installations.

L'argile est moulue dans un moulin à meules verticales. L'écrasement du quartz se fait au moyen de bocards ou de marteaux cingleurs dans un espace séparé de tous les autres ateliers ; ceci est à recommander pour la santé des ouvriers et peut agir favorablement sur leur rendement. A la malaxeuse se rattache le local à mouler avec ses tables de travail ; viennent ensuite, en position convenable, les chambres de séchage chauffées à l'air chaud ; en face de celles-ci se trouvent les fours à briques couverts d'un toit en tôle de fer et le magasin pour les pierres sèches s'y rattache d'une manière tout à fait appropriée. Le fonctionnement des moulins, des élévateurs et des malaxeuses se fait au moyen d'une machine à vapeur de la force de 30 chevaux. C'est aussi ici que se rapportent par exemple les briques de voûte et d'armature des fours à réchauffer et à puddler, etc., telles qu'on les fabrique dans les usines autrichiennes citées plus haut : 1 partie d'argile de Binisch et de Blansko, 11 parties de sable, boccardé et en grains allant jusqu'à 2 millimètres de grosseur.

Après un chauffage de 18 heures sur le pont des fours à réchauffer, la forme de ces pierres riches en quartz paraît complètement conservée, bien qu'elles soient un peu vitreuses au dehors et en partie fendillées. Beaucoup des pierres préparées, notamment avec du kaolin brut, sont composées d'une manière semblable, mais elles contiennent le plus souvent plus d'alumine.

On peut aussi préparer des pierres extraordinairement peu fusibles avec du kaolin et du quartz clair. Mais elles se fendent facilement, et plus quand le kaolin domine que quand c'est le quartz. On peut chauffer ces pierres jusqu'à une température déjà bien élevée, sans qu'il se montre de fentes ; mais si l'on pousse la température plus haut, la grande quantité d'eau contenue dans le kaolin, et qui se dégage subitement, produit des fentes et les pierres paraissent sans consistance ou, comme on dit, fêlées.

Exigences. — Si l'on demande aux pierres de chamotte d'être dures et solides, pour les pierres de quartz c'est l'infusibilité qui vient au premier plan et la condition fondamentale est qu'au feu elles conservent un volume bien constant et qu'elles n'éprouvent de retrait dans aucun cas. Cependant on recherche de préférence les pierres quartzeuses comme briques de voûte, en particulier à cause de leur caractéristique spéciale de gonfler au feu, c'est-à-dire de mieux serrer les joints au lieu de se rétracter. Pour les voûtes un peu longues, il peut arriver que même les plus fortes, obéissant à cette force puissante, soient disloquées ou que l'arc se fende. On doit donc prendre des précautions pour que cet accroissement ne soit pas trop considérable (¹). La très grande infusibilité ne vient qu'en seconde ligne, bien qu'on demande quelquefois aux pierres quartzeuses qu'elles puissent résister aux endroits les plus chauds, par exemple des fours à reverbère.

Avantages et inconvénients. — Les pierres quartzeuses résistent le plus longtemps aux scories acides ; elles peuvent supporter pendant longtemps et à un très haut degré la chaleur dite sèche. A cause de leur porosité, elles sont mauvais conducteurs de la chaleur et s'établissent en général à assez bon marché comme prix. Des pierres quartzeuses, dont l'infusibilité équivaut à celle des argiles normales de la sixième classe, peuvent supporter une température de 1 500° et jusqu'à 1 600° sans montrer une trace quelconque de fusion.

(¹) Quand on se sert de grès, il faut remarquer que le grès compact augmente peu de volume et qu'il se comporte déjà comme un peu liant.

D'un autre côté, les pierres quartzeuses supportent mal les variations de température et montrent une grande tendance à se fendre,
à devenir sans consistance ou fêlées à la cuisson. Exposées à des
chauffages et à des refroidissements fréquents, les pierres quartzeuses se détruisent d'elles-mêmes; parce que à chaque fois les grains
de quartz se dilatent plus ou moins et se contractent, et que les
parties, par suite de ce mouvement interne répété, perdent leur
liaison entre elles. Avec le relâchement croît la faculté d'absorber
les scories et de moins bien supporter le collage des charbons ou du
coke. De plus une cendre volante riche en alcalis ou fortement basique agit d'une manière notable pour faire couler les pierres siliceuses ; et dans les endroits où la teneur en cendres du combustible est importante ou bien où les cendres volantes sont mises
directement en contact, comme dans les fours à reverbère à
chauffage direct, les pierres quartzeuses paraissent devoir être
proscrites.

Emploi. — Comme on l'a dit les pierres quartzeuses sont celles qui
prédominent de beaucoup dans un grand nombre de voûtes (¹) et
dans les fours des industries différentes. Dans les canaux de la sole
des fours à coke, où la température est élevée et où la résistance aux
changements de température ne vient qu'en arrière-plan, on emploie
de préférence les pierres quartzeuses (²). Celles-ci, et notamment
les pierres de quartz pures (Dinas) dont on a parlé plus haut, ont
acquis par suite du développement extraordinaire de la fabrication
du fer et de l'acier une haute importance dans cette industrie. Dans
les usines à laminer, on emploie principalement des pierres quartzeuses du petit format ordinaire pour les fours à réchauffer et à
puddler. Comme condition, il ne faut pas se servir de combustible

---

(¹) Très souvent les voûtes sont construites avec des pierres quartzeuses du format
normal, c'est à dire avec des pierres rectangulaires. Comme elles se taillent mal et
que cela demanderait beaucoup de temps, le maçon se contente de placer les pierres
les unes tout contre les autres à la partie inférieure et il remplit de mortier les joints
qui vont en s'ouvrant par le haut. Quand on chauffe une voûte ainsi construite, par
suite de la dilatation des pierres pressées les unes contre les autres, elle se relève,
les joints inférieurs se serrent davantage et tout le poids agit d'abord seulement sur
les arêtes inférieures des pierres. Une pareille répartition non uniforme des efforts a
pour conséquence que la partie inférieure de la maçonnerie s'écrase et tombe à
certains endroits.

(²) La fabrique de produits réfractaires, connue et très importante du Dr Otto et Co
de Dalhausen, n'avait pas moins de quatre fours à coke complets à l'exposition de
Düsseldorf (1902) ; elle exposait en outre des pierres de diverses formes, des vues,
des modèles et des plans d'une installation de 100 fours à coke, avec récupération
des sous-produits.

trop riche en cendres, parce que, comme on l'a dit, une cendre, notamment si elle est alcaline, attaque fortement les pierres. D'après Keller, on a fait l'expérience dans les fonderies de Westphalie que les pierres quartzeuses, qui coulent progressivement, sont les meilleures. Dans les fours à réverbère et dans les parties supérieures des fours à creusets, on fait la maçonnerie en pierres quartzeuses fortement cuites. Dans la fabrication de l'acier Bessemer, on emploie en général les pierres quartzeuses, qui se conservent bien si elles sont composées en raison du but en vue et si elles sont préparées avec soin. Les pierres des fonds sont faites avec de la quartzite particulièrement appropriée pour cela, à très haute teneur en silice, et avec une très faible addition d'argile. En France, on se sert particulièrement des pierres de quartz pour la construction des fours à fondre le nickel. On les emploie aussi dans les fours de verrerie, notamment dans ceux de construction ancienne.

Pierres réfractaires avec d'autres additions étrangères, telles que charbon (coke), bauxite, magnésite, dolomie et chromite.

Pierres de charbon. — On connaît les pierres de coke, mélange de coke fin tamisé avec de l'eau de lehm, qui sont employées dans les usines du Haut Harz par E. Kast pour la maçonnerie des fours à plomb et qui ont été recommandées pour les parois des fours à briques [1] Elles ne forment pas de scories avec la charge, conduisent très mal la chaleur et reviennent à bon marché. Elles se conservent longtemps au feu, parce que la couverture de lehm, bien que diminuant la réfractairité, protège le coke contre la combustion et que d'autre part le coke empêche le lehm de fondre. Ce qu'on appelle la brasque de menu coke ou de charbon de bois constitue la matière qui est employée depuis des temps reculés et avec le meilleur succès à Freiberg et dans le Harz pour la garniture des fours.

En Angleterre, on prépare depuis longtemps des pierres de charbon pures et, dans ces derniers temps, on y a attaché beaucoup d'importance chez nous, à la suite d'expériences en grand, qui ont en partie réussi, mais qui en partie aussi ont été contestées ou ont

[1] *Notizblat*, V, p. 217.

été décidément malheureuses. Nous attendons encore une réponse définitive à la question de l'emploi pratique des pierres de charbon. Des insuccès considérables ont accompagné une expérience partielle, en particulier, d'après Dürre, pour la préparation du ferro-manganèse. A ce dernier égard, il ne faut pas perdre de vue que cela dépend des circonstances variables et notamment de la charge.

Les problèmes nombreux et difficiles que les hauts-fourneaux soulèvent pour les pierres réfractaires, non seulement au point de vue mécanique, mais encore bien plus au point de vue de leur résistance aux actions chimiques, paraissent résolus et tout d'une fois par l'emploi des pierres de charbon. Le charbon est extrêmement infusible ([1]) et il se comporte comme très inattaquable ou insoluble par les autres matières, et notamment par les scories aussi bien acides que basiques, pourvu que ces dernières ne contiennent pas d'oxydes métalliques. Il va de soi qu'il faut en exclure la combustion, et par suite l'amenée d'oxygène ([2]). Le fer fondu brut, qui a de la tendance à se carburer aux dépens des pierres de charbon, se comporte d'une manière plus embarrassante. Celui-ci, de même que l'oxydule de fer présent, doit enlever du charbon aux pierres de charbon et par suite les manger. Pour la partie inférieure de l'ouvrage du haut-fourneau, pour la pierre de fond ([3]), les pierres de charbon me paraissent décidément indiquées. Les conditions paraissent plus favorables pour les parois de l'ouvrage et de l'étalage, qui ne sont pas en contact permanent avec le fer fondu et qui à cet égard ont donné de bons résultats, d'après Lürmann ([4]) et aussi d'après Jung ([5]). Pour la cuve qui a à souffrir du frottement des matières, l'application devrait être problématique.

Un rapport de Kail dans l'Osterreichischen Zeitschrift für Berg- und-Hüttenwesen se prononce d'une manière plus favorable. La Firm Ganz et C° de Budapesth a fait établir en briques de coke un

([1]) Un très fort courant électrique a seul permis d'opérer le ramollissement du charbon.

([2]) D'après Th. Jung, il ne se trouve pas d'air non décomposé dans l'ouvrage du haut-fourneau. « Vortrag im Saarbrücker Bezirksvereine deutscher Ingenieure » (*Tonind.-Ztg.* 1891, n° 40).

([3]) D'après des communications de Jung, dans une deuxième expérience, le fond du haut-fourneau, épais de 800 millimètres, avait complètement disparu et quelques pierres nageaient dans le foyer.

([4]) Lürmann. — *Rapport de l'Ass. gén. de fabric. de prod. réfract.* Berlin, février 1892.

([5]) *Töpfer-u-Ziegler Ztg.* 1893, n° 12.

haut fourneau loué en Croatie. Les briques ont été fournies par la Euskirchener Tonwarenfabrik de Mechernich et, avec un poids spécifique de 1,55, elles avaient une teneur en cendres de 12,75 pour cent. La résistance des briques était peu élevé, la cassure montrait une structure compacte, homogène et à grain fin. La préparation des briques de coke se faisait avec un ciseau plat et en frottant deux briques l'une sur l'autre. Il vaudrait mieux se servir d'une plaque de fonte cannelée. Comme ciment, on employait un mortier composé d'une partie de poussière de coke et d'une partie d'argile. Jochum indique une addition d'argile de 1/4. Pour protéger les briques de charbon contre l'oxygène de l'air qui viendrait à agir par suite du soufflage du haut fourneau, les pierres de charbon avaient été recouvertes d'un enduit de mortier de 4 centimètres d'épaisseur. Le four avait alors été séché à la manière ordinaire et mis en marche. Après une durée de fonctionnement de 28 semaines, la matière se montrait encore complètement bonne. On a aussi essayé au même endroit de construire un four à reverbère avec les briques de charbon, mais on n'a pas réussi, faute d'enveloppe protectrice. (*Tonind-Ztg.* 1891, n° 39). A Düsseldorf (1902) les usines de chamotte et de dinas de Birschel et Ritter à Erkrath fabriquent des pierres de charbon, et la maison écrit au *Tonind. Ztg.* 1902, n° 124 qu'elle a déjà reçu des ordres pour l'établissement de 6 hauts fourneaux, pour les fonds, les étalages et les ouvrages. La résistance à la compression des pierres de charbon s'élève en moyenne à 286 kilogrammes par centimètre carré.

D'après Jung, les pierres de charbon se tiennent très bien dans les fours à plomb. Elles résistent complètement aux scories acides de plomb (monosilicate). Comme avantages, il faut encore indiquer que les pierres de charbon, comme on l'a dit, sont mauvaises conductrices de la chaleur, qu'elles présentent à peine de changements de volume aux changements de température et enfin qu'elles ne donnent aucun sujet pour la formation de ce qu'on appelle les acides de haut fourneau.

Fabrication. — D'après Jung, que nous suivons ici, le coke est séché (moins il donne de cendres et meilleur il est), moulu et tamisé ; il reçoit une addition de 20 °/₀ de goudron, avec lequel on le mélange intimement, ce qui, suivant les circonstances, se fait à chaud. Ensuite la masse extraordinairement plastique est pilonnée par couches dans des caisses en tôle, qui se ferment au moyen de charnières, et on a soin chaque fois qu'on y introduit une masse nouvelle de toujours racler la surface antérieure. La pierre ne s'enlève pas du moule, elle reste à sécher sur des planchettes de bois, ce qui demande environ 14 jours. La fabrication se distingue donc à peine de la fabrication ordinaire. Toutefois dans la cuisson des pierres, il faut empêcher complètement l'arrivée de l'air et même les intervalles dans les mouffles sont remplis de poussière de charbon — menu de coke, poussière de coke. — Au chauffage, la pierre redevient tendre et cherche à s'étendre ; c'est ce qu'empêche la poussière de charbon. Habituellement les fabricants se servent ici de mouffles en argile brute, qui dans ces circonstances se cuisent en chamotte. Il paraît superflu de remarquer qu'il faut prendre quelques précautions pour écarter l'arrivée d'air. A la cuisson, le goudron se carbonise et constitue une masse unique avec les particules de coke. Aujourd'hui la préparation des pierres, petites ou grosses, ne présente donc aucune difficulté. On peut obtenir des pierres de 500 à 800 millimètres de long, 560 millimètres de haut et 200 millimètres de large. D'après Dürre, on prépare des pierres de charbon avec du graphite de cornue exempt de cendre et une addition de 5 à 8 % de base. Elles se sont très bien comportées au fours à plomb de Machernich. Si les pierres sont passées à la chaux, elles se vitrifient dans le four, et la couverture qui se forme empêche ou limite l'accès de l'oxygène. (Rapport de Dürre à l'assemblée des fabricants allemands de produits réfractaires. Février 1895).

L'analyse d'une pierre de charbon parvenue à l'auteur a donné, pour la poussière séchée à 100° [1], 86,34 % de substance charbonneuse [2] et 13,66 de résidu non combustible [3]. La pierre étudiée avait une couleur uniforme noire et un grain fin uniforme. Les grains forment des points brillants. La masse légère dans son ensemble paraît assez dure et résistante, cependant on peut en détacher des morceaux avec les doigts.

Pierres de bauxite. — La bauxite est employée pour les pierres de bauxite ; elles étaient déjà recommandées par Gaudier dès l'année 1858 [4]. Quand leur teneur en fer ou en silice n'est pas trop grande, elles se conservent sans se fondre à un degré de température élevé.

---

[1] L'alcool extrait de la poussière environ 0,28 % d'éléments résineux ou goudronneux, dont l'origine n'a pas encore été bien déterminée.

[2] La substance charbonneuse a été déterminée par chauffage prolongé et combustion.

[3] Dans le résidu incombustible, une partie déterminée provient principalement du coke.

[4] *Dinglers Journal*, 198, p. 156.

A l'exposition de Vienne (1873) il s'en trouvait comme matière première de la Compagnie Parisienne. Des éprouvettes de celles-ci conservaient complètement leur forme à une température voisine de celle de la fusion du platine, et la cassure paraissait homogène avec une condensation semblable au grès cérame ([1]).

Défauts. — La détermination pyrométrique et l'expérience en grand montrent que les pierres de bauxite se ramollissent à la chaleur, sans fondre, et par suite ne peuvent porter aucune charge. De plus elles éprouvent déjà un retrait considérable à la fabrication et leur conservation est souvent compromise essentiellement par un important retrait après coup, par des fentes et aussi par des éclatements. A cela se joint comme défaut capital le pouvoir absorbant important de la bauxite chauffée, qui attire avec avidité les scories du combustible et qui, malgré sa grande infusibilité par elle-même dans des creusets fermés, subit peu à peu une destruction complète quand elle est exposée au feu direct. On peut combattre le retrait par trop grand en y mélangeant du quartz ou des minéraux riches en quartz. En face de ces objections fondées, on fait ressortir que la bauxite, d'après sa composition bien déterminée, est très difficilement fusible et que cette manière d'être extraordinaire peut toujours être utilisée dans des cas donnés.

Préparation. — Pour ce qui est du mode de fabrication, on ne trouve dans la littérature que des indications insignifiantes ; la bauxite triée est cuite, moulue finement et l'on y ajoute 1/6 de bonne argile réfractaire liante. Dans un brevet anglais, on indique que la bauxite calcinée, qui doit être aussi exempte que possible de silice, de fer et d'alcalis, est mise en pâte avec du lait de chaux ; dans quelques cas, on y ajoute encore un peu d'argile non cuite. La masse riche en alumine sert pour pierres réfractaires, comme garnissage de four aux endroits où il faut une matière à teneur élevée en alumine ([2]).

Emploi. — Siemens emploie des briques de bauxite dans son four rotatif pour la préparation directe du fer et de l'acier ([3]) ; elles s'y sont bien conservées. Les bonnes pierres de bauxite montrent une grande durée quand elles ne sont pas en contact avec des masses siliceuses fondues, mais seulement avec des métaux fondus, et leurs

[1] L'auteur, *Dinglers Journal*. 210, p. 109.
[2] *Central-Anz.* 1886, n° 17.
[3] *Maschinenbauer*, 1873, n° 23.

oxydes, ou avec des matières fondues basiques, par exemple, comme
on l'a dit, dans les raffineries de plomb ([1]).

La bauxite est employée comme matière d'addition pour les
pierres dites basiques et les garnissages basiques. Les usines de
Gutehoffnung à Oberhausen sur la Rhur ont fait bréveter un procédé de garnissage des convertisseurs Bessemer.

ANALYSE. — Une brique de bauxite du sud de la France (dite de
Drazenit) avait la composition suivante ; (Leitm. C. A. 1888, n° 15).

```
Alumine.  . . . . . . . . . . . . . . . . . . . . . .  60,4
Silice.  . . . . . . . . . . . . . . . . . . . . . . .  33,7
Oxyde de fer . . . . . . . . . . . . . . . . . . . .    5,4
Acide titanique . . . . . . . . . . . . . . . . . .     0,1
```

On rapporte d'une brique de bauxite américaine qu'elle contient
une quantité très importante, environ 90,5 $\%$ d'alumine, 2,0 $\%$
de silice, 1,0 $\%$ d'oxyde de fer, 5,0 $\%$ d'acide titanique et de 1,5 à
2,0 $\%$ de chaux. (*Tonind. Ztg.* 1895, n° 10).

**Pierres réfractaires de magnésie, de dolomie et de chromite,
briques de magnésie, etc.** ([2]). — A l'encontre de la fabrication très
simple et facile des pierres réfractaires avec une argile liante et une
qui devient dure à la cuisson, celle des produits magnésiens, qui
exige la solution de problèmes ardus, présente des difficultés bien
plus grandes. Si les conditions à imposer à une pierre magnésienne
complètement utilisable sont une réfractairité élevée, une grande
compacité, une dureté importante, peu de retrait aux températures
élevées, de la résistance à l'air et de la facilité de transport, et si
elles sont suffisamment remplies, cela exige un mode de traitement
aussi expérimenté que soigneux, et même délicat. Il a fallu commencer par faire une étude approfondie des propriétés de la magnésie et de ses combinaisons, puis toute une série d'expériences, avant
qu'on ait pu pas à pas arriver au but cherché et à un résultat satisfaisant ; ceci explique que ce n'est qu'après une longue période de
recherches qu'on a été en état d'obtenir des résultats pratiquement
utilisables. Ce va être notre problème de suivre cette marche intéressante du développement de la question, où les premières recherches ont été dépassées d'une manière continue par les suivantes
jusqu'à ce qu'on fut arrivé à un résultat déterminé.

<hr>

([1]) Sur l'application expérimentée dans une usine à plomb, voir *Sprechsaal*, 1882,
n° 30 et *Töpfer-Ztg.* 1882, n° 31.

([2]) Pour les pierres cuites il convient de proposer le nom de « briques », et de s'y
tenir pour éviter la confusion.

Propriétés de la magnésie et de ses mélanges. — Indiquons d'abord les propriétés essentielles de la magnésie et des mélanges dans lesquels elle intervient. La magnésie présente de nombreux avantages comme substance basique et pour le traitement technique. En outre de sa très haute infusibilité, la magnésie fortement cuite et condensée par ce fait (¹), se comporte comme relativement indifférente ; elle attire bien l'eau mais ne forme pas de combinaison avec elle, comme la chaux qui l'absorbe en quantité perturbatrice avec un très fort foisonnement ; elle ne prend pas d'acide carbonique d'une manière notable (²) et, ce qui est important dans la préparation du fer fondu, elle supporte au feu un contact avec le quartz sans former de silicate ; dans le procédé Thomas, elle absorberait même l'acide phosphorique, mais ne donnerait aucune combinaison avec lui. La magnésie pure se présente donc comme une matière toute particulière à bien des égards. Sa réfractairité extraordinaire donne bien lieu à certaines difficultés dans la fabrication et on est conduit par là à ajouter des fondants ou des scorifiants tels que l'oxyde de fer, l'alumine et la silice, ou à chercher ces substances comme mélanges naturels avec la magnésie, où de petites quantités produisent la scorification des produits en leur assurant une résistance et une compacité suffisantes, mais sans rien changer à la réfractairité ou au rôle qu'elle joue dans le procédé basique.

Matière brute. — Jusqu'à présent on n'utilise presque exclusivement comme matière brute pour les pierres que la magnésite de **Styrie,** un spath magnésien de la Veitschthal (³), qu'on décrira plus **loin,** à cause de la propriété qu'il a de se scorifier d'ensemble à une haute température, mais sans fondre. On donne à cette matière **peu** cristalline la préférence sur la magnésite grecque qui est plus

---

(¹) La magnésie chimiquement pure ou faiblement cuite se présente, comme on le sait, comme très poreuse et volumineuse. Elle attire rapidement l'acide carbonique jusqu'à la moitié de son poids, l'eau au contraire d'une manière progressive en augmentant de volume. Mäkler a fait des déterminations remarquables sur la manière d'être de la magnésie par rapport à la chaux. Des mélanges d'argile et de magnésie chauffés au cone 1 de Seger, conservaient encore complètement leur forme, tandis qu'avec la chaux ils se déformaient et fondaient. En ajoutant de la magnésie au lieu de chaux et pour une cuisson modérée, une argile gagne de la réfractairité, ce qui est à considérer pour la pratique (*Tonind.-Ztg.*, 1901, p. 351.

(²) De la magnésie fortement cuite et longtemps exposée à l'air ne montre qu'un faible dégagement d'acide carbonique, quand on la traite par les acides.

(³) A Brieg (province de Silésie) on s'est servi aussi de la magnésite compacte de Frankenstein pour la fabrication de pierres de magnésie.

riche en magnésie (de l'île d'Eubée). La scorification signalée est vraisemblablement en rapport avec une certaine teneur en fer (peut être avec de la silice et de l'alumine) et sa couleur caractéristique noir bleu ou brun foncée paraît devoir être rapportée à ces mélanges.

Cuisson. — La magnésite doit d'abord être cuite, ce qui se fait dans un four à manche avec pierres riches en silice, ou dans un four à reverbère, dans un four à étages, ou mieux encore dans un four à gaz qui est plus chaud.

Si la magnésie a été cuite d'une manière rationnelle, complète, énergique et à plusieurs reprises (cuisson à mort), ce qui est une condition importante et nécessaire pour empêcher le retrait et donner une plus grande résistance, elle éprouve le retrait linéaire étonnant de 25 $^0/_0$, mais passe alors à un état dur. Si l'on écrase la masse dure comme de la pierre, il en résulte une poussière complètement maigre, ressemblant à du sable, qui ne change pas et qui est peu sensible à l'acide carbonique de l'air, et qui, abstraction faite d'une pression extraordinaire élevée, a besoin d'un ciment pour se mouler et se cuire solidement.

Préparation et marche du chauffage. — Le chauffage de la magnésite et de l'hydrate de magnésie soigneusement étudié par Schlösing produit les changements suivants des propriétés physiques. Au rouge ils perdent tous les deux leurs substances volatiles celle-ci l'acide carbonique (¹) celui-là l'eau d'hydratation et passent à l'état anhydre et notamment l'hydrate à l'état de magnésie compacte, qui est mucilagineuse et liante dans une certaine mesure, et qui possède des propriétés hydrauliques, c'est-à-dire qui peut se mouler sous une forte pression. Plus la température a été basse, et plus la magnésie absorbe rapidement l'eau et l'acide carbonique de l'air. Si la magnésie exempte d'eau est chauffée plus fort, elle se rétracte encore notablement, devient, comme on l'a dit, extrèmement compacte, dure et par suite complètement impossible à mouler, mais aussi extraordinairement invariable. Pour la magnésie brûlée à mort, le poids spécifique s'élève de 3,0 jusqu'à 3,8. Cette magnésie stable d'une part, et celle moulable d'autre part constituaient antérieurement la matière brute recherchée et exclusive pour les pierres de magnésie. D'après Lezius, on peut au moyen de ces deux sortes

____

(¹) Comme on le sait, la magnésie abandonne son acide carbonique bien plus facilement que la chaux.

de magnésie, et sans le secours d'aucune matière étrangère quelconque, préparer des pierres bonnes et utilisables, à son clair, qui se rapprochent comme dureté et résistance des meilleures pierres de chamotte.

Plus on emploie de magnésie stable et moins le produit fabriqué a de retrait; plus on prend de magnésie moulable, plus le moulage est facile, et plus la masse, qui se rétracte alors davantage, devient dure à la cuisson, à une température aussi forte que possible. D'après Schlösing, une partie de magnésie déshydratée et deux parties de magnésie constante donnent une pierre bien solide qui n'éprouve plus que peu de retrait.

Cette préparation des pierres magnésiennes, appartenant à une période antérieure de la fabrication, (¹) avait ainsi une ressemblance tout à fait frappante avec celle des pierres de chamotte. De même que, dans cette dernière, on prépare les objets en prenant de l'argile cuite, qui est d'autant meilleure qu'elle est plus cuite, et en y mélangeant de l'argile liante, de même on produisait en cuisant la magnésie un corps magnésien invariable qu'on additionnait comme ciment d'une partie de magnésie hydraulique faiblement cuite. On a désigné, et non sans raison, les pierres de magnésie comme la contre partie des Dinas. Tandis que ceux-ci occupent une situation pyrométrique d'autant plus élevée qu'ils sont plus riches en silice (plus acides), de même les pierres de magnésie occupent un rang d'autant plus élevé qu'elles contiennent plus de magnésie (sont plus basiques). Dans ces Dinas basiques, nous avons donc un cas non seulement semblable, mais complètement analogue à un autre point de vue. De même que, pour les Dinas, de très petites quantités d'alumine augmentent l'action entre la silice et les quelques pour cent de chaux jusqu'à la rendre complète comme cimentation, de même pour les roches basiques l'alumine aussi ou plutôt l'oxyde de fer (principalement l'oxydule) avec l'acide silicique joue un rôle complètement déterminant pour cela, en ce qui concerne l'application technique. La cuisson extrêmement énergique des briques basiques est analogue à celle des Dinas par rapport aux pierres de chamotte.

(¹) Dans ces derniers temps (et nous y reviendrons encore plus loin), Spacter n'emploie plus d'addition de magnésie hydraulique pour la fabrication des briques de magnésie, mais il ne se sert que de la magnésie proveuant de magnésite chauffée au blanc le plus élevé. C'est dans la cuisson complète et pas complètement à mort que gît la difficulté de la nouvelle fabrication.

Ciments. — Comme moyens pour agglutiner ou mouler, on peut distinguer entre ceux qui sont étrangers et qu'on a introduits, et la magnésie qui est susceptible de s'agglutiner elle-même ou ses combinaisons. On a d'abord pris l'argile (1) dans la proportion de 10 à 15 %, et même plus suivant sa pureté, puis le goudron depuis longtemps apprécié, exempt d'eau, épais et filant; on a employé de plus la soude, la silice (2), le vinaigre (3), les phénates (mélanges d'acide phénique avec des alcalis et des terres alcalines). Parmi ces mélanges, ceux qui, comme l'argile, contiennent des fondants ou agissent comme fondants, abaissent essentiellement l'infusibilité, tandis que ceux avec substances volatiles ou combustibles font perdre de la solidité à la cuisson; par suite ces substances, et surtout les dernières, doivent être condamnées. Pour ce qui est des combinaisons magnésiennes, on a aussi appliqué le chlorure de magnésium qui est liant dans une certaine mesure et l'hydroxyde de magnésium en liaison avec la propriété particulière qu'on a signalée pour la magnésite de prendre un état caustique et hydraulique par une cuisson faible. Pour la préparation des briques, on employait environ 10 % de cette magnésie caustique. Lezius n'en prenait que quelques pour cent. Pour l'amélioration des mortiers et des masses à pilonner, on employait avec la magnésie caustique un peu de silice pour diminuer la réfractairité. S'il s'agissait d'une plus grande résistance mécanique, on augmentait la teneur en fer existant déjà dans les objets fabriqués par une addition d'oxyde de fer ou aussi de silicates. Si l'on veut un produit poreux, on ajoute de la sciure de bois, de la colle d'amidon, etc. Si l'on ne doit prendre que de la magnésie cuite à mort, Lezius a employé la soude comme matière liante.

(1) Les expériences avec addition d'argile ont donné en général des résultats inférieurs.

(2) Tant qu'on ne prend pas d'hydrate de silice, celle-ci n'agit que comme fondant et comme ciment. D'après le brevet D. R. P., n° 66103, on emploie comme liant la silice gélatineuse ou dissoute dans l'eau. L'hydrate de magnésium est mélangé avec la silice gélatineuse aqueuse (jusqu'à 10 %) ou avec l'eau dans laquelle elle est dissoute (en même pourcentage). La matière plastique ainsi obtenue et les objets qu'on en moule sont alors cuits à la chaleur blanche. On arrive ainsi à une répartition complètement uniforme de la silice agissant comme substance scorifiante et qui ne doit jamais dépasser une teneur de 12 %. Le breveté prétend aussi que par ce procédé on peut empêcher l'introduction d'autres bases qui donnent naissance à des silicates doubles facilement fusibles.

(3) D'après Clamont, les solutions de sels magnésiens facilement décomposables par la chaleur, par exemple l'acétate, ajoutés à un mélange de magnésie cuite et non cuite lui donnent une plasticité extraordinaire, de sorte qu'on peut en mouler les pièces les plus fines et les plus difficiles (*Sprechsaal*, 1881, p. 248).

D'après Bleichsteiner (*Osterr. Zeitschrift für Berg-und Hüttenwe-sen*) il faut distinguer la magnésie cuite à mort, mais non scoriée de la magnésie dite scorifiée ou frittée. La magnésite, qui contient d'autres matières mélangées, peut, quand on emploie une tempéra-ture suffisamment élevée, se scorifier, c'est-à-dire qu'elle se fritte, et très fortement suivant la quantité de fondant, quand elle est com-plètement cuite à mort. Pour la magnésie scorifiée, la teneur en fer doit atteindre un certain chiffre, 2 à 4 %, parce que sans cela la scorification exige une température par trop élevée. La cuisson se fait le mieux dans des fours à cuve de grandeur convenable et avec des charbons purs. A la fabrique de chamotte de Witkowitz, on se sert avec avantage pour cela d'un four Siemens à gaz.

Moulage. — Dans le moulage des masses, il faut appliquer une très haute pression avec des presses hydrauliques, et elle doit être d'autant plus élevée que la quantité de magnésite cuite à mort est plus grande. On peut empêcher les fentes de se produire au séchage en conservant les produits humides pendant longtemps.

Cuisson. — Les pierres doivent être entièrement sèches avant leur introduction dans les fours, puis cuites aussi fortement et aussi uni-formément que possible pour éviter qu'ils ne se produise à l'usage des fentes fatales. On se sert pour cela de fours à réverbère ou des fours continus à chambre et à gaz de Mendheim, qui sont garnis avec de la magnésie pulvérisée ou qui sont revêtus de briques de magnésie. Les pierres bien cuites doivent être refroidies très lentement. En résumé, les conditions essentielles pour la fabrication des pierres magnésiennes sont le choix approprié de la magnésite et la cuisson à point. Des conditions spéciales peuvent exiger des additions dans des cas particuliers.

Fabrication a Brieg. — Bien que la grande fabrique de briques magnésiennes déjà citée, et qui est passée dans d'autres mains, ne fabrique plus actuellement de briques de ce genre, nous pouvons cependant, pour être complets et parce que la description touche à beaucoup de particularités, décrire le mode de fabrication qui y était employé. Comme on l'a dit, la matière brute était constituée par la magnésite compacte qu'on trouve à Frankenstein. Elle était cuite, une partie à haute température, et l'autre, qui servait de ci-ment, à une température moindre. La magnésie cuite était écrasée par des cylindres, qui se mouvaient avec des vitesses différentes, et tamisée au moyen de tamis à secousses. La poussière recevait comme ciment un peu de chlorure de magnésium et le moulage s'effectuait au moyen d'une presse hydraulique, qui travaillait sous une pression de 110 atmosphères, de sorte que la pression exercée sur une pierre était d'environ 1 000 quintaux. Les pierres pressées étaient séchées à l'air avec précaution, ce qui les faisait chauffer un peut et paraître plus dures et plus résistantes. Après environ huit jours, elles arrivaient dans les fours (une chambre du four annulaire à gaz de Mendheim) et y étaient soumises à une température très élevée. La sole du four était pavée avec des pierres magnésiennes. Les pierres étaient placées aussi près que possible les unes des autres et sur une hauteur de 6 à 7 couches. Des pyroscopes de feldspath et d'argile réfractaire servaient à évaluer la température de cuisson, qui devait être poussée assez haut pour que les pierres, contenant environ 98 %, de magnésie, pussent obtenir une résistance suffisante (Haupt, *Töpfer-u. Ziegl. Ztg,*, 1881, nº 30, 51).

PRIX DE FABRICATION. — D'après les anciennes expériences de Lezius, comme aussi suivant d'autres plus récentes, la fabrication des briques de magnésie revient en général beaucoup plus cher que celle des pierres de chamotte. La matière brute coûte davantage, elle exige un travail préparatoire plus dispendieux et la température pour la cuisson à mort entraine de plus grands frais. Les briques sont deux fois aussi cher que les bonnes pierres de chamotte.

ANALYSES. — Celles des pierres de magnésie ne sont pas connues jusqu'ici. D'après une communication par lettre de Lezius, ses pierres faites avec de la magnésite de Silésie, contenaient en moyenne :

Magnésie	80,9 %
Silice	4,8 »
Alumine	1,8 »
Oxyde de fer	6,8 »
Chaux	6,5 »

Pour ce qui regarde les briques de magnésie de Spaeter, Wedding fait connaître qu'en moyenne le mélange de toutes les sortes de magnésite provenant de divers gisements contient :

Magnésie	85,34 %
Silice	3,40 »
Alumine	0,82 »
Oxyde de fer	7,70 »
Chaux	1,75 »

Enfin pour terminer nous allons décrire le mode de fabrication le plus récent et le plus perfectionné qu'on emploie aujourd'hui pour la préparation des briques de magnésie. C'est celui que suit la maison C. Spaeter de Coblence, que nous avons citée nombre de fois et qui est avantageusement connue pour ses possessions importantes de mines de magnésie en Styrie, ainsi que par ses fabriques ([1]).

Comme on l'a dit, pour produire de la magnésite scorifiée sans défauts, il faut le blanc le plus élevé et, pour ne pas souiller la magnésite, la zone du four qui est soumise à la plus haute température est revêtue de pierres magnésiennes. La silice et l'oxyde de fer mélangés à la magnésite sont en si faible quantité qu'ils ne déterminent pas la scorification de la magnésite, mais seulement une faible condensation par frittage. Les fours travaillent d'une manière continue ; toutes les six heures la magnésite cuite est retirée et conduite par des moyens mécaniques au triage mécanique ; elle y est réduite en poussière et débarrassée à la main du quartz et autres substances étrangères qui pourraient s'y trouver mélangées. Par suite de la réduction en poussière, la chaux s'en va en grande quantité, parce que celle qui est contenue dans la magnésie à l'état cuit attire rapidement l'eau, se décompose et forme une poussière séparable par tamisage. De là la matière bonne à expédier va au chargement. Le reste est écrasé et on en fait des pierres de magnésie au moyen d'une presse hydraulique qui donne une compression approximative de 300 atmosphères, on les sèche et on les cuit par 3 000 à 6 000 morceaux dans des chambres sous l'action directe de la flamme renversée ([2]). Il y a de nouvelles chambres de cuisson qui sont revêtues de pierres de magnésie et qui se comportent bien ici, tandis que celles-ci ne se conservent pas quand on y cuit de la chaux, de la dolomie, de la strontianite et du ciment de Portland. Pour des objets spéciaux, creusets, buses, etc., on emploie de la magnésite cuite deux fois ; et ces objets sont même encore cuits deux et trois fois. Pour les moules, dans lesquels ces pierres sont pressées hydrauliquement, il faut employer l'acier le plus dur, et même celui-ci s'use dans un temps étonnamment court et devient hors d'usage. Il y a des ateliers spéciaux pour travailler ces moules sur place et pour pouvoir les réparer.

([1]) La magnésite crue et cuite était représentée à l'exposition de Chicago (1893) par une voute en maçonnerie de Veitsch (exposée par l'usine de Spaeter à Veitsch, Styrie) (*Tonind.-Ztg.* 1893, n° 25).

([2]) Voir Schmatolla, *Tonind.-Ztg.* 1900, p. 2108.

Les pierres préparées et cuites, qui comme grosseur peuvent aller jusqu'à 50 × 50 × 25 centimètres et qui sont moulées sous une pression de 300 atmosphères, n'éprouvent, comme on l'a dit, ni retrait ni allongement; elles n'attirent pas l'humidité, n'éclatent pas quand on les chauffe avec prudence, et répondent ainsi à toutes les exigences qu'on est en droit d'imposer à une matière de garnissage de four de ce genre. Elles sont envoyées dans toutes les parties du monde, mais tout particulièrement en Allemagne, France, Autriche et Amérique du Nord.

En 1892, les envois ont été d'à peu près 3 700 tonnes de magnésite brute, et de plus de 9 000 tonnes de magnésie frittée ou de produits fabriqués, parmi lesquels environ 6 000 tonnes de pierres de magnésie. On fournit de plus la matière de garnissage à pilonner dont on a parlé plus haut et le mortier magnésien, avec ou sans mélange de goudron. 200 parties en poids de magnésite brute donnent 100 parties en poids de magnésie scorifiée.

Il faut encore signaler qu'on rencontre dans le commerce des briques de magnésie, qui au lieu d'être brun foncé, sont presque blanc pur à l'exception de quelques taches rougeâtres. Au point de vue de leur infusibilité extraordinaire, elles sont égales aux produits fabriqués par Spaeter et même les meilleures sortes sont encore plus difficilement fusibles. Mais elles sont moins fortement cuites et éprouvent en partie plus de retrait.

Déterminations pyrométriques. — Une pierre de magnésie ne supporte le contact avec l'argile que jusqu'à une température d'environ 1600° C; si la température s'élève plus haut, un morceau placé sur un disque d'argile se transforme en un fluide gris, peu épais, qui perce la masse d'argile (un disque de la meilleure matière). En employant un support d'alumine pure, les éprouvettes se conservent un peu, mais pas bien plus longtemps. Une pareille éprouvette ne résiste à l'attaque des scories du combustible que moitié aussi longtemps qu'une bonne pierre de chamotte. Après un chauffage répété, les pierres magnésiennes doivent éprouver une augmentation de volume (*Tonindustrie-Ztg*, 1902, n° 15).

Sur un support de coke ou de graphite de cornue à gaz, un morceau de pierre de magnésie (ou la poussière magnésienne pour la préparation des creusets) peut être chauffé jusqu'à une température voisine de celle de la fusion du platine sans se fondre, et même les meilleurs produits fabriqués de ce genre peuvent supporter une température atteignant réellement celle de la fusion du platine.

Des morceaux d'une pierre de magnésie de C. Spaeter de Coblence, ont supporté sans se fondre la température complète de la fusion du platine (des rognures de platine, complètement enfermées dans une cazette d'alumine, formaient une petite sphère) ; ils paraissaient encore anguleux et permettaient de reconnaître encore la forme de l'éprouvette (¹). La pierre magnésienne réduite en sable était de couleur brun foncé, résistante, dure et sonore. La cassure très compacte présentait une masse grenue, huileuse, amygdaloïde et brillante, avec quelques trous. D'après une expérience antérieure, un morceau d'une pierre de Lezius, placé sur un support de coke, a supporté une chaleur à laquelle le kaolin de Zettlitz avait une forte couverte, et la cassure paraissait boursouflée, mais sans avoir fondu.

Mode d'application. — En général les pierres de magnésie ne servent jusqu'ici que pour des objets particuliers. D'après Durre, elles n'ont été jusqu'ici « appliquées nulle part avec de bons résultats » (*Tonind-Ztg*, 190, p. 390). En dehors du procédé de déphosphoration (²) (procédé Thomas ou basique dans les usines à fer, et traitement au four Martin-Siemens (³), qui vient de plus en plus en évidence) dans lequel comme on le sait la magnésie prend l'acide phosphorique au fer brut fondu, on emploie les briques ou des masses soigneusement pilonnées, ou composées de magnésie, de dolomie ou de chaux cuites à mort, de la grosseur d'un pois et mélangées de goudron (⁴) ; pour le garnissage des fours à chaux, ciment (⁵) et strontiane, où il faut un garnissage basique, et en outre dans les usines à plomb et à antimoine. D'après Wedding, la magnésie n'a pas seulement de l'importance dans la fabrication du fer au four à réverbère et au convertisseur, mais encore les autres parties de la fabrication du fer, les ouvrages des hauts fourneaux, les

(¹) Seger a trouvé un résultat semblable de haute infusibilité pour les mêmes produits ; il signale que les échantillons avaient encore des arêtes nettes à une température qui, comme il l'ajoute, « était bien au-dessus de celle de la fusion du platine »·

(²) D'après Wedling, non seulement le procédé basique augmente d'année en année, mais il s'étend à l'infini.

(³) La fabrique Idawerk avait exposé à Düsseldorf (1902) en grandeur naturelle un four Siemens-Martin basique répondant au système le plus récent, avec lequel on prépare la plus grande partie du fer.

(⁴) On pilonne la masse cuite à mort dans l'enveloppe en fer du convertisseur et sur les plaques du fond et, par l'emploi de pilons de fer chauffés au rouge, on provoque la gazéification du goudron et on donne à la matière une résistance importante.

(⁵) D'après Lezius, dans le four à chaux de Dietz, les pierres de magnésie, traitées avec précaution, se sont comportées d'une manière satisfaisante.

fours à manche, les appareils à mélanger ou à désulfurer le fer en tirent des avantages.

Quand les cornues deviennent trop minces, on sait que le plomb suinte à travers les ouvrages en maçonnerie de chamotte sans qu'on puisse en empêcher, ce qui n'est pas le cas avec les pierres de magnésie. A une température d'environ 1600° C, elles sont extraordinairement résistantes; mais si, la température s'élève plus haut, leur tenue change avec la production de combinaisons fusibles. Pour la maçonnerie de pierres de magnésie, on emploie comme ciment un mortier de magnésie et de goudron. Il faut avoir des joints aussi petits que possible et la construction d'un foyer en briques de magnésie exige une confection soignée. Comme on l'a signalé, les pierres de magnésie enlèvent mécaniquement de l'humidité à l'air, et il faut la chasser avant leur emploi par un chauffage ménagé. C'est pour cela aussi qu'il est recommandable, quand il y a une interruption temporaire dans le fonctionnement des fours, de les maintenir chauds, au-dessus de 100° C., d'éviter les changements brusques de température au chauffage et au refroidissement; car les magnésites montrent la fatale propriété de se fondre ou d'éclater bien trop facilement. Pour le mortier au goudron indiqué plus haut, on prend de la magnésite moulue et frittée, à savoir 25 parties de farine et le reste en grains de 2 à 5 millimètres et de la grosseur d'un pois, d'une fève et d'une noix. L'addition de goudron, exempt d'eau, varie entre 8 et 12 $\frac{0}{0}$. En outre on fait avec les masses magnésiennes des creusets (nous nous en occuperons plus loin dans la section des creusets), des moufles, des buses, des tuyaux et des cazettes.

A l'Exposition universelle de Chicago (1893) se trouvaient des briques de magnésie de Spaeter, des pierres de voûtes, avec rainures et languettes, qui constituaient une partie d'un four de fusion.

Dolomie. — Au lieu de la magnésie, on s'est servi de la dolomie qui est à meilleur marché, qui se rencontre plus abondamment dans le règne minéral, mais qui est plus impure, moins appropriée et moins élevée au point de vue pyrométrique. On cuit fortement la dolomie jusqu'à ce qu'il se produise une fritte partielle, on la mélange alors avec 7 % ou plus en poids de goudron exempt d'eau, et cette masse sert pour le garnissage des convertisseurs. A cause de la forte cuisson de la dolomie, il arrive qu'on peut l'employer, mais ce n'est qu'isolément.

La fabrication des pierres de dolomie (¹) au moyen de dolomie de Westphalie (²) a d'abord été faite et poursuivie sur une grande échelle uniquement dans la fabrique de Vygen et Cᵒ à Duisburg. Les pierres éprouvent un retrait considérable à la cuisson, jusqu'à 48,5 °/₀, se fendent et se déforment facilement. Le retrait ou l'affaissement de la pierre dans les fours de cuisson sert d'indication pour le degré de chaleur exigé ; on doit le pousser assez loin pour qu'il se produise un ramollissement, qui est nécessaire pour que la pierre puisse supporter suffisamment l'exposition à l'air. Dans ce but on a aussi plongé les pierres encore chaudes dans du goudron de houille chauffé (³).

L'essai pyrométrique de ces pierres a montré qu'elles fondent à une température voisine de la fusion du fer malléable, et qu'à une température qui dépasse peu celle de là fusion de la fonte, elles se ramollissent en une masse ressemblant à du caramel. En contact avec des matières riches en silice, la masse dolomitique fond très vite. Plus la dolomie est riche en chaux et moins elle a de valeur. D'après Lezius, les pierres de dolomie résistent bien moins à l'air et se transportent bien moins bien que les pierres de magnésie.

Dans l'usine à fer de Witkowitz, on a tenté l'essai peu engageant de faire des briques basiques avec un mélange de dolomie et de calcaire brut.

On a aussi employé un mélange de dolomie et de magnésie. D'après Kintzle, à l'usine à fer « Rote Erde » près d'Aachen, un mélange basique pour convertisseur composé de dolomie cuite jusqu'à scorification, et de 15 à 25 °/₀ de magnésie, s'est bien comporté (*Tonind.-Ztg.*, 1890, n° 36). Comme nous l'avons dit plus haut, on a indiqué dans ces derniers temps les grès calcaires comme matières réfractaires.

Briques de chromite. — On a aussi cherché à faire des briques de chromite de fer. Comme on le sait, dans la préparation du fer fondu au four Martin-Siemens, les pierres de chromite de fer em-

---

(¹) D'après Kosmann (*Tonind.-Ztg.* 18.2) la fabrication des pierres de dolomie est encore peu importante actuellement.

(²) Elle contient 54,30 °/₀ de chaux, 43,11 °/₀ de magnésie, 0,92 °/₀ de silice et 1,32 °/₀ d'oxyde de fer et d'alumine ; elle correspond donc en somme à la dolomie normale, qui est formée d'un mélange de carbonate de calcium et de magnésium. La dolomie se trouve dans les pays du Rhin à Bensberg près de Cologne, à Gerolstein dans l'Eiffel, à Dietz dans le Nassau et dans les environs de Giessen.

(³) Au sujet des particularités de la fabrication, on trouvera un mémoire dans le *Génie civil* du 1ᵉʳ juin 1882.

ployées comme substances pour séparer les masses acides des basiques, les pierres de magnésie et les dinas, se sont suffisamment conservées. Tant qu'elles sont couvertes de fer fondu, les pierres de magnésie se comportent bien ; mais, dans une zône plus élevée où elles sont découvertes, ce n'est plus le cas et l'on y emploie les Dinas anglais. Mais comme les briques basiques ne supportent pas le contact des briques acides à la chaleur, elles doivent être séparées les unes des autres et c'est à quoi servent les briques de chromite.

Pour fabriquer les briques au moyen de chromite cuite et pulvérisée, on a breveté comme ciment un mélange de gypse, de sulfate d'alumine et de sulfate de magnésie, comme nous l'avons indiqué plus haut et comme nous le répétons ici.

Briques résistant aux acides

Aux pierres réfractaires appartient encore une sorte particulière, celle des pierres dites résistant aux acides. On emploie pour cela une argile réfractaire qui, à la cuisson, devient dure, compacte, ressemblant à du grès cérame ou à de la porcelaine, et qui est ainsi aussi résistante que possible à l'attaque des acides, notamment de l'acide sulfurique chaud dans les tours de Glover et de Gay-Lussac. Pour ces derniers, on fait en Angleterre une pierre à brique, qui après dix semaines dans la tour de Glover n'avait perdu que 0,13 % et même une partie insignifiante de son poids dans l'acide sulfurique bouillant. On sait de source anglaise que ces produits sont fabriqués avec une argile très ferrugineuse et cuite jusqu'à scorification complète. Leur couleur est bleu brun à la surface, bleue à la cassure ; leur degré de dureté est entre celui du quartz et de la topaze et leur poids spécifique s'élève à 1,93. (Pour leur analyse, voir *Gesammelte Analysen*, de l'auteur, p. 147). Comme on le sait, le grès cérame a aussi une grande résistance aux fluides acides.

Les pierres sont le plus souvent des pierres de chamotte, qui sont amaigries avec des tessons de porcelaine ; cependant il y en a aussi qui se composent d'une masse de quartz qui devient très compacte à la cuisson et auxquelles on doit dans une certaine mesure donner la préférence au point de vue chimique, à cause de leur attaque moindre par l'acide sulfurique. Toutefois, dans aucun cas, elles ne doivent devenir poreuses ou relâchées à la cuisson, si elles doivent offrir une résistance suffisante aux acides. Si l'on veut préparer une masse artificielle, mais plus chère, il faut s'adresser à la porcelaine et par suite à un mélange de kaolin ou d'argile kaolineuse avec du feldspath et du sable quartzeux. Comme la masse doit résister à certains changements de température, elle ne doit pas être trop maigre et pas complètement vitrifiée. Abstraction faite des irrégularités qu'il n'est pas rare de voir se produire dans l'exploitation, et notamment dans les tours de Glover, on impose aussi ici diverses exigences, qui se contredisent, et dont l'une ne peut être satisfaite qu'au détriment des autres ; aussi la fabrication d'une pierre acide résistant autant que possible à l'attaque de l'acide sulfurique chaud est encore un problème à résoudre.

Pour déterminer la possibilité d'utiliser une pierre acide, on se sert dans les fabriques chimiques du procédé dit d'imbibition, d'ébullition et d'étonnage, dans lequel des morceaux de la pierre sont traités par de l'acide sulfurique et de l'acide nitrique concentrés ou dilués. Il faut signaler à propos du mode de traitement une méthode très remarquable qui provient du laboratoire du *Tonindustrie Zeitung*.

D'après une détermination entreprise dans un procès, où l'auteur agissait comme expert, une pierre acide très appréciée dans l'industrie chimique et provenant de la fabrique de chamotte bien connue de Stettin, a donné une perte de 1,18 % par l'ébullition avec de l'acide sulfurique. On avait employé ici des morceaux aussi uniformément gros que possible ('), qui avaient été bouillis pendant 24 heures dans de l'acide sulfurique à 50°. Par un traitement complètement semblable, une pierre de Glover cuite extraordinairement dure et compacte n'avait donné en moyenne que de 0,142 à 0,200 % de perte. La compacité devrait donc jouer un rôle important et à suivre. A l'exposition de Dusseldorf de 1902, on pouvait remarquer comme nouveauté parmi les produits résistant aux acides (pierres, vases et plaques) des pierres résistant aux alcalis (*Töpfer Ztg.*, 1902, n° 74).

(¹) Plus les morceaux sont petits et plus ils présentent de points d'attaque aux acides, comme cela est clair ; aussi dans les recherches comparatives faut-il se préoccuper d'une grosseur aussi uniforme que possible des petits morceaux.

Grosses briques, blocs

Aux briques réfractaires de dimensions ordinaires ([1]) se rattachent celles pesant des quintaux qu'on a signalées plus haut et qui sont toujours plus difficiles à faire à la main, et les gros blocs d'environ 1/8 de mètre cube, et dans lesquels on met de la chamotte d'autant plus grosse qu'ils sont plus gros, afin d'obtenir un produit poreux et facile à sécher, et qui résiste mieux aux changements de température. Ils sont quelquefois en forme de dés, quelquefois avec des côtés inclinés, quelquefois de formes différentes et moulés avec difficulté, comme ceux par exemple qui servent pour les parois, les voûtes et les bancs des fours et des cuves de verrerie. Les moules doivent être remplis avec la masse argileuse convenable. On doit les sécher très progressivement; puis on les abandonne au séchage complémentaire pendant plusieurs mois jusqu'à 1 année et demie. Pour éviter que ces grosses pierres ne se tordent, aussitôt qu'elles ont suffisamment séché à l'air, on en place plusieurs reposant les unes sur les autres par leurs grands côtés et on les laisse ensuite sécher complètement. Les plaques d'argile réfractaire de grandes dimensions sont préparées d'une autre manière; on les pétrit

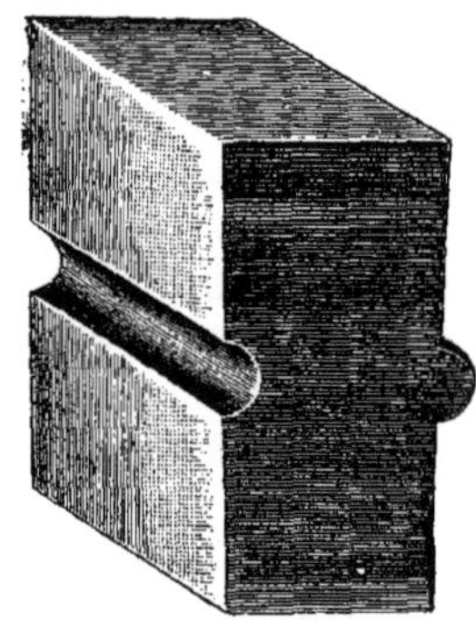

Fig. 47

avec les pieds dans un cadre posé sur la terre, on les bat avec des pilons de bois, on polit la surface avec une règle, on enlève le cadre et on laisse la plaque sur le fond assez longtemps pour qu'elle soit suffisamment sèche pour être déplacée. On prépare de plus des pierres réfractaires, les grosses comme les ordinaires, qui sont munies d'une languette et d'une rainure (fig. 47). Elles servent comme pierres de voûte, elles sont taillées en coin en raison du rayon de courbure de la voûte et ne tombent pas, même quand il se produit un certain relâchement des joints.

([1]) Comme particularité, signalons que les usines de chamotte, etc.. d'Euskirchen avaient envoyé à l'exposition de Düsseldorf (1902) deux pierres géantes de chamotte qui avaient $2^m,5$ de long sur 1 mètre de large et 15 centimètres d'épaisseur (*Ziegel und Zement*, 1902, n° 20).

Nous passons maintenant aux objets réfractaires creux, dans lesquels nous rangeons les creusets de fusion, les tuyaux, les cornues, les mouffles, les cazettes, les cornues à gaz et les pots de verrerie.

Creusets de fusion

Conditions imposées et moyens d'y satisfaire. — Non seulement ils doivent avoir un degré suffisant de réfractairité, mais ils doivent conserver une compacité suffisante au feu pour pouvoir résister à la pression et aux actions chimiques de la matière fondue et en particulier il faut empêcher autant que possible qu'ils ne se fendent et n'éclatent et qu'ils ne soient trop sensibles aux changements de température.

Ils doivent de plus offrir de la résisistance aussi bien aux scories du combustible qu'à l'action corrodante des substances qu'on fond dans leur intérieur.

Voici quelles sont en général les conditions à remplir :

1º Le degré de réfractairité nécessaire, qui doit être quelquefois très élevé, doit se proportionner à la difficulté de fusion de la masse à fondre.

2º On combattra le fendillement et l'éclatement, et surtout la sensibilité aux changements de température, au moyen d'additions, qui, appliquées cependant en trop grande quantité ou en état trop gros, rendent la masse sans compacité et peu résistante. D'après cela, on donne la préférence aux argiles qui, au degré de chaleur nécessaire, ne se vitrifient pas à la cuisson, mais restent seulement compactes et dures comme de la pierre, parce que les premières supportent mal les changements de température. On obtient la compacité au moyen d'un grain pas trop fin, uniforme et entièrement entouré d'argile.

3º Pour déterminer le degré de perméabilité des creusets, on y fond (et on peut se servir pour cela de petits creusets d'essais), des métaux sulfurés (du sulfure de fer, de la galène ou de l'oxyde de plomb, ou un mélange de ceux-ci et d'oxyde de cuivre) et l'on observe si, en vertu de l'action capillaire et chimique, ceux-ci suintent à travers les pores des creusets, ou bien combien de temps les creusets supportent de pareilles fusions sans être rongés. On ne peut pas éviter entièrement la corrosion entre les parties des matières réfractaires et les masses fondues, à cause de l'affinité qu'elles ont entre elles et à laquelle on ne peut pas s'opposer ; mais on cherche à la combattre dans les creusets de fusion par le renforcement des parois, par l'emploi d'additions, comme le charbon et le goudron, ou de matières qui ne renferment pas de silice libre (quartz), ou de combinaisons acides, mais qui sont plus riches en alumine (chamotte), par la préparation soignée de l'argile, la production d'une compacité grande et uniforme, par un poli superficiel et par une forte cuisson. En outre, plus le combustible est pur, et moins les creusets ont à souffrir extérieurement. Les masses argileuses sont notamment attaquées par certains alcalis, extrêmement énergiquement par les sulfures alcalins, comme aussi par certains oxydes métalliques, en particulier par l'oxyde de plomb et d'antimoine.

Subdivision. — De même que pour les pierres réfractaires, les creusets peuvent se subdiviser suivant les différentes additions qu'on fait à l'argile dans la préparation de la masse des creusets ; on peut aussi les classer suivant les matières qui peuvent y être fondues, et aussi suivant les divers objets auxquels ils sont employés. Nous conserverons la première subdivision, qui donne une classification plus intuitive ;

1° Creusets de chamotte ;

2° Creusets contenant du quartz ;

3° Creusets contenant du carbone ;

4° Autres creusets réfractaires.

1. Creusets de chamotte

Au point de vue chimique, ces creusets résistent déjà mieux à l'action corrosive des substances basiques contenant du quartz. L'argile belge connue, comme on l'a décrit plus haut, est séchée, purifiée, moulue et tamisée ; et l'on emploie pour les masses à creusets des tamis cylindriques, afin d'avoir une farine d'argile ressemblant à de la poussière. Pour l'obtention de la chamotte, on cuit l'argile brute, ou après l'avoir soigneusement préparée au préalable et laminée sous forme de plaques, on la moud, et l'on prend en général les proportions de 1 à 2 entre l'argile fraîche et la chamotte, proportions qui donnent une bonne liaison. Les exemples suivants de la fabrication des creusets sont pour la plupart pris dans les fabriques belges, dont les produits jouissent d'une grande réputation.

La préparation se fait, ou bien à la main sur le tour de potier, auquel on doit donner la préférence pour les vases creux à parois minces ; ou bien on emploie des moules de métal, laiton, argile, bois, et la masse y est introduite à la main ou à la machine ; ou bien on entoure d'argile un mandrin et une matrice, ou bien on la pilonne ou on la coule. Au moulage, il faut éviter d'emprisonner de l'air, et il faut prendre soin que les parois soient bien unies.

Quand on emploie des moules, comme c'est l'usage en Belgique, l'ouvrier prend une masse d'argile préparée à laquelle il donne la forme d'un cylindre de 30 centimètres de haut et de 18 centimètres de large. Il saupoudre le bloc en dessous et sur les côtés avec de la farine de chamotte, l'apporte sur un fond et l'entoure de deux morceaux cylindriques fondus de 22 centimètres de diamètre, qui sont retenus ensemble par un cercle en fer de 2 centimètres d'épaisseur et de 6 centimètres de large. Ce cercle se compose de deux morceaux, avec une charnière et une clavette qu'on enfonce avec un marteau. Les deux morceaux fondus constituent l'intérieur du creux d'un moule, qui, composé de 6 segments, emboîte la première forme. La forme du creuset tout entière est celle d'un cylindre vertical de 1,11 mètre de haut et de 22 centimètres de diamètre.

A Saint-Léonard, au lieu de moules en fonte, on ne se sert que de moules en bois (parce que ceux de fonte souvent ne s'ajustent pas assez exactement) qui s'ouvrent à charnières. Ils se composent de deux cylindres de 56 centimètres qui se recouvrent et qui sont garnis sur toute leur longueur de barres de fer, qui pénètrent les unes entre les autres. Cette disposition présente l'avantage qu'un cylindre ne peut pas tourner par rapport à l'autre, comme c'est fréquemment le cas pour ceux qui sont fondus. Dans la pratique, on peut du reste éviter ceci parce que sur le segment intérieur se trouvent de petits vides en forme de dents dans lesquels s'engagent des chevilles de la paroi extérieure. Dans tous les cas le moule est à côté de l'ouvrier et il le saupoudre avec de la farine d'argile cuite. Après que le morceau d'argile préparée est enveloppé des deux morceaux du moule, l'ouvrier saisit un pilon en bois, le plonge dans l'eau et il pousse avec lui l'argile assez longtemps pour qu'elle s'élève le long des parois du moule et que le pilon atteigne le fond nu du moule. Alors il retire le pilon, prend une nouvelle boule d'argile, la lance avec force dans le moule et forme le fond en pilonnant à nouveau. Pour égaliser le cylindre travaillé en gros, l'ouvrier emploie un patron de bois, épais de 2 centimètres, large de 16 centimètres et long de 50 centimètres. Au tranchant il est garni d'une feuille de 2 millimètres d'épaisseur et a un manche de 60 centimètres de long.

A la Vieille Montagne, on emploie de patron que pour la partie supérieure de 40 centimètres de long. On le plonge dans l'eau, on l'introduit dans le milieu de l'ouverture du creuset, dans lequel on le fait tourner 2 et 3 fois. Pour cela, il faut le tenir bien vertical et ne pas le laisser aller trop profondément, afin qu'il reste au fond du creuset une épaisseur de 3 à 4 centimètres. L'ouvrier enlève avec la main l'argile qui est ràclée de cette manière et la jette sur la table. Avec le bougt des doigts, il forme au creuset un bord qui dépasse le moule. Il polit aussi l'intérieur de ce creuset avec une lame de zinc recourbée, qu'il tire en appuyant de bas en haut.

Pour mouler la deuxième partie, l'ouvrier roule sur la table un morceau d'argile en un boudin de 1 à 1 1/2 mètre de long. Il introduit ce rouleau sur le côté supérieur du creuset déjà préparé et le presse en forme de spirale contre la paroi du moule. Avec le pouce, il réunit ensemble par compression les diverses sutures successives, ce qui fait qu'on voit une série de marques du pouce de peu de profondeur. On applique contre cette surface un mandrin à peu près cylindrique, à surface arrondie, qui a 40 centimètres de long. L'ouvrier commence à lisser avec la main de bas en haut. Sur la seconde partie du creuset, il en ajoute un troisième, les réunit au moyen d'un fer rond et presse maintenant l'argile avec la main contre le moule. Il complète ce travail en frappant continuellement sur le bord du creuset pendant que son intérieur s'augmente toujours davantage. On emploie pour cela un tampon en bois de 8 centimètres de diamètre, qui a une longueur de 25 centimètres et un manche de 20 centimètres de long. Après cette opération il se sert à nouveau du patron, il enlève comme précédemment l'argile raclée avec les doigts, et polit avec la lame de zinc.

La troisième partie du creuset se trouve préparée de la même manière, mais on ne laisse pas subsister le bord supérieur tout seul et au moyen d'un rouleau d'argile, ayant la forme d'un demi-cylindre, on y forme un rebord qui s'élève au-dessus de la périphérie du bord. Il a environ 6 centimètres de hauteur et renforce la paroi du creuset à cet endroit. On polit le bord supérieur avec les mains et avec un couteau à deux tranchants et le creuset se trouve ainsi terminé.

Dans les usines de Corfali, les creusets n'ont pas de rebord. Pour transporter les creusets aux ateliers, où ils doivent sécher, on les laisse dans le moule et on les roule sur son bord inférieur en les inclinant un peu. Quand ils sont rendus à leur lieu et place, on enlève les bandes de fer qui tiennent les divers segments ensemble et l'on amène le morceau moulé à la place où un carreau de pierre a été disposé pour cela.

Chaque ouvrier a trois moules, de telle sorte que, quand il a deux creusets prêts, il se voit obligé de démouler le troisième. Il supporte alors le creuset qui se tient debout libre au moyen de trois planchettes qui sont réunies par un cercle en bois et écartées. Le creuset reste ainsi à sécher pendant 8 à 10 jours. Souvent il se rétracte du côté d'où vient la chaleur; on cherche alors à égaliser cet effet en le tournant. Quand le creuset est suffisamment sec pour se porter lui-même, l'ouvrier le polit avec la main mouillée ou avec un petit grattoir. Chaque ouvrier met son chiffre sur la gorge du creuset. A Angleur on marque aussi la date à laquelle le creuset a été fabriqué. Des ateliers où les creusets ont été moulés et séchés, on les porte encore dans des chambres de séchage particulières, qui ont au toit des ouvertures par lesquelles la vapeur s'en va. Habituellement, à 60 centimètres au-dessus du sol est un grillage en bois, sur lequel les creusets sont disposés les uns à côté des autres, et sous ces grilles courent des canaux de chauffage.

A Moresnet, il y a pour cet objet simplement deux fours, qui sont chauffés avec du charbon de terre. Des tuyaux de 3 centimètres de diamètre s'étendent sur toute la longueur des chambres à ressuer. A Angleur, le chauffage se fait au moyen de la vapeur d'échappement des machines à vapeur. A ces usines il y a deux chambres de séchage, l'une avec une température de 30° R et l'autre de 40° R, dans lesquelles on laisse les creusets aussi longtemps que possible, de 14 jours à 2 mois. A Angleur ces chambres de chauffage sont disposées sous les ateliers de travail et on y transporte les creusets par une descenderie et sur un plan incliné. A Corfali la température de séchage ne s'élève pas au-dessus de 20°. A Prayon elle est encore moindre, car le séchage se fait dans l'atelier lui-même. A Andenne la température est moindre que celle habituelle mais le séchage dure 2 mois. Aux usines de Prayon la cuisson des creusets est entreprise dans le temps le plus court possible. Après 12 jours, on les regarde comme déjà bons à mettre au four.

GRANDEUR DES CREUSETS. — Leurs dimensions sont presque partout différentes (¹). Aux usines de Vieille Montagne, à l'exception de celle de Saint-Léonard, les creusets après la cuisson ont un diamètre intérieur de 15 centimètres. La paroi a 3 centimètres d'épaisseur. Pour ce qui est de la hauteur, elle varie suivant le retrait de 1,05 à 1,10 mètre. Quand ils sortent du moulage, ils ont sans le rebord une longueur de 1,11 mètre. A Prayon, ils sont un peu coniques, ils ont au rebord un diamètre de 196 millimètres et un fond de 161 millimètres avec une épaisseur de 3 centimètres. A Angleur, Moresnet et Corfali, les creusets faits en trois parties ont 4 centimètres d'épaisseur de paroi. A Prayon le diamètre intérieur est par suite de cela de 147 millimètres. A Saint-Léonard, les parties inférieures des creusets sont plus fortes que les parties supérieures. Un creuset ordinaire pèse ici 36 kilogrammes après la cuisson.

DÉFAUTS DES CREUSETS. — Ils peuvent être de diverses sortes. Les uns résident dans la fabrication. Telles sont les fentes produites par des bulles d'air qu'on n'a pas chassées. Quelquefois aussi c'est le fond, qui s'arrondit vers les parois et qui doit être plus épais de 1 centimètre, qui n'est pas en liaison suffisante avec le cylindre, comme cela ressort bien de la description du mode de fabrication. A Corfali, ce défaut est fréquent, parce que la préparation de la partie inférieure est faite comme celle des deux supérieures. A ces usines, immédiatement après que le morceau du fond a été moulé et mis en place, l'ouvrier porte des boudins d'argile sur les chevauchures du fond qui surmontent. Pour qu'un creuset en général soit bon, il faut que l'ouvrier exerce d'une manière convenable une pression uniforme sur ses parois, parce que autrement ces dernières ne sont pas uniformément compactes et le retrait conduit de cette manière à des fentes.

Quand une craqure ou un autre défaut quelconque se manifeste au creuset pendant le séchage, ce creuset n'est pas compté à l'ouvrier. Il s'arrange donc pour cacher les défauts autant que possible et le polissage de la surface les dissimule facilement. Ces défauts ne se reconnaissent pas après la cuisson et on ne les remarque tout d'abord que quand les creusets ont été mis en œuvre pour les fusions. Les fabricants ne sauraient donc consacrer trop de soin pour le triage de ces objets.

(¹) Sur certaines formes typiques, qui se rencontrent pour les creusets, on trouvera des notices (*Tonind.-Ztg.* 1900, n° 134).

PRIX DE REVIENT. — Les mouleurs gagnent à Moresnet jusqu'à 2,50 francs par jour. Ils font pour cela environ 15 creusets qu'ils conduisent pour ce prix aux chambres de séchage et aux fours de cuisson. A Angleur, quelques ouvriers font jusqu'à 20 creusets par jour et leur gain est plus élevé en conséquence. Dans ces deux usines, le prix est réglé à 10 centimes par morceau. A Saint-Léonard les ouvriers font journellement 30 creusets avec des moules en bois. Ils sont meilleurs et cela paraît indiquer que le mode de préparation y est plus surveillé. A Prayon, chaque creuset est compté à 15 centimes. A la Vieille Montagne, on estime le creuset avant la cuisson à 2 francs. A Angleur on ne l'estime qu'à 1,75 franc. A Corfali le prix est plus élevé. Les usines d'Andenne vendent 100 kilogrammes de creusets pour 10 francs, c'est-à-dire un creuset pour 3 francs 60 centimes. D'après Deville, parmi les creusets belges, les meilleurs sont ceux de Coste à Tilleur près de Lüttich.

CREUSETS ANGLAIS EN CHAMOTTE. — Ils sont tournés purs dans une certaine mesure avec de l'argile de Stourbridge. L'argile fraîche de Stourbridge, préparée et triée, est mélangée avec un peu d'argile cuite, pétrie et pesée en mottes, telles qu'il est nécessaire pour des creusets de contenance déterminée. Ces mottes sont ensuite moulées sur des blocs coniques en bois, qui sont travaillés conformément à l'intérieur du creuset et sur un socle qui peut tourner dans un trou pratiqué dans un banc. L'ouvrier est assis à califourchon sur ce banc et il travaille les mottes d'argile avec les mains en partant du fond du moule, en remontant le long des parois latérales et en le mettant en mouvement de rotation régulier avec les mains ; son seul auxiliaire pour la préparation des objets est une planchette avec laquelle il bat la paroi extérieure pour la rendre unie et pour effacer les empreintes des doigts ; avec une baguette, on façonne aussi le bec de déversement et on abandonne le creuset au séchage. Il va de soi que les creusets de fusion doivent être chauffés avec précaution la première fois qu'on s'en sert.

Les creusets en argile de Stourbridge de King à Birmingham, en 25 grandeurs différentes, comprennent de 10 à 140 livres de métal.

D'après Hauston, au Texas (¹) on prépare, en se servant de l'argile de Stourbridge, les meilleurs creusets, principalement pour fondre l'or, l'argent et pour les analyses, en prenant : 2 parties de la meilleure argile à creusets et 3 parties de chamotte, dont le grains sont

---

(¹) *Töpfer-Ztg.*, 1875, n° 18.

gros de 3 millimètres. On doit ajouter au mélange la quantité d'eau froide nécessaire et le pétrir avec les pieds nus jusqu'à la consistance d'une pâte ferme ; on le laisse alors reposer 3 à 4 jours, après l'avoir recouvert de toiles mouillées, pour qu'il se produise un ressuage et que les particules d'argile se ramollissent. On peut alors employer la masse et la mouler à la main sur une machine. Quand les creusets sont secs, on les porte au four et on les cuit fortement.

Nous devons citer ici les creusets français, qu'on prépare entre autres au moyen de 1 partie en poids d'argile belge et 2 parties en poids de chamotte de la même argile grossièrement écrasée. La cassure présente cependant une masse à grains fins. Pour rendre leur surface bien unie, on les recouvre avant emploi, aussi bien à l'intérieur qu'à l'extérieur d'une mince couche d'argile pure. A un degré élevé de chaleur, la cassure montre un ramollissement ressemblant au grès. Un pareil creuset de Beaufay, supportant bien les changements de température et la fusion de la litharge, ainsi qu'un autre de Saint-Etienne, tous deux analysés par Berthier, se composent de :

	Creuset de Beaufay	Creuset de St-Etienne
Silice	64,6	65
Alumine	34,4	25
Oxyde de fer	1,0	7

Des creusets spéciaux en chamotte de A. Perrin, avaient deux versements, qui étaient séparés à partir de l'espace du milieu du creuset par une paroi perpendiculaire de séparation, de telle sorte que le métal fondu n'arrivait au déversement qu'en passant en dessous de son fond. On se sert de plus à Lüttich, pour la fusion du zinc, de creusets suivant le procédé Poncelet, qui comme on le verra plus loin, consiste à battre fortement la masse du creuset dans un moule correspondant, et quand le morceau d'argile ainsi moulé est suffisamment séché, à le comprimer avec une presse hydraulique et à le percer avec une perceuse spéciale.

C'est également ici que doivent figurer les vases à essais (têts à essais, têts à plomb, cuivre et fer) vases ventrus ou cylindriques de divers degrés de réfractairité, creusets de fusions, avec ou sans pied, et dans lesquels à la place de ce dernier on emploie un support (fromage) et tels, par exemple, qu'on les prépare aux usines de Freiberg avec une argile blanche, très exempte de quartz qu'on rencontre dans le voisinage d'Oberschona et qui, après son extraction en gros morceaux, est corroyée, bien travaillée et laminée en plaques. Ces dernières sont cuites pour chamotte, moulues et mélangées à l'argile brute par marchage ou par machine à malaxer en proportion telle qu'elle n'éprouve plus que peu ou pas de retrait.

FABRICATION DES VASES A ESSAIS. — Les vases à essais (¹) sont, ou bien faits au tour de potier (têts à plomb et à cuivre, grands creusets de fusion), ou préparés au moyen d'un moine et d'une nonne (têts à griller, à scorifier, têts à plomb) ou bien moulés à la main libre, en les tournant d'une boule d'argile, ou en pétrissant des bandes, en forme de boudins, en spirales les unes sur les autres (grands creusets de Passau), ou en battant la masse d'argile autour de matrices de bois (mouffles, tuyaux). On laisse les objets moulés sécher lentement à l'ombre ou en les chauffant doucement au moyen d'un poële ; on les soumet ensuite à une plus grande chaleur jusqu'à ce qu'en les grattant au fond ils paraissent durs ; ils sont cuits ensuite plus ou moins fort dans des fours à poteries. Les creusets de fusion plus grands s'emploient aussi à l'état non cuit.

La conservation des vases à essais doit se faire dans un endroit sec, parce que autrement ils éclatent à un chauffage rapide.

COUVERCLES ET SUPPORTS. — Les couvercles pour les creusets sont préparés avec la même masse que les creusets eux-mêmes. On

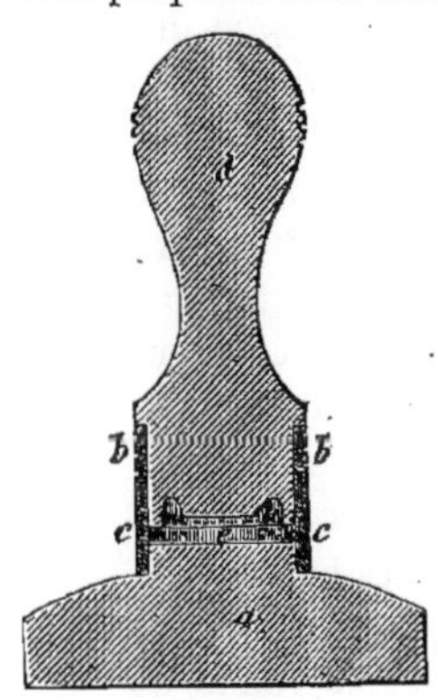

Fig. 48

peut les obtenir en découpant des disques dans des plaques d'argiles laminées à plat, ou en employant aussi des morceaux de l'excédant des creusets plus petits ; on fabrique des couvercles qui s'adaptent exactement, au moyen d'un moule qui est représenté en coupe verticale dans la figure 48, et au 1/3 de grandeur naturelle. *a* est un support rond en bois, sur lequel est placé un cylindre en laiton *bb*, qui est muni de plusieurs trous *cc* ; *d* est un pilon cylindrique en bois, qui est disposé au fond de la manière qu'indique la figure. Ce pilon *d* s'adapte dans le cylindre *bb* dans lequel il s'insère de manière qu'il reste l'espace *e*. Un petit morceau d'argile est apporté dans le cylindre et le pilon est entré en tournant, par suite de quoi il se moule un couvercle dans l'espace *e* ; l'argile sura-

(¹) KERL. — *Art de l'essayeur*, p. 80.

bondante s'en va par les trous *cc*. On retire alors le pilon, on enlève le cylindre de son support, et le couvercle qui reste sur ce dernier, la partie plate en dessous, est enlevé et séché.

Les supports de creusets, morceaux ronds correspondants au fond du creuset, sont préparés au moyen de la même masse qui sert pour les creusets.

2. Creusets renfermant de la silice

Ils sont très fortement attaqués surtout par les oxydes métalliques et les alcalis. C'est ici qu'appartiennent les creusets de Hesse et divers creusets anglais.

CREUSETS DE HESSE. — Les creusets de Hesse sont connus dans le monde entier [1] ils sont le plus souvent ronds du pied, triangulaires à la partie supérieure pour permettre un versement plus facile, mais on en fait aussi de ronds en dessus ; on peut se les procurer en diverses grandeurs et ils se composent de parties égales d'argile de Grossalmerode et de sable assez gros. Ils supportent très bien les changements de température. D'après les recherches de Percy, l'oxyde de plomb fondu les ronge très facilement et ils ne peuvent plus, comme on dit, maintenir à présent leur réputation répandue et élevée dans l'ancien temps. Ils viennent décidément après les bons creusets de graphite à cause de leur plus facile fusibilité.

CREUSETS D'APRÈS HAUSTON. — D'après Hauston (voir plus haut), on fait des creusets au moyen de 2 parties de la meilleure argile allemande à creusets (comme celle du Klingenberg) et 5 parties de sable quartzeux fin. Le quartz, notamment quand il est sous forme grosse, c'est-à-dire moins sujet aux actions chimiques, peut dans une certaine mesure et comme squelette solide, donner au creuset la tenue nécessaire au feu. Le mélange doit être passé à travers un tamis de 3 millimètres, humecté et pétri avec les pieds. Les creusets séchés lentement sont cuits fortement dans les fours.

CREUSETS DE CORNOUAILLES ET PRÉPARÉS PAR DOULTON. — Les creusets à essais de cuivre de Cornouailles sont de forme ronde, en deux grandeurs s'adaptant l'une dans l'autre, de sorte que l'une

---

[1] Bien que, dans ces derniers temps, les creusets de Hesse aient été supplantés par beaucoup d'autres meilleurs, la demande est toujours très grande, et il en va encore annuellement des quantités importantes en Norwège, Russie, Turquie, Suisse, Amérique et Australie (*Sprechsaal*, 1879, n° 33 et *Dinglers Journal*, 164, p. 116).

peut être mise dans l'autre. Les plus grands creusets ont à la bouche 9 centimètres de diamètre et 11 centimètres de hauteur au dehors (fig. 49, au 1/3 de grandeur naturelle). Ils sont préparés par Juleff

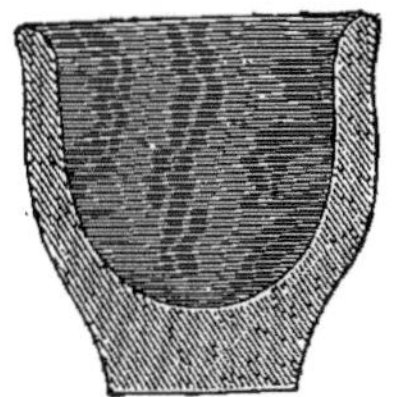

Fig. 49

à Redruth et Mitchel à Truro au moyen d'une partie en poids d'argile de Teignmouth, une dito de Pool et 2 parties en poids de sable de Saint-Agnes Beacon en Cornouailles. Pour les petits creusets, moins réfractaires, on ajoute encore 1/8 de China Clay de Saint-Austell.

Ils se ramollissent à un feu vif, sont fort attaqués dans la fusion de l'oxyde de plomb, mais supportent très bien les changements brusques de température, et appartiennent aux creusets les plus propres aux recherches métallurgiques.

Voici d'après Berthier, la composition des creusets de Hesse, et, d'après Dick, celle des creusets de Cornouailles et de ceux de la poterie de Doulton et C° à Lambeth :

	Creuset de Hesse	Creuset de Cornouailles	Creuset de Doulton
Silice	70,9 %	72,39 %	79,00 %
Alumine	24,8 »	25,22 »	22,04 »
Oxyde de fer	3,8 »	1,07 »	2,00 »
Chaux.	»	0,38 »	0,60 »
Magnésie.	»	»	0,17 »
Potasse	»	1,14 »	1,06 »
			104,87 %

CREUSETS A FONDRE LES MINERAIS DE PLOMB DU HAUT HARZ OU CREUSETS A PLOMB ([1]). — Ces creusets (fig. 50) d'argile pas très ré-

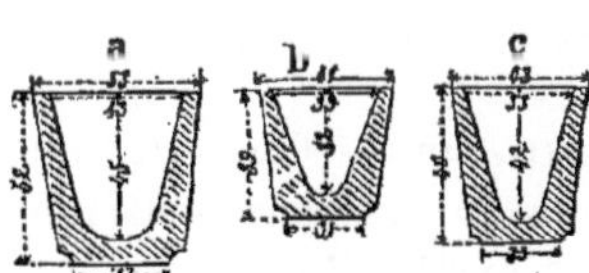

Fig. 50

fractaire de Goslar avec addition de sable, sont fabriqués au moyen d'un moule et d'une estampe, ou de ce qu'on appelle un moine et une nonne (fig. 51, 52). Fig. 50, *a* nonne en laiton ou en bronze sur

<hr>

([1]) Emprunté à Kerl, *Art de l'essayeur en métaux*, p. 83.

un fond libre *b* de même matière avec une ouverture dans le milieu *c* moine en bois avec tige directrice *d*. La nonne *a* est fixée ainsi : ses quatre saillies *f* s'enfoncent dans les ouvertures correspondantes d'un anneau de laiton *h*, fixé par des vis sur un bloc de bois et elles peuvent ensuite être déplacées latéralement en-dessous par une sorte de mouvement de bayonnette. La nonne huilée est remplie avec une motte d'argile, le moine huilé y est enfoncée en tournant lentement ; on le retire ensuite avec précaution, on bouche avec un peu d'argile le trou déterminé par la tige directrice, on y introduit à nouveau un moine sans cette tige (fig. 53) ce qui fait sortir l'argile surabondante par une échancrure dans sa couronne. Après quoi les creusets sont séchés soigneusement et cuits.

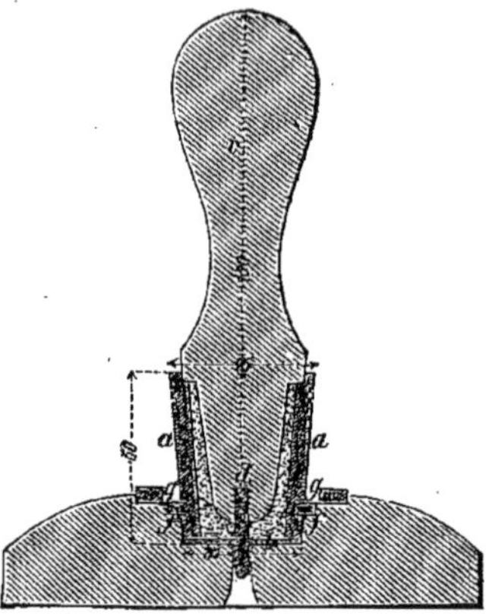

Fig. 51

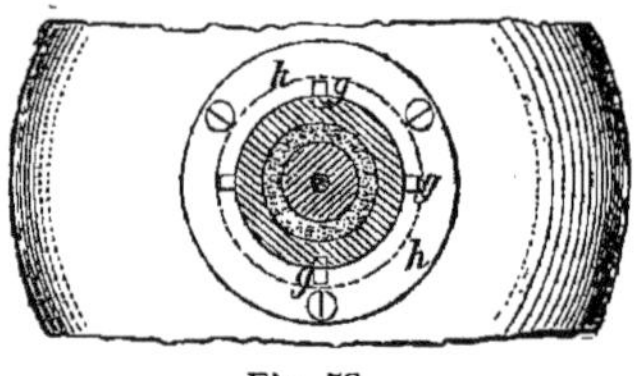

Fig. 52

Fig. 53

3. Creusets contenant du carbone

a) CREUSETS DE CARBONE PUR. — On peut indiquer d'adord les creusets ou vases à fusion qui se composent uniquement de coke ou de charbon et qu'on obtient soit en façonnant au tour du coke de cornue à gaz ; soit, d'après Gore, en tournant un creuset en bois compact, et en le carbonisant dans un moufle fermé ; soit en mélangeant de la poussière de coke avec du goudron, en en moulant des vases et en les chauffant à l'abri de l'air. Pour la préparation des masses pour creusets mélangées avec du charbon, on se sert ou bien de charbon de bois ou de terre, de coke ou de graphite qui est incomparablement plus important. Pour les creusets à fondre les métaux, et notamment pour les creusets à acier fondu, une addition de charbon, de coke ou, ce qui vaut bien mieux, de graphite à la masse des creusets est non seulement à propos, mais elle est indispensable pour les exigences élevées.

Action du carbone dans une masse à creuset. — L'argile la plus réfractaire seule ne peut résister que peu de temps aux métaux fondus et en particulier à l'acier fondu. Si l'on mélange du charbon à l'argile réfractaire, la masse résiste tant qu'il reste une certaine quantité de charbon, dans l'hypothèse que la paroi du creuset peut supporter la pression mécanique et n'est pas endommagée. Comme nous l'avons déjà indiqué en partie plus haut, le charbon joue ici un rôle favorable multiple. Il empêche même le plus léger commencement d'oxydation des métaux, qui sont en état de former une combinaison avec les éléments de l'argile, quand ils sont à l'état d'oxydes, mais pas à l'état métallique. Le charbon, tant qu'il ne disparaît pas par combustion, augmente aussi directement l'infusibilité de la masse argileuse, parce qu'il appartient, comme on le sait, aux corps très infusibles. Des creusets réfractaires gagnent en réfractairité, comme cela ressort de ce qui précède, parce qu'on appelle la carbonisation, c'est-à-dire quand on les trempe après la cuisson dans du goudron, etc., et quand on les chauffe modérément dans un four, de manière que le charbon se sépare dans les pores de la masse argileuse. (D. R. P., n° 5121). Plus le charbon ajouté se trouvera dans un état incombustible, comme c'est le cas pour le graphite, et plus longtemps la masse argileuse sera protégée d'une manière étonnante. Par contre le pouvoir liant diminue quand la teneur en charbon augmente ([1]). De plus le charbon, et en particulier le graphite, à cause de sa grande conductibilité calorifique, fait que le creuset, à la masse duquel il a été ajouté, supporte bien un chauffage brusque et que le métal y fond plus vite. La résistance aux brusques variations de température est encore augmentée par là et le graphite rend les parois plus unies ; cette propriété facilite beaucoup la coulée des métaux fondus.

Plus un graphite réunit en lui-même toutes les propriétés ou avantages qu'on vient de citer, plus il est approprié ; et pour des exigences élevées, il s'agit extraordinairement plus du choix convenable du graphite au point de vue de sa qualité que de l'argile elle-

______

([1]) Voir l'auteur, *Dinglers Journal*, 167, p. 37.

même. Nous devons citer ici en première ligne le graphite de l'île de Ceylan.

Comme on l'a dit, l'addition de charbon produit toujours une augmentation relative de l'infusibilité d'une masse d'argile, mais on comprend qu'elle croit aussi avec la réfractairité de l'argile elle-même et avec son état gras, parce qu'une argile grasse supporte une addition plus forte. Si des phénomènes physiques défavorables se rattachent à cette dernière propriété, si, par exemple, l'argile a une tendance à se fendre, il faut dans une application étendue agir d'autant plus énergiquement par tous les moyens connus pour obtenir l'homogénéité de la masse du creuset. Il faut avoir le plus grand soin d'en éloigner la pyrite qui pourrait s'y trouver.

b) Creusets de graphite. — On emploie spécialement les creusets de graphite pour la fusion de l'acier ([1]), des métaux nobles, du laiton, des autres métaux et alliages, mais pas pour la fusion des produits vitreux.

Préparation des éléments de la masse du graphite à creuset, proportion des mélanges et confection des creusets. — L'argile à employer, et l'on peut recommander l'argile du Klingenberg et aussi celle de Grünstadt, toutes les deux de première qualité, sera d'abord finement pulvérisée; et après qu'on en aura préalablement enlevé avec soin les impuretés apparentes, et qu'on l'aura chauffée fortement pour cet objet (jusqu'à 120° C.), on la réduira en une farine fine et uniforme au moyen d'un moulin à boccards ou à roues verticales. Le graphite sera de même moulu et tamisé, mais il faudra rejeter celui dont l'aspect n'est pas uniforme, et qui contient des impuretés ou des substances mélangées apparentes, à l'exception du quartz. Si, parmi les diverses sortes de graphites qui doivent servir pour la fabrication des creusets, il s'agit de choisir celle qui est relativement la meilleure, on peut, en dehors de l'essai pyrométrique et analytique du graphite pour lui-même, et d'après les recherches de l'auteur, faire ce choix d'une manière suffisante en préparant de petits creusets de chaque masse à constituer et en les chauffant uniformément pendant 6 heures à la chaleur du rouge clair.

Si l'on emploie le graphite de Ceylan, qui paraît devoir être préféré aux autres variétés compactes et amorphes à cause de sa structure feuilletée, de sa grande compacité et de sa pureté, il faut faire

---

([1]) C'est bien dans la fabrication de l'acier fondu qu'on impose les plus grandes exigences aux creusets de graphite.

la pulvérisation fine de tous les nodules compacts de graphite avec d'autant plus de soin que son action s'accroît d'une manière tout à fait extraordinaire. Il se décompose alors en un nombre infini de petites feuilles, dont chacune constitue dans une certaine mesure par elle-même une couche à traverser, et donne naissance à une structure à surfaces parallèles. La production d'une poudre de finesse uniforme, pour l'argile sous forme fine et pour le graphite sous forme un peu plus grosse, doit être regardée comme la règle. On ajoute de la chamotte aux masses des creusets de graphite, quand elles montrent des tendances à éclater ou à crever ([1]). Comme on le verra plus loin, on ajoute du quartz ou du sable de constitution appropriée et en quantité limitée pour s'opposer au retrait.

La farine d'argile et les paillettes de graphite sont mélangées intimement entre elles à l'état sec. Les proportions du mélange varient suivant les conditions imposées aux creusets et dépendent également de l'état le plus approprié de l'argile comme du graphite.

Préparation. — Le mélange d'argile et de graphite est humecté modérément et, comme on le sait, abandonné quelque temps à lui-même pour qu'il s'humidifie uniformément. On porte alors la masse grumeleuse dans une tailleuse à argile, dans laquelle elle est travaillée d'une manière uniforme ; ensuite on en forme des boules et on les abandonne pendant plusieurs semaines dans une cave pour qu'elles pourrissent. Si les boules ont séché extérieurement, on les coupe par la moitié au moyen d'un fil métallique muni de deux poignées, et on frappe les deux moitiés l'une contre l'autre après les avoir retournées. Cette opération sera recommencée fréquemment jusqu'à ce que la masse puisse se pétrir d'une manière absolument uniforme et paraisse partout homogène.

Proportion des mélanges. — Pour les creusets de graphite, on prend en général pour 1 partie en poids d'argile, y compris chamotte et un peu de grains de quartz, 1 partie en poids de graphite ; ou plus exactement, on prend 100 parties de graphite pour 75 parties d'argile et 25 de quartz et d'un peu de chamotte. En règle générale, la quantité de graphite s'élève à moins de 100 et oscille entre

---

([1]) Dans les creusets de graphite anglais éprouvés, comme dans ceux des fabriques allemandes, on trouve du quartz à grain fin mélangé. Il faut encore ajouter du feldspath à la masse ; il peut à l'usage déterminer une certaine scorification extérieure, mais dans tous les cas aux dépens de l'infusibilité.

80 et 100 ; cependant nous trouvons dans la littérature des indications d'additions bien moindres. Ainsi d'après Ledebur, pour la fabrication de l'acier à outils aux usines de Styrie et de la Basse Autriche, on emploie environ seulement de 33 jusqu'à 60 % de graphite (*Tonind.-Ztg.*, 1895, n° 3). D'après le « Stahl und Eisen », en Styrie on emploie pour les sortes d'acier doux des creusets avec 25 % seulement d'addition de graphite et pour les sortes d'acier plus dures une teneur qui va jusqu'à 45 % de graphite (*Notizbl.*, 1895, p. 115).

L'addition de quartz doit se composer de grains de quartz clairs et aussi exempts de fer que possible, de la grosseur d'une graine de pavot. Si l'on veut obtenir une masse plus élevée au point de vue pyrométrique, il faut remplacer le quartz par de la chamotte spécialement préparée et qui n'ait plus de retrait, et il faut prendre pour cela une argile d'un degré pyrométrique élevé. Ce dernier mélange, toujours plus cher, doit être employé lorsqu'il s'agit de produits ayant à répondre à des exigences exceptionnellement élevées au point de vue de la réfractairité. Comme nous l'avons dit à plusieurs reprises, la sorte de graphite qui donne du corps doit être du graphite de Ceylan trié et, pour des exigences particulièrement élevées, il devra être purifié avec soin. On trouvera plus haut, dans le chapitre consacré aux recherches, la manière dont les diverses masses de graphite peuvent être essayées entre elles avec une certitude surprenante.

La préparation des creusets s'effectue plus vite et d'une manière plus industrielle sur le tour de potier, comme cela se fait dans beaucoup de fabriques d'ailleurs renommées ; toutefois ce procédé a contre lui que la masse argileuse doit être essentiellement plus mouillée et que par suite elle perd de la compacité. L'uniformité des fonds et l'épaisseur des parois dépend d'après cela de l'adresse et de la pratique de l'ouvrier. D'autre part la fabrication des creusets au tour de potier présente sur le moulage l'avantage qu'on n'est plus obligé de laisser sécher les masses dans les moules, et de plus que la fabrique économise la dépense d'achat et d'entretien de ces moules. Cependant pour les creusets plus petits, l'emploi des moules est une nécessité, parce qu'un fond n'ayant qu'un petit diamètre, qu'on vient de préparer immédiatement sans moule, ne peut pas supporter le poids des parois et s'affaisse.

Fabrication des creusets au tour de potier. — Pour ce qui est de la description plus minutieuse du tour de potier, connu depuis des temps très anciens (¹), et qui est mis en mouvement par le potier lui-même ou par la force d'une machine, je renvoie à Kerl, *Tonwarenindustrie*, p. 144 à 152. Voir aussi : Maschinen in der Töpferei ((*Töpfer-u-Ziegler-Ztg.*, 1882, p. 206). On procède en commençant comme on l'a indiqué plus haut. On apporte la masse sur le tour et on l'y fixe par un battage assez énergique. On met alors le tour en mouvement et on manipule la boule qui tourne suivant des directions différentes et avec une pression variable, de bas en haut ou de côté, ou du dedans au dehors, ce qui fait monter progressivement la masse et lui donne une forme déterminée. Le traitement du creuset tourné, au point de vue du séchage, est le même que pour celui qui a été moulé. L'épaisseur des parois se règle suivant la grandeur du creuset et cette dernière suivant le mode de préparation et suivant la construction des fours de fusion.

On trouve décrite dans les *Ann. Industrielles*, 1878, 26 mai, une machine pour mouler des creusets, qui se rapproche de l'efficacité du tour à potier et qui permet l'emploi de masses aussi maigres que possible. Le moule lui-même se trouve centré sur une plaque, qui reçoit un mouvement de rotation comme le tour de potier. Le cône pour mouler la paroi intérieure est suspendu à une tige munie à son bas d'un pas de vis et est coupé par une section verticale en deux parties, qui sont réunies par une charnière à la partie inférieure et peuvent s'écarter l'une de l'autre. Ceci se produit au moyen d'un écrou qui tourne sur la partie inférieure de la tige qu'on vient de mentionner. A l'écrou sont reliés deux leviers coudés, qui de leur côté se rattachent chacun à une des moitiés du cône et écartent celles-ci quand on fait tourner l'écrou.

Le moulage du creuset s'effectue de la façon suivante : on apporte dans le moule la masse préparée et l'on met le plateau du tour en mouvement. Le cône, dont les deux moitiés se recouvrent au commencement du travail, est enfoncé dans la masse au moyen d'une crémaillière jusqu'à la profondeur qui donne au fond l'épaisseur qu'on désire ; en faisant ensuite tourner l'écrou, on l'élargit progressivement et par là la masse, comme cela se produit sur le tour par la main de l'ouvrier, est comprimée en remontant contre les parois du moule ; un bord situé à la partie supérieure du cône sert de butée et fait que la partie supérieure du creuset est suffisamment compacte.

(¹) Il était déjà employé 1900 ans avant Jésus-Christ par les Egyptiens.

Préparation dans des moules. — La fabrication des creusets de
fusion dans des moules est effectuée aux usines de laiton d'Achenrain dans le Tyrol. On prend une certaine quantité de la masse à

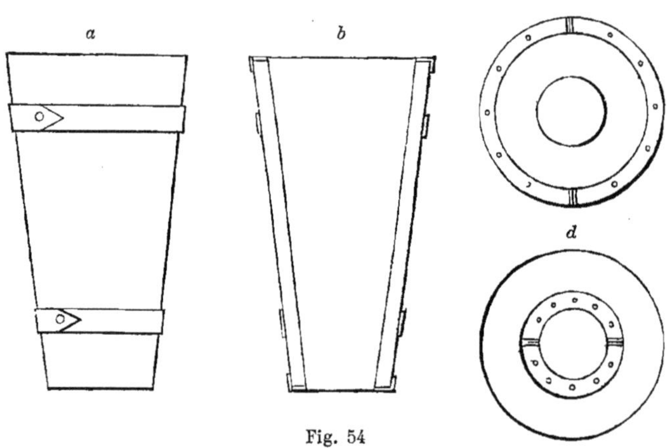

Fig. 54

creuset, on la roule entre les mains sous forme de sphères et on la
laisse un peu sécher. Ces sphères roulées et séchées sont battues
dans le moule (fig. 54. *a, b, c, d*), qui repose sur un support sau-

Fig. 55   Fig. 56

poudré de graphite (fig. 56), et on en fait le fond du creuset. On y ajoute
maintenant de la masse un peu plus fraiche et on bat le moule au
moyen d'un pilon (fig. 55), jusqu'à ce qu'il soit
presque rempli jusqu'en haut, ce qui produit les
parois du creuset. On enfonce alors le noyau
(fig. 57), on recoupe au moyen d'un fil métallique
la masse qui déborde du creuset, on dégage le
noyau, on le mouille et l'on rend la face intérieure
du creuset solide en le faisant tourner, ce qui produit un éclat humide et fait disparaitre toutes les
inégalités qui pouvaient encore subsister. Quand

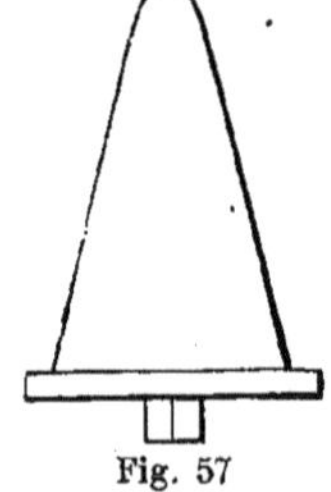

Fig. 57

ceci est terminé, on laisse le creuset ainsi fabriqué encore un jour
dans le moule, on ouvre ce dernier qui se compose de deux moitiés,

et l'on pose le creuset sur une planche saupoudrée de graphite pour qu'il sèche. Les creusets peuvent rester à l'air, mais cependant ils ne doivent pas être exposés au soleil; et il faut les retourner au moins une fois par jour sur la planche pour qu'ils n'y collent pas. De plus on doit examiner chaque jour avec soin s'il ne se produit pas de petites bulles dues à l'air ou des fentes. On ouvre les bulles avec un couteau et, de même que les fentes, on les comprime soigneusement à la main.

Ce mode de procéder doit être ainsi continué longtemps jusqu'à ce que les creusets soient secs et solides.

D'après un brevet accordé à C. Wernicke (addition au brevet n° 11676 du 8 février 1880), les creusets de même que les corps creux en général sont estampés en position renversée. C'est le cadre du moule qui est placé sur une plaque; le noyau pénètre par-dessous au travers de la plaque dans le moule. Ce sont les parois latérales qui sont faites d'abord, on baisse alors un peu le noyau et on traite le fond du creuset de la même manière.

On trouvera décrite et dessinée dans le *Topfer-Ztg.* 1884, n° 14, une presse brévetée par C. Don d'Ampsin (D. R. P. 25 120) pour le moulage des creusets.

Le moule et le noyau sont éloignés ou rapprochés l'un de l'autre par une vis avec pas à droite et à gauche. Dans le dessin, ils sont rapprochés l'un de l'autre et il y a entre eux une plaque annulaire qui est tenue par le bâti. Pour mouler le creuset, on place une boule d'argile sur un piston, puis le moule et le noyau sont fixés par l'insertion d'un coin en dessous des supports et le piston de la presse hydraulique est mis en fonctionnement. Il presse l'argile dans le vide du moule. Si ensuite le moule et le noyau s'éloignent l'un de l'autre, le creuset pressé reste; on le déplace de côté après avoir entièrement retiré le noyau.

Dans une autre presse, le moule est fixe. Ici on fait sortir le creuset du moule de la manière suivante: après que le piston a terminé la compression, il vient s'appliquer contre un collier par son bord tourné. Alors un second piston qui traverse le premier, entre en fonctionnement. Le mouvement du noyau s'effectue ici par des presses hydrauliques. L'anneau n'est pas invariablement fixé au chassis, mais il est rattaché élastiquement au noyau par des ressorts en spirales.

Dans la fabrique de S. H. Gaudin et Cº de Jersey, Amérique du Nord, on fait les creusets en mettant la masse de la motte d'argile graphiteuse dans un moule en plâtre, qui se trouve sur un disque animé d'un mouvement rapide de rotation. La force centrifuge l'applique ici contre les parois du moule, et on lui donne à l'intérieur la forme qu'on désire au moyen du bras vertical d'un levier coudé.

Schlikeysen pressait de la poudre sèche de graphite dans une machine de gros calibre et y faisait des creusets de graphite avec le nom de la maison imprimé à raison de 1 500 pièces par heure (*Tonindustrie-Ztg*. 1883, n° 11).

SÉCHAGE DES CREUSETS. — Plus les creusets préparés sèchent lentement, plus leur dessiccation à la chaleur sera progressive et poussée méthodiquement (il faut toujours mettre le pied du creuset à l'endroit le plus chaud) et plus on sera assuré contre les crevaisons et les fentes imprévues. La température doit atteindre au moins 100° C et durer longtemps. Les creusets de graphite sont séchés progressivement et très lentement dans des séchoirs qui sont chauffés petit à petit par un four ou par une grille sur laquelle on brule du menu de coke; et en particulier, s'ils doivent être employés non cuits, il faut les conserver dans un endroit sec et chaud sur des tablettes.

Dans la grande fabrique de creusets de graphite de la Plombago Crucible C° de Londres, les creusets sont séchés dans une chambre à travers laquelle, comme dans les fabriques de porcelaine, passe la partie supérieure du four de cuisson, afin d'obtenir de la sorte un échauffement uniforme. Ils doivent sécher lentement jusqu'à ce qu'ils donnent un son clair, métallique, quand on les choque.

CUISSON DES CREUSETS. — Si l'on emploie les creusets à l'état cuit, il faut les chauffer au préalable; si on les utilise dans leur fabrique même, il suffit de les apporter bien secs à la fonderie.

Des creusets non cuits de ce genre ne doivent pas être conservés dans un espace exposé au froid dans l'hiver. De plus ils doivent toujours, de même que les creusets cuits, être chauffés lentement avant d'être employés, pour faire disparaitre l'humidité qu'ils ont empruntée à l'air et qui autrement les ferait facilement éclater. Pour éviter qu'ils n'attirent ainsi l'humidité, on a cherché à protéger les creusets par une couverte imperméable à l'eau (les creusets de fusion dits Salamandre); on les a glacés et salés. D. R. P. N° 5 812 (1879). D'après un brevet de Peto (D. R. P. 1811) les creusets cuits, immédiatement après la cuisson et encore chauds (environ 100° C), sont badigeonnés avec un vernis composé de résine, gomme ou poix dissoutes dans de la térébenthine, de l'esprit de bois ou de l'esprit de vin.

A Birmingham ce chauffage des creusets s'effectue lentement dans des fours à vent rectangulaires allongés ayant environ 30 centimètres de large en carré et 2/3 de mètre de profondeur. Le four froid est mis en feu avec une couche de coke de quelques pouces de hauteur, sur laquelle on pose les creusets renversés ; après quoi on remplit le four tout entier avec du coke de telle sorte que les creusets arrivent petit à petit au rouge. Quand ce degré de température est atteint, on retourne le creuset dans le four, et finalement après qu'il est devenu peu à peu flamboyant, on laisse refroidir le four. Les creusets se fendent quand le chauffage est trop brusque ou trop intense (¹).

Pour les creusets à fondre l'acier, on suit en général deux voies, qui sont différentes suivant le combustible employé pour la fusion. Quand on emploie du coke ou du charbon de terre pour la fusion de l'acier, la cuisson se fait aussi au coke ou au charbon de terre. Pour le coke, on place les creusets sur leur ouverture, le pied en haut, et au nombre de 16 à 20 dans une sorte de foyer, qui est fermé sur trois côtés et qui est muni d'une porte à sa partie antérieure ; en dessous se trouve une grille et entre chaque deux creusets est ménagé un intervalle d'environ 2 centimètres. Lorsque le foyer a reçu les creusets, on ferme la porte, on remplit tous les vides avec du menu de coke et on l'allume par dessous la grille. L'allumage pénètre peu à peu à travers la couche de coke de telle manière que le rouge atteint les surfaces après 6 à 8 heures.

Plus le chauffage dure longtemps et meilleurs sont les creusets ; il faut toutefois prendre garde que le feu, qui s'élève dans la masse, ne s'éteigne pas à la partie inférieure. La position renversée des creusets a pour objet de pouvoir chauffer le plus fortement leurs pieds.

Pour le charbon de terre, on emploie une sorte de caisse à cémentation, qui est munie d'une porte latérale pour introduire et retirer les creusets. La flamme traverse la caisse, qui peut recevoir de 20 à 50 creusets, posés normalement ou avec leur ouverture en dessous. Un pareil chauffage doit durer au moins 8 heures.

Dans la fabrique déjà citée de la Plumbago Crucible Cᵒ, les fours

____

(¹) Comme four à recuire on recommande le four Siemens travaillant avec 1200 et 1300° C.

de chauffage ressemblent aux fours ordinaires à fayences. Ils sont ronds et se terminent par une cheminée à la partie supérieure. Les creusets y sont cuits dans des cazettes pour éviter que le graphite de la surface ne se brule. Si ceci se produit néanmoins en petite quantité, ce qui les rend gris à la surface, ils reprennent un aspect noir brillant en les frottant avec du graphite. Les fours, les fours à réverbère, qu'on emploie dans les verreries pour le recuit, se prêtent aussi à cette opération, et, dans ce cas, ils peuvent être reliés avec le four à verre proprement dit et alimentés par la chaleur qu'il abandonne ; ou bien, comme on le préfère dans ces derniers temps, ils peuvent être construits dans le voisinage du four à verre mais avec leur chauffage propre.

On fabrique dans beaucoup d'endroits des creusets de graphite qui ne sont le plus souvent connus dans le commerce que sous le nom de la sorte de fabrication.

Pour soustraire la coulée à l'influence réductrice du graphite, on a muni les creusets de graphite d'un garnissage intérieur. Ainsi, d'après un brevet des fabriques de creusets de Hainsberg en Saxe (D. R. P. 15557), on peint les creusets avec un mélange de 2 parties de magnésite, 2 parties d'argile réfractaire et 1 partie de quartz et on les cuit. Quand le garnissage doit être cuit assez compact et quand il faut prendre pour cela une quantité suffisante du mélange, la masse du creuset perd beaucoup au point de vue de la réfractairité.

CREUSETS DE GRAPHITE DIVERS (¹). — Les creusets à fondre le laiton de Achenrain qu'on a déjà cités, contiennent, en outre de l'argile de Passau et du graphite, des débris purifiés de creusets de fusion. On ne prend aussi que des résidus de creusets écrasés fin, ce qu'on appelle le sable de creusets, et on y ajoute encore un tiers de terre de Passau. Le mélange, l'homogénéisation, l'humectation lente et le marchage se font comme on l'a indiqué plus haut.

Les creusets de Passau ou d'Ypser se composent de graphite d'Hafnerzell, qui contient 50 à 65 % de résidu terreux, de graphite de Ceylan et de moitié jusqu'à un tiers d'argile de Passau (pour 1 partie d'argile on prend 1 ou 2 parties de graphite, comme on l'a indiqué).

(¹) A l'exposition de Düsseldorf (1902) se trouvaient des creusets de fusion particuliers (préparés par les usines de chamotte et creusets de Düsseldorf) qui avaient en haut une forme quadrangulaire et en bas celle d'un entonnoir.

Les excellents creusets de la Plumbago Crucible Company, fabriqués au moyen d'argile de Stourbridge et de graphite de Ceylan, contiennent 52,6 °/₀ de graphite. Ils se composent donc de parties à peu près égales d'argile et de graphite. Les creusets y sont faits au tour. La société emploie annuellement des milliers de quintaux du meilleur graphite de Ceylan. En outre des proportions indiquées, le graphite moulu fin est employé différemment avec l'argile courte de Strourbridge pour divers objets. Le mélange sec est humecté modérément et on le laisse reposer pendant un certain temps pour que l'humidification soit uniforme. On le porte ensuite dans une tailleuse à argile, dans laquelle on le travaille bien uniformément; après quoi on en fait des blocs qu'on laisse encore reposer pendant plusieurs semaines. Ce repos augmente la plasticité de la masse.

Les creusets Hynan, Tanners-Hill, Deptfort, qui supportent jusqu'à 70 fusions, se distinguent par leur réfractairité élevée. G. Ruel de Londres prépare aussi des creusets de graphite de qualité remarquable.

CREUSETS DE GRAPHITE DE BIRMINGHAM. — Le creuset tendre, tenace de Birmingham se compose de 3 parties de graphite, 2 parties de la meilleure argile de Stourbridge et de 1 partie de chamotte, préparée au moyen de vieux creusets usagés, qui sont moulus et passés à travers un tamis de 3 millimètres de largeur de maille. Pour un autre mélange, dans lequel on ajoute une certaine quantité de coke, on prend, d'après Hauston : 3 parties de graphite et 2 parties de coke dur, 4 parties de la meilleure argile de Stourbridge et 1 partie de chamotte de vieux creusets. Quand on ne peut pas se procurer de vieux creusets, le mélange doit être cuit fortement, moulu et tamisé. On préfère les écailles ou déchets de l'intérieur des cornues à gaz au meilleur coke dur ordinaire qu'on employait ailleurs. Tous ces ingrédients doivent être passés à travers un tamis avec vides de 3 millimètres, humectés pendant longtemps et marchés convenablement. Les creusets, qui ne fondent pas à la chaleur la plus élevée, sont satisfaisants pour la fusion des métaux les plus durs, et ils ne se fendent pas à un chauffage ou un refroidissement brusque. Un pareil creuset, qui peut contenir de 50 à 60 kilogrammes de métal, doit, comme on le dit, supporter 14 à 16 fois la fusion du fer, et même du fer doux.

CREUSETS DE BERLIN. — Les creusets de Berlin pour la fusion de l'acier sont faits par pression avec du graphite et de l'argile de Vallendar.

CREUSETS DE DUISBURG. — J'ai étudié des morceaux non usagés des creusets de graphite renommés de la fabrique de Duisburg (sur le Rhin), qui supportent bien et régulièrement trois fusions d'acier. J'y ai trouvé 8 parties en poids d'argile, comprenant 1 partie de chamotte fine, et 4 parties de graphite. L'argile employée est égale à l'argile normale de cinquième classe et son pouvoir liant est environ 8 (ancienne échelle). Le graphite vient de Ceylan, on peut le tirer de Londres, d'après un échantillon étudié à l'avance et au prix de 7 à 12 3/4 marks par 50 kilogrammes suivant la sorte, et on le reconnait à ses attributs caractéristiques. Remarquons en passant, qu'on peut aussi se procurer du graphite à Cologne, et que la meilleure sorte, si elle n'est pas égale au graphite de Ceylan de première qualité, s'en rapproche tellement au point de vue pyrométrique qu'il peut à peine être question d'une différence ; mais par un passage à travers deux ou trois mains, la qualité est extraordinairement variable et souvent n'est pas en rapport avec le prix. Quand on veut aller plus loin, il est au moins à recommander de déterminer toujours la teneur en cendres et de régler l'addition en conséquence.

CREUSETS DE NUREMBERG. — Gruber et Ramm de Nuremberg fabriquent aussi des creusets de graphite qui jouissent d'une bonne renommée.

FABRICATION DES CREUSETS AMÉRICAINS EN GRAPHITE. — Dans ces derniers temps, l'Amérique qui se fournissait précédemment en Allemagne, fabrique des creusets de graphite en quantité importante et indépendamment des pays étrangers. On moud principalement le graphite au moyen des moulins dits à boulets de canon. La matière brute est fournie par les mines de graphite de Ticonderoga dans l'Etat de New-York et elle est de la meilleure qualité.

Le graphite qu'on y extrait est sous forme feuilletée ou grenue.

Mais pour la fabrication des creusets on n'emploie que le graphite feuilleté. Dans les usines de la compagnie des creusets Joseph Dixion à Jersey, on moud le graphite dans des moulins à boulets de canon dont la figure 58 donne la disposition en coupe verticale et en plan. A est un récipient en fonte en forme de cuve, avec une ouverture dans le milieu, par laquelle passent des bras qui portent un moyeu par le moyen duquel la cuve A est fixée sur l'arbre B. Une poulie fait tourner cet arbre dans la direction qu'indique la flèche. Dans l'intérieur de la cuve A se trouve un disque C, dont la vue est donnée en haut de la figure à droite ; ce disque est muni de quatre encoches dans chacune desquelles se trouve un boulet de canon pesant 16 kilogrammes que le disque C fait rouler dans la cuve, et le disque reçoit un mouvement de rotation en sens contraire de celui de la cuve par le moyen d'une poulie D. Le moulin est entouré d'une enveloppe dans laquelle le graphite est introduit au moyen d'une trémie ; ce graphite moulu tombe par le trou E et est enlevé par un élévateur. Quand le graphite arrive dans la cuve, la force centrifuge engendrée par la rotation rapide des parties en question l'entraine sur le pourtour en forme de gouttière de la cuve, où il est moulu par les boulets qui roulent. On empêche l'usure des

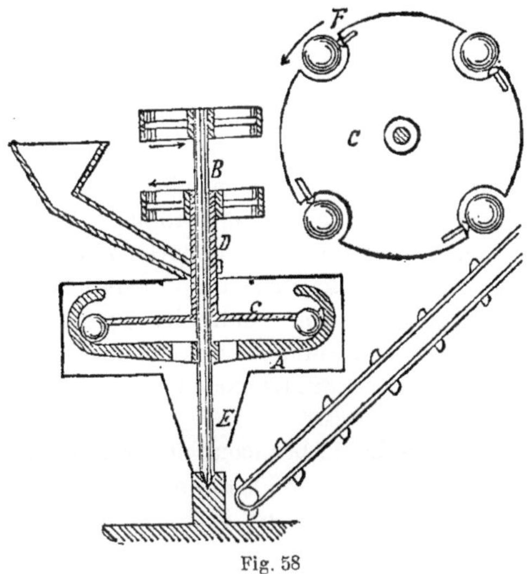

Fig. 58

boulets par le disque au moyen de la cheville en acier F. Il est bien clair que, d'après le mode d'action de ce dispositif, les particules plus pesantes de graphite arrivent sur le bord le plus extérieur de la cuve, tandis que les plus fines sont portées par leur poids vers le milieu, en sorte que le graphite moulu très fin tombe par l'ouverture centrale, tandis que les parties plus grosses sont constamment soumises à l'action des boulets. Des moulins de ce genre se sont extraordinairement bien comportés pour la mouture du graphite.

Le graphite ainsi préparé est mélangé avec un peu de terre à porcelaine, et cela en proportions différentes suivant le mode d'emploi des creusets. Pour chaque fois 10 parties en poids de graphite, on prend 7 parties de la meilleure argile de Klingenberg importée de

Bavière ; on y ajoute aussi un peu de coke moulu pour donner une certaine porosité à la masse. Les divers éléments sont d'abord mélangés à sec, on y ajoute ensuite de l'eau et le mélange est introduit dans un grand cylindre en fonte, qui renferme environ 3 tonnes. Ici la masse est travaillée par des bras attachés radialement à un axe vertical qui tourne. Chaque bras est muni en outre de quatre couteaux verticaux, qui sont droits à leur partie supérieure et courbés à leur partie inférieure, de telle sorte qu'il se produit un pétrissage, qui fournit en un temps très court une masse entièrement homogène, de la consistance d'une boue épaisse, qui sert à mouler les creusets. Le moulage se fait surtout à la main ou sur le tour de potier ; des formes particulières se fabriquent toujours de la première manière. La quantité nécessaire de la masse est pesée, le mouleur la place sous forme de boule sur la plateforme du tour, où la façon ultérieure se fait à la main exactement comme pour les poteries. On fait aussi le moulage à la machine, comme on en a l'habitude dans les fayenceries pour la fabrication de certains objets. On construit un moule en plâtre et on y apporte la bouillie de graphite ; on porte ensuite le moule sur le tour et le mouleur étend la masse d'une manière convenable contre les parois du moule. Aussitôt que la masse a suffisamment séché, on retire le creuset préparé du moule en le renversant. Le mode de cuisson est le même que pour les fayences ordinaires.

Les creusets de fusion diffèrent beaucoup de grandeur, puisqu'on les fabrique pour une contenance de 70 grammes à 200 kilogrammes. Pour la fusion du laiton, leur durée est de 35 à 45 fusions ; les creusets d'argile ne peuvent servir qu'une fois. Pour la fusion de l'acier, les creusets de graphite supportent de 4 à 6 opérations ; ils peuvent durer encore plus longtemps, quand on les entoure d'un mélange d'argile réfractaire, de graphite, de coke de bois (ou mieux encore de coke de gaz) et de sable quartzeux fin et pur. Après chaque fusion, il faut enlever les scories qui se sont formées. Pour conserver les creusets, il faut, comme on l'a déjà signalé, qu'ils soient dans un lieu sec. Quand on s'en sert pour la première fois, il faut chauffer le creuset très progressivement ; le feu doit aussi entourer le creuset aussi uniformément que possible, parce que autrement il éclaterait facilement.

PROPORTIONS DE L'ADDITION DE GRAPHITE. — Dans des cas particuliers, il faut augmenter extraordinairement l'addition de graphite. Ainsi, pour la fusion des minerais de manganèse, qui demandent une température élevée et à laquelle les meilleurs creusets de graphite sont bientôt mangés, Tamm (*Dinglers Journal*, 1872, t. CVI, p. 38) emploie de l'argile renfermant une très importante quantité de graphite. Pour une partie d'argile réfractaire, il prend 3 parties de graphite ; de ce mélange il fait un pâte épaisse et il en garnit le creuset aussi uniformément que possible, mais sans dépasser l'épaisseur de 15 millimètres. Un pareil garnissage résistait aux chocs et aux coulées.

EMPLOI DE COKE ET DE CHARBON DE BOIS A LA PLACE DE GRAPHITE. — A la place du graphite on emploie, mais toutefois en bien moindre quantité, le coke ou le charbon de bois qui sont à bien meilleur marché. Dans ce cas, il faut faire attention à deux points. En premier lieu, ces substances comme on l'a dit, sont bien plus facilement combustibles et, ajoutées en grande quantité, elles rendent la masse argileuse bien plus poreuse et friable, ainsi que plus sujette au retrait et par suite elle est moins résistante. En second lieu, elles cémentent l'acier, c'est-à-dire que le fer prend plus de carbone que ce n'est le cas dans les creusets de graphite.

Pour les creusets d'argile de Stourbridge, la masse se compose en partie d'argile de Stourbridge brute, en partie de cette argile cuite ; on y ajoute des fragments de pots de verrerie purifiés et du coke, et on la moule à la main.

Les creusets, employés en Angleterre et sur le Continent pour les fusions d'acier, sont préparés avec un mélange à volumes égaux d'argile de Stourbridge et d'argile de Stannington, 1/10 de volume de fragments de creusets pilés, 1/10 de coke pulvérisé et avec la quantité d'eau nécessaire pour faire du tout une bouillie ; ils sont faits par pression dans les moules en fonte. En Angleterre on les vend habituellement non cuits, mais pour l'exportation on les fait cuire.

Des creusets de 8 parties d'argile de Stourbridge et chamotte, 5 parties de poussière de coke et 4 parties de graphite ont donné des résultats très satisfaisants à la fonderie Royale de Berlin. Ils supportaient 23 fusions de 38 kilogrammes de fonte et résistaient aux températures les plus élevées, de telle sorte qu'on pouvait même y fondre du fer doux (¹).

(¹) Le laiton passe plus facilement à travers la paroi que le fer et un creuset peut être perméable au laiton, alors qu'il ne l'est pas au fer. Un bon creuset à laiton doit supporter 25 coulées et on doit pouvoir y fondre jusqu'à 2000 kilogrammes de cuivre·

D'après Percy, la masse des creusets d'une des premières aciéries
de Sheffield se compose de :

        Argile du Derbyshire, d'Eclensor . . . .   15 parties
        Argile de Stannington (¹).   7   »
        Fragments de creusets.   2   »
        Poussière de coke . . . ·   1   »

D'après Mène, les creusets anglais de graphite avaient la composition suivante :

        Silice . . . . . . , ...   51,40   45,10   50,00
        Alumine.   22,80   16,65   20,00
        Oxyde de fer   3,58   0,95   1,50
        Graphite.   20,00   34,50   25,50
        Chaux   0,20   0,00   0,50
        Eau   1,80   2,50   2,00
        Perte   1,10   0,30   0,50

D'après d'anciennes communications de Julien, on doit obtenir
de bonne masse à creusets avec :

        Bonne argile réfractaire grasse pulvérisée. . . . . . .   16 parties
        Argile cuite et pulvérisée   10   »
        Débris de creusets déjà employés.   2   »
        Coke.   1   »
        Eau   13   »
                                                                  ______
                              En tout . . . . .   42 parties

Une composition qu'on peut employer aussi pour les creusets de
fusion, et qui est appliquée en Bavière, est la suivante :

        Argile de Passau. . . . .   8 parties
        Argile de Memming.   4   »
        Débris de creusets   10   »
        Quartz   8   »
        Coke   2   »

(¹) D'après Humbly, elle se compose de :
        Alumine 34.47
        Silice   48,04
        Magnésie   0,45
        Chaux   0,66
        Oxyde de fer.   3,05
        Potasse.   1,94
        Eau . . . . , . .   11,15
                                                                  ______
                                                                   99,76
Elle a un quotient de réfractairité égal à 2,57.

D'après Streng, aux usines de Solling dans le Hanovre, on prépare
des creusets remarquables pour la fusion de l'acier avec :

Argile brute de Schöning . . . .   9 parties
Argile cuite de Schöning.   14   »
Charbon de bois.   6   »

Autres creusets réfractaires

Pour les creusets qui doivent être employés à des températures
très élevées, et en particulier quand il faut empêcher que le silicium
ou le carbone ne se mélangent à la matière fondue, on a employé
depuis longtemps et en particulier dans ces derniers temps, les
matières suivantes.

a) CREUSETS DE CHAUX ([1]). — Les creusets de chaux sont faits
ou bien au moyen de morceaux de chaux vive façonnés sur le tour,
ou bien, pour les dimensions plus grandes, on les prépare en remplissant un creuset réfractaire de noir de fumée pilonné, en recoupant cette substance jusqu'à 13 millimètres des bords du creuset,
en remplissant le vide bien lissé avec de la poussière de chaux vive,
et en y creusant une cavité. On peut aussi battre la poudre de chaux
uniformément autour d'un noyau central en bois, qui ait les dimensions de l'intérieur du creuset de chaux à faire, et enlever ensuite
le noyau avec précaution. Au feu la masse de chaux doit devenir
résistante et compacte, et la couche intermédiaire de noir de fumée,
qui en se relâchant permet une atmosphère circulante autour du
creuset, empêche l'action du creuset extérieur. Dans de pareils
creusets, Forbes a fondu du fer doux et du cobalt. Deville, qui s'est
servi le premier de creusets de chaux et qui employait une chaux
faiblement hydraulique, y a fondu de la silice.

b) CREUSETS DE MAGNÉSIE ([2]). — On peut faire de la même manière
des creusets avec la magnésie cuite. Ces creusets, employés depuis
longtemps par Thilorier pour la fusion du platine, sont par eux-
mêmes infusibles aux températures ordinaires et même très élevées,
quand ils ont été préparés convenablement et avec une masse pure.
Caron ([3]) se servait pour cela du carbonate de magnésie (magnésite)
de l'île d'Eubée. La magnésite est cuite pour chasser l'acide carbo-

---

([1]) *Dinglers Journal*, p. 383.
([2]) *Berg-u. Hüttenm-Ztg.* 1868, p. 247 ; WAGNER, JAHRESBER, 12, 336 ; 14, 434, Voir en
outre JOHNSON, *Fabrication des creusets de magnésie, Sprechs.* 1885, n° 47.
([3]) *Dinglers Journal*, 1868, 189, 110.

nique, ce qui n'exige que le rouge moyen. La matière devient alors facile à pulvériser et on peut en séparer les matières plus dures, étrangères et plus facilement fusibles, en particulier une sorte de serpentine et le quartz. Après quoi la magnésie est cuite énergiquement, et mieux à plusieurs reprises, pour éviter son retrait très fort, et on la mélange avec 15 % de la magnésie faiblement cuite, un peu plastique, toutes les deux étant à l'état de poussière. En y ajoutant 10 à 15 % d'eau, on obtiendra une masse qui, fortement comprimée, devient résistante quand on la sèche à l'air et encore plus quand on la cuit. A cause du collage de la masse, on ne peut pas en faire de grands creusets ou des pierres réfractaires ; il s'y produit facilement des fentes sans qu'on s'en aperçoive, ou bien ils éclatent. Pour les grands creusets, Caron recommande d'humidifier la magnésite qui n'a été que faiblement cuite, malgré son retrait extraordinaire, de la mouler sous pression, de la sécher et finalement de cuire les creusets ainsi préparés. S'ils ne sont pas suffisamment durs, on leur donnera toute la consistance nécessaire en les plongeant dans une solution d'acide borique. Un traitement semblable avec des proportions presque égales a été postérieurement indiqué à plusieurs reprises par d'autres personnes.

Dans ces derniers temps, on a étudié et mis en avant, pour les essais de réfractairité dans le laboratoire du *Tonindustrie Zeitung*, des creusets de magnésie garnis d'alumine ; mais on les a abandonnés à cause de la réduction visible en poussière de la magnésie. Malgré la couche d'alumine, les éprouvettes montraient des efflorescences de magnésie, par suite desquelles elles se vitrifiaient. On observe les mêmes faits avec les creusets de chromite garnis d'alumine, dans lesquels les éprouvettes se colorent en rouge. (*Sprechsaal*, 1893, n° 52).

Pour fabriquer des coupelles, on emploie un mélange de 80 % de magnésite très fortement chauffée et de 20 % de magnésie cuite à basse température. Le liant s'obtient en ajoutant un peu d'acide chlorhydrique à l'eau employée pour le moulage. Comme cela est clair, l'expulsion de l'eau et de l'acide chlorhydrique se relie à des changements qui peuvent facilement amener la formation de fentes.

La matière de Lobley pour les creusets réfractaires se compose d'un silicate de magnésie plastique (asbestine) [1].

[1] *Illustr. gew. Ztg.* 1865, p. 238.

L'asbeste mentionnée plus haut, cette combinaison double de silicate de magnésie et de silicate de chaux, est recommandée pour les creusets de fusion « très durables », mais qui ne sont dans aucun cas très réfractaires. On fait pour l'acier et les métaux nobles des creusets de fusion, qui sont cependant encore facilement fusibles, au moyen d'un mélange des substances suivantes écrasées et réduites en boue :

Débris de porcelaine ou chamotte . . . . ' . . .	10 parties
Asbeste réduite à 3 millimètres	15 »
Quartz pulvérisé pas trop fin	3 »
Graphite	10 »
Argile réfractaire	22 »

Waterhouse à Wakefield fait des creusets avec la masse suivante qui contient de l'asbeste ; 3 parties d'argile réfractaire, 2 1/2 de graphite, 2 d'asbeste pulvérisée, 1,4 de magnésie et 1/2 de quartz. Elle est pétrie avec du silicate de soude et moulée. L'asbeste, corps fibreux, empêche que les creusets ne se réduisent en morceaux ou ne se fendent, quand ils ont une tendance à éclater. Mais son infusibilité est faible en général et elle est encore abaissée par le mélange avec l'argile. La masse fond déjà à la température de fusion de l'argent.

c) CREUSETS D'ALUMINE.— Deville les préparait au moyen de parties égales d'alumine et de marbre, la première provenant du traitement du sulfate d'alumine ou de la cryolite. On chauffe cette masse à une très haute température, on en mélange une partie avec une partie d'alumine chauffée et une partie d'hydrate d'alumine précipité d'une solution d'alun, et on moule des creusets qui, une fois cuits, d'après Deville, peuvent supporter tout changement de température et le contact avec toute substance. A la place d'alumine, on emploie aussi la bauxite ou un mélange d'alumine et de magnésie (creusets de spinelle) ([1]). Il faut remarquer que des creusets de ce genre, et notamment ceux avec bauxite, éprouvent un retrait important et se fendent fortement. Comme condition essentielle, il faut que l'alumine prédomine de beaucoup et que les fondants ne représentent qu'une petite fraction, pour que l'infusibilité n'en souffre pas.

En terminant nous pouvons encore citer les creusets électriques de Wilh. Siemens. employés dans ces derniers temps. Dans un

______

([1]) *Dinglers Journal*, 179, p. 194.

creuset de graphite ou d'argile, entouré d'une enveloppe mauvaise conductrice de la chaleur, entrent par des ouvertures rondes dans le fond et le couvercle les deux pôles électriques formés de baguettes compactes de charbon, qui doivent être maintenues à une distance uniforme et déterminée du métal à fondre, de même que dans l'arc électrique. En employant une dynamo qui exige pour son fonctionnement 67 chevaux, on peut fondre dans un pareil creuset 1 kilogramme d'acier en un quart [d'heure. (*Tonind.-Ztg.*, 1882, n° 50 ; voir de plus *Fusion des métaux par l'électricité*, 1885, n° 17). On peut voir de plus la description du four électrique, *Dingler Journal*, 1893, fascicule 7, dans lequel on indique un four de ce genre et très simple de Cowles. Il faut citer ici les recherches de Moissan, qui a soumis des éprouvettes à une température de 3 000° dans un appareil composé de chaux pure. Deux autres français, Ducrétet et Lejeune ont décrit un appareil qui permet, avec une faible intensité de courant, de soumettre de petits échantillons de substances à la température qui règne dans l'arc électrique. Un dispositif semblable a été construit par la section technique de la Gold-und Silberscheideanstalt de Francfort, et, d'après une communication de Neufville, on est arrivé à y fondre du platine, de la silice et de l'oxyde de chrome. (*Ziegel und Zement.*, 1896, n° 6). Voir en outre le très intéressant four de Heraeus qui a été décrit plus haut.

Vases à distiller le zinc

Les vases à distiller le zinc (tubes, cornues et mouffles) (1) exigent dans leur préparation un traitement très soigné, parce que leurs parois doivent résister à une très haute température non seulement à des substances fondues (le zinc et le plomb) mais encore à une substance gazeuse, le zinc volatilisé. La production du zinc, notamment au point de vue quantitatif, dépend beaucoup de la bonté de la masse réfractaire employée pour les vases ou les réservoirs ; et par suite un choix judicieux, une préparation et un traitement exacts constituent une partie importante de l'industrie toute entière. Il s'agit des règles, dont on doit ici tenir compte plus rigoureusement, et que nous avons appris à connaître plus haut et notamment à propos des creusets. A côté de l'infusibilité de la ma-

---

(1) Sur la production du zinc, grillage, fours à zinc, fours à moufles, etc., voir *Dinglers Journal*, 235, p. 219 ; voir en outre des recherches approfondies sur la fabrication du zinc au haut-fourneau, CLERC, *Dinglers Journal*, 229, p. 179.

tière, qui doit être suffisante mais pas très élevée, et de la manière favorable dont elle se comporte, il s'agit du maintien de sa compacité (pas de fentes et pas de friabilité) au feu ce qui est un problème très difficile dans le chargement à la cuillère, où il se [produit un refroidissement considérable et par suite, en règle générale, des fentes. Les nouveaux efforts tendent donc ([1]), en tenant compte de la difficulté du nettoyage, à produire un four à zinc, avec chargement et déchargement continu, à la place des dispositifs intermittents employés jusqu'ici, et qui ait une position horizontale. Il faut s'opposer par tous les moyens au retrait de la masse, et à cet effet une condition essentielle est que la chamotte employée soit rendue aussi complètement invariable que possible par la cuisson, que l'on n'emploie d'argile fraîche et d'eau que ce qui est strictement nécessaire pour le moulage des vases et leur conservation pendant le séchage ; de plus le grain de la chamotte doit croître proportionnellement avec leur grandeur et il faut produire à dessein la condensation de la masse par des moyens mécaniques durant son travail.

Il est particulièrement important pour la production du zinc que les vases de distillation employés soient aussi peu poreux que possible. L'expérience apprend que, dans les premiers jours après leur installation, les mouffles frais donnent bien moins de zinc que dans les périodes qui suivent, parce qu'une partie du zinc qui se volatilise pénètre dans les pores et s'y combine non seulement mécaniquement mais encore chimiquement, comme le montrent les mouffles qui deviennent bleus ([2]). Plus la masse est poreuse à l'état de séchage à l'air, et plus la perte de zinc sera considérable ; et il est donc important de réduire à un minimum, déterminé par des expériences préalables, la porosité de la masse séchée à l'air, en choisissant convenablement l'argile, le grain de la chamotte et leurs quantités.

Le séchage a de plus une grande importance pour les vases à zinc. On emploie pour cela de grandes chambres de séchage, dans lesquelles il doit y avoir une grande provision pour 3 à 6 mois, et ce sont toujours les vases les plus anciens qu'il faut mettre en

---

([1]) Kleeman a fait bréveter un four à cuve pour la fabrication du zinc (*Dinglers Journal*, 1882, p. 221.

([2]) D'après Stelzner et Schulze, la couleur bleue des mouffles à zinc, qui se manifeste après environ 14 jours d'usage, provient de la formation d'un spinelle de zinc bleu. *Dinglers Journal*, 242, p. 53 ; voir aussi plus loin.

œuvre. Ces chambres sont disposées de telle manière que les objets, quand on les y déplace, sont peu à peu exposés à des températures toujours plus élevées. La température du séchage varie de 32 à 45°. Pour reconnaître l'âge des vases qu'on va employer, on les munit d'une date après leur préparation.

Parmi les quelques indications sur la composition des masses pour les vases à zinc, nous citerons ici ce qui se fait en Belgique et nous y ajouterons quelques unes des argiles à mouffles les mieux connues. D'après Goré, le meilleur mélange qui se recommande pour la réduction du zinc est le suivant :

En volume, d'argile de Tahier (Belgique)	10,5	parties
» de la même cuite. . . . '	10,0	»
» de débris	8,0	»
» de quartz	1,0	»
» de coke	0,5	»

On prépare aux usines à zinc de Cilli en Styrie, avec de l'argile de Flöhau, une masse excellente pour les mouffles et cornues.|

Parmi les argiles réfractaires estimées et plus ou moins employées dans les usines à zinc de la Silésie, il faut citer celle de Groyez près de Alwerin en Cracovie, l'argile à coupelle de Twardowice (¹) et l'argile à mouffle très à recommander de Petrikau (à proprement parler de Radosczyce, à 9 milles de Petrikau) ; toutes deux sont en Pologne et la dernière est la plus difficilement fusible (²) ; il faut encore ajouter la meilleure argile belge déjà citée et l'argile à mouffle, de couleur chocolat, de Jounec en Croatie. Dans les usines à zinc de l'Amérique du Nord, on emploie deux argiles citées comme excellentes, à savoir dans les usines de l'est celle de Woodbridge et d'Amboy dans l'Etat de New-Jersey, et dans celles de l'ouest l'argile de Cheltenham, à 9 kilomètres à l'ouest de Saint-Louis. Comme masse on se sert d'un mélange à parties égales d'argile et de chamotte.

La préparation aussi bien des tubes que des mouffles, se fait au moyen de moules ouverts. On emploie aussi une machine à percer pour creuser un cylindre complet ou une autre forme ; et, dans l'espace de 12 heures, elle peut donner 100 à 150 tubes.

(¹) Comme c'est le cas pour les argiles riches en carbone, celle de Twardowiez a, d'après G. Schneider, la mauvaise propriété d'absorber du zinc en assez grande quantité.

(²) L'auteur, *Dinglers Journal*, 1873, 210, p. 115.

D'après Teirich (¹), il existe une machine excellente qui est non seulement appliquée en nombre d'endroits en Belgique, mais qui a aussi été avantageusement introduite dans d'autres pays : c'est une presse hydraulique très répandue pour cornues à zinc de C. Don (²), le distingué directeur des grandes fabriques d'Ampsin. L'emploi d'une forte pression pour le mélange plastique de chamotte est très à sa place quand il s'agit d'obtenir une compacité particulière pour les parois des mouffles. On réalise par là des économies sur la main d'œuvre et l'on diminue les frais importants de l'emploi des cornues par suite de leur plus grande durée. Cette machine est en usage depuis longtemps dans la fabrique de Laminne, dans celle de Valentin Coy et dans les grandes usines de la Vieille Montagne.

D'après Kosmann, le mode de fabrication des mouffles à zinc en Silésie, dans lequel une masse d'argile plastique suffisamment molle est battue à la main, jusqu'à ce qu'elle soit ferme, dans une enveloppe au moyen d'une plaque métallique est à mettre en parallèle avec un procédé breveté par C. Wernicke (n° 11676, du 8 février 1880) pour la fabrication de mouffles par estampage en position renversée entre une enveloppe et un noyau, avec dispositifs pour fixer solidement et retirer facilement le noyau. Ce mode de préparation, qui exige encore quelques tours de main expérimentaux, a résolu d'une manière heureuse et complète les difficultés qui se sont présentées dans la fabrication nombre de fois cherchée des mouffles à parois minces entre une enveloppe et un noyau. D'après cela, on peut considérer aujourd'hui la préparation industrielle et prompte des mouffles comme assurée. Comme traitement subséquent, les mouffles doivent être cuits dans des fours spécialement disposés pour cela, de manière à pouvoir devenir transportables.

Au lieu des tubes et des mouffles, on emploie aussi des cornues. Ainsi Paul Heil de Breslau a imaginé un four, qui réalise un emploi continu et meilleur des mélanges zinciques par l'emploi de cornues verticales. La cornue a une forme ovale allongée et est entourée par les gaz sur ses deux grands côtés et sur la paroi en tête. Kosmann remarque à ce sujet que ces cornues verticales, travaillant d'une manière continue, diminueront les désavantages de

(¹) *Dinglers Journal*, 214, p. 115.
(²) *Notizblatt*, 1884, p. 106.

l'interruption et de l'arrêt de l'exploitation, avec le gaspillage de combustible, les obstructions et les inconvénients pour les ouvriers qui s'y rattachent. Par contre un four à manche de la même source déjà employé n'a pas donné de résultats pratiques pour la fabrication du zinc (*Dinglers Journal*, 1888, t. CCLXIX, p. 398).

Comme cornues on ne se sert en Amérique, et presque exclusivement, que de celles à forme cylindrique (celles à section rectangulaire sont rares). Et ici encore elles sont fabriquées à la main. Les moyens qu'on emploie pour cela sont : deux moules cylindriques en tôle de fer, dont la largeur est égale au contour extérieur de la cornue, tandis que placés l'un sur l'autre, ils en constituent la hauteur. Chacun de ces cylindres est partagé en deux suivant un plan dans lequel tombe l'axe du cylindre ; les deux moitiés sont réunies par une charnière sur un de leurs côtés, de telle sorte que le cylindre peut être ouvert ou fermé. De plus l'ouvrier a deux outils en bois, dont l'un en forme de pilon sert à faire un fond solide par battage, et l'autre de forme plus large sert à battre les parois contre le moule. Pour ce qui est du traitement, du séchage, de la cuisson, etc., de la préparation de l'allonge, voir *Töpfer.-Ztg.*, 1879, p. 337.

Les tubes. — Les tubes ou les fours en tubes, qui sont notamment en usage en Belgique, ont sur les mouffles l'avantage d'un travail plus rapide, d'une charge plus compacte et par suite d'une moindre perte de métal, puisque l'appareil distillatoire reste toujours rempli de vapeur de zinc à la fin de la distillation. Antérieurement les tubes étaient fabriqués dans des moules en plâtre [1] ; dans ces derniers temps ils se font dans des presses à vapeur pour tubes, qui permettent une grande production.

Les anglais se servent d'un laminoir pour comprimer [2] encore plus fortement après coup les tubes déjà pressés et encore humides ; et en outre pour recouper les extrémités des tubes [3] de manière qu'ils s'adaptent les uns aux autres ou pénètrent les uns dans les autres.

Dans une usine à zinc de la Haute Silésie, la fabrication des tubes à la machine se fait de la manière suivante. Le mélange, préparé avec soin et plastique, est d'abord pressé par une presse hydrau-

[1] *Dinglers Journal*, 174, p. 282. Voir aussi *Töpfer. Ztg.*, 1873, n° 6, *Ein gang durch eine englische Tonwarenfabrik.*

[2] *Dinglers Journal*, 116, p. 93.

[3] *Ibid.*, 118, p. 263.

lique sous forme de cylindres pleins de $0^m,3$ de diamètre et $0^m,6$ de hauteur. Ceux-ci viennent à la presse à mouler proprement dite qui se compose d'un cylindre vertical, ouvert en haut, qui a comme fond un système de deux pistons hydrauliques, un intérieur et l'autre annulaire entourant le premier. Le cylindre d'argile y ayant été apporté, on place en haut sur lui un premier morceau de fonte, qui constitue la filière et ensuite un second qui fait le fond; après quoi on fait couler de l'eau contre le piston intérieur, ce qui fait qu'il pénètre dans la masse d'argile jusqu'à la filière, en laissant entre celle-ci et le fond le morceau demandé. Au moyen du second piston annulaire on pousse au dehors le tube ainsi moulé, pour le recouper à la longueur déterminée et le porter au séchoir. Le pressage des mouffles se fait aussi d'une manière semblable (*Töpfer-Ztg.*, 1881, p. 240).

Il n'est pas rare que d'autres tubes, qui servent pour des transmissions et pour des canalisations, soient faits en argile réfractaire. On exige de leurs parois épaisses une grande résistance et ils doivent supporter une grande pression. Ils sont donc faits avec soin au moyen d'une masse argileuse assez dure, préparée dans une tailleuse à argile solidement construite.

Mouffles. — On fait les mouffles d'une manière semblable à la préparation des tubes. Comme on l'a partiellement indiqué plus haut, dans les usines à zinc de Silésie on les fabrique soit au moyen de moules, soit au moyen de plaques d'argile assemblées à la main, soit au moyen de machines (presses). En outre les mouffles dits à chauffer, à couleurs, à évaporer, etc., dans lesquels on peut obtenir avec facilité une atmosphère toujours oxydante, représentent un produit réfractaire servant à beaucoup d'autres usages techniques, et nous allons indiquer ici leur mode de fabrication.

Ces mouffles constituent un corps creux, demi-cylindrique ou rond, en argile réfractaire (et aussi en fer) fermé en arrière, ouvert sur le devant, ou fermé par un couvercle qui repose dans une rainure, et ayant en dessous un fond horizontal plat (le support du mouffle). Antérieurement leur moulage se faisait toujours en un seul morceau. Toutefois dès que les mouffles dépassent des dimensions déterminées, leur mode de fabrication présente des difficultés particulières, parce qu'il n'est pas rare que les plus grands attrapent au feu des fissures, qu'on peut bien corriger au commencement, mais qui s'aggrandissent de plus en plus par un usage prolongé et rendent le mouffle inutilisable. Il faut donc souvent remplacer beaucoup trop tôt un mouffle par un autre, ce qui rend l'emploi des mouffles en une seule pièce incomparablement plus dispendieux. Par contre la durée des mouffles en plusieurs parties, formées de plaques d'argile pas trop grandes, est bien plus grande. Une fente qui se produit n'attaque qu'une seule plaque facilement remplaçable et ne s'étend pas plus loin. Si d'autre part le mouffle en un seul morceau donne à l'ensemble une plus grande solidité et s'il demande moins de peine et est plus facile à construire, cependant dans la grande industrie les mouffles en plusieurs pièces ont remplacé les précédents d'une manière complète, tandis que ces derniers se sont maintenus pour les usages en petit, par exemple pour les porcelaineries et les laboratoires.

Au lieu de grandes plaques, on en a aussi employé beaucoup de plus petites mais avec un résultat défavorable.

Dans ces derniers temps on est revenu dans une certaine mesure au mouffle moulé, mais on s'est servi pour cela d'une forme de pierre qui réunit en un seul tout toutes les parties du four à mouffle, le mouffle, le foyer et la chambre de flamme, et l'on place plusieurs de ces pierres les unes à la suite des autres. Le procédé pour cela est le suivant. Le croquis ci-contre *a* représente une pierre de mouffle de cette construction, et le plan montre comment est conformée une pierre de ce genre. L'ouverture oblongue *b* passe au travers de l'épaisseur de la pierre, de telle sorte que quand on dispose un certain nombre de ces pierres per-

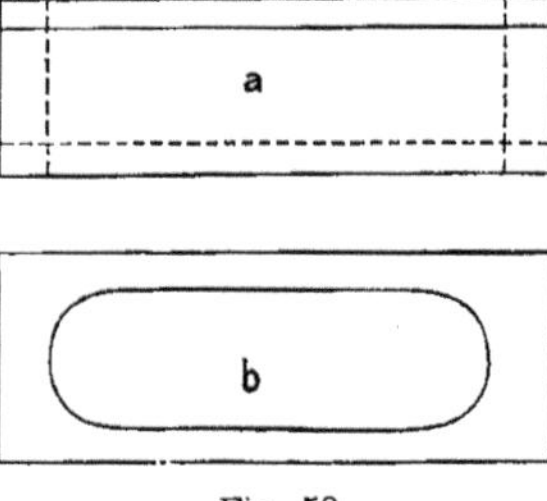

Fig. 59

cées les unes sur les autres en les déposant côté sur côté en forme de couche, les ouvertures constituent un tuyau non interrompu depuis la pierre inférieure jusqu'à celle du haut. On peut donner à ces pierres des dimensions quelconques.

Bien que les pierres percées soient très commodes comme fabrication et emploi, ce mode de construction donne facilement prise à un inconvénient. Quand bien même la fabrication des couches individuelles des pierres percées a été faite avec très grand soin, quand même les pierres individuelles ont été posées avec suffisamment de mortier de chamotte et les joints des couches bien bouchés, il arrive cependant que, pendant la cuite, quelques uns des joints s'ouvrent et la flamme et la fumée vont dans le mouffle. Ceci est d'autant plus à craindre qu'un pareil mouffle présente un très grand nombre de joints.

Pour éviter cet inconvénient, on a remplacé les joints plats des pierres à trous indiquées par des joints en zig zag. L'esquisse ci-contre explique la construction. Comme on le voit d'après cette figure, ici les joints des pierres sont endentés et les saillies d'une pierre pénètrent dans les creux de la pierre voisine, suivant les lignes *defg* ; les pierres sont posées avec du mortier mou de chamotte. La flamme qui s'élève à travers le tuyau *h*, trouve dans ces endentures un empêchement pour passer au travers et par suite doit rester dans la partie creuse.

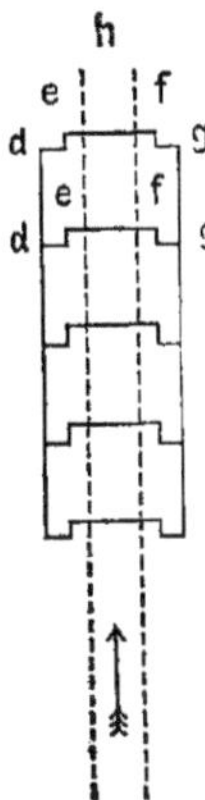

Fig. 50

D'après A. Stiegler (*Leipz. Töfer Ztg.*, 1895, n° 44), on a construit six de ces nouveaux dispositifs de mouffles les uns à côté des autres dans une seule cheminée. Les résultats du fonctionnement sont considérés comme très satisfaisants.

Pour les autres nouveautés qu'on a fait breveter pour les fours à mouffle, nous renvoyons au *Dinglers Journal*, 1895 ; t. CCXCVIII, fasc. 2.

La grandeur des fours à mouffle construits jusqu'ici est extraordinairement variable ; on en trouve de très petite contenance pour les doreurs jusqu'à d'extrêmement grands dans les fabriques pour la cuisson des couleurs. Ceux-ci ont souvent plusieurs mètres de longueur et de hauteur.

A Paris (1878) des belges avaient exposé un mouffle de 2 mètres de long avec une épaisseur de parois de 50 millimètres, qui se composait de 55 plaques, en partie planes, en partie courbées, avec languettes et rainures (extraordinairement épaisses). Il s'y trouvait aussi des mouffles qui réunissaient deux caisses superposées. L'intervalle entre les deux caisses était traversé par la flamme. Ils produisaient l'effet de deux mouffles.

Les mouffles sont chauffés par dehors dans un espace prismatique, cylindrique ou rectangulaire ménagé dans le four, qui est recouvert d'une voute et dans lequel le fond, les parois et la voute sont léchés par la flamme ; les échantillons qui s'y trouvent reçoivent la chaleur absorbée, principalement par rayonnement.

Les mouffles n'ont pas à supporter de températures beaucoup plus élevées que celles de la fusion de l'or ou du cuivre (environ 1250° C). On n'emploie donc pas d'argiles extraordinairement réfractaires pour la préparation de la masse des mouffles (qui doit être un peu plus grasse que la masse pour cazettes et pour laquelle, suivant la matière argileuse, on emploie 1 à 2 parties d'argile cuite pour 1 d'argile liante); il s'agit plutôt de les faire avec un mélange de chamotte, qui supporte bien les changements de température, le chauffage et le refroidissement brusque, qui ne se courbe pas et qui, dans aucun cas, n'éprouve de retrait important. Les parois ne doivent pas être trop épaisses, pour ne pas rendre la chauffe plus difficile, ni trop minces, parce que la courbure et la fragilité augmentent.

Dans les fours on fait reposer les mouffles sur des potelets ou bien on les fixe à la partie antérieure du mur du four. Un support qui ne baisse pas, ou qui soit aussi solide qu'uniforme, est une condition pour la conservation d'un mouffle d'ailleurs bon, et dans son emploi il faut chauffer et refroidir lentement. Pour les empêcher d'éclater, il vaut mieux les disposer isolément. On fabrique des mouffles de ce genre entre autres à Grossalmerode, Goslar, à la fabrique de porcelaine de Meissen, à la fabrique de chamotte de Stettin, etc. On trouvera une description détaillée de mouffles, avec dessins, dans le *Töpfer-und-Ziegl-Zgt.* 1888, n°s 16 et 17. Augustin a indiqué un mouffle, avec canaux à feu le traversant normalement, comme four de cuisson pour les besoins céramiques (*Töpfer-Ztg*, 1884, N° 37). Il faut signaler ici le four à mouffle bien connu d'Augustin, avec chauffage au charbon, qui est un des meilleurs systèmes employés pour la cuisson des émaux. C. Wetzel de Plauen-Dresde construit aussi un four à mouffles (*Wiener-Zentralbl.*, 1897, n° 412).

Un excellent four à mouffle, garanti continue et sans fumée, pour la cuisson des couleurs pour porcelaines, et construit par la maison Hutschenreuter de Hohenberg, Bavière, est décrit, avec dessins, dans le *Sprechsaal*, 1896, n° 18.

Les fours à mouffles, parmi lesquels les fixes sont particulièrement à recommander, sont construits en maçonnerie de pierres réfractaires. De pareils fours de grande dimension servent pour les essais de plomb, argent et cuivre; ils ont en général la disposition indiquée dans l'ouvrage « Metallurgischer Probierkunde » de Kerl, Planche 1 (fig. de 4 à 7) avec une épaisseur de maçonnerie de 10 à 15 centimètres et un ancrage convenable. Il existe en outre des fours à mouffles de construction diverses, dont les différences sont principalement commandées par la nature du combustible qu'on a à sa disposition. Dans ces derniers temps, on les a chauffés au gaz de générateur. Il faut citer les fours à mouffles continus au gaz de Mendheim, dans lesquels on peut faire beaucoup de produits argileux difficiles mieux, plus sûrement et à bien meilleur marché que dans ceux au bois à feu libre, ou dans des cazettes, au charbon de terre ou à la tourbe. (*Tonind-Ztg.* 1881, p. 84). On trouvera de plus une réunion des nouveaux fours à mouffle brévetés dans le *Dinglers Journal*, 1895, t. CCXCVIII, fasc. 2.

Dimensions des appareils distillatoires. — Elles se règlent d'après la réfractairité de l'argile employée. Elles doivent rester constantes jusqu'à ce que la réduction des minerais de zinc soit parvenue jusqu'au milieu des appareils employés. Pour se servir d'une argile dans la fabrication du zinc, il faut donc avant tout déterminer les limites dans lesquelles on peut réduire la plus grande quantité de minerai sans endommager les appareils. Ceci se rapporte particulièrement aux dimensions en largeur, qui peuvent aller jusqu'à 15 centimètres pour les tubes et les mouffles, quand on emploie de l'argile belge. La longueur des tubes ainsi que la hauteur des mouffles dépendent également de la résistance que les appareils en argile opposent au boursoufflement à la température nécessaire pour la réduction; avec les argiles belges, la hauteur des mouffles est d'environ 50 centimètres et la longueur des tubes environ 1,10 mètre.

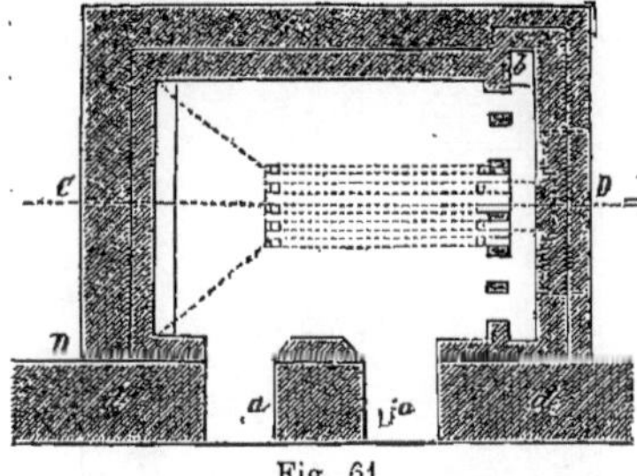

Fig. 61

La figure 61 est une coupe perpendiculaire suivant CD de la figure 62 et 63 est une coupe suivant la ligne AB de la figure 64, d'un four à chauffer les mouffles aux usines de Borbeck, mais qui peut aussi être employé pour le réchauffage des tubes. Sur un coté *dd*, il est relié à la maçonnerie de l'usine, et à travers celle-ci passent les deux portes AA, de telle sorte qu'on peut de l'usine introduire et enlever les appareils, tandis que le chauffage se fait en dehors d'elle; C est le canal à feu conduisant à la grande cheminée. Les objets en argile sont portés directement du séchoir dans ces fours, qui sont mis en feu un jour l'un avant l'autre, de telle sorte que l'un d'eux est toujours rempli d'appareils et peut être chauffé lentement jusqu'au rouge. Pour le foyer du four à zinc, on prend la meilleur qualité de briques de chamotte, qui, par exemple sont faites avec la meilleure argile belge et ont été cuites aussi fortement que possible, afin qu'elles possèdent encore la résistance mécanique nécessaire et n'éprouvent plus de retrait sensible.

Pour terminer, on peut encore citer de très intéressantes recherches chimiques et microscopiques effectuées sur les masses des mouffles, qui étaient composées d'une argile liante grasse et d'une moins grasse, de Mirow et de Saarau, et d'argile schisteuse cuite de Neurode en Silésie. Sous l'influence des opérations distillatoires, la

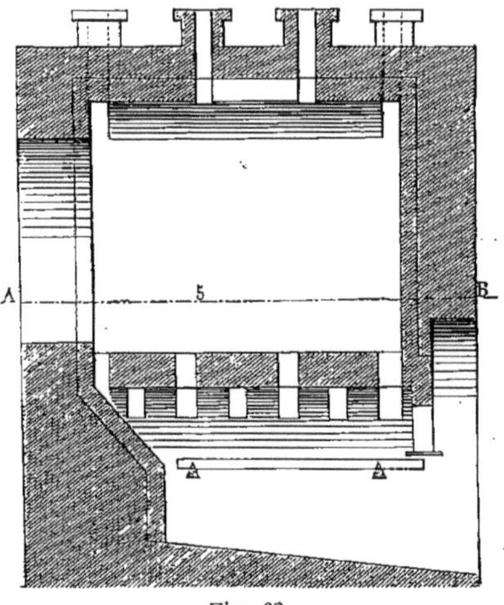

Fig. 62

masse d'argile s'était changée en silicate de zinc et aluminate de zinc, en spinelle zincique, en willémite et en tridymite. En outre

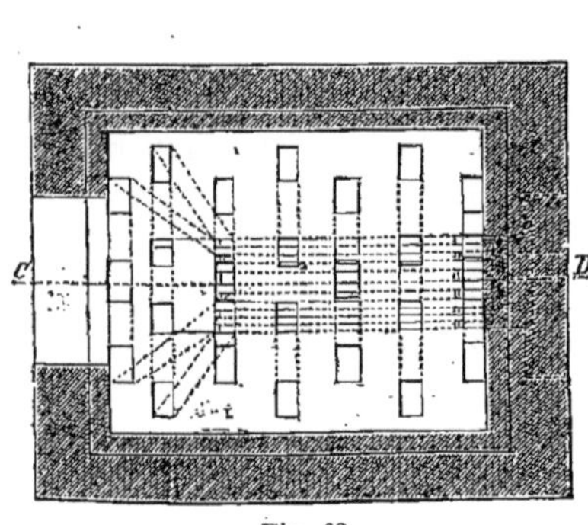
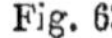

Fig. 63

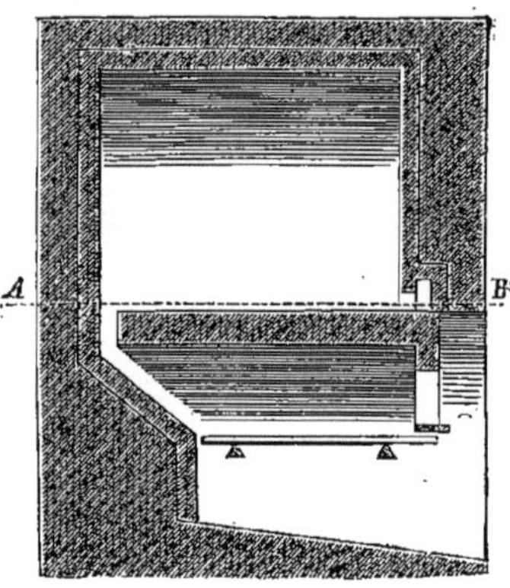

Fig. 64

de masses irrégulières d'argile, de grains de chamotte et de quartz, on voyait des inclusions vitreuses, un peu de spinelle de zinc, de tridymite et de willémite.

Dans les tessons bleus foncés fortement cuits, l'argile est complètement remplacée par les minéraux nouvellement formés. L'argile schisteuse au contraire s'était bien conservée, ses caractères structuraux n'avaient pas changé, c'est tout au plus si la zone marginale montrait une transformation en spinelle. Il semble d'après cela qu'un degré de chaleur moins élevé peut bien donner du silicate de zinc, mais qu'il ne peut pas produire sa transformation en aluminate de zinc. L'expérience indique donc qu'une teneur plus élevée en alumine empêche la scorification des mouffles. (*Töpfer-Zgt*, 1887, N° 45).

Cazettes

La composition de la masse de ces vases réfractaires, dans lesquels sont enfermés pendant la cuisson des produits plus fins : porcelaine, fayence, majolique, terre cuite, plaques de trottoirs et de murs ainsi que les meilleurs vaisselles de cuisine, doit se régler d'après la nature des vases qu'on doit y cuire et par suite elle est variable pour chacune de leurs sortes. Elle doit présenter un degré de réfractairité qui corresponde aux plus hautes températures qui peuvent se produire même par suite des irrégularités de la combustion ; et, quand on l'emploie pour la porcelaine, elle doit être plus difficilement fusible que celle-ci. Elle doit avoir peu de retrait, ne pas éclater, supporter de fréquents changements de température, des chauffages et des refroidissements brusques, ce qui fait que les cazettes préparées et séchées à l'air doivent être cuites à une température plus élevée que celle qu'elles auront à supporter plus tard. C'est pourquoi ces vases de protection, qui doivent empêcher l'action directe de la flamme, de la fumée et des cendres volantes, doivent avoir une grande résistance pour permettre l'enlèvement au ciseau des scories qui s'y seraient colées ; et, comme ils ont à supporter le poids de toute une colonne, ils ne doivent ni se ramollir ni crever. D'après Strele, on emploie par exemple pour cuire une partie en poids de porcelaine environ 16 parties en poids de cazettes et de supports. L'argile qui répond à ces exigences, qui ne sont pas petites, demande aussi comme condition nécessaire que leur fabrication soit à bon marché. De plus la masse des cazettes ne doit pas contenir de particules qui décrépitent, qui éclatent ou qui fondent, ce qui perdrait l'émail des vases. De mauvaises cazettes ont une très grosse influence sur l'augmentation des rebuts. Il faut donc apporter tous ses soins à choisir une bonne argile et à la préparer convenablement.

En général, on fait les cazettes avec une argile plastique, réfractaire (qui doit appartenir aux plus fortement difficiles à fondre) additionnée d'une quantité aussi grande que possible, et, pour les argiles grasses, extrêmement importante de chamotte grossièrement moulue et provenant de cazettes usagées. D'accord avec la loi physique principale bien connue, la masse à cazette doit être complètement uniforme ; par suite elle doit contenir dans chaque partie des proportions égales d'argile et de chamotte, ce à quoi on ne peut arriver que par un mélange des particules effectué tout à fait suivant les règles. Dans le travail comme dans le moulage de la masse, il faut aussi bien faire attention que les inégalités partielles, les parties rudes soient évitées. On cherche à obtenir une plus grande porosité des cazettes en ajoutant à leur pâte de la sciure de bois (il faut dans tous les cas préférer la poussière de charbon), qui se brule au feu, et en enlevant la farine fine de chamotte par tamisage. Une trop grande compacité du pot, notamment quand elle existe par places, a l'inconvénient connu qu'aux endroits plus compacts la conductibilité calorifique est plus rapide que dans ceux qui sont plus poreux, et qu'il se produit par là aux endroits qui rayonnent de la chaleur une contraction plus grande des cazettes qui se refroidissent que là où la radiation calorifique est moindre. On ne doit jamais éviter l'emploi du kaolin, surtout du kaolin brut.

D'après Knapp, à Sèvres la masse des cazettes à porcelaine se compose de 2 parties d'argile plastique et de trois parties de débris de cazettes, ou, pour ces dernières, d'un mélange à parties égales de sable de quartz et de débris ; à Meissen on emploie 3 parties d'argile et 2 parties de chamotte ; à Berlin, 2 parties d'argile et 1 de chamotte. D'après la nature de l'argile plastique, celles-ci ont une durée variable et donnent plus ou moins de casse après chaque chauffe. On emploie avec avantage pour les cazettes certains kaolins bruts riches en quartz, tels qu'on les trouve à Karlsbad (¹) et

---

(¹) La masse des cazettes à porcelaine du Schlagenwald, en Bohême, se compose, d'après une analyse de Czjzek, de 78 %/0 de silice et de 18 %/0 d'alumine (*Dinglers Journal*, 162, p. 123). D'après une analyse communiquée, la masse à cazette de Tirschenreuth, ainsi que celle d'Altwasser, se compose :

	T	A
Alumine	25,18	30,26
Silice	72,34	66,89
Magnésie	0,30	0,17
Chaux	0,49	0,84
Fer	1,05	2,08

ailleurs, par exemple à Etterzhausen et Tirschenreuth en Bavière.

Dans une fabrique de porcelaine de Westphalie, on se sert pour les cazettes d'un mélange composé de 4 parties d'argile à grain fin, maigre et kaolineuse, de 4 parties de chamotte de grain moyen et de 1 partie d'argile réfractaire grasse. F. Herger a donné comme mélanges éprouvés 8 parties d'argile réfractaire de Salzmünde et 10 de chamotte de la grosseur d'une lentille, ou 2 parties d'argile à cazette de Grünstadt et 3 de chamotte de la grosseur d'une lentille, ou bien 1 partie d'argile à cazette de Nassau et 2 de kaolin brut (*Leitm. C. A.* 1896, n° 8).

D'après le *Sprechsaal* de 1898, n° 19, on peut employer comme matière éprouvée pour cazettes un mélange de 30 parties en poids d'argile de Sischwitz, 25 de kaolin brut et 55 de chamotte finement moulue, qui doit être mis en pâte avant l'emploi.

Fig. 65

Les cazettes simples, cylindriques ou ovales, dont la forme est régie par ce principe déjà indiqué que le rapport de la masse de la cazette à celle du vase qui doit y être cuit soit aussi économique que possible, sont moulées sur un tambour, comme le montre la figure 65, au moyen de plaques battues ou laminées. Cette méthode anglaise a, d'après Tenax, l'avantage qu'on ne travaille pas les cazettes aussi mou que dans le tournage libre sur le disque et en outre que la préparation des plaques entraine encore un travail soigné, qui augmente l'uniformité du mélange, ce qui fait que les cazettes conservent leurs formes au séchage et à la cuisson.

La masse soigneusement marchée ou pétrie à plusieurs reprises est placée sur une table en pierre sur laquelle sont fixées deux tringles de l'épaisseur de la feuille à préparer et qui est saupoudrée avec de la farine de chamotte; au moyen du maillet a on l'étend sous forme d'une plaque b de l'épaisseur du fond de la cazette et on place celle-ci sur le disque à main d. On pose sur elle le tambour en bois c et on place autour de celui-ci une bande de dimensions telle que sa largeur corresponde à la hauteur et sa longueur au pourtour de la cazette. En pressant soigneusement on réunit ensemble les deux extrémités de la bande qui forme alors un anneau rond ou ovale. On relève alors la partie du fond qui dépasse et on l'applique contre la paroi latérale constituée par l'anneau, tandis qu'on met en mouvement le disque avec la main gauche pour présenter toutes ses parties à la main droite. Ces disques ou plateaux à la main qui sont très fréquemment employés, ont en somme la même construction que le tour de potier; ils ont en haut une plaque qui est fixée à un axe vertical, susceptible de tourner; la plaque à pied manque tout naturellement. e est la cazette finie, f le tambour sur lequel on l'a moulée. Quand les cazettes ont séché, on les rapporte à nouveau sur le disque à main et l'on cherche à les rendre aussi compactes que possible par le battage; à cet effet, on tient à l'intérieur, au moyen d'un manche, une planche ayant la forme intérieure de la cazette et on l'applique contre la paroi; en même temps, au moyen d'un marteau en bois et à petits coups répétés, on bat la paroi qui est soutenue à l'intérieur par la planche. Les cazettes de forme évasée sont moulées dans des moules en plâtre sur le tour de potier au moyen de plaques et tournées avec un calibre. Les cazettes préparées doivent être séchées très progressivement ; l'on recommande un séchage à l'air, et la pratique d'avoir toujours une grande quantité de cazettes brutes en approvisionnement. Au chauffage, il faut les protéger contre une flamme rapide et irrégulière. Dans les fabriques qui ont de grandes tailleuses d'argile, on fait directement les plaques à cazettes en remplaçant la filière ordinaire à boudin par une autre qui fournit l'argile en feuilles ou en plaques auxquelles on donne la longueur nécessaire en les coupant avec un appareil à découper. Pour les cazettes plus petites, on découpe le fond dans le boudin ou tout au moins la plaque qui sert à le faire. Les plaques d'argile, ou d'argile et chamotte, sont également faites avec la masse à cazette, mais le plus souvent avec de la chamotte plus fine.

Presse à cazettes. — On a recommandé dans le *Sprechsaal* (1883, p. 553) une presse à cazettes (Fig. 66) brévetée, susceptible d'un bon rendement et qui a été introduite dans plusieurs fabriques de porcelaine. Avec l'habitude et les nouveaux perfectionnements, elle fournit journellement de 300 à 500 cazettes ou anneaux de cazette de toute hauteur et de tout diamètre en employant 2 hommes.

La machine a pour base le système des presses à tuyaux; elle est munie de divers dispositifs très ingénieux, qui permettent de fournir une cazette irréprochable. L'inventeur et le constructeur sont Könitzer et Reissmann de Saalfeld en Thuringe. Cette maison fournit aussi des presses à main pour les petites cazettes. Dans ces derniers temps, on a aussi employé des presses à cazettes automatiques.

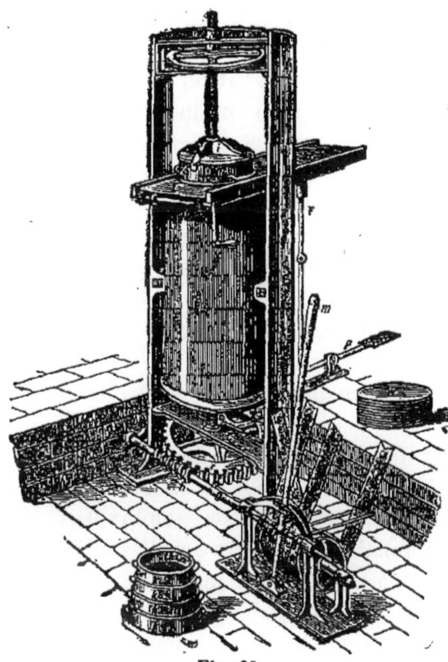

Fig. 66

Au lieu de cazettes, on se sert souvent des cuiseurs, plus simples, qui prennent moins de place, mais qui sont plus sujets à se déformer; ce sont des cylindres d'argile, ouverts en haut ou en bas, qu'on place les uns au-dessus des autres et qu'on enduit d'argile. Ils constituent une colonne creuse, qui n'est fermée qu'à ses extrémités supérieure et inférieure. Comme intermédiaire entre les cazettes et les cuiseurs, on emploie des cazettes à fond mobile, qui reposent à l'abri du feu direct sur une saillie inférieure de la paroi de la cazette, qui lui est perpendiculaire. Au lieu de cazettes rondes, on en emploie aussi qui ont une section à cinq ou à quatre côtés, avec ou sans fond, de doubles (pour les assiettes); on se sert de tuyaux cylindriques étroits (pour les tasses) et l'on a même fabriqué des cuiseurs translucides (F. Herger, *Spezielle Kapselkonstruction, Leitm. Centr. Anz.* 1895, n° 22 et 1896, n° 8 à 10). La presse à cazettes de beaucoup la plus répandue est la presse à fuseau et plus récemment la presse à levier articulé de Wicher (*Sprechsaal* 1902).

Cornues à gaz

Généralités.— On impose de nombreuses conditions aux cornues à gaz, ces récipients si importants à bien des égards, dans lesquels on produit le gaz d'éclairage par le chauffage du charbon à l'abri de l'air. A côté d'une résistance mécanique suffisante et en particulier d'une surface intérieure unie, il faut signaler comme première condition la résistance aux changements brusques de température.

Le degré de réfractairité qu'on exige n'est pas bien important. Les irrégularités qui se manifestent ne sont pas aussi redoutables qu'elles le paraissent. De petites fentes dans les cornues se bouchent très vite par le graphite qui se sépare dans la fabrication du gaz ; on peut aussi les lutter ([1]) et elles peuvent même agir favorablement pour leur permettre de mieux supporter les changements rapides de température.

Pour ce qui est des températures qui règnent dans les cornues à gaz et qui déterminent le choix de la matière réfractaire, d'après Liegel (*Vortrag, Sitzungsberichte des Vereins zur Beförderung des Gewerbfleisses*. Berlin, 1879) il faut pour produire le gaz une température de 1000° C en nombres ronds et, d'après de nombreuses recherches, la température de combustion des foyers à grilles ordinaires s'élève à 1 400° C, tandis que la température moyenne dans les générateurs à coke des fours à gaz d'éclairage a été indiqué comme étant de 2 300° C (c'est une température dont la hauteur est douteuse). Comparer plus haut à l'introduction aux recherches pyrométriques.

Le degré de chaleur en des points individuels du foyer à coke qui sert à chauffer les cornues à gaz est très important, de même que dans le foyer à goudron pur de Liegel, et c'est ici que domine ce principe découvert dans ces derniers temps que plus les foyers à gaz de coke sont chauds, en tenant compte de leur matière, plus le bénéfice est grand et plus l'exploitation est avantageuse pour la

---

([1]) Un lut de ce genre se compose de 5 parties de farine de chamotte, 5 parties de poussière de verre et 1 partie de borax; on l'applique sous forme d'enduit ou de graissage (*Dinglers Journal*, 210, p. 80).

même unité de temps. Dans son four, qui a fait époque et dont la chambre à feu se rétrécit par le bas en forme d'escalier jusqu'à une grille à fentes, Liegel écarte les scories du combustible en les fondant, c'est-à-dire en les faisant couler automatiquement. Les pierres dites à fentes comportent d'abord de très grandes exigences au point de vue pyrométrique bien queplus tard la scorie fonde dans une certaine mesure sur de la scorie solidifiée ; par contre les parois des foyers ne viennent jamais en contact avec des scories fondues.

D'après les déterminations de Heintz au moyen de l'argent et de l'or, ainsi que par l'emploi des cônes de fusion de Seger, dans les fours à cornues de Saarau à l'usine à gaz de Kulmitsch, après quatre charges et en 3 heures envion la température s'était élevée à 960° (fusion de l'argent, et après 5 1/2 heures elle était de 1 075° (fusion de l'or). On observait par là la chaleur des fours. A moitié de la longueur des cornues, à 1,4 mètre au-dessus du fond du four et de la grille, à environ 37 centimètres des points où l'on faisait les déterminations au moyen de métaux, le cône n° 12 de Seger ne fondait pas, le n° 10 au contraire était entièrement fondu et le n° 11 commençait à fondre. D'après les suppositions de Seger, on avait d'après cela dépassé la température de 1 400° C dans le four à cornues. D'après les indications de Schilling et Bunte, dans les fours à générateurs de Munich, la température s'élève jusqu'à 1 200 à 1 400° C.

De plus les cornues ne doivent ni se dilater ni éprouver de retrait ; quand cela se produit, il faut l'imputer à un défaut de fabrication.

Préparation de la masse. — Pour une bonne argile réfractaire bien liante, mais n'éprouvant pas trop de retrait dans aucun cas, (sa haute infusibilité a moins d'importance, comme on l'a indiqué), on ne prend comme addition amaigrissante que de la chamotte, habituellement des débris de cazettes (¹).

On ne trouve pas dans la littérature d'analyse des masses à cornues et l'auteur ne peut en donner qu'une qui lui a été communiquée et qui a trait à une cornue à gaz de Witten en Westphalie. On y a trouvé 27,60 d'alumine, 0,12 de magnésie, 0,65 de chaux et 1,47 de potasse. La quantité de silice qui en résulte par différence est importante, tandis que celle des fondants paraît bien modérée.

Il faut éviter avec le plus grand soin les impuretés qui pourraient se trouver dans l'argile, en particulier le sulfure ou l'oxyde de fer ;

(¹) Un mélange de sable libre à grains fins est à éviter à cause de la tendance qu'il communique à la masse de se fendre par suite de la chauffe et du refroidissement.

et, le cas échéant, il faudra trier l'argile morceau par morceau. L'argile est alors séchée et moulue ; c'est de son pouvoir liant et en partie aussi de la nature du grain de la chamotte que dépend la proportion de l'addition de cette dernière. Il faut la choisir de manière que le mélange possède encore un degré suffisant de plasticité.

Comme proportion normale, on prend 1 partie d'argile grasse et 1 1/2 partie de chamotte ; pour les argiles extrêmement grasses, on va jusqu'à 2 parties, mais rarement plus. Une pâte trop grasse est exposée au retrait et aux fentes, une trop maigre ne donne pas à beaucoup près la résistance nécessaire et en outre il se manifeste alors cet inconvénient qu'en exploitation le chauffage devient plus dispendieux par suite la diminution de la conductibilité calorifique de la masse. La chamotte bien grosse, allant jusqu'à la taille d'une lentille et même d'un pois (le grain très gros aide physiquement à la conservation) doit être cuite complètement à une chaleur assez vive, au rouge clair, elle doit être uniforme et sans impuretés, cependant elle doit toujours rester absorbante. On peut recommander pour cet objet la cuisson en cazettes de l'argile séchée dure et déjà mise en grains anguleux, quand on n'emploie pas des morceaux de cornues ou de cazettes. Pour obtenir une masse aussi dure que possible et complètement uniforme à l'aide d'une division complète de l'argile liante et de l'eau, ce qui est le mieux consiste à mélanger les éléments à sec, à les humecter et après un long repos, à les passer à plusieurs reprises (2 à 3 fois) dans une tailleuse à argile. On peut alors employer directement la masse pour la fabrication ; mais il est mieux de la soumettre à un marchage préalable fait d'une manière régulière et répétée. L'argile ainsi préparée est étendue dans un lieu frais, et de là apportée au local à mouler ; on la moule d'abord en grosses mottes quadrangulaires, on la bat énergiquement, et on la travaille avec un maillet en bois pour faire disparaître toutes les bulles d'air (qui donnent naissance aux fentes, glacis, crevasses et trous). Pour faire disparaître l'air, on divise aussi les mottes en un grand nombre de petits morceaux qu'on jette avec force sur une table en fonte, et on en fait à nouveau des boules, en faisant disparaître avec les doigts, après chaque projection, les fentes qui se sont produites. Dans tous les cas on cherche à obtenir une masse particulièrement consistante, parce que celle-ci a besoin de moins de chaleur pour sécher, qu'elle éprouve moins de retrait et qu'elle se laisse mouler plus nettement.

Pour les cornues à gaz, on aime un mélange de diverses argiles. Ainsi la fabrique de chamotte de Stettin, qui est si honorablement connue, qui est la plus grande sur le continent et qui produit plus de 8 000 pièces annuellement, emploie des argiles schisteuses cuites anglaises et bohémiennes, du kaolin et de l'argile de Nassau ([1]).

Fabrication. — Les cornues sont moulées soit à la main par constitution progressive de leurs parois sur des carcasses en bois, (en Allemagne), soit au moyen de machines à presser (en Angleterre et en Amérique).

D'après Heintz (*Tonind. Ztg.* 1879, p. 352), abstraction faite de l'avantage pécuniaire discutable, il est douteux que le travail par machine présente des avantages au point de vue de la qualité. Il s'y joint l'extraordinaire diversité des dimensions en usage pour les cornues. D'un autre côté, la production au moyen du moulage à la machine est dans tous les cas incomparablement plus rapide ; en dehors des frais d'installation très élevés d'une pareille machine, elle suppose une préparation de la masse aussi appropriée que suffisamment complète.

Moulage. — Les formes employées sont très diverses. Les plus usitées sont ovales ou en forme de ⌂ ; plus rarement elles sont rondes ou quadrangulaires avec les arêtes arrondies. Heintz admet que pour 100 installations de gaz, il y a bien 90 formes différentes de cornues.

On emploie un moule en deux morceaux : un noyau intérieur et une enveloppe extérieure formée de plusieurs parties. La partie inférieure de l'enveloppe est d'abord placée sur un support. Dans cette partie inférieure on pilonne le fond de la cornue sous une épaisseur de 12 centimètres. On introduit alors le noyau entouré de linges mouillés et, autour de lui et entre les parois de l'enveloppe, on pilonne les parois de la cornue (6 centimètres d'épaisseur). Si la partie inférieure de l'enveloppe est solide et bien pilonnée, on ajuste le second morceau de l'enveloppe sur le premier et l'on remplit l'espace vide entre lui et le noyau en remontant et en pilonnant fortement. Quand le second morceau de l'enveloppe est rempli de la masse de chamotte, on procède de même pour un troisième morceau. En particulier les surfaces intérieures doivent être lissées à plusieurs reprises et avec le plus grand soin ; c'est de là que dépend beaucoup

([1]) Voir l'intéressant mémoire de Seger : *La fabrication des cornues à gaz* (*Gesammelte Schriften*, 1895, fasc. 16).

l'enlèvement plus ou moins difficile du graphite ([1]). A 6 centimètres à partir de son bord supérieur, la partie supérieure du moule a, vers le dehors, un renflement de l'épaisseur de la paroi de la cornue, de telle sorte que si le pilonnage est continué dans le moule jusqu'à son bord, la cornue prend à partir de son bord supérieur une épaisseur de paroi double (12 à 15 centimètres). C'est dans cette partie qu'on perce au moyen d'une broche les trous pour les attaches de la fermeture de la cornue. Ceci se fait avant que la cornue ne soit enlevée du moule. On emploie aussi pour les moules une enveloppe extérieure qui ne se compose que de six morceaux. Elle a à l'intérieur tout à fait la forme que la cornue présente à l'extérieur. On pilonne les parois latérales assez ferme, en frappant du dedans vers le dehors.

La cornue reste de 3 à 4 jours dans le moule. Entre sa sortie du moule et son amenée dans la chambre de cuisson, il s'écoule de 6 à 8 semaines. On la lisse et on la pare ; le local, qui doit avoir un chauffage souterrain bien entendu et une ventilation puissante, est d'abord chauffé très lentement ; on élève ensuite peu à peu la température pendant 4 semaines et avec la plus grande circonspection jusqu'à ce que les cornues soient complètement sèches. Après quoi les cornues couchées, ou mieux dressées sur des carriots construits exprès pour cela, arrivent à la chambre de chauffage. Dans un four à porcelaine ordinaire ou aussi dans un four rectangulaire ou rectangulaire allongé, les cornues sont disposées au nombre de 8 à 10 et même jusqu'à 36 et on les y cuit vivement ([2]) après les avoir entourées de chamotte. Elles demeurent de 8 à 10 jours au feu. La mise en feu de même que le refroidissement doit se faire avec les plus grandes précautions.

En Angleterre, on fabrique des cornues à gaz avec la même masse que les pierres réfractaires et également par pilonnage dans des moules. On constitue d'abord le fond, on place dessus un noyau

([1]) Dans un mémoire sur ce même sujet, Geith de Cobourg, un des plus importants producteurs de cornues à gaz, fait ressortir ceci comme un point important ; il signale aussi le problème très désirable de la fabrication de cornues à parois bien plus minces, formées d'une matière dense et compacte, par suite de laquelle on obtiendrait un haut degré de température plus facilement et avec plus d'économie de combustible qu'avec les cornues actuelles, à parois toujours épaisses et poreuses.

([2]) Dans la fabrique de porcelaine de Schomburg, à Moabit près de Berlin, elles sont cuites de la manière la plus vive au grand feu du four à porcelaine, ce qui leur donne plus de durée. Comme on l'a déjà signalé plus haut, il va de soi qu'il est nécessaire que les cornues soient cuites à un degré de chaleur plus élevé que celui auquel elles seront soumises.

entouré de toile de lin et autour un moule composé de quelques douves, qui sont retenues ensemble par des cercles et des vis et qui sont également revêtues de toiles de lin. Dans le vide ainsi constitué, on pilonne l'argile faiblement mouillée, de manière qu'elle forme une paroi solide. Dès qu'on a obtenu de cette manière un morceau d'environ 2/3 m. de haut, on enlève l'enveloppe et le noyau et on laisse durcir le morceau ainsi obtenu, comme on le décrira plus loin, jusqu'à ce qu'il ne s'écrase plus sous le poids des couches qu'on y superpose. Quand il en est ainsi, on introduit un nouveau noyau plus haut, on place une nouvelle enveloppe et l'on continue, comme plus haut, jusqu'à ce que la cornue ait atteint la hauteur nécessaire. Ce séchage de bas en haut est essentiellement favorisé en chauffant la chambre, dans laquelle se trouve les cornues, par des canaux passant à travers sa sole. Quand la cornue est complètement sèche, on la dépose avec soin sur un charriot recouvert d'un paillasson et on l'introduit sur celui-ci dans la chambre de cuisson, qui est ronde et ressemble à bien des égards à un four à porcelaine.

Dans une fabrique allemande bien connue, la masse très fortement chargée de chamotte (composée de chamotte à gros grains anguleux et de poussière de chamotte) est préparée si ferme qu'elle prend à peine l'empreinte des doigts. On la travaille avec des pilons en fer pesants et on la bat avec force dans le moule, composé d'une enveloppe extérieure et d'un noyau intérieur qui peut se démonter. Comme encouragement, l'ouvrier reçoit une prime par chaque cornue absolument exempte de défauts.

D'après Lürmann, d'Osnabrück (D. R. P. n° 9062), on fait les cornues à gaz en maçonnerie de pierres réfractaires ordinaires ou de petit format. Ces pierres sont sans rainure et languette et sont placées les unes devant les autres sur leurs grandes arêtes. Toutes les deux couches de pierres, il y a un mur de soutènement qui s'appuie contre la cornue et la maçonnerie du four. (*Tonindustrie Ztg.* 1880, n° 24). En Angleterre (*Dinglers journal*, 167, p. 158) on fabrique aussi des cornues à gaz avec de la masse à Dinas.

Glaçage.— Le glaçage([1]) des cornues se fait soit au moyen de sel de cuisine, soit au moyen d'un émail de spath ou de granite, difficile-

---

([1]) Un glaçage ou même un émaillage des cornues n'a essentiellement de valeur que dans les premiers temps pour faciliter l'enlèvement du graphite ou dans une petite fabrication ; dans tous les cas la sensibilité aux changements de température croît avec lui.

ment fusible et insensible aux actions réductrices ; l'émail au plomb doit être complètement écarté à cause de sa facile réductibilité. On prend du granite, ou un mélange de feldspath ordinaire, de silex et d'une petite addition de plâtre, on moud les matières le plus fin possible dans un moulin à émail, on les délaie avec de l'eau de colle et on les étend au moyen d'un pinceau à longs poils ou à la main sur les surfaces de la cornue bien unies au moyen d'un feutre et d'une plaque d'acier, et immédiatement avant de l'introduire dans le four.

A la masse qu'on vient d'indiquer on ajoute encore un peu de cryolite, qui contribue à une plus grande conservation de l'émail ; mais dans tous les cas, il faut choisir la composition de cet émail de telle sorte que la température atteinte dans le four de cuisson coïncide aussi exactement que possible avec la température de fusion de l'émail. De plus, pour obtenir un émail aussi exempt de défauts que possible, la masse de l'émail doit s'adapter comme composition avec celle de son support de telle sorte que les deux aient le même coefficient de dilatation, et nous devons à Seger un remarquable travail sur ce sujet. On ne peut donc donner de règle déterminée que quand on connaît les propriétés de la matière.

Hecht attache une grande importance à la manière dont on applique la masse de l'émail et il recommande de ne pas l'étendre au pinceau, mais de le projeter en couches minces avec un pulvérisateur ; cette opération doit être recommencée quand la couche précédente est sèche. Il a aussi institué une série de recherches pour déterminer les rapports entre des masses de porcelaines de compositions diverses et des émaux ; il a trouvé par exemple que des émaux facilement fusibles, de la composition du cône 4 de Seger, se comportent mieux en général sur des masses avec argiles plastiques que sur les masses avec kaolin ; par contre, des émaux difficilement fusibles, de la composition du cône 10, se comportaient mieux et avec plus grande sécurité aussi bien sur les masses d'argile que de kaolin. D'un autre côté, on a reconnu que l'émail facilement fusible indiqué présentait des fentes capillaires à une température de cuisson du cône 10. Mais si l'émail du cône 10 était cuit au cône 15, il adhérait à toutes les masses de chamotte sans donner de fentes capillaires, mais ne coulait pas. De plus, parmi les divers mélanges équivalents, Hecht a trouvé que celui d'argile et de quartz est le plus facilement fusible ; vient ensuite celui de quartz et feldspath et ensuite le mélange de kaolin pur (de Zettlitz) avec du feldspath seulement. Il est digne de remarquer ici que le kaolin avec 15 °/₀ de feldspath est encore très difficile à fondre, tandis que la même teneur en quartz rendait le kaolin plus facilement fusible. D'après cela, les masses qui contiennent des fondants se scorifient plus tôt que celles qui renferment du quartz (*Tonindustrie Ztg.*, 1896, n° 26).

Si le glaçage se fait seulement sur des cornues encore vertes, et non pas après une cuisson préalable, l'émail est dans tous les cas d'une conservation moins bonne et d'une plus courte durée ; toutefois la double cuisson augmente essentiellement les dépenses.

Cornues disposées obliquement. — Les recherches, plusieurs fois entreprises antérieurement mais sans succès, sur des cornues obliques ont été reprises à nouveau dans les dix dernières années par l'ingénieur gazier A. Coze de Rheims et la fabrique de chamotte de Stettin, et ce travail en commun a donné actuellement des résultats très satisfaisants.

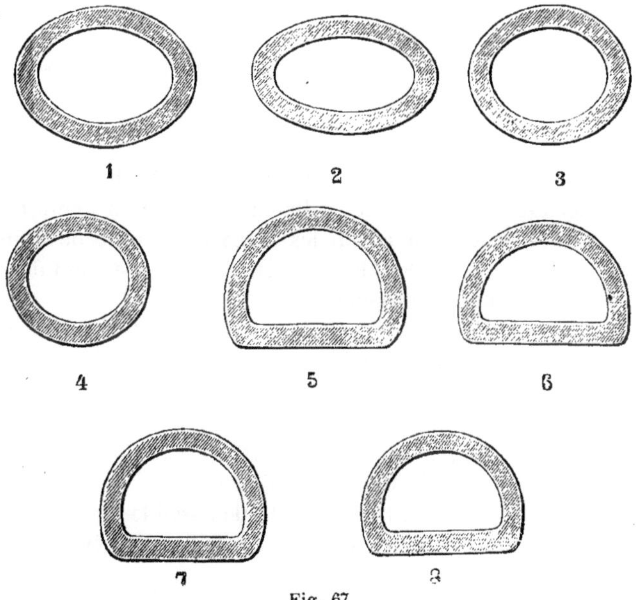

Fig. 67

Les cornues sont placées sous un angle de 30° et permettent par suite de les remplir et de les vider automatiquement. En raison de leur plus grande longueur, environ 3ᵐ,60, et de leur tête inclinée, la fabrication de ces cornues présente de grandes difficultés ; elles coûtent par suite plus cher, mais cela se compense largement par leur durée plus grande, parce qu'elles ne permettent aucun dépôt de graphite. Il faut donc regarder la cornue inclinée comme la cornue de l'avenir, parce qu'elle rend la production du gaz plus économique et qu'elle dispense l'ouvrier de l'extraction extrêmement fatigante du coke chaud.

En Allemagne, les usines à gaz de Berlin, Dresde et Chemnitz ont déjà introduit cette nouveauté. De plus dans sa nouvelle usine à gaz, la ville de Cassel n'a laissé mettre par la fabrique de chamotte de Stettin ([1]) que des cornues inclinées.

Nous indiquons ci après les formes de cornues les plus usitées.

Les mesures en clair sont :

N^{os}	Largeur	Hauteur	N^{os}	Largeur	Hauteur
1	52.5 cm.	33 cm.	5	52,5 cm.	36,5 cm.
2	52,5 »	31 »	6	52,5 »	31,5 »
3	47,0 »	38 »	7	47,0 »	35.0 »
4	43,0 »	35 »	8	47,0 »	31,5 »

Longueur : 2^m,45 ; 2^m,60 ; 2^m,75, égale pour tous les numéros.

Fours à cornues. — Parmi les différents chauffages appliqués pour les cornues, et surtout parmi les récents, on peut de suite distinguer quatre espèces, dont les différences entre elles sont désignées par les noms des constructeurs.

1° Fours à cornues avec chauffage au gaz (Müller et Eichelbrenner ; Liegel, Langner et Walcott) ;

2° Fours à cornues avec foyer régénérateur (Haupt et Mendheim) ;

3° Fours à chauffage par le goudron (Liegel et autres) ;

4° Fours à générateurs de Munich (Schilling).

Pour empêcher ou pour réduire autant que possible la formation de scories, on emploie pour ces derniers des grilles de générateurs

---

([1]) Le modèle d'une disposition de cornues de ce genre se trouvait à l'exposition de Paris de 1900 (*Tonind. Ztg.*, 1900, n°s 66 et 102). A l'exposition de Dusseldorf, déjà plusieurs fois citée, la même fabrique montrait le modèle d'un four à cornues pour fabrique de gaz, des cornues diverses, des pierres normales et moulées (*Ziegel und Zement*, 1902, n° 20).

avec amenée de vapeur. On en trouvera une description détaillée dans le *Dinglers Journal*, 235, p. 208 et 236.

Nous pouvons encore donner ici les formes normales des cornues à gaz, telles qu'elles ont été fixées et dessinées par l'association des gaziers allemands dans le *Sprechsaal*, 1889, n° 51 ; voir supplément.

APPENDICE

Aux cornues en chamotte se rattachent les tubes en chamotte des fours à chauffer le bois et les os, ceux pour les canaux de chauffage, en outre les cylindres en chamotte pour l'industrie des lignites, qui sont déjà employés par centaines dans la région de Merseburg, en partie droits, en partie horizontaux pour obtenir l'huile solaire et la paraffine des charbons sulfureux. Comme matière pour la fabrication des cylindres de chamotte, on emploie les argiles ligniteuses grasses qui se rencontrent dans les mines de charbon. Les lieux où on les trouve sont, par exemple, Aue en Saxe, Grana près de Zeitz, les environs de Teuchern et Osterfeld. Elles appartiennent aux espèces qui ont la moindre valeur pyrométrique.

Vases à fondre le verre ou pots de verrerie

Généralités. — Dans le jugement de l'applicabilité pratique des argiles réfractaires aux pots de verrerie, il y a trois points de vue ; chimique, physique et technique, qu'il faut considérer en même temps.

Les actions chimiques, extrêmement favorisées par la continuité d'une température élevée ([1]), jouent un rôle principal, mais toutefois plus ou moins grand, suivant la diversité des verres, et suivant qu'il faut fondre du cristal, du verre à vitre ou à bouteilles. Pour obtenir des résultats pratiques économiques, il ne suffit pas d'avoir un très haut degré de réfractairité, parce que, suivant son mode de

---

([1]) Si l'on fait abstraction du verre au plomb facilement fusible, on admet que la température nécessaire pour un four à fondre le verre est au maximum de 1500° C et il faut remarquer que la fusion, l'affinage et le travail n'exigent pas la même température. D'après les indications du *Sprechsaal*, 1896, n° 52, la température s'élève pendant le rablage à 1045° C, pendant l'affinage à 1310°, dans le four entre les pots à 1375° et dans le four à cuvettes de Siemens à 1400°. Pour ce qui est de la durée du chauffage, on admet pour les fours à fondre le verre une campagne moyenne de 8 à 10 mois, et pendant ce temps ils ne sont jamais froids.

traitement ou sa constitution, suivant qu'elle renferme des substances plus ou moins pures, de la soude ou du sulfate de soude, etc., la charge de verre attaque les pots d'une manière différente et les rend inservables après qu'il se sont conservés plus ou moins longtemps ([1]).

Il faut encore mentionner ici la production du fiel de verre, qui ronge non seulement les pots, mais fréquemment aussi les fours et l'on doit se préoccuper de limiter sa production et tout au moins son accumulation.

En raison de la pression considérable qu'exerce le verre fondu, les conditions physiques : faculté de résistance, compacité, solidité de la masse argileuse, et aussi à un certain degré insensibilité aux alternatives de chauffage et de refroidissement, ont une influence décisive, et il faut par suite attacher une importance extraordinaire à la méthode de fabrication elle-même ; son exécution technique comporte aussi le choix de la forme la plus convenable pour les pots et il paraît indispensable d'en donner ici une description approfondie avec toutes les règles de précaution nécessaires.

Il faut citer la chambre à pots si importante, qui doit être facile à ventiler et spacieuse, et de la conduite convenable de laquelle dépendent l'existence et les bénéfices de la fabrique du verre. Tous les soins et toutes les dépenses sont inutiles, dit Moritz ([2]), du moment que tout n'est pas dans le meilleur ordre dans la chambre à pots et que l'ouvrier, même le plus digne de confiance, n'est pas toujours tenu sous un contrôle continu. Abstraction faite de la valeur d'un pot par lui-même, les frais inutiles augmentent notablement par suite de son changement. Avant d'arriver dans le four, le nouveau pot doit être réchauffé pendant 24 heures, ce qui fait perdre du combustible, du temps et de la production. De plus, quand un pot

---

([1]) Le verre fondu peut absorber de l'argile ou ses composants principaux en quantités importantes. Ces quantités varient pour la même température suivant la constitution des matières et la sorte de verre. Parmi les diverses argiles, il se produit une certaine saturation d'autant plus vite que l'argile est plus réfractaire. Parmi les diverses espèces de quartz, on peut aussi constater des différences, mais qui ne sont pas très importantes. Pour ce qui est de l'absorption de l'alumine pure et de la silice pure, la proportion dépend clairement des sortes de verre (*Glashütte*, 1876, nᵒˢ 21, 22 et 23). Dans la pratique on affirme que le verre vert a plus de tendance à absorber de l'alumine, tandis que le verre blanc attaque plus le sable dans l'argile. En glaçant les pots, on arrive à une attaque uniforme par la charge à la fusion et on empêche la formation de creux par ses parties qui se réunissent en boules.

([2]) *Sprechsaal*, 1882, nᵒ 45.

devient mauvais, de grandes masses de verre déjà fondues deviennent souvent impures et en grande partie inutilisables. Les défauts des pots n'exercent pas seulement une influence [négative, mais, ainsi que cela résulte de ce qui suit, leur bonté est en rapport direct et progressif avec la bonté du verre. Il est donc de la plus haute importance, pour qu'une verrerie fasse des bénéfices, qu'elle fabrique des pots qui résistent aux influences destructrices d'une manière certaine et aussi longtemps que possible.

Indiquons rapidement les trois points qui doivent guider dans le choix d'une argile pour pots de verrerie.

1° La réfractairité doit être suffisante, c'est-à-dire qu'elle doit atteindre celle de l'argile normale à 30 % ou de la meilleure argile à pots de Grünstadt ;

2° Sa résistance au verre fondu doit être suffisante ;

3° Il est à désirer que la température de condensation soit aussi basse que possible, pas beaucoup au dessus d'environ 1 000° C ;

4° L'argile doit avoir en général une grande plasticité, sans éprouver de retrait important ([1]).

Pour ce qui est des argiles à employer, on donnera en général la préférence aux argiles grasses, parmi lesquelles nous indiquons les argiles allemandes les plus connues et quelques autres ([2]). Nous citerons ici celle de Vallendar (Hesse-Nassau), de Grünstadt (Palatinat du Rhin), de Grossalmerode (Hesse), de Löthain près de Meissen, de Saarau en Silésie, de Klingenberg près de Aschaffenburg, celle de Passau et celles de Schwandorf et Kehlheim près de Regensburg, de Göttweig dans le nord de l'Autriche, de Wildstein en Bohème, de Briesen en Moravie, de Reo et Sonkolyo en Hongrie, d'Andennes en Belgique, de Forges-les-Eaux en France, celles riches en alumine, mais maigres de Stourbridge en Angleterre, etc.

Il ne sera pas sans intérêt de fournir brièvement quelques indications sur la matière employée dans la grande industrie et telles que l'auteur a pu les obtenir, dans le cours des temps, de diverses fabriques de verre. Pour ce qui est de l'argile de Grossalmerode, en tant qu'elle n'est pas trop ferrugineuse, il n'est pas rare d'entendre

---

([1]) Au sujet de l'étude de l'argile à pots, on trouvera un mémoire remarquable donnant des indications sur la température où elle devient compacte, sur son retrait et sa porosité, *Tonind. Ztg.*, 1897, n° 6.

([2]) Voir, l'auteur, *Sprechsaal*, 1878, n°ˢ 12 et 30, et 1896, n° 35 avec indications d'analyses.

dire à sa louange par les verriers qu'elle se moule facilement et sous forme compacte, et que notamment elle a très peu de tendance à former du verre alumineux ; on lui reproche seulement que les pots qui en sont faits soient très sensibles dans la chambre à pots, comme dans les fours à recuire et à fondre le verre et qu'il s'y forme facilement les fentes dites de feu. Cette argile ne peut pas résister à des degrés de température extrèmement élevés. L'argile de Löthain, et notamment sa première qualité, a été bien des fois vantée, mais on lui reproche une grande sensibilité aux changements de température. D'après Moritz, l'argile grasse de Löthain, de Rühle près de Meissen, joint à une réfractairité importante une grande tenacité et une grande résistance à la rupture, ce qui la rend particulièrement précieuse pour la fabrication des pots (*Sprechsaal,* 1883, 7). Voir de plus une brochure « Allgemeine Anweisungen für die rationelle Anwendung der Prima-Meissener Ton-und Porzellanerden von Heinr. Rühle, 1893 ». Par contre on reproche à la terre pour pots de Meissen, qui se comporte bien au feu et supporte les changements de température, d'avoir un retrait important et qu'en conséquence les pots se rongent intérieurement. Pour l'argile de Schwabdorf, il se manifeste habituellement des fentes après 2 ou 3 semaines de fusion et on ne peut y remédier qu'en tournant les pots. L'argile d'ailleurs particulièrement renommée d'Ebernhahn donne un verre pierreux ([1]) quand on emploie du sulfate comme addition au verre ; quand on emploie de la soude, l'inconvénient cesse. Parmi les nouvelles argiles, on estime celle de Briesen, qui a un certain retrait, mais qui d'ailleurs se conserve bien. A une chaleur de fusion importante, les pots qui en sont faits se conservent 8 semaines et sortent du four exempts de fentes.

Quelle est celle des argiles précédentes que le fabricant de verre doit employer pour fabriquer ses pots ? Cela dépend de la position géographique de la verrerie et il faut faire attention qu'il en est des argiles comme des autres articles de commerce. On rencontre souvent dans le même endroit des qualités très différentes et la provenance d'un même gisement n'est pas un caractère déterminatif suffisant ([2]).

Les argiles grasses, qui éprouvent beaucoup de retrait, perdent facilement leur forme, mais elles sont plus compactes à la cuisson

([1]) D'après les recherches de l'auteur, cette constitution pierreuse se produit différemment suivant les sortes d'argile.

([2]) Voir l'auteur, *Sprechsaal,* 1885, n° 5.

et notamment ne sont pas aussi fortement attaqués par les verres peu acides, parce que ceux-ci abandonnent moins de silice ; par contre les pots en argile grasse se ramollissent dans les fours très chauds ; le poids de la masse de verre les applique les uns contre les autres, comme cela se produit notamment dans les fours de fusion au gaz qui doivent être préférés de beaucoup.

D'autre part on sait que les argiles très riches en silice, auxquelles appartiennent les terres suisses de Hupper, etc., donnent une masse qui résiste mieux au ramollissement ; et que les pots qui en sont faits s'aggrandissent plutôt qu'ils ne se rétractent. Mais de pareils pots riches en silice, et bien plus encore quand ils sont riches en fondants, sont très sensibles aux changements de température ; ils se fendent facilement, ou deviennent moins résistants par la cuisson et sont plus exposés à la décomposition. Pour ce qui regarde la résistance des pots de verrerie, il y a donc à envisager plusieurs points de vue [1], qui déterminent le choix de l'argile à pots, suivant que l'un ou l'autre d'entre eux est placé au premier plan. Voici ce qu'on peut dire d'une manière générale.

L'argile à employer doit y être chimiquement appropriée, c'est-à-dire assez difficile à fondre et pas trop facilement attaquée par le verre (voir plus haut le mode d'essai de l'argile en contact avec du verre fondu) ; elle doit aussi être suffisamment résistante au point de vue physique.

A la constitution la plus appropriée de l'argile [2] doit s'adjoindre, comme on l'a dit, la préparation la plus soigneuse de celle-

---

[1] Suivant Dralle la destruction plus ou moins rapide d'un pot dépend beaucoup du mode de traitement et de l'habileté du râbleur.

[2] On peut signaler ici la croyance répandue parmi les soi-disants maîtres de pots que l'argile, qui a gelé, ne doit plus s'employer pour pots. Si l'on ne peut pas nier que les mottes d'argile glacées ou les parties gelées, qui n'ont pas été dégelées au préalable, ne puissent devenir nuisibles telles qu'elles (parce qu'elles diminuent l'homogénéité et le liant) et que la masse prête ou déjà préparée, ainsi que les pots humides ou déjà secs, ne doivent pas geler, on peut pas expliquer scientifiquement une autre action nuisible du froid. Au contraire le gel d'une argile contribue à son homogénéisation et à sa facile division, comme aussi au lessivage des sels, ce qui ne peut avoir qu'une influence favorable sur l'argile à pots. Si une argile gelée est réduite en boue et arrosée d'eau chaude, on obtient un ramollissement plus complet que par tout autre moyen. On a fait aussi l'essai de se servir exclusivement dans une verrerie de pots en argile de Hesse qui avait gelé : ils se comportaient aussi bien que leurs prédécesseurs, faits en argile garantie du froid. Pour ce qui est de la conservation des pots non cuits dans une chambre où il gèle, Steinmann rapporte un exemple de pots qui avaient supporté 40 fusions et qui après un hivernage dans un endroit non chauffé n'avaient plus duré que 2 à 3 semaines (*Tonind. Ztg.*, 1831, p. 150).

ci et des pots. La masse des pots, qui se compose toujours d'argile non cuite, dite aussi verte, et d'argile cuite ou chamotte, ou de débris de pots cuits (morceaux de pots et aussi leurs écailles) doit être traitée avec la plus grande propreté et il est à propos de revêtir de planches les murs et les toits des chambres de travail, pour que des fragments de chaux ne viennent pas dans la masse.

Comme proportion normale de mélange pour les masses de pots de verrerie, soit dit ici par anticipation, on prend en général une partie d'argile cuite (chamotte avec débris de pots) pour une partie d'argile verte ; cela s'entend de parties en volume, parce que la mesure à la main par un ouvrier ordinaire se fait mieux qu'avec une balance au dixième. En ayant donc égard à l'expérience pratique, on entendra toujours par parties dans cette section des parties en volume.

Masse pour pots. Préparation de l'argile. — L'argile reconnue propre ou essayée sera préalablement séchée ; on en retira, en la réduisant en fragments ou au moyen du rateau, les impuretés ou les parties mauvaises visibles, la pyrite, les bandes impures colorées étrangères ou sableuses ; on la moudra aussi fin que possible dans un moulin à meules verticales, on passera la poudre à travers un tamis fin (ayant environ huit fils au centimètre) et l'on en séparera les petits nodules de pyrites qui peuvent se trouver répartis sporadiquement dans l'argile.

Préparation de la chamotte. — Comme on l'a expliqué plus haut d'une manière approfondie, il convient de cuire l'argile dans chaque cas d'une manière complète, c'est-à-dire de part en part, uniformément, assez énergiquement pour que le retrait disparaisse, mais cependant pas jusqu'à compacité complète ou fusion. Sous réserve des dernières restrictions, il est recommandable de faire la chamotte avec des pots cassés, à cause de son invariabilité à température égale [1] ; les débris devront être lavés et débarrassés scrupuleusement par époussetage de toutes les matières étrangères, notamment des particules de verre et des parties vitrifiées. Les fragments purifiés sont triés suivant leur couleur. On y donne la préfé-

---

[1] La couleur des tessons de pots change quelquefois d'une manière très marquée par suite d'un chauffage plus intense ou d'une cuisson plus compacte. Ainsi l'auteur a obtenu des morceaux du même pot (composé d'argile d'Almerode et de Meissen) qui étaient colorés en gris foncé et d'aspect homogène au bord, et qui étaient jaunâtres et d'aspect grenu au fond. En chauffant à haute température, la première masse se ramollissait plus que la dernière.

rence aux morceaux de pots à cassure rugueuse, sur ceux qui sont unis, brillants et quelque peu porcellaniques. Comme on l'a déjà dit, une chamotte demande d'autant plus d'argile plastique comme liaison qu'elle à été cuite à plus haute température. Si par exemple pour 12 parties d'argile brute il faut 12 parties de chamotte devenue rouge à la cuisson, il faudra prendre 13 parties d'argile pour la chamotte devenue blanche. Pour ce qui est du grain de la chamotte écrasée au moyen de boccards, concasseurs ou laminoirs, et qui varie entre 1 et 3 millimètres, il faut remarquer qu'il se réglera suivant les diverses exigences du fondeur de verre et suivant l'objet particulier qu'on a en vue. Plus le grain est fin et plus la masse obtenue sera compacte et résistante, mais plus aussi le retrait s'accroit, plus la sensibilité aux changements de température est grande et plus il se produit une fusion relativement facile avec l'augmentation des surfaces de contact. Avec de la chamotte trop grosse ou en trop grande quantité, le retrait diminue ainsi que la tendance aux fentes; mais la masse devient alors trop poreuse, le verre pénètre trop facilement à travers des parois et les attaque. Une certaine porosité, mais limitée, de la masse à pot cuite constitue une condition nécessaire. Un mélange de chamotte fine et de moyennement grosse se recommande donc, parce qu'alors le retrait est le plus faible et que la compacité de la masse et sa résistance aux changements de température ne sont pas trop diminuées. De l'argile schisteuse complètement cuite à fond s'est extraordinairement bien conservée comme chamotte, notamment pour le verre blanc. De pareils pots se maintiennent 6 mois et plus dans le four.

Proportions des mélanges pour la masse destinée aux pots. — D'après Flamm [1], les compositions suivantes pour la masse constituant les pots peuvent servir comme types; nous nous bornerons à y adjoindre quelques autres mélanges principalement allemands, puis quelques belges, ceux anglais bien connus pour Stourbridge et des indications sur les mélanges éprouvés d'argiles schisteuses.

1. *Argile de Grünstadt (Palatinat) pour verre à vitres avec sel de Glauber.* — L'analyse et le quotient de réfractairité se trouvent dans mon recueil.

Argile brute ou verte . . . . 12 parties
Argile cuite . . . . 5 »
Débris de pots . . . . 5 »

[1] *Le Verrier du XIXe siècle*, avec modifications et additions.

Autre formule

Argile brute	14 parties
Argile cuite	5 »
Débris de pots	5 »

Le second mélange est beaucoup plus gras que le premier et doit être traité de la manière suivante. L'argile triée, moulue et passée à travers un tamis ayant 17 fils au centimètre est délayée avec de l'eau bouillante et pétrie convenablement. Cette masse, qui n'est que peu plastique, est mise en tas pendant 3 à 4 semaines dans un endroit abrité ; on la remue à plusieurs reprises et elle va au moulage.

2. *Argile de Vallendar (pays du Rhin).* — Mélanges pour pots pour cristaux et gobeleterie, avec minium, potasse et soude.

Argile brute	13 parties
Argile cuite	5 »
Débris de pots	5 »

D'après le « Glashütte » 1897, n° 20, on indique comme mélange éprouvé pour la couronne faite en argile de Wallendar **ou de Hollande** :

Argile brute	15 parties
Argile cuite	10 »

ou bien

Argile brute	10 parties
Écailles de pots	15 »

3. *Argile de Löthain, Saxe,* d'après Rühle, propriétaire du gisement.

Meilleure argile brute.	7 1/2 parties
Argile cuite	7 1/2 »
Débris de pots	2 »

Pour les verres creux, le verre à gobelets et le verre coloré, etc., Rühle donne

Argile brute	6 parties
Chamotte.	6 »

(pour la grosseur du grain, 2 à 2,5 millimètres de largeur de maille).

Autre mélange

Argile brute.	2 parties
Chamotte.	1 »
Débris de pots	1 »

4. *Argile de Deggendorf* (*Bavière*). — Cette argile est surtout employée en Bavière et en Bohème; elle est à peine utilisable pour les charges avec sel de Glauber, mais elle est bien meilleure, quand on fond avec minium, potasse et soude.

Argile brute	10 parties
Argile cuite	6 »
Débris de pots	6 »

5. *Argile de Klingenberg* (*Bavière*).

Argile brute	10 parties
Argile cuite . . . . . ‘	5 »
Débris de pots	5 »

6. *Argile de Kehlheim* (*Bavière*).

Argile brute.	9 parties
Argile cuite.	5 »
Débris de pots.	5 »

Autre formule

Argile brute.	11 parties
Argile cuite. . . . . ‘	5 »
Débris de pots.	5 »

Les pots ne résistent pas longtemps aux[charges à sel de Glauber; ils sont au contraire très bons pour celles à potasse et soude; ils éprouvent un retrait notable.

7. *Argile de Schwarzenfeld* (*Bavière*).

Argile brute.	8 parties
Argile cuite.	5 »
Débris de pots.	5 »

Ces pots présentent la même propriété que les mélanges précédents, ils éprouvent un retrait important et se contractent très fort. Pour fabriquer avec cette argile des pots qui résistent à l'action du sel de Glauber, il faut les améliorer par addition d'autres argiles.

Autre formule : La composition suivante doit donner toujours des résultats remarquables et ne pas céder d'argile au verre

Argile de Lengenau (Bavière).	7 parties
Argile de Schwarzenfeld	7 »
Argile de Kingenberg	5 »
Argile cuite de Schwarzenfeld	5 »
Débris de pots.	5 »

8. *Argile de Grossalmerode* (*Hesse-Nassau*), d'après Rühl.

Argile brute.	2 parties
Argile.	1 »
Débris de pots.	1 »

Les pots faits avec cette formule se sont conservés dans la pratique pour un chauffage pas trop violent.

Les proportions d'un mélange gras semblable ont été données par E. P. (*Sprechsaal*; 1898; N° 2) avec la remarque que, par expérience, les pots faits avec des mélanges maigres, en particulier quand on emploie le sel de Glauber, sont plus fortement attaqués et qu'en conséquence on ne peut pas obtenir un verre pur.

9. *Argile d'Andenne ou de Namur* (*Belgique*), dite argile de Lyon.

Argile brute	8 parties
Argile cuite.	5 »
Débris de pots.	6 »

Autre mélange

Argile brute.	7 parties
Argile cuite	5 »
Débris de pots.	5 »

Les matières moulues, passées à travers un tamis ayant 12 mailles au centimètre et mélangées à sec, sont mouillées avec autant d'eau de rivière ou de pluie qu'elles peuvent en prendre.

D'après les expériences pratiques de Dralle, le mélange suivant d'argile cuite de Namur s'est conservé.

Argile cuite de Namur	17,0 parties
Débris de pots.	1,5 »
Argile brute de Delforge	4,5 »
» de Normandie	4,0 »
» d'Altine	10,0 »

Ce mélange servait aussi pour anneaux, crochets et vannes. Les vannes duraient en moyenne de 4 à 6 semaines.

10. Pour l'argile de Briesen, qui a été connue dans ces derniers temps, et pour la matière de première qualité, Pohl ([1]) a donné les rapports suivants pour les mélanges. L'argile, ressemblant un peu à de la pierre, quand bien même elle a été moulue finement et ensuite ramollie pendant longtemps, appartient aux argiles pas très plastiques.

Argile non cuite de Briesen.	30 parties
Aussi cuites que possible (farine et grains de 2,5 mm.).	60 »
Argile brute de Grossalmerode	10 »

Au lieu d'argile de Grossalmerode on peut prendre aussi de l'argile de Grünstadt ou de Vallendar.

([1]) Voir plus haut les argiles normales de Classe III, p. 218.

11. *Argile de Stourbridge (Angleterre).*

Argile brute	8 1/2 parties
Argile cuite	5 »
Débris de pots	5 »

Cette argile (¹) doit être agitée avec de l'eau, passée à travers un tamis en crin de cheval et ensuite séchée.

L'argile schisteuse qu'on vient de citer donne en Angleterre la matière la plus estimée pour les récipients à fondre le verre (²) et aussi pour les fours de verrerie. D'après Pütsch, elle peut être préparée avec succès en pierres pour les fours de verrerie sans aucune addition d'argile cuite. Remarquons en passant que, d'après Benrath, parmi les pierres réfractaires de Stourbridge, les plus renommées portent la marque « Cowen ».

Autre formule pour les verres à glaces (cuvettes) :

Argile brute.	7 parties
Argile cuite.	5 »
Débris de pots.	5 »

12. *Mélanges d'argile schisteuse* (³).

Argile fraîche de Grunstadt (Hettenleidelheim). . .	9 1/2 parties
Meilleure chamotte schisteuse, fortement et complètement cuite ; grosseur de grain jusqu'à 1 mm. . .	9 »

L'argile schisteuse se comporte extraordinairement bien pour les pots à verre blanc ; et des pots de ce genre ont duré 6 mois et plus.

(¹) De même que toutes les argiles schisteuses, celle-ci est peu liante et par suite l'addition importante en argile cuite et en tessons de pots dans la formule donnée est surprenante.

(²) Il faut se rappeler ici qu'il ne règne pas dans les fours à verre d'Angleterre une température de fusion aussi élevée que dans les fours allemands, parce que le verre y contient le plus souvent une addition d'environ 33 °/₀ de minium et par suite est facilement fusible. Comme on le sait, les anglais (comme c'est aussi le cas en Amérique) ne font pas le plus souvent leurs pots dans la verrerie même, mais les tirent de fabriques spéciales de produits réfractaires.

(³) Moritze donne comme proportions de mélange d'argile de Grossalmerode et d'argile belge avec de l'argile schisteuse cuite

Argile fraîche de Grossalmerode	4 parties
Pots de verrerie (tessons).	2 »
Argile schisteuse	2 »

ou bien :

Argile belge grasse (Société anonyme)	5 parties
Argile maigre	5 »
Débris de pots	8 »
Argile schisteuse	4 »

.Pour le verre à vitres, même en employant du sel de Glauber, des pots de cette espèce se sont conservés dix semaines.

Ou bien :

Argile grasse de Meissen . . . . 8 parties
Chamotte schisteuse. . . . . 9 »

Ou bien :

Argile triée de Grossalmerode . . . . 9 parties
Chamotte schisteuse. . . . . 4 »
Masse à pots . . . . 4 »

Ou bien :

Argile belge très grasse 8   parties
Chamotte schisteuse . . . . 4 1/2 »
Écailles de pots. . . . . 4 1/2 »

Si dans les mélanges précédents nous prenons comme moyenne le rapport entre l'argile non cuite et cuite égale à 1 : 1 ou à 10 : 10, dans les différentes formules l'addition non cuite varie de 7 jusqu'à 14 parties. On peut donc, en admettant des bases expérimentales déterminées, faire la distinction, pour les différentes proportions des mélanges, entre le mélange gras et le maigre ; comme on l'a dit, le premier en général a un fort retrait et a une tendance à se contracter et à se fendre à un chauffage intense ; le second au contraire a peu de retrait, supporte les changements brusques de température, mais est moins susceptible de résistance. Pour les récipients à verre fondu pour gobeleterie et verre à vitre, en règle générale, on augmente un peu la quantité de matière cuite ; pour 10 parties d'argile non cuite on prend jusqu'à 10 et 11 d'argile cuite ; et, pour les pots ronds ou en cuvette, plus exposés aux changements de température, la quantité d'argile cuite peut s'élever jusqu'à 13 1/2 parties.

Mélange et pétrissage de la masse. — Les éléments, argile liante passée au tamis fin et chamotte granulée convenablement (argile cuite et débris de pots), sont pesés séparément et mélangés de la manière la plus homogène. Comme on l'a répété nombre de fois, on y arrive de la manière la plus commode en faisant préalablement le mélange à l'état sec, où il se produit d'une manière complète et uniforme. Le mélange subséquent se fait à la main ou par le travail de la machine. Ensuite on humecte avec de l'eau douce pure ou purifiée, froide ou mieux bouillie ; il ne faut pas prendre plus d'eau qu'il n'est indispensablement nécessaire ; on pétrit la masse sans relâche, on la retourne souvent jusqu'à ce qu'on ne voie plus de veines ou de fentes sur une surface coupée. Pour 1 hectolitre d'argile verte, on indique de 38 à 42 litres d'eau.

Comme nous l'avons indiqué à plusieurs reprises, la masse préparée ne doit être ni trop molle, ni trop dure. Dans le premier cas, elle se travaille plus facilement, mais elle perd la faculté de conserver la forme qu'on lui a donnée et éprouve aussi plus de retrait; au contraire une masse trop dure a une force de liaison moindre quand on la travaille. Pour la construction des pots à la main, Loysel recommande une consistance de la masse telle qu'une sphère de plomb pesant environ 100 grammes et tombant d'une hauteur de 170 à 200 millimètres s'enfonce dans la masse argileuse d'une profondeur égale à son diamètre. Pour la construction en moule, la masse peut-être plus molle et il suffit pour le même résultat d'une hauteur de chute de la balle de 125 à 150 millimètres.

Préparation pour les petites exploitations. — La préparation de petites quantités, par exemple pour 2 à 3 pots, se fait en général mieux à la main que les plus grosses pour 6 à 8 pots; le mélange est alors plus facile et plus complet. Pour ce travail, on se sert de grandes caisses en planches épaisses, de 3 mètres de long, 1,8 de large et 25 centimètres de haut. Sur le fond de cette caisse ou auge, qui est habituellement recouvert de feuilles de zinc ou mieux encore, d'après Moritz, qui se compose de plaques de grès, on répand la quantité nécessaire d'argile brute et pulvérisée, on l'étend partout uniformément de manière qu'elle couvre la moitié du fond; sur cette couche on étend aussi la quantité nécessaire de chamotte.

Il est convenable de tamiser les deux matières au préalable, pour enlever les grosses impuretés qui pourraient y être mélangées. D'après les méthodes anciennes, un ouvrier muni d'une pelle en bois, monte les pieds nus dans l'auge, il jette les matières sur la partie laissée libre, en enfonçant à chaque fois sa pelle verticalement dans les deux couches situées l'une au dessus de l'autre et il a soin de faire une nouvelle couche, égale partout. Il est encore à recommander de plus de faire un battage préalable et ensuite de procéder au pétrissage. Après que l'ouvrier a déplacé de la sorte toute la masse d'un côté à l'autre, il fait au moyen de sa pelle un approfondissement dans le mélange et il y verse au travers d'un fin tamis de crin de l'eau préalablement chauffée. Après quoi il remue activement et d'une manière continue l'eau avec la pelle, afin que les ondes ainsi produites passent à travers la masse. Quand l'eau est absorbée et qu'il reste encore de la poussière sèche, il verse autant d'eau qu'il est nécessaire pour que la masse puisse l'absorber et il continue à agiter l'eau jusqu'à ce que tout soit bu et que le tout constitue une pâte dure uniforme.

La masse humectée est alors pelletée et mise en tas dans un endroit frais du local de travail, tandis qu'on recommence avec une nouvelle masse dans l'auge. On abandonne le tas à lui même pendant plusieurs jours, après l'avoir couvert de linges mouillés, pour que l'humectation demeure uniforme.

Comme cela se faisait autrefois quand on ne connaissait pas de dispositions mécaniques pour cet objet, au commencement du pétrissage l'ouvrier étend sur une moitié du fond de la caisse une couche de la masse sur 15 centimètres de hauteur et il la travaille, en marchant à petits pas et au moyen de ses pieds de telle manière que l'empreinte du pied gauche soit effacée par celle du droit. Après que toute la surface a été uniformément comprimée avec les pieds, on procède à un pilonnage en règle au moyen de pilons de hêtre. Ces opérations, le marchage avec les pieds et le travail avec les pilons, sont recommencées 2 à 3 fois, et il faut prendre garde qu'un marchage trop répété de la masse donne naissance à beaucoup de petites bulles, très difficiles à faire disparaitre par le travail. Il vaut mieux remuer le mélange humide quelques fois avec la bêche, le laisser reposer deux jours et ensuite le faire passer à plusieurs reprises dans une tailleuse d'argile. Après que la masse a été pétrie pour la dernière fois dans la tailleuse, le boudin qui sort de son orifice de dégorgement est coupé en morceaux uniformes et ceux-ci sont réunis en un monceau par battage au moyen de maillets en bois dans une chambre fraîche et propre. Enfin on abandonne la masse à elle-même encore pendant quelques semaines pour qu'elle éprouve ce qu'on appelle la pourriture, jusqu'à ce qu'elle constitue la provision de laquelle le faiseur de pots tire la quantité nécessaire pour la fabrication des pots en la grattant dans un baquet au moyen d'une plane à deux poignées. Quand on interrompt le travail, on couvre, comme on l'a dit, la masse argileuse avec des toiles mouillées, pour qu'il ne se se produise pas de croûte sèche à la surface.

Ce procédé simple de pétrissage suffit pour les verreries qui n'ont qu'un four de fusion, car un seul ouvrier peut pétrir journellement de 400 à 500 kilogrammes d'argile. Dans celles où deux ou trois fours de fusion sont en fonctionnement, les tonneaux mélangeurs et les machines à pétrir, dont nous allons immédiatement parler et qui peuvent être mus par un moteur quelconque, donnent des résultats plus avantageux au point de vue économique.

Pour la préparation de grandes masses, on se sert de la tailleuse d'argile, ou de deux cylindres ou encore de moulins écraseurs avec deux meules verticales courant sur une plaque en fer.

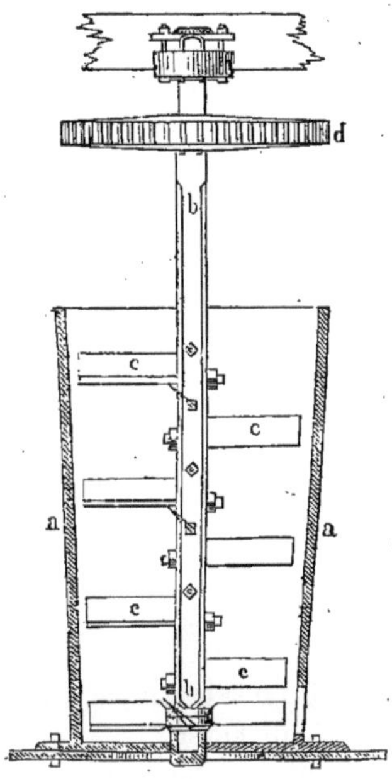

Fig. 68

Parmi les tailleuses d'argile les plus employées, nous pouvons encore décrire la suivante, à cause des bons services qu'elle rend, et comme addition à la section « tailleuses d'argile ». Elle se compose (fig. 68) d'un récipient conique en tôle ou en bois, *a*, ayant 1ᵐ,5 en haut et 0ᵐ,85 de large en bas, dans lequel est un arbre en fer *b*, qui porte 15 couteaux de fer *cc* ; ces derniers sont disposés de telle manière que la distance de l'un à l'autre et à partir d'en bas augmente chaque fois de 3ᵐᵐ,3 et ils sont placés sous un angle déterminé, qui est réglé par l'objet qu'on a en vue.

La figure 69, *a*, *b*, *c* et *d*, représente un couteau dans différentes positions et à échelle plus grande, ainsi que le couple double qui se trouve près du fond. La position respective donnée au couteau

constitue une ligne hélicoïdale, une vis sans fin. Habituellement il
y a plusieurs de ces machines autour d'une roue à dents en bois qui
leur est commune et qui engrène avec la roue *d* fixée sur l'arbre
vertical ; cette dernière de son côté peut être mise en mouvement
individuellement. L'argile introduite par le haut est non seulement
coupée, mais aussi mélangée énergiquement ; elle est en même
temps comprimée par les surfaces des couteaux, qui sont inclinés
d'un angle déterminé sur l'horizon (20 à 30°), et pressée de haut en
bas ; elle sort étirée par une ouverture d'environ 0^{mc},15, située un
peu au-dessus du fond, et, au moyen d'un fil métallique, on la
coupe en morceaux qu'on rejette de nouveau dans la machine jusqu'à ce que l'argile soit pétrie comme il faut. A la dernière fois que
l'argile sort de l'appareil, on la coupe en morceaux rectangulaires
allongés et on les porte dans le réservoir en maçonnerie indiqué
plus haut.

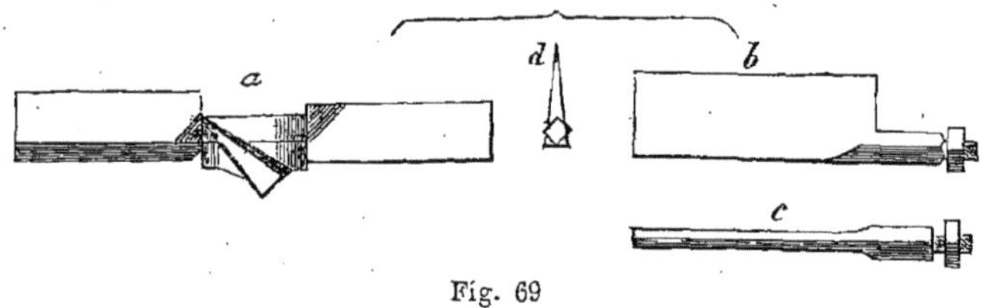

Fig. 69

Comme machine très utilisable et simple, Dralle cite entre autres
une tailleuse verticale de Schlickeysen.

Le tonneau mélangeur, qui est particulièrement en usage dans
les verreries est fait en bois, avec cercles en fer ; il a une capacité
d'environ 4 hectolitres et est muni d'un arbre horizontal qui le traverse diagonalement ; sur son pourtour il a une ouverture de 0^m,5
de long et 0^m,4 de large, avec un couvercle mobile qu'on peut facilement enlever. Les deux extrémités de l'arbre tournent sur des
tourillons fixés sur des piliers. Dans l'intérieur du tonneau sont
fixés deux morceaux de bois demi-ronds, placés l'un en face de
l'autre, qui occupent toute la longueur du tonneau et constituent
deux saillies de 0^m,06 à 0^m,12.

Par suite du triple mouvement que les particules du mélange
reçoivent dans un tonneau de ce genre, dès que l'appareil est mis en
fonctionnement, il s'opère un mélange complet ; car pendant qu'il
tourne autour de son axe propre, elles sont projetées d'un fond vers
l'autre ; les deux épaulements retiennent la masse pendant quelque

temps et la laissent tomber tout d'un coup, quand elle a atteint le point le plus élevé de la voussure. La quantité d'argile à traiter se règle exactement suivant la grandeur du tonneau.

Amélioration de la masse pour pots. — Si l'on veut améliorer la masse jusqu'ici employée pour les pots afin de répondre aux exigences plus grandes qu'ont imposées les récents progrès pyrométriques et surtout depuis l'introduction des fours à gaz plus chauds, qui se recommandent par une économie de temps et de travail matériel ainsi que par une plus grande bonté du verre, on peut y arriver par deux voies indiquées dans la pratique ([1]).

Pour ce qui est de l'amélioration de la masse pour pots de verrerie, ou bien il faut changer l'argile plastique employée jusqu'ici, ou bien il faut augmenter leur résistance et leur réfractairité par des moyens simples et pratiques, par un triage soigneux et en écartant toutes les substances étrangères et visibles mélangées ; ou bien ce qui est encore plus décisif, il faut augmenter la réfractairité de toute

---

([1]) Comme on l'a déjà indiqué, les avantages que l'introduction des fours à gaz a apportés dans la fabrication du verre sont importants à plus d'un point de vue. Moritz de Sosnowice estime qu'un bon four bien chaud est la première condition de vie et le fondement de toute verrerie travaillant avec bénéfice (*Sprechsaal*, 1880, n° 9). Zwick dans son *Traité de technologie chimique*, p. 443, regarde l'application du chauffage au gaz pour la fonte du verre comme le plus grand progrès dans la fabrication du verre. En outre de l'économie de combustible et de la régularisation facile de la température du four (voir STEINMANN, *Compendium der Gasfeuerung*, p. 51), il faut citer la pureté de la flamme, l'absence de cendres volantes et de fumée, qui permettent la fusion de verres très fins avec tout combustible sans précautions particulières et qui donnent aux objets un très beau lustre. D'autre part le tirage de la flamme en dedans du four facilite le travail du verrier, et le séjour dans l'usine n'est jamais désagréable ou insupportable, comme c'est souvent le cas avec les fours à chauffage direct, quand on recommence la fusion ou qu'il se produit des conditions de temps qui agissent défavorablement pour la position du four. Il s'y rattache une durée de fusion beaucoup plus longue, qui est au contraire courte avec le chauffage au gaz. Avec le chauffage direct à la lignite ou à la tourbe, on ne peut avec la meilleure qualité de ces combustibles fabriquer que du verre ordinaire barioló et demi-blanc, les charges de verre doivent être faites de 20 à 30 °/₀ plus tendres qu'avec les fours au bois ou au charbon. Non seulement le fabricant se trouve par là en perte, mais les verres présentent moins d'éclat et sont moins résistants aux actions chimiques ou atmosphériques. On sait par la pratique que le verre est d'autant meilleur qu'il a été fondu plus vite et plus dur. Pour ce qui est de la construction des divers fours de verrerie au gaz avec leurs particularités, par exemple le chauffage au gaz de Paduschka, le four à gaz estimé de Schinz avec son économie de place aussi grande que possible, le four au gaz avec régénérateurs avec ses résultats actuels et ses frais de construction, je renvoie à l'ouvrage important et basé sur des expériences personnelles de Robert Dralle, directeur de verrerie, *Anlage und Betrieb der Glasfabriken*. Les fours régénérateurs au gaz de Friedr. Siemens à développement libre de la flamme ont fait encore un plus grand pas.

la masse des pots en remplaçant la chamotte jusqu'ici employée par une autre essentiellement plus réfractaire, plus pure et en même temps plus indifférente aux actions chimiques qui se sont accrues. Il faut éviter tout mélange charbonneux (¹). Si en dehors de la plus grande inchangeabilité physique bien connue qu'elle produit, l'addition de chamotte doit amener une importante amélioration pyrométrique, il est bon d'employer un grain fin avec la farine qui se produit en même temps (²). L'argile liante plus facilement fusible doit en être imprégnée aussi complètement et aussi abondamment que possible et la limite n'en sera fixée que par la nécessité de pouvoir résister à la pression de la masse de verre fondu.

Le moyen le plus certain d'obtenir un critérium pratique de la qualité de ces nouvelles masses pour pots consiste à les soumettre à des observations en grand. Il faut mettre à l'épreuve au moins trois pots ; parce que, pour un seul, un défaut de fabrication rend le résultat incertain et parce que la répétition de l'épreuve entraîne une grosse perte de temps.

Masses pour pots préparées à l'avance. — Dans ces derniers temps, on peut se procurer dans le commerce des masses pour pots mélangées et toutes prêtes à l'avance (composées d'argile schisteuse et d'argile à pots). De pareilles masses sont fournies par C. Kulmiz à Saarau et C. Krieg à Peterwitw, près de Frankenstein (Silésie). Dans ces derniers temps aussi, divers fabricants de chamotte

---

(¹) Le charbon agit comme amaigrissant, il diminue la consistance et provoque la formation de bulles dans le verre. D'après Max Müller, le carbone à haute température entre en réaction avec les éléments du verre. Il se dégage de l'oxyde de carbone gazeux comme produit de décomposition du sulfate dissous dans le verre. Ce qu'on appelle le boursouflement peut également s'expliquer par la chute accidentelle d'un morceau de fonte dans le verre fondu (*Sprechsaal*, 1881, p. 94) Après l'affinage complet du verre, il se produit, quand on continue à chauffer la masse du verre, un développement d'un nombre infini de petites bulles extrêmement fines, qui se remarquent aux endroits de contact du verre et du .pot et qui sont très mauvaises notamment pour le verre destiné à des usages optiques Ce phénomène se montre à un moindre degré dans les argiles qui sont connues pour leur tendance à former du verre. Cet inconvénient, qu'il faut rapporter à une décomposition de la masse de l'argile et du verre, devrait se combattre, en dehors de l'emploi de ces argiles réfractaires qui sont reconnues comme ayant le moins de tendance à former du verre, par la fabrication d'une masse pour pots extrêmement infusible, et par la soustraction de la masse du verre au surchauffage, autant que faire se peut.

(²) L'addition de farine très fine en certaine quantité a une action favorable. Quelle est la chamotte qui s'y prête le mieux dans des cas individuels ? C'est ce que régleront les circonstances spéciales et locales et l'auteur s'offre à donner des renseignements pratiques sur des demandes précises.

ont entrepris la fabrication de pots de verrerie (*Sprechsaal*, 1898, n° 9).

D'après des analyses communiquées par Heintz (1 et 2) et celles de l'auteur (3 et 4), les masses des pots contiennent :

	1	2	3	4
	riche en alumine de Kulmitz	pauvre en alumine	riche en alumine de Krieg	pauvre en alumine
	%	%	%	%
Alumine	42,0	37	40,76	35,1
Silice combinée chimiquement	55,0	60	32,22	62,14
Silice mélangée mécaniquement. . . .	»	»	9,78	»
Magnésie	»	»	0,25	0,4
Chaux	»	»	0,91	0,7
Oxyde de fer. . . .	1,8	2	1,44	1,4
Potasse.	»	»	0,89	»
Soufre	»	»	0,13	»
Eau	»	»	13,18	»
Terres et alcalis. . .	1,2	1	»	»

Dans un verre (à bouteilles), qui avait été fondu dans des pots faits avec les deux masses, on a trouvé :

	Pots de Kulmiz	Pots de Krieg
Alumine	5.5 %	4,80 %
Silice	63,1 »	61,62 »
Magnésie.	»	5,08 »
Chaux.	»	15,16 »
Oxyde de fer	1,9 »	2,40 »

D'après Dralle, les masses riches en alumine de Kulmiz se conservent de 2 à 6 semaines au feu très vif, mais ont un retrait important (*Sprechsaal*, 1888, n° 25).

Moulage des pots. — C'est un des travaux les plus difficiles, et qui demandent le plus d'attention et d'adresse ; son exécution scientifique et soignée a une très grosse importance. Quelque différentes que soient les voies qu'on suit individuellement pour la fabrication des pots dans les moules, toutes les méthodes peuvent se ramener à :

a) Celles du moulage dans des moules en bois et

b) Celles du moulage à la main libre.

a) **Moulage dans des moules en bois.** — Pour le moulage en moule, on se sert d'un disque circulaire en bois, la planche de pot (fig. 70), comme support ([1]); c'est sur lui qu'on fait non seulement le moulage du pot dans le commencement, mais encore le transport de celui-ci d'un endroit à l'autre, pendant qu'il est encore mou; pour ce dernier objet, le disque est souvent cloué sur une civière, comme dans la figure 70. On donne habituellement à la

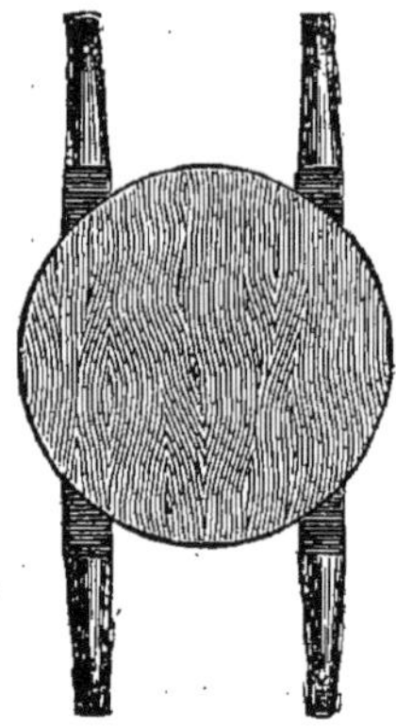

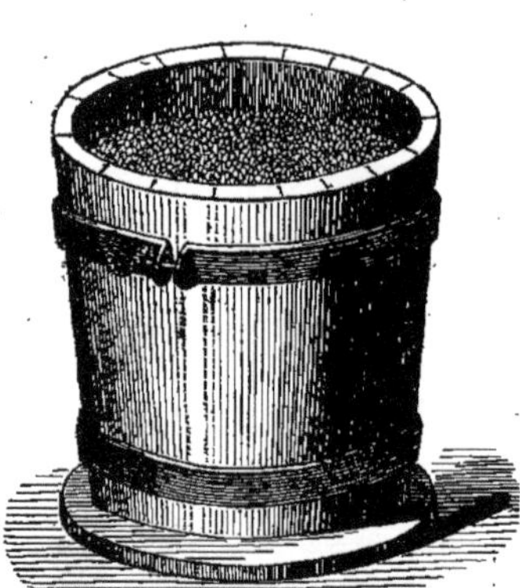

Fig. 70   Fig. 71

planche à pot un diamètre un peu plus petit que celui que doit avoir le fond du pot, on le met 24 heures dans l'eau avant de commencer le travail, on le recouvre après cela d'une grosse toile et on le saupoudre de sable. Le moule proprement dit, habituellement formé de douves, clouées sur des cercles de fer, se compose de deux parties réunies par des charnières en fer, de manière qu'on puisse à volonté l'ouvrir ou le fermer. L'intérieur du moule correspond exactement à la forme extérieure que doit recevoir le pot.

La figure 71 représente le moule posé sur là planche à pot.

Sur le milieu de la planche à pot, l'ouvrier apporte un morceau suffisamment gros d'argile compacte pour pouvoir former le fond et la cinquième partie de la hauteur de ses parois; il place le moule revêtu de toiles mouillées, ni trop grosses ni trop fines et en plu-

---

([1]) D'après Pütsch, il faut prendre une pierre cuite (pierre de chamotte) de grandeur convenable. Le fond du pot n'exige plus alors que la moitié du temps pour sécher (*Notizbl.*, VIII, p. 226). Voir ce qui suit.

sieurs morceaux, et, au moyen d'un maillet (fig. 72) revêtu également de toile mouillée, il commence à travailler le milieu de la masse d'argile en la poussant du milieu vers les parois du moule et en prenant bien garde que la couche d'argile qui recouvre la planche à pot conserve l'épaisseur qu'on veut donner au fond. Ensuite, par des coups continus, il pousse l'argile en excès de bas en haut, de

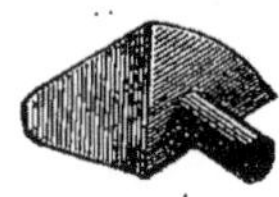

Fig. 72

manière à en faire de suite une sorte d'enveloppe plate sur laquelle s'effectuera la construction postérieure du pot. A cet effet, le faiseur de pots coupe dans l'argile préparée une bande de 54 centimètres de long, 10 centimètres de large et 10 centimètres d'épaisseur, il la met sous forme de cylindres appelés colombins, il gratte ceux-ci suivant leur longueur avec les doigts pour rafraichir leur surface et faciliter leur prise sur les parois latérales de l'enveloppe.

L'ouvrier pose un de ces colombins ainsi préparés sur l'avant-bras gauche nu et appuyé contre sa poitrine, de manière à soutenir la partie qui dépasse le bras avec sa main gauche et le sommet ou l'autre extrémité avec la main droite ; dans cette situation, il se penche sur le bord du moule et applique tout près du fond, mais sans le toucher, l'extrémité du boudin d'argile contre la paroi latérale de l'enveloppe, de manière que le contact ne se produise que sur une petite place et qu'il n'y ait pas de bulle d'air incluse. C'est seulement alors qu'il réunit le colombin avec le bord de l'enveloppe, en pressant fortement les points de contact avec le pouce et l'index de la main droite. Continuant le travail, il approche la partie restante du colombin de la paroi du moule, et assure la réunion de ce colombin avec l'enveloppe en les pressant avec la main droite à des distances de 8 en 8 centimètres. Si le faiseur de pots voulait tout d'une fois placer, comprimer et fixer le boudin d'argile, il courrait le risque d'enfermer des bulles d'air aux points de contact. Ce premier colombin est suivi d'un second, d'un troisième, etc., tous travaillés ensemble de la manière la plus complète, jusqu'à ce que la masse argileuse constitue un tout. C'est alors que commence le travail avec un maillet, ayant la

Fig. 73

forme d'un battoir, et entouré d'une toile mouillée (fig. 73), avec lequel le faiseur de pots étend la masse d'argile de bas en haut contre les parois du moule, et il prend bien soin d'avoir partout la même épaisseur et la même hauteur.

Après avoir dressé ou rafraîchi le bord vers le haut, on y applique
de la même manière de nouveaux colombins, jusqu'à ce qu'on arrive
au bord supérieur du moule. Au moyen de maillets de diverses
formes (fig. 74 et 75), qu'on a sous la main, on assure au moyen de
petits coups une épaisseur concentrique uniforme de la paroi. Ces
coups doivent être donnés les uns à côté des autres, de manière que
la masse chemine de bas en haut ou d'un côté vers l'autre, en bat-

Fig. 74   Fig. 75

tant vers les endroits où il y en a moins et en pressant aussi de
temps en temps la masse de haut en bas. Si malgré tous les soins et
précautions, il y avait des bulles d'air incluses dans l'argile préparée, ce qu'on reconnaît aux petites surélévations qui se forment
pendant le battage, on les fait disparaître en recoupant ces endroits avec un couteau et les travaillant ensuite à nouveau avec le
maillet.

Pour vérifier que le fond a partout la même épaisseur, le faiseur
de pots se sert d'un calibre (fig. 76), qui a une longueur égale à la
hauteur du pot moins l'épaisseur du fond. Pour s'en servir, il place
une règle sur les bords du moule, et le calibre doit remplir exactement l'espace entre celle-ci et le fond. Pour ce qui est de l'épaisseur
des parois, on peut toujours la faire uni-
forme en se servant également d'un calibre
préparé pour pots de grandeur déterminée.
Les endroits trop minces se révèlent par le
vide entre le calibre et la paroi, les parties
trop épaisses parce qu'on ne peut pas faire
tourner sans effort le calibre autour de son
axe vertical. Après que l'ouvrier a rectifié
et uni les parois et que le travail est ainsi

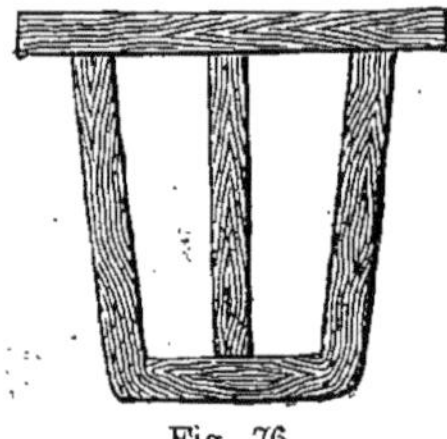

Fig. 76

terminé, il construit sur le bord dans l'intérieur du pot un bourrelet
destiné en partie à le renforcer, en partie à permettre de mieux
placer et manœuvrer le pot, avec des crochets, quand il est au
feu.

Le pot ainsi préparé reste 4 à 5 jours par temps sec, 8 à 10 jours
par temps humide dans une chambre chauffée jusqu'à 22° C. ou
plus haut, avant qu'on ouvre le moule. Quand on croit que l'argile

a pris la consistance convenable, on donne de l'air en enlevant la cheville qui tient ensemble les cercles en fer et le moule, le pot se dégage de celle-ci et l'on peut voir après quelques heures si les parois veulent s'écraser ou s'affaisser, auquel cas on laisse le moule en place encore pendant quelques jours avant de l'ouvrir complètement. On enlève les morceaux de toile l'un après l'autre, on fait disparaître par compression avec l'extrémité de l'index les joints qui pourraient encore se montrer sur la surface extérieure du pot, on passe partout sur lui une éponge mouillée et l'on pratique, comme d'habitude, sur le fond une entaille de 26 millimètres de profondeur pour pouvoir saisir et manœuvrer le pot quand il est dans le feu.

A partir de ce moment, les pots préparés doivent être exactement surveillés chaque jour pour voir s'il ne s'y produit pas çà et là des fentes. Aussi longtemps que l'argile est encore assez molle, on peut faire disparaître ces fentes par compression en rapprochant leurs bords, mais on ne doit pas mouiller ces endroits ou les recouvrir d'argile fraiche, pour qu'une humidité inégale et le séchage inégal n'augmentent pas le défaut. Mais si le pot qui présente des fentes est déjà assez séché pour ne plus prendre que difficilement l'empreinte des doigts, ce qu'on a de mieux à faire est de le mettre en morceaux, de ramollir ceux-ci, de les pétrir et de mouler avec eux un nouveau pot.

b) **Moulage à la main libre.** — Ce mode de fabrication de pot a pour lui que l'argile est par là travaillée des deux côtés et qu'on a bien plus de chance de ne pas emprisonner de bulles d'air. Après 6 à 8 semaines, les pots arrivent dans le séchoir, qui a environ 31° C. et ils y restent tranquilles de 6 à 10 semaines jusqu'à leur emploi.

A la vérité l'aspect extérieur d'un pareil pot n'est pas aussi beau que quand il a été fabriqué dans un moule ; par contre, d'après Pütsch, leur durée est plus grande et, malgré ses très grandes difficultés, la fabrication à la main s'est naturalisée dans la plupart des verreries (¹).

Benrath n'a trouvé dans l'emploi des deux sortes de pots aucune différence de durée, mais un moyen dans les derniers de taxer le travail d'un faiseur de pots étranger.

(¹) Il est à recommander de donner une prime à l'ouvrier pour chaque pot sans défaut.

Comme dans la fabrication en moule, le travail commence par l'établissement du fond. Comme on l'a dit plus haut, la masse ne doit pas être trop molle, et les limites entre lesquelles doit osciller sa consistance sont bien plus étroites.

La planche à pot repose ici sur un support en bois, formé de deux billes réunies en croix (fig. 77) qui a de 31 à 39 centimètres de hauteur en dessous du fond et qui permet de

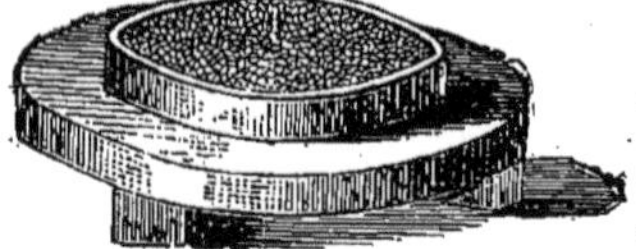

Fig. 77

travailler plus commodément. L'ouvrier lance avec toute sa force, les uns sur les autres et sur le milieu de la planche, des cylindres préparés par roulage sur la table à pot jusqu'à ce qu'il pense avoir une masse d'argile suffisante pour en constituer le fond, et il étale le tas au moyen du pilon (fig. 78). Un ouvrier exercé fait ceci si exactement qu'il n'a besoin d'aucun autre secours pour donner à l'avance l'épaisseur convenable au fond ; dans d'autres cas, il le vérifie au moyen du calibre (fig. 79) qui lui permet de mettre ce qui est en trop de côté sur le bord. Ceci fait, on donne au fond la forme qui lui convient et on abaisse un peu son bord à la main de manière qu'il y ait tout autour une rigole dans laquelle puisse se placer le cylindre, qui doit constituer le commencement des parois. A cet effet, l'ouvrier prend un cylindre dans la main droite, place l'extrémité antérieure dans la rigole et presse celle-ci avec la troisième phalange de l'index. Mais pour que la masse ne se ramollisse pas trop par cette pression, il place sa main gauche à la surface intérieure de la paroi et justement en face de l'endroit où la droite presse, de manière à donner à celle-ci un point d'appui et de résistance. Dès que l'extrémité est ainsi enfoncée, l'ouvrier va environ 2 centimètres plus loin, presse de nouveau en tenant toujours la main gauche en face, et il continue de la sorte jusqu'à ce qu'il ait mis en place et incorporé le cylindre tout entier. Il prend alors un second cylindre, place son extrémité à l'extrémité du premier, l'incorpore progressivement,

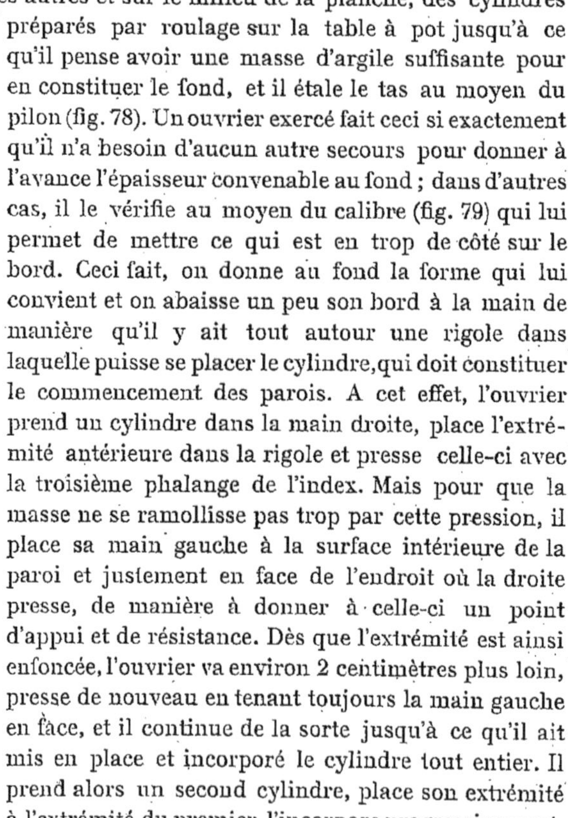

Fig. 78

comme on vient de le décrire et il répète cette opération avec de nouveaux cylindres jusqu'à ce qu'il ait garni tout le bord du

fond. Les joints qui peuvent rester sont alors fermés au moyen de petites pressions exercées avec l'extrémité de l'index et très rapprochées les unes des autres et l'on unit avec la paume de la main, qu'on mouille un peu, les quelques inégalités qui pourraient subsister. Il ne reste plus qu'à disposer cette addition en rond suivant un cercle et avec une épaisseur appropriée et uniforme. Pour cela l'ouvrier se coupe 5 petites baguettes de la longueur du diamètre extérieur du pot à différentes hauteurs et à l'extrémité de chacune d'elle il pratique une encoche qui indique l'épaisseur du pot qui correspond à chaque diamètre. Il place successivement chacune de ces baguettes en travers sur son pot et suivant différentes directions et il peut ainsi juger facilement si le rond et l'épaisseur de parois se continuent régulièrement partout et enlever sans peine la masse surabondante. Au lieu de baguettes il peut aussi se servir du calibre (fig. 79). La paroi ayant été commencée de cette manière

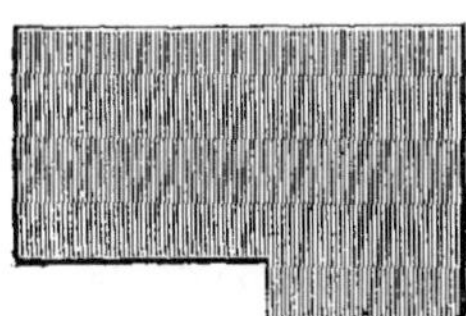

Fig. 79

et égalisée, l'ouvrier fait la seconde addition, en disposant la nouvelle couche de cylindres tout autour, fermant les joints, aplanissant et uniformisant le tout au moyen des petites baguettes formant calibres. On continue ainsi jusqu'à ce que le pot ait presque atteint la moitié de sa hauteur, on le laisse reposer pendant environ 24 heures, jusqu'à ce que la masse se soit un peu contractée, c'est-à-dire qu'elle ait séché un peu et ait pris assez de consistance pour supporter le poids qui doit être ajouté au-dessus, et qu'elle ne soit plus molle, s'affaissant ou prenant du ventre. On continue le travail de la manière qu'on vient de décrire jusqu'à ce que le pot ait atteint la hauteur requise et l'ouvrier s'arrange de manière que chaque nouvelle couche de cylindres n'augmente la hauteur du pot que de 4,7 à 7 centimètres.

Au lieu de laisser gonfler dans l'eau la planche à pot, pour empêcher son contact immédiat avec la masse argileuse, ou de la saupoudrer de sable avant qu'on y apporte l'argile, Stein recommande l'emploi d'un anneau de fer du diamètre au fond du pot et de 3,5 centimètres de haut, qui s'ouvre en un endroit et puisse se fermer au moyen d'une clavette. Cet anneau sera placé sur la planche à pot et l'espace qu'il embrasse rempli d'argile cuite et tassée. Le pot moulé, on enlève l'anneau et la masse du pot peut non seulement se rétracter sans empêchement, mais se sécher vers le bas par

l'argile. Si l'on n'observait pas l'une ou l'autre de ces règles de précaution, les mouvements opposées qui se produisent par suite du
gonflement et du séchage de la planche à pot, entraineraient la
production de fentes dans le fond. Moritz remédie à cet inconvénient en découpant au milieu de la planche à pot une ouverture
circulaire, qui soit de 5 centimètres plus petite que le diamètre inférieur du pot. Le morceau découpé est préparé avec un jeu suffisant
recouvert d'une toile et remis dans l'ouverture. La planche à pot
ayant été préparée de cette manière, on la saupoudre de chamotte
et on fabrique le pot dessus à la manière ordinaire. Après 14 jours
on enlève le morceau circulaire de dessous la planche à pot et par
suite le pot reposant de 2 centimètres tout autour sur la planche a son
fond libre et celui-ci peut sécher d'autant mieux (*Sprechsaal*, 1882,
n° 9).

Pohl, dont nous décrirons plus loin le nouveau système de moulage des pots, regarde cette manière de faire comme incorrecte. Si
le pot reste quelque temps en place sur de la chamotte ou sur une
plaque de ce genre, l'humidité du fond du pot s'élimine brusquement, tandis que les parois de la cuve, entourées de toiles mouillées,
restent saturées d'eau. Si avec le battoir en bois on donne de la
consistance au pot, aux endroits où le fond devenu pauvre en eau
se rattache aux parois humides la différence de plasticité donnera
justement et facilement naissance à des fentes (*Sprechsaal*, 1892,
n° 18).

Le traitement subséquent des pots ainsi préparés jusqu'à leur
cuisson se fait entièrement de la même manière que pour ceux préparés en moules. En général les parois des pots doivent être aussi
minces que possible, pour qu'elles puissent être plus facilement traversées par la chaleur. Il faut tenir compte ici de la cohérence de
l'argile et du poids du verre fondu qui s'exerce contre la paroi du
pot. Les parois épaisses agissent de la même manière que les bancs
froids ; malgré une fusion et un affinage dépassant toute mesure, le
verre n'est jamais complètement affiné et quand il est finalement
devenu clair, il se refroidit pendant le soufflage, se dévitrifie et
devient galeux. L'épaisseur différente, c'est-à-dire pas uniforme des
parois, a une telle influence sur la fusion qu'elle se traduit souvent
par une remarquable diversité de produits d'un seul et même four.

Bien que, comme on l'a déjà signalé, d'après Benrath (*Glasfabrikation*, 1887) toutes les tentatives pour faire les pots par voie mécanique, par exemple sur le tour de potier, comme l'a indiqué Baste-

naire-Daudenart, n'aient donné jusqu'ici que des résultats pas satisfaisants et que le moulage mécanique des pots ne soit pas naturalisé dans la pratique de la fabrication du verre, nous devons çependant indiquer ici quelques procédés brévetés qui s'y rattachent et d'autres propositions qui ont été faites à ce sujet.

Une machine au moyen de laquelle on peut mouler tout prêts des pots de verrerie quelconques (des cazettes, des cornues à gaz, etc.) a été brévetée par Simons (D. R. P.) (*Tonind.-Ztg.*, 1881, n° 18, supplément). La machine travaille sous grande pression de l'argile aussi sèche que la tailleuse peut la fournir. (Voir *Tonind.-Ztg.*, 1883, n° 7 et 11). Au lieu de pots en argile, La Roche fait la proposition, digne de réflexion à plusieurs égards, d'employer des creusets en platine, qui contiendraient de 150 à 180 centimètres cubes, auraient une épaisseur de 0,5 millimètres et seraient recouverts au dehors de plaques de magnésie. La fusion du verre y demanderait 2 à 3 heures et elle serait plus pure. On pourrait alors interrompre le chauffage à volonté sans risquer de casser les pots.

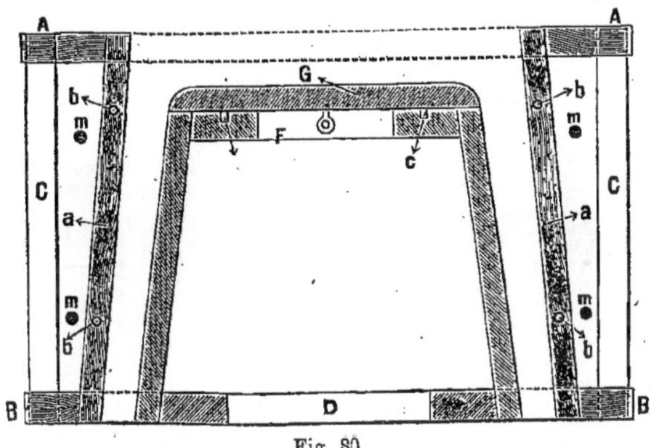

Fig. 80

Kriegar de Hanovre fond le verre dans un cuve qui a un avant creuset. Du foyer du four le verre fondu passe dans une petite cuvette allongée et de celle-ci dans la cuve de travail. (*Dinglers Journ.* 1881).

D'après un brevet de Reese à Pittsburg, le verre doit être fondu au moyen d'air chaud. Reese se sert pour cela, au lieu de pot, d'un four qui reçoit la charge de verre et au-dessus duquel est conduit l'air très fortement chauffé dans les régénérateurs. Le temps de fusion devrait y être notamment plus court (*Glashütte*, 1881, p. 430).

Des pots en asbeste et argile, qui avaient été employés en France
suivant une invention prétendue, ne se sont pas conservés. (*Sprechsaal*, 1889, n° 28). D'après ce que nous avons dit plus haut, nous
allons indiquer plus en détail un procédé de Pohl pour pilonner les
pots dans un moule solide.

Ad. Pohl partant de cette idée que le moulage des pots à la main
ainsi que celui des cuves est incomplet, parce que le potier n'est
pas en état de fabriquer toutes les parties uniformément solides et
compactes, recommande de pilonner la masse dans un moule solide
dans lequel elle ne peut se ramollir d'aucun côté. A cet effet on se
sert d'un moule qui, d'après la description et les dessins donnés dans
le journal cité (fig. 80 et 81) est disposé de la manière suivante. Le
moule se compose d'un moule extérieur en deux parties et d'un
noyau ; une planche de support, sur laquelle les deux peuvent
reposer, en fait partie.

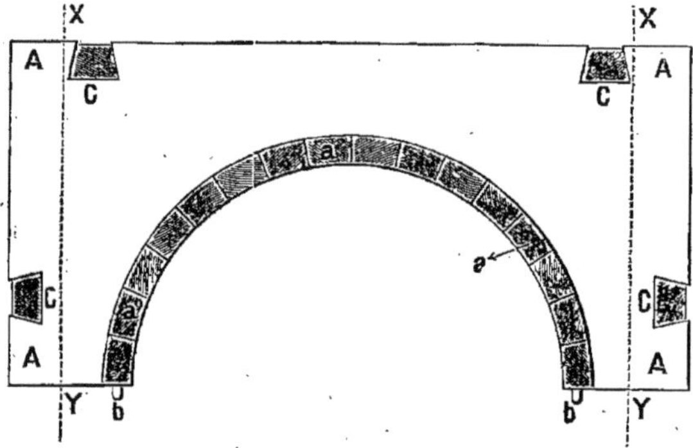

Fig. 81

Chaque moitié du moule extérieur se compose de deux fortes
planches AA et BB, épaisses d'environ 50 millimètres qui sont
réunies entre elles par des douelles, jointées et collées, d'environ
40 millimètres d'épaisseur, fixées sur AA et BB au moyen de vis à
bois dans une ouverture semi-circulaire. Pour mieux consolider les
planches AA et BB, des montants C sont assemblés sur elles à
queue d'hironde. Le diamètre en clair de la forme extérieure correspond en AA au plus petit et en BB au plus grand diamètre
du pot. La hauteur du moule extérieur est égale à la hauteur totale
de ce pot. Les moitiés de la forme extérieure portent sur leur surface
d'appui des chevilles pour les empêcher de se déplacer latéralement.

Le noyau se compose de deux anneaux en bois, d'environ 50 millimètres d'épaisseur D et F, qui sont réunis comme dans le moule extérieur par des douelles jointées d'environ 40 millimètres d'épaisseur. Une plaque en bois, d'environ 50 millimètres d'épaisseur G constitue la fermeture du noyau par en haut. Les arêtes supérieures de cette plaque sont fortement arrondies et elle repose librement sur le noyau par les chevilles c. Toutes les dimensions du moule

extérieur et du noyau doivent être prises en tenant compte du retrait. Pour le mélange indiqué, une proportion de retrait de 3 % doit être considérée comme exacte.

Pour préparer le moule pour l'usage, le noyau est d'abord fixé sur la forte planche de support au moyen de deux boulons filetés qui passent par celle-ci et l'anneau D. Le moule extérieur en deux morceaux est maintenu par quatre longs boulons filetés m, qui traversent deux par deux et dans la direction XY deux forts montants en bois ; de même que le noyau, il est fixé sur la planche de support.

L'instrument principal employé pour le moulage des pots est un pilon puissant, représenté dans la figure 82 ci-contre. Il se compose d'un manche en bois p avec un sabot en fer n, qui est fixé sur lui en vissant. Les dimensions latérales de ce sabot en fer doivent être choisies en raison de l'épaisseur des parois du pot et généralement de 10 millimètres plus petite que celle-ci. La face inférieure du sabot porte des stries accusées. La longueur

Fig. 82

totale du pilon est d'environ 1,5 mètre et son poids n'est pas inférieur à 3,5 kilogrammes.

La masse du pot, que l'ouvrier a disposée dans un baquet, ne doit pas être trop molle pour le moulage, comme on le sait, c'est-à-dire qu'elle ne doit pas contenir trop d'eau ; car plus la masse est dure et plus le pot sera compact. Un aide émiette cette masse en couches minces annulairement entre le noyau et le moule extérieur ; le potier, au moyen de chocs assez forts, pilonne la masse solidement, en marchant lentement en cercle. L'intervalle entre le noyau et le moule extérieur se remplit progressivement de la sorte, jusqu'à ce que la masse dépasse le noyau de l'épaisseur du fond du pot. L'aide projette alors une grande quantité de la masse préparée sur la planche du noyau G et le potier la pilonne uniformément sur toute la surface du fond. On arrive de la sorte à la hauteur du moule extérieur et on enlève la masse en excès avec une pelle tranchante tout à fait plate. On lisse la surface du fond avec un battoir, une spatule et de l'eau. Il est commode de recouper obliquement le bord du fond du pot pour donner un point d'attaque aux crochets avec lesquels on enlève les pots de la sole du four en les cassant.

Le fond du pot ayant été préparé de cette manière, le moule tout entier est entouré du pot et l'on emploie une planche de support sur laquelle ce pot doit sécher. On place sur le fond du pot de la paille de seigle longue et bien sèche, ou du jonc pas trop épais, on y applique la planche et l'on fait basculer dessus le moule avec le pot. Les boulons qui fixaient le moule extérieur et le noyau sur la première planche de support sont alors dévissés et enlevés. Le pot se tient alors droit dans sa forme; son bord supérieur est nettoyé proprement et un peu arrondi vers l'intérieur. Pour séparer le noyau de la masse, on place une forte barre entre les deux tiges filetées qui avaient fixé ensemble le noyau et la planche de support et l'on fait tourner un peu le noyau autour de son axe d'un côté et de l'autre. Un morceau de bois ou de fer, qui est un peu plus long que le diamètre de l'ouverture ronde de la planche D, est introduit sous celle-ci, on y attache une forte corde ou une chaîne et l'on enlève alors le noyau du pot au moyen d'un mouffle ou d'une barre. Le couvercle G reste sur le fond du pot et en est retiré au moyen de l'anneau qui s'y trouve. A cet effet ce couvercle n'est pas invariablement relié au noyau parce que, dans l'enlèvement du noyau, ce dernier agirait comme un piston dans un cylindre et aspirerait le fond du pot. On enlève ensuite les quatre longues tiges filetées m, et, au moyen de quelques coups d'un marteau en bois, le moule extérieur se dégage du pot et ses deux parties peuvent être retirées avec soin.

Pour que le moule extérieur et le noyau se dégagent plus facilement du pot fabriqué, on les graisse tous les deux abondamment avant le moulage avec une huile minérale épaisse. Plus souvent un moule, comme celui qu'on vient de décrire, a servi et plus facilement il se sépare de la masse. Ceci se fait de la manière la plus facile quand le moule extérieur et aussi le noyau sont recouverts de tôle de fer mince ou mieux de feuilles de zinc.

Le pot préparé, reposant sur de la paille ou du jonc est abandonné à un séchage lent et, comme on le verra dans ce qui suit, la température de la chambre de séchage au début doit se trouver entre

19 et 22°. Il faut toujours avoir soin qu'elle soit ventilée rationnellement et c'est seulement après environ 14 jours que les pots
ainsi séchés supportent d'être exposés à une température de séchage
plus élevée. Après 5 ou 6 semaines de plus les pots peuvent être
mis en service. On trouvera dans le Keramische Rundschau 1896,
n° 38, d'autres indications pour la préparation des pots couverts et
ouverts et des dessins sur ce sujet.

Séchage des pots. — Parmi toutes les opérations de la fabrication des pots, le séchage est celle qu'il faut surveiller le plus atten-
tivement; car toute négligence dans la conduite de la température
déshonore le travail d'ailleurs le plus exact. Il faut éviter tout ce qui
peut provoquer un séchage trop rapide ou partiel. La lumière du
soleil, par exemple, ne doit tomber sur aucun pot. Plus un pot sèche
lentement d'abord dans la chambre des pots et ensuite dans le séchoir, meilleur il est et notamment dans le premier temps. Il y a
des fabriques de verre qui laissent reposer les pots pendant une
demi-année et, pour plus de sureté, sans chaleur artificielle pendant l'été, avant de les employer, après les avoir préalablement ré-
chauffés avec soin. C'est surtout le fond du pot qui demande le plus
de soins, non seulement à cause de son épaisseur plus grande par
rapport à celle des parois, mais encore en raison des conditions défavorables dans lesquelles il se trouve pendant le séchage par rapport aux autres parties. On remédie au séchage inégal des parois
plus minces par comparaison avec le fond épais, en collant sur les
parties plus minces du papier mouillé et on recouvre celles-ci d'argile molle ou d'éponges mouillées. Tant que la partie inférieure du
pot donne encore une sensation de fraicheur, c'est un signe qu'il
n'est pas encore sec.

D'après Loysel, tout revient, avant de mettre les pots dans le
four de chauffage, à commencer le séchage à une température de
10 à 12 1/2° C, qu'il est difficile de maintenir l'été, et à le finir avec
37 à 40°. L'élévation de la température doit se faire graduellement,
particulièrement dans le commencement.

Le temps, dont les pots ont besoin pour sécher, varie avec l'état
d'humidité de l'air ambiant, mais en général il ne dépasse pas
quatre mois. D'après cela, l'accroissement de température devrait
être réglé de telle manière qu'elle s'élevât d'un degré tous les cinq
jours. On détermine au mieux la teneur en eau de l'air de la chambre à pots au moyen d'un psychromètre qu'on y suspend, c'est-à-dire
de deux thermomètres qui se correspondent exactement, et dont la

boule de l'un est entouré d'une mousseline maintenue humide avec
de l'eau distillée. Lorsque les deux thermomètres marquent à peu
près le même degré, il est nécessaire de produire un renouvellement
de l'air. Ceci se fait en ouvrant avec des précautions des fenêtres, et,
comme cela résulte des indications précédentes, il faut bien prendre
garde que les pots ne soient pas exposés à un courant d'air que
d'un seul côté. Il vaut encore mieux, que le local soit muni à son
toit ou dans ses parois de trous à air isolés, qu'on puisse ouvrir facilement suivant les besoins et fermer ensuite. Les pots ayant séché
très lentement pendant environ 4 semaines, on les retourne, c'est-à-
dire qu'on met leur fond vers le haut pour qu'il sèche aussi. On se
sert pour cela d'une brouette particulière à deux roues, d'un dispositif semblable à celui qui sert dans les greniers pour le transport
des sacs de grains.

Dans le mode de fabrication antérieure, on recommandait, mais
à tort, de battre journellement les pots pendant les 4 premières semaines ; on doit bien plutôt les préserver de toute secousse pendant
le séchage, pour que les éléments situés les uns à coté des autres
n'éprouvent pas de déplacement, ce qui donnerait naissance à
d'innombrables fentes ; pendant les premiers jours seulement on
pilonne et bat le fond du pot jusqu'à ce qu'il ne prenne plus d'empreintes.

En raison de l'importance du sujet, j'indique encore ici le procédé déjà mentionné plus haut et suivi en Angleterre, et qui consiste à soumettre les pots pendant longtemps à une température
élevée dans un air complètement saturé de vapeur d'eau. Quand on
a une fois atteint ce résultat que l'intérieur ait également pris cette
température élevée, sans que la surface puisse sécher dans l'air humide, le séchage à haute température se continue sans qu'on ait à
craindre les fentes et il se fait plus vite.

Cuisson des pots. — Avant que les pots complètement secs ne
viennent dans les fours de fusion du verre, ils doivent, comme nous
l'avons indiqué à plusieurs reprises, être progressivement chauffés
à la température de ceux-ci ([1]). Ceci se fait dans le four à réchauffer
placé commodément et suffisamment spacieux ; c'est un four à réverbère qui, comme on l'a dit, ou bien est relié aux fours de fusion,
et chauffé par leur chaleur perdue, ou mieux est séparé d'eux et

([1]) Ce réchauffage entièrement progressif ou recuit se fait également aussi à un
premier emploi, pour tous les vases ou parties de vases qui se rencontrent dans
l'industrie du verre.

muni d'un foyer spécial. L'absence de toute flamme en dard est la condition fondamentale pour la cuisson des pots et il est mieux par suite de commencer à chauffer avec du coke et dans tous les cas avec du combustible sec. Dans aucun cas la flamme ne doit d'abord rencontrer le bord supérieur des pots, c'est-à-dire leur partie la plus mince. L'intérieur du four doit être fait en bonnes pierres de chamotte, entourées extérieurement de maçonnerie en briques ordinaires. On ne pose pas directement les pots sur la sole complètement plane du four, mais sur quelques pierres de chamotte de champ. On bouche l'entrée du four au moyen de plaques d'argile cuite et on laisse à la partie supérieure une ouverture, qui donne passage à la flamme et à la fumée. Quand le four a été préparé de cette manière, on ouvre en partie le rampant vers le four de fusion, de manière que l'intérieur s'échauffe peu à peu. Tant que la chaleur n'a pas encore atteint le commencement du rouge, il faut prendre des précautions; on ouvre alors le rampant en grand et, au moyen d'un feu de charbon ou de bois, qui est disposé par une ouverture ménagée dans la partie inférieure de la plaque de fermeture, on élève la température jusqu'à celle du four de fusion.

Habituellement on commence le chauffage des nouveaux pots, après avoir rempli les anciens avec la charge de verre, et pendant que celle-ci fond, on cherche à porter la chaleur au rouge de manière que les pots soient chauffés au point convenable vers la fin du soufflage, moment où commence la charge. Signalons enfin que, suivant un procédé breveté par E. Hatscher de Radeberg, on peut obtenir une plus grande conservation des pots en les cuisant à plusieurs reprises. Après la première cuisson, les pots sont refroidis avec précaution, après quoi, on les cuit à nouveau, mais à une température plus élevée. La deuxième cuisson plus énergique donne par là une plus grande résistance aux pots qui, si la température de la première cuisson était aussi élevée que celle de la seconde, se scorifieraient et se rétracteraient trop. On rencontre encore ici ce fait, que, d'après les recherches de l'auteur exposées dans le troisième chapitre, le chauffage préalable d'une argile produit une élévation pyrométrique, bien que faible, de la masse. Wiener Centrbl, 1896, n° 361.

Mise en place des pots. — La mise en place des pots, ayant séché de 4 à 6 mois, puis recuits et portés au rouge, dans le four un peu refroidi doit se faire en évitant toutes les dégradations, parmi lesquelles il faut compter les fentes légères souvent à peine visibles.

Comme on l'a dit, les pots ont à supporter une température essentiellement plus élevée sur leur bord que sous le fond, et c'est là aussi qu'on remarque l'attaque la plus forte.

Position des fours. — Les pots doivent être droits et le fond ne pas porter à vide, mais être séparé de son siège par de la chamotte répandue dessous. Ils doivent être placés près des bouches à feu et en position convenable, mais en aucun cas ils ne doivent être en porte à faux sur elles. En tournant comme d'habitude les pots au feu, ils doivent toujours être déplacés autour de leur axe.

Glaçage ou garnissage des pots. — Dans les pots neufs et bien chauds, comme on l'a dit, il faut fondre pour la première fois des débris de verre ou du verre fondu, qu'on étend sur toute la surface intérieure au moyen de ce qu'on appelle un petit fer courbé, et pour la seconde fois une charge de verre avec une grande proportion de déchets de verre; de cette manière les parois intérieures jusque-là poreuses se recouvrent d'un verre argileux dur, qui est plus difficilement fusible, qui résiste mieux aux actions fondantes des charges suivantes et qui protège le pot du contact immédiat des bases fondues, mais pas encore saturées d'acide silicique. Si l'on ménage ainsi le four jusqu'au troisième travail, on peut lui demander davantage plus tard.

Espèces de pots. — Les pots servent pour un travail intermittent ou continu et se divisent d'après cela en deux classes principales. Ils sont ouverts par dessus ou sur le côté; les premiers sont habituellement employés, tandis qu'on se sert des seconds principalement quand le chauffage se fait au charbon de terre, pour la fusion du cristal, et quand on craint que la masse de verre ne soit souillée par des matières étrangères qui y tomberaient. Ces derniers sont recouverts d'un dôme très mince de la masse du pot, qui ne fait qu'un seul morceau avec le pot lui même. Le nez, en forme de tuyau, du dôme remplit exactement l'ouverture de travail et est fermé par une ou deux plaques d'argile cuite. Ces plaques ont en leur milieu un trou qui peut être fermé par un tampon d'argile. Dans ces pots recouverts la fusion se produit plus lentement, il faut pour cela beaucoup plus de combustible et les pots sont plus attaqués que quand ils sont ouverts.

Les cuvettes pour fondre et couler les miroirs sont tantôt rondes, tantôt ovales, suivant la forme du four de fusion et le nombre de pots qu'il peut contenir. Pour qu'on puisse les regarder comme bonnes, elles doivent pouvoir supporter de 28 à 30 fusions; leur hauteur varie habituellement entre 0,8 et 1 mètre; elles contiennent habituellement de 400 à 500 kilogrammes.

Les anneaux ou couronnes, qu'on met sur le verre pour maintenir sa surface propre pendant le soufflage et prendre le verre dans le milieu, ainsi que les vannes ou crochets pour aveugler les fentes des pots, se composent de la même masse argileuse que les pots eux-mêmes et sont fabriqués suivant les mêmes règles.

En règle générale, les anneaux nagent sur le verre fondu; s'ils coulent, il faut en chercher la cause dans une cuisson trop faible de la chamotte dont on s'est servi, et notamment quand on y a employé du kaolin.

Pots pour travail continu. — On a fait depuis longtemps des recherches pour obtenir un travail continu dans les fours à pots et ce sont en première ligne ceux de Siemens qui ont donné de bons résultats.

Les figures 83 à 87 montrent un pot continu suivant différentes coupes. A est la chambre de fusion, B celle de purification, C celle

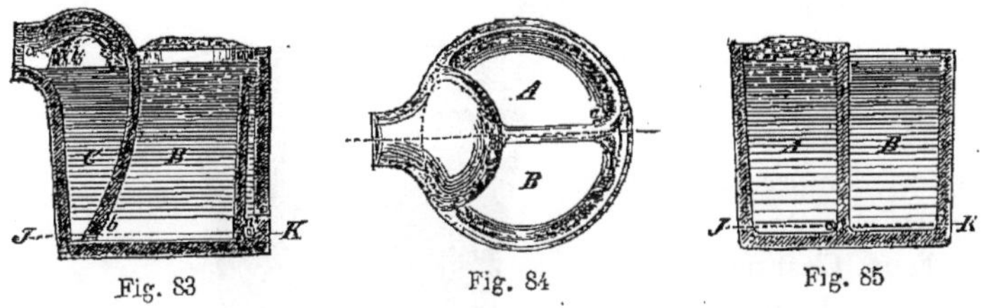

Fig. 83   Fig. 84   Fig. 85

de travail. Cette dernière est couverte. La chambre A doit toujours être maintenue pleine ou à peu près. Le verre fondu passe par le

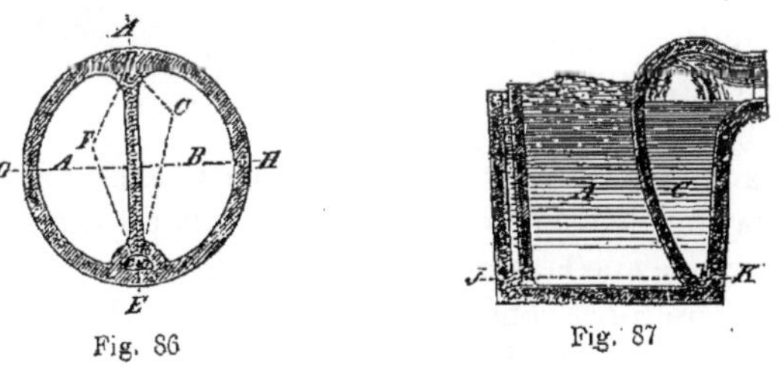

Fig. 86   Fig. 87

canal a dans la chambre de purification B, tombe de nouveau au fond et arrive dans la chambre de travail C par le canal de communication b. Par suite de l'augmentation de poids spécifique à mesure que la fusion est plus complète, la hauteur du niveau du verre diminue dans les trois subdivisions. Il faut remarquer du reste que les éléments qui se rassemblent en B et qui ne sont pas complètement transformés en verre, doivent être retirés de temps en temps.

Les pots continus brévetés de Schön à Hambourg, Nehse à Blasewitz et Hirsch à Radeberg présentent une autre disposition. Nous renvoyons à Dralle (page 90 à 93) pour leur description et leurs dessins. Il faut encore citer un procédé de Epstein pour travailler là la gobletterie au moyen de fours ouverts continus (*Glash.* 1891. 16).

Forme des pots. — La meilleure forme est celle qui, tout en présentant la plus grande surface possible à la chaleur, est en même temps la plus facile à manier dans le four, la plus commode pour l'ouvrier et celle qui contient une quantité suffisante de verre fondu.

Les formes principales, habituellement employées, sont :

1) *Les pots ronds à section horizontale circulaire et en forme de cazette.* — Bien qu'un cylindre, dont la hauteur est égale à son diamètre, ait la plus petite surface, on perd cependant beaucoup de place dans le four avec les pots cylindriques, parce qu'on doit laisser entre eux de petits intervalles pour ne pas interrompre la circulation nécessaire de la chaleur autour d'eux. C'est pour cette raison qu'on a donné aux pots ronds la forme d'un cône obtus renversé, dans laquelle les deux diamètres diffèrent de 11 à 15 centimètres suivant la plus ou moins grande hauteur. (fig. 88) (¹).

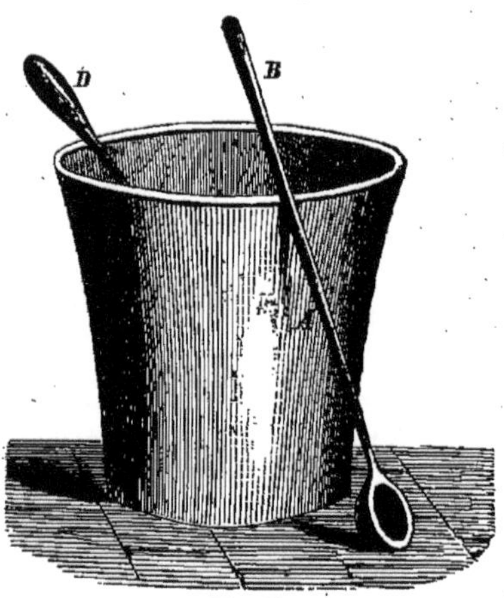

Fig. 88

Cette forme a ses avantages et ses inconvénients ; elle est avantageuse quand la longueur totale d'une série de pots est égale à ou un peu moins grande que la largeur intérieure du four de fusion, quand cette dernière correspond en règle générale au triple du plus grand diamètre d'un pot, tandis qu'on détermine la longueur du

(¹) D'après Moritz, la forme des pots ne doit pas être très conique ; ceux qui sont larges en haut et en pointe en bas se cassent bien plus facilement à la chaleur que ceux dont les parois sont plus raides.

four d'après le rapport de 5 : 4, dans le cas où l'on préfère pour sa forme un rectangle allongé au carré réel. Si l'on se décide pour un four carré, le nombre de 6 pots ronds s'accorde complètement avec ce calcul ; mais si l'on voulait placer 8 pots dans le même four, il serait nécessaire de changer le diamètre de ces derniers et de limiter la largeur du four, en supposant qu'on veuille conserver le même espace dans l'intérieur ; dans tous ces cas le rapport serait alors $= 4 : 3$.

Les autres avantages, que présentent les pots ronds, sont : (*a*) ils opposent une plus grande résistance à un choc venant du dehors, de sorte qu'on peut faire des parois relativement très minces, et ceci a en outre pour conséquence que la chaleur les pénètre plus vite et agit plus facilement sur la masse du verre fondu. La flamme entoure le pot rond plus facilement et mieux et celui-ci tourne la moitié de sa surface totale vers les points du four où la chaleur a la plus grande intensité ; (*b*) on peut les tourner autour de leur axe, de sorte qu'on peut amener du côté opposé au feu des parties défectueuses à l'avance et empêcher l'écoulement du verre par une fente ou un trou ; (*c*) ils demandent moins d'argile pour leur fabrication et celle-ci est plus facile. Ils sont principalement en usage dans toutes les verreries, où l'on a de bon charbon et où l'on se rend compte des accidents fréquents qui peuvent arriver aux pots.

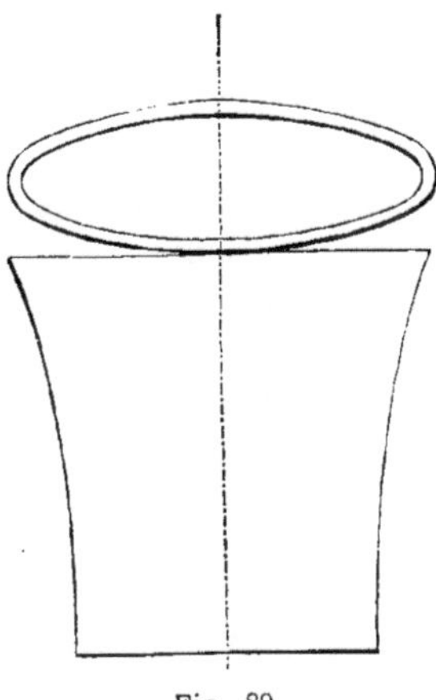

Fig. 89

2) *Pots ovales à section elliptique* (fig. 89). — Les pots à forme plus ou moins elliptique sont particulièrement en usage dans les verreries où l'on a des potiers expérimentés et dont les fours de fusion doivent renfermer plus de 6 pots ; en cas de nécessité, on peut aussi employer les pots ovales, quand ils ne sont pas les uns contre les autres. En se ramollissant, ils prennent facilement du ventre et les faces plates notamment y sont très exposées. Les verreries, qui emploient du combustible de qualité inférieure, ou bien dans lesquelles, par suite d'une construction défectueuse du four, la chaleur rayonnante ne produit pas d'effet, sont obligées de donner cette forme à leurs pots pour que le verre qui s'y trouve présente la plus

grande surface à la chaleur réfléchie par la flamme. Elles ne peuvent pas se servir avec avantage de pots ronds et il leur est indispensable d'avoir des pots ovales, auxquels on donne une très grande surface, de manière que la plus grande partie du verre soit immédiatement rencontrée par la flamme. En outre la forme ovale permet une augmentation considérable de l'espace entre les parties inférieures des pots et par suite un accroissement de la circulation de la chaleur autour d'eux : d'une part parce qu'on réduit le diamètre au fond et d'autre part parce qu'on offre aux

Fig. 90

chocs du travail un bec plus long et plus large. Cependant comme la majeure partie du verre se trouve dans la partie supérieure, on doit chercher à combattre l'affaissement par des renforcements ou des bourrelets saillants, qui donnent plus de résistance aux pots, tandis que ceux-ci restent en même temps dans leurs place primitives, où ils se soutiennent réciproquement. Les pots ovales sont surtout employés dans le nord de la France et en Belgique, aussi bien pour les verres à miroirs et à vitres que pour les bouteilles. Dans les fours elliptiques ou ronds, on se sert généralement de pots en forme d'œuf (fig. 90). Dans les fabriques de

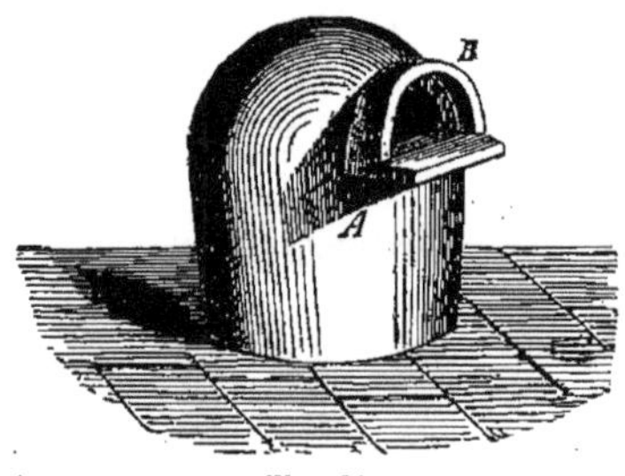

Fig. 91

cristal au plomb, ou bien pour les sortes de verre plus fines, ou dans les verreries en général, où le combustible donne dans les fours beaucoup de fumée et de cendres volantes, qui réduisent le mélange et qui souilleraient le verre pendant le soufflage, on se sert de pots de toutes les formes qu'on vient de décrire ; seulement, comme on l'a dit, ils sont recouverts d'un dôme en forme de voûte, à parois très minces, et celui-ci fait un tout avec le pot (fig. 91).

Grandeur des pots. — En général il est plus économique et plus avantageux au point de vue du combustible de fondre une quantité donnée de verre dans un seul grand pot que dans plusieurs petits. En France, en Belgique et encore plus en Angleterre, on travaille avec des pots bien plus grands qu'en Allemagne ; cependant les grands pots s'y répandent de plus en plus.

Nous ne pouvons pas passer ici sous silence une construction de pots étudiée systématiquement et plus unitaire de Anton Pagany, administrateur de la verrerie de Furth en Bavière (*Sprechsaal*, 1886, n° 29).

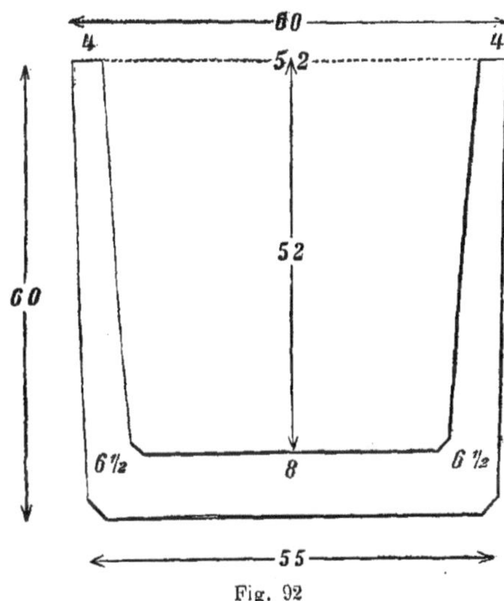

Fig. 92

Partant de cette idée, certainement fondée, que la durée des pots dépend non seulement de la qualité du mélange et du travail des matières, mais aussi de leur forme intérieure et extérieure, |Pagany s'est posé le problème d'améliorer les pots fabriqués jusqu'ici avec épaisseurs arbitraires et mal combinées de parois et de fonds, avec leur irrégularité eu égard à leur hauteur et à leur largeur inférieure et supérieure, en introduisant une forme plus basse et relativement plus large. On doit arriver par là à une fusion plus rapide et à une augmentation de la production. Pagany a étudié en détail 25 formes de pots, ayant chacun une contenance de 70, 80, etc., jusqu'à 800 kilogrammes de verre. Comme exemple il a indiqué à côté d'une forme de pot ordinaire (fig. 92) la forme améliorée (fig. 93) qu'il désigne sous le nom de forme de pot Colombus. La première contient 92,1 décimètres cubes avec 139,2 kilogrammes de verre, la seconde au contraire 114,7 décimètres cubes avec 173,3 kilogrammes de verre, par suite donne 34,1 kilogrammes ou 24,5 % de production de plus. Pour ce qui regarde les particularités du projet, voir le journal cité.

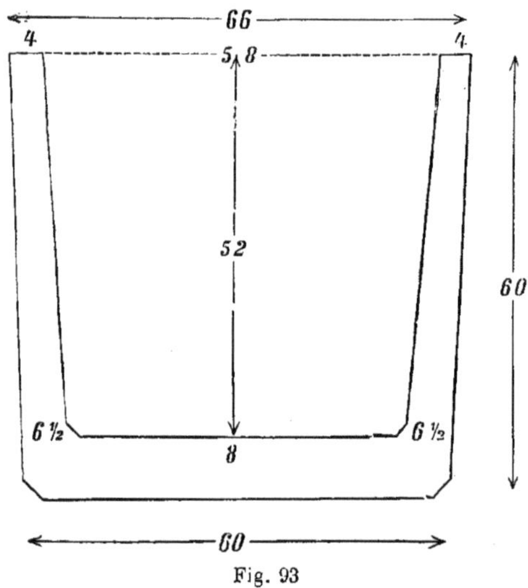

Fig. 93

Cuvettes. — Une sorte de pots, qui sert dans la coulée des glaces pour recevoir le verre purifié, pour le verser sur la table de coulée et qui s'appelle pour cela cuvette à coulée, a une forme carrée ou rectangulaire allongée et est appelée cuvette ou cuve. Si l'on part de ce fait que la fusion du verre s'opère à partir de la surface et que celle-ci ne reçoit de la chaleur que par en haut, cette forme de pots est la plus convenable, elle donne la plus grande surface pour la moindre hauteur de verre et par suite le pot prend la forme plate de la cuvette.

C'est tout particulièrement sur ce terrain qu'on est redevable à Friedrich Siemens, qui s'est fait connaître non seulement par l'introduction des pots continus à trois chambres, mais qui a aussi réalisé ce progrès important de la fabrication du verre dans la chambre de travail du four et qui a fait connaître en son temps avec un succès éclatant les cuvettes de Siemens, qui dispensent des pots et constituent un grand vase de fusion unique. Celui-ci se compose, comme on l'a dit, de plusieurs subdivisions et a ainsi l'avantage du travail continu. Comme matière, Siemens employait une masse très riche en silice, formée de sable fortement chauffé et de bonne argile cuite avec environ 25 % d'argile brute. Toutefois le verre fondu attaque fortement la masse au commencement, mais il se forme ensuite un verre plus saturé de silice et plus visqueux qui, en se solidifiant, parce que la cuve est constamment refroidie au fond par des conduits d'air particuliers, empêche le rongement subséquent et constitue l'enveloppe dans laquelle, dans une certaine mesure, du verre est fondu dans du verre. C'est surtout la zône dans laquelle se meut la surface du verre fondu qui souffre, c'est-à-dire les pierres à la hauteur desquelles se trouvent les masses de verre. Ici les substances qui constituent la charge, notamment les alcalis fondus, attaquent fortement les pierres. Les parois intermédiaires, qui sont baignées de deux côtés par du verre fondu, souffrent encore plus. Il faut donner la préférence ici à une masse riche en alumine et très fortement réfractaire. Pour fondre le verre dans les cuvettes, Siemens se servait du four à régénérateur à gaz de lignite bien connu.

Four à cuve de Siemens. — Ce four déjà vieux est décrit et dessiné dans le *Dinglers Journal*, 1872, tome CCIV, p. 192. Nous le répétons, la cuve est divisée par des parois intermédiaires en chambre de fusion, chambre d'épuration et chambre de travail ou de refroidissement. La flamme s'étend au-dessus de la masse de verre et ne chauffe celle-ci, comme on le sait, que par la surface.

Siemens avait déjà mis en fonctionnement, dès 1870, les fours à cuves dans sa fabrique de bouteilles de Dresde; et il avait trouvé que son rendement était plus grand qu'un four ordinaire à douze pots qui y travaillait. Rapportée à la même dépense de combustible, la surproduction dépassait 50 %. La production par mois est de 180 000 à 200 000 bouteilles. D'après Gruner et Dürre, le four à cuve de Siemens donne environ 7 % d'effet utile, par suite le double du four ordinaire et une production d'environ 15 à 20 % plus grande que le four de Siemens à pots (*Dinglers Journal*, t. CCXX, p. 323).

L'introduction des cuves dans l'industrie du verre doit être regardée comme une conquête immense et on peut la comparer dans une certaine mesure à l'introduction du mouvement circulaire au lieu de celui de va et vient. La cuve permet un travail régulier, le commencement et la fin du travail peuvent être réglés et maintenus exactement. Par sa continuité et par l'absence de tout espace perdu, elle économise, comme on l'a dit, la moitié du combustible. Grâce à elle on n'a plus besoin de chambres à pots et de fours de recuit, qui étaient jusqu'ici un gros souci pour les verreries. D'après cela, le four à cuve est par rapport aux fours à pots le four de l'avenir pour l'industrie du verre et particulièrement pour la fabrication des bouteilles ; il faut néanmoins convenir que, malgré de nombreux perfectionnements, le four à cuve, comme toutes les nouveautés, souffre encore de beaucoup de maladies d'enfance. Ainsi il ne doit pas remplacer complètement les pots, et notamment quand il s'agit de faire du verre coloré, du cristal et des objets de luxe. D'après Moritz, sans pot, on ne peut pas obtenir de verre pur et bien fondu de partout.

Dans ces derniers temps, on a fait plusieurs cuves de divers systèmes qui diffèrent essentiellement les unes des autres. Il y en a avec chambres de fusion, d'épuration et de travail séparées, d'autres qui ne constituent qu'un seul récipient, dans lequel les trois opérations se font ensemble, et où la fusion et l'épuration ne sont séparées que par des couronnes, ou objets flottants. C'est ici qu'appartiennent les systèmes de cuves de Hahne, Nehse, Dralle, Klattenhof, Gobbe, etc. Pour ce qui est des dispositifs spéciaux, je renvoie aux explications détaillées de Dralle, p. 93 à 179, avec atlas, et il faut y signaler particulièrement la disposition de cuve suivant le système Siemens pour produire 4 à 4 millions et demi de bouteilles par an.

Matière des cuves. — Actuellement, autant qu'on en peut juger par les communications peu nombreuses publiées, on donne la préférence aux pierres de chamotte pour le fond et les parois des cuves, et l'on emploie de grosses pierres de chamotte, faites avec de la matière excellente (pierres-blocs) qui ont jusqu'à 500 millimètres et plus d'épaisseur. De pareilles pierres doivent sécher pendant des semaines, être fréquemment retournées, cuites et chauffées progressivement. Dans la cuisson, il faut les chauffer bien plus longtemps et aussi bien plus fortement que possible que les pierres de format ordinaire. Avec de bonne matière et grâce au refroidissement qui s'y produit au moyen de cheminées spéciales, le fond dure plusieurs années. Les cuves continues restent cependant en travail non interrompu pendant 6 à 7 ans, c'est-à-dire jusqu'à ce qu'il faille renouveler le chapeau fait en pierres de Dinas. En dehors de cette grande reconstruction, on ne fait que tous les 9 à 12 mois le changement de la couche supérieure des pierres latérales, mais seulement dans la région de la fusion ; et comme la cuve est facilement et commodément accessible de tous les côtés, ceci se fait pendant le travail. Pour cela on travaille le verre qui se trouve dans la cuve jusqu'à la deuxième couche de pierres latérales, on fait tomber dans la cuve la pierre à remplacer et on en met une autre préalablement chauffée à sa place. De cette manière les pierres sont remplacées les unes après les autres et, pour une cuve moyenne, la réparation dure de 5 à 8 heures (*Sprechsaal*, 1893, n° 36).

En Angleterre, on fait de préférence le fond avec des pierres de chamotte de petit format, fortement cuites, et on en fait des voûtes isolées par lesquelles passe l'air destiné à refroidir la maçonnerie ([1]). Des pierres de cuve, en argile liante réfractaire avec argile schisteuse bien cuite, qui doit constituer la plus grande partie, se sont bien conservées. Comme mélanges bien connus pour les diverses pierres, qui peuvent être employées dans la construction des cuves, nous pouvons indiquer, d'après Dralle : a) celui pour le fond et la maçonnerie

Argile brute d'Almerode	1 partie en volume	
Argile cuite d'Almerode.	1 »	»
Sable de grès naturel cuit.	1 »	»

Le grès doit être cuit à une température inférieure à 800°. Suivant Dralle, les fentes qui se produisent n'ont pas d'importance jusqu'à 4 millimètres de largeur, parce que le verre ne pénètre que jusqu'à une certaine profondeur ; il se solidifie alors et ne ronge plus.

D'après le même auteur (ouvrage cité, p. 384), le mètre cube de la masse en question coûte 79 marks.

Argile brute d'Almerode	2 parties en volume	
Chamotte de bonne pierre	2 »	»
Débris de pots.	1 »	»

La largeur de mailles du tamis est de 6 fils pour 10 millimètres pour l'argile brute, de 3 pour 12 millimètres pour la chamotte et de 5 pour 10 millimètres pour les débris de pots.

[1] Dralle penche pour le refroidissement des pierres, faites avec la meilleure chamotte, au moyen d'eau circulant d'une manière continue.

Pierres pour la construction des fours de fusion du verre, etc. ([1]). — Pour le four à fondre le verre (et dans une acception particulière, pour les fours à pots et à cuve) qui se compose de la sole, des bancs, de la voûte, de la maçonnerie du pourtour et de la cheminée, et à l'exception ici des parties les plus chaudes de la voûte, on se sert de pierres de chamotte moulées et cuites, suffisamment réfractaires ([2]). On peut se servir pour cela de diverses argiles qui ne sont du reste pas employées pour la fabrication des pots à verre. D'après Rühle, quand on emploie de l'argile à pots de Löthain, on indique pour les pierres de four à Fuchs :

```
Argile brute de Lothain (réfractairité = 30 à 50 %) . .   1 partie
Débris de pots de première qualité . . . . . . . . . .    1  »
Débris de cazettes de première qualité pour pierres de
    mur à appui . . . . . . . . . . . . . . . . . . . .    1  »
Argile cuite de Löthain . . . . . . . . . . . . . . . .    1  »
Sable cuit. . . . . . . . . . . . . . . . . . . . . . .    1  »
```

D'après les indications de l'ouvrage de Dralle (p. 379), le mélange suivant sert pour pierres destinées à la construction de fours à pots :

Argile de	D'après Flamm							Ruhl
	1	2	3	4				
	Andenne	Forges-les-Eaux	Bedouin	Forges-les-Eaux et Bedouin	Longeau	Vallon-dar	Klingen-berg	Gross-Al-merode
Argile brute . . .	1	6	8	4 3	2	5	6	1
Argile cuite . . .	»	»	»	»	»	»	»	1
Débris de pots, gros.	»	5	»	»	»	»	»	»
» fins.	»	4	»	»	»	»	»	»
Sable	3	»	13	7	1	»	8	»
Farine de chamotte.	»	6	8	7	»	7	»	»

([1]) Pour les particularités de la disposition et de la construction des fours à pots, nous renvoyons à l'ouvrage de Dralle, pp. 65 à 86.

([2]) Un ancien procédé, consistant à pilonner tout le four avec une masse argileuse, a été abandonné comme non pratique.

Pierres pour mur du tour

Nature de l'argile	D'après Flamm				Ruhl
	1 Andenne	2 Forges-les-Eaux et Bedouin	3 Longeau	4 Klingenberg	Gross-Almerode
Argile brute	1	5 2	2	10	1
Argile cuite	»	»	»	»	»
Débris de pots	»	4	»	»	»
Sable.	2	12	»	6	1
Farine de chamotte. . .	»	10	1	7	»

Comme largeur de maille, Flamm indique en général pour le sable ou le quartz, 6 fils par 10 millimètres ; Ruhl admet pour l'argile brute un tamis de 4 fils par 10 millimètres et pour l'argile cuite de 3,33 fils par 10 millimètres.

Plus les pierres de chamotte ont déjà été cuites et moins elles éprouvent de retrait plus tard, comme on le sait. Elles sont frottées les unes contre les autres avec du gros sable pour qu'elles s'ajustent bien et afin qu'il faille pour les joints aussi peu de mortier argileux que possible, ce dernier étant composé de la même masse argileuse. Dans le moulage des pierres de voûte, il faut prendre soin qu'au feu elles éprouvent plus de retrait à leur extrémité épaisse qu'à la mince. Dans ces derniers temps on n'emploie pour la construction presque que des pierres de Dinas, qui se conservent mieux que les pierres d'argile ; et comme elles sont plus dépourvues d'alumine que celles-ci, elles présentent l'avantage que les gouttes qui en tombent se dissolvent plus facilement dans le verre que celles qui proviennent de voûtes en argile. A la place des pierres de chamotte et de la chamotte, beaucoup d'usines emploient du sable pur à gros grain, du grès brisé (voir plus bas) ainsi que des fragments de quartzite pour les pierres de four ; ces matières, nous le savons se gonflent au feu et peuvent travailler à l'encontre du retrait. On a recommandé, par exemple, pour les pierres très fortement chauffées des fours à régénérateurs de Siemens, un mélange très peu plastique, composé de parties égales d'argile réfractaire brute, de débris de pots et de sable très cuit, le tout à l'état de mouture assez fine ; des pierres de cette composition, maçonnées après avoir été bien séchées à l'air, se sont bien conservées, par exemple à la fabrique de verre de Dresde.

Pour les pierres de bancs en particulier on prend souvent du grès cassé, aussi pur que possible. Ainsi Loysel recommande le sable de Fontainebleau qui se compose de quartz presque pur, et en Allemagne, entre autres gisements, le grès de Magdebourg cité plus haut et reconnu comme très bon.

Grès. — Au point de vue de ce qu'on a dit dans le chapitre précédent sur l'application des pierres naturelles, il faut encore parler en particulier du grès qui est employé comme tel dans l'industrie du verre pour la construction des fours, et notamment pour les pierres qui constituent le siège et les bancs du four [1].

Il importe ici que le grès soit pur, c'est-à-dire qu'il doit appartenir aux plus réfractaires, être riche en silice et ne pas contenir de substances facilement fusibles mélangées. De plus il ne doit pas éclater et être suffisamment résistant quand on le cuit. La propriété connue du grès de se grossir ou de se dilater au feu et par là d'éviter les fentes qui se produisent, doit être regardée comme un avantage déterminé, mais d'autre part elle peut aussi être désavantageuse et même nuisible. Il est nécessaire pour le grès à employer d'observer quelques règles de précaution. Pour empêcher l'éclatement, comme on le sait, il doit au préalable être séché convenablement et fortement, et il faut tenir compte de la force énorme que développe sa dilatation au chauffage en lui laissant de l'espace.

Benrath et Dralle recommandent l'emploi du grès dans les verreries. D'après Moritz (*Sprechsaal*, n° 20), c'est le grès réfractaire naturel qui est le meilleur, c'est lui qui résiste le mieux aux effets de la chaleur de fusion et aux vapeurs de sel, et c'est par suite la matière la plus sure pour les fours. En posant les pierres aussi grosses que possible, on doit avoir la précaution de laisser entre elles un joint de 2 à 3 centimètres suivant la longueur de la pierre, pour que la partie inférieure du four ne soit pas comprimée. Par suite de la dilatation au feu, tous les joints se ferment complètement. Moritz fait aussi ressortir la meilleure conductibilité calorifique des pierres naturelles, qui abandonnent plus facilement la chaleur au fond du pot, le maintiennent plus chaud et par suite favorisent la fusion. Dans son livre (p. 356), Dralle désigne le grès

---

[1] D'après Dralle, les foyers et sièges du four Boetius se composent presque exclusivement de grès naturels.

comme « la matière la plus convenable » et il signale pour ses bonnes qualités en Allemagne le grès des environs de Magdebourg, déjà cité, qui devient complètement blanc à la cuisson, ainsi que celui de Stadthagen et de Velpke en Brunswick. On en trouve aussi un pareil dans le comté de Glatz (Silésie), à Bückeburg, etc.

Comme nous le savons, il faut d'une manière générale que, pour les pierres naturelles, le chauffage du four se fasse avec précaution et, pour les protéger contre la flamme en pointe, on les recouvre d'une couche de 2 centimètres de lehm (ou mieux d'argile réfractaire) et de paille. Il ne faut pas non plus que les grès se refroidissent brusquement ; ils supportent mal les changements de température ; c'est pourquoi leur application n'est à propos que là où ils sont exposés d'une manière continue à la chaleur.

Plaques à étendre. — Nous devons encore citer ces pierres ou à proprement parler ces plaques, qui doivent bien supporter les changements de température et qui, bien préparées, jouent un rôle important dans les usines de verres à vitres ; toutefois il suffit pour cela des déchets de la chambre à pots. Ce sont des plaques de chamotte, rectangulaires allongées, de différentes grandeurs et ayant jusqu'à 10 centimètres d'épaisseur, qui doivent être complètement planes (pas courbes). Au lieu des plaques en argile qu'on préfère le plus souvent, on emploie aussi celles en charbon (graphite) et on a aussi proposé de les faire en plâtre, en stéatite et aussi en plaques de fer (¹). Le séchage, la cuisson, le doucissage et le polissage font des pierres d'étendage un objet de valeur.

Le gâchage de l'argile pour les plaques à étendre se fait de la même manière que pour les masses pour pots et pierres de four. La chamotte assez grosse se recommande pour la couche inférieure et, pour 5 parties de chamotte, il suffit de 3 parties d'argile brute. Pour la couche supérieure, il est bon de prendre de la chamotte de la finesse de la farine ; elle doit être gâchée maigre avec 2 parties de chamotte pour une partie d'argile brute. La fabrication des pierres d'étendage se fait dans des moules en bois, qui reposent sur des blocs de 50 à 60 centimètres de haut. On recommande de recouvrir le fond du moule avec de la paille ou de la chamotte, de mettre par dessus de vieux sacs, ce qui favorise beaucoup le séchage de la pierre. On bat d'abord la couche grosse dans le moule et on lui

---

(¹) Moritz recommande les plaques de fonte, qui ne se rétractent pas et qui donnent un verre plus brillant (*Sprechsaal*, 1882, p. 385).

donne suivant la grandeur de la plaque une épaisseur bien uniforme de 6 à 8 centimètres. On laisse reposer cette couche pendant 1 à 2 jours, de manière qu'elle durcisse, et cela fait, on la recouvre de la couche fine, qui a de 3 à 4 centimètres d'épaisseur ; on laisse le tout tranquille pendant 4 à 5 jours. Après cette pause, les plaques doivent être battues chaque jour et tant qu'il y a de l'humidité dans les plaques, ce qui dure de 10 à 14 jours suivant la position du séchoir. Quand les plaques sont complètement sèches, on peut procéder à leur cuisson, qui doit également se faire avec précaution, comme quand on recuit les pots. Si le chauffage se fait trop brusquement, les plaques se courbent. Quand les plaques sont cuites, on les doucit en se servant d'une plaque de grès, on les polit avec de l'eau argileuse et, quand elles sont sèches, on les met dans les fours d'étendage. Il est à propos de les relever après 24 heures et les doucir encore une fois à l'état chaud avec de la pierre ponce et de l'eau argileuse. Quand elles sont bien préparées, elles durent au moins de 8 à 10 semaines. Pendant leur service, il suffit le plus souvent de les frotter simplement avec de la pierre ponce ; on peut aussi les polir après. Les pierres à étendre trouvent leur place dans un four particulier, le four d'étendage, qui joue dans la fabrication du verre à vitre un rôle aussi important que le four de fusion ([1]).

Défauts dans le verre. — On peut encore indiquer rapidement ici les défauts du verre, leur origine accidentelle ou obligée, dans laquelle des parties des pots et des masses de pierres jouent un rôle fâcheux ([2]). Les troubles, qui se trouvent dans le verre, peuvent de plus être la conséquence d'impuretés dans les matières employées, ou bien ils se produisent par suite d'un mélange incomplet des éléments du verre, ou d'un chauffage incomplet (affinage) ou d'une purification négligée de la masse du verre (décrassage du fiel de verre). Les masses du verre elles-mêmes peuvent subir des changements (dévitrification). Il se produit aussi dans le verre des soufflures, des bulles, des points, des taches grises, des nodules, des pierres (verre bulbeux, en larme, grumeleux et rubané).

Comme matières troublant le verre ou comme combinaisons qui s'y produisent, il a encore du quartz, de la tridymite etc., de la wollastonite, du silicate double de calcium, des cristaux de feldspath. Pour ce qui est de la recherche des défauts du verre à l'œil, avec la

([1]) Sur la disposition des fours d'étendage, avec dessin, voir un mémoire remarquable dans le *Sprechsaal*, 1896. n° 10.

([2]) Sur la réparation des pots défectueux, voir le *Sprechsaal*, 1892, n° 19.

loupe ou au moyen de coupes minces, nous renvoyons ici aux intéressantes communications d'Appert et Fouqué (*Tonind.-Ztg.*, 1890, n° 27).

Mortier réfractaire

Les ciments ou mortiers réfractaires, ou aussi le ciment artificiel ([1]) et le mastic pour le feu, ont pour objet, dans la construction de maçonneries, de voûtes, etc.. de remplir les joints qui s'y produisent et par là de diminuer les points d'attaque et de faire disparaître aussi bien que possible les inégalités des pierres qui se touchent immédiatement. Le mortier doit de plus lier la maçonnerie de manière à en faire un tout et par suite il doit se cuire à la température qui règne dans les divers fours, mais en agissant seulement chaque fois jusqu'à un certain degré comme mastic. La propriété cimentante du mortier réfractaire doit nécessairement se régler suivant la température à laquelle il est employé. S'il s'agit d'une température basse, le mortier doit y exercer son action qui donne de la compacité et il suffit alors de peu de matière réfractaire ; si elle est élevée, la réfractairité doit s'élever avec les exigences croissantes ; cependant le mortier doit toujours présenter une grande fusibilité, qui ne doit toutefois pas dépasser celle de la maçonnerie. Il faut remarquer ici que plus la température à supporter est élevée, plus le mortier doit se rapprocher par sa composition et sa bonté des matériaux pierreux employés ; d'une manière générale, il doit avoir aussi peu de retrait que possible et dans aucun cas ne devenir sans consistance.

Si on n'attachait pas antérieurement d'importance au traitement soigneux et, encore moins rationnel, du mortier réfractaire, pour lequel en un mot tout était assez bon, il joue pourtant dans la construction des maçonneries réfractaires un rôle essentiel et important, Un mortier, préparé mal ou d'une façon inapproprié, communique son mauvais sort aux pierres réfractaires avec lesquelles il est en contact et cela peut avoir des suites funestes. Son mode de préparation n'est donc pas arbitraire et il mérite autant d'attention que les produits réfractaires en général. Si l'on choisit dans chaque cas les matières appropriées au but qu'on a en vue, il faut

---

([1]) Par rapport au ciment calcaire, cette dénomination est impropre et produit de la confusion.

s'inquiéter aussi du mode de traitement convenable pour l'usage. Il faut d'abord humecter complètement le mortier ; on le prépare uniformément dans une caisse plate, on y met peu d'eau, on le laisse en contact avec l'eau pendant un quart à un demi-jour, on y ajoute ensuite de l'eau en abondance et l'on travaille complètement la masse fluide claire. Si ce mortier sert pour la construction, il ne faut l'étendre qu'au pinceau. Pour les réparations et même pendant le travail, il faut débarrasser avec soin les parois du foyer des scories. Dans ce dernier cas, le mortier, gâché dur mais bien liant, est jeté à la volée par en bas avec une pelle sur les parties rongées, on presse ferme en lissant jusqu'à ce que l'espace du four ait repris son ancienne forme. Dans la construction comme dans la réparation, il faut toujours chauffer la maçonnerie très progressivement.

Les mortiers réfractaires se divisent en naturels et en artificiels, ou bien encore se classent suivant leur mode d'emploi particulier. Aux mortiers naturels qu'on appliquait primitivement et qui sont connus depuis très longtemps, appartiennent les sables liants bien connus ou l'argile à enduit, ou en général les argiles sableuses pour l'emploi momentané. Comme produit naturel en évidence il faut y citer le ganister. Il faut y rapporter aussi le produit appelé « Krater-zement » (*Töpf.-Ztg.*, 1881, p. 42) de Herchenberg près de Brohl sur le Rhin, qui est vraisemblablement une argile sableuse cuite par le feu volcanique. D'après l'analyse de l'auteur, elle renferme : silice 86,34 %, alumine 6,03 %, oxyde de fer 0,68 %, eau 2,38 % et éléments non déterminés 4,57 %.

Aux mortiers artificiels il faut rapporter ceux qui sont préparés d'une manière particulière : le mortier de chamotte, le mortier de kaolin, le mortier de quartz, le « ciment » de Lüemann, ce qu'on appelle le Dinas cristallin plastique [1], etc. Nous allons parler ci-après des différentes matières pour mortier qu'on vient de nommer.

Les sables liants sont, comme on l'a dit, des sables de quartz ou de quartzite, auxquels est mélangée une argile plus ou moins liante. Ils sont très répandus dans la nature et se rencontrent en couches, ou tout au moins par places, dans tous les gisements d'argile réfractaire. Plus ils renferment de silice (qui peut aller jusqu'à 90 %) avec une quantité modérée de fondants, plus la masse malaxée est liante et bien moulable, plus en même temps ils paraissent devenir compacts à la cuisson, et plus la matière est estimée. Ceux au contraire

---

[1] Voir l'auteur, *Dinglers Journal*, 1876, t. CCXXI, p. 345.

qui deviennent sans consistance et poreux à la cuisson sont inutilisables.

Au point de vue de sa composition, le ganister est égal au sable liant. On le trouve, comme on le sait, à Sheffied et Dowlais, sous les couches de charbon, sous forme d'une roche siliceuse compacte, de couleur gris clair ou foncé, qui va jusqu'au brun gris et au rouge. La couleur provient de substances organiques charbonneuses et d'oxyde de fer mélangés, et change suivant la quantité de ces deux substances. On rencontre dans la roche de nombreuses empreintes de plantes. On estime particulièrement le ganister de la mine de Loowod à Deepcar près de Sheffield, où les couches, à une profondeur de plus de 300 mètres, ont une puissance apparente de 2,40 mètres.

D'après Snelus (*The Iron and Coal Trades Review*, septembre 1875) le ganister de Sheffield (1) qui est plus liant, et le ganister de Dowlais (2) ont la composition suivante :

	1	2
Silice.	89,55	93,05
Alumine	4,85	4,23
Magnésie	0,11	traces
Chaux	0,60	0,26
Oxyde de fer	0,85	0,80
Alcalis	0,94	»
	96,90	98,34

D'après Backer, le ganister de Sheffield contient 94,40 de silice, 4,21 d'alumine, 0,7 d'oxyde de fer avec 0,69 de perte au chauffage.

Le ganister est surtout employé pour le revêtement des convertisseurs Bessemer, pour les fours à puddler, etc., et pour tous les appareils qui sont exposés à l'action des oxydes métalliques à une température élevée.

Si l'on veut augmenter le liant, on ajoute un peu d'argile réfractaire, même jusqu'à 8 %, particulièrement au ganister de Dowlais. Remarquons en passant que, dans ces derniers temps, Loowod de Sheffield emploie aussi directement le ganister pour la fabrication de pierres réfractaires. Ces pierres peuvent supporter un degré de chaleur très élevé sans se dilater ; c'est un avantage par rapport aux pierres de Dinas ; mais ces dernières, comme cela est clair, sont plus infusibles à cause de leur moindre teneur en bases et de leur plus grande richesse en silice.

Nous avons aussi préparé artificiellement une masse de ce genre avec du grès écrasé, etc., auquel on mélange une petite quantité d'argile réfractaire.

Sous le nom de mortier de chamotte[1] il faut entendre au contraire, par opposition aux mortiers riches en silice, ceux qui se composent d'argile riche en alumine, ou aussi de kaolin cuit, avec de l'argile liante. Pour le mortier de chamotte en particulier, on a pour principe déterminant que celui-ci doit avoir une composition correspondant à celle des pierres réfractaires employées. En dépit de leur haute infusibilité, ils montrent un ramollissement relativement précoce et aussi un durcissement au refroidissement. Les analyses de ces mortiers ne sont que peu connues. Un mortier réfractaire estimé de Kayser à Darmstadt, qui s'y rattache, se compose, d'après une analyse qui nous a été communiquée, de : alumine 30,50 $^0/_0$, silice 62,10 $^0/_0$, magnésie 0,07 $^0/_0$, chaux 0,45, $^0/_0$ oxyde de fer 1,61 $^0/_0$ et potasse 1,10 $^0/_0$.

Un mortier, dit de kaolin, cité plus haut, est fait par Haupt et Lange à Brieg et a trouvé un emploi remarquable comme mortier réfractaire et masse cimentante pour le bourrage des garnitures de fours. Il se compose d'argile schisteuse de Silésie cuite au rouge blanc avec du kaolin, et il doit contenir la très grande teneur en alumine de 43 à 48 $^0/_0$. En appliquant cette matière à la construction, il faut d'abord la bien mélanger, l'agiter avec de l'eau pour en faire une bouillie claire et y plonger les pierres de chamotte préalablement mouillées ; ou bien encore déposer la bouillie sous forme de couche avec une cuiller, la régaler et la pilonner. On trouve entre autres dans le commerce un mortier d'argile pure désigné sous le nom de mortier de Chamotte Phoenix, qui provient de la fabrique Eisenberg de Fliesen (Palatinat du Rhin) [2]. Bender à Worms fabrique aussi un mortier réfractaire artificiel de quartz (*Notizbl.* 1886, fasc. II, p. 177).

Nous devons parler ici plus en détail du mortier tout particulièrement facilement fusible de Lürmann [3], qui, au lieu de se composer tout au moins de matières réfractaires dans une certaine mesure, est fait au contraire avec de la chaux, dolomie, mortier, scories de

[1] Soit dit en passant, une addition de mortier de chamotte au ciment hydraulique est à recommander. Une addition de 10 $^0/_0$ de chamotte au mortier ordinaire empêche sa réduction en morceaux et son fendillement et augmente sa résistance à la compression (*Tonind. Ztg.*, 1895, n° 43).

[2] *Töpfer-u-Ziegler Ztg.*, 1894, n° 45.

[3] Voir *Ind. Ztg.* 1883, n° 33.

hauts fourneaux, verre, etc., avec addition de sable, argile, chamotte et qui fond déjà à une chaleur modérée. Il va de soi qu'il ne saurait être question de réfractairité dans le sens propre du mot pour un pareil mortier-ciment et, au sens rigoureux, cette matière n'a pas sa place ici, elle ne peut remplir son but, la cimentation de la maçonnerie que s'il s'agit de températures très basses et si l'action d'un degré de chaleur élevé est complètement exclue. Il faut prendre garde que, par le chauffage, de pareils mélanges riches en fondants donnent des produits très irréguliers, qui, formant par places un verre, ne peuvent pas supporter les variations de température, et qui cependant peuvent rester en partie sans consistance.

Lürmann prétend au contraire que le mortier produit une union si durable et si intime des couches de pierres qu'on peut regarder les pierres maçonnées avec lui comme ne constituant qu'un seul bloc et que l'action du mortier, qui ne constitue qu'une très petite partie de toute la maçonnerie, est tellement minime qu'il ne peut pas se produire par là de destruction. Au reste la partie fondue coule et il reste en somme un résidu qui n'est pas nuisible.

Mastics. — Il existe en outre encore des produits particuliers qui ont été recommandés dans le commerce comme mortiers réfractaires, notamment pour réparer les cornues à gaz et remplir des fentes dans la maçonnerie. Tel est celui qu'on nomme le Dinas cristallin plastique. Il renferme plus de 87 $\%$ de silice, plus de 7 $\%$ d'alumine ferrugineuse et 1 $\%$ de chaux.

Au point de vue pyrométrique, un pareil mélange ne peut pas occuper une position bien élevée ; cependant la matière plastique et immédiatement applicable se comporte bien au rouge et, quand elle a été complètement séchée au préalable, elle se cuit sans retrait ou dilatation.

Dans les fabriques de verre, on emploie entre autres le mastic de Sellner, ainsi que le mastic hollandais, qui est un ciment en bouillie. Tous deux contiennent des quantités déjà importantes de chaux, ils sont donc peu réfractaires par eux mêmes et le sont encore moins, quand ils sont en combinaison avec une matière alumineuse. Le ciment hollandais contient en même temps des quantités considérables de plâtre.

Argile à enduit. — Pour rendre compactes ou enduire momentanément des parties défectueuses dans les fours, qui se trouvent en feu, on emploie, comme on l'a déjà signalé, des argiles réfractaires qui peuvent supporter un chauffage brusque, sans se détériorer, et qui de plus sont à bon marché. On se sert avec avantage pour cela des argiles de Hesse, par exemple de celle de Mönchsberg, de Gross Almerode, etc.

Addition à la page 86

Nous devons indiquer ici le mémoire important et murement pensé de Ludwig, chimiste au laboratoire pour l'industrie de l'argile à Berlin, « Uber Beziehungen zwischen der Schmelzbarkeit und der chemischen Zusamenzetzung der Tone » [1] (sur les relations entre la fusibilité et la composition chimique des argiles) d'après lequel il faut admettre comme démontré en gros, bien que pas toujours, un accord entre la fusibilité déterminée et celle qui résulte des calculs.

Le travail de Ludwig a paru alors que l'impression du présent ouvrage était trop avancée pour pouvoir en parler en place convenable. La partie essentielle du mémoire de Ludwig suit ici comme addition après coup à la page 86 de cet ouvrage.

Dans ses conclusions relativement à la fusibilité des éléments des argiles, Ludwig s'est servi des calculs et de la représentation graphique qui suivent. D'abord les nombres trouvés par l'analyse doivent être calculés en molécules, c'est-à-dire que chaque nombre doit être divisé par le poids moléculaire correspondant, ainsi l'alumine par 102, la silice par 60 et le fer, compté comme oxydule, par 80, on divise alors les molécules calculées par le nombre moléculaire trouvé pour l'alumine, ce qui fait que le nombre pour l'alumine est posé égal à 1.

Comme des molécules égales des fondants exercent les mêmes actions de fusion, pour simplifier davantage on ajoute simplement les nombres trouvés pour les fondants et représentés par RO, bien qu'il ne s'y rencontre pas exclusivement que des bases. Par exemple pour le kaolin de Grünstadt, on a de la sorte la formule-somme :

$$Al_2O_3 + 2,125\ SiO_2 + 0,0755\ RO.\ [2]$$

On peut ainsi exprimer l'analyse complète avec deux nombres, qui donnent un point de comparaison fixe, qui ne se rencontre pas dans les nombres usités en pourcentage. Enfin les nombres synop-

[1] *Tonind. ztg.*, 1904, n° 63.
[2] Voir dans l'article cité les tableaux d'argile, n° 20.

tiques et comparables ainsi obtenus peuvent s'arranger en une représentation graphique qu'on peut embrasser d'un coup d'œil. Si
l'on se reporte à la composition représentée de la manière qui précède, l'expression ne contient que deux nombres variables qu'on
peut représenter par leur position dans un système de coordonnées,
en portant suivant la direction horizontale, en abscisses, la teneur en
silice, et suivant la verticale, en ordonnées, les quantités de fondants, toutes deux exprimées en molécules, ce qui donne un point
qui les représente. Comme les quantités de fondants sont le plus
généralement très petites, et qu'une petite différence a une grosse
influence sur la fusibilité, Ludwig recommande de prendre pour les
fondants un nombre dix fois plus grand que celui qui se rapporte à
la teneur en silice. Au point de vue du mode d'action des fondants,
Ludwig fait ressortir en passant qu'il ne s'agit pas de leur combinaison chimique, mais de leur répartition mécanique.

Nous avons ainsi d'une manière bien déterminée une idée claire
de la relation entre la silice et les fondants et une ressemblance ou
une dissemblance entre la composition et la fusibilité d'argiles différentes ressort au premier coup d'œil.

Dans le traitement approfondi et complet du problème qu'il
s'était posé, Ludwig n'a pas manqué de parler du quotient de réfractairité ou pour mieux dire du quotient de fusibilité créé et dé-
fendu par moi à cause de l'accord qu'il présente dans des cas nombreux; abstraction faite d'un certain arbitraire dans le mode de
calcul, il concède que « le quotient de fusibilité créé par moi s'accorde assez avec l'expérience pour les argiles réfractaires de composition moyenne ».

Si nous passons aux cônes de Seger employés comme moyens de
détermination, il ne faut pas perdre de vue, et Ludwig aussi a attiré
l'attention sur ce point, qu'il reste un certain jeu pour l'observation
subjective, suivant que, pour une position intermédiaire entre deux
cônes, on s'en tient au plus élevé ou au plus bas. Pour ce qui est du
point de fusion de l'argile essayée, qui ne serait pas d'accord sur le
moment et qui par suite serait déplaçable, il faut amener l'argile à
fondre réellement avec déformation, et il faut pour cela une température suffisamment élevée et convenable. La détermination ainsi
entreprise entraîne des erreurs qu'on ne peut pas passer sous silence. De plus, comme côté faible du mode de détermination de la
fusibilité des argiles au moyen des cônes de Seger, il faut tenir
compte de la dissemblance considérable des phénomènes de fusion

entre les argiles et la masse des cônes de Seger, qui est essentiellement d'espèce différente. Il ne se produit donc que rarement une
concordance indiscutable dans la manifestation dissemblable des
signes de fusion et par suite la fixation du nombre de fusibilité
n'est pas exempte d'objections. Les résultats ainsi obtenus n'ont
donc qu'une valeur relative pour de nombreuses raisons et des variations dans les déterminations n'en sont pas exclues. L'écart dépendant de la température de l'essai peut s'élever à plusieurs
cônes.

Ludwig n'a pas réuni moins de quatre vingt quatre argiles et
une bauxite, en donnant : 1° le lieu d'origine de l'argile ; 2° les
éléments en pourcentage du poids ; 3° les molécules rapportées à
une molécule d'alumine ; 4° la formule-somme qui en résulte et
5° la fusibilité exprimée en cônes de Seger. Les figures 1 et 2 représentent les lignes tracées pour les points fixes résultant de la teneur
en silice et en fondants, et celles obtenues pour les cônes de Seger
correspondants. Le deuxième tableau comprend le résumé synoptique des analyses, suivant les quatre colonnes indiquées plus
haut.

Au point de vue spécial de la représentation et du mode de calcul,
pour lequel on avait choisi comme exemple l'argile 28 (kaolin de
Grünstadt) (voir le Tonindustriezeitung cité, 1904, n° 63, page 777)
où l'on trouvera d'abord l'analyse en pourcentage, puis le calcul en
nombres de molécules, ainsi que leur division par le poids moléculaire trouvé pour l'alumine, ensuite l'addition des nombres
trouvés pour les fondants, désignés par RO, ce qui donne pour
l'argile en question l'expression de la formule-somme qui en
résulte.

On peut encore ajouter que la teneur en silice est déterminative
pour l'objet auquel nous appliquons l'argile, et quelque acide
ou basique que soit celle-ci. Le nombre qui se rapporte aux
fondants est tout particulièrement déterminatif, quand il s'agit
d'une argile qui ne doit supporter que de la chaleur sèche. Qu'il y
ait de la potasse ou du feldspath, c'est ce dont on se préoccupe
peu, mais c'est la grosseur du grain du feldspath qui est importante.

Pour ce qui est de la représentation graphique des nombres ainsi
obtenus, elle peut servir à faire des comparaisons avec la fusibilité
déterminée en s'appuyant sur des recherches de fusion.

En ce qui touche la concordance entre les fusions ou points de fusion calculés et obtenus dans les analyses réunies, si tant est qu'on puisse parler ici d'un accord de ce genre, toute la série des argiles de Moravie, n° 62 à 75, montre, d'après les données de Ludwig, une concordance parfaite; d'autre part il y a certainement des écarts à la conformité de la loi, notamment pour les argiles impures, et cela est explicable comme le démontrent mes exposés, et comme cela a été nombre de fois prouvé et ne peut pas être méconnu.

TABLE DES MATIÈRES

—

CHAPITRE PREMIER

GISEMENTS DE L'ARGILE

CHAPITRE II

COMPOSITION DE L'ARGILE ET ALLURE PYROMÉTRIQUE DES CONSTITUANTS INDIVIDUELS

CHAPITRE III

EXAMEN ET MOYENS D'EXAMEN

CHAPITRE IV

TRAITEMENT DE L'ARGILE ET DE SES ADDITIONS

CHAPITRE V

APPLICATION DE L'ARGILE

SAINT-AMAND (CHER). — IMPRIMERIE BUSSIÈRE

9 782013 599207